2017

轨枕之间

BETWEEN THE RAILS AND TIES

天津中心城区铁路环线
周边地区更新发展规划

城市规划专业六校联合毕业设计

SIX-SCHOOL JOINT GRADUATION PROJECT
OF URBAN PLANNING & DESIGN

天津大学建筑学院
东南大学建筑学院
西安建筑科技大学建筑学院
同济大学建筑与城市规划学院
重庆大学建筑城规学院
清华大学建筑学院
编

中国城市规划学会学术成果

· 中国城市规划学会低碳生态城市大学联盟资助
· 中国科协学会能力提升与改革工程资助
· 国家高等学校特色专业建设东南大学城市规划专业项目资助
· 国家“985 工程”三期天津大学人才培养建设项目资助
· 国家“985 工程”三期东南大学人才培养建设项目资助
· 国家高等学校特色专业、国家高等学校专业综合改革试点
西安建筑科技大学城市规划专业建设项目资助
· 国家“985 工程”三期同济大学人才培养建设项目资助
· 国家“985 工程”三期重庆大学人才培养建设项目资助
· 教育部卓越工程教育培养计划
· 国家“985 工程”三期清华大学人才培养建设项目资助

中国建筑工业出版社

图书在版编目（CIP）数据

轨枕之间　天津中心城区铁路环线周边地区更新发展规划——2017年城市规划专业六校联合毕业设计/天津大学建筑学院等编. —北京：中国建筑工业出版社，2017.9
ISBN 978-7-112-21209-5

Ⅰ.①轨…　Ⅱ.①天…　Ⅲ.①城市规划-建筑设计-作品集-天津-现代　Ⅳ.①TU984.221

中国版本图书馆CIP数据核字（2017）第220058号

责任编辑：杨　虹　尤凯曦
责任校对：李欣慰　刘梦然

轨枕之间　天津中心城区铁路环线周边地区更新发展规划
——2017年城市规划专业六校联合毕业设计
天津大学建筑学院
东南大学建筑学院
西安建筑科技大学建筑学院
同济大学建筑与城市规划学院
重庆大学建筑城规学院
清华大学建筑学院
编
*
中国建筑工业出版社出版、发行（北京海淀三里河路9号）
各地新华书店、建筑书店经销
北 京 嘉 泰 利 德 公 司 制 版
北京方嘉彩色印刷有限责任公司印刷
*
开本：880×1230毫米　1/16　印张：$11^1/_4$　字数：344千字
2017年9月第一版　2017年9月第一次印刷
定价：**82.00**元
ISBN 978-7-112-21209-5
（30851）

编委会

BETWEEN THE RAILS AND TIES

2017 SIX-SCHOOL JOINT GRADUATION PROJECT OF URBAN PLANNING & DESIGN

目 录
Contents

序言 1

天津是中国近代轻工业发源地之一，也是中国铁路文化的发祥地，著名工程师詹天佑先生的铁路生涯便是从这里开始的。百余年的铁路建设史，给天津留下了诸多珍贵的老铁路遗产。然而，21 世纪以来，老工业区逐步外迁，铁路货运功能消失，曾经繁忙的工业铁路线被废弃或闲置，成为近代中国工业历史长河中的一抹记忆；与此同时，铁路沿线地区工业、仓储功能外迁，中心城区内的部分铁路沿线空间成为环境死角，阻碍了周边地段的发展，对土地资源造成浪费，严重影响城市形象和内生活力，城市更新发展和城市转型进入关键时期。

2017 年的城乡规划专业六校联合毕业设计由天津大学建筑学院承办，本次毕业设计以“轨枕之间——天津中心城区铁路环线周边地区更新发展规划”为题，以天津市中心城区长约 65 公里的环城铁路为线索，探讨天津市中心城区铁路环线周边地区的城市更新目标与规划路径。

本次设计题目选取了功能复合杂糅、兼具历史文化意义和城市活力复兴功能特点于一身的环城铁路沿线及周边地区的更新，希望能在尊重铁路线性文化遗产、理解天津城市发展变迁的前提下，启发学生构想基于城市更新思路、与环城铁路周边地区社会、经济、文化、生态重组修补相匹配的整体愿景，研究政策制度和落实空间策略，重塑中心城区铁路环线周边地区的时空穿接。

这个选题具有一定的复杂性，在过去的一个多世纪，天津建成面积随时间不断扩张，1986 年后主要的建设逐渐向滨海新区转移，因此，近现代工业曾经密集而繁盛的中心城区铁路环线周边地区逐渐衰落。而 2010 年，京津提出共建“世界城市”的宏伟发展目标，天津的经济实力、区域影响力不俗，又具有跻身世界城市行列的重要优势和资本，因此在这个承载着约 1/6 天津市区面积和人口的区域，难度不仅是面积大、人口多，不仅在于有铁路及众多工业遗存要保护，还在于近百年中这里见证了城市的荣辱兴衰。所以如何通过城市复兴吹散记忆的蒙尘，唤醒哏儿都人民引以为傲的天津情怀，为 2.0 天津时代带来新契机，都是难点所在。

工业和铁路的发展与天津城市发展定位、发展阶段密切相关，然而随着城市的沿革演变与升级，环城铁路沿线成为了城市中消极低效的空间，带来了诸多的城市问题和矛盾，但同时也成为了独具地域特色与精神的宝贵历史文化遗存，更重要的是给城市中心地区的更新、修补、升级带来了难得的发展机遇。

当我们环视天津这些铁路沿线地区，会发现其具有重要的复合功能特点：本身依托工业铁路遗址，沿线周边杂糅了工业遗存、居住、城市基础设施、城市公园、快速交通、商业商务等多种用地功能，整体环境却由于铁路线被切割得碎片化，成为城市的消极空间，活力逐步丧失。因此过程中需重点关注以下几个方面的问题：铁路遗产保护与利用的关系；工业外迁与城市修补的关系；沿线消极空间利用与城市活力复兴的关系；铁路生态化改造与城市功能升级的关系；铁路与其他交通要素间的关系。

在此背景下，通常规划目标的设定往往是繁重的、重叠的、综合的，对工程项目而言，这是必需的，然而对毕业课程设计来说，其核心却在于，在已完成的城市规划理论知识及相关训练的基础上，重点训练学生独立发现城市问题、分析和处理问题，并运用先进理念大胆提出城市更新策略的综合能力，引导学生在牢固掌握基础知识的前提下解决实际需求问题，这其中既要考虑命题的教学目标，也要兼顾学生的知识储备和实践能力。

因此，面对这样一个现状复杂而又带有典型性的城市更新地段，我们并非是在完成一份绝对正确的答卷，而是试图探索一种方式，一种开放而充满情感和灵魂的设计方法，一种能够留住曾经、享受当代、织梦未来的规划构想，深入挖掘对于这个题目、这片土地以及生活在这里的人的更多的思考和认识。在原有侧重于城市物质空间形态学习与训练的基础上，还需进一步提升学生对隐藏在复杂的城市现象背后的社会人群、经济产业等关系的理解，从而对本次毕业设计选题作出更为全面深入的规划求解，这都是各校师生需要关注的重要问题。

从这个角度来说，体验城市空间的同时深入理解城市的社会网络，树立正确的城市规划价值取向，关注弱势群体，维护文化多元性，保持社会与文化的可持续发展，才能保护城市历史遗珍，促进城市未来发展，创造城市美好生活。

各高校的同学对于选题的理解各不相同，提出的解决方案各有特色，当然这些最出色的团队，都圆满地完成了毕业设计的教学任务，这种多元的思路碰撞和深入的联合教学交流为联合毕业设计带来了额外的收获，对于城市更新发展和历史遗产保护问题都具有创新价值的探索。

借此机会，我谨代表中国城市规划学会，感谢各所高校师生的共同努力，更要感谢参与交流和点评的行业专家，希望这种交融与创新能够继续发扬，也期待 2018 年度的联合毕业设计取得更多收获。

中国城市规划学会副理事长兼秘书长

2017 年 9 月

序言 2

不觉中六校联合毕业设计已经第五年了，自 2013 年始从北京宋庄小堡村，南京老城南，西安城墙内外，重庆渝中下半城，到今年天津环城铁路，五座城市，五块基地，五个鲜活真实的城市问题，我们在一届又一届的发展变化中可以明显地看出，联合毕业设计已经形成了丰富多元的教学特色，我们越来越注重发扬交融和创新的精神，而不是局限于某种模式或套路，这让设计真正成为了一件有趣的事情。

联合教学的跨校际相互交流学习不仅有助于提高教师的教学质量、促进学科发展，还可以让学生拓展专业视野，汲取更加多元的思维和知识，丰富自身的专业素养和能力，因为对于城乡规划专业的本科生来说，相互交流、彼此借鉴是规划与设计教学和学习的良好途径，尤其是毕业设计阶段，学生已经掌握了基本知识与技能，就更容易认识和理解彼此的差异，更容易形成碰撞和融合。通过联合毕业设计，城乡规划学的本科设计教学在相互观摩、共同设计中更加具有启发性和实效性，充分发掘了学生的自组织能力、工作方法、团队精神等。在如今城乡规划行业越来越重视经济、社会、文化等多领域的融合与协调的今天，这些能力对于未来职业规划也有着非常重要的意义。

本次联合毕业设计选取“轨枕之间——天津中心城区铁路环线周边地区更新发展规划”为题，关注了城市核心区内社会经济矛盾最尖锐、建成环境最复杂、生态生活压力巨大的区域：铁路环线 65 公里长、串联 40 余处工业遗存、沿线 1 公里范围内聚集了大约 100 万规模的居住人口；所以环城铁路在天津的历史上是人民生计，独具地域特色，更是精神的宝贵历史文化遗存。如今是城市遗产，那么未来呢？如何保护与利用铁路遗产，如何给“城市双修”创造机遇，如何为社会生活带来发展……这些思考让本次选题更加具有综合性和挑战性，也契合了当前“城市双修”的议题，为启发学生的思维、发挥学生的才智预留了广阔空间，也为学生们运用所学专业知识解决当前城市规划建设中的问题提供了一次宝贵的实践机会。

当然，在学生们即将从课堂走入社会之时，我们的目的已经不是单纯为了解决这些问题，我们希望学生能在这个过程中树立起关注历史、关注文化、关注生态、关注社会、关注弱势群体的规划价值观，为“人”而设计城市，为公众利益和长远利益而设计城市，让规划真正具有前瞻性和人文主义，也能充分体现城乡规划专业教育立足当下、着眼未来、关注时事、重视交流的特点。

联合毕业设计让各学校充分展示自己的特色和风采，并且可以在相互交流和思维碰撞中取长补短、创新探索，进而不断强化自己。各学校各具特色，百花齐放，同学们在这个过程中不断开拓思路，将本科阶段学到的知识和技能融会贯通，教师团队和学生团队都获益良多。最后，感谢各所学校对我们此次作为承办方的支持，感谢中国城市规划学会的指导和帮助。期待来年在同济大学的六校联合毕业设计更加精彩。

天津大学建筑学院
2017 年 8 月

一、设计选题：轨枕之间（Between the Rails and Ties）——天津中心城区铁路环线周边地区更新发展规划

百余年的铁路建设史，给天津留下了诸多珍贵的老铁路遗产。然而，21 世纪以来，老工业区逐步外迁，铁路货运功能消失，曾经繁忙的工业铁路线被废弃或闲置，成为近代中国工业历史长河中的一抹记忆；与此同时，铁路沿线地区工业、仓储功能外迁，中心城区内的部分铁路沿线空间成为环境死角，阻碍了周边地段的发展，对土地资源造成浪费，严重影响城市形象和内生活力。

天津是中国近代轻工业发源地之一，也是中国铁路文化的发祥地，著名铁路工程师詹天佑先生的铁路生涯便是从这里开始的。从 19 世纪 80 年代开始，天津在全国率先进入铁路运输时代，并建设了我国第一条自建标准轨距铁路——唐胥铁路，研制了第一台自制蒸汽机车，建设了第一条复线铁路——津芦铁路，成为第一座拥有“两干线三车站”的铁路枢纽城市。20 世纪 50 年代，在早期民族工业发展的基础上，天津的地方工业得以蓬勃发展，天津城市周边相继建设了陈塘、南曹、李港、津蓟等百余条工业铁路线，到 20 世纪 70 年代，在中心城区由京山、津浦、陈塘支线围合，形成了独特的铁路环线。在铁路环线周边，先后建设了大量的工厂、仓库、货站和工人新村，其中包括很多在我国工业发展史上创造过辉煌历史和业绩的工业企业，如天津钢厂、天津第一机床厂、天津拖拉机厂、津浦路西沽机厂等。仅陈塘庄支线铁路，鼎盛时期就有 10 万产业工人，铁路成为周边工厂运送物资和通勤的“黄金线”。铁路环线与周边的工业，实际上构成了天津中心城区工业发展的空间格局，见证了天津近代工业时代的发展历程和兴衰历史，也承载了几代人的工作和生活记忆。随着天津产业“退二进三”进程的加速，工业企业已经或即将关闭、外迁，货运铁路线也即将退出历史舞台。

中心城区的铁路环线由京山线、小三线、津浦线、陈塘庄支线、李港铁路和部分企业专用线组成，总长度约 65 公里，铁路环线串联着天津市许多重要的功能区，在沿线 1 公里范围内，更聚集了大约 100 万规模的居住人口。其中小三线、陈塘庄支线（李港铁路以东部分）已经废弃，陈塘庄支线的其余铁路段和李港铁路计划在将来也要停止运营。在铁路环线周边，目前仍保留着 18 处工业遗产。这些铁路沿线地区具有复合功能特点，本身依托工业铁路遗址，沿线周边杂糅了工业遗存、居住、城市基础设施、城市公园、快速交通、商业商务等多种用地功能，整体环境却由于铁路线被切割得碎片化，成为城市的消极空间，活力逐步丧失。

工业和铁路发展与天津城市发展定位、发展阶段密切相关，随着城市的沿革演变与升级，环城铁路沿线成为城市中的消极低效空间，带来诸多的城市问题与矛盾，但同时也成为独具地域特色与精神的宝贵的历史文化遗存，更重要的是给城市中心地区的更新、修补、升级带来了难得的发展机遇，重点需关注以下几个方面的问题：铁路遗产保护与利用的关系；工业外迁与城市修补的关系；沿线消极空间利用与城市活力复兴的关系；铁路生态化改造与城市功能升级的关系；铁路与其他交通要素间的关系。

二、教学目的

针对城乡规划专业本科毕业班学生的设计课，在已完成的城市规划理论知识及相关训练的基础上，重点训练学生独立发现城市问题、分析和处理问题能力，并运用先进理念大胆提出培养城市更新策略的综合能力。本次设计题目选取功能复合杂糅、兼具历史文化意义和城市活力复兴功能特点于一身的环城铁路沿线及周边地区的更新，希望在尊重铁路线性文化遗产、理解天津城市发展变迁的前提下，启发学生构想基于城市更新思路、与环城铁路周边地区社会、经济、文化、生态重组修补相匹配的整体愿景、政策制度研究和空间策略落实，重塑中心城区铁路环线周边地区的时空穿接。

以小组为单位，进行城市设计的整体研究；每个学生各自选择 20~30 公顷规模的重点地段，展开规划与设计训练。

目的一：学习城市经济—社会—空间分析与城市复杂问题诊断的综合能力；

目的二：系统掌握城市更新理论与城市设计实践结合的能力；

目的三：培养观察城市问题、解决城市问题、独立设计研究与团队协作的工作能力。

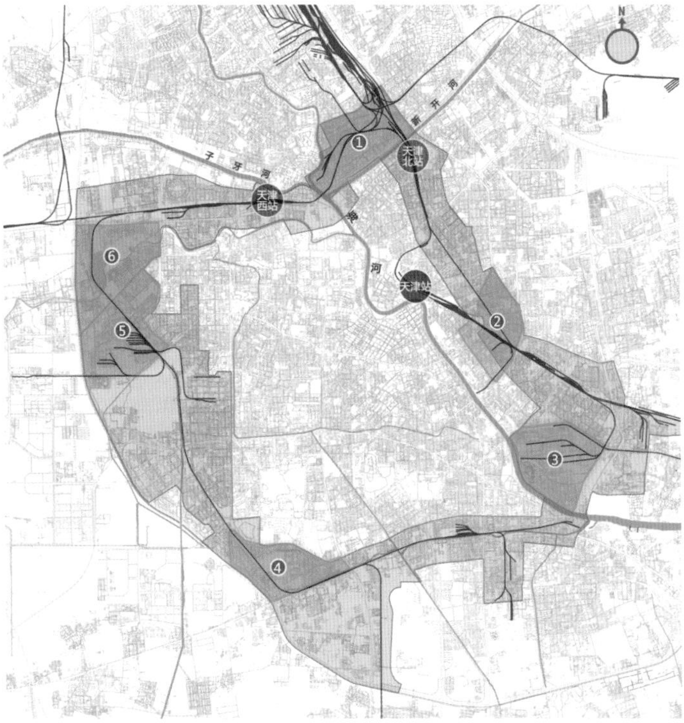
N
天津北站
天津西站
天津站

三、教学计划及组织安排

1. 第一阶段（No. 1~2 周）：前期研究

（1）教学内容

介绍选题及课程要求；安排城市设计、城市更新、环城铁路等相关讲座，讲授相关城市问题辨析方法；学习和巩固城市规划与设计的现场调研方法；对选题及相关案例进行调研；对天津市环城铁路发展历史、上位规划、文化特色、发展问题等进行梳理；提出规划设计地段的选址、规模报告及其拟进行的设计理念和专题研究方向。

（2）成果要求

初步报告，包括文献综述、实地调研、选址报告三个部分，要求有涉及规划背景以及相关案例收集与分析的文献综述，对拟处理的城市空间环境特点和问题进行梳理与归纳，提出准备进行规划设计研究的地段选址和专题研究方向及其规划设计理念。

（3）教学组织

2017 年 2 月 21 日之前：各校课程教师指导各自学生进行选题的背景文献及相关案例收集与分析，做现场调研准备。2 月 21 日在天津集结。

2017 年 2 月 22 日 ~26 日：全体课程教师和学生在天津现场调研。

所有教师与学生分组进行调研；期间安排部分讲座，包括天津大学教师介绍选题、各校教师针对相关城市问题（主题：遗产保护、城市更新、绿道规划等）进行专题授课以及天津城市规划设计研究院及相关部门专家讲授上位规划等规划背景。2 月 26 日，以设计小组为单位，进行现场调研成果交流及可能研究方向的讨论。

2017 年 2 月 27 日 ~3 月 3 日：各设计小组在本校课程教师指导下，完成第一阶段成果，3 月 3 日 24:00 之前上传成果至公共邮箱。

2. 第二阶段（No. 3~6 周）：规划研究 + 概念设计

（1）教学内容：各校教师指导学生根据第一阶段的成果，完善调研报告，研究解决规划设计地段的选址、功能布局、交通等规划问题，并提出拟进行重点城市设计处理的项目内容及其概念性设计方案。

（2）成果要求：

概念设计方案——结合专题，利用文字、图表、草图等形式，充分表达设计概念。

（3）教学组织：各校课程教师指导学生进行专题研究和概念设计方案。

3. 第三阶段（No. 7 周）：中期交流

（1）教学内容：针对总体概念设计和初步方案进行点评，并组织补充调研，确定设计地段及每个学生的设计内容。

（2）教学组织：各校课程教师指导学生进行专题研究和概念性设计方案。

2017 年 4 月 1 日：天津第二次集结。

2017 年 4 月 1 日：中国城市规划学会专家、全体教师和当地规划专家对学生的选址报告和概念设计方案（两部分合并，PPT 形式）进行分组点评。

2017 年 4 月 2 日：教师与学生进行补充调研。4 月 8 日 24:00 之前上传选址报告和概念设计方案成果至公共邮箱。

4. 第四阶段（No. 8~14 周）：深化设计

（1）教学内容：指导学生根据概念设计方案、补充调研成果及中期交流成果，调整概念方案，完善规划设计，并针对选定重点地段进行详细设计，探讨建设引导等相关政策，进行完整的规划设计成果编制。

（2）成果要求：

a. 片区：总体层面的城市设计（1 平方公里左右）；

b. 重点地段：详细层面的规划设计（20~30 公顷）。

（3）教学组织：各校课程教师根据各自学校规定指导学生进行深化设计，以小组为单位编制规划设计成果。

5. 第五阶段（No. 15 周）：成果汇报与交流

（1）教学内容：针对学生的规划设计成果进行交流、点评和展示。

（2）教学组织：

2017 年 5 月 27 日：下一轮召集学校（同济大学）集结。

2017 年 5 月 27~28 日：中国城市规划学会专家及全体教师对规划设计成果进行点评。

6. 后续工作：成果展示及出版

2017 年 5 月 29 日 ~6 月 30 日：成果巡展，各学校负责出版稿件统稿。

2017 年 7 月 15 日：交至出版社。

召集院校：天津大学建筑学院

参加院校师生名单

天津大学建筑学院

教师：运迎霞　陈　天　李津莉　许熙巍　张　赫　米晓燕
学生：代　月　董韵笛　王思琦　王　茜　张书涵　张艺萌　钟　升　李渊文　梁　妍
曾　韵

东南大学建筑学院

教师：吴　晓　巢耀明　史　宜
学生：花薛芃　丁金铭　王　伟　王　慧　姜梦姣　刘羽瑄

西安建筑科技大学建筑学院

教师：任云英　李小龙　李欣鹏
学生：林　瀚　刘　梦　时　寅　宋圆圆　柳思瑶　李品良　武　凡　雷　悦　周嘉豪
侯禹璇　李佳熹　肖　雄

同济大学建筑与城市规划学院

教师：王　骏　栾　峰

重庆大学建筑城规学院

教师：李和平　叶　林
学生：钱天健　颜思敏　白雪燕　罗圣钊　刘晓冬　代光鑫　李　醒　赵益麟　李孟可
付　鹏　张　然　赵偲圻

清华大学建筑学院

教师：吴唯佳　唐　燕　袁　琳
学生：井　琳　李诗卉　梁　潇　刘恒宇　严文欣　张　阳

学术支持：中国城市规划学会

天津大学建筑学院释题

在城市高速发展的今天，如何利用天津中心城区铁路环线周边闲置的增量空间和如何改造沿线存量片区成为本次规划着眼的重点。在铁路带给城市巨大发展潜力的同时，也给参与六校联合毕设的同学们带来了极大的挑战，具体体现在以下三个方面：

一是基地的复杂性。基地范围贯穿整个中心城区，涉及约 65 公里长的铁路和约 100 万的城市人口，并涉及南开、西青等多个行政区划，在天津市总体规划中尚未针对铁路环线给出明确定位，如何定义这条铁路带成为首先需要思考的问题。

二是大量工业遗存的聚集。铁路环线周边分布着不同规模、不同等级的 18 处工业遗产及若干工业遗存，如何合理分级利用以实现其最大价值并因地制宜地植入不同功能也成为一个不小的挑战。

三是基地活力的缺失。铁路环线周边杂糅了居住、商业商务、城市公园、快速交通等多种用地功能，但整体环境被铁路切割得碎片化、可达性不强，导致城市空间缺乏活力。

基于此，天津大学团队首先着眼于天津铁路运输史与城市发展史之间关系的梳理，明确铁路环线与城市发展格局之间的关系，进而从交通、生态、文化、社区四个方面认知枕轨，并结合上位规划，给出铁路环线应在城心和边缘区分别与海河互动成为一个复合多元新廊道的设计主旨。

为达成这一目标，提出“轨解城心、枕活边缘”的总体策略与多条、多方面的子策略，进而选取典型地块并针对每个地块的核心问题给出合理的改造方案，将社会性与空间性相结合，打造业缘修复节点、社区连接体、都市休闲跑道、城市文化名片、共享市井集市和边缘活力核等 6 个节点。最终完成铁路周边空白区域的填补与存量的更新，实现从消极空间到活力空间的转变，并使之成为除海河外另一条城市发展的新廊道。

东南大学建筑学院释题

本次设计以城市更新、铁轨改造为契机，紧抓城市双修的政策机遇，从人的现实需求和未来发展出发，寻求最适宜天津环线的发展模式，并由此提出了“宜轨、创城、泽人”的总体设计概念。以“解锁”为手法，选取情况最复杂、问题最综合的南口路地区作为改造示范点，研究更新模式菜单，最终推广至全线。另外，区别于常规的重点地块研究，本次设计纵切六大系统，横向四个阶段，起承转合贯穿始终，层层叠合丝丝入扣，研究全面，重点突出。

整个设计紧紧围绕铁轨的演替历程和未来发展潜力，在支撑系统方面，依托于现有轨道提出“云轨单车”的未来出行创新概念，并以此为基础延伸出一系列文化创意和科技创新产业，形成一条特色的云轨相关产业链。在社会人文方面，依托强业缘小区的纽带关系，重塑人群结构，稳固社区邻里关系，塑造扎根当地生活的草根文化氛围。在空间环境方面，围绕棕地更新与资源再生的工业遗产改造，更新置换空间，复兴传统价值，整体实现老牌铁路工业文化的现代产业改造与升级以及人居环境城市空间的修补与再生。

最后，在空间设计的基础上，融入对可实施性的思考。研究分析整个更新改造过程中的相关利益方，提出分系统更新机制、预算实施资金、提供运营方案。最终形成一个规划反馈的调控平台，方便设计师与不同利益参与方的沟通协作。

至此，由铁轨改造出发，运用最适宜的规划手段，整体带动城市各系统高效运作，形成良好的文化氛围，并真正落实于人，实惠于人，达到“宜轨、创城、泽人”的规划初衷。

西安建筑科技大学建筑学院释题

天津是中国近代史的一个窗口，印证了我国百余年的城市发展历程，尤其是代表着我国近现代工业发展历程的“天环”这片土地，我们更需要的是一份慎重、一份尊重、一份敬重。对于这个地段的更新、发展以及复兴，我们始终秉持着传承历史、延续记忆、留住印记的观念思路，以一个谦卑的心态去体察这里的生活、这里的场景、这里的情怀，只有如此，才能让这片土地的精神能够在新的时代背景下不断地被人们铭记下去。

面对天津 65 公里长，涵盖约 100 万人口的环城铁路及周边地区。同学们以铁路转型和周边更新为切入点，结合“时连空合”的设计主题，以“识、脉、困、机、策”为主线。在识篇，提出了文脉传承、存量更新、区域协同和时代创新四个关键命题。在脉篇，对历史价值及文化资源进行梳理，得出遗产和印记两大组成部分。在困篇和在机篇，总结环线的六大核心问题和五大机遇。在策篇，针对性地提出六大专题策略，并将其整合为“空间、用地、人”三位一体的综合导则，进而指导后续的空间形态设计。

我们并非是在完成一份绝对正确的答卷，而是试图探索一种方式，一种开放而充满情感和灵魂的设计方法，一种能够留住曾经、享受当代、织梦未来的规划构想，这便是我们对于这个题目、这片土地以及生活在这里的人的些许思考和认识。

重庆大学建筑城规学院释题

天津中心城区铁路环线区域狭长，腹地宽广，具有厚重的文化历史、宝贵的工业遗产、萌动的经济潜力、丰富的市民生活、鲜明的景观特色，同时也如同其他大城市中心区一样，担负着改善民生、更新产业、吸引资本、提升宜居、汇聚人气的多种任务，并承载着城市全面转型的重大使命。在此背景下，通常的规划目标设定往往是繁重的、重叠的、综合的，对工程项目而言，这是必需的，然而对毕设课程设计来说，就会造成无法承受之重。毕设课程教学的核心在于，引导学生在基础知识基础上拓展解决实际需求问题的能力，这其中既要考虑命题的教学目标，也要兼顾学生的知识储备和实践能力。

因此，本次命题的解题思路强调“精准”、“典型”。不在于全面而在于精准，不需要做成大而全的系统工程，而是把握关键问题，提出重点策略；不在于处处开花而在于典型样本，不需要兼顾所有地区的所有需求，而是依据关键问题选取典型地段，采取针对性解决途径。这样，既旗帜鲜明，也有的放矢。

清华大学建筑学院释题

本次设计题目“轨枕之间”点出了设计目标地段作为铁路沿线地带的最重要特征：总长度约为 65 公里的铁路轨道串联起总面积超过 80 平方公里的铁路沿线地区，是天津市中心城区当前最集中的城市待更新地带。设计地段面积广大、涉及城市不同类型区域、内部现状情况复杂，题目难度很大，也很难用某一类标准范式的设计方法加以解决，对师生而言项目极具挑战。

为此，清华大学团队采用“明确价值点—深入规划设计”的工作路径，分析与设计并举，从最有价值、最有契机的城市发展要素出发，提出地区发展的战略性判断。天津中心城区环城铁路沿线地区作为传统工业城市的产业地带、特大城市的核心区边缘地带，更是京津冀协同发展背景下天津市独特的发展机遇地带。在复杂的规划背景信息下，清华大学设计团队坚持通过细致的前期分析对地区发展契机进行判断，并在调研中重点关注轨道沿线不同片区现状的差异性；谋划以铁路为主线的地区更新策略时，从实际出发，重新界定设计对象，将规划工作重点落脚于具备实际更新条件的陈塘庄支线段。

在空间战略上，清华大学团队提出“借河兴轨”，依托海河这一成熟的城市意象实现“枕河共荣”的发展愿景，从城市整体空间格局层面完成了对环线地区的定位，同时突出了陈塘庄支线即铁路西南半环的先导性与支撑性作用。在地区发展策划中，设计团队提出建构轨上生活共同体的规划设想，是希望将设计的重点带回到“人”，用精彩、人本、贴合实际的城市设计方案规避传统规划手法宏大叙事的弊病，让规划设计最大程度地服务市民生活，并期望通过重塑多元而团结、活跃而有序的市民生活实现城市复兴的理想。在具体的设计策略中，团队将铁路及沿线工业遗存的保护再利用作为设计工作的出发点，将业已失落的生产空间复兴为充满活力的生活空间和创意空间，借关键性节点的重塑“以点带面”带动周边地区的更新、产业的提振和生活品质的提升。

清华大学团队希望通过设计完成对天津环城铁路的价值判断、价值肯定和价值提升。对代表城市发展印记的相关遗存予以保留，是因为在今日的城市仍需要这条铁路，更需要这条铁路上多元的生活可能。一座伟大的城市，终归需要有独特的城市理想。通过理性谋划大战略引导城市发展，并以城市设计细腻精致的空间手法对地区发展策略予以落位，就是清华大学团队为环城铁路沿线地区复兴的城市理想提出的展望与畅想。

RAINBOWS
SWEETLY

轨解城心 枕活边缘

RAILWAYS BETWEEN CITY CENTER AND FRINGE

天津大学建筑学院

代 月 董韵笛 王思琦 王 茜 张书涵

张艺萌 钟 升 李渊文 梁 妍 曾 韵

指导老师：运迎霞 陈 天 李津莉 许熙巍 张 赫 米晓燕

本次天津大学六校联合毕业设计以天津中心城区环城铁路东西差异为研究框架展开调研。我们通过梳理天津城市发展历史的进程，发现环城铁路在城市发展中的区位因素之别，因此将天津中心城区环城铁路大致以海河为界，分为东环城心、西环边缘两个不同属性的部分，并通过交通、生态、文化、社区等四个方面对环城铁路的东西差异进行比较，发现东环城心与西环边缘如今所面临的问题不同、发展的机遇不同、在未来城市发展中扮演的角色也不同。我们据此提出了“轨解城心、枕活边缘”的总体设计目标，并将目标进行分解，归纳到交通、生态、文化、社区等四个方面，针对城心区提出“密交通”、“网生态”、“萃文化”、“集社区”策略，针对边缘区提出“多交通”、“蔓生态”、“泛文化”、“链社区”策略，并提出依托这八大策略，将海河与环城铁路构建成空间互通、功能互补、人群互动的空间关系。借此，我们依据铁路的不同空间形态和适宜的策略类型，选出六块具有典型性、代表性的地块进行深入城市设计，包含所有的铁路形态和方案策略，分别是南口路——业缘修复节点，小三线——社区连接体，十五经路——都市休闲跑道，第一热电厂——城市文化名片，李七庄——共享市井集市，西营门——边缘活力核。以六个地块的城市设计落实整环铁路的八大策略，并回答环城铁路周边地区存在的业缘关系破裂、道路交通阻隔、社区服务缺失、都市文化单极、市井生活失活、边缘中心不足等问题。此外，各个地块的具体设计内容涉及高架铁路、地面铁路、临河铁路、铁路编组站等不同的铁路空间设计。八大策略、六个地块的设计适用于环城铁路周边地区中其他需要修复的片区和节点，我们以针灸的方式，对环城铁路进行通筋舒脉，在存量更新的时代下以节点修复的微创手法，对铁路空间进行设计，从而构筑完整的铁路空间重塑。

The design of the six-university joint of Tianjin University is based on the research framework of the railway in the downtown area of Tianjin. We comb through the course of the history of Tianjin city development, found the ring rail on location factors of city development, thus large extend of the Haihe River to Tianjin city center ring railway lines, divided into east ring heart, western part at the edge of the two different attributes, and through the traffic, ecology, culture, community and so on four aspects of ring rail what difference comparison, discovered the east ring the heart and the western edge of the problems facing now different, the development opportunity, the role of urban development in the future are also different. We hereby put forward the "rail solution city living heart, pillow edge" of the overall design goal, and will target decomposition, induction to the transportation, ecology, culture, community and so on four aspects, in view of the city core area put forward "dense traffic", "net ecology" and "extraction culture", "set community", such as strategy, in view of the fringe area put forward the "more traffic", "tendril ecology", "suffused with culture", "chain community", such as strategy, and put forward based on the eight strategies, the Haihe river traffic with ring railway built into space, function complementary, the crowd interaction relations of space. Whereby we according to different space form and the appropriate strategy of rail type, select six typical and representative plots of land for urban design, form and contains all the railway plan strategy, respectively is Nan kou road - industry margin repair node, small third line - community connection body, fifteenth road - urban leisure runway, first thermal power plant - the city's cultural card, Li qi zhuang - street market share, Xi ying men - edge energy of nuclear. With six plot of urban design to carry out the whole ring railway eight strategies, surrounding areas and answer ring railway existing industry edge broken relationships, loss of road traffic block, community service, urban culture and street life unipolar, inactivation, edge center problems such as insufficient. In addition, the specific design content of each plot involves different railway space design, such as elevated railway, ground railway, riverside railway and railway marshalling station. Eight strategies, six block design is suitable for the ring rail in the surrounding areas to other area need to be repair and node, we, in the form of acupuncture to through pulse the ring railway in stock update the repair at the nodes under the era of minimally invasive technique, to design the railway space, so as to build a complete railway spatial reshaping.

上位规划

(1) 国家层面

"一带一路"规划

- 海上丝绸之路的重要战略支点
- 新亚欧大陆桥经济走廊的东部起点
- 中蒙俄经济走廊的东部重要节点
- 沿海经济带的北部中心枢纽

《全国城镇体系规划(2006~2020年)》

- 沿海城镇带北部的国家中心城市
- 京津冀重点城镇群的中心城市
- 国家一级综合交通枢纽城市

(2) 区域层面

《京津冀协同规划发展纲要》

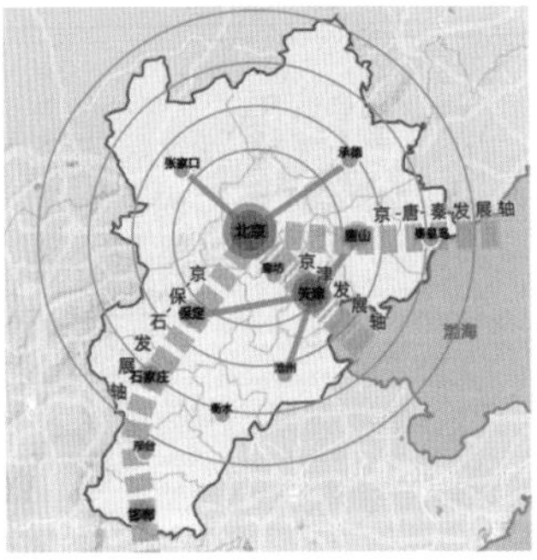
北京
天津
京·唐·秦·发展轴
京保石发展轴
京津发展轴
渤海

(3) 天津层面

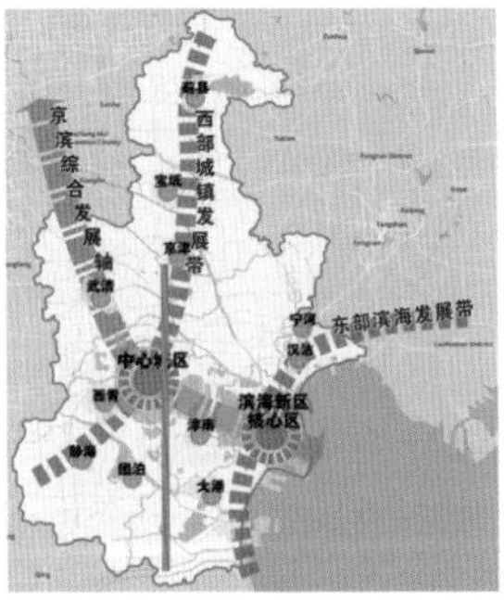
京滨综合发展轴
西部城镇发展带
东部滨海发展带
中心城区
滨海新区核心区

(4) 天津中心城区层面

中心城区"两主一副"中心结构

一主：小白楼地区城市主中心

两副：西站副中心：市内重要交通枢纽，建设成为集商务金融、商业贸易、文化休闲居住于一体的，展现天津崭新城市形象的综合性城市副中心。

天钢柳林副中心：以副中心建设和滨水区提升为契机，建设成为展现天津大气、洋气城市形象的生态型城市副中心。

公路绿道
铁路绿道
湿地修复

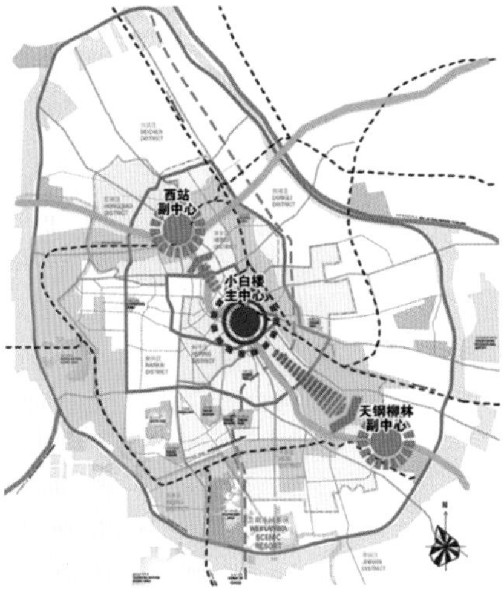
西站副中心
小白楼主中心
天钢柳林副中心

以公共交通为主导的城市交通系统

轨道交通
Rail Transit
常规公交
Bus
BUS

活力公共空间塑造

曲艺文化
滨水空间
租界文化
工业遗产
现代都市
市井生活

历史沿革概述

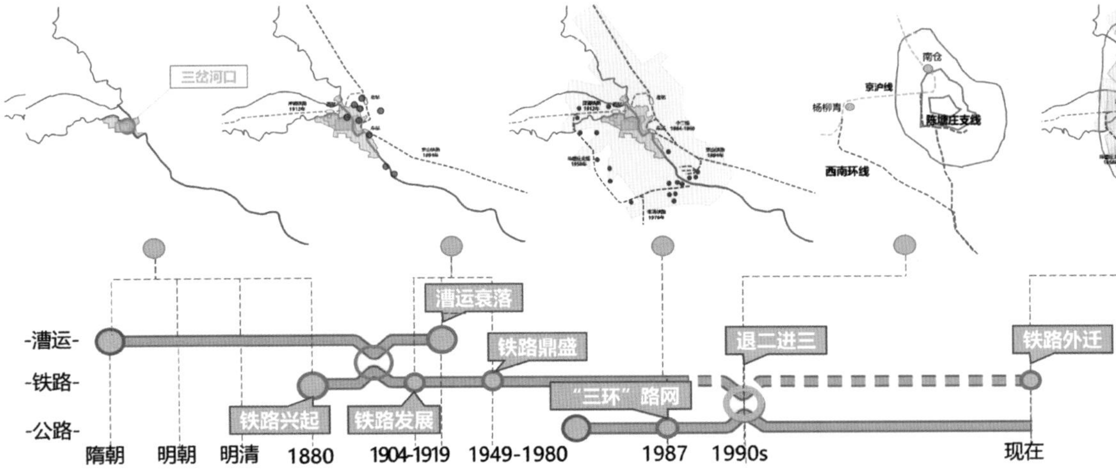
三岔河口
南仓
京沪线
杨柳青
陈塘庄支线
西南环线
-漕运-
-铁路-
-公路-
漕运衰落
铁路鼎盛
退二进三
铁路外迁
"三环"路网
铁路兴起
铁路发展
隋朝
明朝
明清
1880
1904-1919
1949-1980
1987
1990s
现在

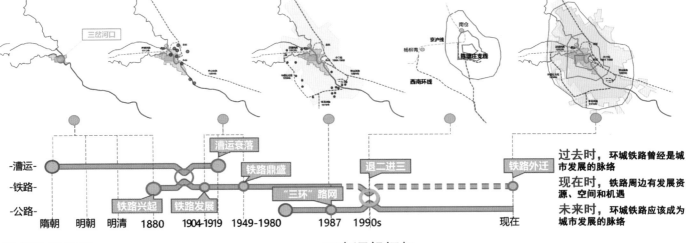

过去时，环城铁路曾经是城市发展的脉络

现在时，铁路周边有发展资源、空间和机遇

未来时，环城铁路应该成为城市发展的脉络

新老脉络关系

铁路与城市现有的发展脉络是什么关系呢?

铁路与海河交织

海河自然地将环城铁路分为东、西两个区域

铁路东西半环之间有怎样的关系呢?

从历史发展来看

环城铁路东部已位于城市中心区

西部仍位于城市边缘区

东部位于天津内环线与中环线之间；西部位于天津中环线与外环线之间

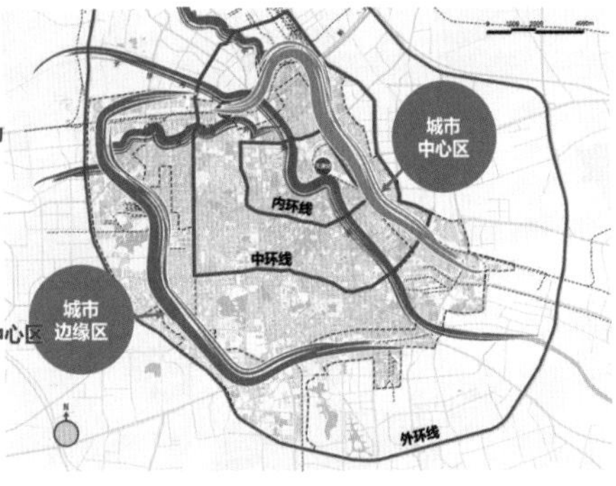
城市中心区
城市边缘区
内环线
中环线
外环线

研究逻辑框架

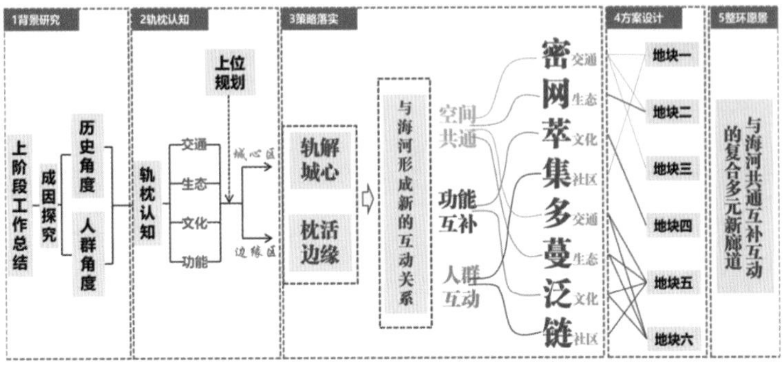
1背景研究
2轨枕认知
3策略落实
4方案设计
5愿景
上阶段工作总结
成因探究
历史角度
人群角度
轨枕认知
上位规划
交通
生态
文化
功能
城心区
边缘区
轨解城心
枕活边缘
与海河形成新的互动关系
空间共通
功能互补
人群互动
密 交通
网 生态
萃 文化
集 社区
多 交通
蔓 生态
泛 文化
链 社区
地块一
地块二
地块三
地块四
地块五
地块六
与海河共通互补互动的复合多元新廊道

成因分析

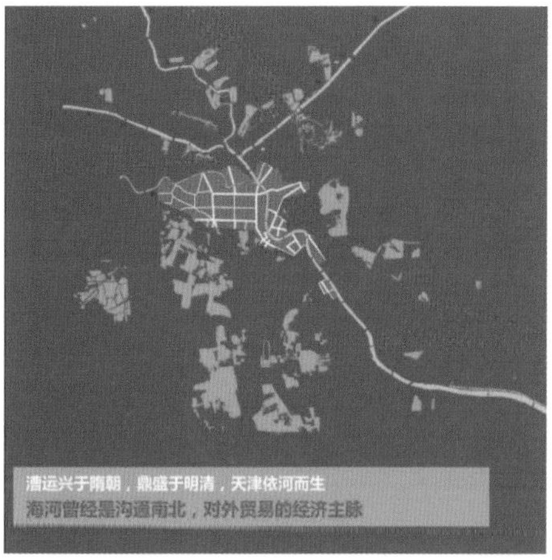
漕运兴于隋朝，鼎盛于明清，天津依河而生
海河曾经是沟通南北，对外贸易的经济主脉

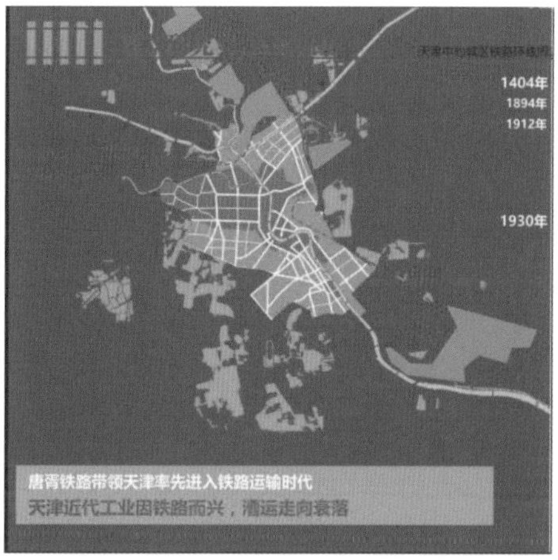
1404年
1894年
1912年
1930年
唐胥铁路带领天津率先进入铁路运输时代
天津近代工业因铁路而兴，漕运走向衰落

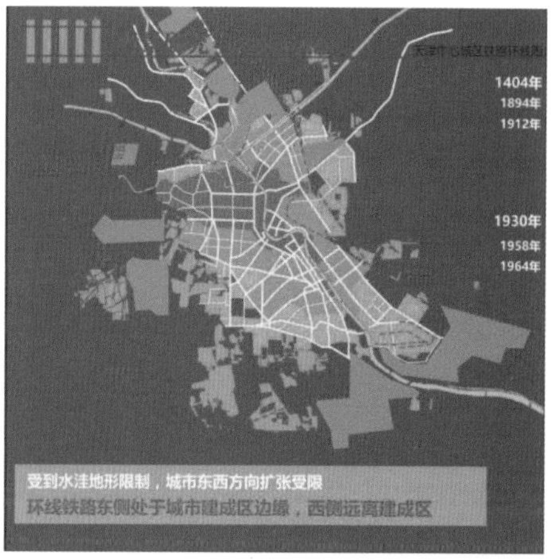
1404年
1894年
1912年
1930年
1958年
1964年
受到水洼地形限制，城市东西方向扩张受限
环线铁路东侧处于城市建成区边缘，西侧远离建成区

1404年
1894年
1912年
1930年
1958年
1964年
1976年
1980年
城市东西向扩张，西边面积略大于东边
环线铁路东侧已位于城市建成区内部，西侧依然处于郊区

三环路网成型，鸭梨结构出现
环线铁路东侧位于内环中环之间，西侧位于中环外环之间

1404年
1894年
1912年
城市继续向外扩张，产业结构调整
环线铁路东侧位于建成区中心，西侧位于城郊结合处

策略定位

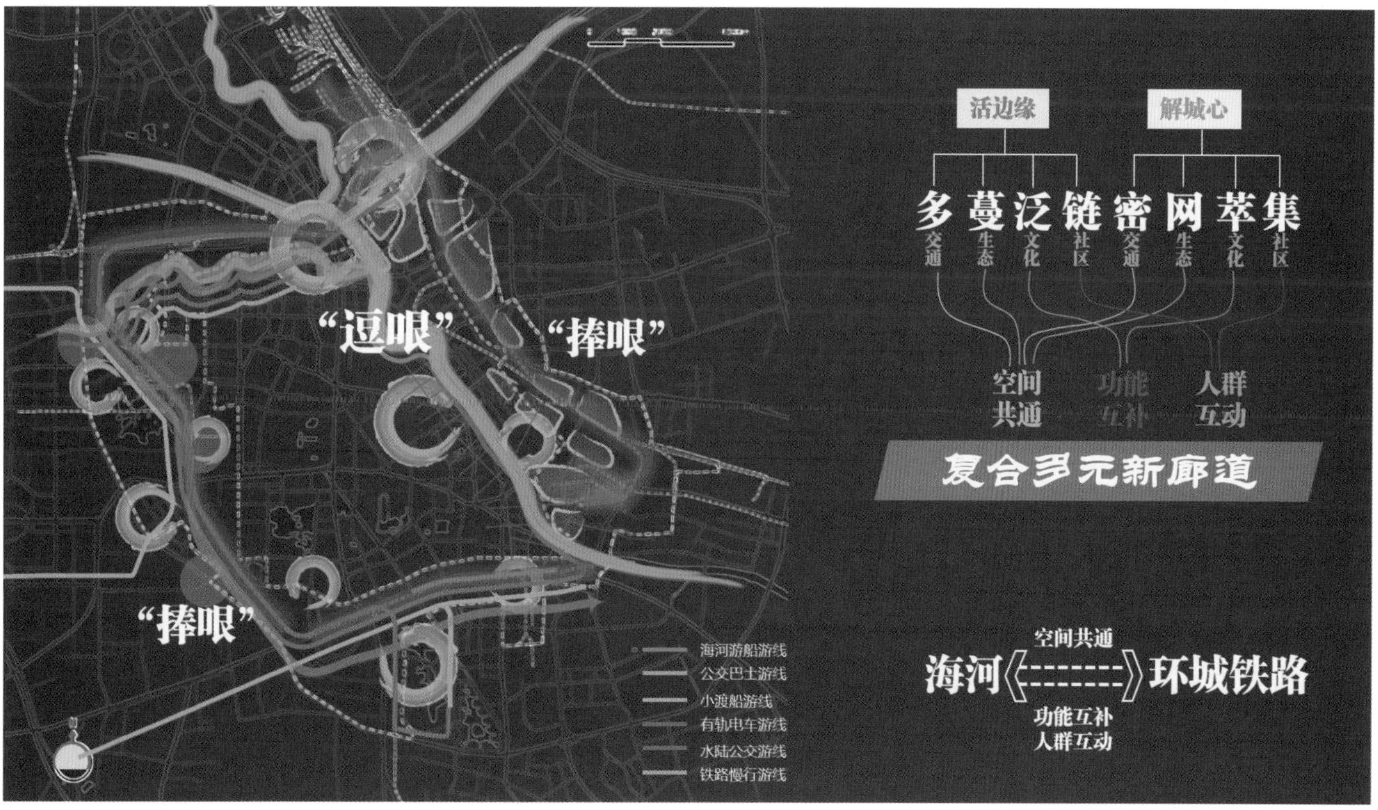
“逗哏”
“捧哏”
“捧哏”
海河游船游线
公交巴士游线
小渡船游线
有轨电车游线
水陆公交游线
铁路慢行游线
活边缘
解城心
多 蔓 泛 链 密 网 萃 集
交通 生态 文化 社区 交通 生态 文化 社区
空间共通
功能互补
人群互动
复合多元新廊道
空间共通
海河《-------》环城铁路
功能互补
人群互动

交通资源分析

穿行度高
穿行度低

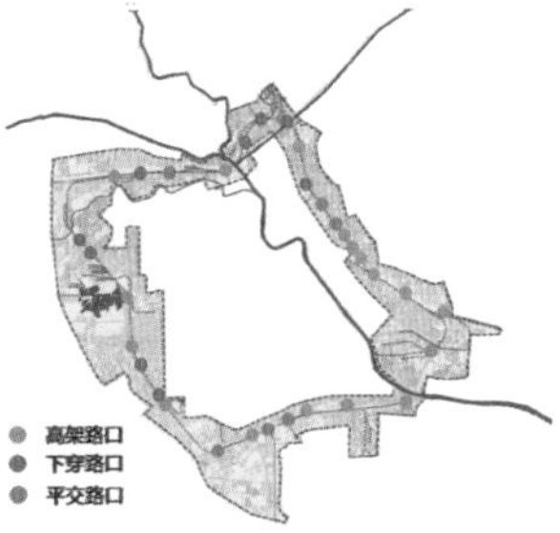
高架路口
下穿路口
平交路口

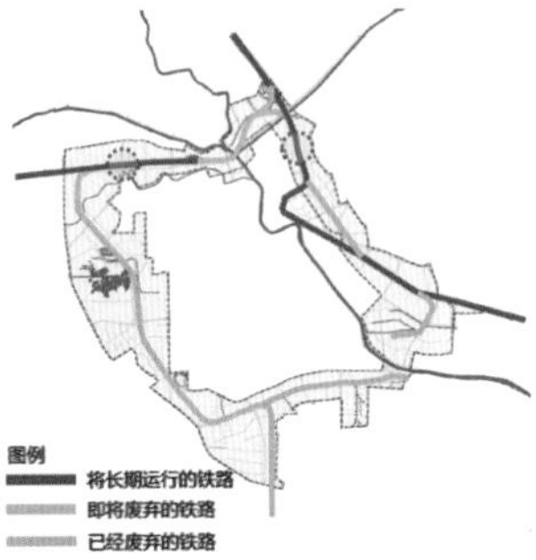
图例
将长期运行的铁路
即将废弃的铁路
已经废弃的铁路

城 心

- 干道网密度较高2.8km/km²，穿行度较高。

铁路与公路交叉口形式

高架	下穿	平交	总计
10	4	2	16

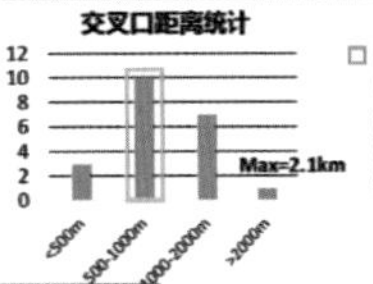
交叉口距离统计
Max=2.1km
<500m
500-1000m
1000-2000m
>2000m

- 交叉口距离较近，以500~1000m的高架路口为主。

边 缘

- 干道网密度较低2.4km/km²，穿行度较低。

铁路与公路交叉口形式

高架	下穿	平交	总计
8	5	4	17

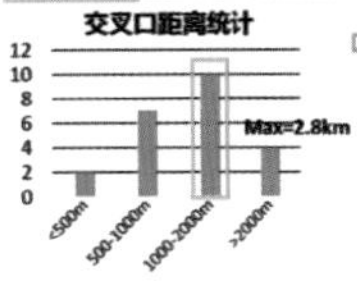
交叉口距离统计
Max=2.8km
<500m
500-1000m
1000-2000m
>2000m

- 交叉口距离较远，以1000~2000m的高架或下穿路口为主。

城 心

- 天津站，天津北站两个重要交通枢纽站。

已建站点	19个	规划站点	0个
在建站点	6个	总计	25个
范围内线路长度	33904m		
500m半径覆盖率	32.4%		
800m半径覆盖率	73.0%		

边 缘

已建站点	12个	规划站点	9个
在建站点	7个	总计	28个
范围内线路长度	11864m		
500m半径覆盖率	25.9%		
800m半径覆盖率	60.3%		

交通复杂，铁路阻隔作用强
由铁路造成的断头路
23个
断头路密度
0.92个/km²
由铁路造成的断头路
14个
断头路密度
0.35个/km²
道路网密度低，路网体系不全
快速路
主干道
次干道
支 路
断头路

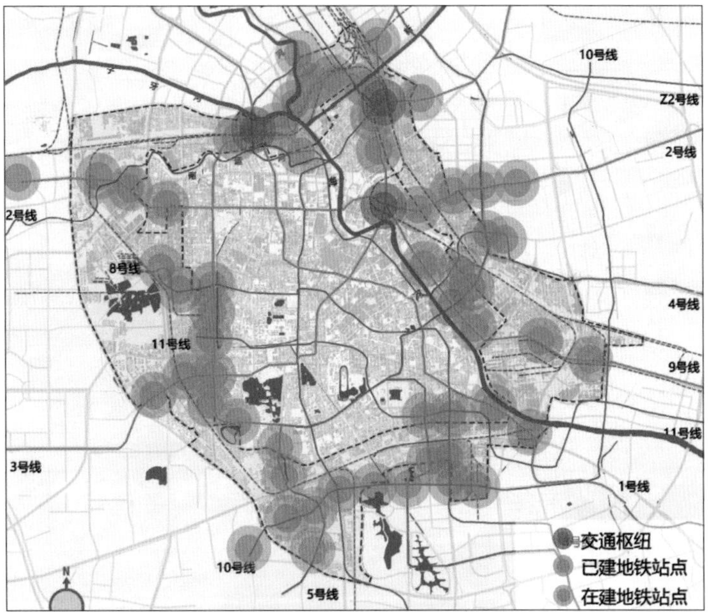
10号线
Z2号线
2号线
2号线
8号线
4号线
11号线
9号线
11号线
3号线
1号线
10号线
5号线
交通枢纽
已建地铁站点
在建地铁站点

产业服务分析

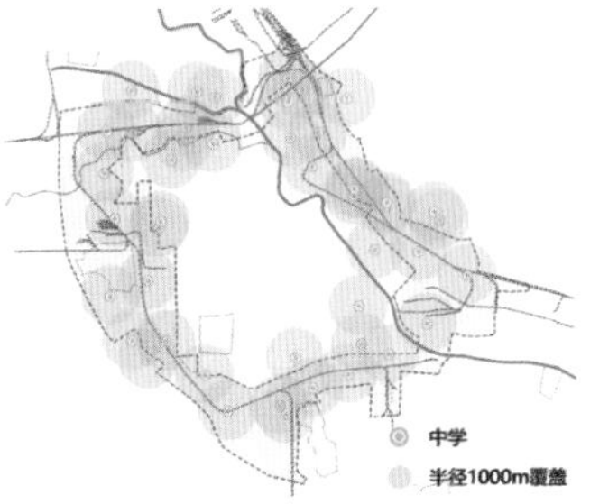
中学
半径1000m覆盖

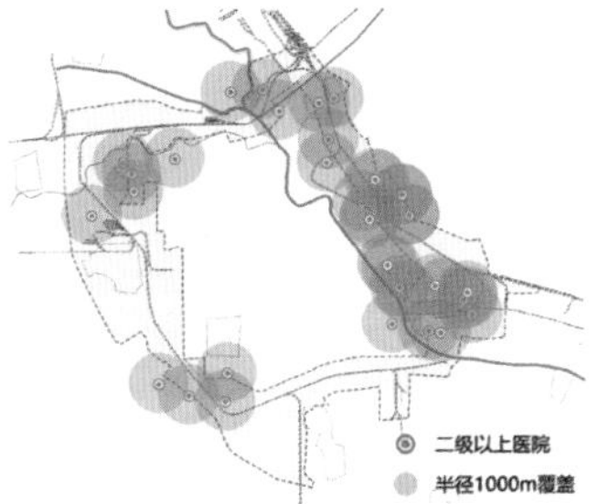
二级以上医院
半径1000m覆盖

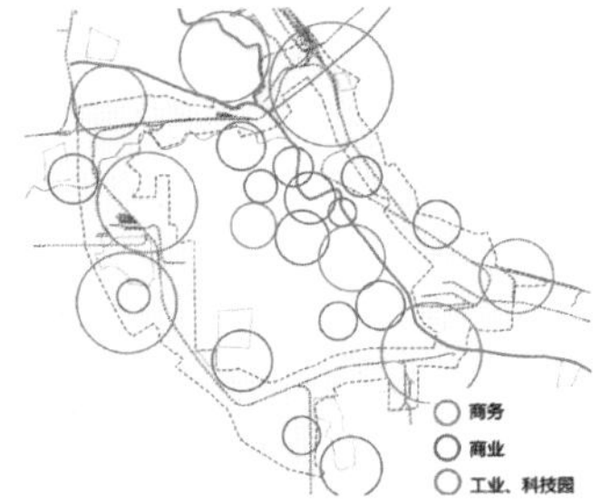
商务
商业
工业、科技园

城 心

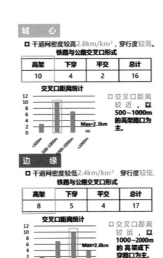

- 铁轨周边地区以居住用地为主，二类居住用地较多。
- 沿线商业服务业未形成集聚效应，用地分散。
- 铁轨北端、东南端工业用地及闲置用地集中，土地利用效益较低。

7.79%
0.32%
2.09%
30.41%
5.65%
7.84%
21.33%
3.69%
7.86%
0.81%
7.48%
4.73%
一类居住
二类居住
三类居住
公共管理与服务
商业服务业设施
工业用地
物流仓储
道路与交通设施
公用设施
绿地与广场
水域
闲置用地

城心用地结构不匹配区位，效益低

边 缘

- 铁轨周边地区存有约9.3平方公里的闲置用地，分布较为集中。
- 以二类居住用地为多，服务配套规模不足。

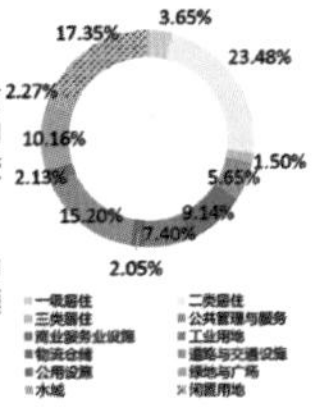
17.35%
3.65%
23.48%
2.27%
10.16%
1.50%
2.13%
5.65%
15.20%
9.14%
7.40%
2.05%
一类居住
二类居住
三类居住
公共管理与服务
商业服务业设施
工业用地
物流仓储
道路与交通设施
公用设施
绿地与广场
水域
闲置用地

边缘闲置用地多，公用配套不足

城 心

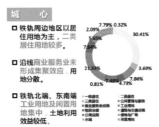

- 教育、医疗配套覆盖率较高，基本达到全覆盖。
- 周边地区产业结构较为复合。

科技园区
商业
商务
工业

	数量	覆盖率
中学	20个	100%
二级以上医院	23个	95%

边 缘

科技园区
商业
工业

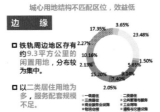

- 教育设施覆盖率较高可基本满足生活需求。
- 医疗设施明显不足覆盖率较低。

	数量	覆盖率
中学	25个	90%
二级以上医院	9个	20%

- 铁轨周边地区产业结构相对单一，工业科技园区与商业气氛浓厚。
- 产业园区尤为集中且成体系。

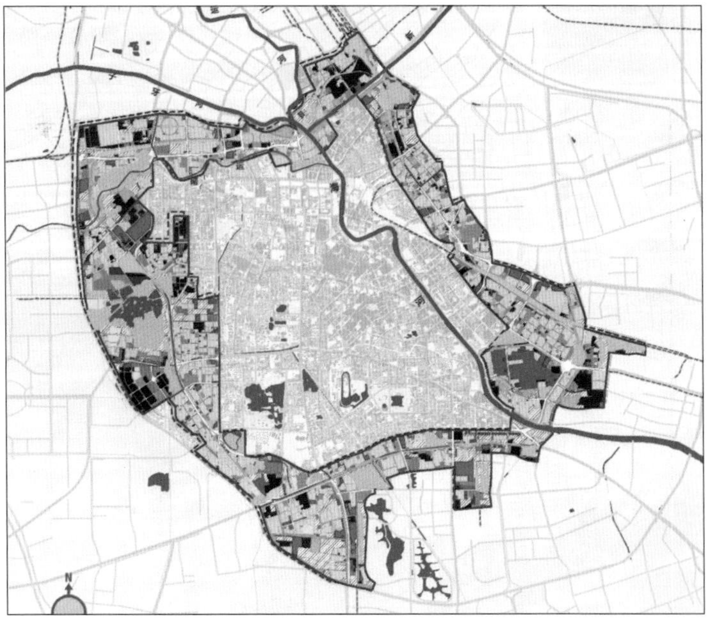

生态资源分析

对天津铁路环线周边公园绿地进行统计可以看出城心与边缘区域生态资源的差异，并依据铁路形式对铁路与人亲近程度进行打分，城心和边缘区也有较大差异。

城　心

	绿化数量	环境品质
大型公园	3个	★★★☆☆
小游园	8个	★★★★☆
街头绿地	12个	★★★☆☆

- 铁轨周边地区已建成绿地环境品质较好。
- 中小型绿地居多，缺少大规模的生态绿地。辐射性差。

边　缘

	绿化数量	环境品质
大型公园	4个	★★★☆☆
小游园	6个	★☆☆☆☆
街头绿地	10个	★☆☆☆☆

- 铁轨周边地区大型生态资源多，但部分未被很好开发，生态价值有待发掘。
- 社区绿地稀缺，慢行空间品质差。

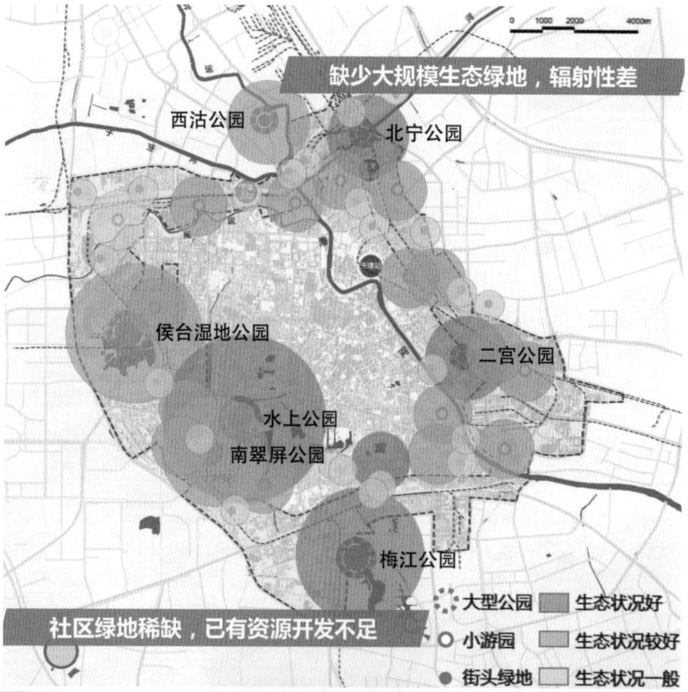

缺少大规模生态绿地，辐射性差
西沽公园
北宁公园
侯台湿地公园
二宫公园
水上公园
南翠屏公园
梅江公园
社区绿地稀缺，已有资源开发不足
大型公园
小游园
街头绿地
生态状况好
生态状况较好
生态状况一般

铁路与人亲近程度
京沪线
京山线
新四路
京山线
月牙河
复兴河
四化河
陈台子排水河
莆阳路
图例

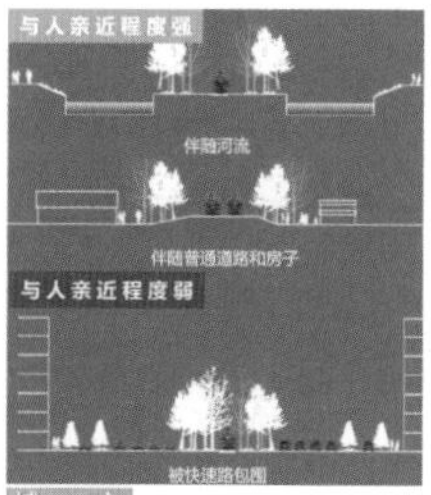

与人亲近程度强
伴随河流
伴随普通道路和房子
与人亲近程度弱
被快速路包围

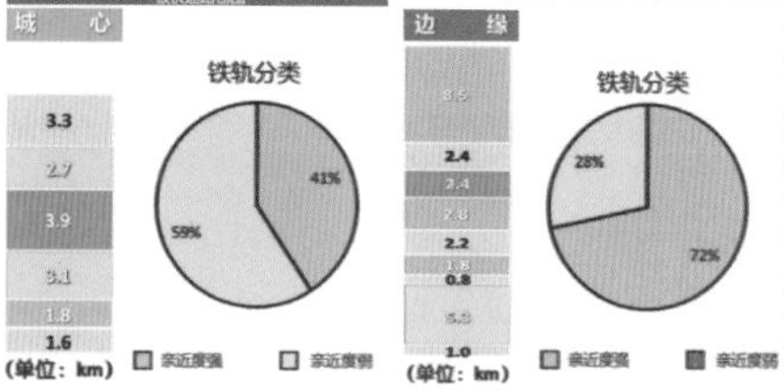

城　心
铁轨分类
3.3
2.7
3.9
1.8
1.6
41%
59%
(单位：km)
亲近度强
亲近度弱
边　缘
铁轨分类
2.4
2.2
0.8
1.0
28%
72%
(单位：km)
亲近度强
亲近度弱

防护林
①降低噪声对人干扰
②将人和轨道隔离开来

线性森林公园
①能够为人提供绿荫
②创造景观和生态价值

文化资源分析

天津环城铁路周边存在有大量的工业遗存及工业记忆，对其进行分类筛选后发现，城心区工业遗存较多，但所代表的原生文化被现代商业化所冲击，难以实现继承与更新；而边缘区遗存多为中华人民共和国成立后现代新生产业，缺乏注入活力的新生文化。

同时，铁路本身也存在着东半环与西半环建设时间差异的现象，其所承担的文化记忆和文化活动也有很大不同。

清末明初以及日军占领时期
近代产业发展鼎盛时期
中华人民共和国成立后现代产业发展期
新兴产业发展时期
1937 天津动力机厂
1909 津浦路西沽机厂
1957 外贸地毯厂
1938 解放军三五二六厂
意库创意街
1902 福聚兴机器厂
天汽南开工业园
1946 天津纺织机械厂
五金城
绿岭创意产业园
1951 天津针织厂
1956 天津拖拉机厂
太阳树创意产业园
海泰火炬创业园
1915 宝成裕大纱厂
1954 渤海无线电厂
1935 天津轧钢厂
1935 天津钢厂
凌奥产业园
1950

原生文化难以实现传承与更新
缺少能注入生活活力的新生文化
运河文化空间
1949年以前工业遗存
1949~1990年工业遗存
1990年之后工业遗存
其他文化空间

城　心
拥有较多的运河文化空间和工业遗存，作为天津原生文化的载体。
原生文化危机
漕运商贸
海河水运功能的衰退丧失
码头公园运河公园单一开发
运河文化空间模式单一，开发有余，活力不足。
大规模工业化生产
工业外迁现代商业文化元素入侵
遗产价值缺失文脉断裂
工业功能迁出，近现代工业文化何去何从。
边　缘
遗存数量少。文化空间缺失，缺少文化氛围和认同感。
新生文化困境
新文化的激活点极少且结构松散，联系性差，无法激活新区域。
缺少体现市井生活氛围的文化空间。
层次文化消费意识薄弱，文化活动与记忆断层。

地块内主要铁路及建成时间
1964-1980
1881
1959
1983

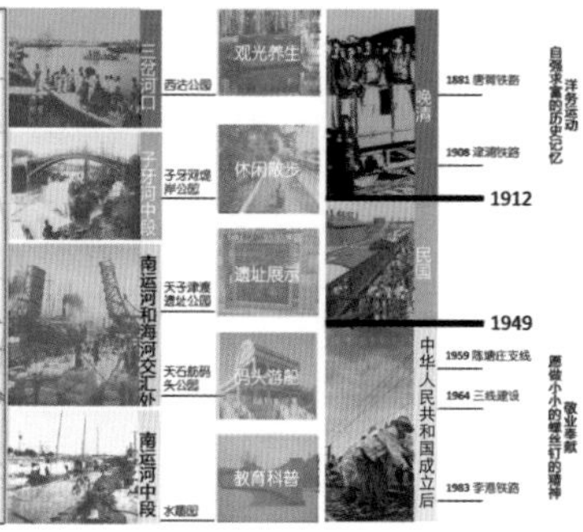

西沽公园
观光养生
子牙河湾子公园
休闲散步
天子津渡遗址公园
遗址展示
天石船坞头公园
南运河和海河交汇处
南运河中段
水稻园
教育科普
清
民国
中华人民共和国成立后
1881 唐胥铁路
1908 津浦铁路
1912
1949
1959 陈塘庄支线
1964 三线建设
1983 李港铁路

工业遗存受到现代商业化冲击

第七棉纺厂
天汽南开工业园
意库创业园区
融创中心（天津拖拉机厂）

工业遗存保护价值和情感价值高

天津纺织机械厂
津浦路西沽机厂
棉三街区（宝成裕大纱厂）
天津钢厂

与海河互动

——空间共通 功能互补 人群互动

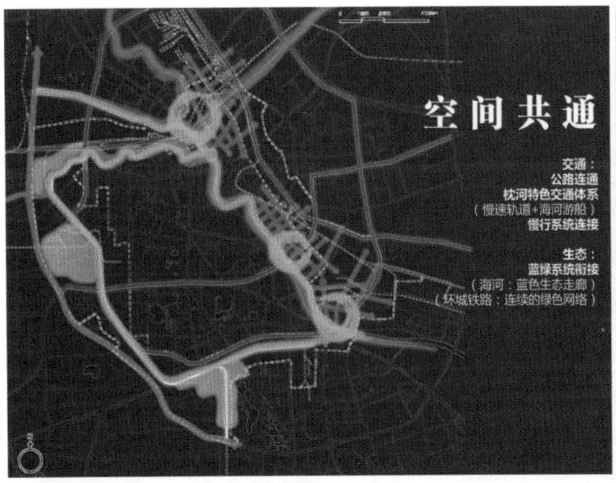
空间共通
交通：
公路连通
枕河特色交通体系
（慢速轨道+海河游船）
慢行系统连接
生态：
蓝绿系统衔接
（海河：蓝色生态走廊）
（环城铁路：连续的绿色网络）

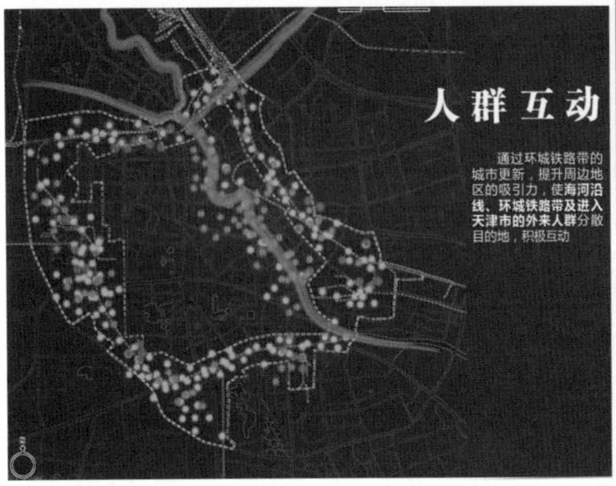
人群互动
通过环城铁路带的城市更新，提升周边地区的吸引力，使海河沿线、环城铁路带及进入天津市的外来人群分散目的地，积极互动

功能互补
商业商务
传统商贸
租界文化旅游
海河观光
工业文化体验
湿河文化博览
文化创意
商业中心
金融商务
传统商贸
湿地观光
休闲娱乐
社区服务
智慧城
市井商业
海河功能：
租界文化旅游
海河观光
金融商务
传统商贸
商业中心
休闲娱乐
智慧城
铁路环线功能：
工业文化体验
运河文化博览
传统商贸
文化创意
休闲娱乐
市井商业
湿地观光
社区服务

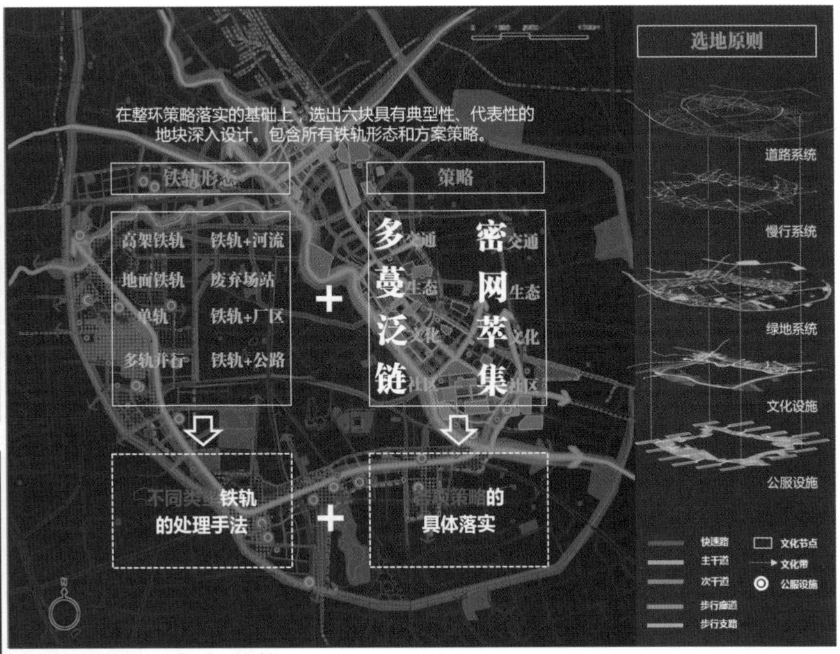
在整环策略落实的基础上，选出六块具有典型性、代表性的地块深入设计。包含所有铁轨形态和方案策略。
铁轨形态
策略
高架铁轨
铁轨+河流
地面铁轨
废弃场站
单轨
铁轨+厂区
多轨并行
铁轨+公路
多交通
蔓生态
泛文化
链社区
密交通
网生态
萃文化
集社区
不同类型铁轨的处理手法
策略的具体落实
选地原则
道路系统
慢行系统
绿地系统
文化设施
公服设施
快速路
主干道
次干道
步行廊道
步行支路
文化节点
文化带
公服设施

选地原则 + 地块定位

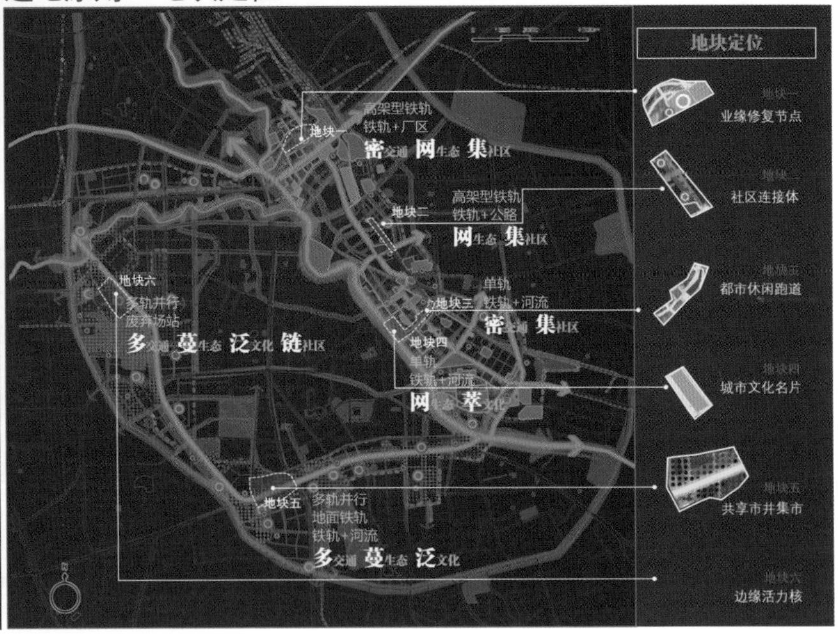
地块定位
地块一
高架型铁轨
铁轨+厂区
密交通 网生态 集社区
地块二
高架型铁轨
铁轨+公路
网生态 集社区
地块三
单轨
铁轨+河流
密交通 集社区
地块四
单轨
铁轨+河流
网生态 萃文化
地块五
多轨并行
地面铁轨
铁轨+河流
多交通 蔓生态 泛文化
地块六
多轨并行
废弃场站
多交通 蔓生态 泛文化 链社区
地块一
业缘修复节点
地块二
社区连接体
地块三
都市休闲跑道
地块四
城市文化名片
地块五
共享市井集市
地块六
边缘活力核

密交通策略

密·交通

窄街密网、
便捷高效的
交通体系

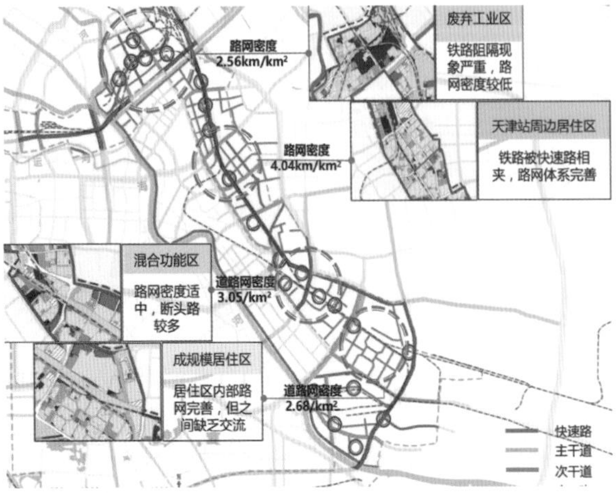
路网密度
2.56km/km²
废弃工业区
铁路阻隔现象严重，路网密度较低
路网密度
4.04km/km²
天津站周边居住区
铁路被快速路相夹，路网体系完善
混合功能区
路网密度适中，断头路较多
路网密度
3.05/km²
成规模居住区
居住区内部路网完善，但之间缺乏交流
道路网密度
2.68/km²
快速路
主干道
次干道

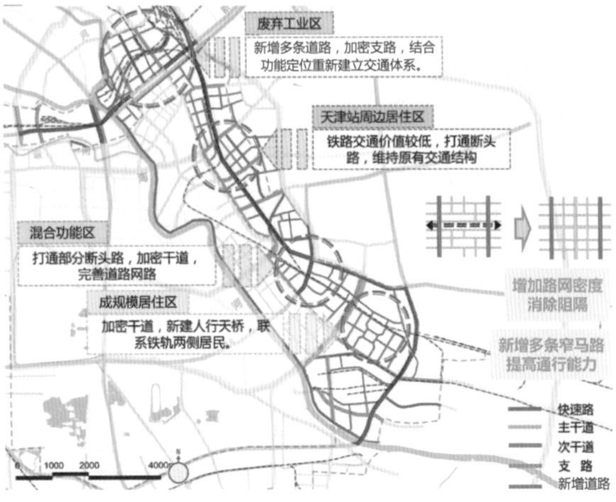
废弃工业区
新增多条道路，加密支路，结合功能定位重新建立交通体系。
天津站周边居住区
铁路交通价值较低，打通断头路，维持原有交通结构
混合功能区
打通部分断头路，加密干道，完善道路网络
成规模居住区
加密干道，新建人行天桥，联系铁轨两侧居民。
增加路网密度
消除阻隔
新增多条窄马路
提高通行能力
快速路
主干道
次干道
支路
新增道路
0 1000 2000 4000

交通策略

——网生态 蔓生态

设计说明

以交通作为环城铁路与海河空间互通的重要部分，提出了密交通和多交通的东西策略。

密交通指窄街密网、便捷高效的交通体系；多交通指换乘多样，快慢结合的交通体系。

东环化阻为联，西环多线交通，与海河互补、衔接，构建起枕河之间的环线交通体系。

多交通策略

连接天津西站和梅江会展中心

快慢结合 满足高效通勤和旅游观光需要

快速段站点间距 1~1.5km 时速60~70km/h; 慢速段站点间距 500~600m 时速20~30km/h

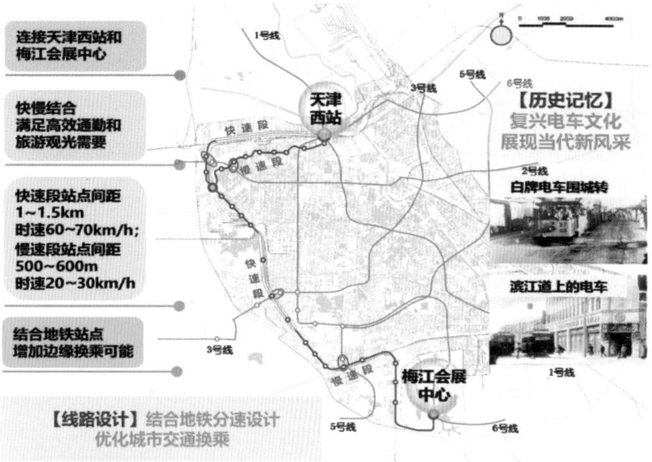

连接天津西站和梅江会展中心
快慢结合 满足高效通勤和旅游观光需要
快速段站点间距 1~1.5km 时速60~70km/h; 慢速段站点间距 500~600m 时速20~30km/h
结合地铁站点 增加边缘换乘可能
1号线
3号线
5号线
6号线
2号线
天津西站
快速段
慢速段
梅江会展中心
【历史记忆】复兴电车文化 展现当代新风采
白牌电车围城转
滨江道上的电车
【线路设计】结合地铁分速设计 优化城市交通换乘

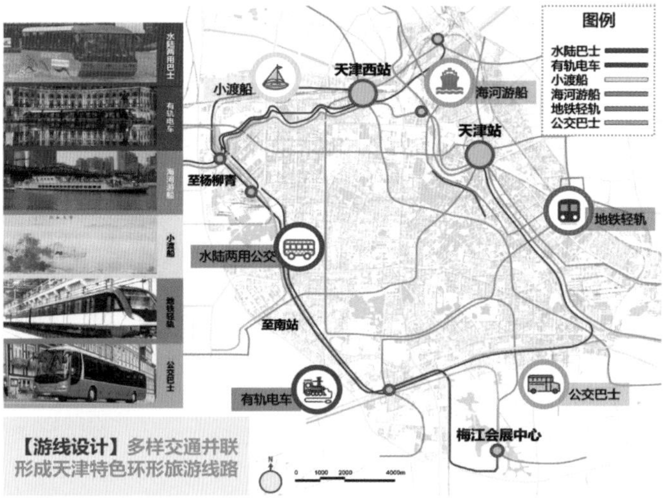

图例
水陆巴士
有轨电车
小渡船
海河游船
地铁轻轨
公交巴士
小渡船
天津西站
海河游船
天津站
至杨柳青
地铁轻轨
水陆两用公交
至南站
有轨电车
公交巴士
梅江会展中心
【游线设计】多样交通并联 形成天津特色环形旅游线路

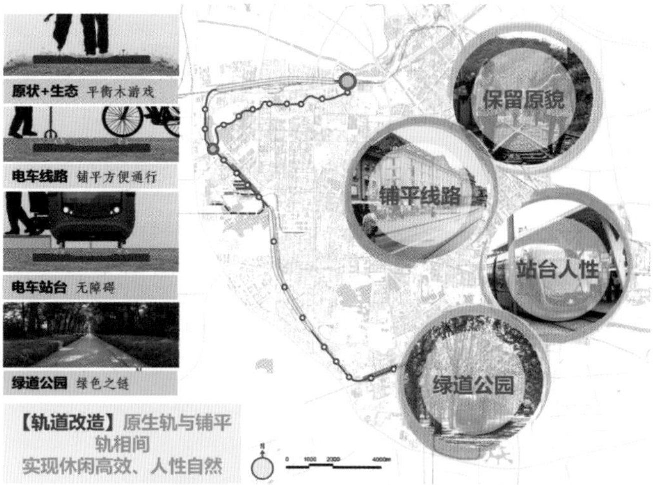

原状+生态 平衡木游戏
电车线路 铺平方便通行
电车站台 无障碍
绿道公园 绿色之链
保留原貌
铺平线路
站台人性
绿道公园
【轨道改造】原生轨与铺平轨相间 实现休闲高效、人性自然

交通系统规划

小渡船
海河游船
地铁轻轨
水陆两用公交
公交巴士
有轨电车
环线交通体系
"枕河之间"

东环：化阻为联，加强轨枕内外联系，增强与海河互动

西环：特色交通，多层次交通系统互补衔接，服务旅游与通勤。

交通策略：东环窄路密网西环多轨换乘

城心区域解决铁路造成的交通阻隔，结合绿化建立慢行系统，与海河联通。

边缘区域利用多重交通方式增强地块联系，与海河并联形成完整游线。

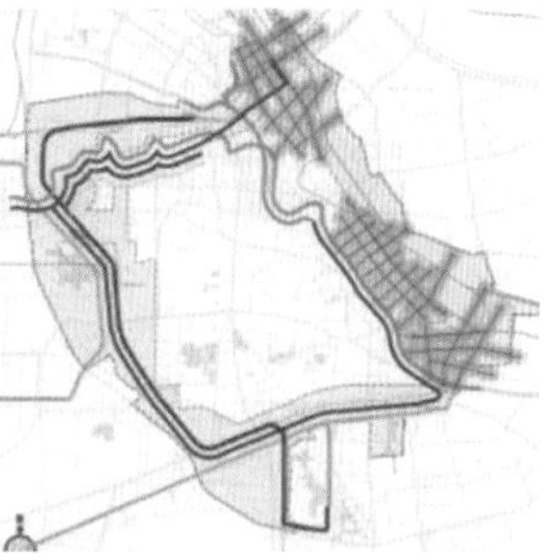

车行系统：建立完善的路网结构

高等级道路加修辅路，拉通断头路，补充支路网密度，完善路网结构，增强交通可达性和通畅度。

步行系统：依托绿地系统构建网络

主要步行廊道：海河、南运河景观步行廊道
次要步行廊道：串联公园绿地节点
步行支路：疏通步行障碍

生态策略

——网生态 蔓生态

设计说明

生态方面，在城心区和边缘区分别提出蔓生态和网生态的策略，作为环城铁路与海河空间互通的重要部分。

城心区碧轨联结，打造绿色生态街网，镶嵌街角公园，改善人居环境。同时结合铁路高架和周边的大体量建筑，进行竖向生态设计。局部采用屋顶绿化和叠落公园的形式，丰富高架景观，也创造更多交流场所。

边缘区将南运河两岸与废弃的陈唐庄支线和李港铁路相连，与海河衔接，形成一条绿色廊道。延展出一条条生态末梢，串接侯台湿地公园等城市绿地。针对边缘区社区绿化稀缺的现状，与景观廊道相联系，蔓延生长出许多小的社区公园，联动发展绿色社区。

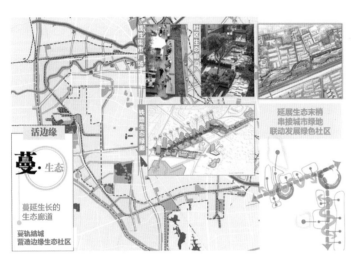

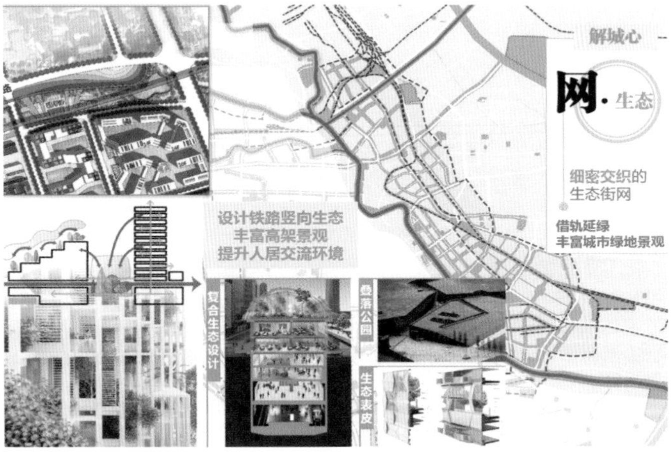
解城心
网·生态
细密交织的生态街网
借轨延绿
丰富城市绿地景观
设计铁路竖向生态
丰富高架景观
提升人居交流环境
复合生态设计
叠落公园
生态表皮

活边缘
蔓·生态
蔓延生长的生态廊道
蔓轨结城
营造边缘生态社区
铁路生态绿廊
社区生态廊道
延展生态末梢
串接城市绿地
联动发展绿色社区

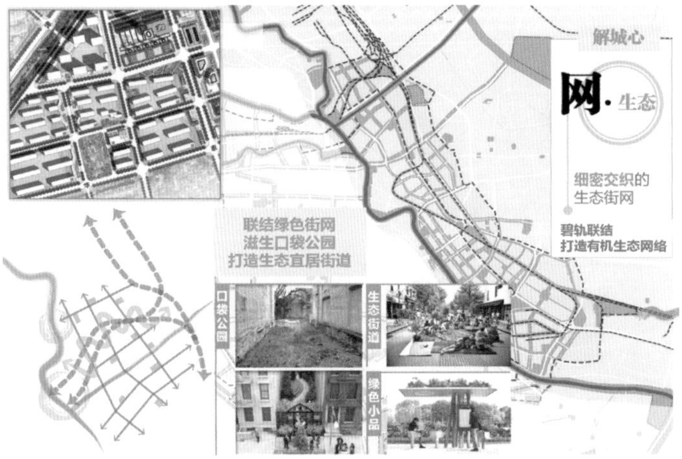
解城心
网·生态
细密交织的生态街网
碧轨联结
打造有机生态网络
联结绿色街网
滋生口袋公园
打造生态宜居街道
口袋公园
生态街道
绿色小品

生态系统规划

北运河生态廊道
新开河生态廊道
子牙河生态廊道
月牙河水系
海河生态廊道
卫津河水系
外环河水系
城市绿地空间系统
"两环四射多廊道"

外环：外环路绿带

内环：环城铁路绿带

四射：四条一级河道河岸绿地

多廊道：各快速路主干道防护绿化

生态策略：东环成网西环藤蔓

城心区域形成细密街网的绿化网络。打通与海河生态廊道的联系。

边缘区域依托铁路环线绿化，形成蔓延绿廊的生态体系。

生态斑块：城市绿色开放空间重要节点

依托环线铁道绿廊,串联自然湿地、公园绿地等各类大小生态斑块。

生态廊道：蓝绿廊道构建生态骨架

构建以河流蓝道河岸绿地为主线，以铁轨绿道、外环路防护绿地为辅线的生态廊道结构。完善城市生态骨架。

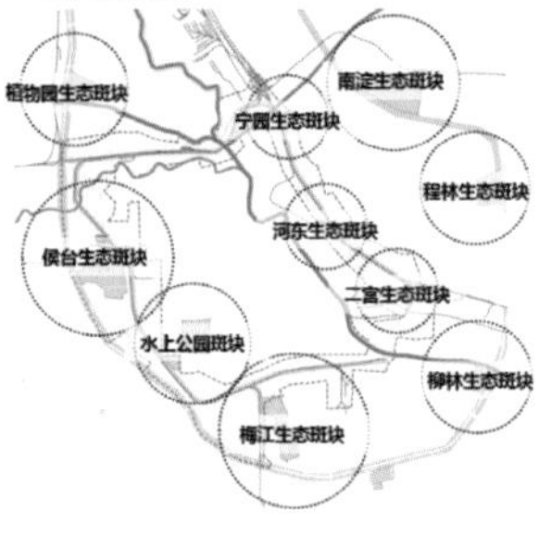
植物园生态斑块
南淀生态斑块
宁园生态斑块
程林生态斑块
河东生态斑块
侯台生态斑块
二宫生态斑块
水上公园斑块
柳林生态斑块
梅江生态斑块

北运河生态廊道
子牙河生态廊道
新开河生态廊道
海河生态廊道
海河生态廊道

文化策略

——泛文化 萃文化

设计说明

以文化作为环城铁路与海河功能互补的重要部分，提出了萃文化和泛文化的东西策略。

萃文化是指萃源津城历史精华的多元文化名片，泛文化是指利用线性的空间发展社区化、流动化、活态化的文化活动。通过萃文化、泛文化形成东侧片区联结，西侧环线串联的文化结构。依托铁路文化结构，布置符合各类人群需求的活动。

0 1000 2000 4000m
东联结 西环线
东环:萃取多元文化热点，形成活力片区
结合蓝绿慢行网络，联络海河轴带
西环:活化轨枕空间，串联多元功能节点
链接蓝绿体系，复合枕河环城游线

萃文化策略

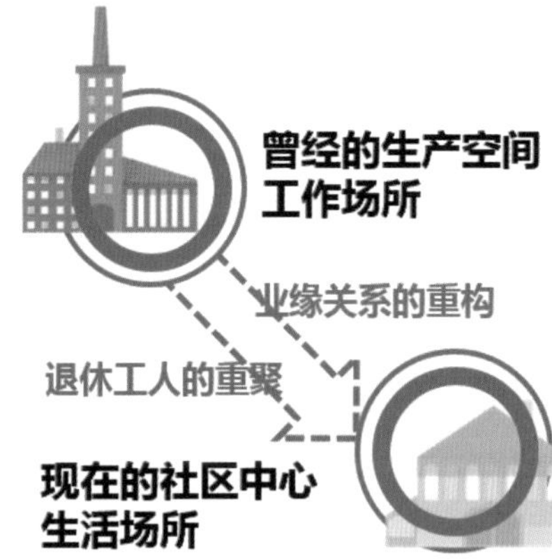
曾经的生产空间
工作场所
业缘关系的重构
退休工人的重聚
现在的社区中心
生活场所

泛文化策略

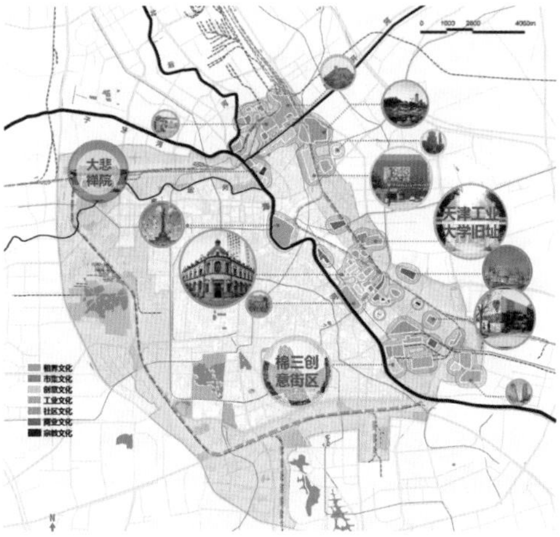
大悲禅院
天津工业大学旧址
棉三创意街区

多元文化环线
海河+南运河+陈塘庄铁路
工业文化
市井文化
生活文化
科创文化
华苑科技园

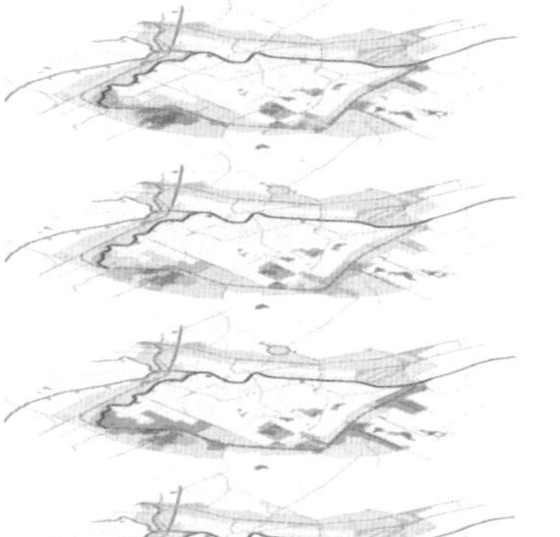

工业遗存认知度研究

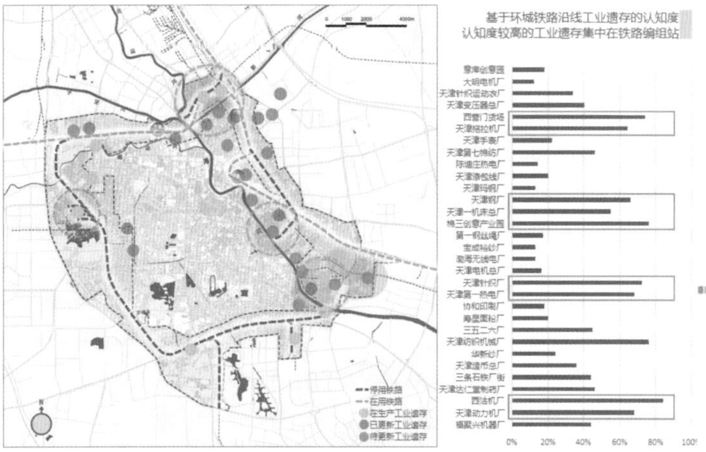
基于环城铁路沿线工业遗存的认知度
认知度较高的工业遗存集中在铁路编组站
0% 20% 40% 60% 80% 100%

文化资源热度研究

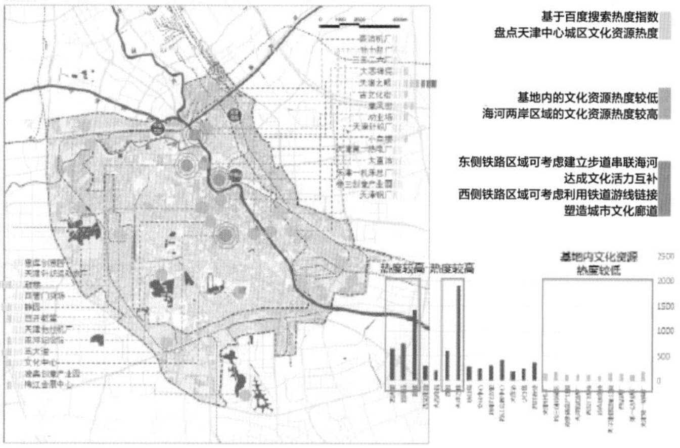
基于百度搜索热度指数
盘点天津中心城区文化资源热度
基地内的文化资源热度较低
海河两岸区域的文化资源热度较高
东侧铁路区域可考虑建立步道串联海河
达成文化活力互补
西侧铁路区域可考虑利用铁道游线链接
塑造城市文化廊道
热度较高 热度较高
基地内文化资源
热度较低
2500
2000
1500
1000
500
0

社区策略

——集社区 链社区

策略分析

设计说明

通过环城铁路周边地带的城市更新，吸引周边社区居民及外来人群，积极互动。设计中，在空间研究基础上，以多元人群需求为切入点，采用问题和需求双重导向的思路，实现多元共荣。

首先在社区层面，提出集社区和链社区的策略。然后对不同类型的人群所需的活动统计分析，并落实到相应的空间形态上。点线面结合满足各类人群需求。

通过策略落实，作为海河的补充，赋予铁路多样的城市活动，打造一条津城乐活之道。

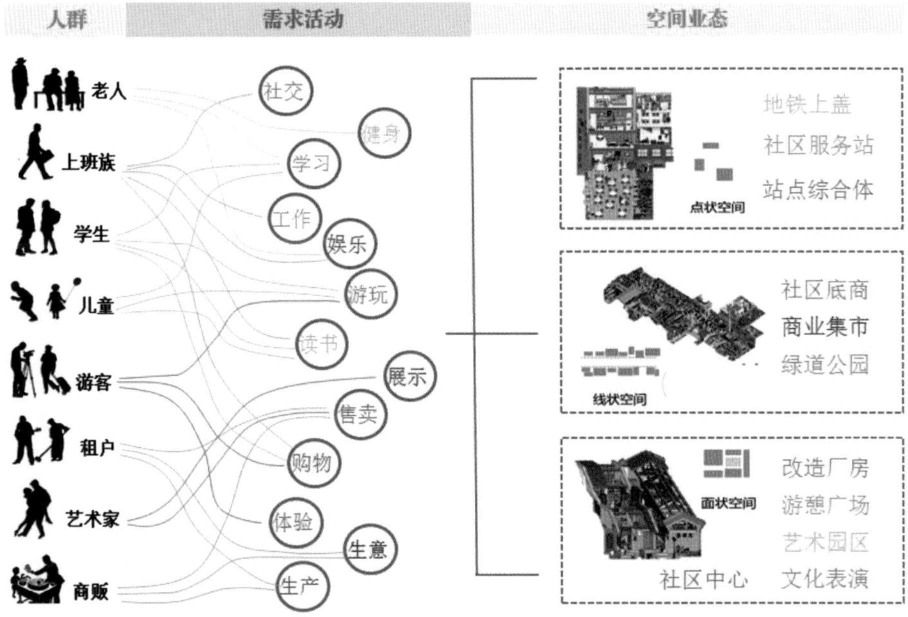
人群
需求活动
空间业态
老人
上班族
学生
儿童
游客
租户
艺术家
商贩
社交
健身
学习
工作
娱乐
游玩
读书
展示
售卖
购物
体验
生意
生产
地铁上盖
社区服务站
站点综合体
点状空间
社区底商
商业集市
绿道公园
线状空间
改造厂房
游憩广场
艺术园区
面状空间
社区中心
文化表演

社区公服配套现状

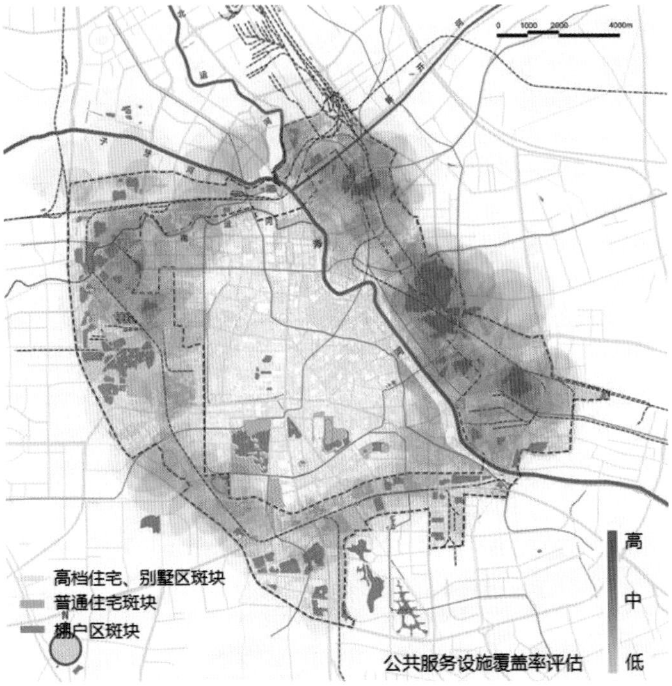
0 1000 2000 4000m
高档住宅、别墅区斑块
普通住宅斑块
棚户区斑块
公共服务设施覆盖率评估
高
中
低

社区公服配套规划

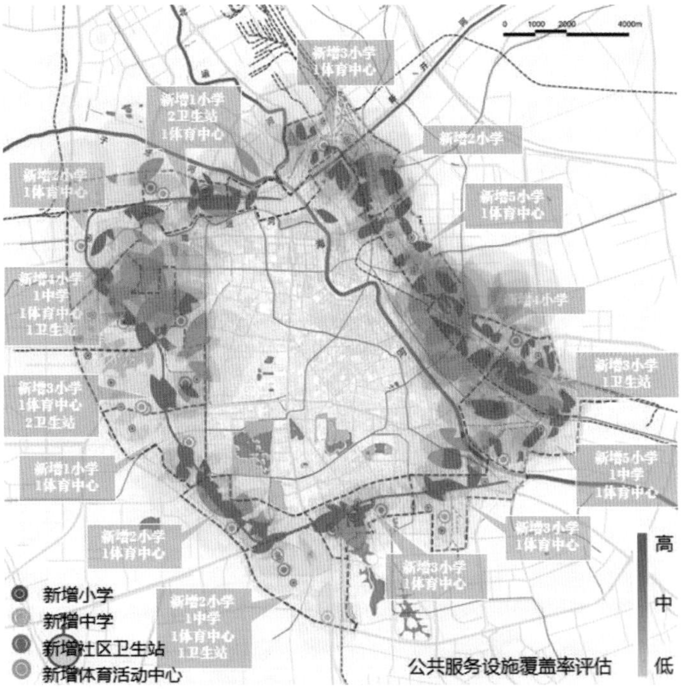
0 1000 2000 4000m
新增3小学
1体育中心
新增1小学
2卫生站
1体育中心
新增2小学
新增2小学
1体育中心
新增5小学
1体育中心
新增4小学
1中学
1体育中心
1卫生站
新增4小学
新增3小学
1体育中心
2卫生站
新增3小学
1卫生站
新增1小学
1体育中心
新增5小学
1中学
1体育中心
新增2小学
1体育中心
新增3小学
1体育中心
新增3小学
1体育中心
新增2小学
1中学
1体育中心
1卫生站
新增小学
新增中学
新增社区卫生站
新增体育活动中心
公共服务设施覆盖率评估
高
中
低

公服现状及策略分析

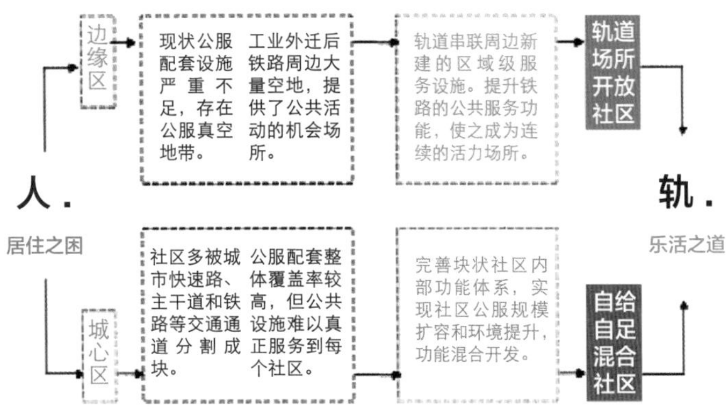
边缘区
现状公服配套设施严重不足，存在公服真空地带。
工业外迁后铁路周边大量空地，提供了公共活动的机会场所。
轨道串联周边新建的区域级服务设施。提升铁路的公共服务功能，使之成为连续的活力场所。
轨道场所开放社区
人.
居住之困
轨.
乐活之道
城心区
社区多被城市快速路、主干道和铁路等交通通道分割成块。
公服配套整体覆盖率较高，但公共设施难以真正服务到每个社区。
完善块状社区内部功能体系，实现社区公服规模扩容和环境提升，功能混合开发。
自给自足混合社区

活边缘
解城心
1 重塑轨枕空间 营造交流场所
1 复合社区公服 匹配城心需求
2 打造轨枕名片 提升社区认同
2 轨联开放空间 多元人群共荣

人群活动策划

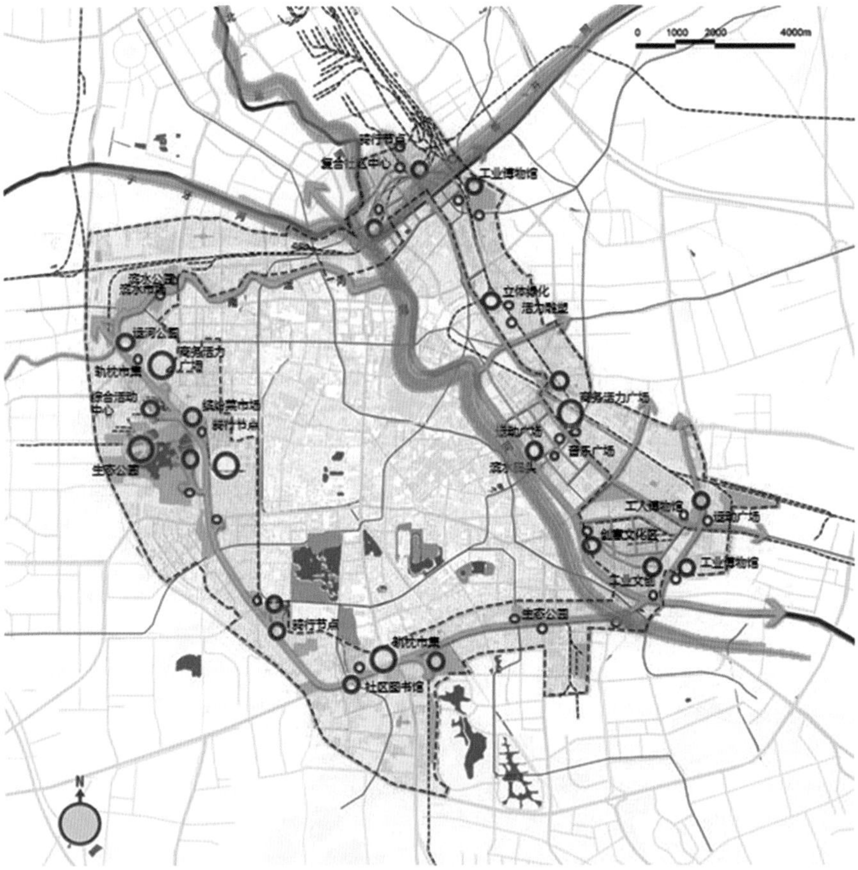
0 1000 2000 4000m
N

社交
商务活力广场
健身
售卖
花鸟鱼虫市场
工作
生意
运动
市民运动广场
购物
轨枕市集
娱乐
娱乐
骑行节点
体验
游玩
展示
生态公园
读书
学习
工业博物馆

社区规划

0 1000 2000 4000
环线周边社区
"乐活之道"
东环：完善块状社区内部功能，实现社区公服规模扩容和环境提升
西环：串联公共服务功能，使之成为连续的活力场所

边缘区域重塑轨枕空间，营造交流场所

城心区域复合社区公服，匹配城心需求

打造轨枕名片，提升社区认同

轨联开放空间，多元人群共荣

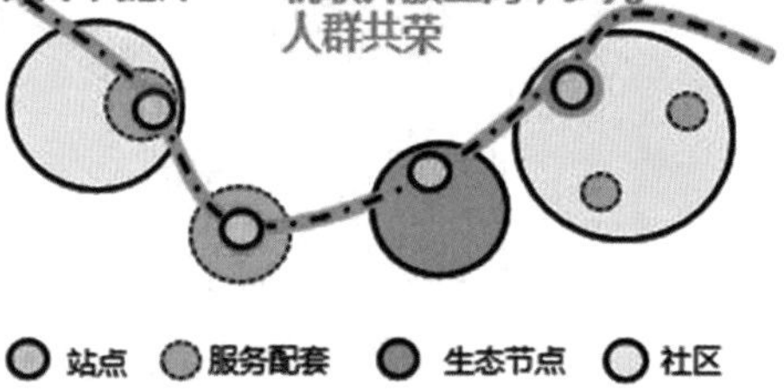
站点
服务配套
生态节点
社区

多元人群共融

针对不同人群的活动需求，发挥铁轨空间特色。提供丰富空间场所，承接多样的活动。

站点	铁轨	场站
点状空间	线性空间	面状空间

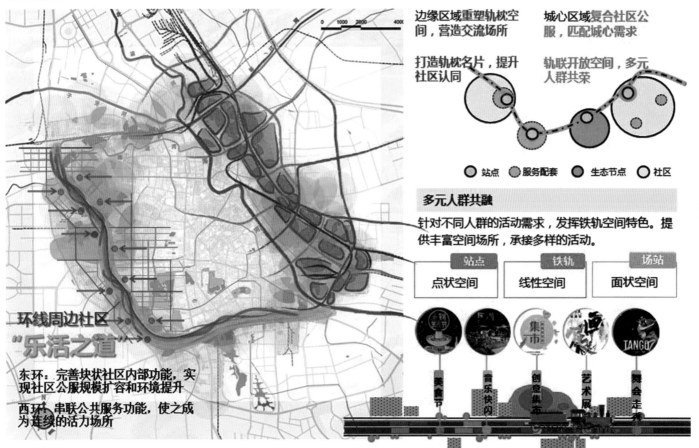

集市
TANGO
美食节
音乐快闪
创意集市
艺术展
舞会走秀

业缘修复节点

——南口路片区详细城市设计

设计说明：

南口路片区位于环城铁路东北区域，基地面积共71.8hm²。现状以工厂及工厂社区为主，这块地曾经鉴证了天津环城铁路带上工业历史的辉煌。因此，希望在此打造一个业缘修复节点，焕活产业活力、修复社区业缘关系。将工厂、铁路改造为社区中心、铁路开放空间带、创业园区、商业中心等，在追溯其产业辉煌的同时，为地块注入新鲜活力。同时，本地块落实了密交通、网生态、集社区的整环策略，以达成轨解城心的初衷。

策略落实

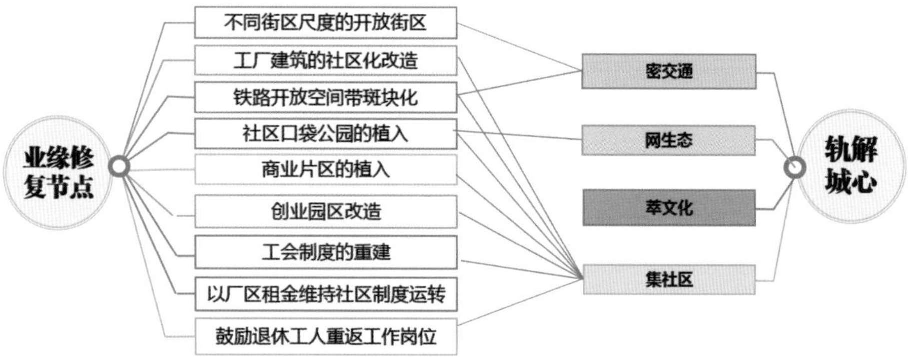
业缘修复节点
不同街区尺度的开放街区
工厂建筑的社区化改造
铁路开放空间带斑块化
社区口袋公园的植入
商业片区的植入
创业园区改造
工会制度的重建
以厂区租金维持社区制度运转
鼓励退休工人重返工作岗位
密交通
网生态
萃文化
集社区
轨解城心

现状分析

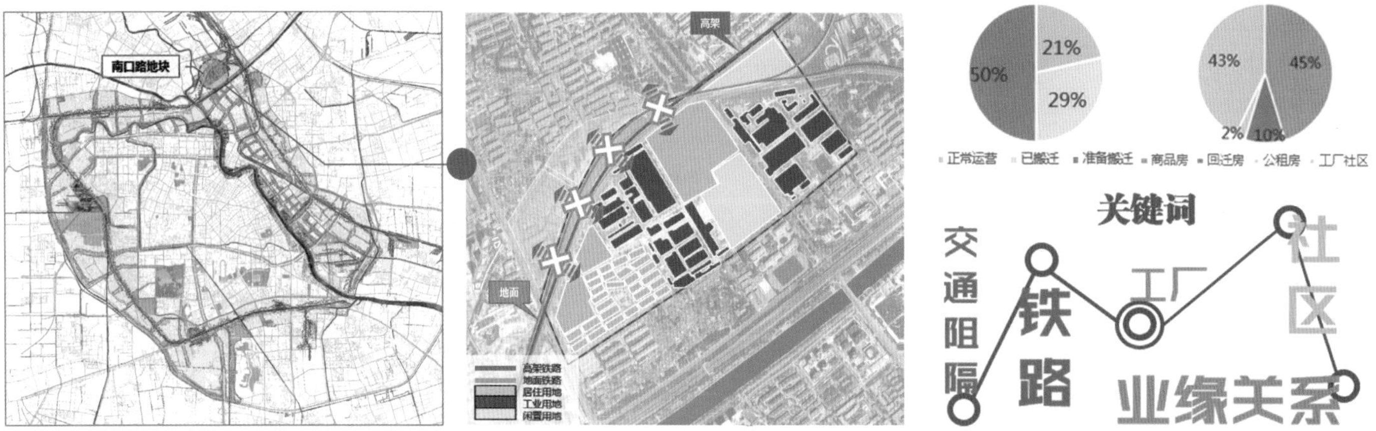
南口路地块
高架
地面
高架铁路
地面铁路
居住用地
工业用地
闲置用地
50%
21%
29%
43%
45%
2%
10%
正常运营
已搬迁
准备搬迁
商品房
回迁房
公租房
工厂社区
关键词
交通阻隔
铁路
工厂
社区
业缘关系

总平面图

经济技术指标	
规划用地面积	71.8hm²
总建筑面积	1378560m²
建筑密度	24%
容积率	1.92
绿地率	30.2%

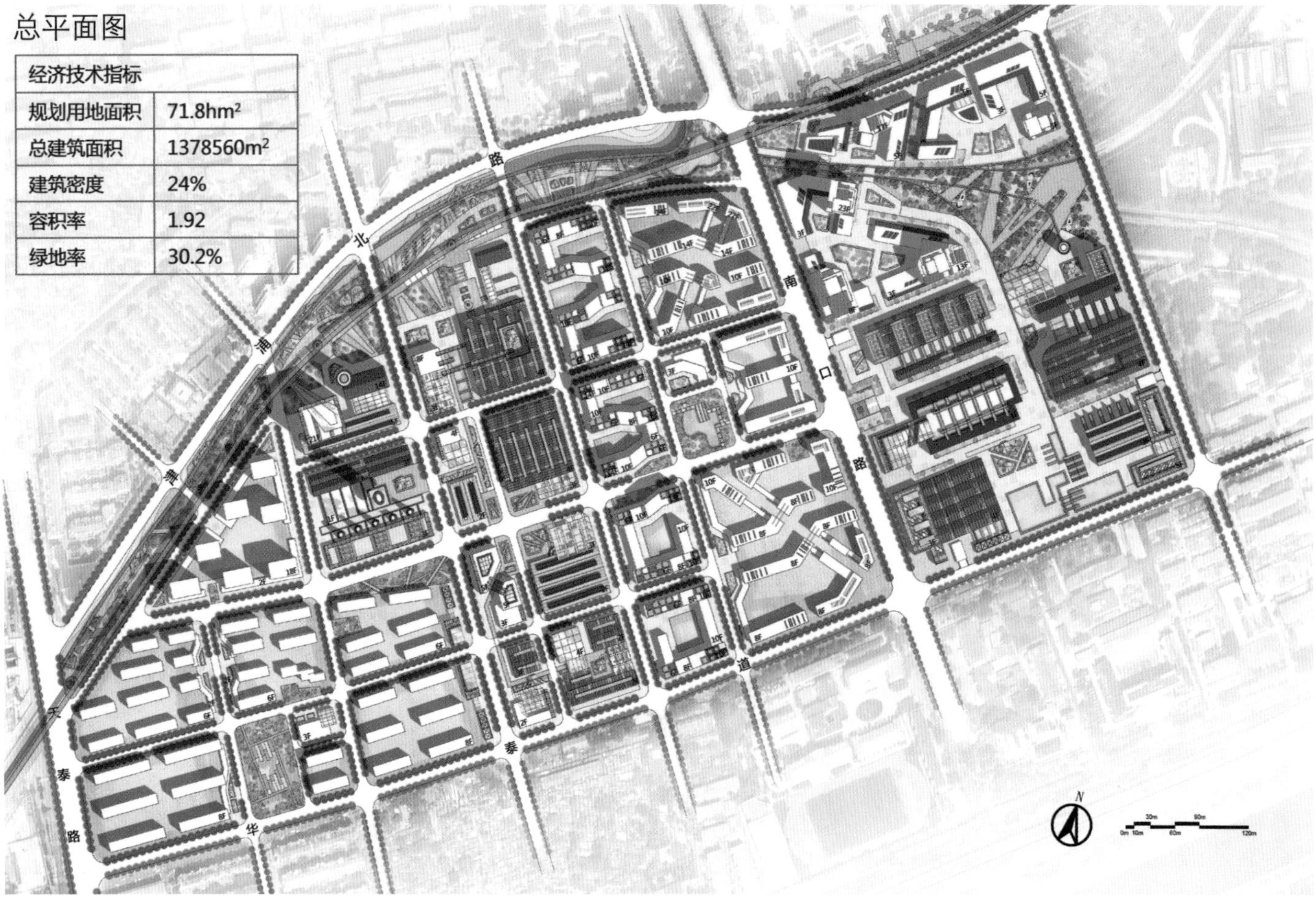
北
路
南
口
路
津
浦
泰
华
道
路

方案分析

路网梳理

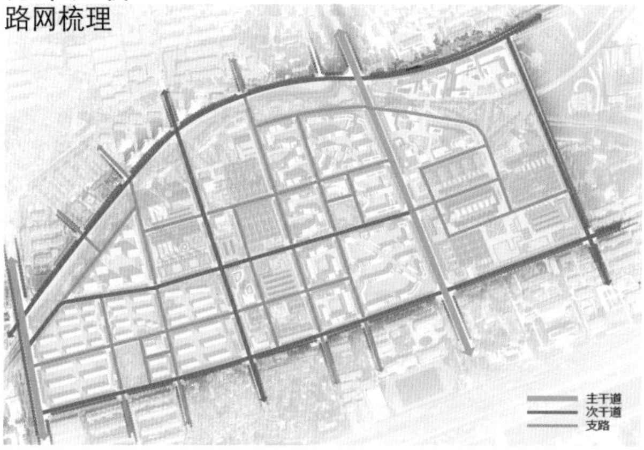
主干道
次干道
支路

功能分区

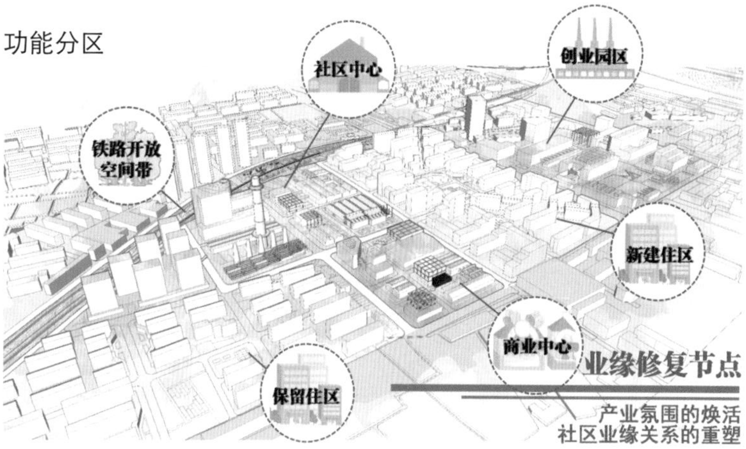
社区中心
创业园区
铁路开放空间带
新建住区
商业中心
业缘修复节点
保留住区
产业氛围的焕活
社区业缘关系的重塑

路网密度（单位：km/km²）

	现状	规划
主干道密度	1.18	1.18
次干道密度	1.20	5.01
支路密度	2.40	6.23

为消除铁路带给两侧带来的交通阻隔，将核心区域打造为不同尺度的开放街区。使规划后支路网密度达到 6.2km/km^2。

商业街区及社区中心路网尺度较小，居住社区则根据居住类型的不同有不同的尺度。

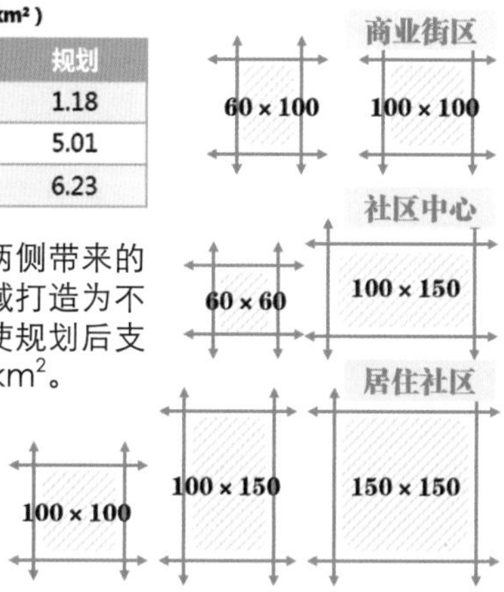
商业街区
60 × 100
100 × 100
社区中心
60 × 60
100 × 150
居住社区
100 × 100
100 × 150
150 × 150

制度设计

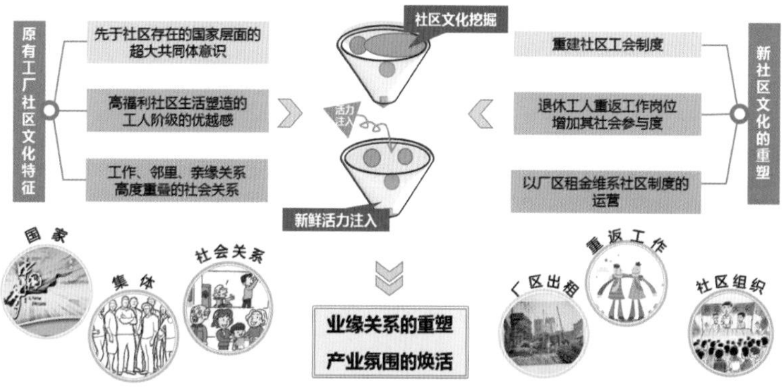
原有工厂社区文化特征
先于社区存在的国家层面的超大共同体意识
高福利社区生活塑造的工人阶级的优越感
工作、邻里、亲缘关系高度重叠的社会关系
社区文化挖掘
活力注入
新鲜活力注入
重建社区工会制度
退休工人重返工作岗位增加其社会参与度
以厂区租金维系社区制度的运营
新社区文化的重塑
国家
集体
社会关系
业缘关系的重塑
产业氛围的焕活
厂区出租
重返工作
社区组织

鸟瞰图

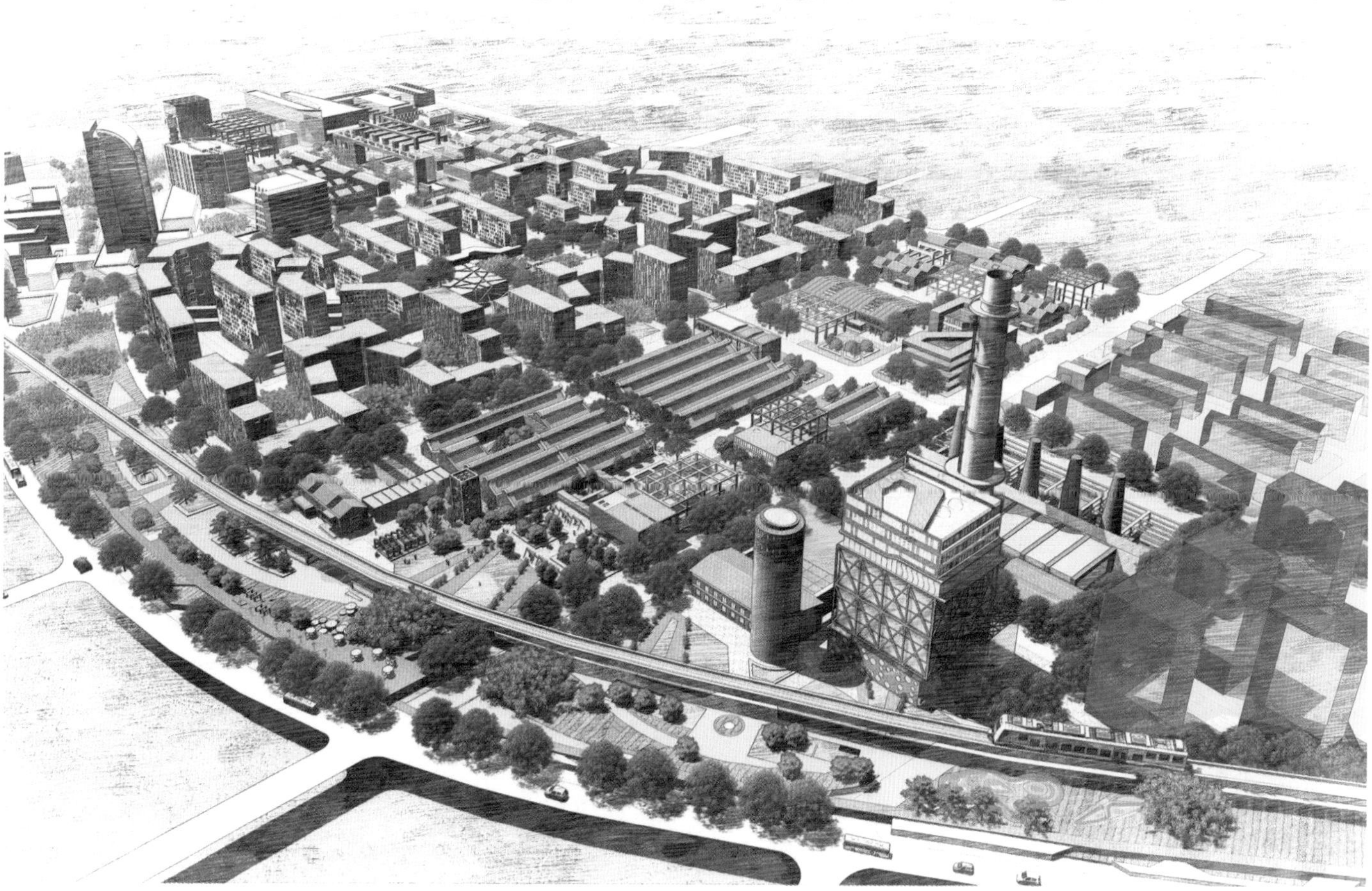

节点设计

社区中心

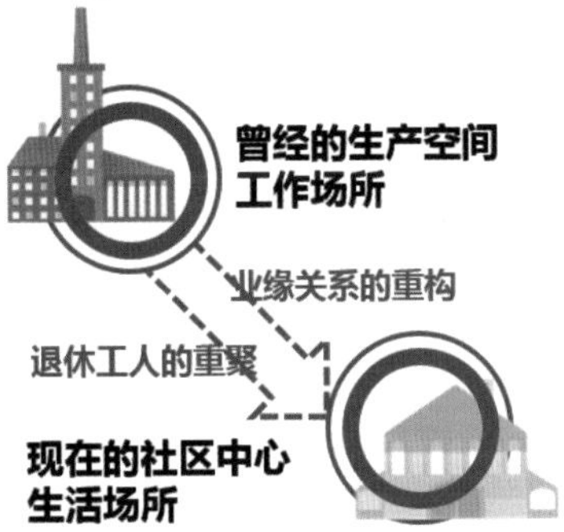
曾经的生产空间
工作场所
业缘关系的重构
退休工人的重聚
现在的社区中心
生活场所

社区中心
隔代抚养中心
社区食堂
医疗中心
室内运动馆

创业园区

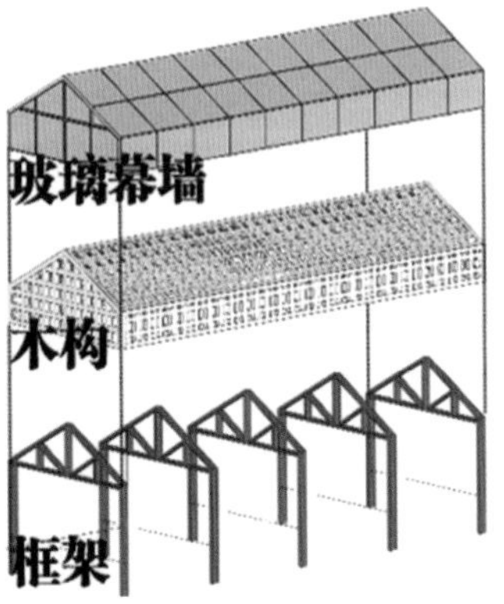
玻璃幕墙
木构
框架

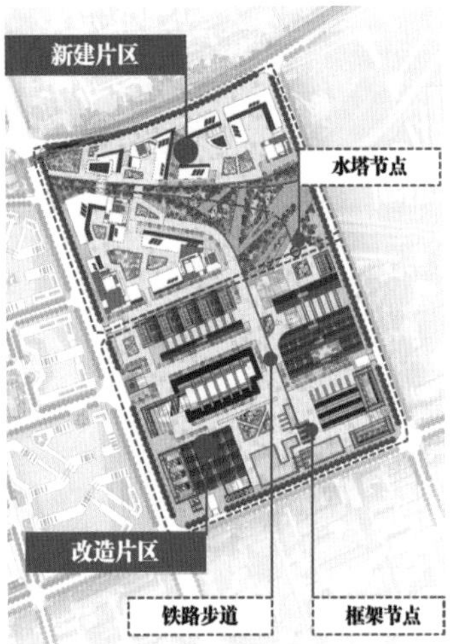
新建片区
水塔节点
改造片区
铁路步道
框架节点

铁路开放空间带

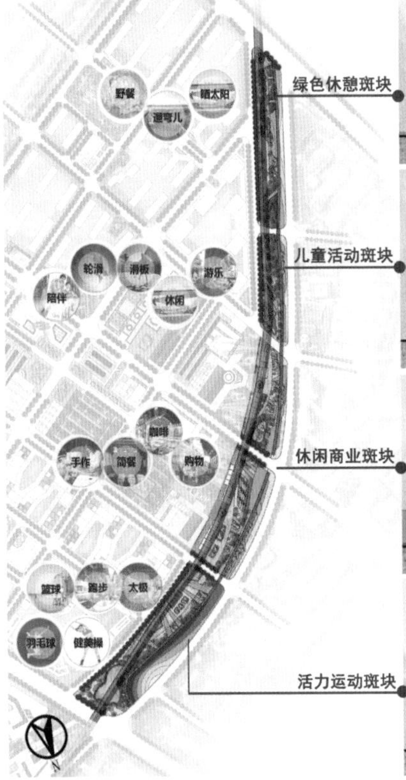
野餐
晒太阳
遛弯儿
绿色休憩斑块
轮滑
滑板
游乐
陪伴
休闲
儿童活动斑块
咖啡
手作
简餐
购物
休闲商业斑块
篮球
跑步
太极
羽毛球
健美操
活力运动斑块

桥下绿径
休憩凉亭
铁路步道
野餐平台
草坪
老火车展示

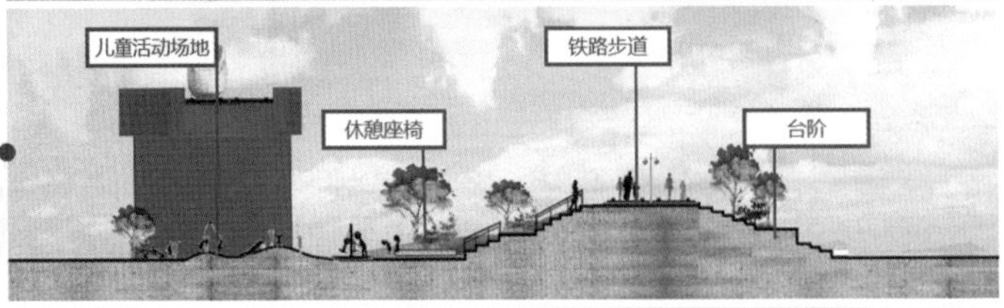
儿童活动场地
铁路步道
休憩座椅
台阶

桥下店铺
室外茶座
铁路步道
店前步道
休憩草坡
架空平台
台阶

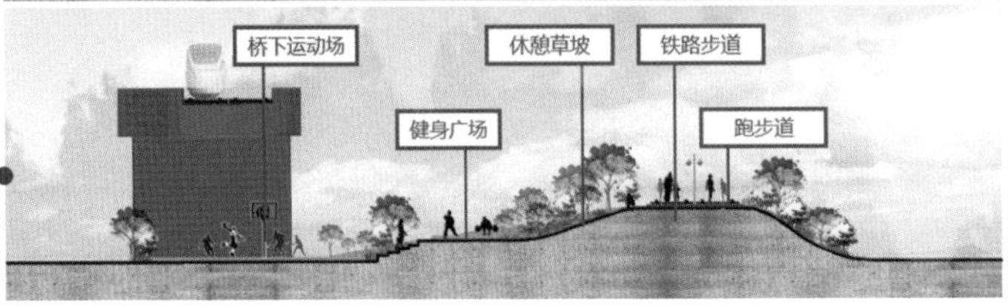
桥下运动场
休憩草坡
铁路步道
健身广场
跑步道

社区连接体

——新阔路片区详细城市设计

设计说明

该片区位于铁路东半环，京山小三线被新阔路快速路所夹，铁路存在感低而片区割裂明显。本组从东半环城心现存问题入手，分析片区割裂的原因，并通过改变道路交通形式、植入新功能等，打造线性连续的社区连接体，以实现铁路两侧社区的共通和人群的互动。

通过植入竖向多功能建筑及连续的开放空间，并将铁路转化成为线性的城市景观廊架，延续天津曾经的历史以及记忆，将该片区打造成为一个新的城市客厅。而铁路也以一个全新的形式重新参与到城市之中，成为城市的组成部分。

区位

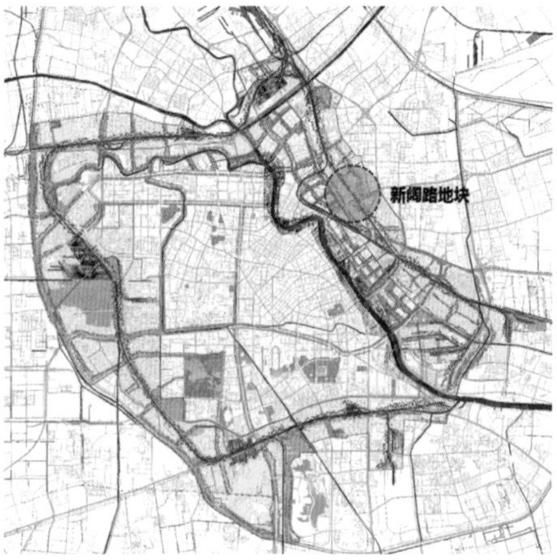
新阔路地块

功能分区

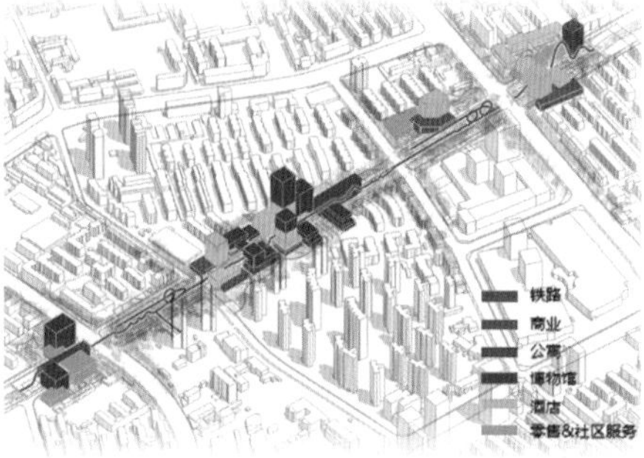
铁路
商业
公寓
博物馆
酒店
零售&社区服务

铁路变体

对于逐渐淡出人们视野的铁路，我们选择将其抽象后重构，以线性城市景观廊架的形式重新植入城市当中。局部结合绿化可作为居民休憩的场所，也可进入建筑内部成为室内展览的一部分。

总平面图

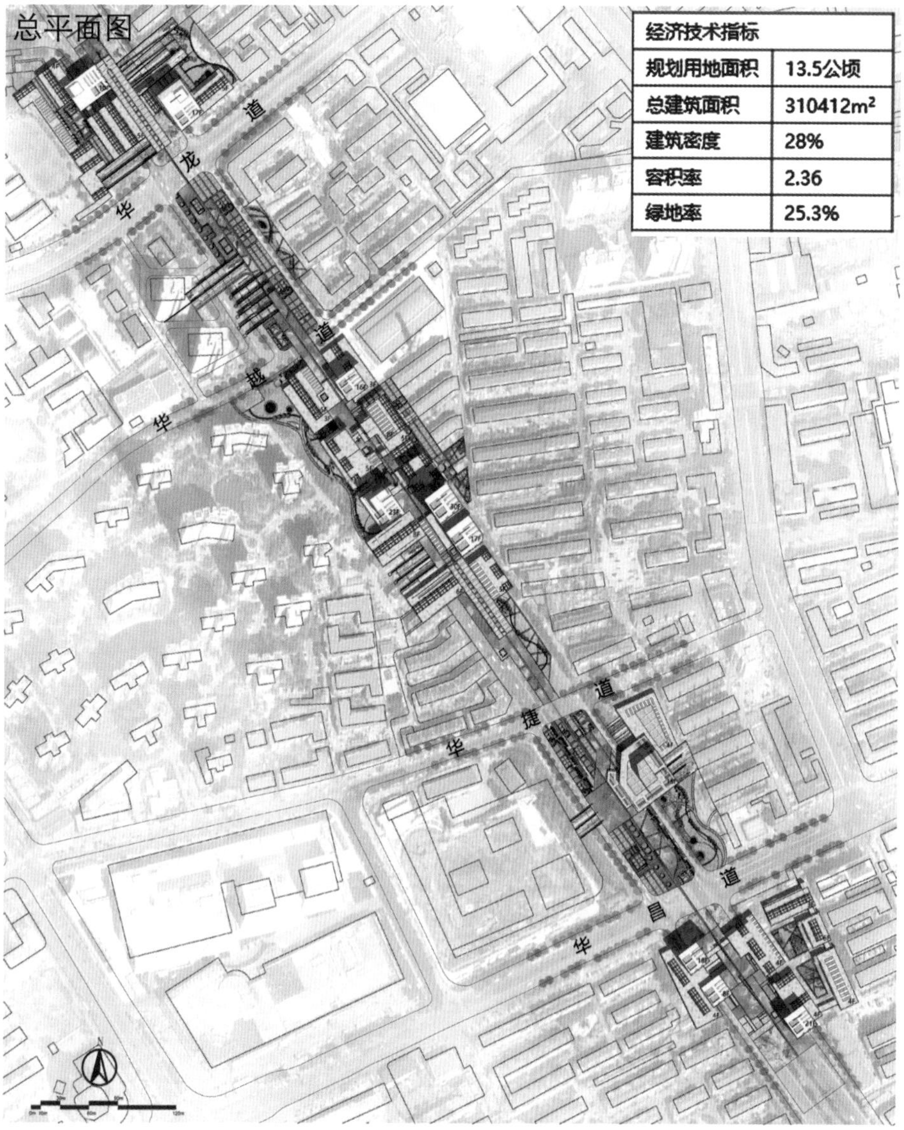
华龙道
华越道
华捷道
华昌道

经济技术指标	
规划用地面积	13.5公顷
总建筑面积	310412m²
建筑密度	28%
容积率	2.36
绿地率	25.3%

历史演变

活边缘
泛
文化
线性空间发展
社区化、
流动化、
活态化的
文化活动
底商饮食铺
社区曲艺团体
菜市场
早点摊
遛弯儿
曲艺文化
饮食文化

原有铁路
儿童游憩
极限运动
雕塑景观

社区活动中心
铁路博物馆
铁路公园
景观墙
社区市场
商业步行街
公寓酒店
室内展示区
集市零售
儿童游乐场
城市景观廊架

节点透视

道路分析

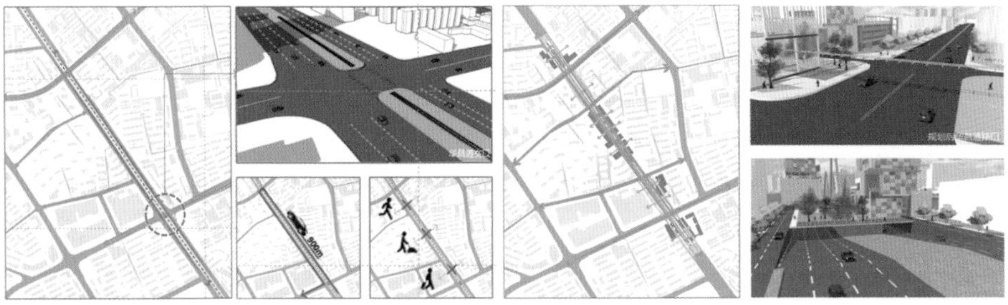

剖透视

公寓酒店
务办公
公寓住宅
社区绿地
垂直绿化
集市广场
城市阳台
商业娱乐
地下车库
城市客厅
铁轨游乐场
商业步行街
快速路
社区口袋公园

鸟瞰图

都市休闲跑道

——十五经路地块城市设计

利用该地块内串联京山铁路线与海河廊道的废弃铁路空间，将之打造为链接环城铁路与海河城市轴带的空间走廊，轨解城心的线性空间元素解答。同时植入活力商业服务功能，活化铁路空间。

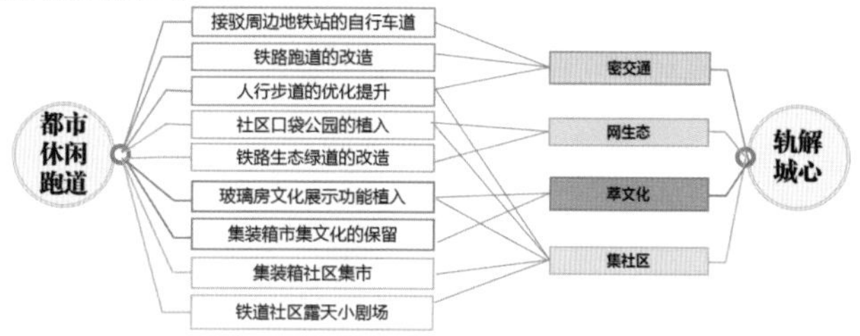
都市休闲跑道
接驳周边地铁站的自行车道
铁路跑道的改造
人行步道的优化提升
社区口袋公园的植入
铁路生态绿道的改造
玻璃房文化展示功能植入
集装箱市集文化的保留
集装箱社区集市
铁道社区露天小剧场
密交通
网生态
萃文化
集社区
轨解城心

基地位置

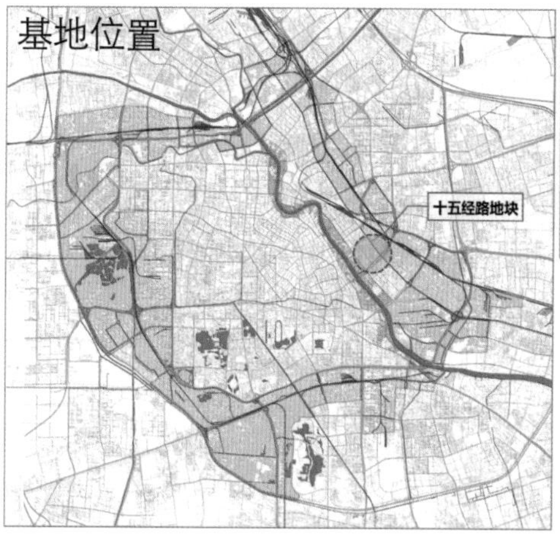
十五经路地块

基地范围：
基地位于环城铁路东侧，紧邻海河；北至十五经路，南至红星路，西至六纬路，东至京山铁路线。

基地面积：24.4 ha。

基地资源

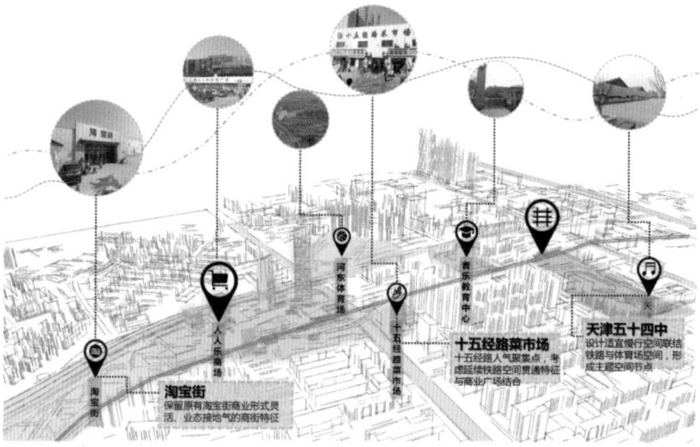
淘宝街
人人乐商场
河东体育场
十五经路菜市场
音乐教育中心
天
淘宝街
保留原有淘宝街商业形式灵活、业态接地气的商街特征
十五经路菜市场
十五经路人气聚集点，考虑延续铁路空间贯通特征与商业广场结合
天津五十四中
设计适宜慢行空间联结铁路与体育场空间，形成主题空间节点

基地定位

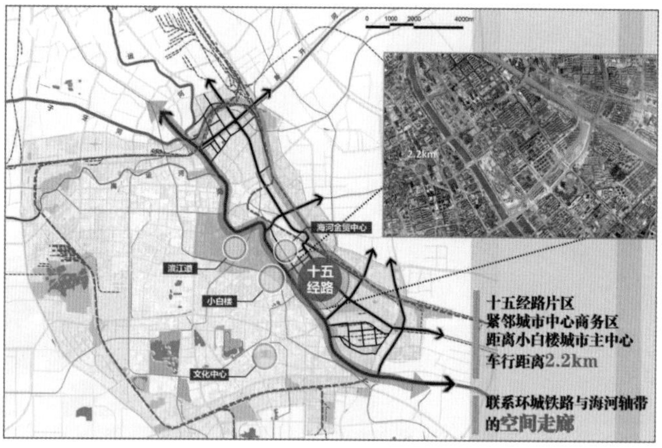
海河金岸中心
滨江道
小白楼
文化中心
十五经路
十五经路片区
紧邻城市中心商务区
距离小白楼城市主中心
车行距离2.2km
联系环城铁路与海河轴带的空间走廊

总平面图

经济技术指标	
规划用地面积	24.4hm²
总建筑面积	602850m²
建筑密度	30.5%
容积率	2.44
绿地率	27%

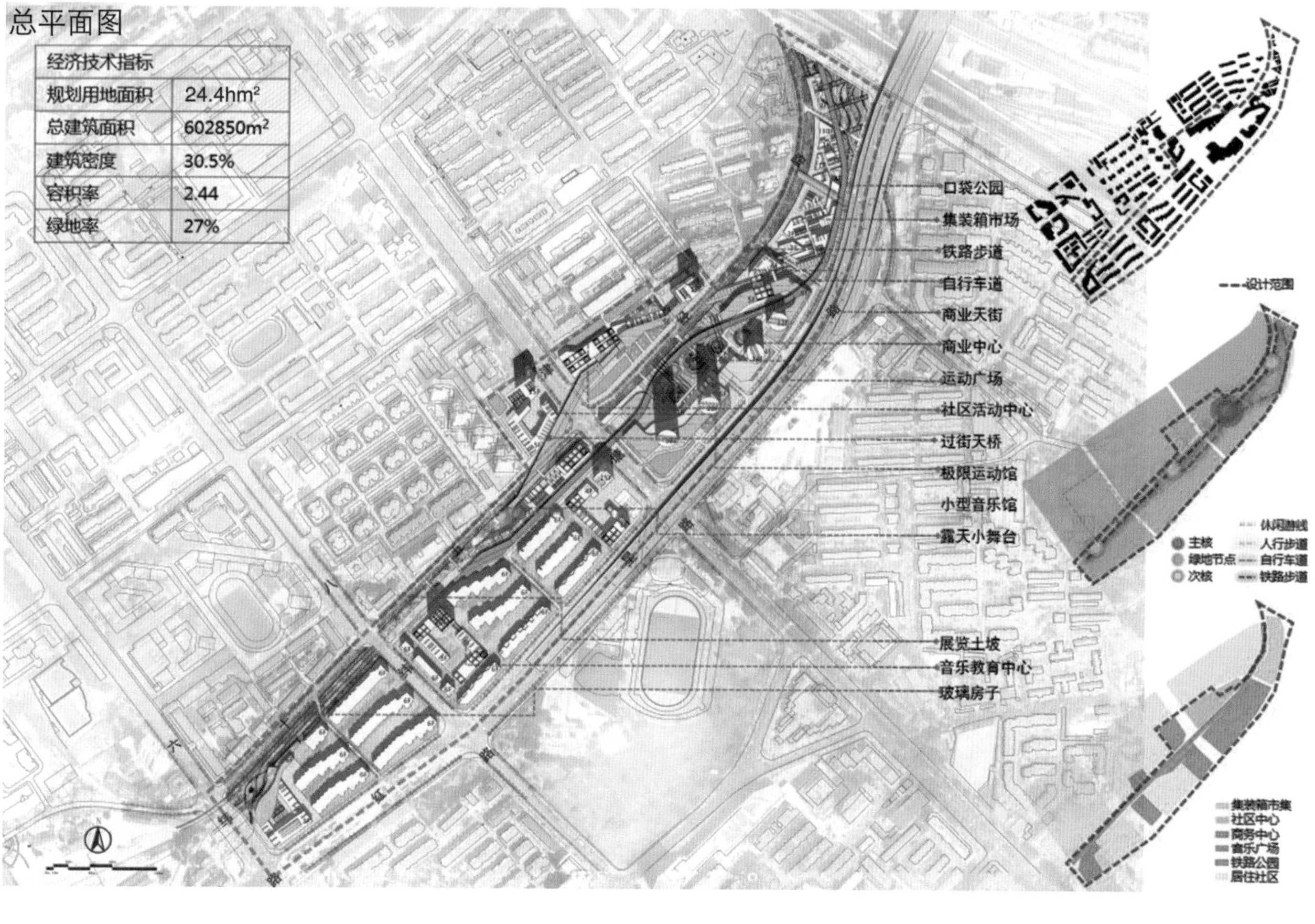
口袋公园
集装箱市场
铁路步道
自行车道
商业天街
商业中心
运动广场
社区活动中心
过街天桥
极限运动馆
小型音乐馆
露天小舞台
展览土坡
音乐教育中心
玻璃房子
设计范围
主核
绿地节点
次核
休闲游线
人行步道
自行车道
铁路步道
集装箱市集
社区中心
商务中心
音乐广场
铁路公园
居住社区

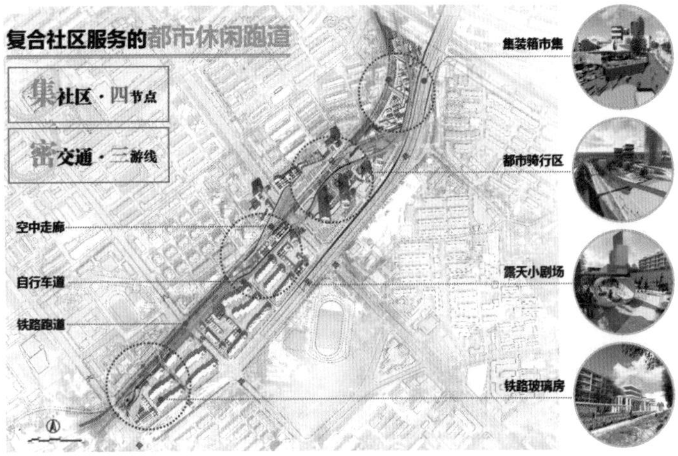
复合社区服务的都市休闲跑道
集社区·四节点
密交通·三游线
空中走廊
自行车道
铁路跑道
集装箱市集
都市骑行区
露天小剧场
铁路玻璃房

节点效果图

轨枕玻璃房
休闲广场
商务中心
铁路公园
铁路步道
天空骑行
集装箱市集
露天小剧场

鸟瞰图

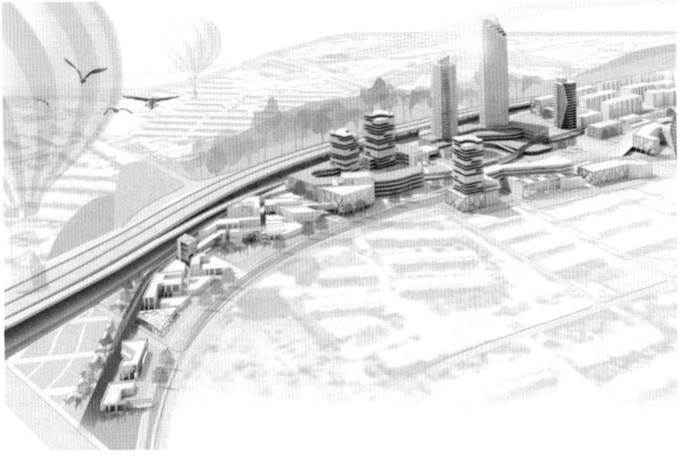

慢行系统图

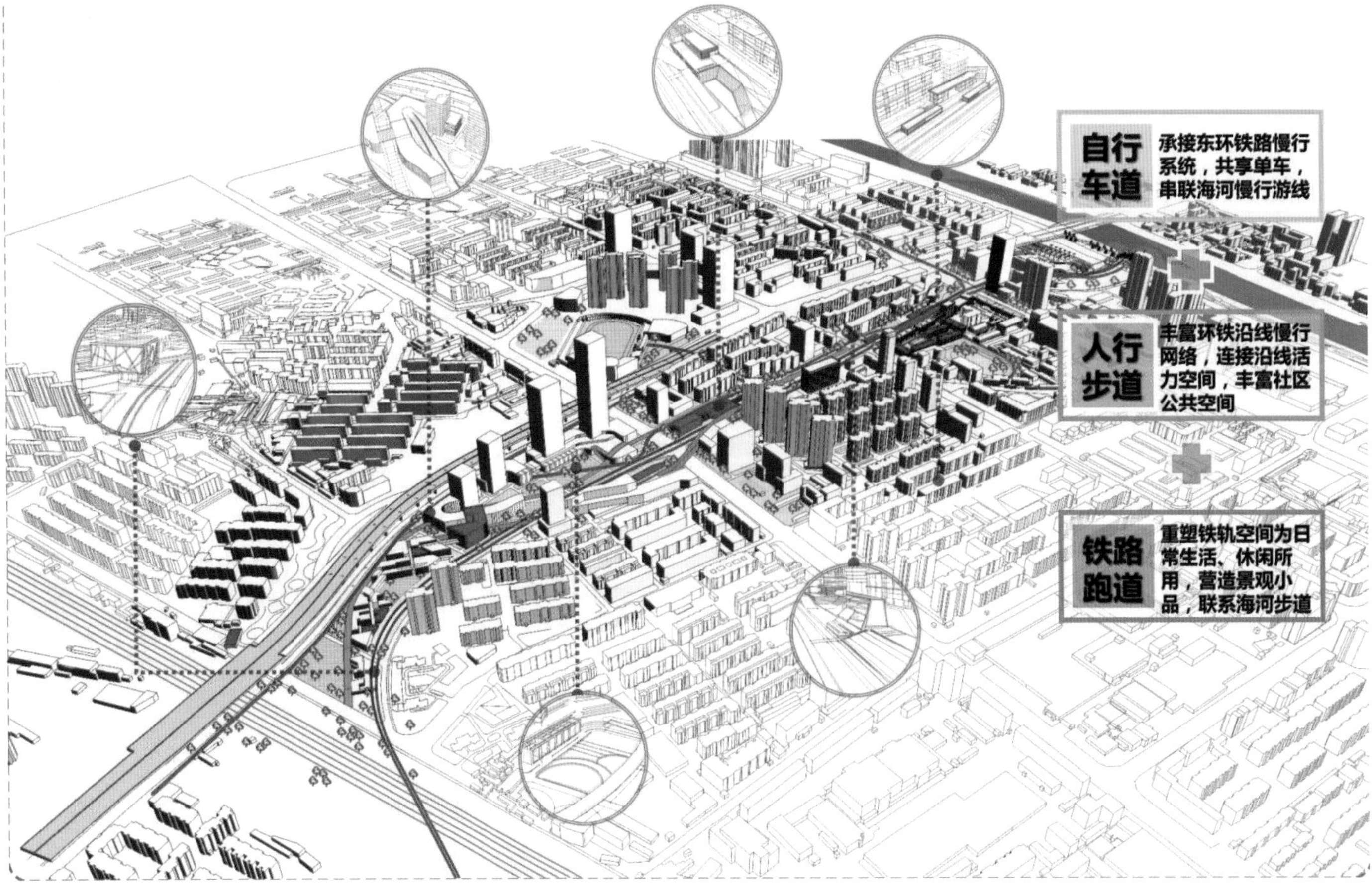
自行车道
承接东环铁路慢行系统，共享单车，串联海河慢行游线
人行步道
丰富环铁沿线慢行网络，连接沿线活力空间，丰富社区公共空间
铁路跑道
重塑铁轨空间为日常生活、休闲所用，营造景观小品，联系海河步道

城市文化名片

——第一热电厂地块城市设计

利用该地块良好的区域位置将地块打造为经济价值较高、功能混合、实现多元人群共融的综合性城市开放空间。利用其中的工业遗存，将其打造为链接海河与铁路的节点地块，成为天津工业文化的新名片。

基地位置

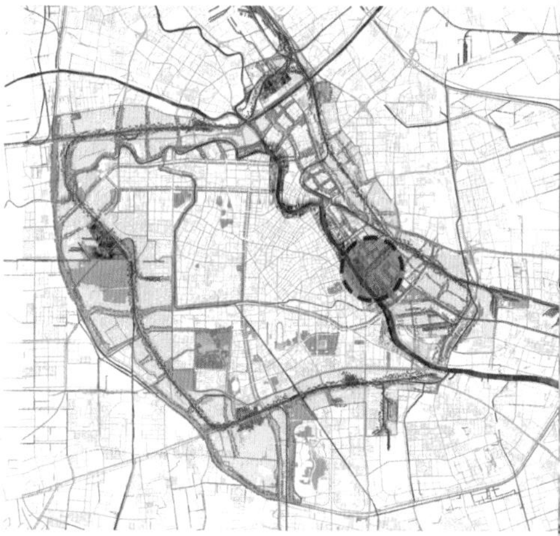

整环策略落实

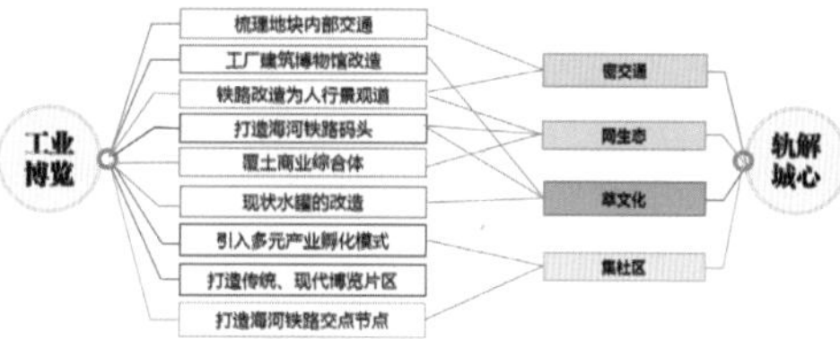
工业博览
梳理地块内部交通
工厂建筑博物馆改造
铁路改造为人行景观道
打造海河铁路码头
覆土商业综合体
现状水罐的改造
引入多元产业孵化模式
打造传统、现代博览片区
打造海河铁路交点节点
密交通
网生态
萃文化
集社区
轨解城心

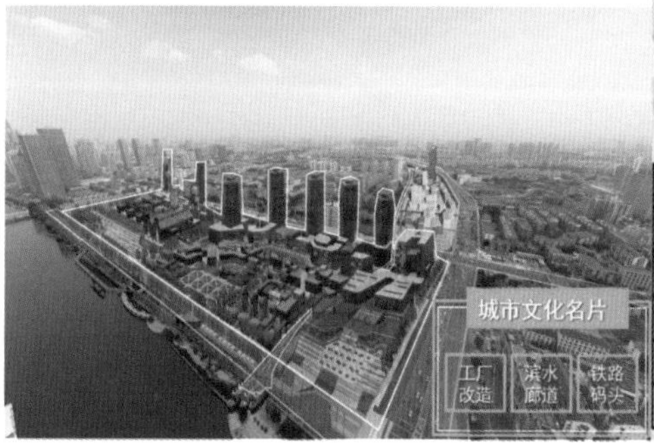
城市文化名片
工厂改造
滨水廊道
铁路码头

总平面图

海河东路
六纬路
大直沽西路

经济技术指标	
规划用地面积	21.7ha
总建筑面积	455700㎡
建筑密度	27%
容积率	2.1
绿地率	45%

功能分区

方案主要分为传统工业博物馆、现代工业博物馆片区，产业孵化片区，覆土综合体片区，特色商业街片区，铁路码头片区，滨河休闲带片区。

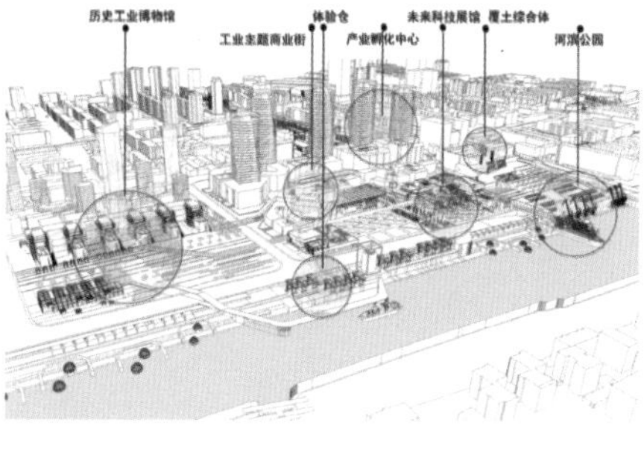
历史工业博物馆
工业主题商业街
体验仓
产业孵化中心
未来科技展馆
覆土综合体
河滨公园

多元人群分析

方案希望通过功能的混合实现多元人群共融，基地内有投资人、企业创办者、高薪白领等从业人员，前来参观博物馆的游客、学习者等，在精品商业街、覆土综合体购物的人群，以及周边居住者，在地块内都能享受良好的景观体验。

流线分析

对地块内多元人群路线进行总结，主要可以分为工作族、博物馆参观者、高新体验游客、周末出行家庭、购物消费者、散步遛弯人群六条不同的观览路线。

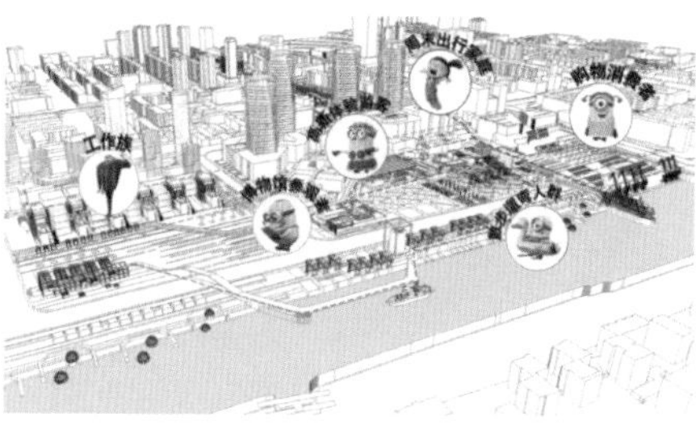
工作族

博物馆片区

利用基地内部一级工业遗产——天津第一热电厂，将其改造为工业博物馆。将主厂房的框架结构进行保留，利用原有的工业铁路，新增小火车，打造空中参观路线。同时在厂房内部植入景观、传统工艺体验、历史机械参观等活动。

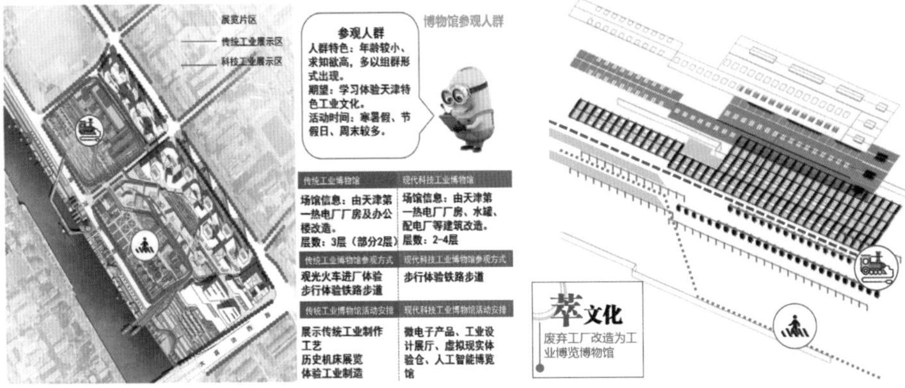
展览片区
传统工业展示区
科技工业展示区
博物馆参观人群
参观人群
人群特色：年龄较小、求知欲高，多以组群形式出现。
期望：学习体验天津特色工业文化。
活动时间：寒暑假、节假日、周末较多。
传统工业博物馆
现代科技工业博物馆
场馆信息：由天津第一热电厂厂房及办公楼改造。
层数：3层（部分2层）
场馆信息：由天津第一热电厂厂房、水罐、配电厂等建筑改造。
层数：2-4层
传统工业博物馆参观方式
现代科技工业博物馆参观方式
观光火车进厂体验
步行体验铁路步道
步行体验铁路步道
传统工业博物馆活动安排
现代科技工业博物馆活动安排
展示传统工业制作工艺
历史机床展览
体验工业制造
微电子产品、工业设计展厅、虚拟现实体验仓、人工智能博览馆
萃文化
废弃工厂改造为工业博览博物馆

工业博物馆入口

特色展销广场

覆土商业综合体片区

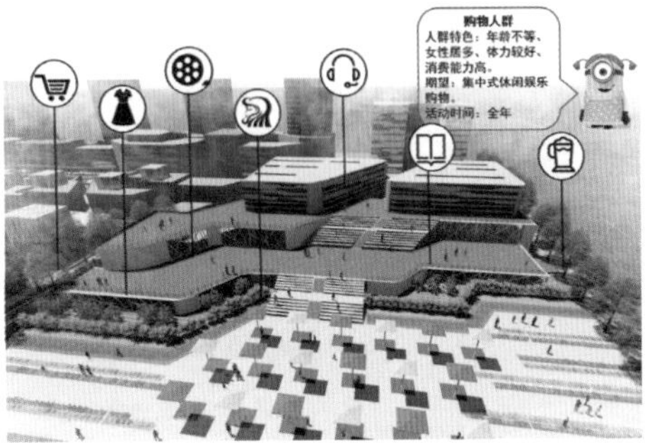
购物人群
人群特色：年龄不等、女性居多、体力较好、消费能力高。
期望：集中式休闲娱乐购物。
活动时间：全年

河滨片区

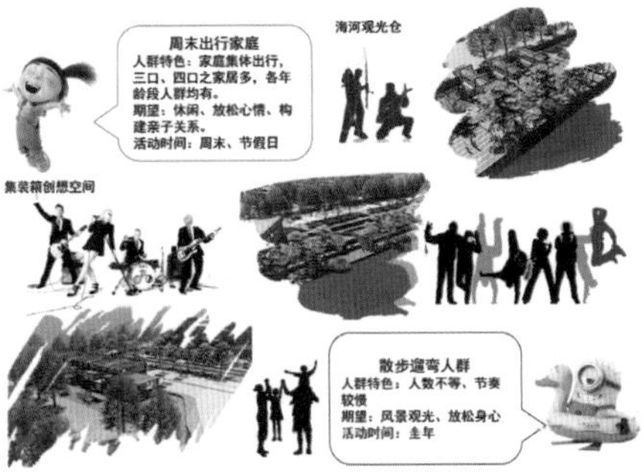
周末出行家庭
人群特色：家庭集体出行，三口、四口之家居多，各年龄段人群均有。
期望：休闲、放松心情、构建亲子关系。
活动时间：周末、节假日
海河观光仓
集装箱创想空间
散步遛弯人群
人群特色：人数不等、节奏较慢
期望：风景观光、放松身心
活动时间：全年

铁路海河码头

鸟瞰图

共享市井集市

——李七庄片区详细城市设计

设计说明：

李七庄片区位于环城铁路带西南，城乡结合的边缘区域，基地面积共 82.3hm^2。三区交界，市井气息浓厚。通过提取该基地的文化特色，总结出包含了曲艺文化、饮食文化、市集文化和生活文化在内的哏儿文化，结合上面提出的泛文化策略，通过引入社区化、流动化、活态化的文化活动，旨在将该基地打造为集共享与市井两大特色于一身的边缘活力集市。同时，本地块落实了多交通、蔓生态、泛文化的整环策略，以达成枕活边缘的初衷。

策略落实

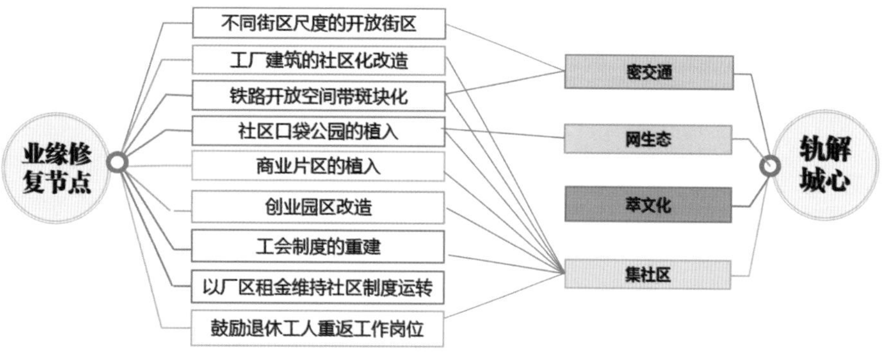

业缘修复节点
不同街区尺度的开放街区
工厂建筑的社区化改造
铁路开放空间带斑块化
社区口袋公园的植入
商业片区的植入
创业园区改造
工会制度的重建
以厂区租金维持社区制度运转
鼓励退休工人重返工作岗位
密交通
网生态
萃文化
集社区
轨解城心

现状分析

活边缘
泛文化
线性空间发展
社区化、
流动化、
活态化的
文化活动
底商饮食铺
社区曲艺团体
菜市场
遛弯儿
早点摊
哏
集市
民间风俗
天津特色美食
相声茶馆
种菜
下棋打牌
曲艺文化
饮食文化
市集文化
生活文化

活边缘
泛文化
线性空间发展
社区化、
流动化、
活态化的
文化活动
集市
TANGO
美食体验
创意集市
曲艺展演
野炊烧烤
休闲活动

总平面图

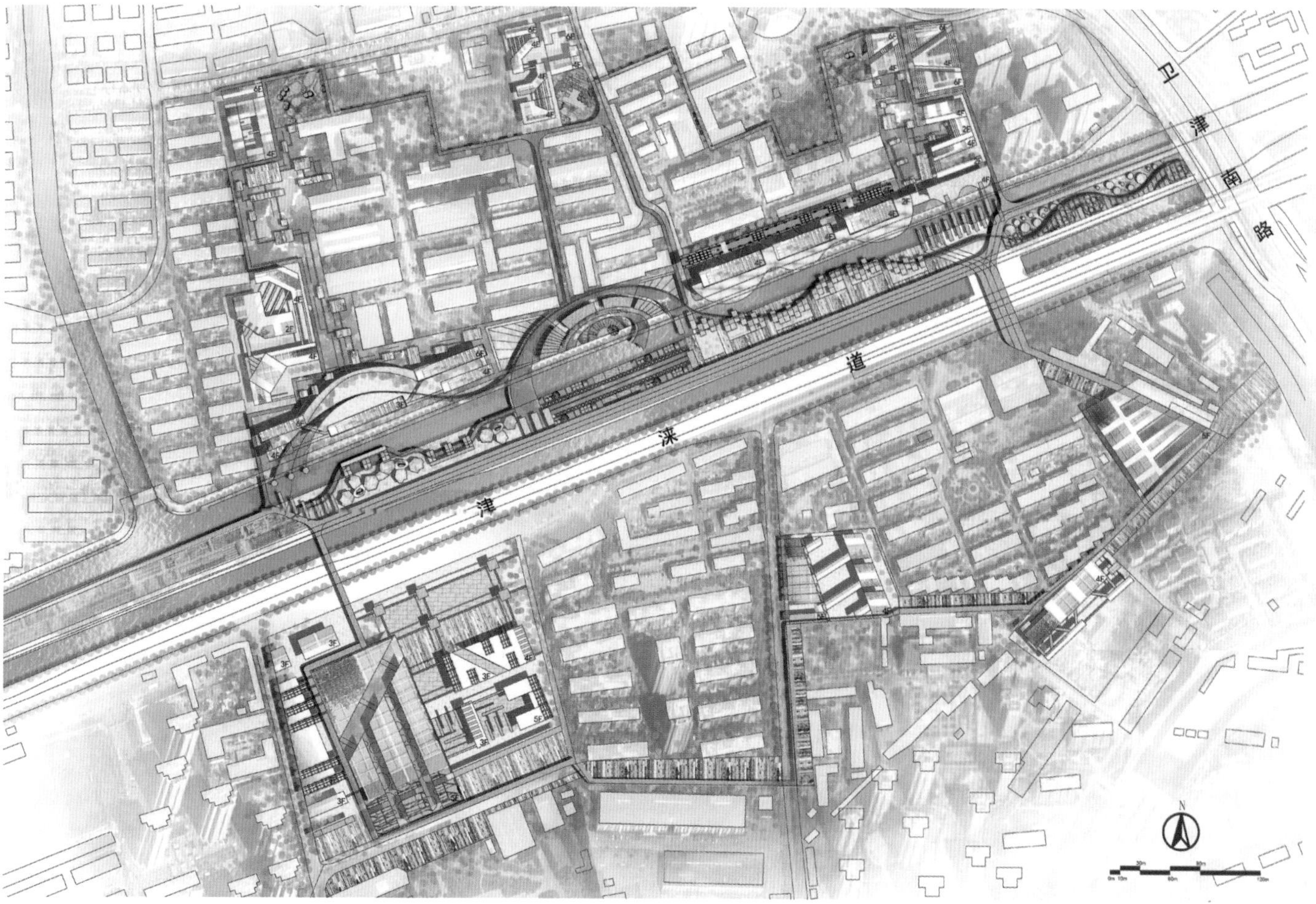

卫津南路
津涞道
N

方案分析

功能分区

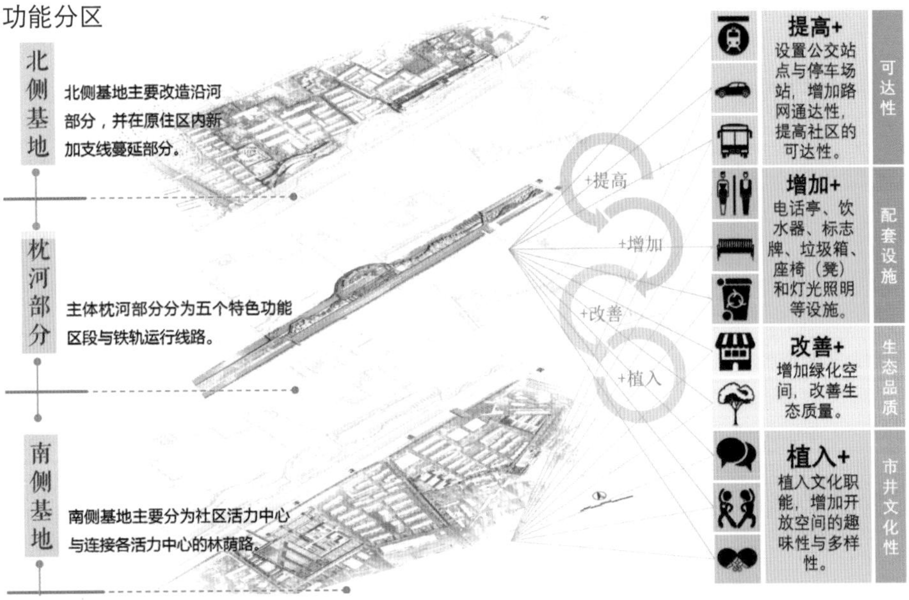
北侧基地
北侧基地主要改造沿河部分，并在原住区内新加支线蔓延部分。
枕河部分
主体枕河部分分为五个特色功能区段与铁轨运行线路。
南侧基地
南侧基地主要分为社区活力中心与连接各活力中心的林荫路。
+提高
+增加
+改善
+植入
提高+
设置公交站点与停车场站，增加路网通达性，提高社区的可达性。
可达性
增加+
电话亭、饮水器、标志牌、垃圾箱、座椅（凳）和灯光照明等设施。
配套设施
改善+
增加绿化空间，改善生态质量。
生态品质
植入+
植入文化职能，增加开放空间的趣味性与多样性。
市井文化性

枕河主轴

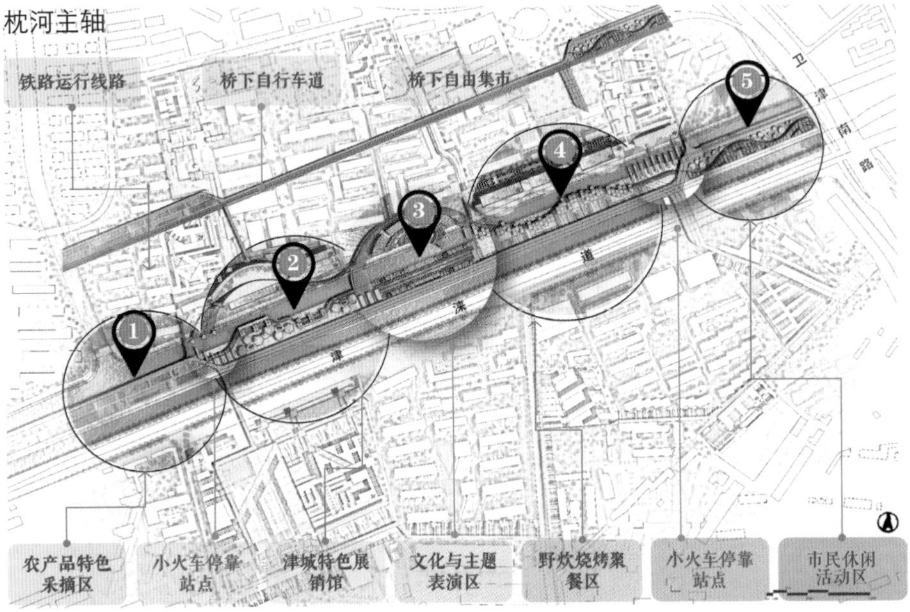
铁路运行线路
桥下自行车道
桥下自由集市
卫津南路
农产品特色采摘区
小火车停靠站点
津城特色展销馆
文化与主题表演区
野炊烧烤聚餐区
小火车停靠站点
市民休闲活动区

枕河主轴

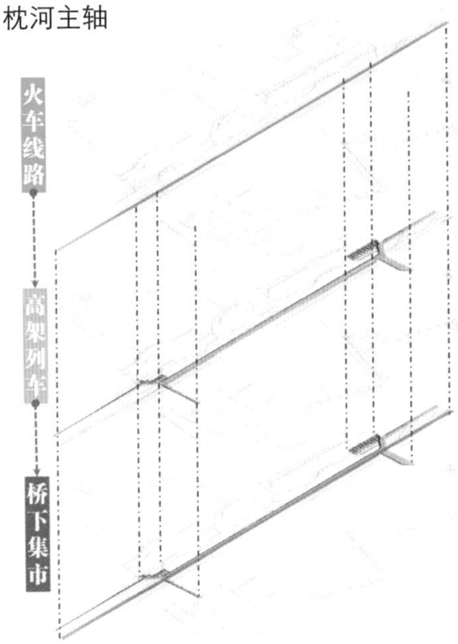
火车线路
高架列车
桥下集市

铁轨特色区段

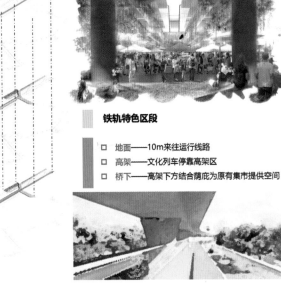

- 地面——10m来往运行线路
- 高架——文化列车停靠高架区
- 桥下——高架下方结合荫庇为原有集市提供空间

枕河节点展示

农产品特色采摘区

津城特色展销馆

文化与主题表演区

野炊烧烤聚餐区

市民休闲活动区

方案分析

北侧节点

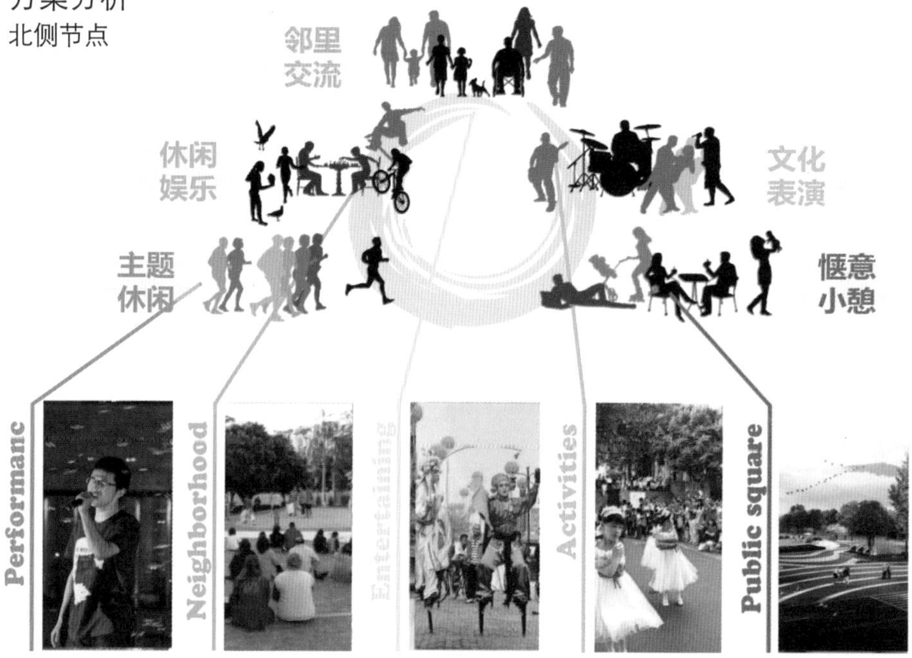
邻里
交流
休闲
娱乐
文化
表演
主题
休闲
惬意
小憩
Performanc
Neighborhood
Entertaining
Activities
Public square

南侧节点

沿河界面

鸟瞰图

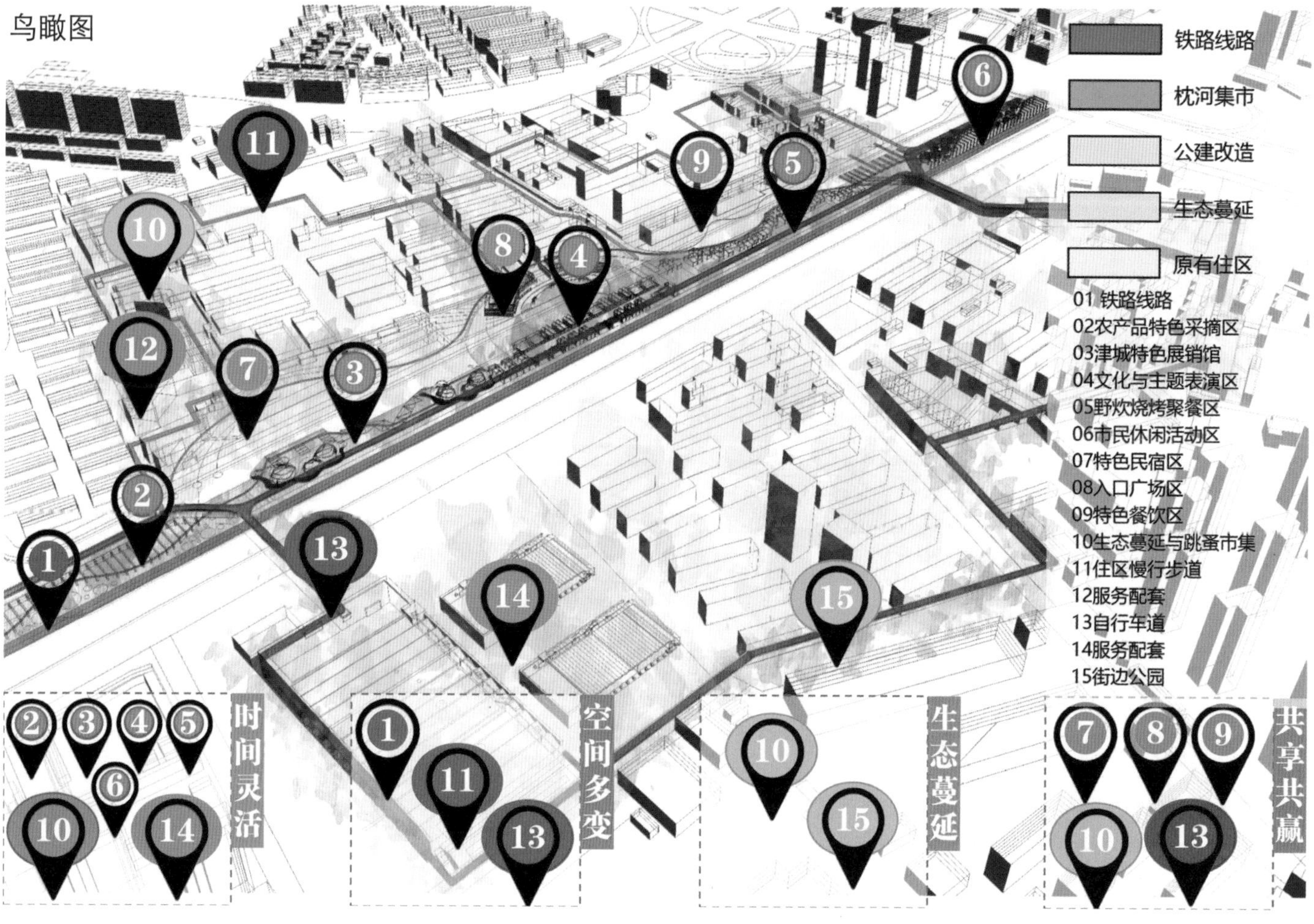
铁路线路
枕河集市
公建改造
生态蔓延
原有住区
01 铁路线路
02农产品特色采摘区
03津城特色展销馆
04文化与主题表演区
05野炊烧烤聚餐区
06市民休闲活动区
07特色民宿区
08入口广场区
09特色餐饮区
10生态蔓延与跳蚤市集
11住区慢行步道
12服务配套
13自行车道
14服务配套
15街边公园
时间灵活
空间多变
生态蔓延
共享共赢

边缘活力核

——西营门货场地块城市设计

地块特色为原有货场铁路与建筑遗存空间，通过对场地的解构，使原有场地空间重新焕发活力，服务于整环和南开、西青两区居民。

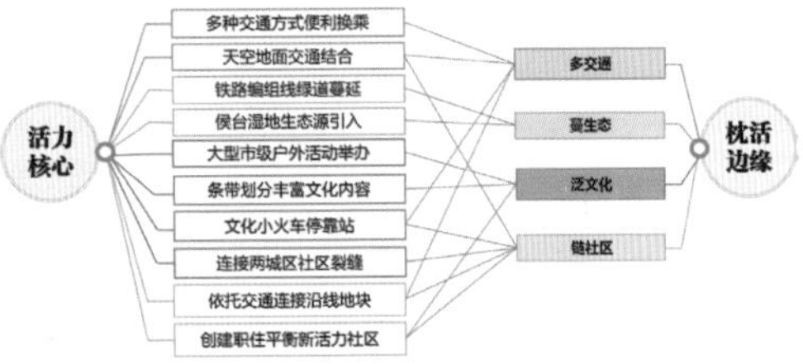
活力核心
多种交通方式便利换乘
天空地面交通结合
铁路编组线绿道蔓延
侯台湿地生态源引入
大型市级户外活动举办
条带划分丰富文化内容
文化小火车停靠站
连接两城区社区裂缝
依托交通连接沿线地块
创建职住平衡新活力社区
多交通
复生态
泛文化
链社区
枕活边缘

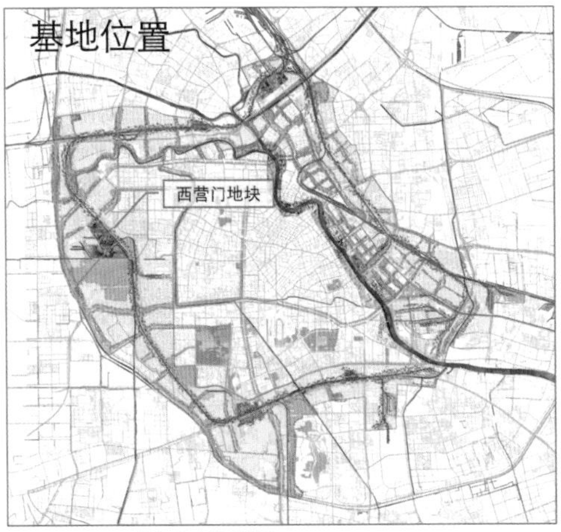
基地位置
西营门地块

侯台湿地公园

基地简介

基地范围：本基地位于环城铁路带西部区域；北至密云一支路，南至侯台湿地公园，西至兴宁路，东至密云路与陈塘庄支线。

基地面积：0.96km²。

周边现状

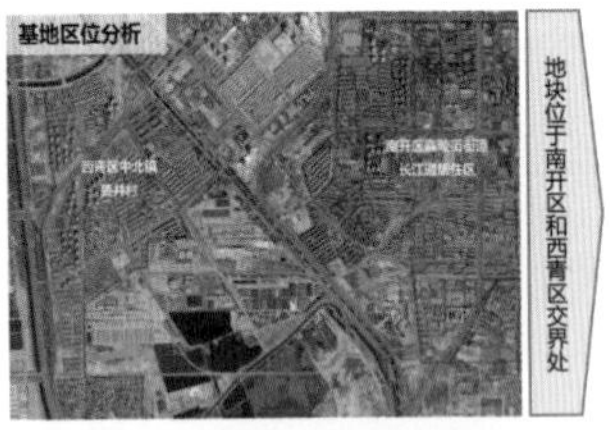
基地区位分析
地块位于南开区和西青区交界处

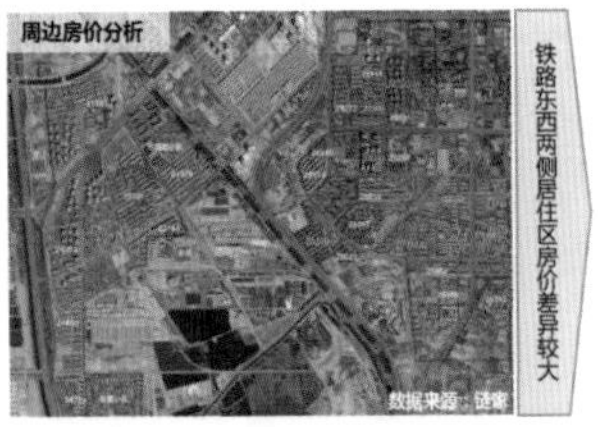
周边房价分析
数据来源：链家
铁路东西两侧居住区房价差异较大

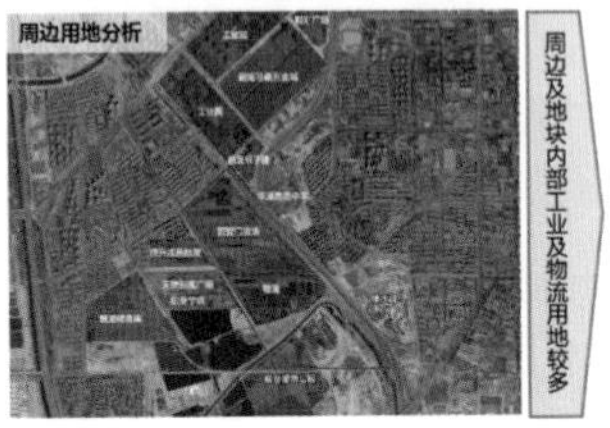
周边用地分析
周边及地块内部工业及物流用地较多

道路交通分析
侯台湿地公园
机动车桥洞
人行天桥
路网密度较小，断头路较多

外部机遇

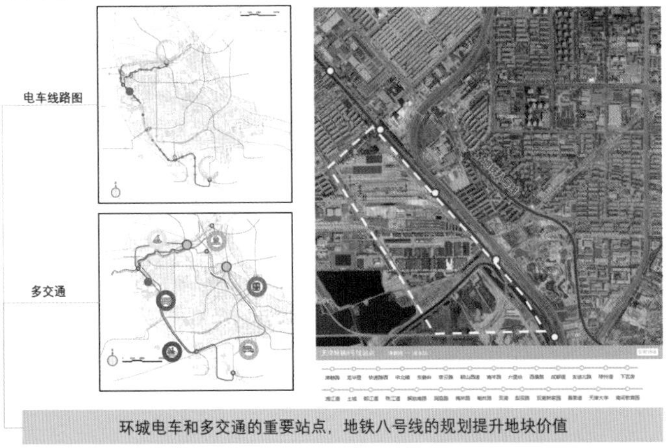
电车线路图
多交通
环城电车和多交通的重要站点，地铁八号线的规划提升地块价值

总平面图

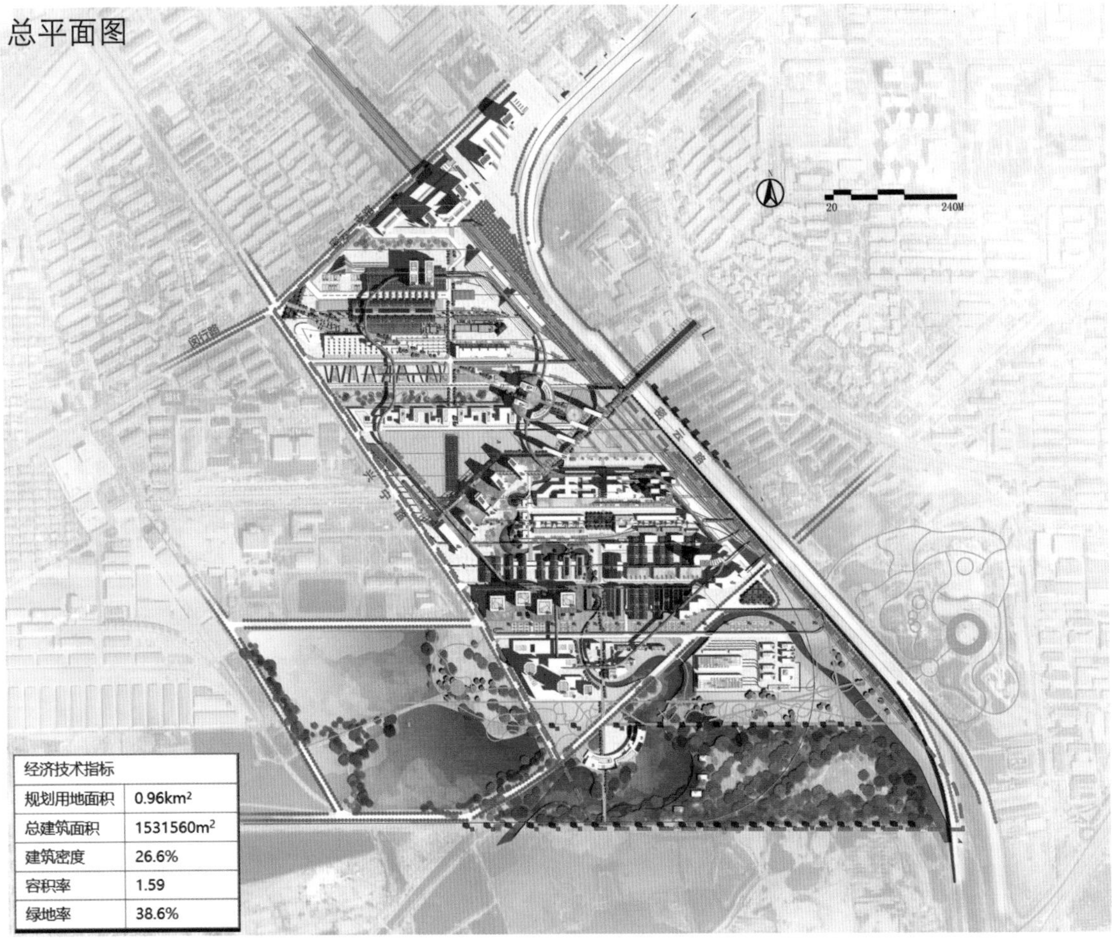
20
240M
兴宁路
密云路
阅行路

经济技术指标	
规划用地面积	0.96km²
总建筑面积	1531560m²
建筑密度	26.6%
容积率	1.59
绿地率	38.6%

人在铁路上遛弯

铁路编组功能

折线屋顶仓库

五金物流场地

火车卸货场站

结构一：点轴结构

基于轨道站点和电车站点的点轴结构带来的是最大的经济效益，然而它又带来轴带中心和边缘的对立，边缘往往活力不足。

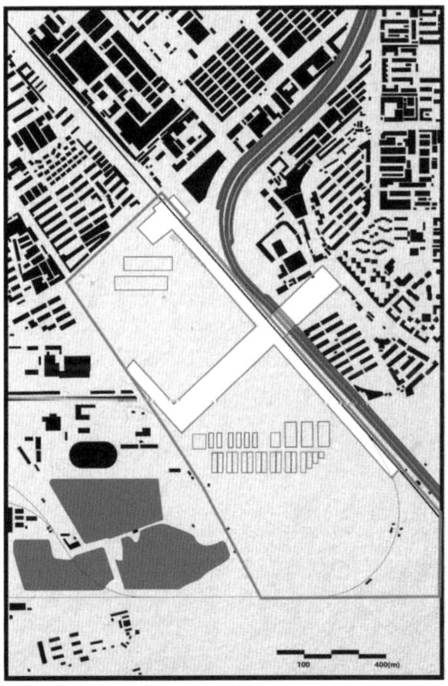
100
400(m)

通过这层结构，场地得以跨过密云路快速路和铁路，从空中和地下。这里必然是人流攒动的要冲地带。

结构二：层系统

层系统解构了场地内的主客体关系，以一种不同于原有场地的模数，构建起一种以层线为分割线，层空间为主体的空间。

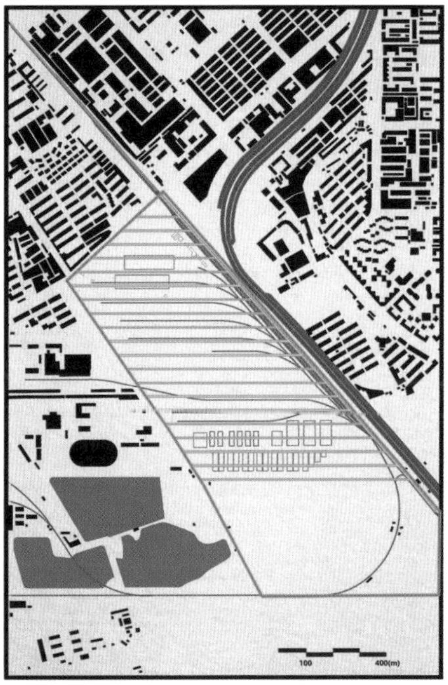
100
400(m)

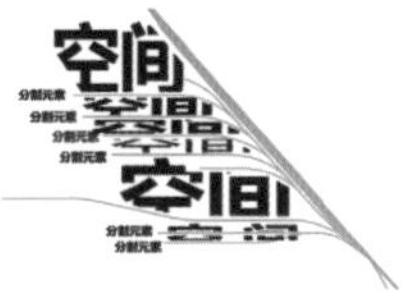
空间
分割元素

原有场地内存在着层状空间。它的层厚度为70m，分割元素是铁路，使得铁路成为空间的客体。通过对这种结构的消解，可以将铁路置于空间内部，铁轨可以参与空间构成，原有厂房内匀质的空间也受到挑战。

结构三：大层系统

二十多个层需要另一种秩序去统摄，大层以 220m 的模数将他们再次分类，并将南侧侯台湿地纳入到体系中来。

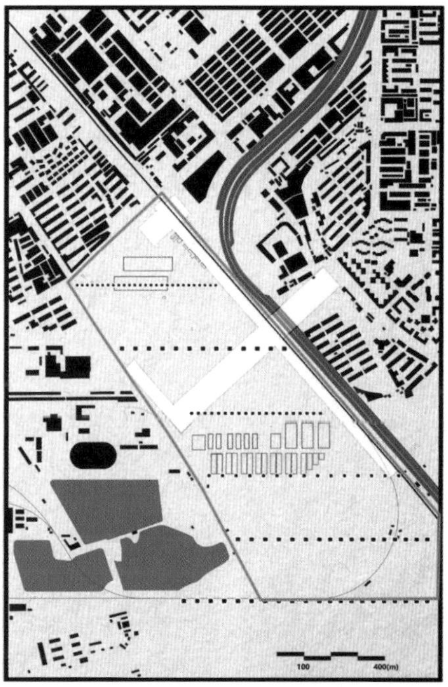
100
400(m)

姜井村社区活动
艺术家乌托邦
市级户外活动举办
文创 ● 创客 ● LOFT区
自然过渡区公园
纯自然

大层向自然过渡。其中黑色的点点是支在空中的构筑物，可以作为休闲节点。

结构四：线系统

线系统，它联系，它连接，它串联，它是捷径，它也是悠闲与散漫。与层系统并置，它丰富了层的空间内涵。

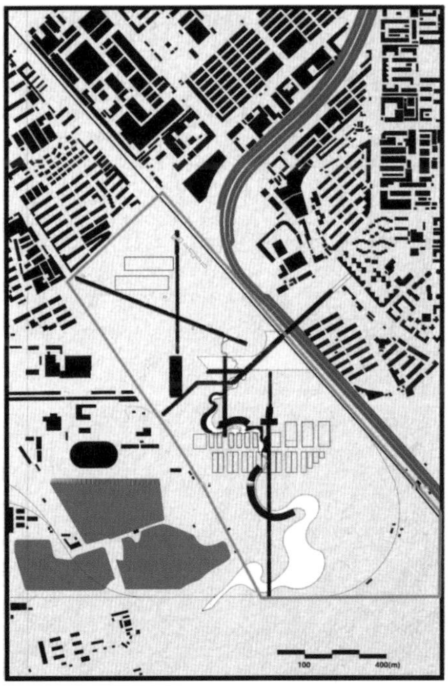
100
400(m)

原有肌理
- 垂线：串联各层（3条）
- 斜垂线：垂直于电车轨道，连接地铁站，沟通两区居民

新增肌理
- 邪(斜)线：从姜井村社区到换乘站的捷径，便民
- 曲线：漫无目的的游玩路径，向侯台湿地开源的蔓生态

邪线与斜垂线链接起姜井社区到换乘站的最短路径，并对层系统的空间再次分割。

西青区中北镇
姜井村

结构五：生态面系统

生态面系统紧紧依靠于其他系统，与铁轨旁的防护绿地结合，形成梳状结构。是环城绿道在地块内的延伸。

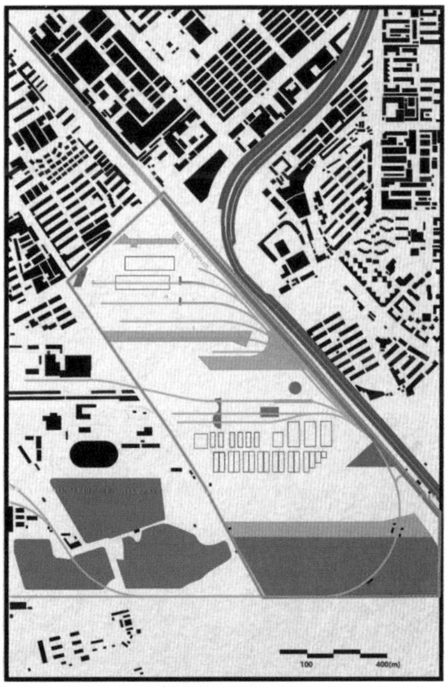
100
400(m)

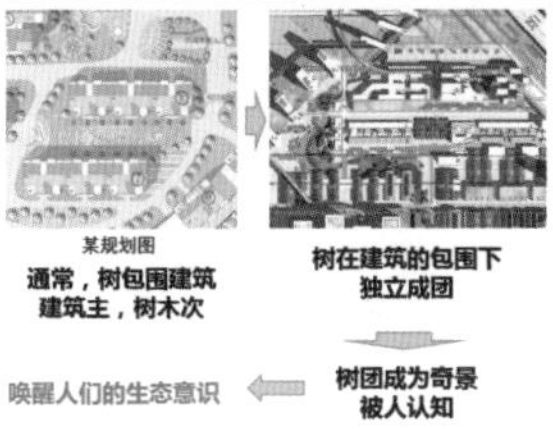
某规划图
通常，树包围建筑
建筑主，树木次
树在建筑的包围下
独立成团
树团成为奇景
被人认知
唤醒人们的生态意识

在建筑包围下的小深绿斑点是树林奇景。通过挑战自然与建筑的关系，获得视觉奇观。

结构六：立体城市

凌驾于其他五层空间上的空间是立体城市，它提供职住平衡的稳定社区，是向往热情生活的年轻创业者的舞池。

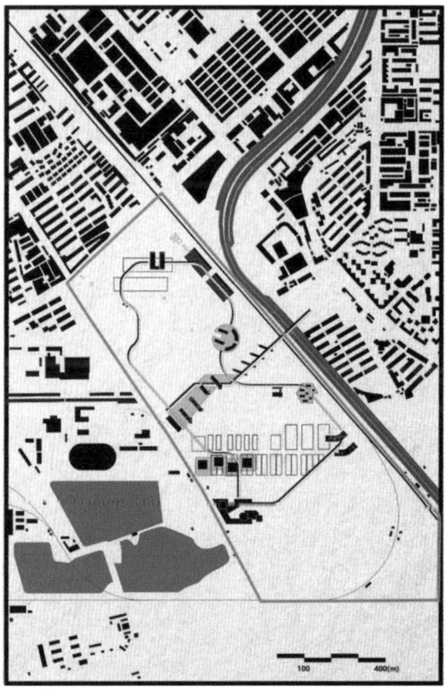
100
400(m)

创业者
游客
上班族
情侣
单身青年
学生
活力人群

预期居住者多为中青年，快速自行车系统内通行速度为20km/h，环线全长2.8km，满足人日常去地铁和电车通勤和社区交流的需求。

层系统的故事续

层的意向 - 开架图书馆

层是 ……

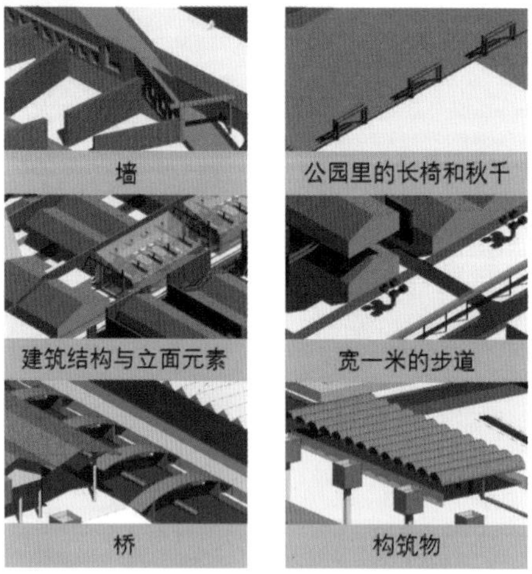
墙
公园里的长椅和秋千
建筑结构与立面元素
宽一米的步道
桥
构筑物

对层 · 空间关系的再次解构

层作为分割要素，是空间的客体

↓

层弯折导致空间变异

↓

层本身生长出空间，作为对层的纪念

层的平面形式

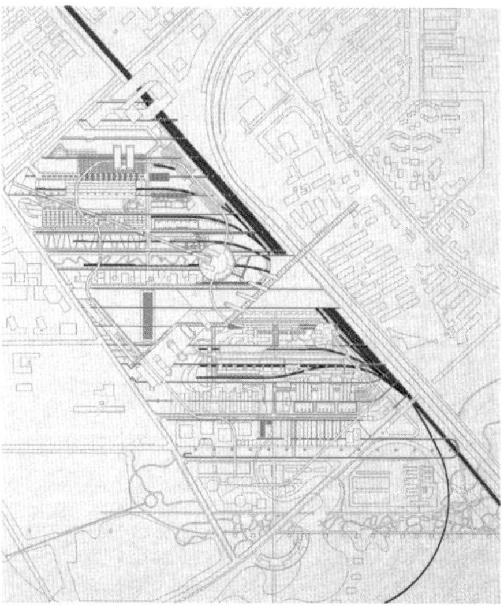

由于结构一点轴结构只停靠站点上，所以不具有连续性，层系统考虑到人从天环来，他们的步行和骑行具有连续性，而他们看到的层系统便如图书馆开架，每一层的名字都清晰可见供人翻阅。

层的钢铁架构被漆成橙色，温暖而热烈，醒目而喜人，富有活力。他们影响也参与空间的构成，有两处层变厚加宽，孕育空间，成为了层的纪念物。层于是不单单是分割元素，与空间的关系再次复杂，对自身进行了解构。

层的弯折则使空间戏剧化，空间可以不受限于 50m 的约束，增加了空间的可能性。在核心建筑处，层弯曲甚至与其他层相交，打破层互相平行的结构。

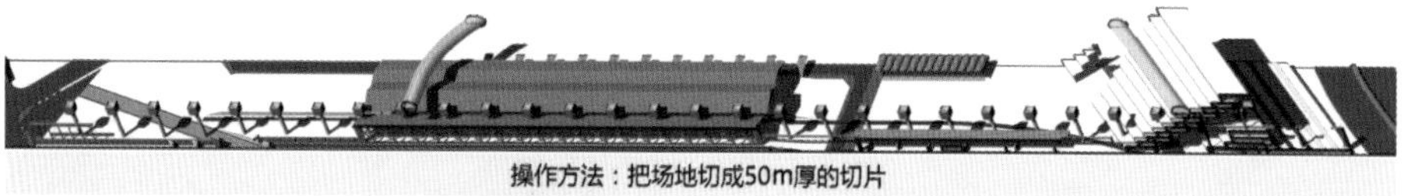

操作方法：把场地切成50m厚的切片

泛文化 · 层排列如开架图书馆

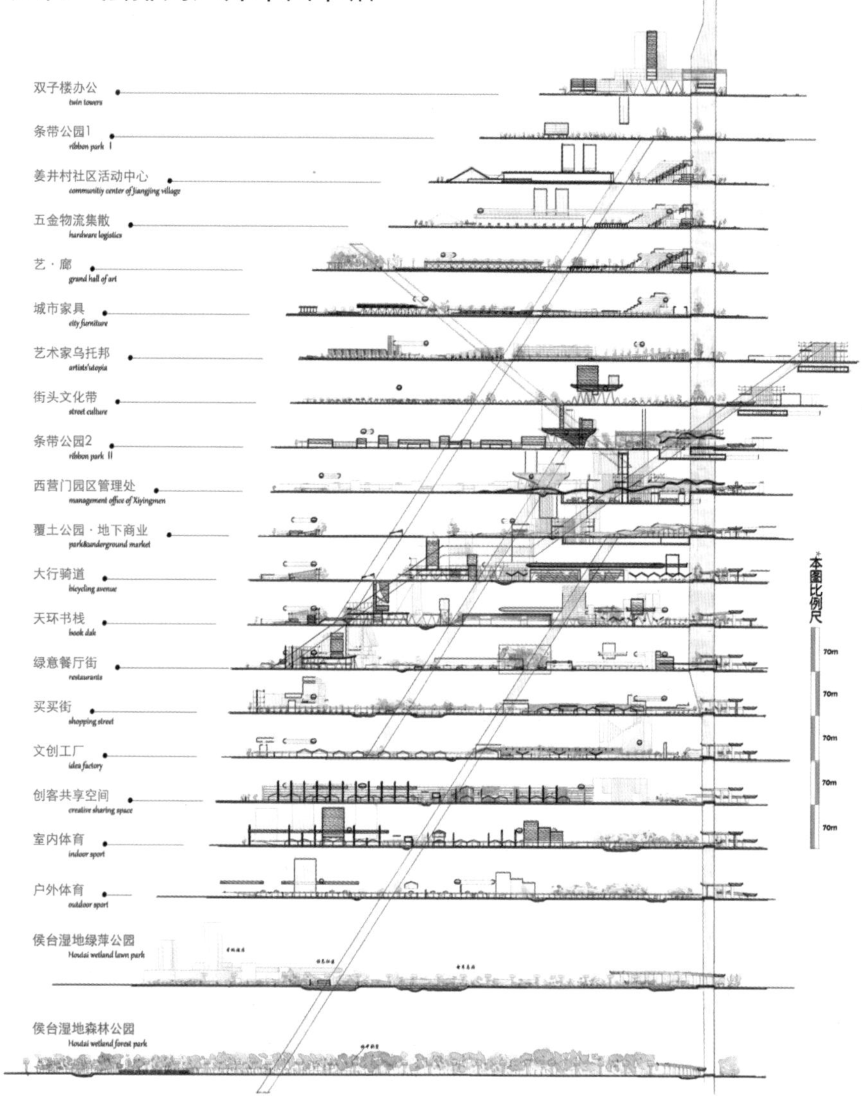
编组线+电车线路
双子楼办公
twin towers
条带公园1
ribbon park Ⅰ
姜井村社区活动中心
communitiy center of Jiangjing village
五金物流集散
hardware logistics
艺 · 廊
grand hall of art
城市家具
city furniture
艺术家乌托邦
artists'utopia
街头文化带
street culture
条带公园2
ribbon park Ⅱ
西营门园区管理处
management office of Xiyingmen
覆土公园 · 地下商业
park&underground market
大行骑道
bicycling avenue
天环书栈
book dak
绿意餐厅街
restaurants
买买街
shopping street
文创工厂
idea factory
创客共享空间
creative sharing space
室内体育
indoor sport
户外体育
outdoor sport
侯台湿地绿萍公园
Houtai wetland lawn park
侯台湿地森林公园
Houtai wetland forest park
本图比例尺
70m
70m
70m
70m
70m

线系统横向分割丰富层系统

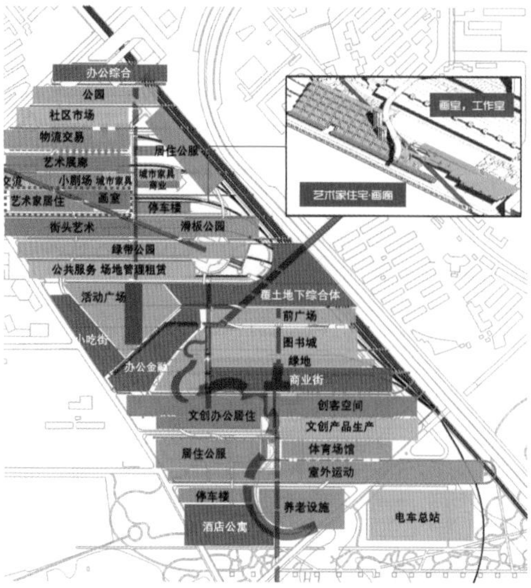
办公综合
公园
社区市场
物流交易
居住公服
艺术展廊
小剧场
城市家具
城市家具
商业
艺术家居住
画室
停车楼
街头艺术
滑板公园
绿带公园
公共服务 场地管理租赁
活动广场
覆土地下综合体
前广场
小吃街
图书城
绿地
办公金融
商业街
创客空间
文创办公居住
文创产品生产
居住公服
体育场馆
室外运动
停车楼
养老设施
酒店公寓
电车总站
画室，工作室
艺术家住宅·画廊

道路系统

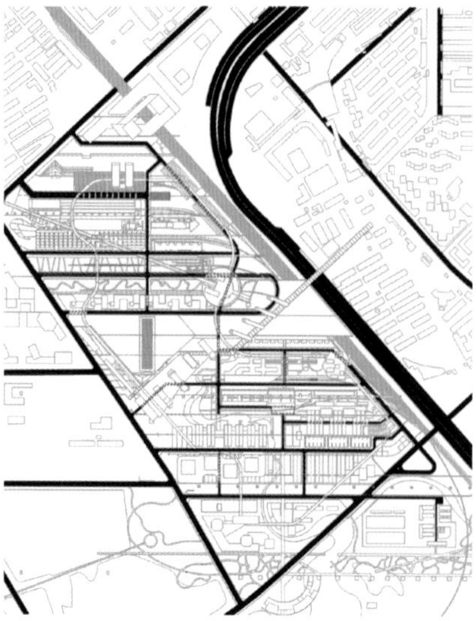

方案展示

轨枕之间的新故事 - 对岔道的纪念

天津歇后语中关于火车道的：
扳道工——净干岔道的事
电车出轨——没辙了

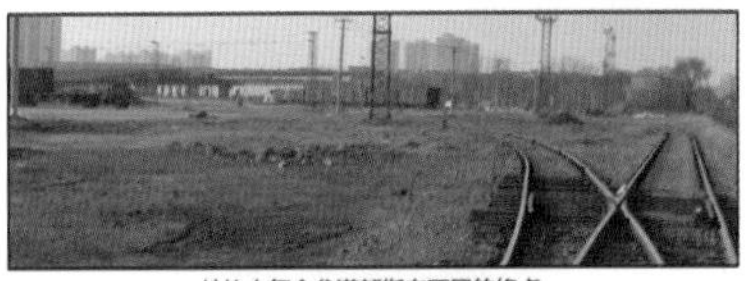

地块内每个岔道都指向不同的终点

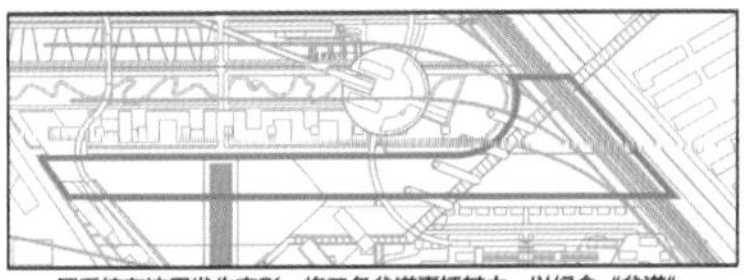

层系统在这里发生变形，将三条岔道囊括其中，以纪念“岔道”

覆土建筑覆盖着岔道口

隐藏屋顶后

建筑内岔道轨道凌空，成为贯穿建筑的景观元素

大型户外活动承办

效果图

承办如马戏团、嘉年华等活动邀请国外团队，可以通过海运转铁路运输，经李港铁路陈塘庄支线运送器械直达场地

音乐节

风筝节 游乐园嘉年华 跳蚤市场 城市之间 建造节 灯会 飞碟运动 室外滑冰场 马戏团巡演 篝火露营节

街头文化层的铁轨利用

交流休息空间
艺术创作空间

鸟瞰图

基于六个系统的叠加，形成的不仅仅是一个复杂的平面，更是不同的人们对于场地的不同理解方式，对于出了地铁和电车的人们来说，点轴结构特别显著，对于从环城绿道来的步行和骑行者来说，结构二、三是突出的，而当人们漫步到场地内部时，他们会发现有趣的线系统和面系统。而对于居住于此的时尚先锋居民来说，结构六立体城市是他们的社区结构。而当他们发现另一种场地结构时就对场地多了一种理解，甚至变成一种探索场地的欲望，而这也是构成场地活力的源泉——丰富的活动和场所。

立体城市内的职住分布

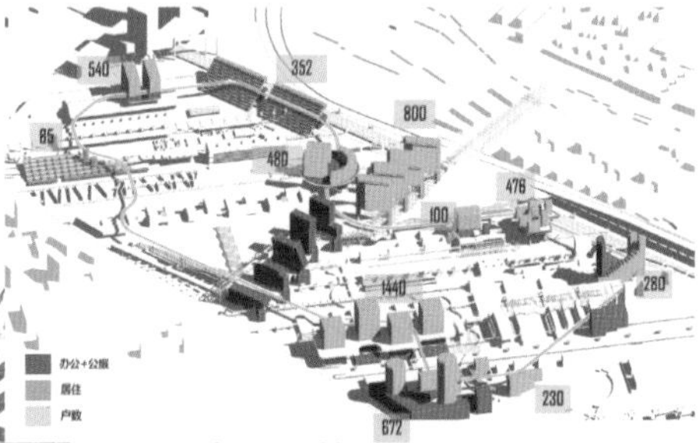
540
352
800
86
480
476
100
1440
280
230
672

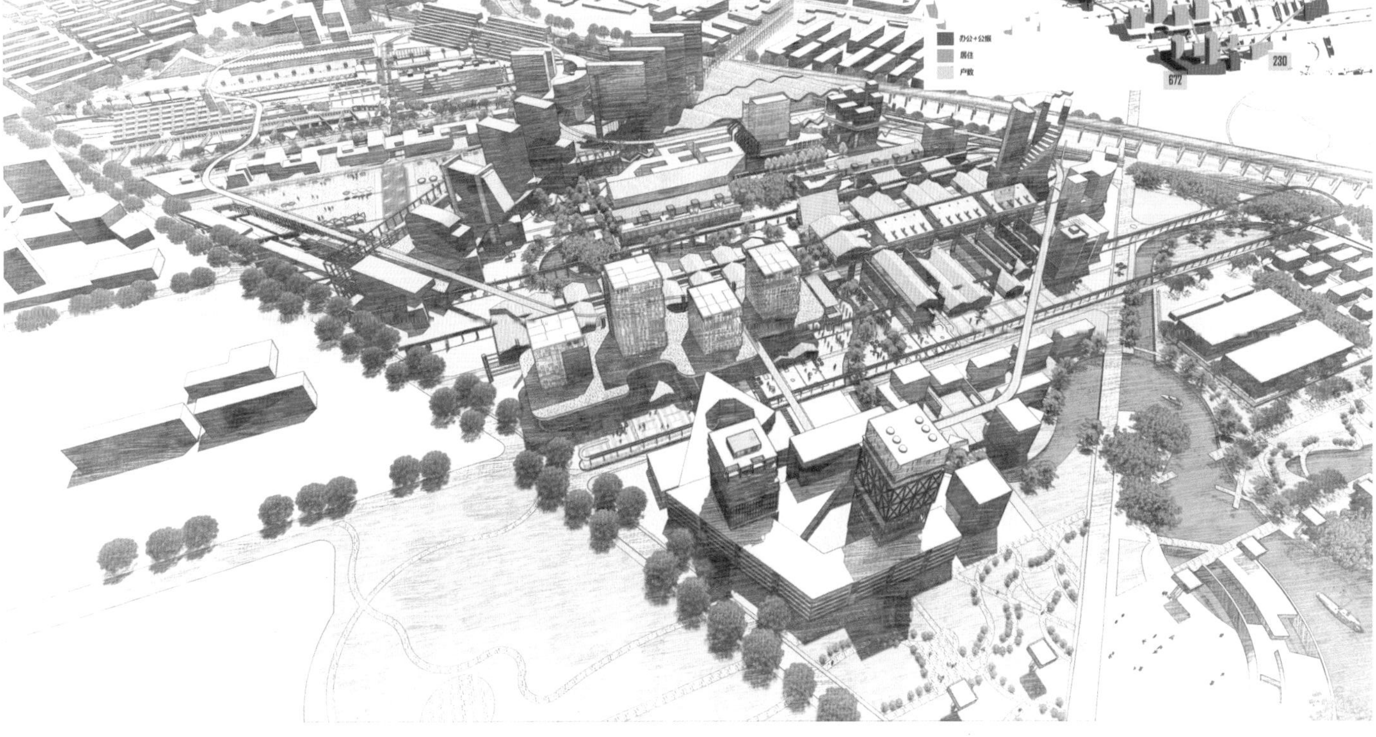

水彩手绘长卷

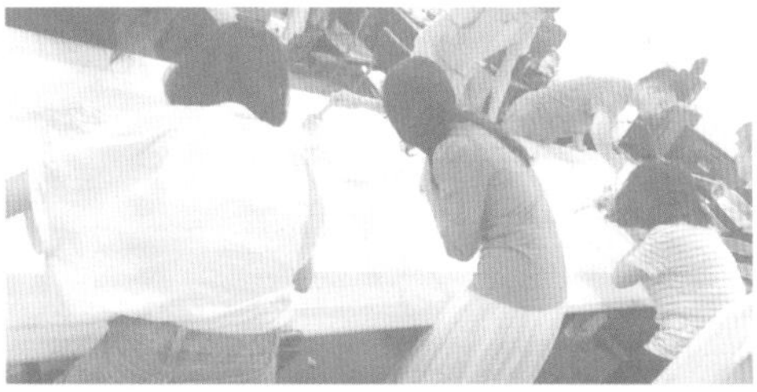

天津大学建筑学院
SCHOOL OF ARCHITECTURE TIANJIN UNIVERSITY

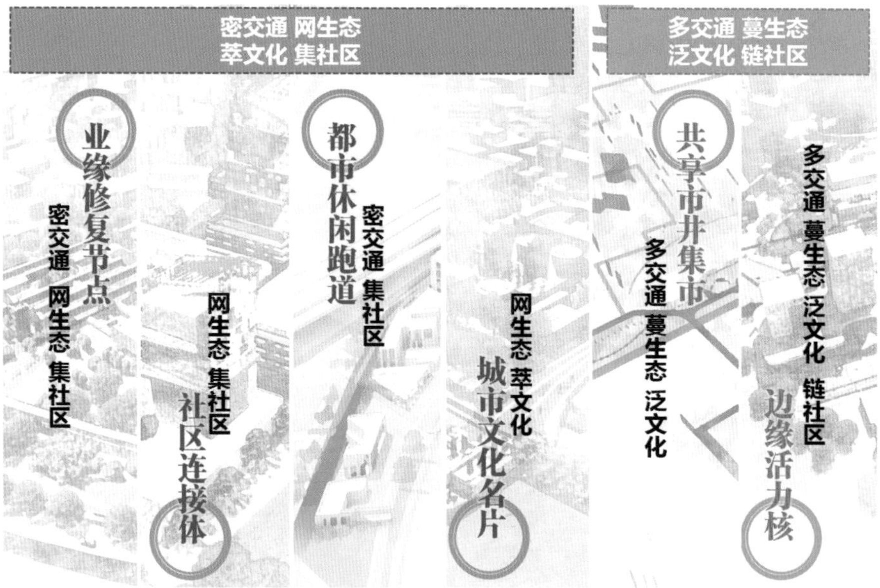
密交通 网生态
萃文化 集社区
多交通 蔓生态
泛文化 链社区
业缘修复节点
密交通 网生态 集社区
社区连接体
网生态 集社区
都市休闲跑道
密交通 集社区
城市文化名片
网生态 萃文化
共享市井集市
多交通 蔓生态 泛文化
边缘活力核
多交通 蔓生态 泛文化 链社区

轨途有度可通幽，
解语沽上若访友。
城垣历久愈扬菁，
心悦故里啖珍馐。
枕河潋滟接流素，
活源汩越楫棹游。
边岸暂泊不期然，
缘起津城谓同舟。

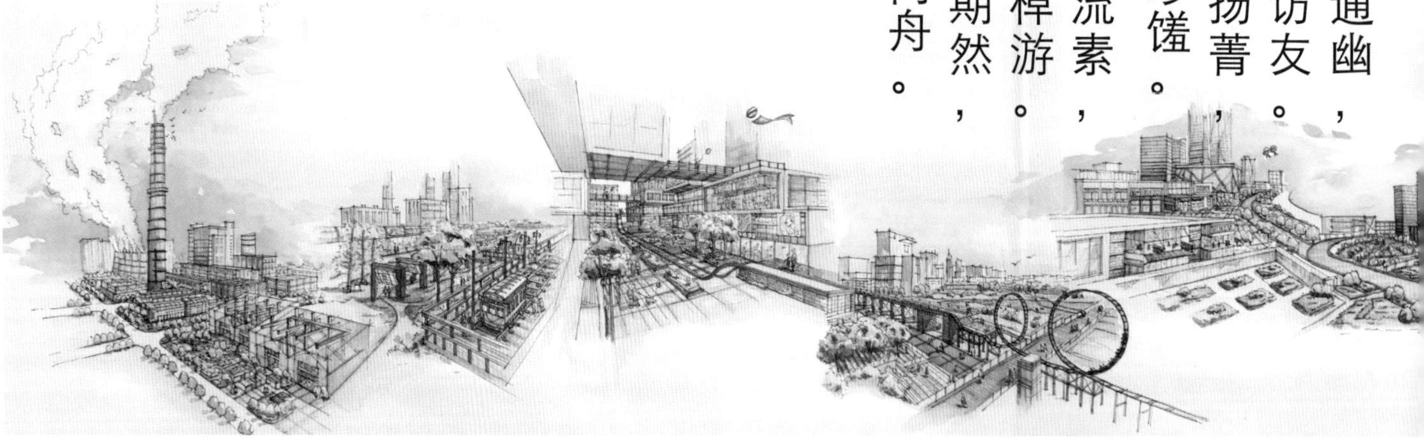

总平面图

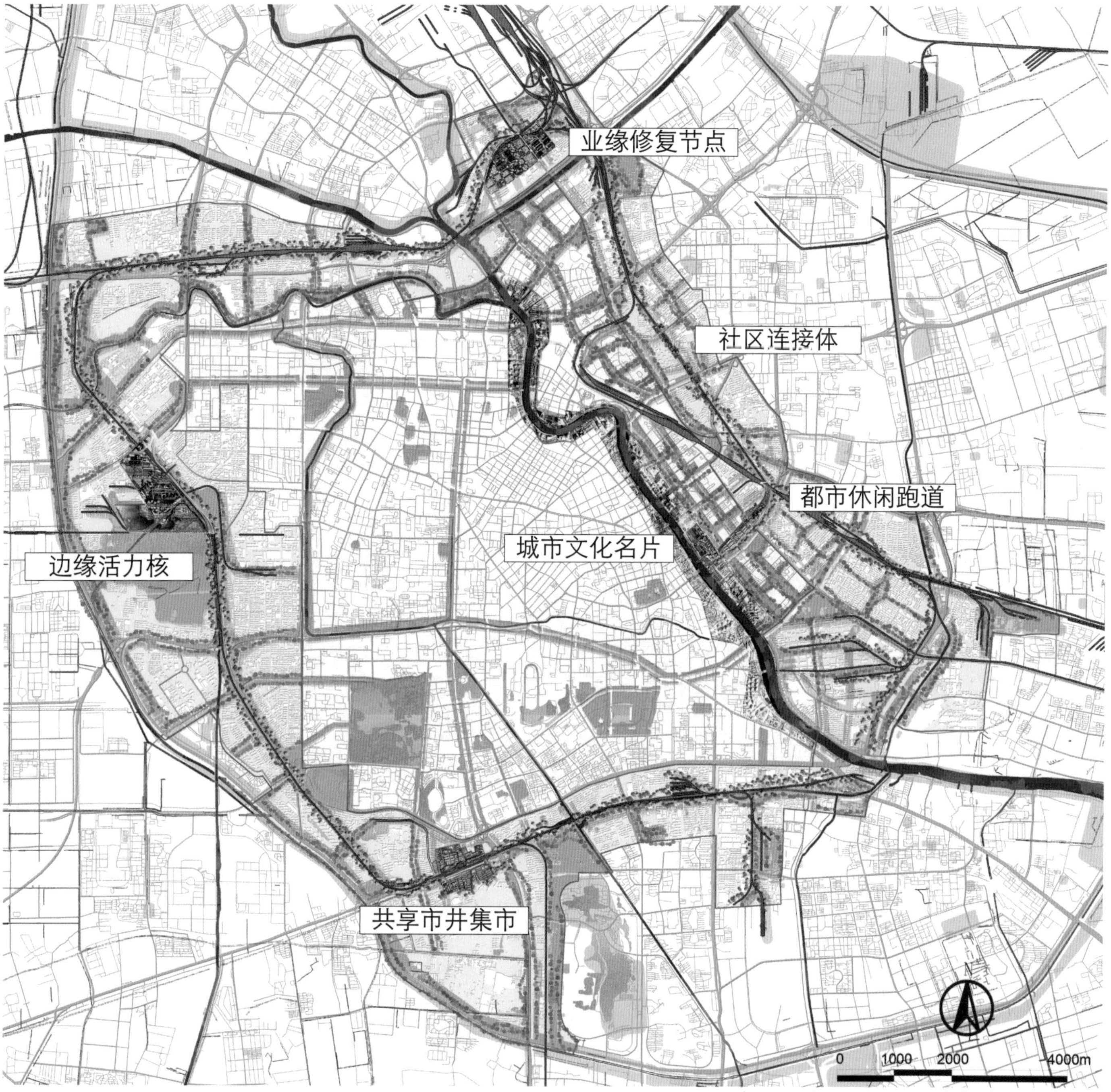
业缘修复节点
社区连接体
都市休闲跑道
城市文化名片
边缘活力核
共享市井集市
0
1000
2000
4000m

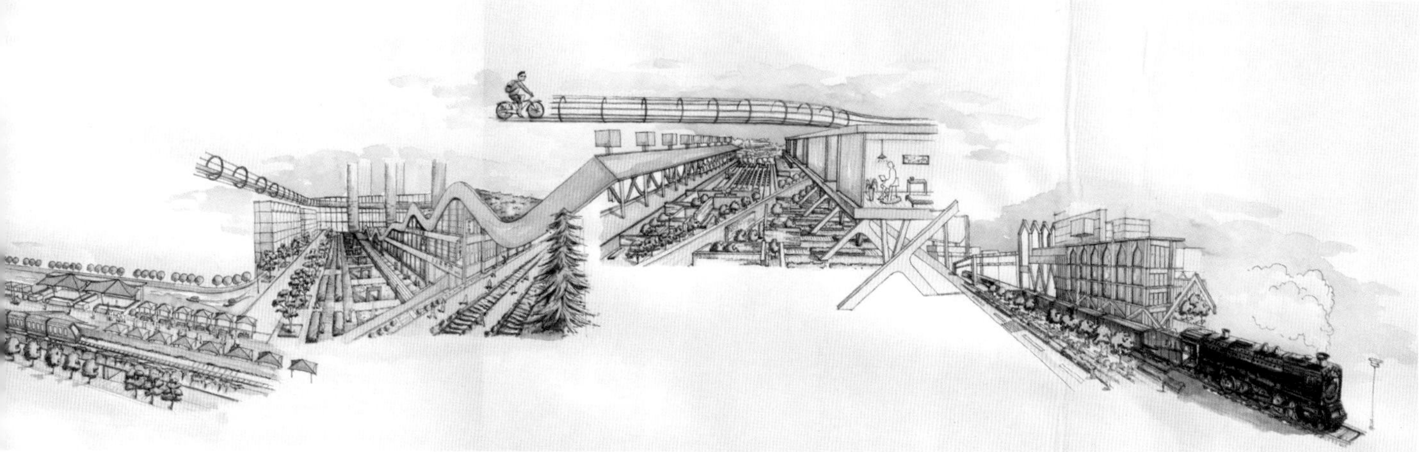

复盛世旧轨·内引外联·浩浩汤汤
兴千古津城·谋道论业·承脉伸张
普共济良人·杨柳桃源·江左才郎

修轨者·宜行
行合法·创城
城万象·泽民
民乐业·太平

宜轨 · 创城 · 泽人

RAIL · CITY · PEOPLE

东南大学建筑学院
花薛芃　丁金铭　王　伟　王　慧　姜梦姣　刘羽瑄
指导老师：吴　晓　巢耀明　史　宜

从城市更新、铁轨改造的契机出发，以人的现实需求、未来发展为基础，寻求最适宜的发展方向以及可实施性最强的落地方案。紧紧围绕铁轨的发展历程和未来潜力，在支撑系统方面，依托于现有轨道提出“云轨单车”的未来出行创新概念，并以此为基础延伸出一系列文化创意和科技创新产业，形成新的现代轨道产业链。在社会人文方面，依托强业缘小区的纽带特色，重塑人群结构，稳固社区邻里关系，塑造扎根当地生活的草根文化氛围。在空间环境方面，围绕棕地更新与资源再生的工业遗产改造，更新置换空间，复兴传统价值。整体实现老牌铁路工业文化的现代产业改造与升级，是为宜轨；人居环境城市空间的修补与再生，此为创城、泽人。

This enforceable scheme, designed based on the concept of urban renewal and railway renovation, is aimed to explore the development direction that best fits human demands and future progress. The whole design is closely around the development process and future potential of the railway track. In the aspect of supporting system, we put forward the concept of the future travel innovation, named as “Cloud Rail Riding”, relying on the existing track. A series of cultural and technological innovation industries are then set to form a new modern rail industry chain. In the social and humanistic aspects, we hope to restore traditional industry-related relationship, reshape the structure of the crowd and stabilize the community neighborhood relationship, in order to shape the Grassroots Culture atmosphere roots in local life. In the space environment, we take steps to renew the replacement space and revitalize the traditional value, closely around the brown land renewal and resource regeneration of the industrial heritage transformation. The overall realization of the modern industrial transformation and upgrading of the old railway industrial culture, is the correction of track. While the repair and regeneration of urban space in human settlement environment, is the maintenance of people.

宜轨

因地制宜的规划策略

创城

六线渐进的建构手法

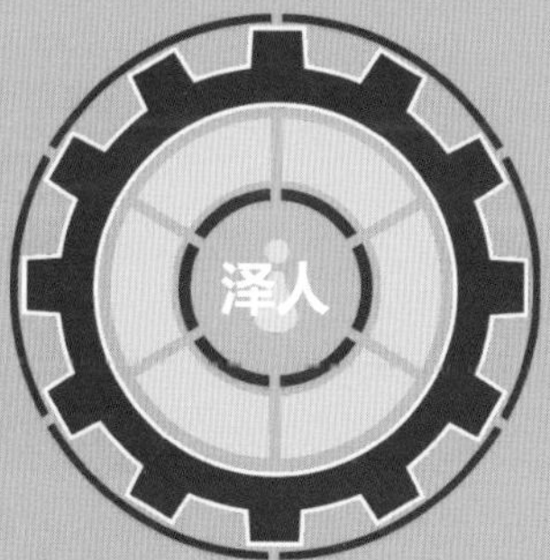
泽人

以人为本的实施措施

解锁概念

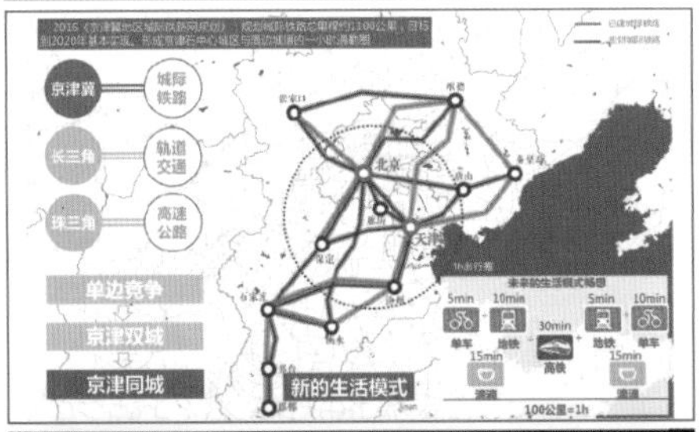
京津冀
长三角
珠三角
城际铁路
轨道交通
高速公路
单边竞争
京津双城
京津同城
新的生活模式
100公里=1h

同城相惜
双城互望
天津的高品质居住
&
北京的高品质服务
房奴
&
蜗居
品质与经济不可兼得
宅在家
&
小公园
周边行游
&
省省游
实地踏勘
&
短途出差
VS
新的生活选择

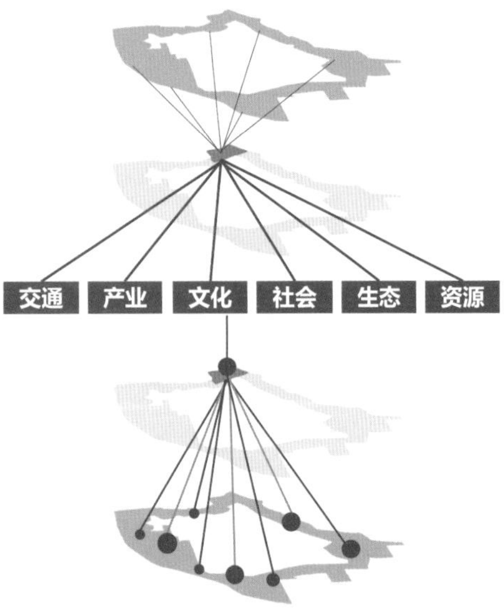
交通
产业
文化
社会
生态
资源

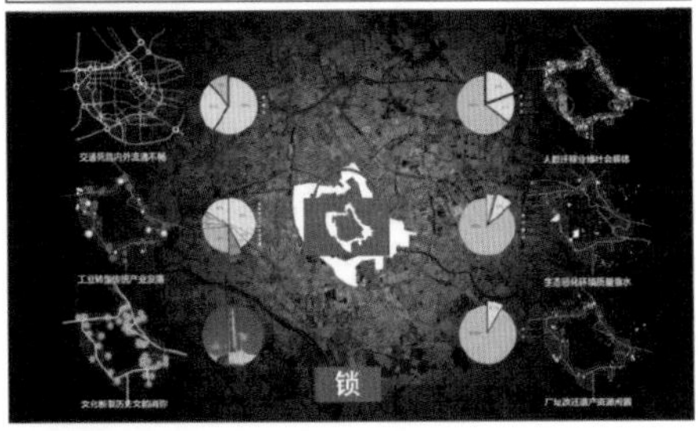
锁

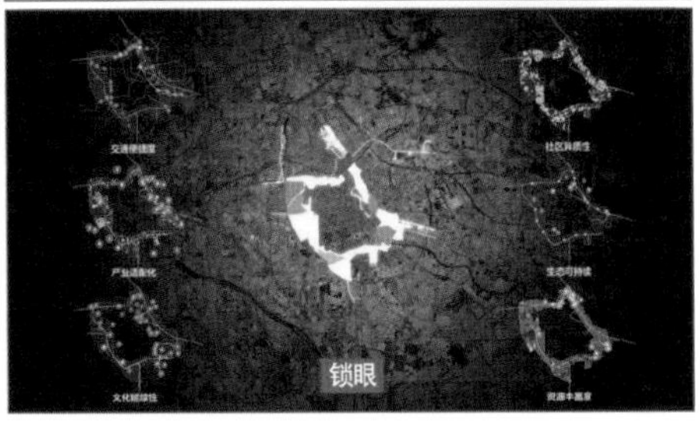
锁眼

现状分析

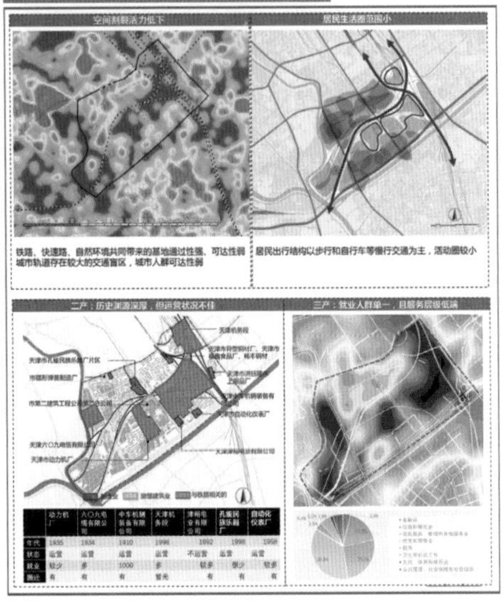
空间割裂活力低下
居民生活圈范围小
二产：历史渊源深厚，但近况不佳
三产：就业人群单一，且服务层级低端

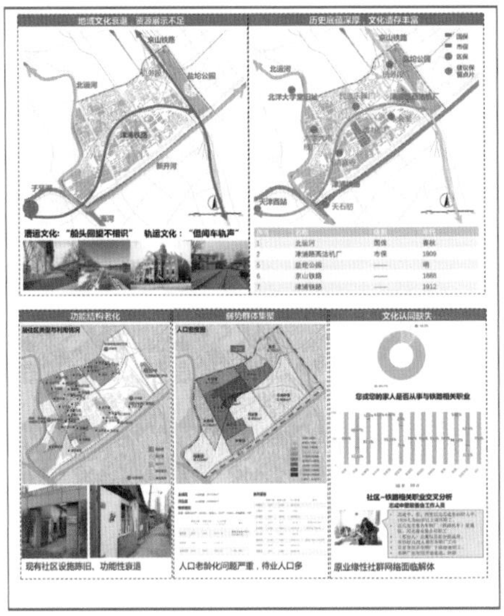
地域文化丰富，资源展示不足
历史底蕴深厚，文化遗存丰富
功能结构老化
弱势群体聚集
文化认同较大

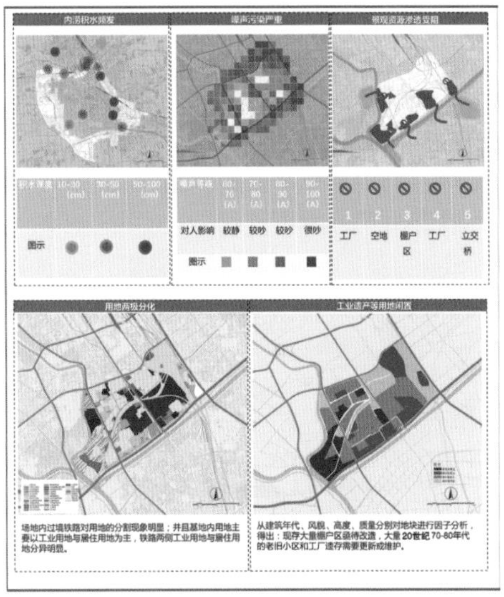
内涝积水频发
噪声污染严重
景观资源浪费
用地再级分化
工业遗产等用地闲置

技术路线

宜轨·创城·泽人

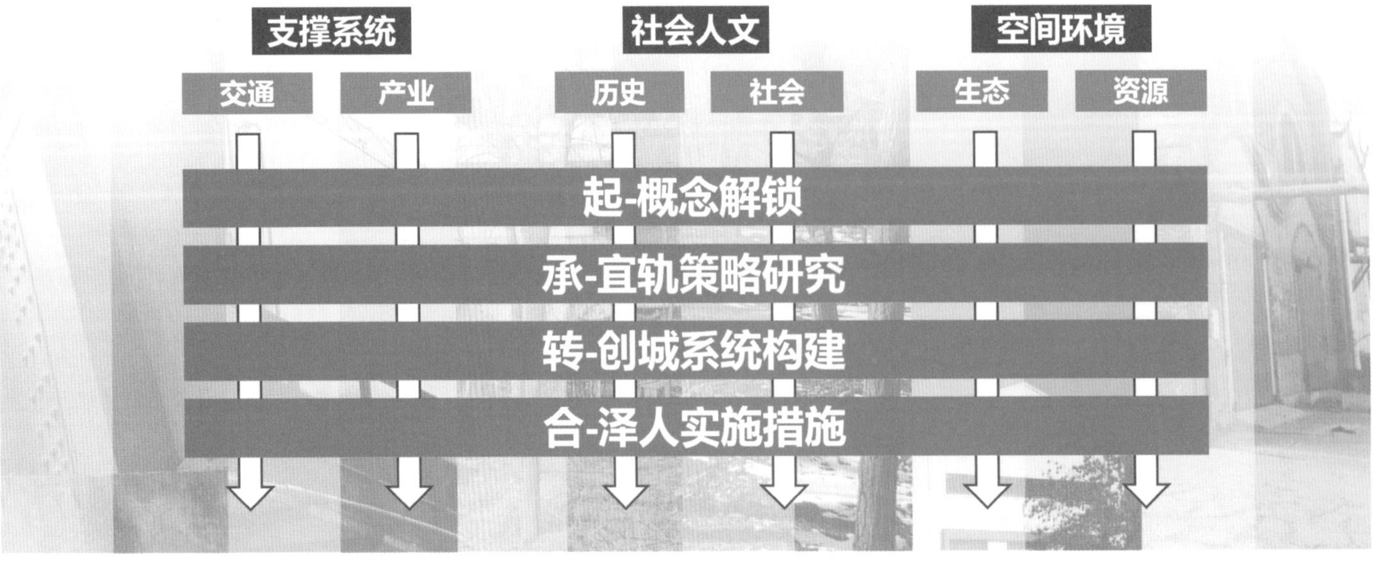
支撑系统
社会人文
空间环境
交通
产业
历史
社会
生态
资源
起-概念解锁
承-宜轨策略研究
转-创城系统构建
合-泽人实施措施

规划思路

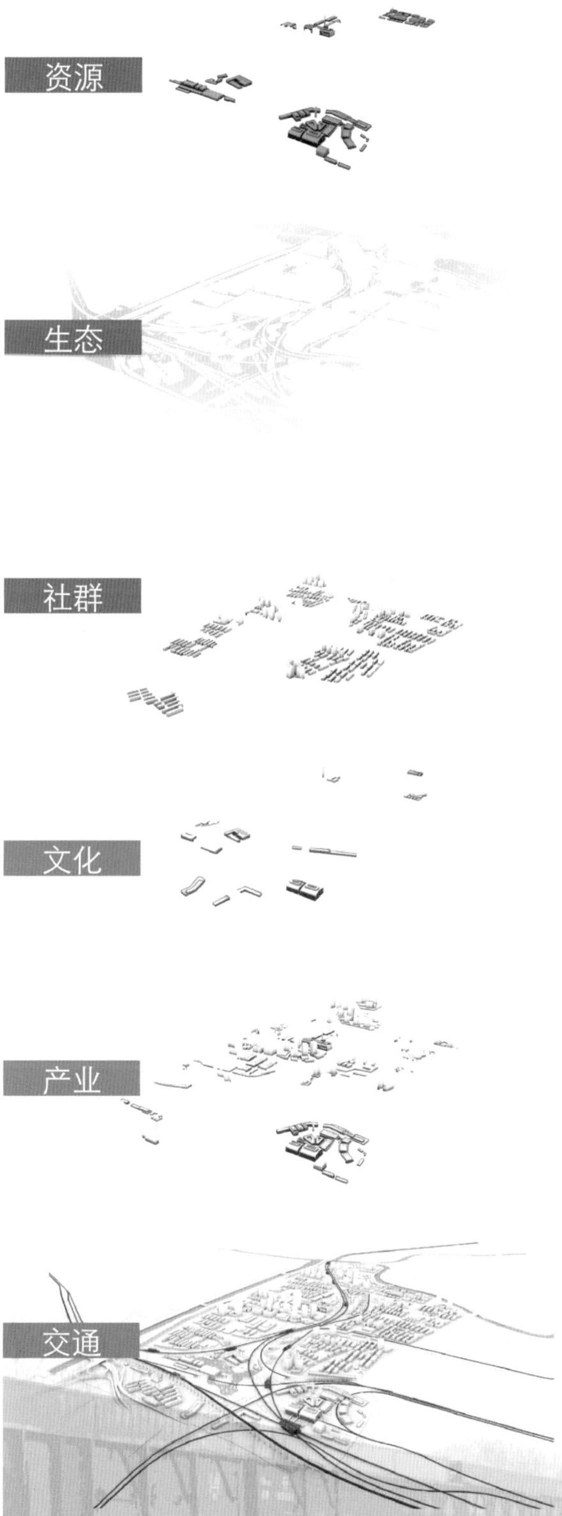
资源
生态
社群
文化
产业
交通

概念确定

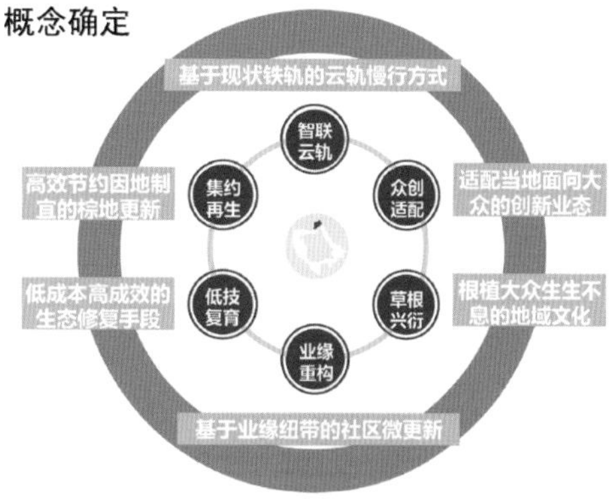
基于现状铁轨的云轨慢行方式
高效节约因地制宜的棕地更新
适配当地面向大众的创新业态
低成本高成效的生态修复手段
根植大众生生不息的地域文化
基于业缘纽带的社区微更新
智联云轨
众创适配
草根兴衍
业缘重构
低技复育
集约再生

宜轨——
因地制宜的规划策略

当下城市双修的背景和现状问题的复杂性决定了单一的主题式规划或设计手法无法解决所有问题，因地制宜的规划思路应运而生，结合实际应对不同系统的问题提出分别的应对策略。

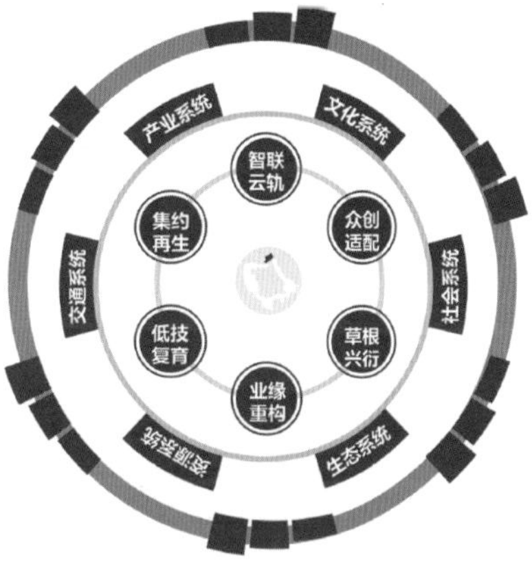
产业系统
文化系统
交通系统
社会系统
资源系统
生态系统
智联云轨
众创适配
草根兴衍
业缘重构
低技复育
集约再生

创城——
六线渐进的建构手段

通过对六大系统进行因地制宜的规划策略的实施，进一步落实到六大系统空间，根据各系统不同现实情况和落实难度进行分系统的分期建构，通过近、中、远的建构时序，完善空间格局。

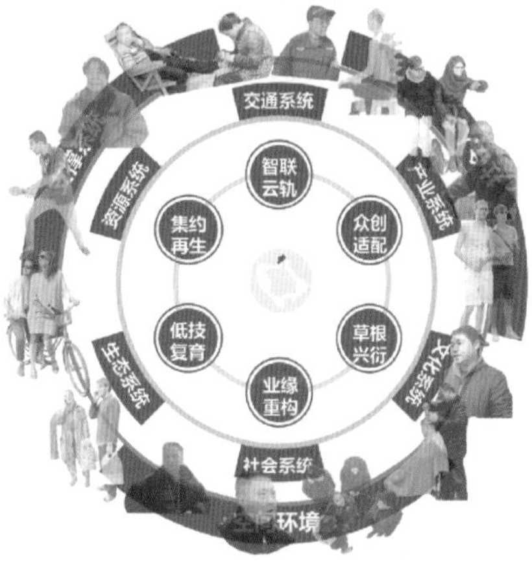
交通系统
资源系统
产业系统
生态系统
社会系统
环境
智联云轨
众创适配
草根兴衍
业缘重构
低技复育
集约再生

泽人——
以人为本的实施措施

从人的角度思考如何将规划落实到实际，才能真正将设计与当地居民的生活相结合，将六大系统两两耦合归纳为支撑系统、社会人文、空间环境三方面，最终实现泽人的理想愿景。

- 交通：塑造基于云轨绿道多方互通多层的交通体系
- 产业：构建以众创为特色适配文化的多元产业格局
- 文化：形成以草根文化为核心的多元文化共融空间
- 社群：形成面向社区的低成本高效适配的社会空间
- 生态：编织基于低技修复手段复续永育的生态系统
- 资源：形成以棕地更新遗产保护为中心的用地结构

总体定位

城市双修示范节点
环线更新引领节点
文化遗产保护节点

交通专题 - 智联云轨

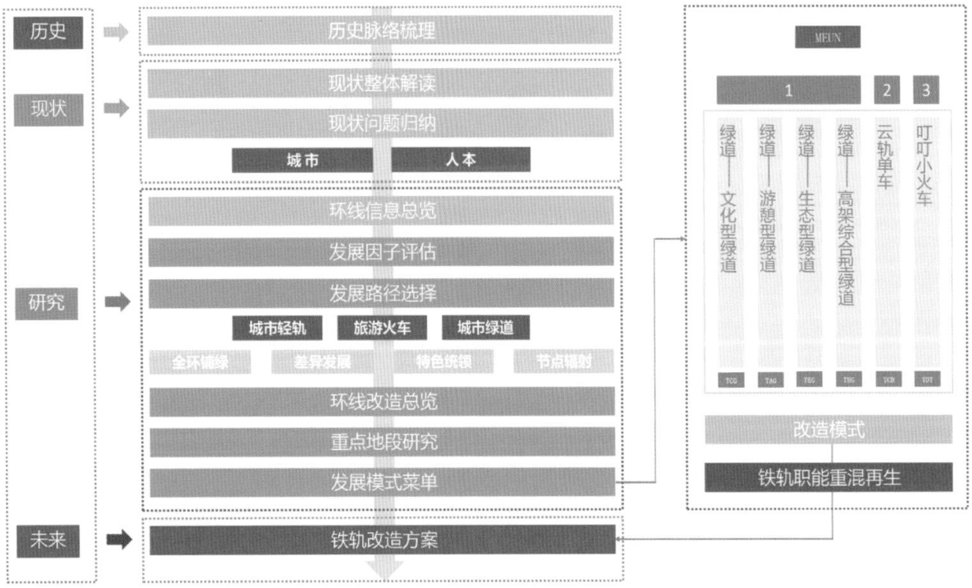
历史
历史脉络梳理
现状
现状整体解读
现状问题归纳
城市
人本
研究
环线信息总览
发展因子评估
发展路径选择
城市轻轨
旅游火车
城市绿道
全环铺绿
差异发展
特色统领
节点辐射
环线改造总览
重点地段研究
发展模式菜单
未来
铁轨改造方案
MEUN
1
2
3
绿道—文化型绿道
绿道—游憩型绿道
绿道—生态型绿道
绿道—高架综合型绿道
云轨单车
叮叮小火车
改造模式
铁轨职能重混再生

城市空间割裂

行为空间隔离

发展路径选择

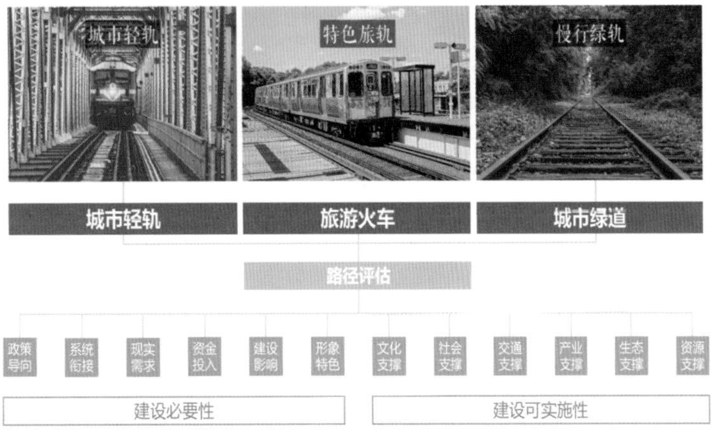
城市轻轨
特色旅轨
慢行绿轨
城市轻轨
旅游火车
城市绿道
路径评估
政策导向
系统衔接
现实需求
资金投入
建设影响
形象特色
文化支撑
社会支撑
交通支撑
产业支撑
生态支撑
资源支撑
建设必要性
建设可实施性

综合环线铁路现状与发展潜力，参考国内外铁轨改造案例，总结环线铁轨转型的三种可能路径：

· 城市轻轨模式 · 旅游火车模式 · 城市绿道模式

· 城市轻轨模式

· 优势

分担城市客流　加强区域联系
引导沿线开发　带动经济发展

· 局限

需要充足的客流支撑　需要大量资金支持
需要场站土地供给　需要与规划轨道衔接

评估要素	简述	评分
政策导向	· 建设容量大，与城市双修导向不符	☆
系统衔接	· 与现有地铁线路距离过近且难以换乘	☆
现实需求	· 依托环线通勤人数少，现实需求不大	☆☆
资金投入	· 资金投入较大，回收周期较长	☆☆
建设影响	· 没有解决两侧人群穿越问题，生态型差	☆
形象特色	· 现代通勤交通，形象特色较差	☆☆
文化支撑	· 对文化要素依赖性小	☆☆
社会支撑	· 环线没有足够的居住人群支撑客流	☆☆
交通支撑	· 利于沟通环线，但与现有地铁重合较多	☆☆
产业支撑	· 环线产业丰富，可依托轻轨建设带动开发	☆☆☆☆
生态支撑	· 对生态要素依赖性小	☆☆
资源支撑	· 环线资源丰富，有助于资源串联	☆☆☆☆

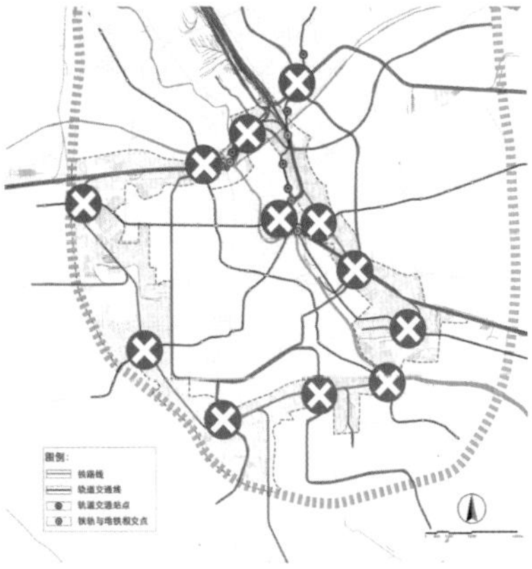

· 现状单轨铁路较多，难以承担往返交通职能
· 形成的环线轻轨与城市地铁环线过近，造成资源浪费
· 环线轻轨与城市地铁非统一规划，站点不合难以形成换乘
不建议采取城市轻轨模式

· 旅游火车模式

· 优势

串联优势资源　吸引观光人群
传递人文情怀　塑造城市记忆

· 局限

需要有吸引力的资源　需要充足的观光人群
需要沿线的产业支撑　需要一定的运营成本

评估要素	简述	评分
政策导向	· 与城市双修导向有一定的衔接	☆☆☆
系统衔接	· 位于现有绿道和地铁中间，形成特色三环	☆☆☆☆
现实需求	· 现有的环线旅游人群沟通需求不大	☆
资金投入	· 资金投入较小，但运营需要资金维持	☆☆☆
建设影响	· 部分解决两侧人群穿越问题	☆☆
形象特色	· 环线旅游线，形象特色较好	☆☆☆☆
文化支撑	· 文化资源丰富，有利于形成特色观光节点	☆☆☆☆
社会支撑	· 对环线现有居住人群依赖相对较小	☆☆
交通支撑	· 公共交通相对便捷，便于内外沟通	☆☆☆
产业支撑	· 环线产业丰富，有利于带动产业开发	☆☆☆
生态支撑	· 生态资源丰富，有利于形成特色观光节点	☆☆☆
资源支撑	· 环线资源丰富，有助于资源串联	☆☆☆☆

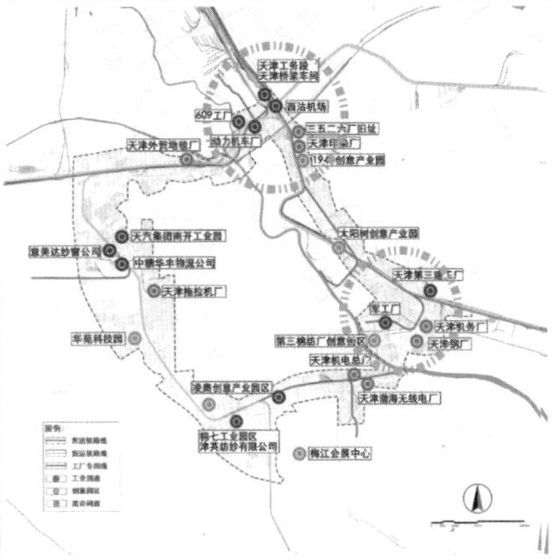

· 现状单轨铁路较多，难以承担往返交通职能
· 全线工业生产关联度／工业遗址资源／创意产业分布存在差异
建议局部采取旅游火车模式

· 城市绿道模式

· 优势

修复城市生态　提供活动空间
增添城市特色　引领绿色生活

· 局限

需要一定的土地空间　公益性强需资金投入
城市与居民相关需求　需要一定的运营成本

评估要素	简述	评分
政策导向	· 符合城市双修的政策导向，保护生态环境	☆☆☆☆☆
系统衔接	· 与现有城市绿道形成内外双环的结构	☆☆☆☆☆
现实需求	· 为居民提供大量的公共活动空间	☆☆☆☆☆
资金投入	· 资金投入相对较小，但公益性强	☆☆☆
建设影响	· 有效解决空间割裂问题，有利于城市生态	☆☆☆☆
形象特色	· 整体提升城市环境品质，增强形象特色	☆☆☆☆
文化支撑	· 文化丰富，绿道内涵丰富	☆☆☆
社会支撑	· 环线上有一定的居住和就业人群支撑	☆☆☆
交通支撑	· 公共交通较为便捷，便于到达	☆☆☆
产业支撑	· 环线产业丰富，利于服务业发展	☆☆☆☆
生态支撑	· 全环生态资源丰富，有利于创造节点空间	☆☆☆☆
资源支撑	· 环线资源丰富，有助于资源串联	☆☆☆☆

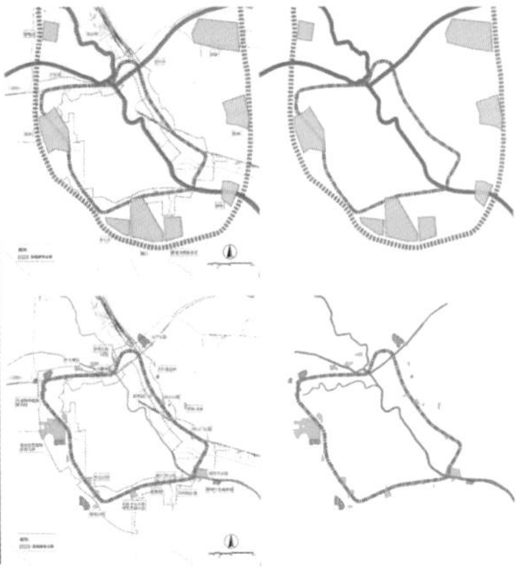

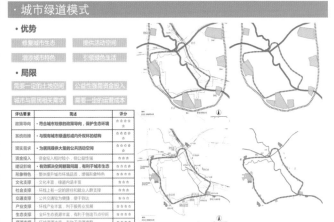

绿色环保／资源整合／步行友好／投入少／空间高效灵活运用
建议全环采取城市绿道模式

全环交通策划

全环铺绿 → **差异发展**

改造后，承担**城市步行绿道功能**的分为：

- **生态型绿道**　• **游憩型绿道**
- **文化型绿道**　• **综合型绿道**

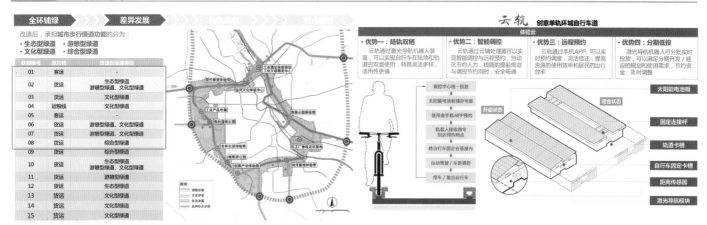

铁路编号	原功能	改造后绿道类型
01	客运	-
02	货运	生态型绿道 游憩型绿道、文化型绿道
03	货运	文化型绿道
04	运粮线	文化型绿道
05	客运	-
06	货运	游憩型绿道、文化型绿道
07	货运	游憩型绿道、文化型绿道
08	货运	综合型绿道
09	货运	综合型绿道
10	货运	生态型绿道 游憩型绿道、文化型绿道
11	货运	游憩型绿道
12	货运	生态型绿道
13	货运	文化型绿道
14	货运	文化型绿道
15	货运	文化型绿道

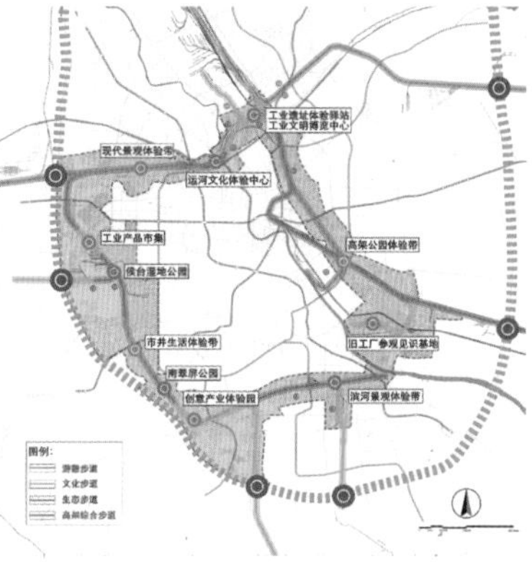

工业遗址体验际
工业文明博览中心
现代景观体验带
运河文化体验中心
工业产品市集
高架公园体验带
绿色湿地公园
市井生活体验带
南章厨公园
旧工厂参观见识基地
创意产业体验园
滨河景观体验带
图例：

首先，全环进行生态铺绿。

其次，根据周边功能进行差异发展策划。将全环步行绿道分为生态、游憩、文化及高架综合型四类，并赋予其不同主题。

云轨　创意单轨环城自行车道

体验云

- **优势一：陆轨双栖**　云轨通过激光导航机器人装置，可以实现自行车在陆地和轨道的双面使用，转换灵活多样，适用性更强
- **优势二：智能调控**　云轨通过云端处理器可以实现智能调控与远程预约，自动化节约人力，线路的提前规划与调控节约用时，安全畅通
- **优势三：远程预约**　云轨通过手机APP，可以实时预约调度，灵活借还，提高资源的使用效率和居民的出行效率
- **优势四：分期低投**　激光导航机器人可分批实时投放，可以满足分期开发／建设的规划和使用需求，节约资金、及时调整

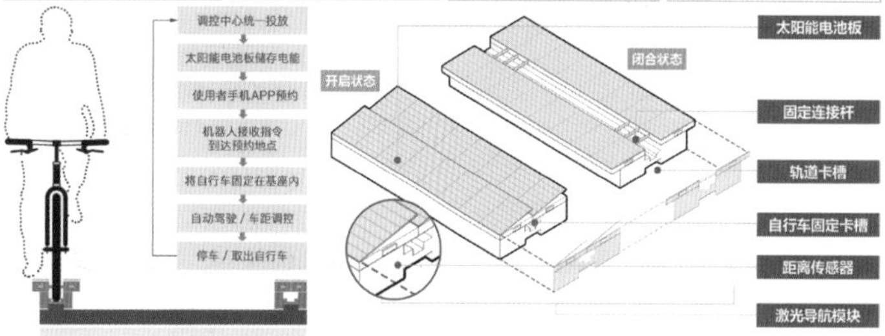

调控中心统一投放
太阳能电池板储存电能
使用者手机APP预约
机器人接收指令到达预约地点
将自行车固定在基座内
自动驾驶／车距调控
停车／取出自行车
开启状态
闭合状态
太阳能电池板
固定连接杆
轨道卡槽
自行车固定卡槽
距离传感器
激光导航模块

出于环线交通职能保留和往返交通需求的考虑，构建单轨环城自行车道，即云轨。

区别于普通共享单车，云轨单车低碳节约，提高出行效率。

交通云
交通云智能管理平台运作系统示意
GPS卫星
云轨单车车载GPS系统
控制中心机房
分布使用情况地图
各租赁点端状
预期时间与距离
选择／使用需求
Internet/WIFI
实时信息
SMS
大尺寸平板显示器
非智能手机
电脑
智能手机
车联网
信息化
交互式
安全性
绿色交通
数据云
云虚拟社区
云轨单车APP
综合交通模拟平台
土地利用
房地产和就业
能源
交通
综合交通模拟平台
交通
教育、医疗、旅游
产业及经济
智能体

在软件保障方面，首先，构建智能交通系统。通过网络调控实现智能驾驶，满足实时提还车需求。

其次，构建云虚拟社区与综合交通模拟平台。

节点辐射

结合城市绿道规划，同时依据轨道高度，将整个自行车网络分为以下三类：

- **地面普通云轨单车道**
- **地面单轨云轨单车道**
- **高架单轨云轨单车道**

整体形成**内外双环自行车网络**：

- 外环为城市常规绿道，以地面常规自行车为主
- 内环为环城云轨绿道，以特色单轨自行车为主
- 内外环之间的衔接为铁轨绿道，在铁轨旁设置慢行绿道，以地面常规自行车为主

自行车站点设置主要分为三级：

- **城市公共自行车站点**
（城市绿道与铁轨绿道的交汇处）
- **环线云轨单车一级站点**
（环线云轨与轨道交通的交汇处）
- **环线云轨单车二级站点**
（环线云轨与铁轨绿道、重要节点的交汇处）

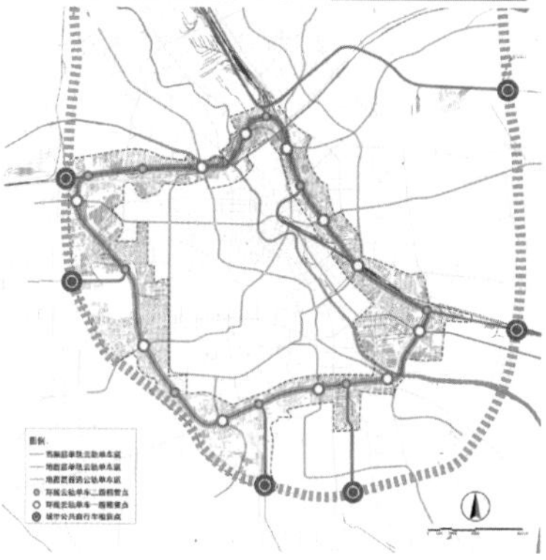

将环线云轨分为地面普通、地面单轨和高架单轨三类单车道，最终在城市层面形成内外双环的自行车绿道网络，同时分设三级单车站点。

产业专题 - 众创适配

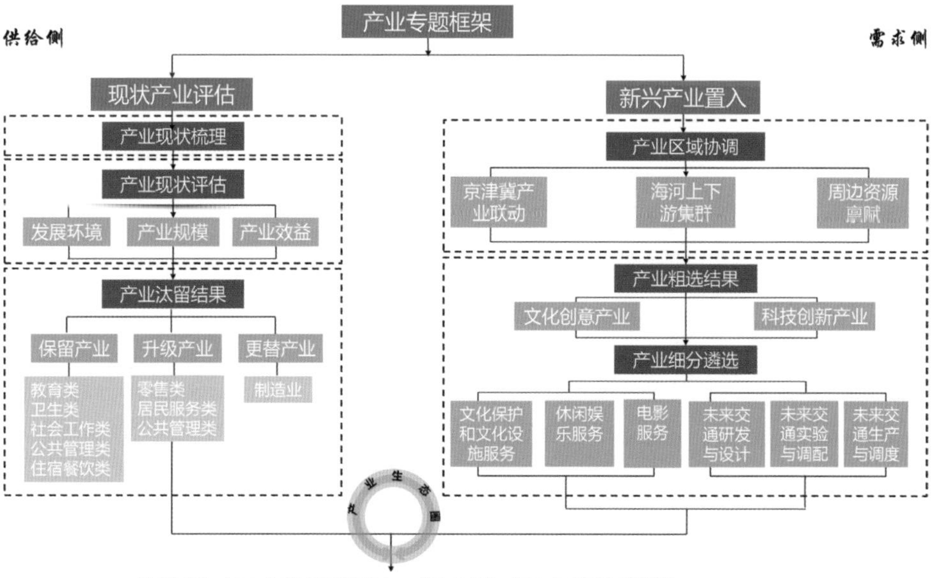

产业专题框架
供给侧
需求侧
现状产业评估
产业现状梳理
产业现状评估
发展环境
产业规模
产业效益
产业汰留结果
保留产业
升级产业
更替产业
教育类
卫生类
社会工作类
公共管理类
住宿餐饮类
零售类
居民服务类
公共管理类
制造业
新兴产业置入
产业区域协调
京津冀产业联动
海河上下游集群
周边资源禀赋
产业粗选结果
文化创意产业
科技创新产业
产业细分遴选
文化保护和文化设施服务
休闲娱乐服务
电影服务
未来交通研发与设计
未来交通实验与调配
未来交通生产与调度
产业生态圈

供给侧（三大汰留标准）+需求侧（三大粗选原则）

二产运营不佳

鑫隆断桥铝门窗

三产服务单一

产业 POI 数据分析

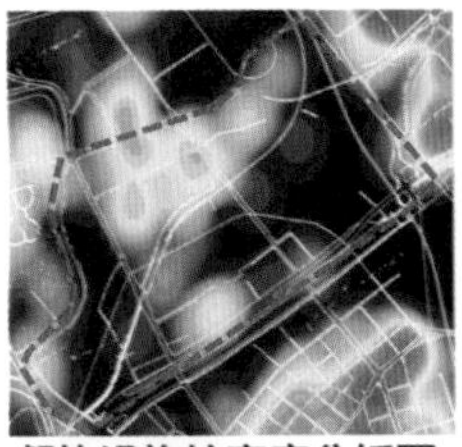
餐饮设施核密度分析图

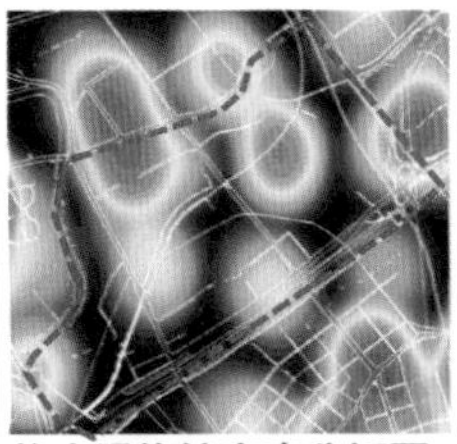
住宿设施核密度分析图

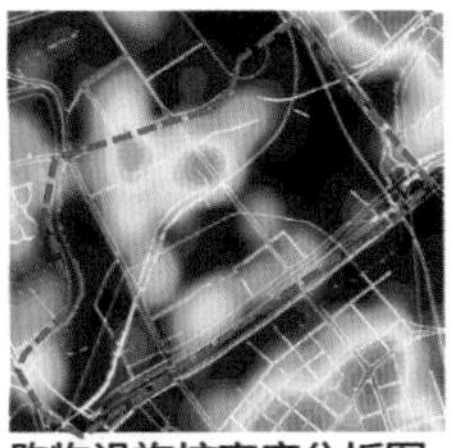
购物设施核密度分析图

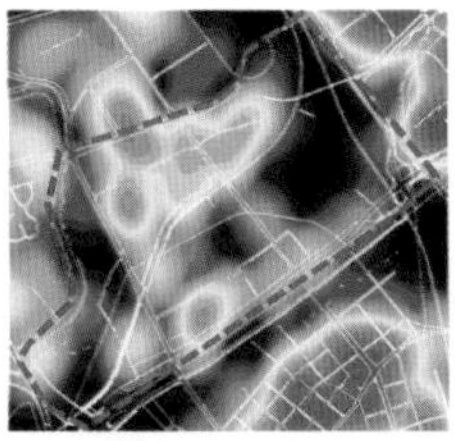
社会服务核密度分析图

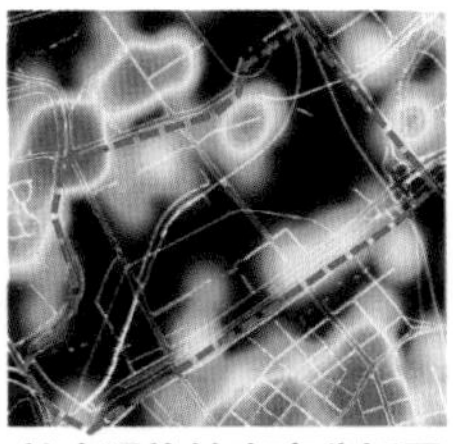
教育设施核密度分析图

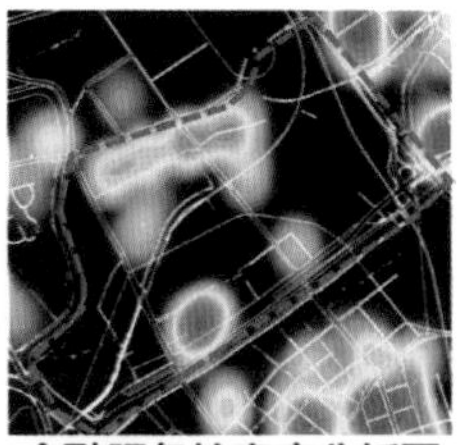
金融服务核密度分析图

现状产业汰留评估

现状产业发展评估

门类	工业	生活服务类			公共服务类			
具体类型	制造业	零售类	居民服务类	住宿和餐饮类	教育类	卫生和社会工作类	金融类	公共管理类
产业规模	+++	+++	++	+++	+++	+++		+
产业效益	+	+	+	+++	+++	+++		+
发展环境	+	+++	+++	+++	+++	+++		+++

*产业规模与效益的评价标准分别为产业发展现状的空间和经济体量大小；发展环境的评价以产业发展与宏观背景的吻合与协调性为基准。

产业汰留结果

保留产业：教育类、卫生和社会工作类、住宿和餐饮类、金融类

提高现有教育类、卫生和社会工作类、住宿餐饮类等公共服务类产业的整体服务水平与空间品质，营造更佳的服务氛围。

升级产业：零售类、居民服务类、公共管理类

可对零售类、居民服务类和公共管理类等生活服务类产业进行升级，在现发展方式上继续扩充服务方式、丰富服务层次。

更替产业：制造业

迁出主城区，并入产业园

产业协调与粗选

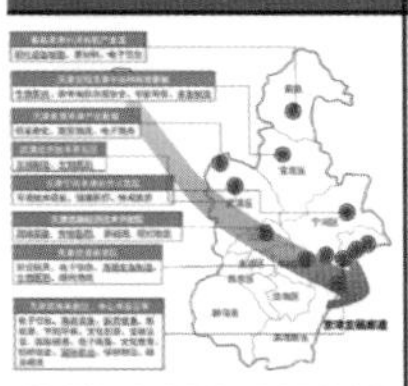
I.京津冀产业联动

科技创新、文化旅游、商贸服务产业

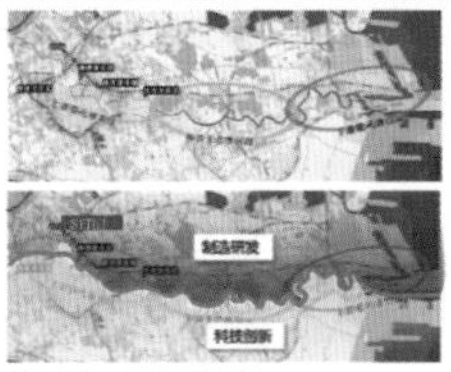
II.海河上下游集群

制造研发
科技创新
文化创意、科技创新产业

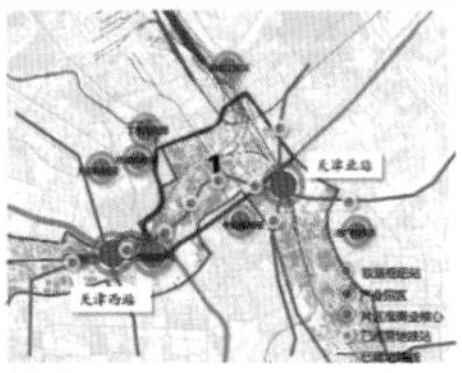
III.周边资源禀赋

科技创新产业

	京津冀产业联动	海河上下游集群	周边资源禀赋	合计
金融保险产业	++	+	+	+++
商务商贸产业	+++++	+	++	++++++++
文化创意产业	+++++	+++++	+++	+++++++++++++
科技创新产业	+++++	++++	+++++	++++++++++++++

综合区域及周边产业发展条件协调，产业粗选结果为与地块适配性较高的科技创新、文化创意产业。

产业细分与遴选

科技创新产业细分与遴选

结合轨交优势与老轨道改造等发展契机，打造与铁路工业文化适配的未来交通主题众创微企孵化空间

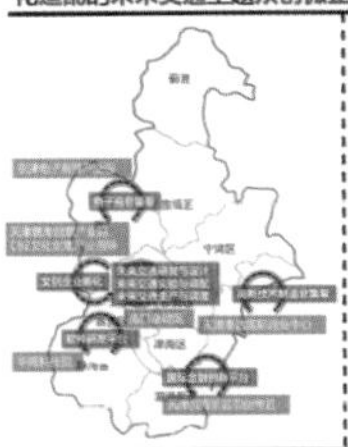

	地块特点
区位资源	城市中心区
文化资源	铁路工业文化历史久影响深，交通关联性强
景观资源	河道提升潜力大；工业遗存风貌良好，改造潜力大
交通资源	紧邻枢纽，轨交与云轨换乘方便
人群资源	本地人群素质水平不高，老龄化严重

未来交通科技创新产业：未来交通研发与设计、未来交通实验与调配、未来交通生产与调度

文化创意产业细分与遴选

结合老铁路工业品牌等文化优势与厂房改造发展契机，打造与市井文化适配的文创空间

	地块特点
区位资源	城市中心区
文化资源	铁路工业文化历史悠久，草根市井文化特色鲜明
景观资源	河道开发潜力大；工业遗存风貌良好，改造潜力大
交通资源	铁路再利用潜力大，轨交与云轨换乘方便
人群资源	居民业缘性强，本地就业需求强

文化创意服务：文化保护和文化设施服务、休闲娱乐服务、电影服务

产业生态圈

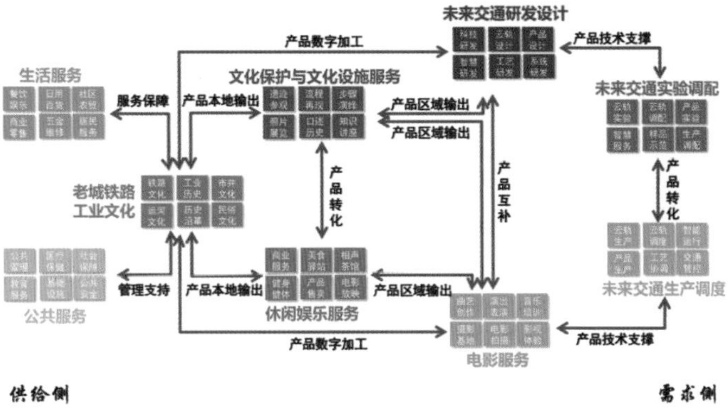
未来交通研发设计
产品数字加工
产品技术支撑
生活服务
文化保护与文化设施服务
未来交通实验调配
服务保障
产品本地输出
产品区域输出
老城铁路工业文化
产品转化
产品互补
管理支持
产品本地输出
产品区域输出
公共服务
休闲娱乐服务
未来交通生产调度
产品数字加工
产品技术支撑
电影服务
供给侧
需求侧

文化专题 - 草根兴衍

专题研究框架

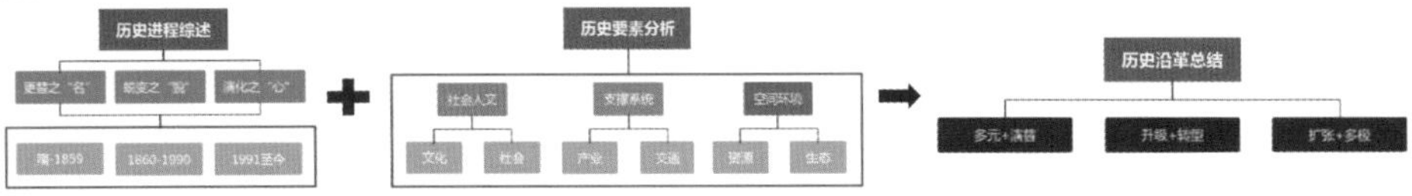
历史进程综述
历史要素分析
社会人文
支撑系统
空间环境
文化
社会
产业
交通
资源
生态
历史沿革总结

纵向从三个阶段（运河时期、铁路时期、后铁路时期），横向以三条线索（支撑系统、社会人文、空间环境）为划分依据进行历史要素交织分析。

分时期历史要素分析

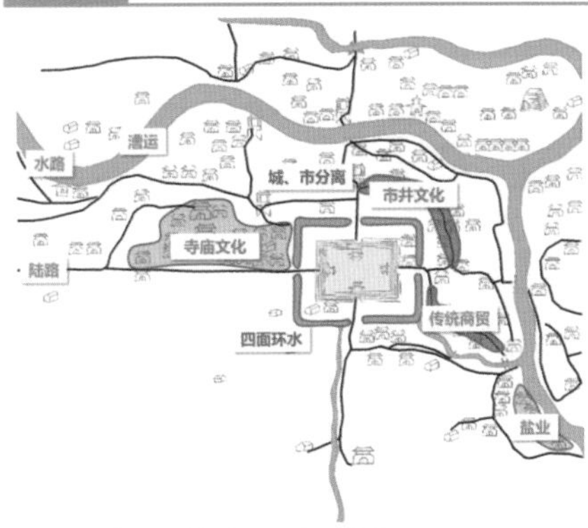
漕运
水路
城、市分离
市井文化
寺庙文化
陆路
传统商贸
四面环水
盐业
运河时期：傍水而居（隋朝～1859）

水路
铁路
中国第一条自办运营铁路
漕运
清代工业
清代军事文化
陆路
我国自办铁路中的第一个商埠车站
区域分割
租界文化
私家园林
京山铁路
铁路时期：因轨而现（1860～1903）

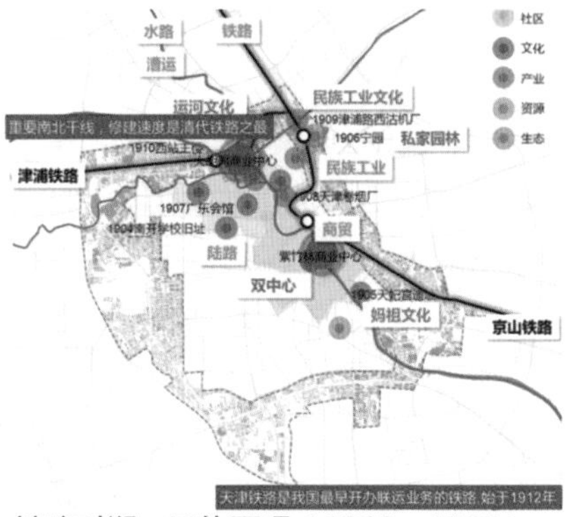
水路
铁路
运河文化
民族工业文化
津浦铁路
私家园林
民族工业
商贸
陆路
双中心
妈祖文化
京山铁路
天津铁路是我国最早开办联运业务的铁路，始于1912年
铁路时期：因轨而现（1860～1903）

分时期历史要素分析

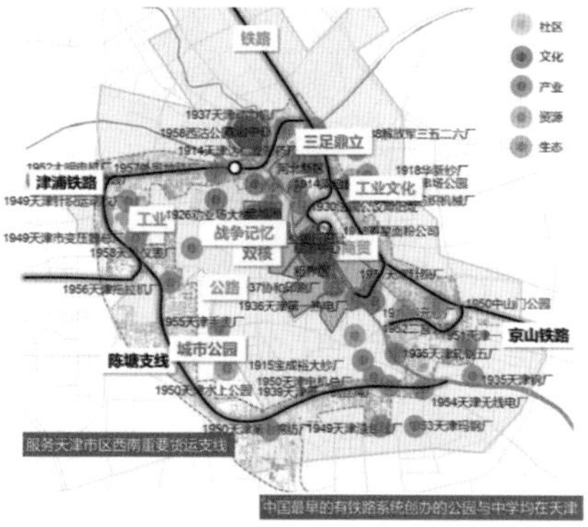
铁路
三岔鼎立
津浦铁路
工业文化
战争记忆
双核
公路
城市公园
陈塘支线
京山铁路
服务天津市区西南重要货运支线
中国最早的有铁路系统创办的公园与中学均在天津
社区
文化
产业
资源
生态

铁路时期：托轨而展（1913～1959）

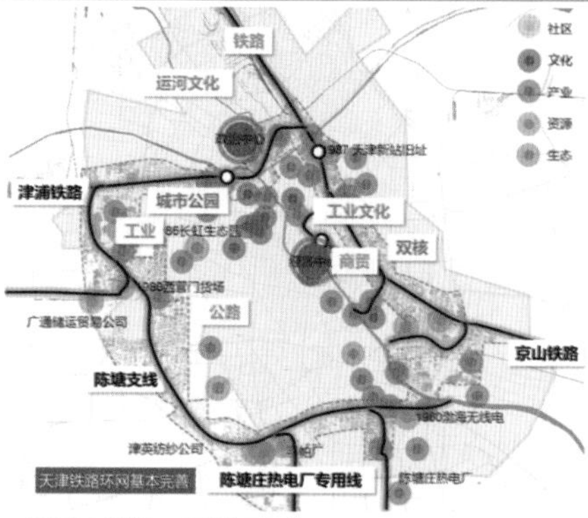
铁路
运河文化
津浦铁路
城市公园
工业文化
双核
商贸
公路
陈塘支线
京山铁路
天津铁路环网基本完善
陈塘庄热电厂专用线
社区
文化
产业
资源
生态

铁路时期：承轨而盛（1960～1990）

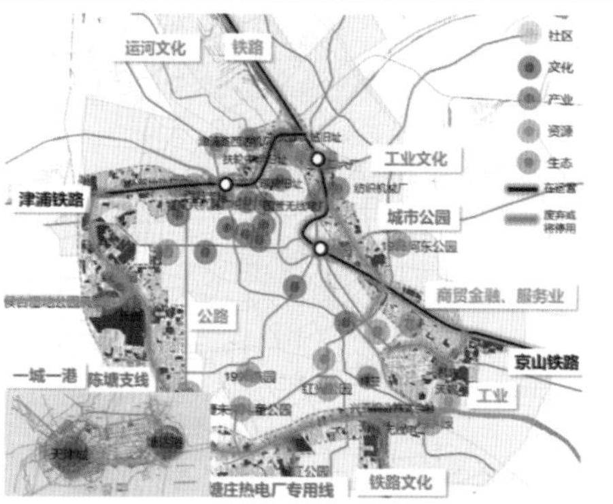
运河文化
铁路
工业文化
津浦铁路
城市公园
商贸金融、服务业
公路
一城一港
陈塘支线
京山铁路
工业
陈塘庄热电厂专用线
铁路文化
社区
文化
产业
资源
生态

后铁路时期：轶轨而生（1990至今）

历史沿革总结

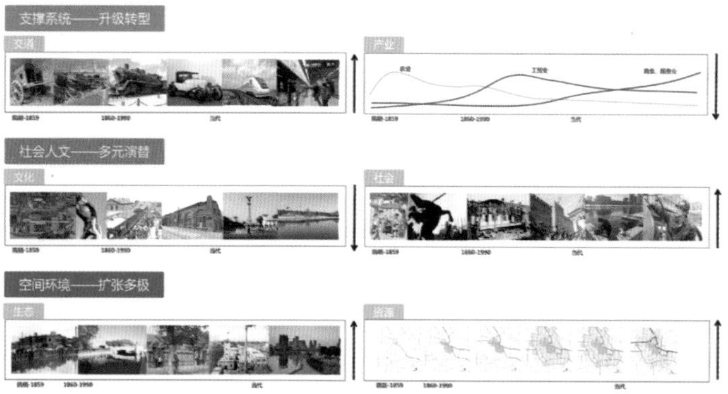
支撑系统——升级转型
交通
产业
社会人文——多元演替
文化
社会
空间环境——扩张多极
生态
资源

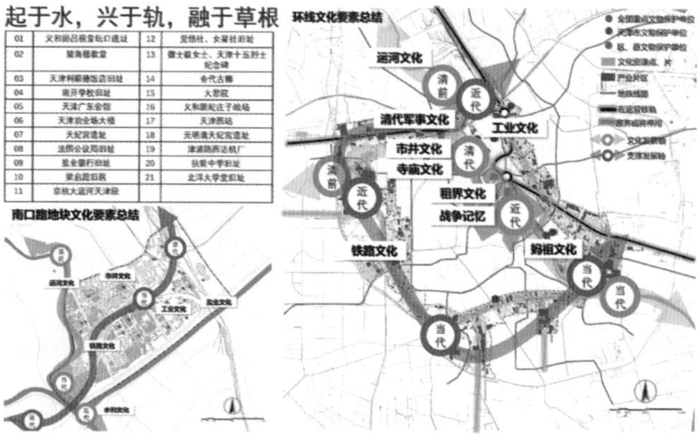
起于水，兴于轨，融于草根
环线文化要素总结
南口路地块文化要素总结
运河文化
清代军事文化
市井文化
寺庙文化
工业文化
租界文化
战争记忆
铁路文化
妈祖文化

社会专题 - 业缘重构

专题研究框架

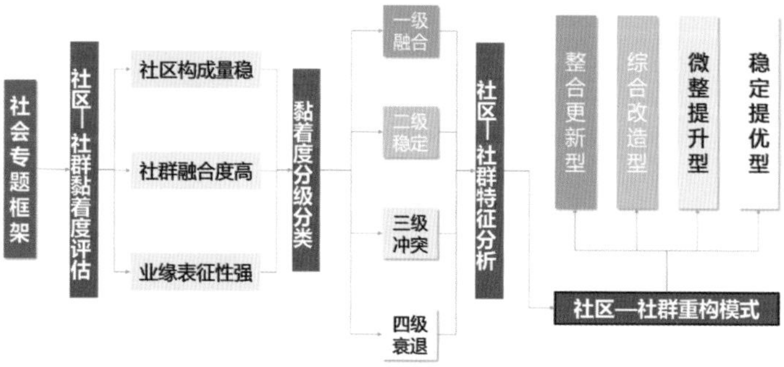
社会专题框架
社区—社群黏着度评估
社区构成量稳
社群融合度高
业缘表征性强
黏着度分级分类
一级融合
二级稳定
三级冲突
四级衰退
社区—社群特征分析
整合更新型
综合改造型
微整提升型
稳定提优型
社区—社群重构模式

社群粘着度

群决策——专家数据集结法：各专业人士排序向量加权算术平均

社群——社区黏着度指标体系构建

判断矩阵计算方法：幂法

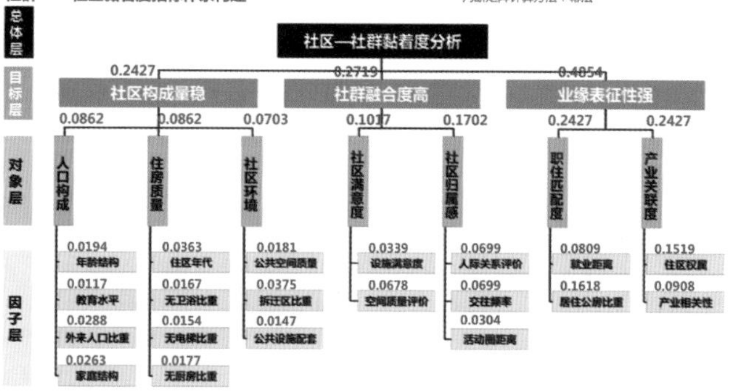
总体层
目标层
对象层
因子层
社区—社群黏着度分析
0.2427
0.2719
0.4854
社区构成量稳
社群融合度高
业缘表征性强
0.0862
0.0862
0.0703
0.1017
0.1702
0.2427
0.2427
人口构成
住房质量
社区环境
社区满意度
社区归属感
职住匹配度
产业关联度
0.0194 年龄结构
0.0117 教育水平
0.0288 外来人口比重
0.0263 家庭结构
0.0363 住区年代
0.0167 无卫浴比重
0.0154 无电梯比重
0.0177 无厨房比重
0.0181 公共空间质量
0.0375 拆迁区比重
0.0147 公共设施配套
0.0339 设施满意度
0.0678 空间质量评价
0.0699 人际关系评价
0.0699 交往频率
0.0304 活动圈距离
0.0809 就业距离
0.1618 居住公房比重
0.1519 住区权属
0.0908 产业相关性

因子评分与加权计算

因子评分标准 & 加权计算结果

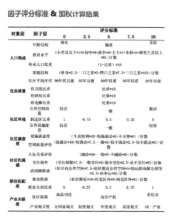

对象层	因子层	评分标准 0	2.5	5	7.5	10
人口构成	年龄结构	极化		偏重		多样
	教育水平	(小学及以下*10+初中*8+高中*6+大专*4+本科*5+研究生及以上*0)/计数				
	外来人口比重	(1-比重)*10				
	家庭结构	(单身*2.5+二口之家*5+四口之家*7.5+三口之家*10)/计数				
住房质量	住区平均年代	90年代以前	95年以前	00年以前	05年以前	10年以前
	有卫浴比重			比重*10		
	有厨房比重			比重*10		
	有电梯比重			比重*10		
社区环境	公共空间质量	较差		一般		整洁
	拆迁区比重	1	0.75	0.5	0.25	0
	公共设施配套	较差		一般		较好
社区满意度	设施满意度	(生活便利*10+勉强满足*5+不方便*0)/计数				
	空间质量评价	(很满意*10+较满意*7.5+一般*5+较不满意*2.5+很不满意*0)/计数				
社区归属感	人际关系评价	(融洽*10+一般*5+不融洽*0)/计数				
	交往频率	(交往频繁*7.5+一般交往*5+很少交往*2.5+从不交往*0)/计数				
	活动圈距离	(社区内公共空间*7.5+社区周边公共空间*5+较远的商圈公园等*2.5+市中心*0)/计数				
职住匹配度	就业距离	(社区附近*10+河北区内*5+河北区外*0)/计数				
	租住公房比重	0	0.25	0.5	0.75	1
产业关联度	住区权属	商品回迁		混合产权		单位房
	产业相关度	无明显相关	轻度相关	中度相关	高度相关	同一产业

社区编号	9	3	6	8	10	7	4	1	5	11	2	12
社区名称	华泰园	东锦里	安定里	福嘉园	慧景	育婴里	东华里	裕泰	东昌里	胜景	天泰	志成中里
年龄结构	0.00	5.00	5.00	10.00	10.00	0.00	0.00	10.00	5.00	10.00	10.00	5.00
教育水平	5.00	5.00	5.63	6.67	3.11	7.15	[illegible]	3.17	6.83	4.82	6.33	5.25
外来人口比重	10.00	9.00	10.00	[illegible]	8.89	8.46	8.00	10.00	9.58	8.62	6.67	10.00
家庭结构	3.53	7.13	5.31	6.43	6.11	6.73	6.67	5.42	6.15	7.06	5.63	6.25
平均年代	7.50	5.00	10.00	7.50	10.00	0.00	5.00	7.50	5.00	7.50	10.00	0.00
有卫浴比重	10.00	9.50	7.50	5.38	10.00	5.38	9.33	10.00	9.50	10.00	10.00	6.25
有厨房比重	10.00	10.00	7.50	10.00	10.00	5.38	9.33	10.00	9.58	10.00	10.00	6.25
有电梯比重	3.33	0.25	6.25	0.00	4.44	0.00	1.33	1.67	6.42	1.18	10.00	1.25
公共空间质量	0.00	3.00	5.00	3.00	5.00	0.00	5.00	5.00	5.00	5.00	10.00	3.00
拆迁区比重	5.00	7.50	10.00	5.00	10.00	2.50	5.00	2.50	5.00	10.00	5.00	10.00
公共设施配套	5.00	0.00	5.00	10.00	0.00	0.00	10.00	10.00	0.00	5.00	5.00	5.00
设施满意度	3.33	7.88	6.25	1.14	6.67	3.46	4.00	5.83	7.50	6.41	5.00	3.63
空间质量评价	5.00	4.25	5.31	5.36	6.53	2.69	5.50	5.00	4.06	3.38	6.67	5.31
人际关系评价	10.00	6.63	5.63	7.14	7.78	7.69	5.33	5.83	6.88	6.18	6.67	8.75
交往频率	5.83	4.19	4.69	4.64	5.83	5.38	5.00	5.83	4.58	4.56	4.17	6.25
活动圈距离	3.00	2.25	3.31	3.93	6.11	5.38	5.67	5.00	3.60	5.44	3.33	6.88
就业距离	0.00	2.00	3.13	3.71	2.50	3.85	2.00	4.17	3.33	1.47	3.33	5.00
租住公房比重	0.00	2.50	0.00	0.00	0.00	2.50	2.50	0.00	2.50	2.50	[illegible]	[illegible]
住区权属	[illegible]	[illegible]	[illegible]	[illegible]	[illegible]	[illegible]	[illegible]	[illegible]	[illegible]	[illegible]	[illegible]	[illegible]
产业相关度	[illegible]	[illegible]	[illegible]	[illegible]	[illegible]	[illegible]	[illegible]	[illegible]	[illegible]	[illegible]	[illegible]	[illegible]
加权平均分	3.06	3.52	3.55	3.64	3.91	4.08	[illegible]	4.47	4.76	[illegible]	5.69	[illegible]

优化模式分类

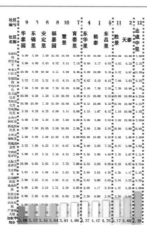

社区—社群黏着度分级& 优化模式分析

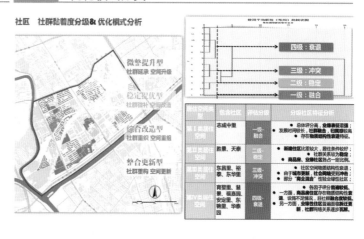

微整提升型
社群延承 空间升级
稳定提优型
社群微补 空间改造
综合改造型
社群重织 空间重组
整合更新型
社群重构 空间更新

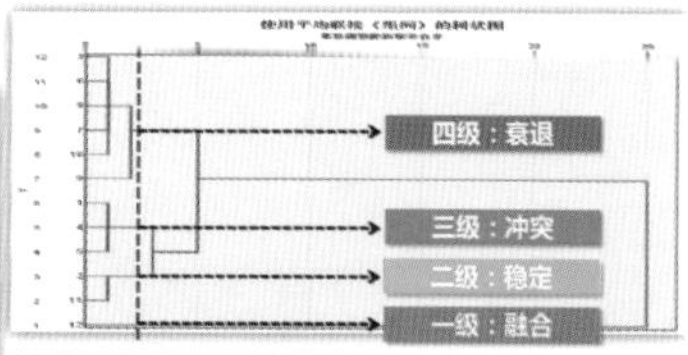
四级：衰退
三级：冲突
二级：稳定
一级：融合

居住空间类型	包含社区	评估分级	分级社区特征分析
第Ⅰ类居住空间	志成中里	一级-融合	● 总体评分高，业缘表征最强；● 发展时间较长，社群融合，归属感较高；● 存在物质结构性衰退特征。
第Ⅱ类居住空间	胜景、天泰	二级-稳定	● 新建住区比重较大，居住条件较好；● 社群关系较为稳定；● 商品房、业缘社区各占一定比例。
第Ⅲ类居住空间	东昌里、裕泰、东华里	三级-冲突	● 社区空间物质结构性衰退；● 由于城市更新，社会网络受到冲击；● 部分"商企混合"性轻业缘性社区；
第Ⅳ类居住空间	育婴里、慧景、福嘉园、安定里、东锦里、华泰园	四级-衰退	● 各因子评分普遍较低。● 一方面，商品房住区存在物质结构性衰退、设施不足情况，且社群融合度较低。● 另一方面，业缘性住区普遍面临拆迁更新，社群网络关系逐步瓦解。

生态专题

· 专题研究框架

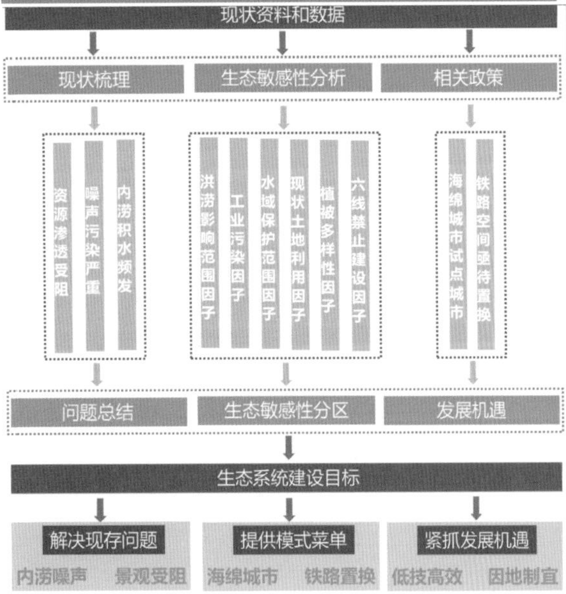
现状资料和数据
现状梳理
生态敏感性分析
相关政策
资源渗透受阻
噪声污染严重
内涝积水频发
洪涝影响范围因子
工业污染因子
水域保护范围因子
现状土地利用因子
植被多样性因子
六线禁止建设因子
海绵城市试点城市
铁路空间亟待置换
问题总结
生态敏感性分区
发展机遇
生态系统建设目标
解决现存问题
提供模式菜单
紧抓发展机遇
内涝噪声 景观受阻
海绵城市 铁路置换
低技高效 因地制宜

· 现状问题分析

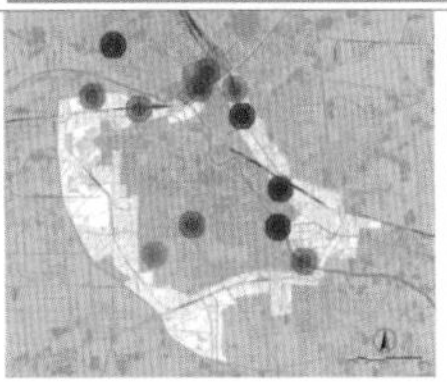

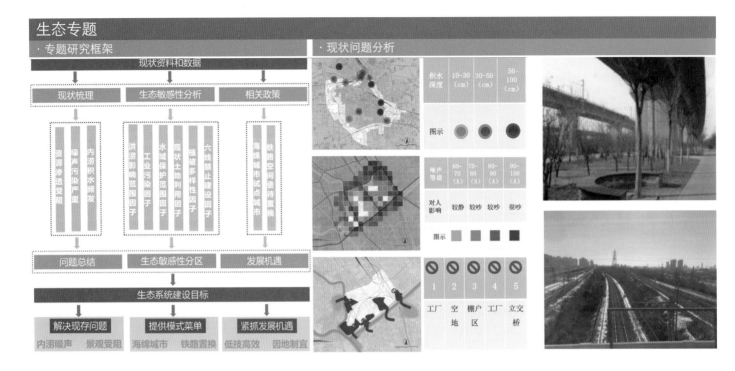

积水深度	10-30（cm）	30-50（cm）	50-100（cm）
图示			

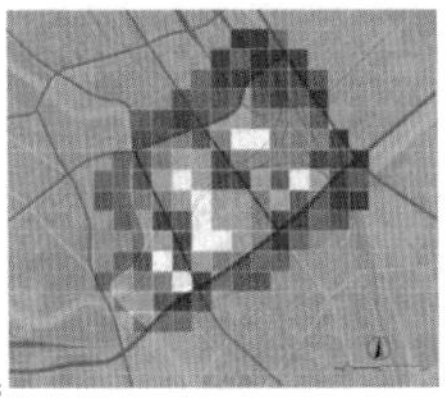

噪声等级	60-70（A）	70-80（A）	80-90（A）	90-100（A）
对人影响	较静	较吵	较吵	很吵
图示				

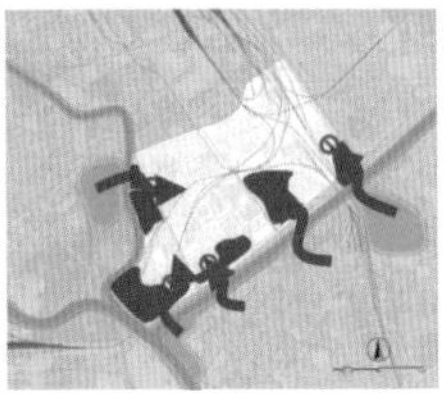

1	2	3	4	5
工厂	空地	棚户区	工厂	立交桥

· 发展机遇分析

海绵城市试点城市

根据《关于开展2016年中央财政支持海绵城市建设试点工作的通知》天津入选第二批全国海绵城市建设试点城市。

《天津市海绵城市专项规划》计划建设解放南路及中新生态城两大试点及15个示范片区。

铁路空间置换

地块覆盖9条铁路线，两侧大量闲置用地。

其中多条货运线路面临废弃，大量铁路空间亟待置换，为生态修复提供了空间。

三年建设计划

天津将在3年内建成15个示范区。试点区域包括：解放南路区域、中新生态城
示范片区包括：南站、新八大里、滨海新区南部新城、西于庄、中山路、先锋河、中心花园、大张庄安置区、小淀安置区、未来科技城、侯台、海河中游、生态城、北洋园、空港。

2016年进度

（1）2016年4月，出台《天津市海绵城市专项规划》；
（2）6月天津市市政工程设计研究院配合市建委完成的《天津市海绵城市建设技术导则》正式发布；
（3）截至目前，15个示范区的“海绵城市”项目建设已经基本启动，并进入项目建设期。

示范片区	中新生态城片区	中新生态城约22.8平方公里，生态城原有的总体规划已经为生态城海绵城市的规划建设奠定了坚实的基础。整个生态城的水系统规划，将生态城的给水、雨水、污水、再生水以及水系所有涉水系统融为一体，规划致力于雨水控制调蓄、水资源利用、水污染治理、水环境改善，构建成一个安全、健康、高效的水环境系统。
	解放南路片区	解放南路试点约16.7平方公里。

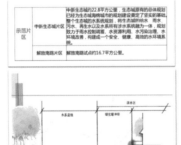

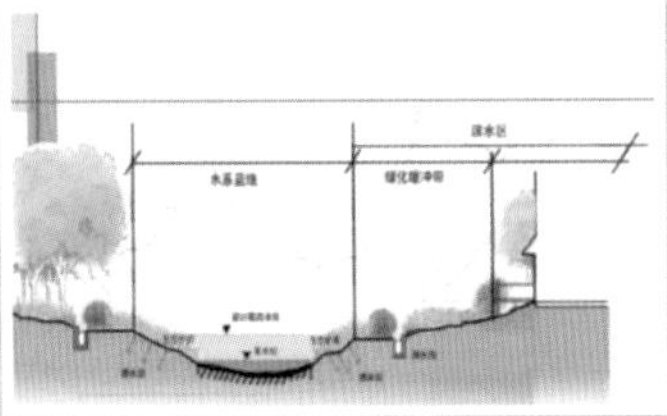

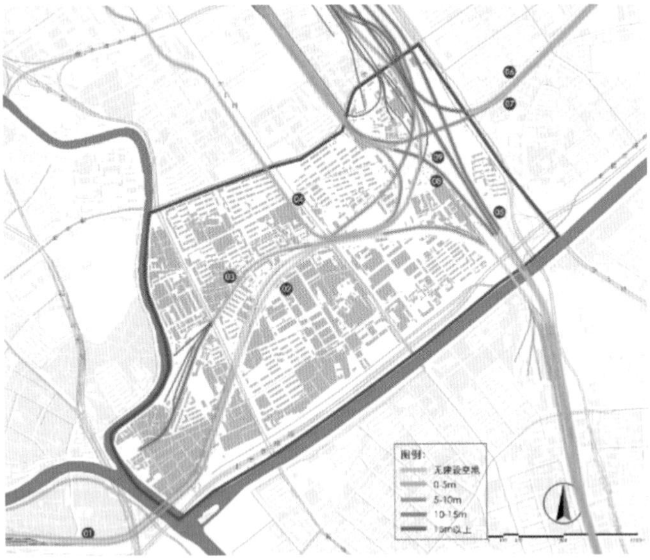
图例：

· 生态敏感性分析

1. 现状土地利用因子
南口路片区基地受生态资源影响，生态敏感性最高的区域位于基地的东南方向和东北方向，中部地区和西侧部分地区敏感性最低。
属性分级 等级
绿地 5
住宅小区 4
闲置空地 3
棚户区 2
工厂 1

2. 植被多样性因子
南口路片区基地受植被多样性影响，南侧新开河沿线与东侧铁路线周边地区植被多样性较高，西部地区和中部地区敏感性最低。
属性分级 等级
林地 3
草地 2
其他地区 1

3. 六线禁止建设因子
基地内道路、铁路、水系、绿地、文保单位周边均有一定范围的禁止建设区域。
属性分级 等级
六线禁止建设区 5
其他地区 1

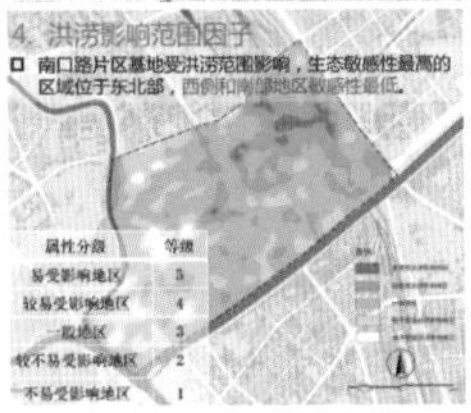
4. 洪涝影响范围因子
南口路片区基地受洪涝范围影响，生态敏感性最高的区域位于东北部，西侧和南部地区敏感性最低。
属性分级 等级
易受影响地区 5
较易受影响地区 4
一般地区 3
较不易受影响地区 2
不易受影响地区 1

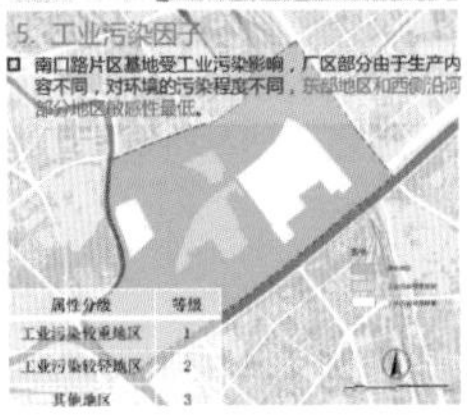
5. 工业污染因子
南口路片区基地受工业污染影响，厂区部分由于生产内容不同，对环境的污染程度不同，东部地区和西侧沿河部分地区敏感性最低。
属性分级 等级
工业污染较重地区 1
工业污染较轻地区 2
其他地区 3

6. 水域保护范围因子
南口路片区基地受水域保护范围影响，生态敏感性最高的区域位于基地的西侧和南侧北运河与新开河两侧，东北部地区敏感性最低。
属性分级 等级
水系两侧500m以上 5
水系两侧250-500m 4
水系两侧250m以内 3

· 建设适宜性分区

- 借助GIS技术的多因子迭合分析能力，按不同权重对上述分项单因子进行叠合，得出南口路地区的生态敏感性等级。
- 根据生态敏感性的分析结果，将不敏感区划为优先建设区，低敏感区划为适度建设区，将中敏感区对应划为限制建设区，将高敏感区对应划为禁止建设区，由此可大体划出基地的建设适宜性分区。
- 其中，优先建设区主要分布于南口路东侧和西侧的核心地块，以及天泰路与北运河之间北部地块、新开河与北运河之间南部地块；另在东侧铁路线交汇区域，也有少量用地属于优先建设区。

生态系统建设目标

解决现存问题	内涝噪声 景观受阻
紧抓发展机遇	海绵城市 铁路置换
提供模式菜单	低技高效 因地制宜

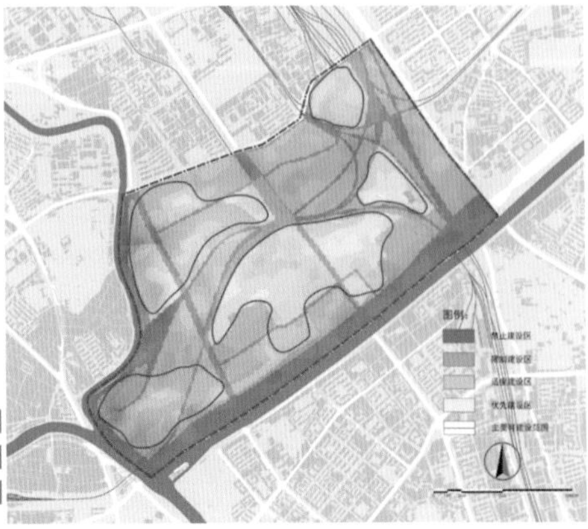
图例

资源专题

·用地布局建议

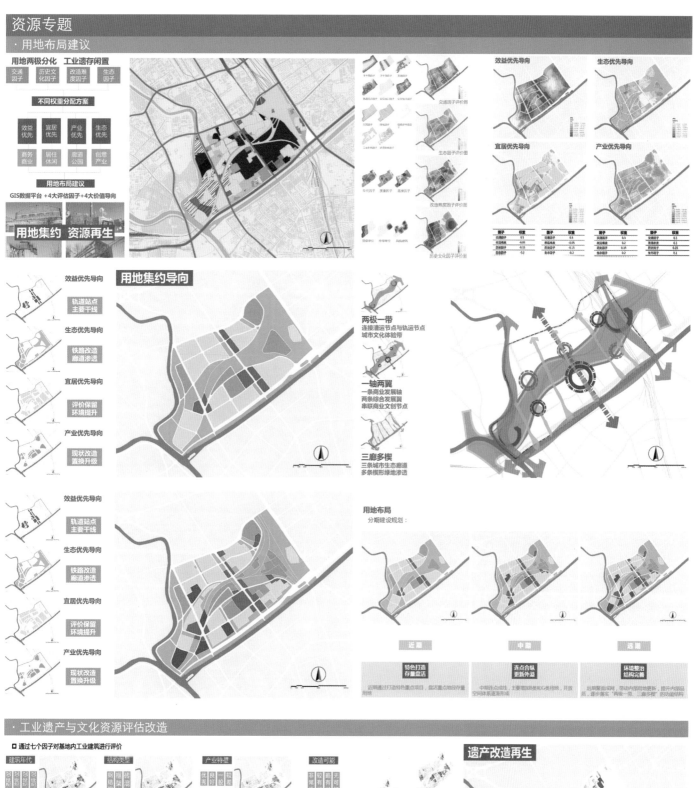

用地两极分化　工业遗存闲置

交通因子　历史文化因子　改造难度因子　生态因子

不同权重分配方案

效益优先　宜居优先　产业优先　生态优先

商务商业　居住休闲　廊道公园　创意产业

用地布局建议

GIS数据平台 +4大评估因子+4大价值导向

用地集约 资源再生

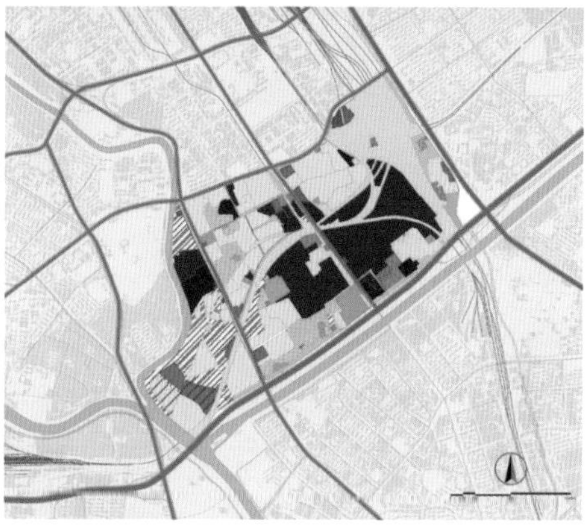

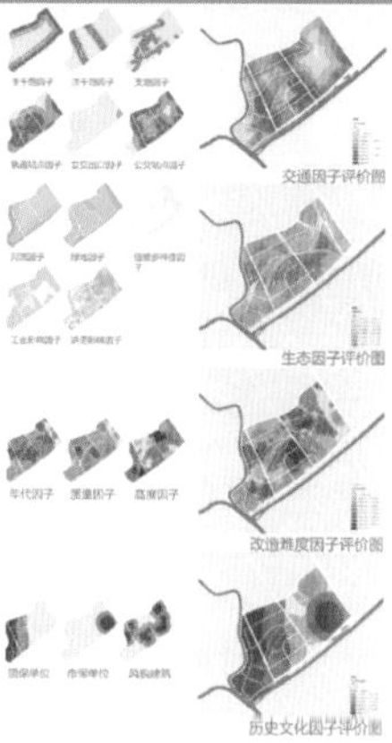
交通因子评价图
生态因子评价图
改造难度因子评价图
历史文化因子评价图

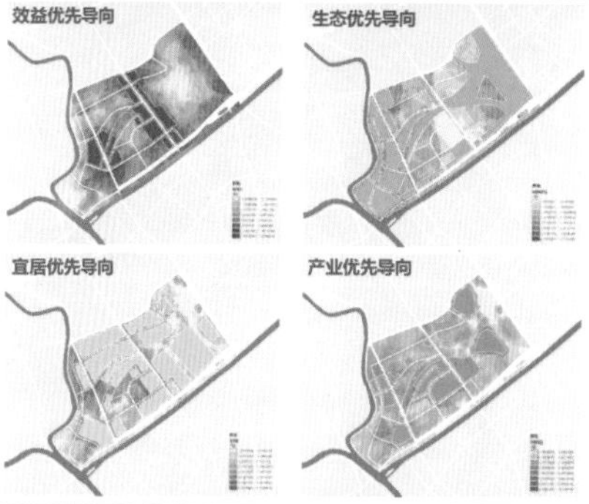
效益优先导向
生态优先导向
宜居优先导向
产业优先导向

因子	权重
交通因子	0.5
改造难度	-0.05
历史因子	-0.15
生态因子	-0.2

因子	权重
交通因子	0.5
改造难度	-0.05
历史因子	-0.15
生态因子	-0.2

因子	权重
交通因子	0.3
改造难度	0.2
历史因子	0.15
生态因子	0.2

因子	权重
交通因子	0.3
改造难度	0.3
历史因子	0.25
生态因子	0.1

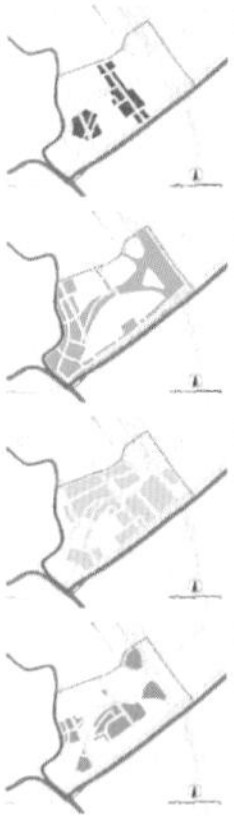

效益优先导向　轨道站点 主要干线

生态优先导向　铁路改造 廊道渗透

宜居优先导向　评价保留 环境提升

产业优先导向　现状改造 置换升级

用地集约导向

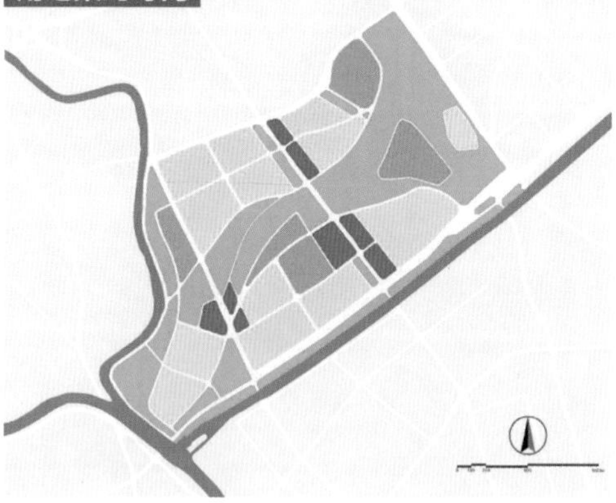

两极一带
连接漕运节点与轨运节点
城市文化体验带

一轴两翼
一条商业发展轴
两条综合发展翼
串联商业文创节点

三廊多楔
三条城市生态廊道
多条楔形绿地渗透

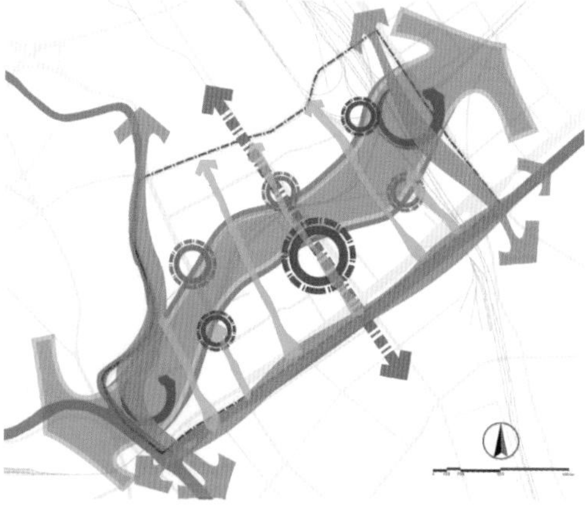

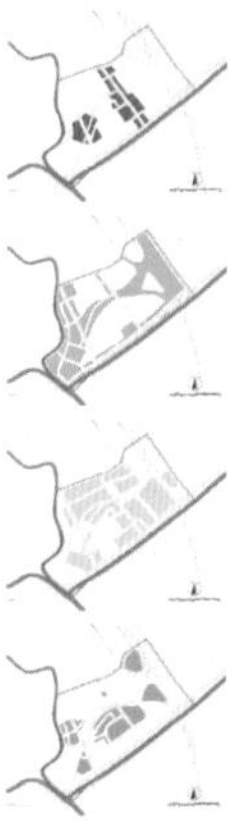

效益优先导向　轨道站点 主要干线

生态优先导向　铁路改造 廊道渗透

宜居优先导向　评价保留 环境提升

产业优先导向　现状改造 置换升级

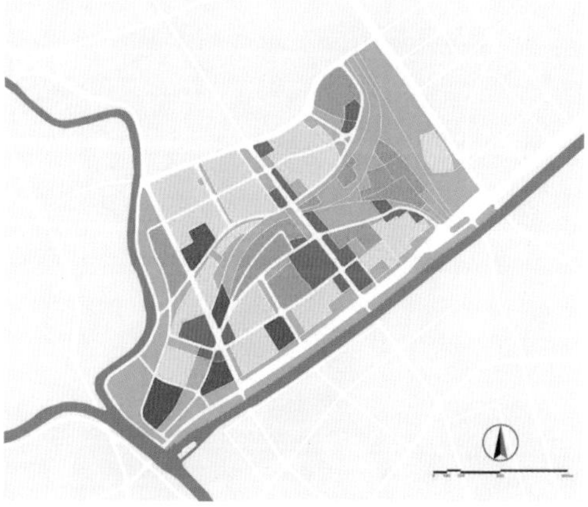

用地布局

分期建设规划：

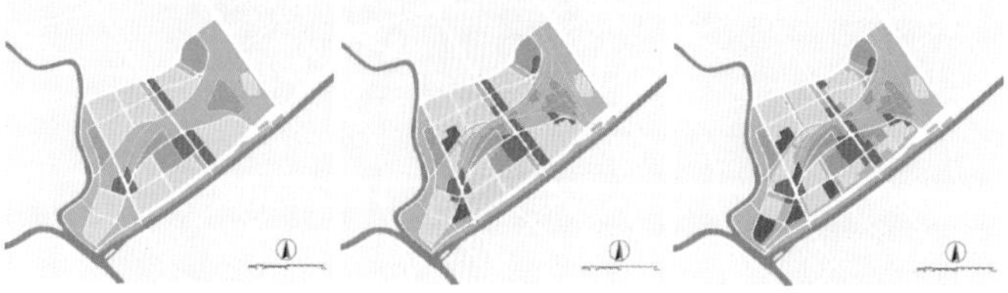

近期	中期	远期
特色打造 存量盘活	连点合纵 更新外溢	环境整治 结构完善
近期通过打造特色重点项目，盘活重点地段存量用地	中期连点成线，主要增加B类和G类用地，开放空间体系逐渐形成	远期聚面成网，带动内部用地更新，提升内部品质，逐步落实“两极一带、三廊多楔”的功能结构

·工业遗产与文化资源评估改造

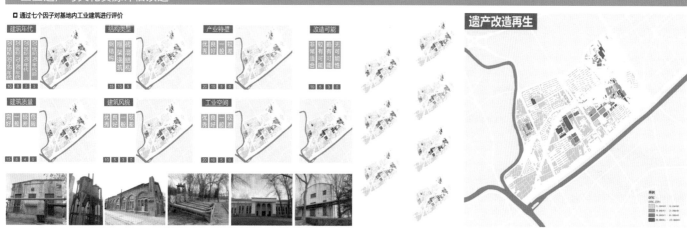

□ 通过七个因子对基地内工业建筑进行评价

建筑年代：20世纪50~60年代（10）、20世纪70~80年代（8）、20世纪90年代（5）、20世纪90年代后（3）

结构类型：钢结构（15）、框架浇筑（10）、砖混结构（5）

产业特征：优秀（20）、良好（10）、一般（5）、较差（0）

改造可能：非常适合（10）、较有可能（5）、略有可能（3）、无可能性（0）

建筑质量：完好（15）、一般（8）、较差（4）、危险（0）

建筑风貌：优秀（10）、良好（5）、一般（3）、较差（0）

工业空间：优秀（20）、良好（10）、一般（5）、较差（0）

遗产改造再生

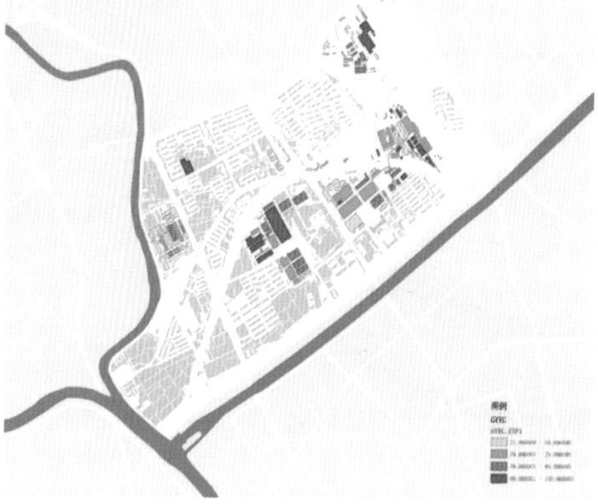

1
3
5
6
8
9
10
13
14
15
16
17
19
20

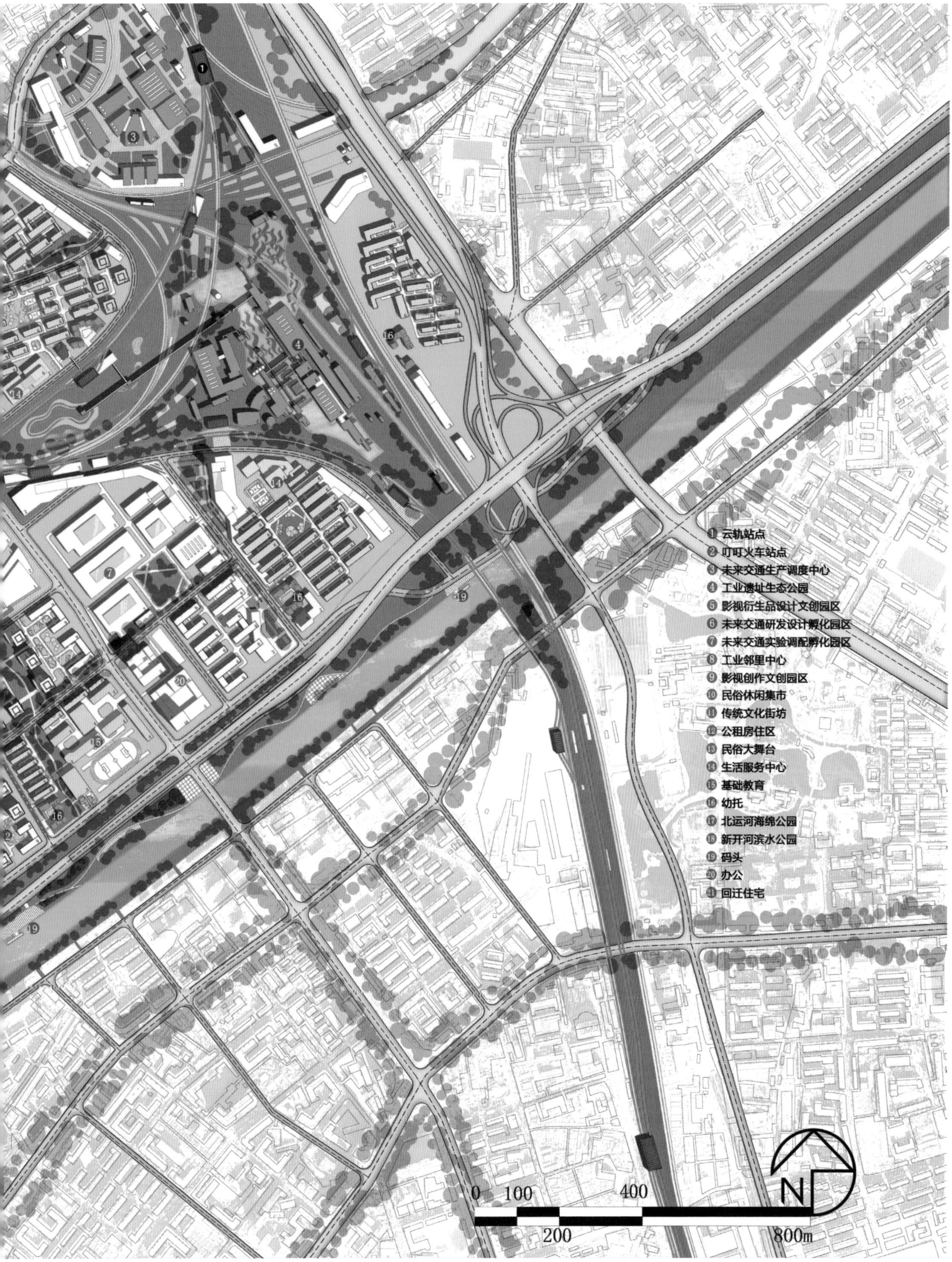
❶ 云轨站点
❷ 叮叮火车站点
❸ 未来交通生产调度中心
❹ 工业遗址生态公园
❺ 影视衍生品设计文创园区
❻ 未来交通研发设计孵化园区
❼ 未来交通实验调配孵化园区
❽ 工业邻里中心
❾ 影视创作文创园区
❿ 民俗休闲集市
⓫ 传统文化街坊
⓬ 公租房住区
⓭ 民俗大舞台
⓮ 生活服务中心
⓯ 基础教育
⓰ 幼托
⓱ 北运河海绵公园
⓲ 新开河滨水公园
⓳ 码头
⓴ 办公
㉑ 回迁住宅
0 100 400
200 800m
N

交通系统 - 智联云轨

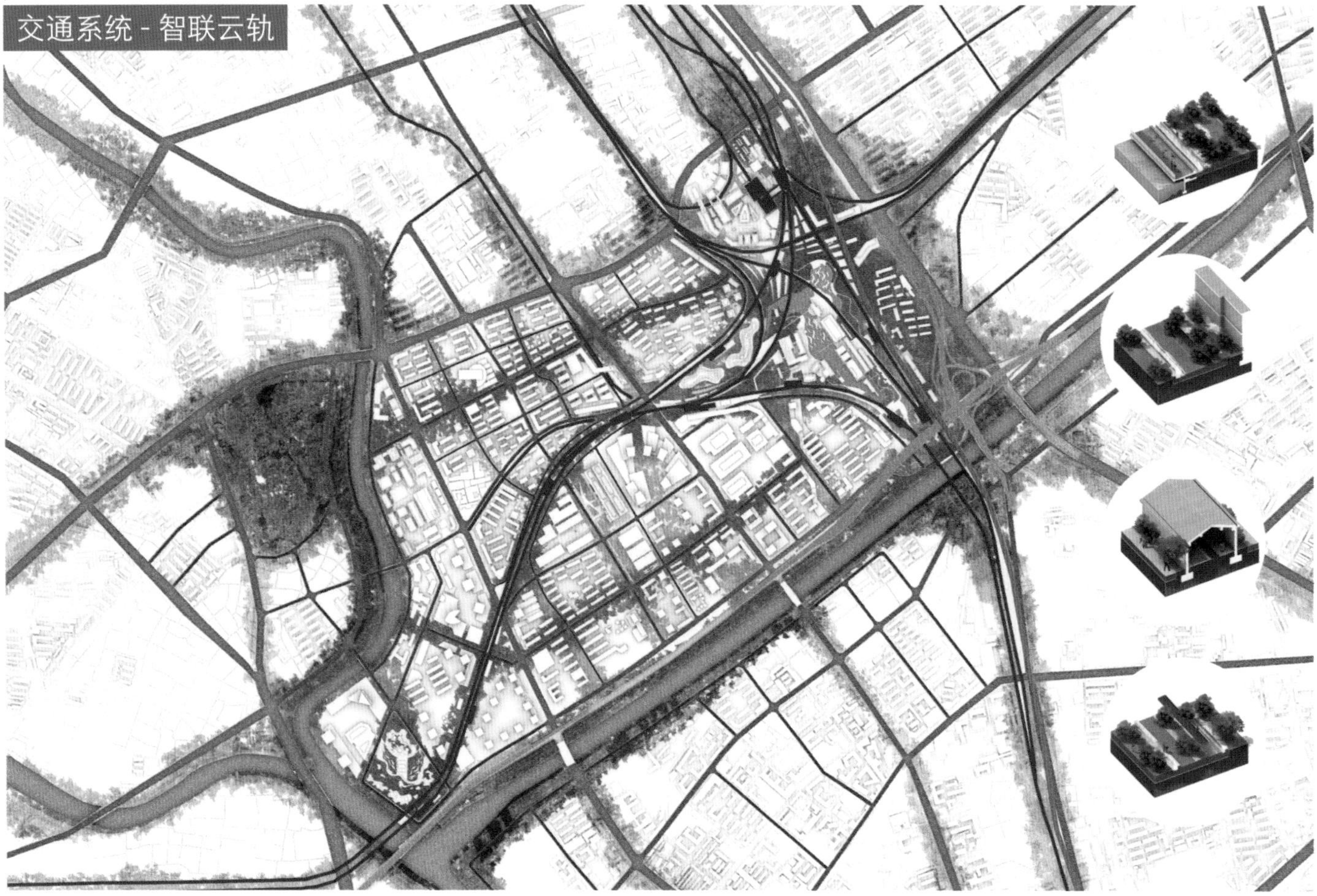

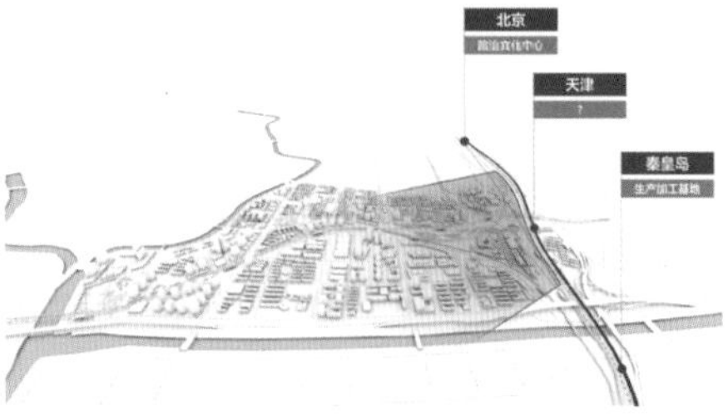
北京
天津
秦皇岛

高铁

为乘坐高铁匆匆而过的人提供独特的观赏视角，塑造 10s 视觉记忆，展示天津城市特色形象

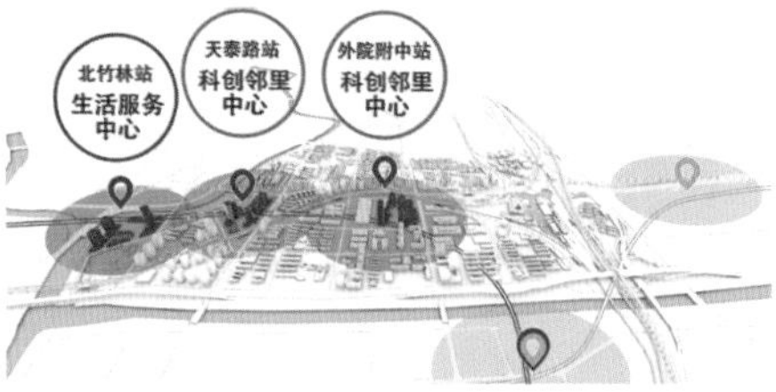
北竹林站
生活服务中心
天泰路站
科创邻里中心
外院附中站
科创邻里中心

地铁

结合轨道交通站点进行 TOD 开发，并结合周边用地功能形成 2 个科创邻里中心和 1 个生活服务中心

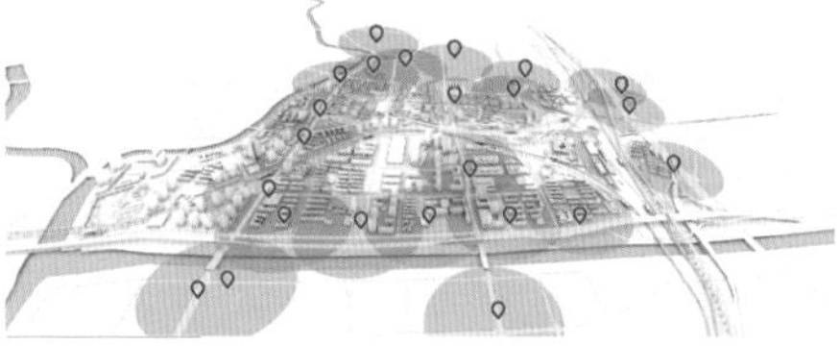

公交

基地内公交站点共 20 多处

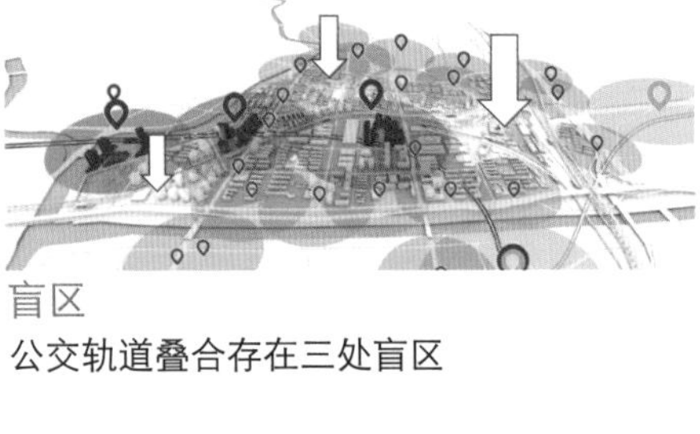

盲区

公交轨道叠合存在三处盲区

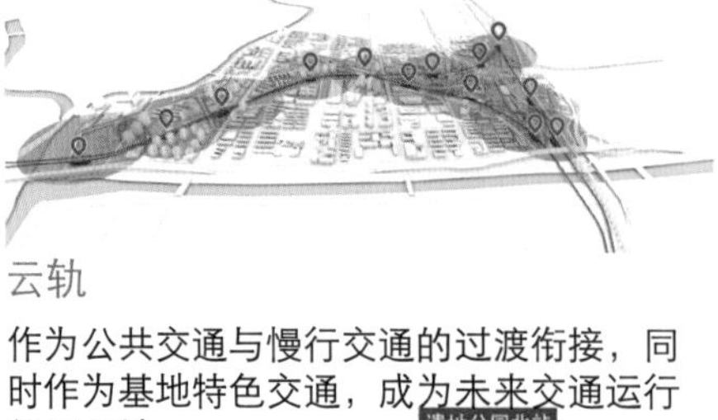

云轨

作为公共交通与慢行交通的过渡衔接，同时作为基地特色交通，成为未来交通运行的示范地

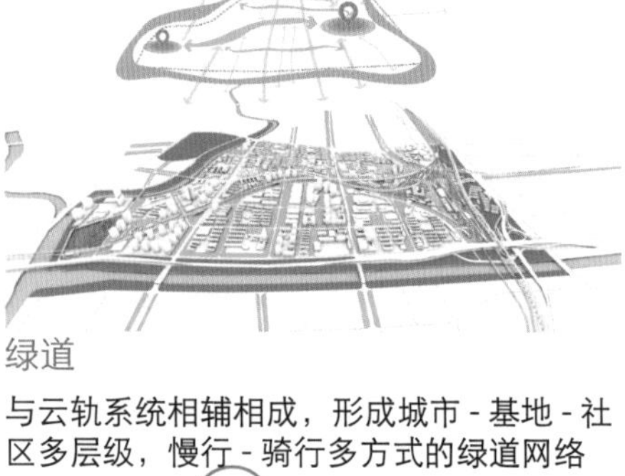

绿道

与云轨系统相辅相成，形成城市 - 基地 - 社区多层级，慢行 - 骑行多方式的绿道网络

自行车道

两横五纵的自行车网络，多方式联通场地

遗址公园北站
叮叮车段
盐陀桥公园站

特色交通

叮叮火车 + 绿轨

运河·新开河
富堤路码头
南运河
市集码头
南运河
风筝
公园码头
南运河
市集码头
新开河
志成桥码头

航道码头

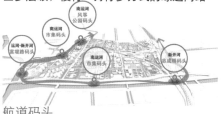

衔接基地与城市水系向内延伸

Mom,Why are they riding on the railway track?
It's called Cloud-railriding

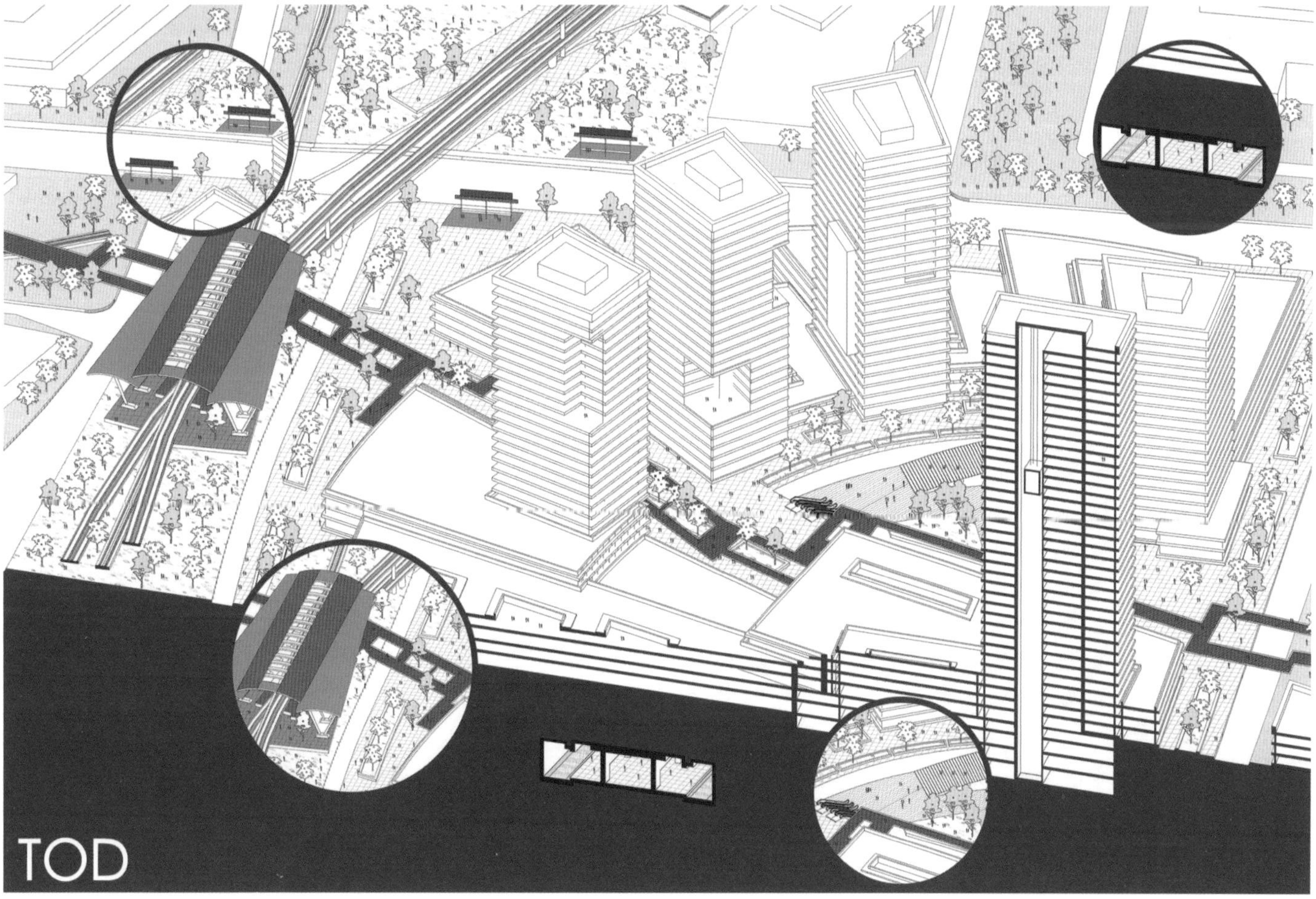
TOD

交通系统 - 智联云轨

高低单线换乘站

换乘方式：通过单条引导轨道实现高低两条轨道的换乘
适用种类：存在并行高差轨道需要换乘的节点

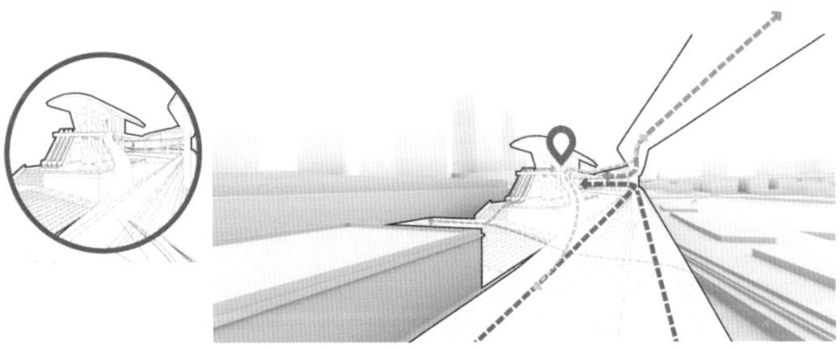

同平面单线换乘站

换乘方式：通过单条引导轨道实现同平面两条轨道的换乘
适用种类：流量较小的一般换乘节点

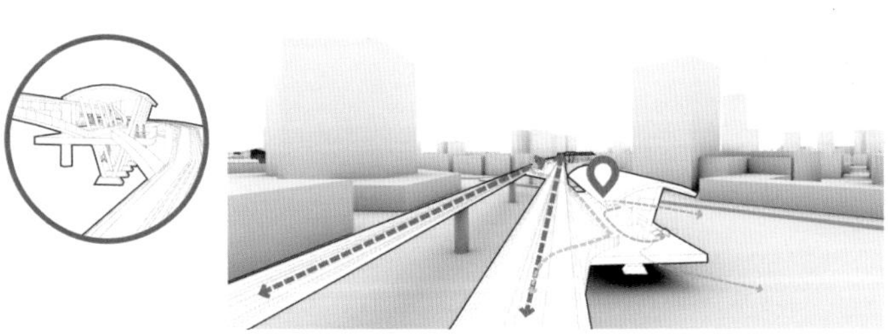

高低双线换乘站

换乘方式：通过双条或多条引导轨道实现高低两条轨道的换乘
适用种类：存在并行高差轨道需要换乘的枢纽或重要节点

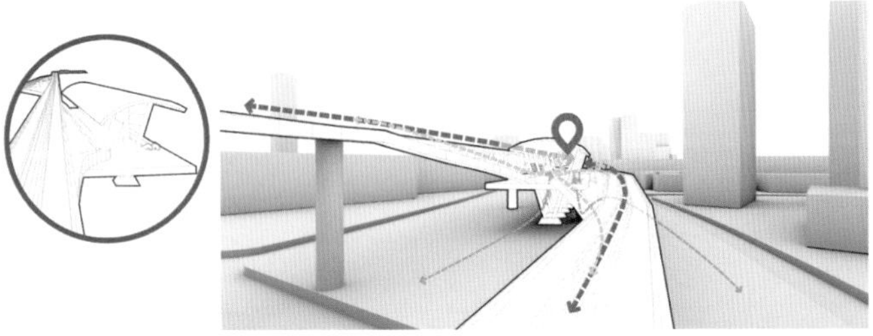

同平面普通站

换乘方式：无
适用种类：不需要换乘的一般节点

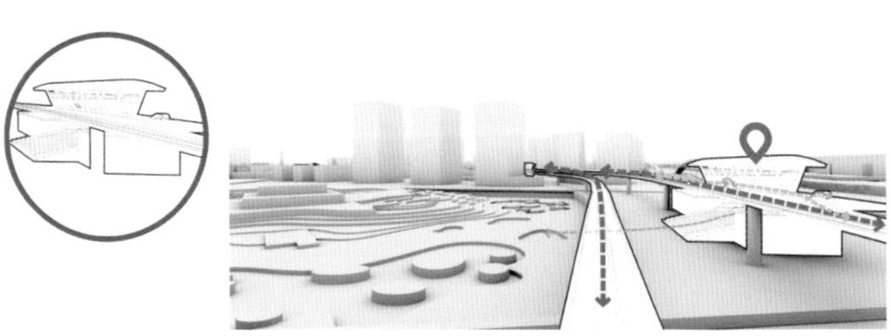

RAIL-RIDING

高低单线换乘站 - 环城 Rail-Riding 赛事

同平面单线换乘站 - 云轨节庆系统

高低双线换乘站 - 云轨大数据系统

RAIL-RIDING
STATION
100M

同平面普通站 - 云轨结合场所

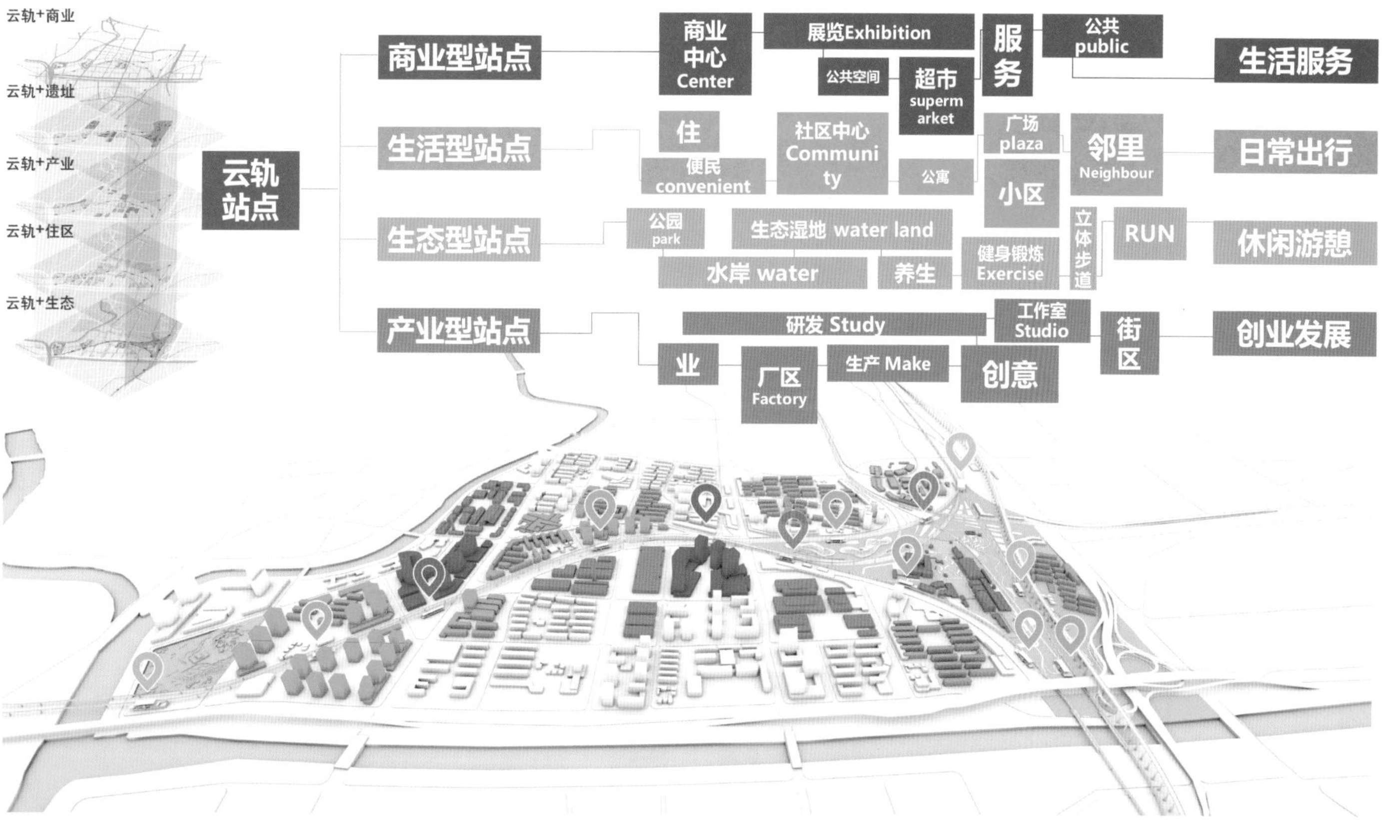

云轨+商业
云轨+遗址
云轨+产业
云轨+住区
云轨+生态
云轨站点
商业型站点
生活型站点
生态型站点
产业型站点
商业中心 Center
展览Exhibition
公共空间
超市 supermarket
服务
公共 public
生活服务
住
便民 convenient
社区中心 Community
公寓
广场 plaza
小区
邻里 Neighbour
日常出行
公园 park
生态湿地 water land
水岸 water
养生
健身锻炼 Exercise
立体步道
RUN
休闲游憩
研发 Study
工作室 Studio
业
厂区 Factory
生产 Make
创意
街区
创业发展

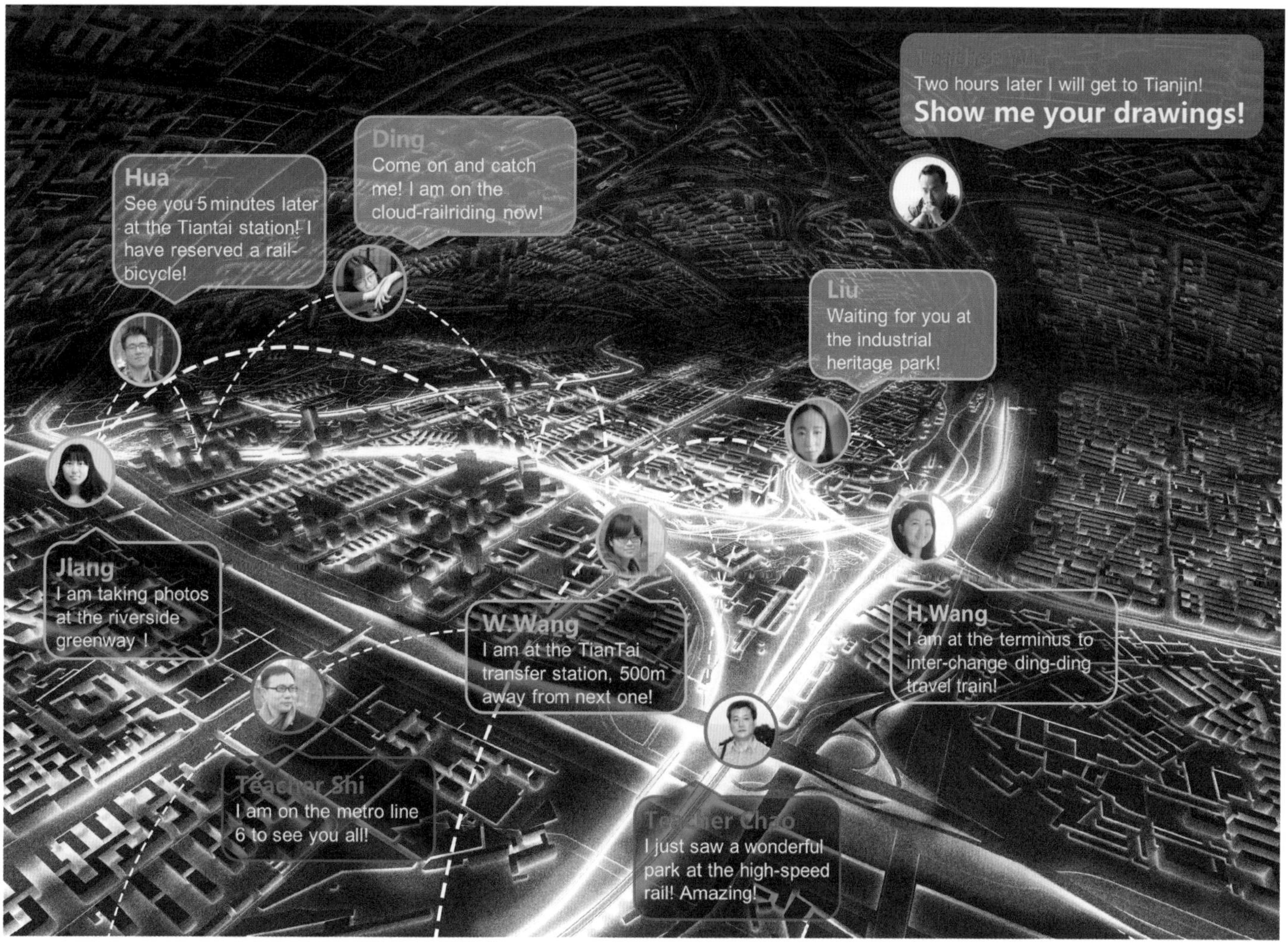

Two hours later I will get to Tianjin!
Show me your drawings!
Ding
Come on and catch me! I am on the cloud-railriding now!
Hua
See you 5 minutes later at the Tiantai station! I have reserved a rail-bicycle!
Liu
Waiting for you at the industrial heritage park!
Jiang
I am taking photos at the riverside greenway !
W.Wang
I am at the TianTai transfer station, 500m away from next one!
H.Wang
I am at the terminus to inter-change ding-ding travel train!
Teacher Shi
I am on the metro line 6 to see you all!
Teacher Chao
I just saw a wonderful park at the high-speed rail! Amazing!

产业系统 - 众创适配

1 北运河社区服务中心
2 天泰路工业邻里中心
3 外院附中工业邻里中心
4 社区服务中心
5 小学
6 中学
7 社区生活街区
8 北运河市井休闲娱乐街
9 南口路商务休闲娱乐街
10 民俗手工艺文博馆
11 交通沿革文博馆
12 民俗戏曲文博馆
13 智能交通文博馆
14 工业文博馆
15 铁路文博馆
16 传统文化街坊
17 影视衍生品设计文创园区
18 影视创作文创园区
19 影视摄影基地
20 未来交通研发设计孵化园区
21 未来交通实验调配孵化园区
22 未来交通生产调度中心
0 100 200 400 800m
N

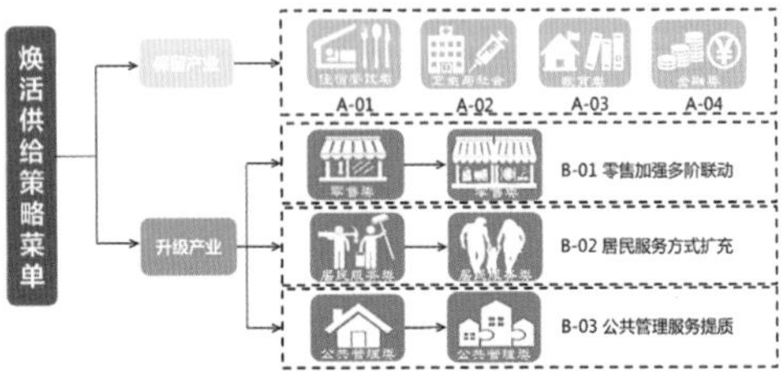
焕活供给策略菜单
升级产业
A-01
A-02
A-03
A-04
B-01 零售加强多阶联动
B-02 居民服务方式扩充
B-03 公共管理服务提质

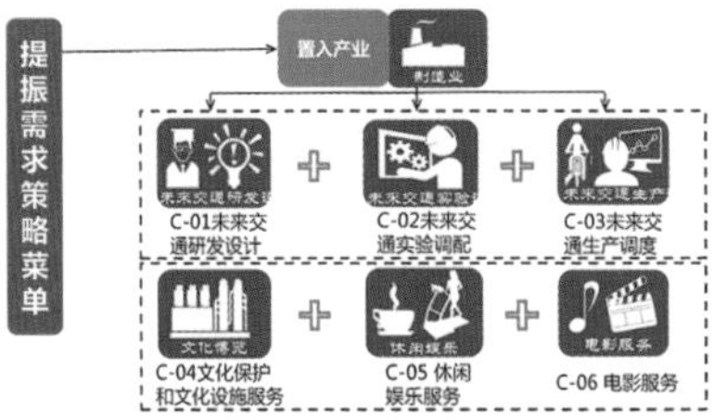
提振需求策略菜单
置入产业
C-01未来交通研发设计
C-02未来交通实验调配
C-03未来交通生产调度
C-04文化保护和文化设施服务
C-05 休闲娱乐服务
C-06 电影服务

分期实施建构

近期
低效产业淘汰
供给产业焕活
近期合理腾退运营状况不佳的制造业工厂，并借助地铁与云轨的交通优势，于周边串联供给侧社区服务中心与科创邻里中心，焕活供给侧产业，提升服务品质。

中期
云轨示范先导
核心产业置入
中期以云轨发展为先导，置入未来交通研发设计、试验调配和生产调度产业，实现交通产业链的空间串联。同时完善南口路商务休闲带，为众创人士及本地居民提供额外娱乐服务。

远期
多阶产业联动
丰富多元格局
远期陆续置入电影服务业、文化保护和文化设施业及北运河市井休闲带。与先行置入的供给产业和未来交通产业实现多阶联动，丰富产业格局，为多种人群提供就业。

生活服务、公共服务业

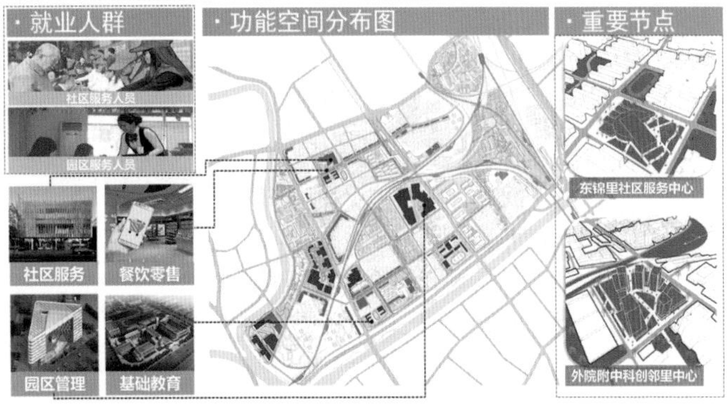
· 就业人群
社区服务人员
园区服务人员
社区服务
餐饮零售
园区管理
基础教育
· 功能空间分布图
· 重要节点
东锦里社区服务中心
外院附中科创邻里中心

· 为居民、专业从业人员等提供社区服务、园区管理等基本服务。
· 鼓励部分原住民及其他大众劳务者就业。

休闲娱乐业

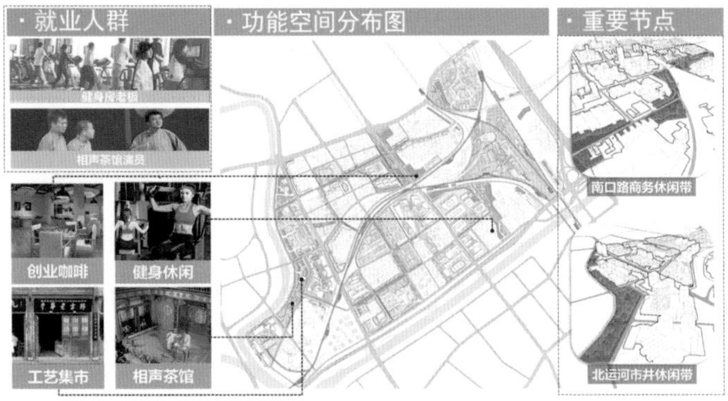
· 就业人群
健身房老板
相声茶馆演员
创业咖啡
健身休闲
工艺集市
相声茶馆
· 功能空间分布图
· 重要节点
南口路商务休闲带
北运河市井休闲带

· 满足未来额外需求，设相声茶馆、创业咖啡馆等功能设施。
· 鼓励部分原有居民及其他大众劳务者就业。

文化保护与文化设施服务业

· 就业人群
博物馆口述历史讲师
传统工艺品制作师
工业文博
曲艺文博
铁路文博
运河文博
· 功能空间分布图
铁路文博
工业文博
曲艺文博
智能交通文博
手工艺文博
交通沿革文博
运河文博

· 保护延续地块特色文化，设立铁路、工业等文博馆。
· 各文博点游线由云轨串联。
· 基于业缘性鼓励原有居民参与当地向导等工作。

电影服务业

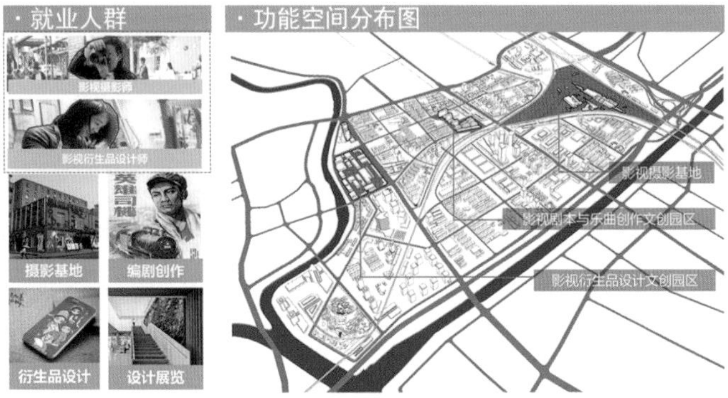
· 就业人群
影视摄影师
影视衍生品设计师
摄影基地
编剧创作
衍生品设计
设计展览
· 功能空间分布图
影视摄影基地
影视剧本与乐曲创作文创园区
影视衍生品设计文创园区

· 与滨海新区高端影视基地拉开差距，为创作人员提供微企孵化。
· 电影服务业分布于 609 电缆厂等工厂旧址内，呈面状分布。
· 以吸引从业或创业初期摄影师、设计师等高素质人才就业为主。

未来交通科技创新产业

· 发展未来交通研发设计、实验调配、生产调度等，形成产业链条；
· 打造众创微企孵化空间，为创业初期人才提供就业场所；
· 优先发展对环线地区有示范作用的云轨研发-生产-运营全链条产业。

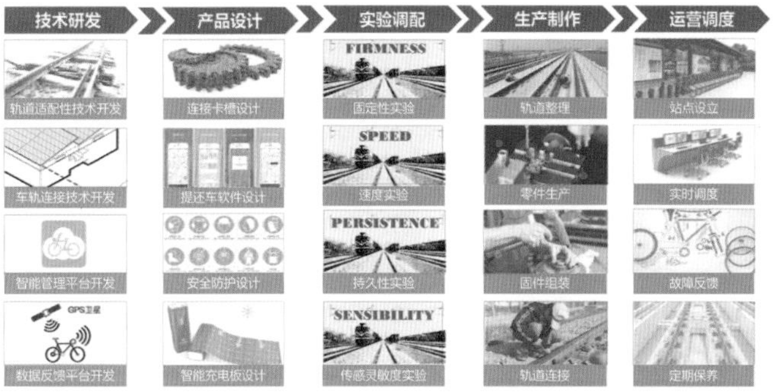
技术研发
产品设计
实验调配
生产制作
运营调度
轨道适配性技术开发
连接卡槽设计
FIRMNESS
固定性实验
轨道整理
站点设立
车轨连接技术开发
提还车软件设计
SPEED
速度实验
零件生产
实时调度
智能管理平台开发
安全防护设计
PERSISTENCE
持久性实验
固件组装
故障反馈
GPS卫星
数据反馈平台开发
智能充电桩设计
SENSIBILITY
传感灵敏度实验
轨道连接
定期保养

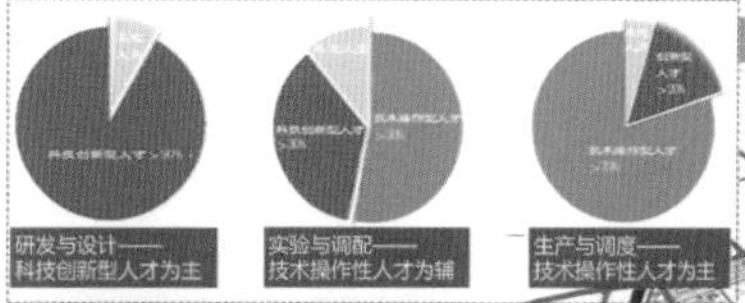
研发与设计——科技创新型人才为主
实验与调配——技术操作性人才为辅
生产与调度——技术操作性人才为主

研发中心
中试中心
调度中心
生产中心

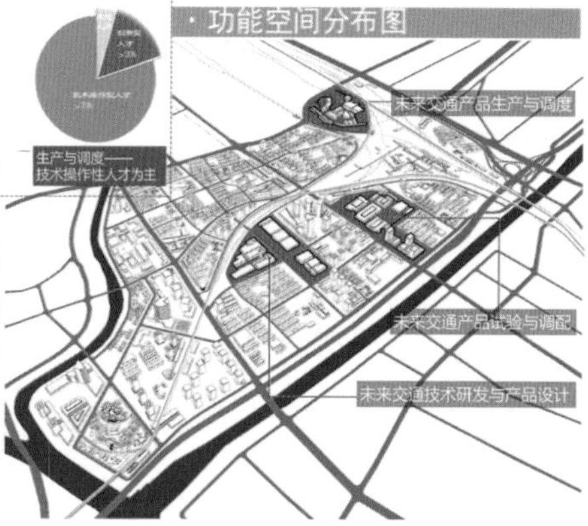
· 功能空间分布图
未来交通产品生产与调度
未来交通产品试验与调配
未来交通技术研发与产品设计

系统节点分析

点　外院附中科创邻里中心

为周边产业园区提供综合性多元服务。

配套商业服务
会展与培训
园区管理服务
酒店与办公设施

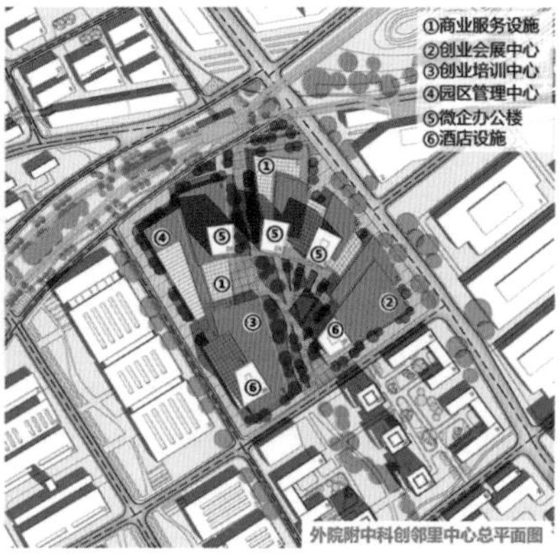
①商业服务设施
②创业会展中心
③创业培训中心
④园区管理中心
⑤微企办公楼
⑥酒店设施
外院附中科创邻里中心总平面图

休闲咖啡厅
创业训练营
创业成果展

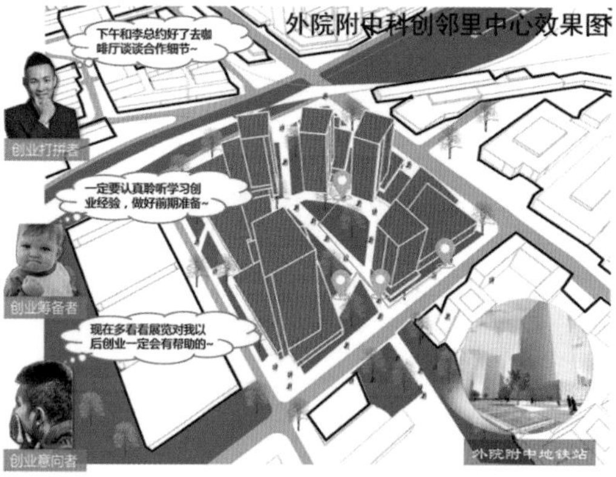
外院附中科创邻里中心效果图
下午和李总约好了去咖啡厅谈谈合作细节~
创业打拼者
一定要认真聆听学习创业经验，做好前期准备~
创业筹备者
现在多看看展览对我以后创业一定会有帮助的~
创业意向者
外院附中地铁站

线　南口路商务休闲娱乐带

为从业人员及居民提供基础服务之外的休闲娱乐设施，丰富服务层次。

创业咖啡场馆
健身娱乐场馆
休闲游艺会所
影视文艺场馆

①创业咖啡厅
②健身场馆
③休闲游艺会所
④电影院
南口路商务休闲娱乐带总平面图

创业咖啡休闲
集散消费中心
生活休闲广场

这是创业者的集聚地，定期会有沙龙讲座，在这交到好多朋友，学到好多东西~
创客
我们骑着云轨一路参观了好多园区，下午要去参观遗址公园，中午在这休息一下~
游客
晚上下班吃完饭我们就带孩子来这的儿童游乐场玩，孩子们玩得都很开心~
居民
南口路商务休闲娱乐带效果图

面　未来交通研发与设计微企孵化园区

为未来交通研发与设计创业或从业初期人员提供微企孵化地。

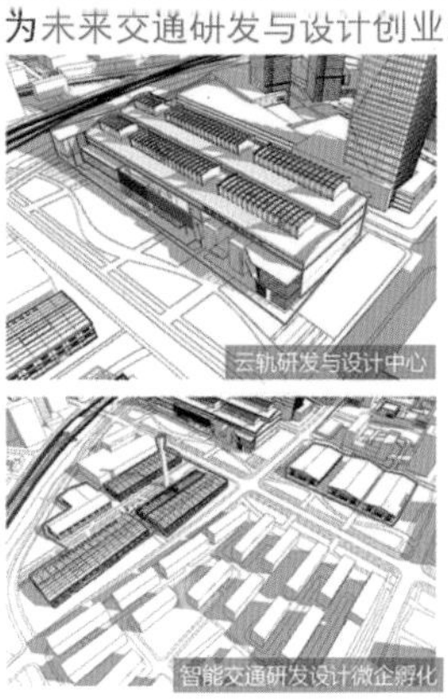
云轨研发与设计中心
智能交通研发设计微企孵化

①云轨研发与设计中心
②智能交通研发设计微企孵化
③中央休闲带
未来交通研发设计孵化总平面图

游
思
想
知

□景观休闲走廊

是园区工作人员的灵感冥想地，是本地居民饭后散步地的选择。

□创业交流长廊

利用原有工业构筑物改造，不仅专业从业人员可获取行业最新信息及最新动态，公众也能对未来交通方式提出畅想与建议。

文化系统 - 草根兴衍

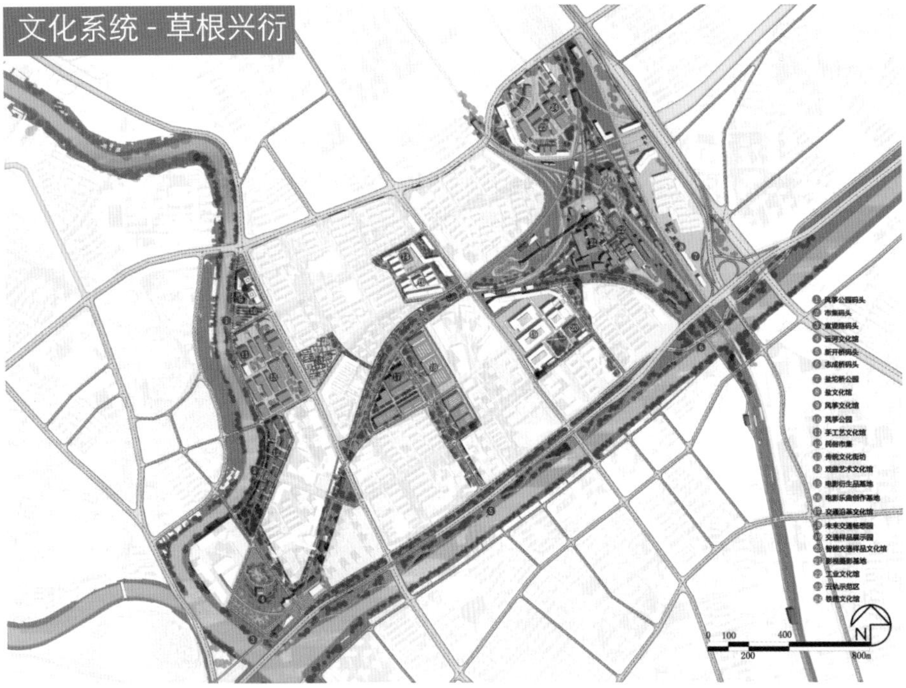
① 风筝公园码头
② 市集码头
③ 富堤路码头
④ 运河文化馆
⑤ 新开桥码头
⑥ 志成桥码头
⑦ 魁龙桥公园
⑧ 盐文化馆
⑨ 风筝文化馆
⑩ 风筝公园
⑪ 手工艺文化馆
⑫ 民俗市集
⑬ 传统文化街坊
⑭ 戏曲艺术文化馆
⑮ 电影衍生品基地
⑯ 电影乐曲创作基地
⑰ 交通沿革文化馆
⑱ 未来交通畅想园
⑲ 交通样品展示园
⑳ 智能交通样品文化馆
㉑ 影视摄影基地
㉒ 工业文化馆
㉓ 云轨示范区
㉔ 铁路文化馆
0 100 200 400 800m
N

运河文化
Canal Culture
主题公园
CC-01
游憩廊道
CC-02
市井文化
Folk Culture
民俗展馆
FC-01
风情街区
FC-02
工业文化
Industrial Culture
文博公园
IC-01
文创园区
IC-02
铁路文化
Railway Culture
博物展馆
RC-01
体验绿道
RC-02

分期实施建构

近期
点线相依
特色复兴
近期以运河文化所依托的河流线性开敞空间为主，打造运河文化游览带。以各文化资源点为依托建设特色文化馆，体现草根文化的繁多特性。

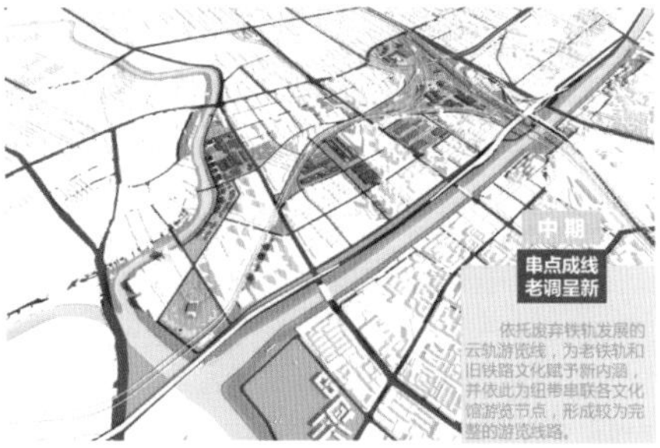
中期
串点成线
老调呈新
依托废弃铁轨发展的云轨游览线，为老铁轨和旧铁路文化赋予新内涵，并依此为纽带串联各文化馆游览节点，形成较为完整的游览线路。

远期
多元展示
魅力示范
在近中期的成果基础上，进一步完善发展各文化片区特色，通过水上游览线及云轨游览线将地块的文化特色与价值都得到呈现，打造魅力示范区。

主题特色区

运河怀古区

运河怀古——劳作生活的烟火气

活动类型：水上游览观光 滨河休闲游憩 文化馆认知体验
活动人群：市民 游客 摄影师等
空间特点：以恢复和体验漕运特色为主的带状开敞空间

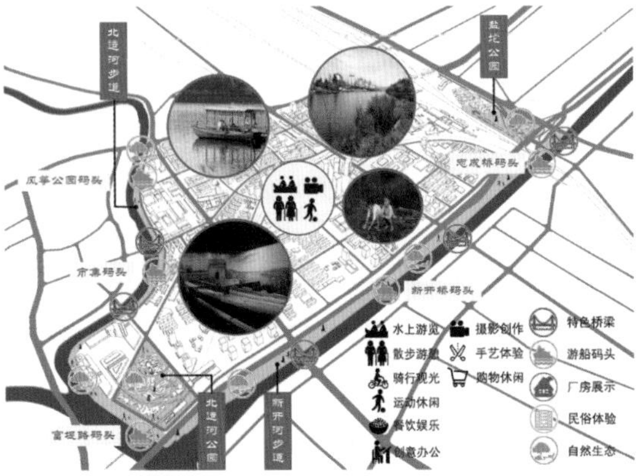
北运河步道
魁龙公园
风筝公园码头
市集码头
志成桥码头
新开桥码头
富堤路码头
北运河公园
新开河步道
水上游览
摄影创作
特色桥梁
散步游憩
手艺体验
游船码头
骑行观光
购物休闲
厂房展示
运动休闲
民俗体验
餐饮娱乐
自然生态
创意办公

民俗风情区

民俗风情——智慧传承的手工艺

活动类型：市集购物休闲 作坊近距感知 文化馆认知体验
活动人群：市民 游客 手工匠人等
空间特点：以传承和发扬民俗手工艺为主的街巷式空间

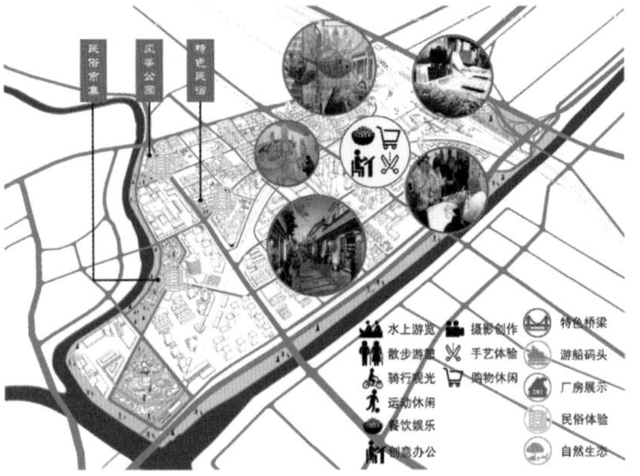
民俗市集
风筝公园
特色民俗
水上游览
摄影创作
特色桥梁
散步游憩
手艺体验
游船码头
骑行观光
购物休闲
厂房展示
运动休闲
民俗体验
餐饮娱乐
自然生态
创意办公

产业创新区

产业创新——创新奋斗的精神气

活动类型：厂区游览观光 旧址创业办公 文化馆认知体验
活动人群：市民 游客 创业者 摄影师 产品设计师等
空间特点：以利用和改造原有厂房为主的大型可变空间

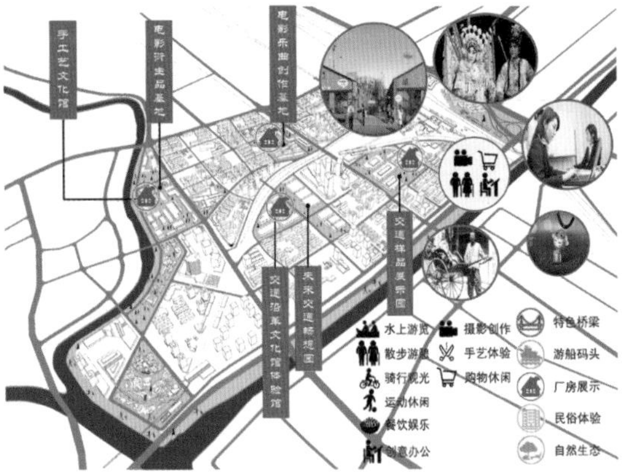
手工艺文化馆
电影衍生品基地
电影乐曲创作基地
交通样品展示园
交通沿革文化馆
未来交通畅想园
水上游览
摄影创作
特色桥梁
散步游憩
手艺体验
游船码头
骑行观光
购物休闲
厂房展示
运动休闲
民俗体验
餐饮娱乐
自然生态
创意办公

铁路博览区

铁路博览——与时俱进的好风气

活动类型：摄影采风 云轨游览观光 文化馆认知体验
活动人群：市民 游客 摄影师等
空间特点：以延续利用废弃轨道为主的线性开敞空间

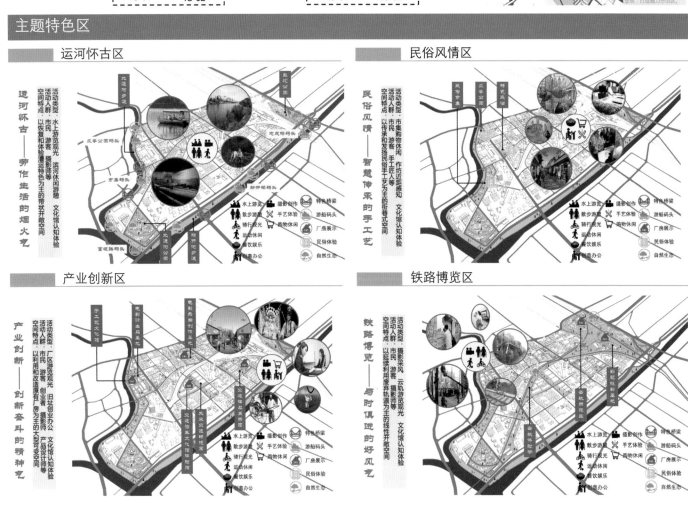

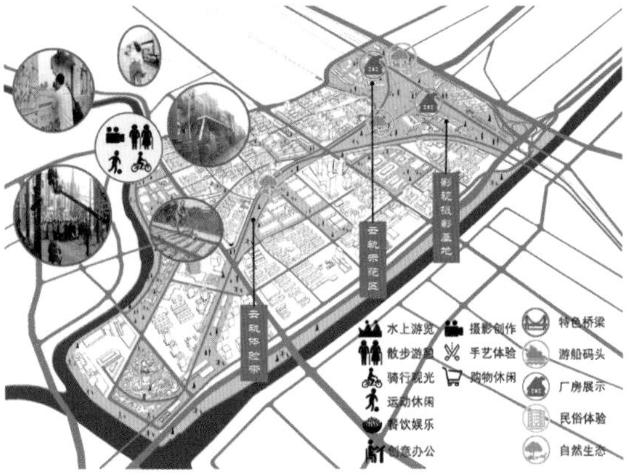
水上游览
摄影创作
特色桥梁
散步游憩
手艺体验
游船码头
骑行观光
购物休闲
厂房展示
运动休闲
民俗体验
餐饮娱乐
自然生态
创意办公

系统节点分析

风筝公园码头

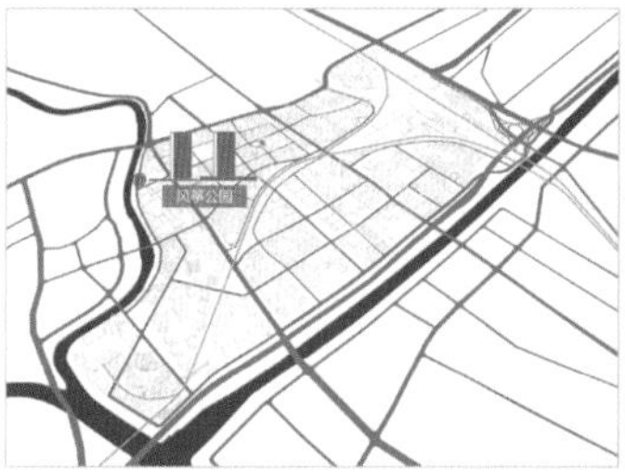
风筝公园

水陆互动游的起点设在这风筝公园码头，登船前游一游这里的风筝文化馆，看小孩儿们放放风筝，心头也是分外爽快啊！

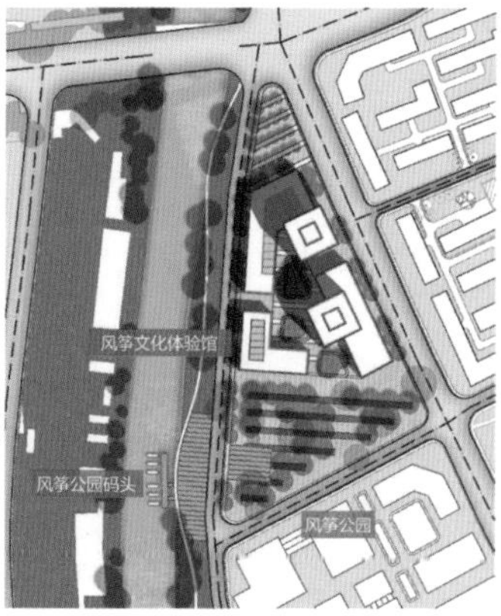
风筝文化体验馆
风筝公园码头
风筝公园

九河梢下天津卫，三道浮桥两道关

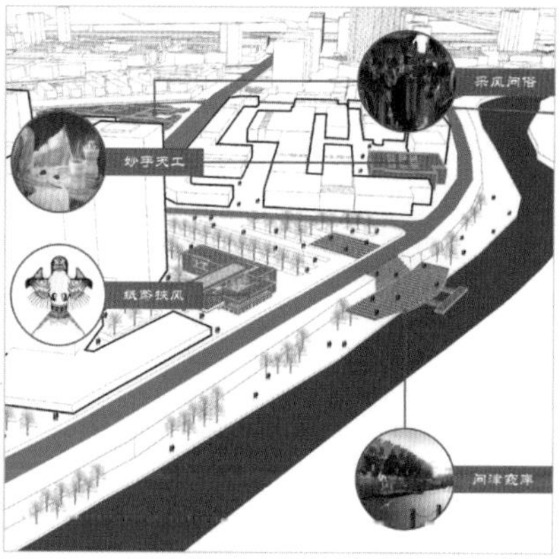
采风问俗
妙手天工
纸鸢扶风
问津滨岸

民俗市集

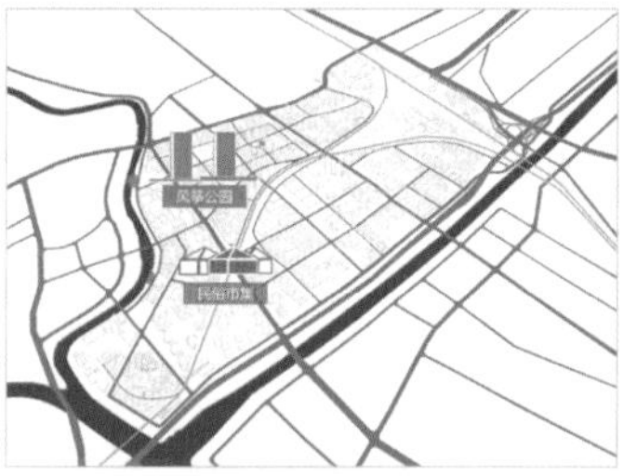
风筝公园
民俗市集

第二站——民俗市集，集中展示了天津的民俗文化，传统美食、曲艺相声、各色手艺等应有尽有，午饭就在这里解决咯！

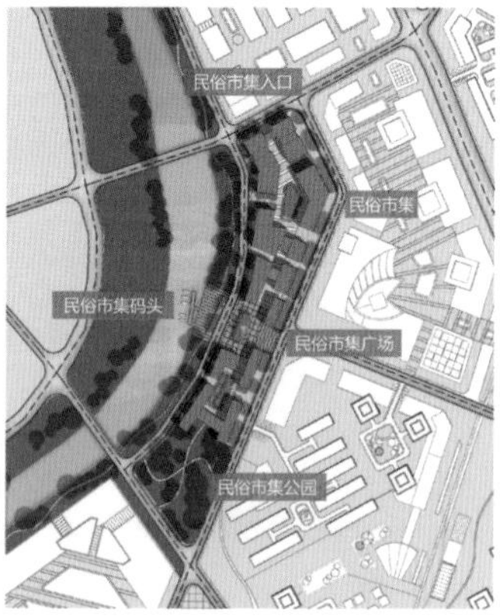
民俗市集入口
民俗市集
民俗市集码头
民俗市集广场
民俗市集公园

分明小幅吴江画，我欲移家过此生

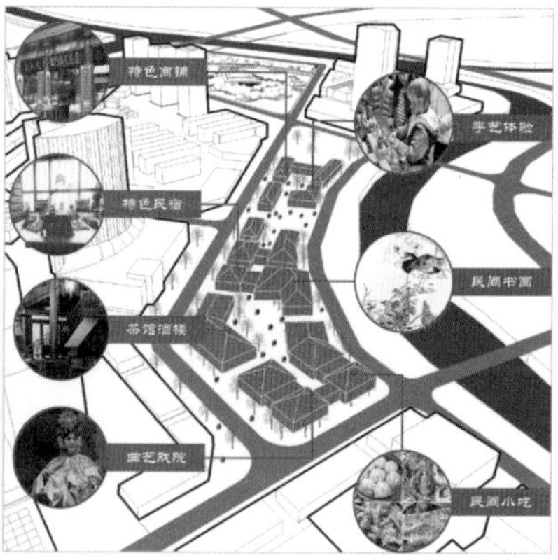
特色商铺
手艺体验
特色民宿
民间书画
茶馆酒楼
曲艺戏院
民间小吃

交通沿革文化馆

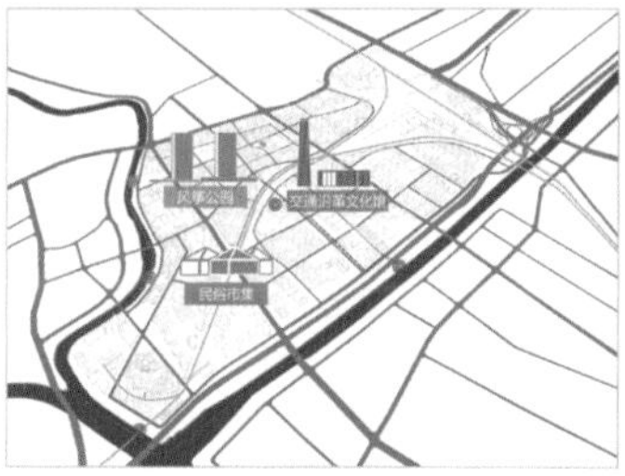
风筝公园
交通沿革文化馆
民俗市集

运河文化馆将天津起于水的历史娓娓道来，接下来的交通沿革文化馆则是将天津兴于轨的独特历程进行细细阐述……

交通沿革体验广场
交通沿革体验馆
交通沿革文化馆
未来交通微创空间

删繁就简三秋树，领异标新二月花

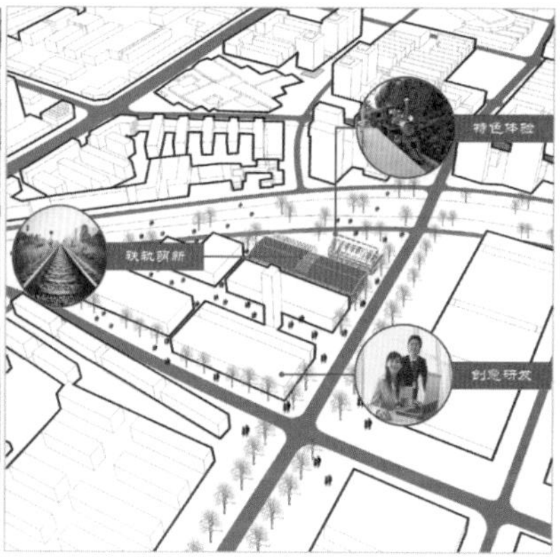
特色体验
铁轨焕新
创意研发

云轨体验区

风筝公园
交通沿革文化馆
民俗市集
云轨体验区

交通沿革文化馆与体验馆仿佛带人进行了一场穿越时空的旅行，而云轨体验区则无疑为我打开了新世界的大门……

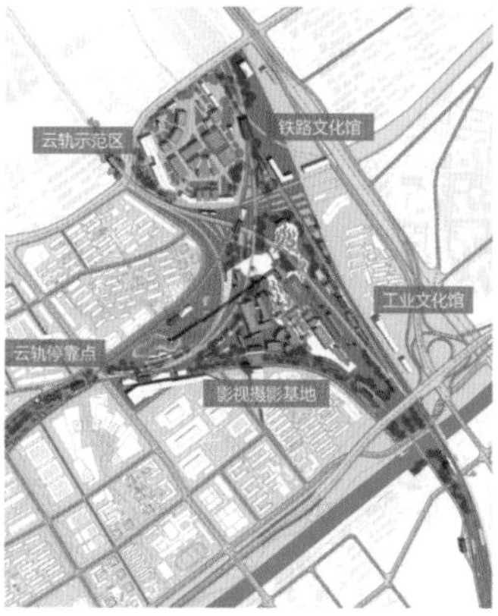
云轨示范区
铁路文化馆
工业文化馆
云轨停靠点
影视摄影基地

满眼生机转化钧，天工人巧日争新

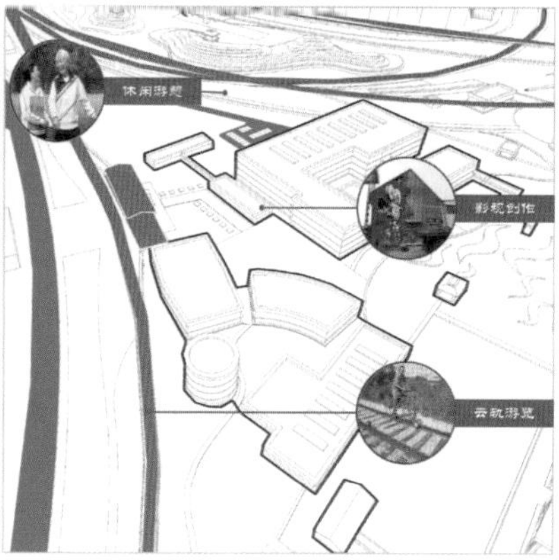
休闲游憩
影视创作
云轨游览

社群系统 - 业缘重构

总平面图

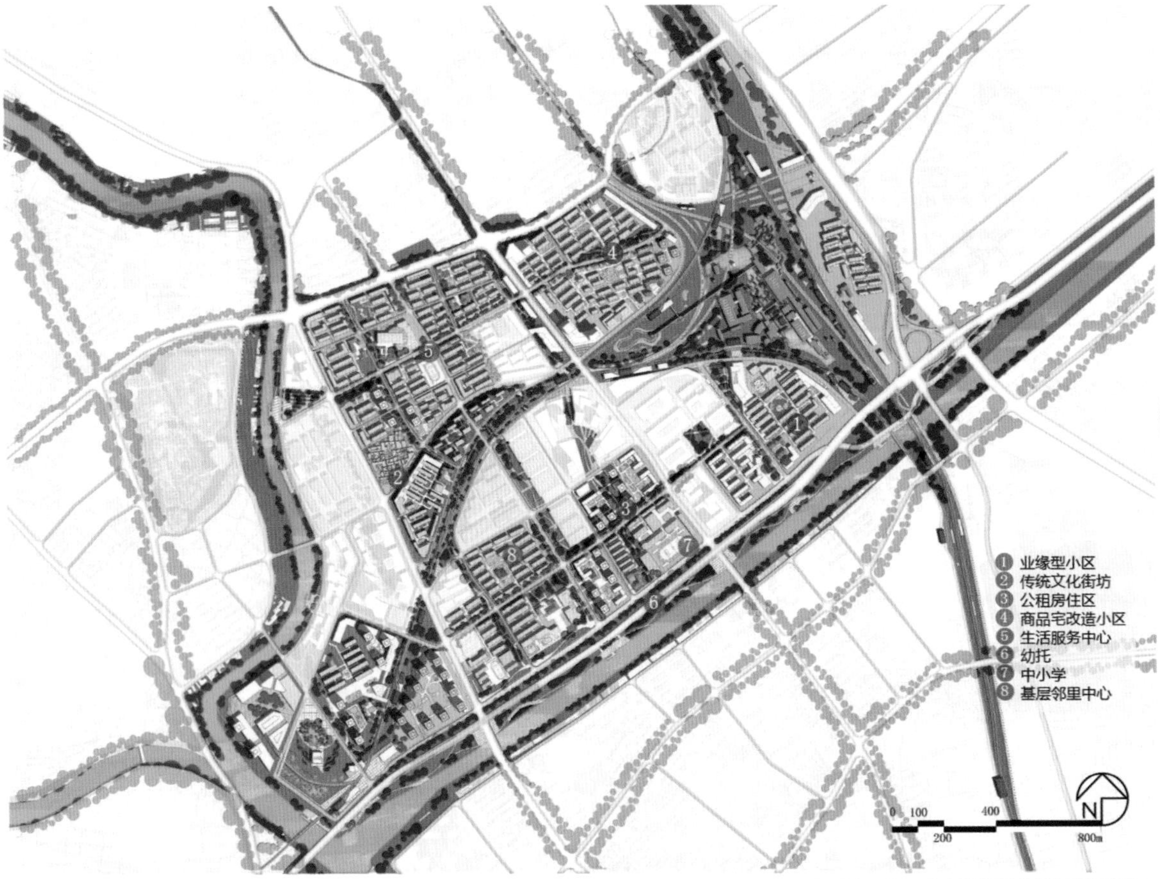
① 业缘型小区
② 传统文化街坊
③ 公租房住区
④ 商品宅改造小区
⑤ 生活服务中心
⑥ 幼托
⑦ 中小学
⑧ 基层邻里中心
0 100 200 400 800m
N

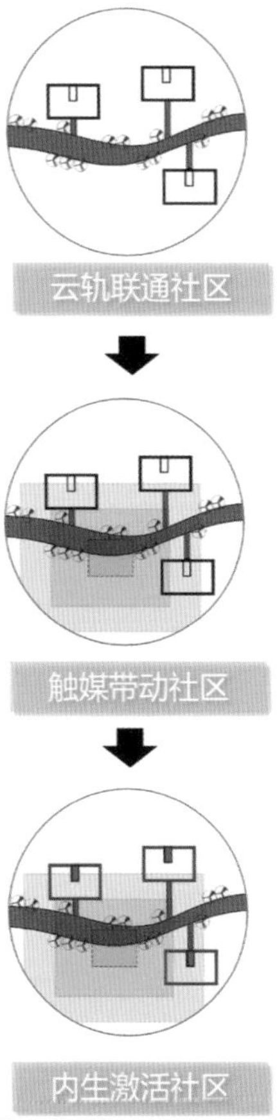
云轨联通社区
触媒带动社区
内生激活社区

空间 & 社群

社会空间系统

住区交通微循环

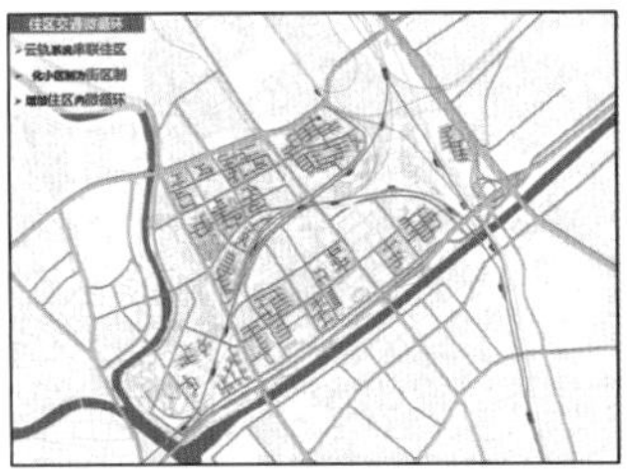

住区景观系统图

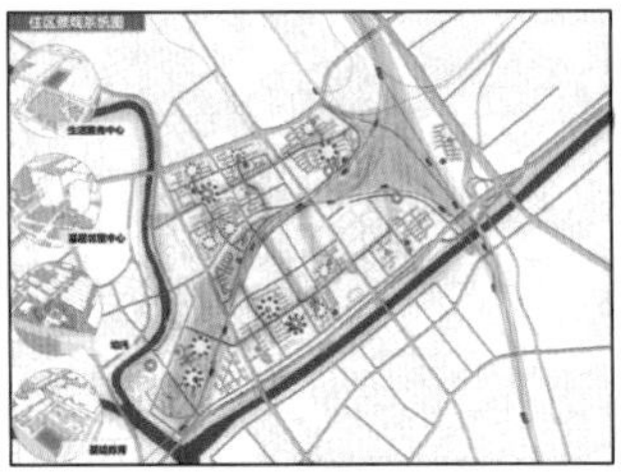

社群网络系统

“面向社群”——社区改造定位

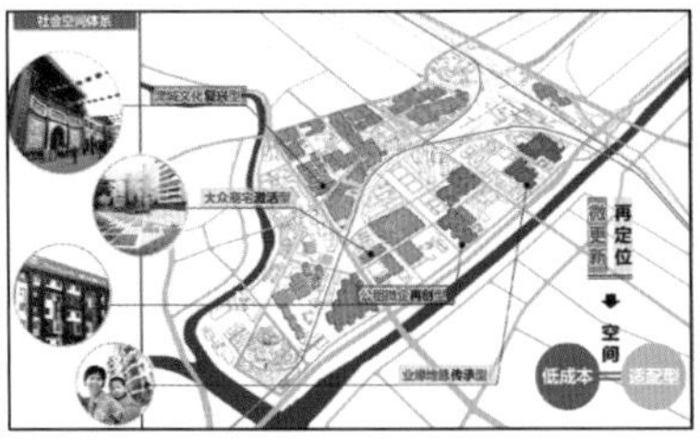

社会圈层体系 & 社群培育机制

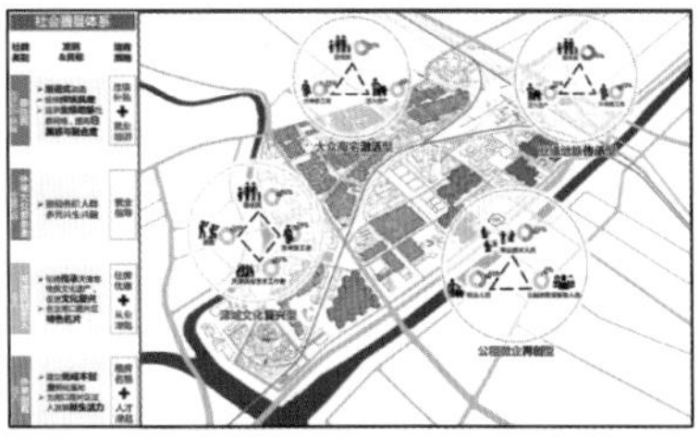

基础教育

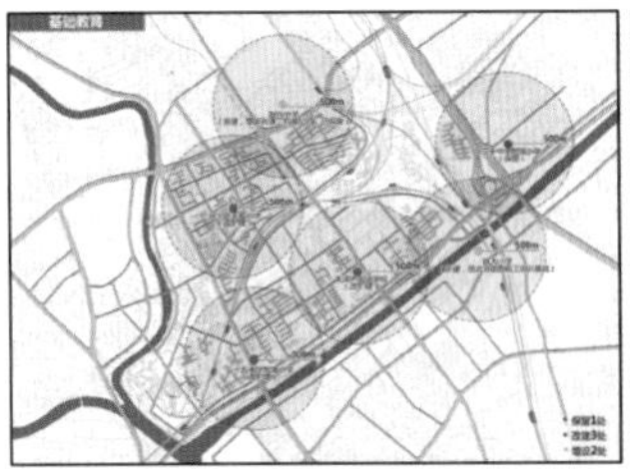

幼托

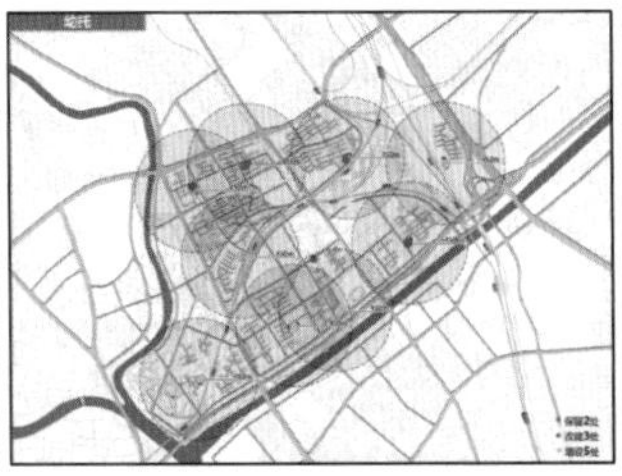

引入 / 天津民俗艺人

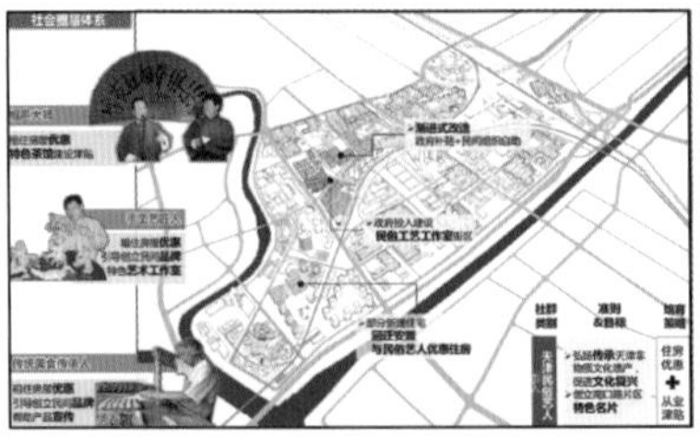

安置引导 / 外来大众劳务者

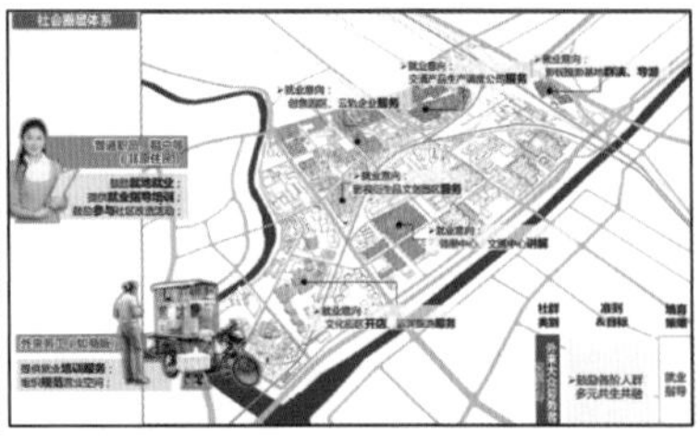

生活服务中心

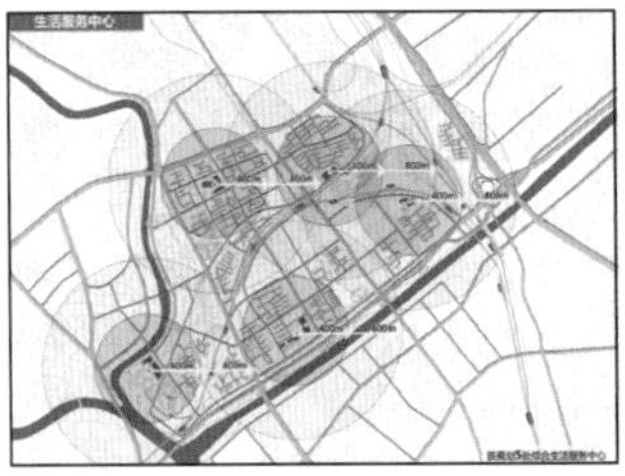

基层邻里中心

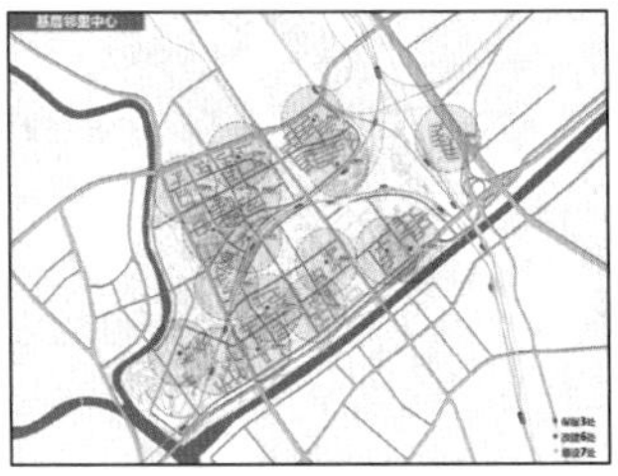

回迁保留 / 原有居民

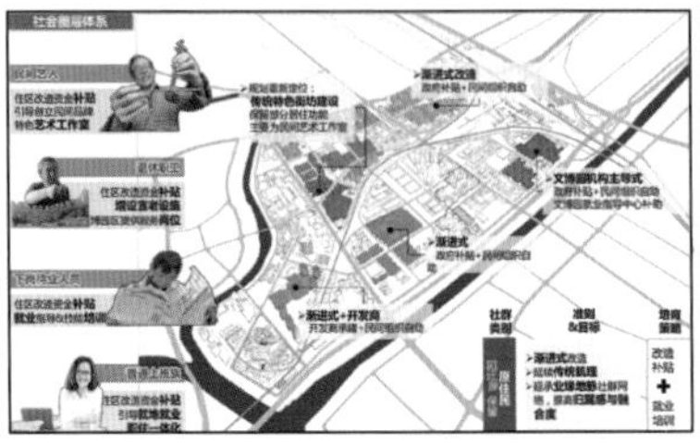

引入 / 外来创客

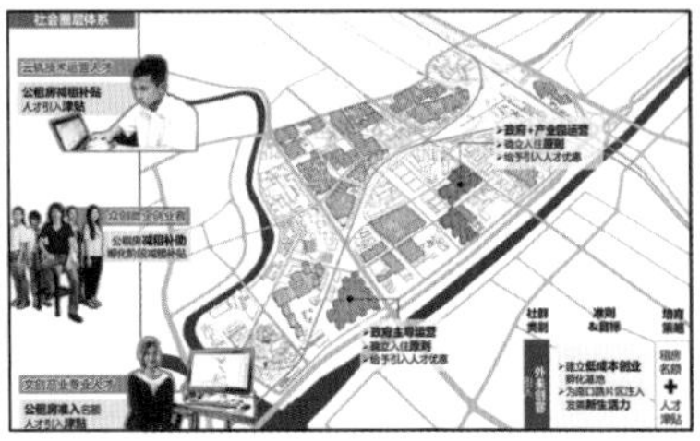

分期建设 & 改造模式菜单

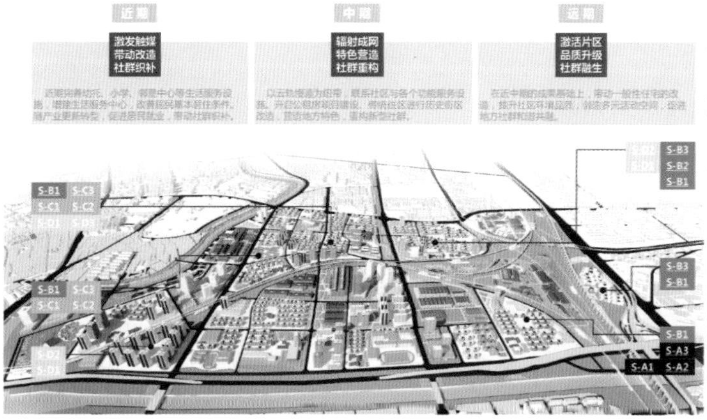
近期
激发触媒
带动改造
社群织补
中期
辐射成网
特色营造
社群重构
远期
激活片区
品质升级
社群融合
S-B1 S-C3
S-C1 S-C2
S-D1
S-B1 S-C3
S-C1 S-C2
S-D2
S-D1
S-B3
S-B2
S-B1
S-B3
S-B1
S-B1
S-A3
S-A1 S-A2

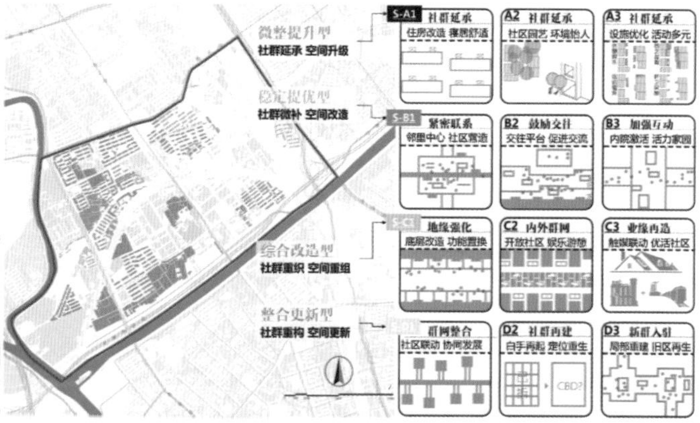
微整提升型
社群延承 空间升级
稳定提优型
社群微补 空间改造
综合改造型
社群重织 空间重组
整合更新型
社群重构 空间更新
S-A1 社群延承
住房改造 摆脱舒适
A2 社群延承
社区园艺 环境怡人
A3 社群延承
设施优化 活动多元
S-B1 紧密联系
邻里中心 社区营造
B2 鼓励交往
交往平台 促进交流
B3 加强互动
内院激活 活力家园
S-C1 地缘强化
底层改造 功能置换
C2 内外联网
开放社区 娱乐游憩
C3 业缘再造
触媒联动 优活社区
社群整合
社区联动 协同发展
D2 社群再建
自手再起 定位重生
D3 新社入引
局部重建 旧区再生
CBD?

节点设计

触媒布点

社会文化触媒
经济产业触媒
城市空间触媒
龙头启动触媒
社区邻里中心
铁路文化博览
工业文化博览
叙文化公园
美好社区建设
传统住区改造点
六〇九创意园
社区改造示范点
创意产业园
社区改造示范点
新开发商业/公寓
社区邻里中心
传统住区改造点
综合创意产业园

节点选择

车辆厂下岗待业职工

外来高素质人才

节点一改造类型：津城文化复兴型

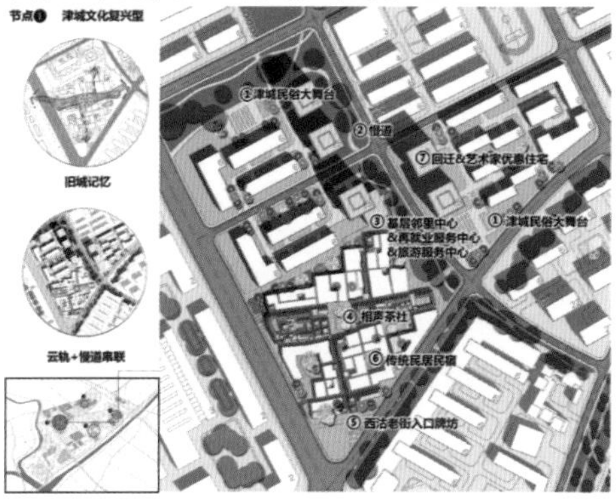
节点❶ 津城文化复兴型
旧城记忆
云轨+慢道串联
② 津城民俗大舞台
⑦ 回迁&艺术家优惠住宅
③ 慢道
③ 基层邻里中心
&再就业服务中心
&旅游服务中心
① 津城民俗大舞台
④ 相声茶社
⑥ 传统民居民宿
⑤ 西沽老街入口牌坊

节点二改造类型：大众商宅激活型

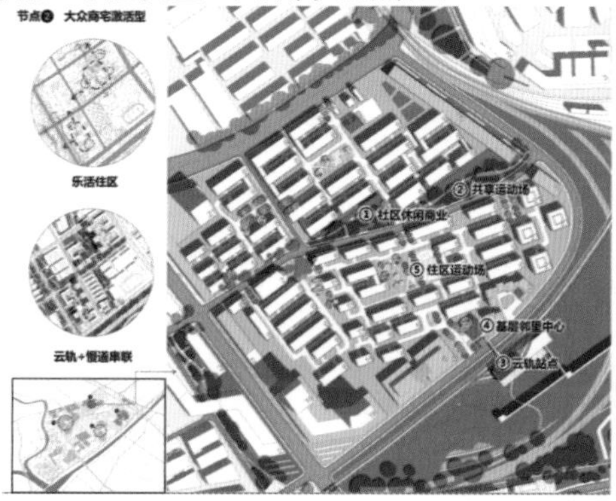
节点❷ 大众商宅激活型
乐活住区
云轨+慢道串联
② 共享运动场
① 社区休闲商业
⑤ 住区运动场
④ 基层邻里中心
③ 云轨站点

当地民间艺术家

原车辆厂退休职工

节点三改造类型：公租微企再创型

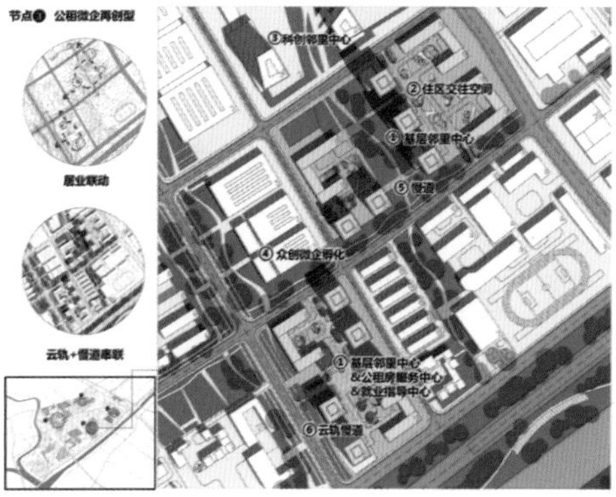
节点❸ 公租微企再创型
居业联动
云轨+慢道串联
③ 科创邻里中心
② 住区交往空间
④ 基层邻里中心
⑤ 慢道
④ 众创微企孵化
① 基层邻里中心
&公租房服务中心
&就业指导中心
⑥ 云轨慢道

节点四改造类型：业缘地脉传承型

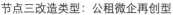

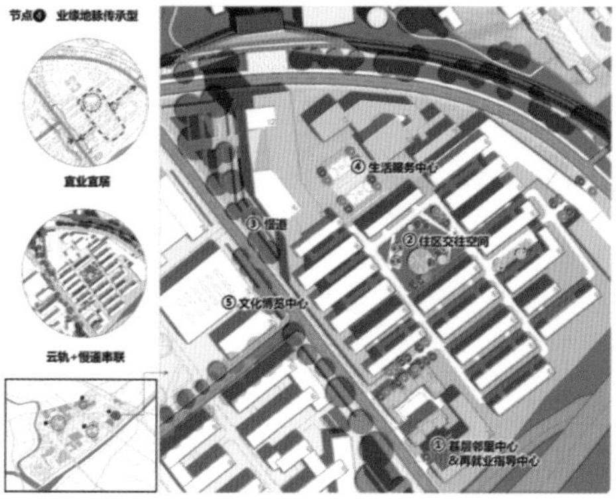
节点❹ 业缘地脉传承型
宜业宜居
云轨+慢道串联
④ 生活服务中心
③ 慢道
② 住区交往空间
⑤ 文化博览中心
① 基层邻里中心
&再就业指导中心

普通商品房住区居民

生态系统

系统总图

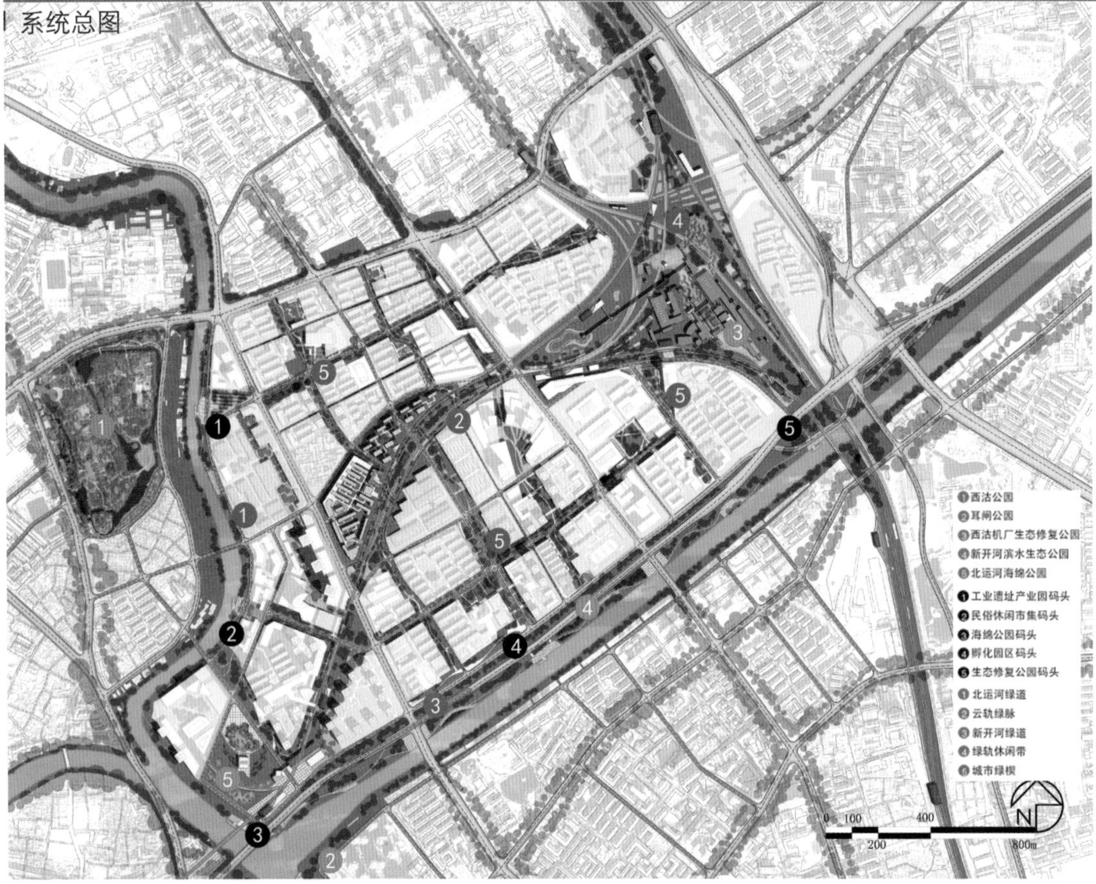
1 西沽公园
2 耳闸公园
3 西沽机厂生态修复公园
4 新开河滨水生态公园
5 北运河海绵公园
1 工业遗址产业园码头
2 民俗休闲市集码头
3 海绵公园码头
4 孵化园区码头
5 生态修复公园码头
1 北运河绿道
2 云轨绿脉
3 新开河绿道
4 绿轨休闲带
5 城市绿楔
0 100 200 400 800m
N

系统结构

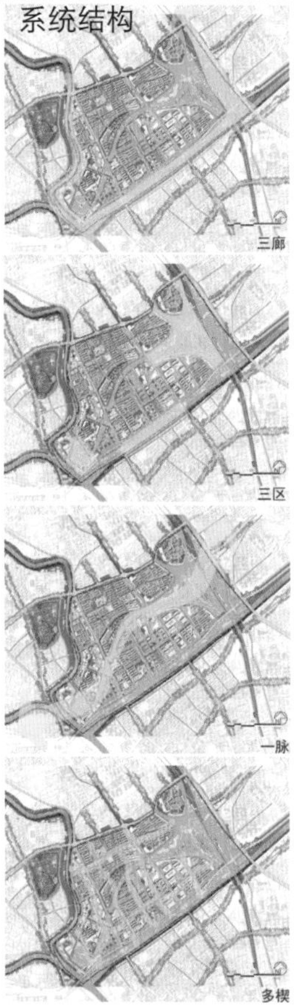
三廊
三区
一脉
多楔

模式菜单与节点选择

高敏感地区模式菜单

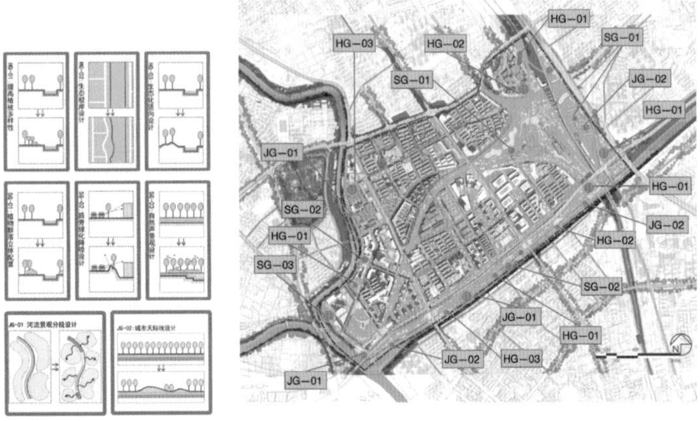
HG-01
HG-02
HG-03
SG-01
SG-02
SG-03
JG-01
JG-02
N

中敏感地区模式菜单

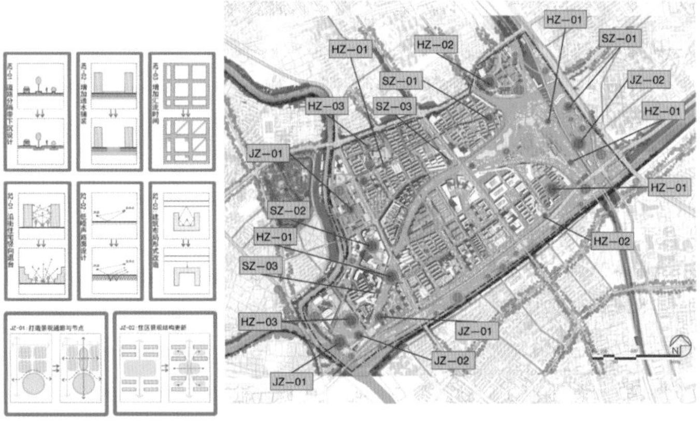
HZ-01
HZ-02
HZ-03
SZ-01
SZ-02
SZ-03
JZ-01
JZ-02
N

低敏感地区模式菜单

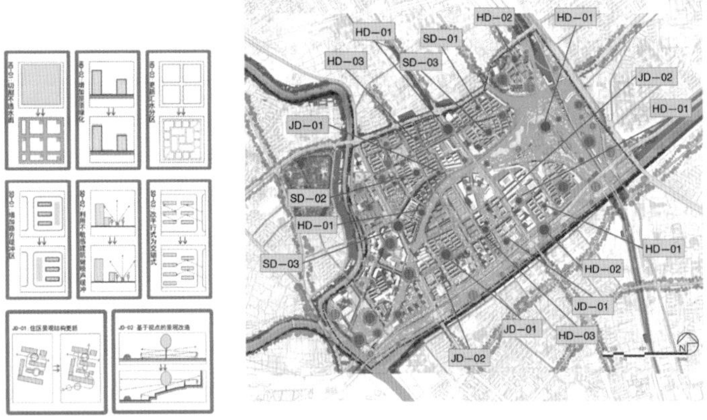
HD-01
HD-02
HD-03
SD-01
SD-02
SD-03
JD-01
JD-02
N

节点选择

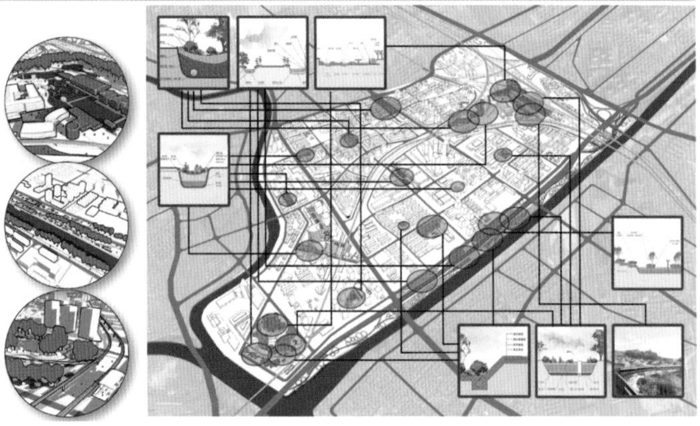

分期建设

分期建设

近期：优化提升 去芜存菁

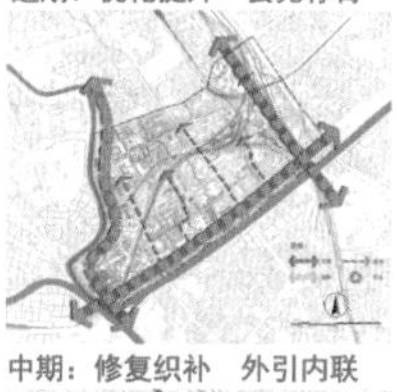

中期：修复织补 外引内联

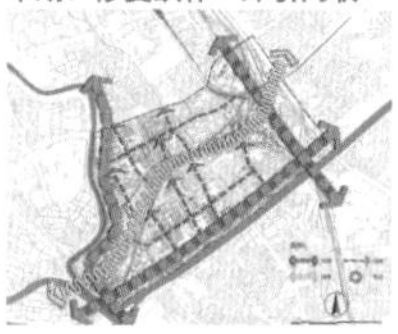

远期：复育永续 推而广之

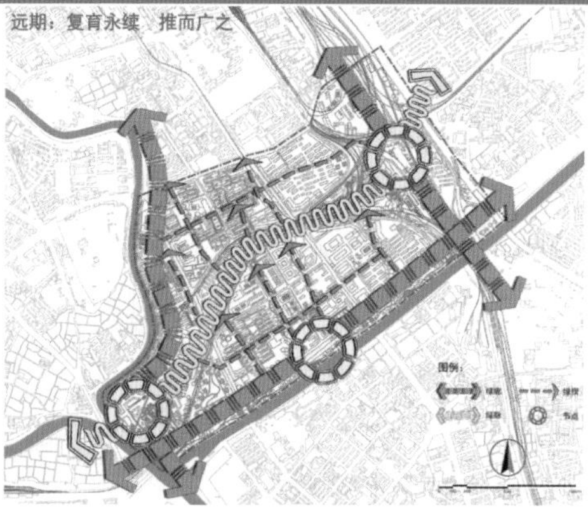

系统鸟瞰

节点设计

节点一 机械厂生态复育公园

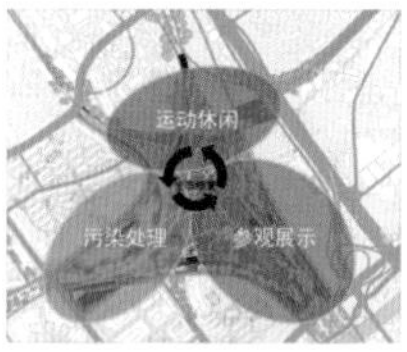
运动休闲
污染处理
参观展示

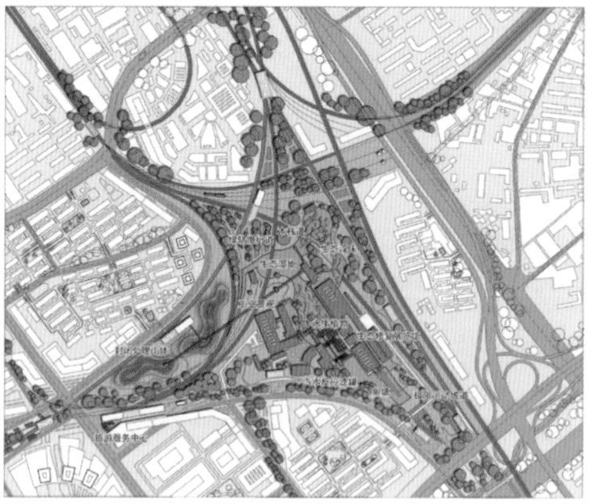

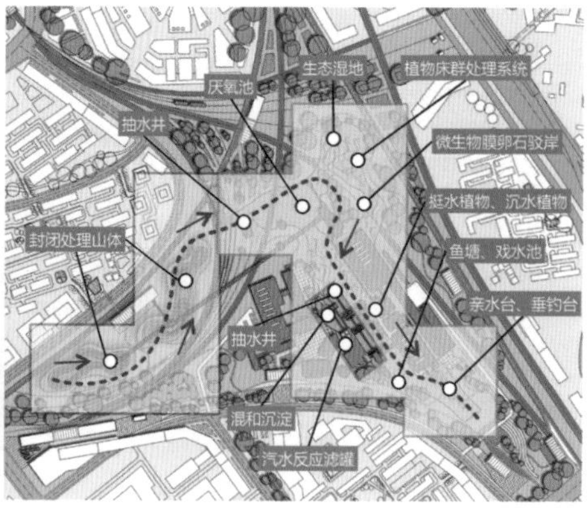
生态湿地
植物床群处理系统
厌氧池
抽水井
微生物膜卵石驳岸
挺水植物、沉水植物
封闭处理山体
鱼塘、戏水池
亲水台、垂钓台
抽水井
混和沉淀
汽水反应滤罐

节点二 北运河海绵公园

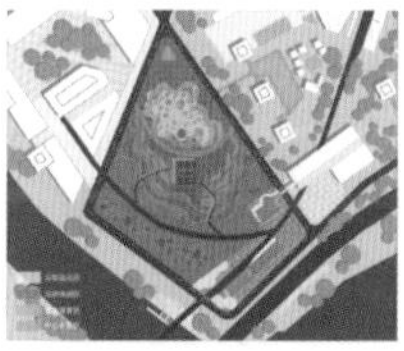

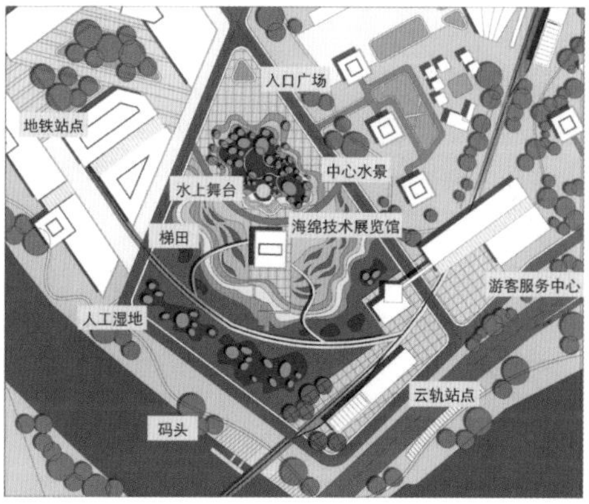
入口广场
地铁站点
中心水景
水上舞台
海绵技术展览馆
梯田
游客服务中心
人工湿地
云轨站点
码头

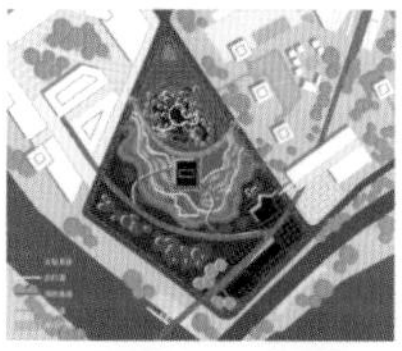

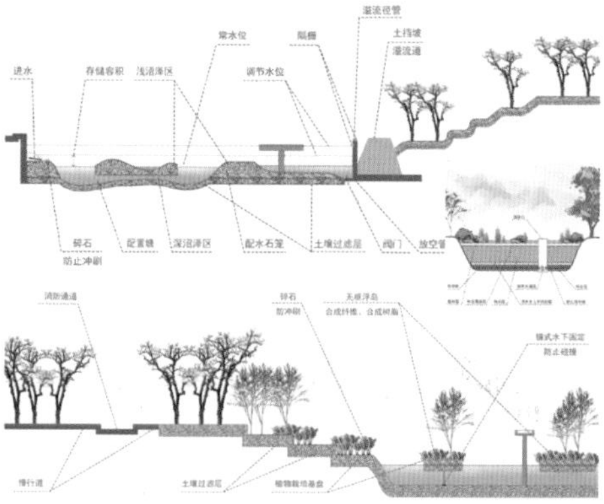

节点三 新开河滨水生态公园

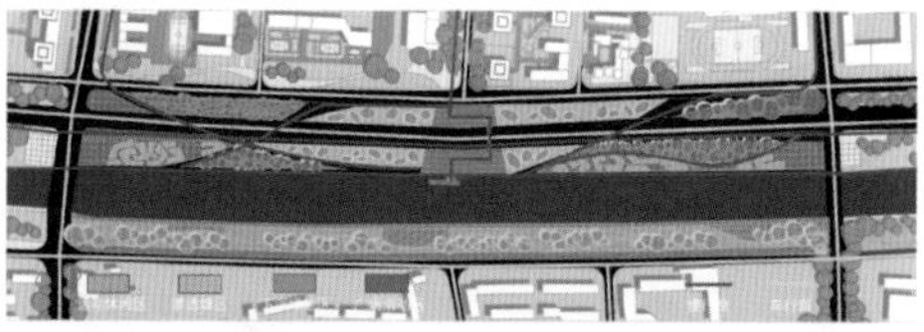

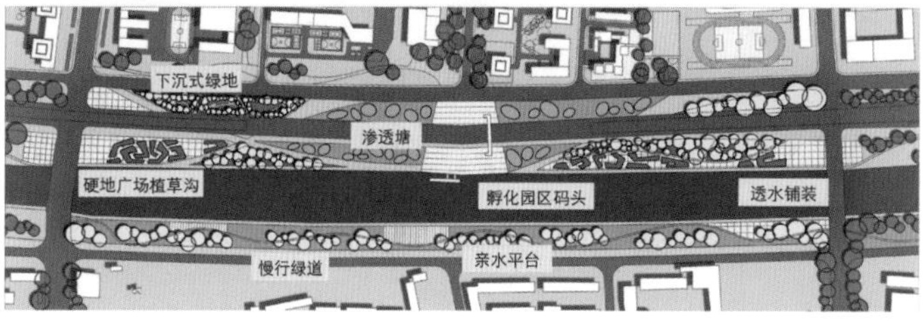
下沉式绿地
渗透塘
硬地广场植草沟
孵化园区码头
透水铺装
慢行绿道
亲水平台

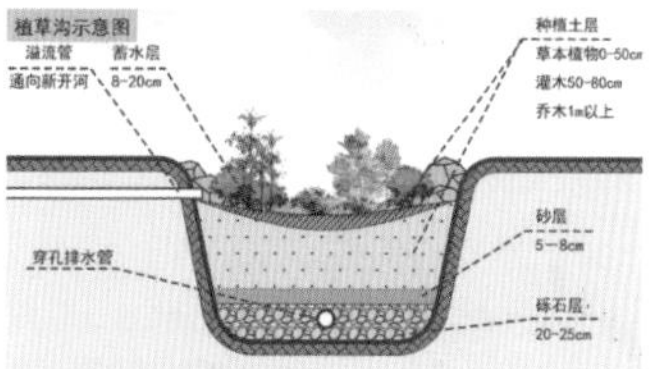
植草沟示意图

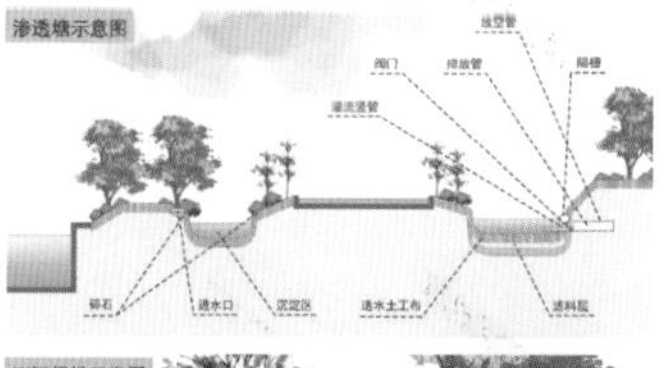
渗透塘示意图

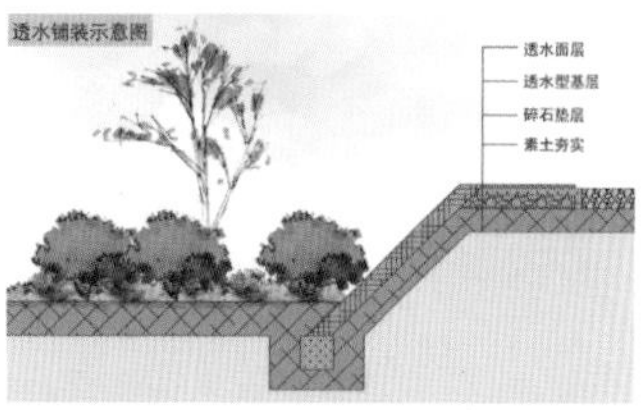
透水铺装示意图

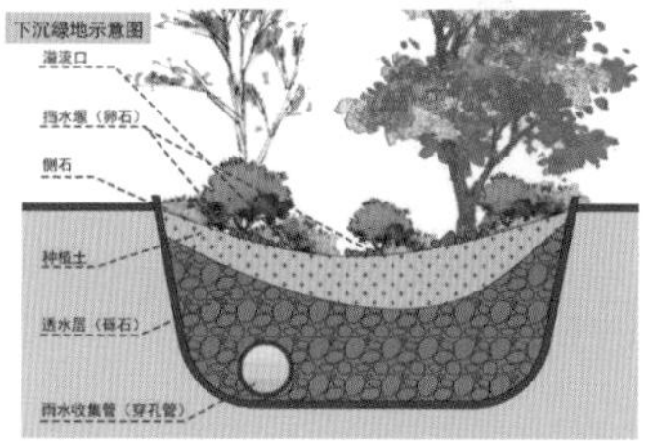
下沉绿地示意图

资源系统 - 集约再生

云轨调度展示中心
以功能置换和功能再策划为主的云轨展示调度中心

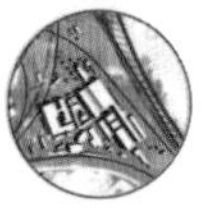
津沽西厂生态遗址公园
以风貌建筑保护和场地设计为主的遗址展示公园

云轨中试中心
利用现有厂房塑造的云轨单车实验中心

云轨研发产业园
以结构保护改造和内部功能塑造为主的研发产业园

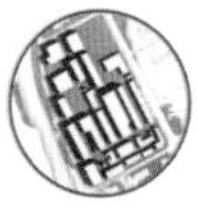
运河文化创意园区
更新改造的文创源

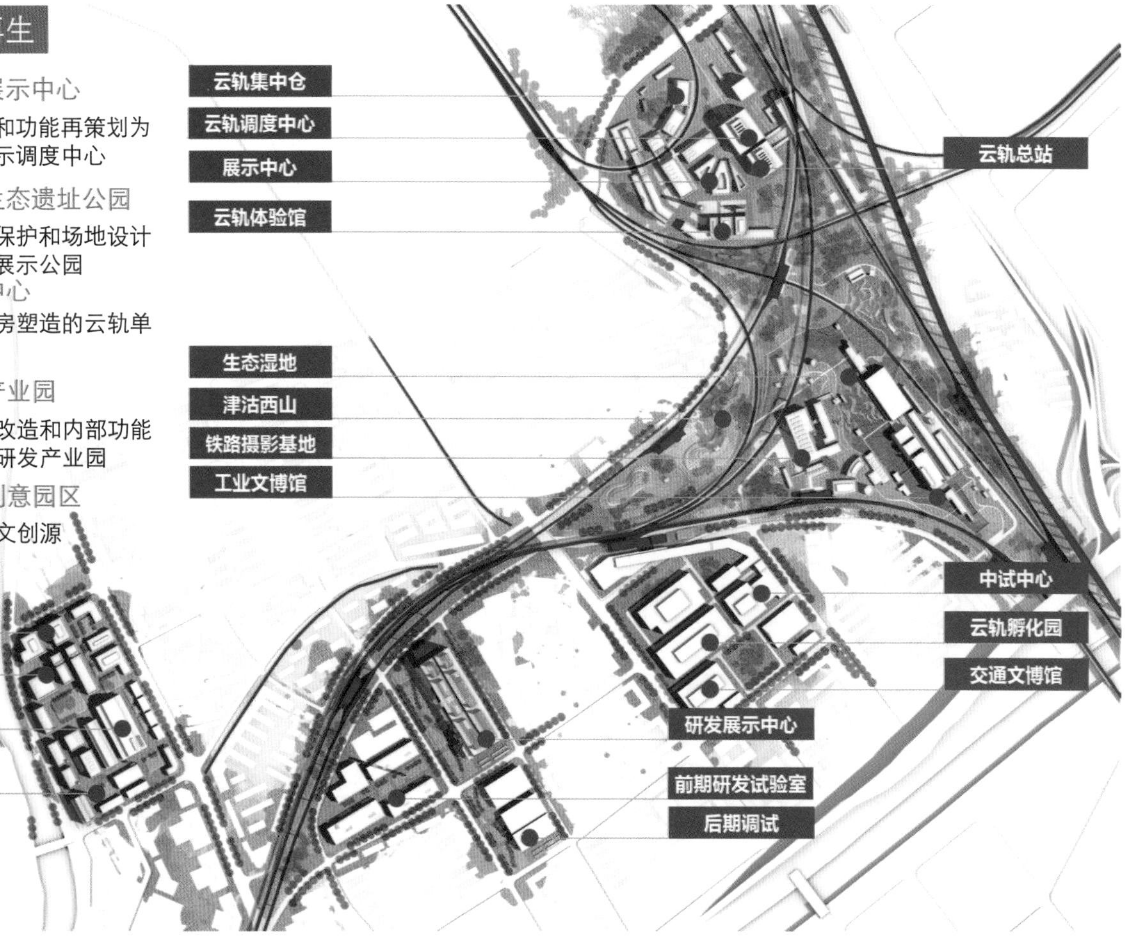
云轨集中仓
云轨调度中心
展示中心
云轨体验馆
云轨总站
生态湿地
津沽西山
铁路摄影基地
工业文博馆
中试中心
云轨孵化园
交通文博馆
展示中心
工艺作坊
创意中心
沙龙LOFT
研发展示中心
前期研发试验室
后期调试

拆改留评估

提出基于 7 大评估因子综合评估的拆改留评估
提出顺应、置换、重塑三大总策略，并进一步细分

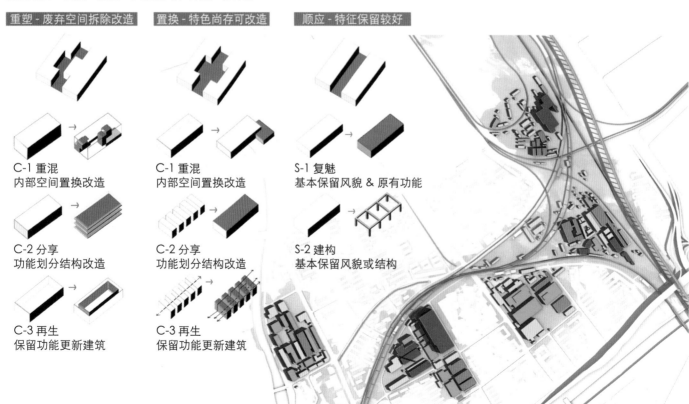

重塑 - 废弃空间拆除改造

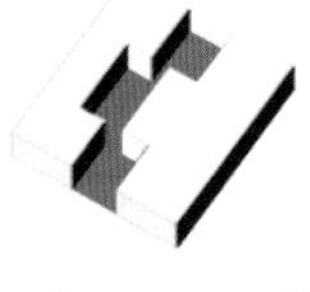

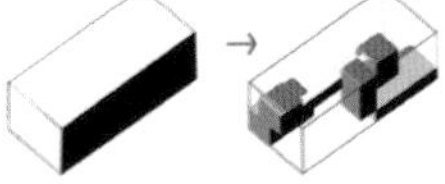
C-1 重混
内部空间置换改造

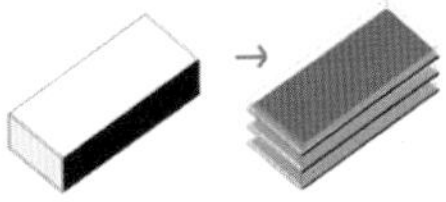
C-2 分享
功能划分结构改造

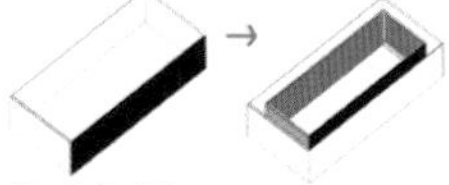
C-3 再生
保留功能更新建筑

置换 - 特色尚存可改造

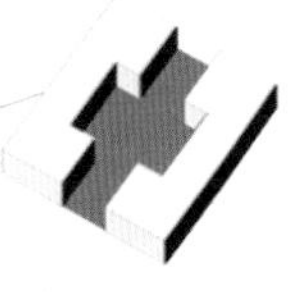

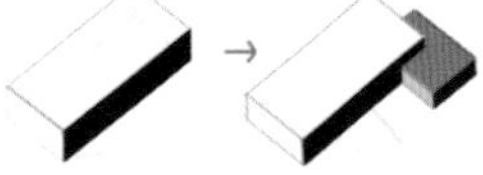
C-1 重混
内部空间置换改造

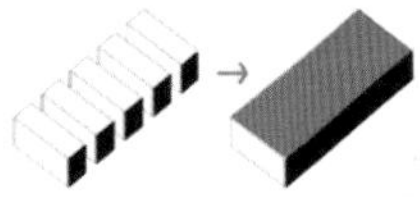
C-2 分享
功能划分结构改造

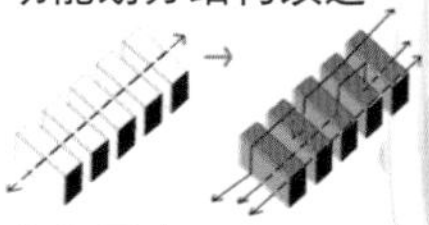
C-3 再生
保留功能更新建筑

顺应 - 特征保留较好

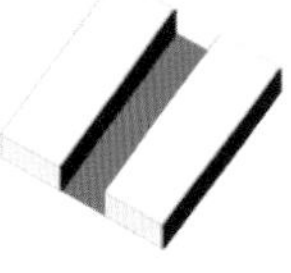

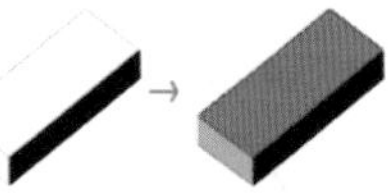
S-1 复魅
基本保留风貌 & 原有功能

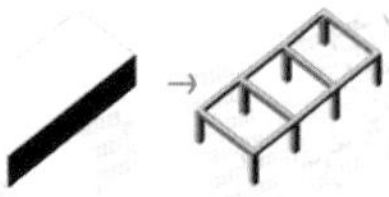
S-2 建构
基本保留风貌或结构

节点设计

结合三大策略和 5 大系统的功能定位，进行规划设计
实现老牌铁路相关向现代创意云轨相关的工业转型升级

策略		系统	策略组合
顺应	+	交通	置换+重塑
置换		产业	顺应+重塑
重塑		历史	置换
		社群	顺应+置换
		生态	重塑

老牌工业-铁路相关性 ⇨ **创意工业-云轨相关性**

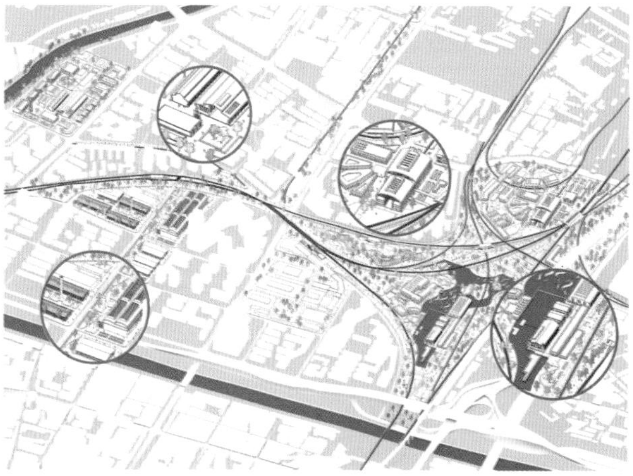

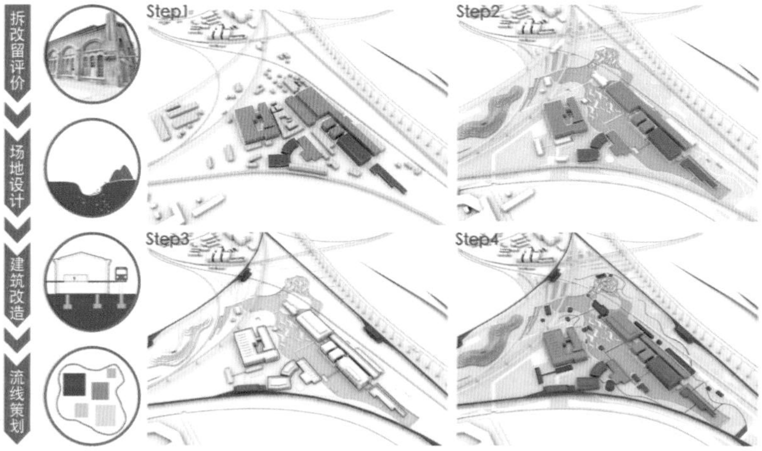
拆改留评价
场地设计
建筑改造
流线策划
Step1
Step2
Step3
Step4

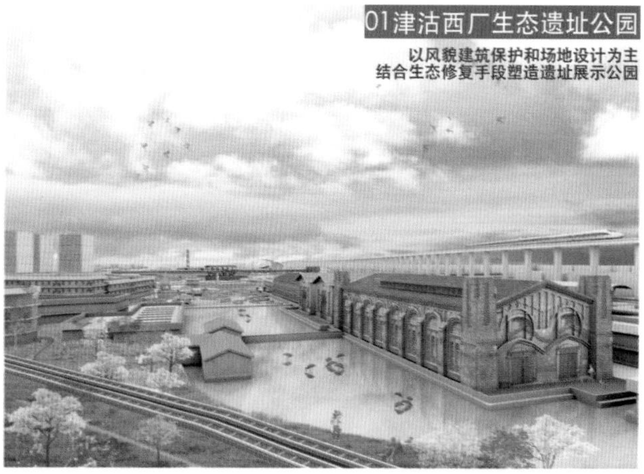
01津沽西厂生态遗址公园
以风貌建筑保护和场地设计为主
结合生态修复手段塑造遗址展示公园

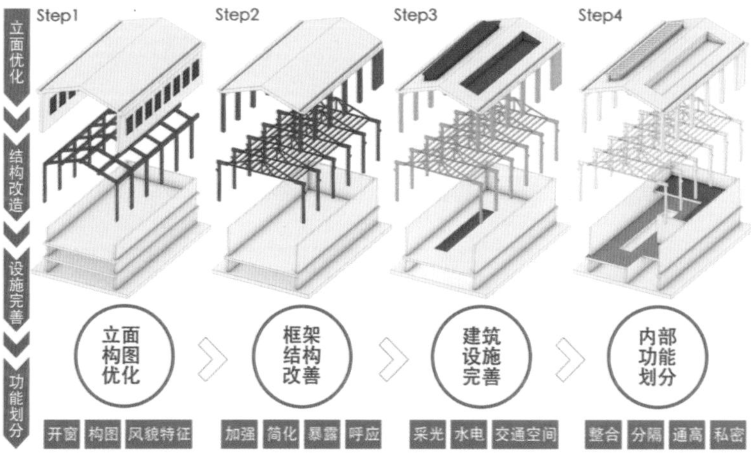
立面优化
结构改造
设施完善
功能划分
Step1
Step2
Step3
Step4
立面构图优化
框架结构改善
建筑设施完善
内部功能划分
开窗 构图 风貌特征
加强 简化 暴露 呼应
采光 水电 交通空间
整合 分隔 通高 私密

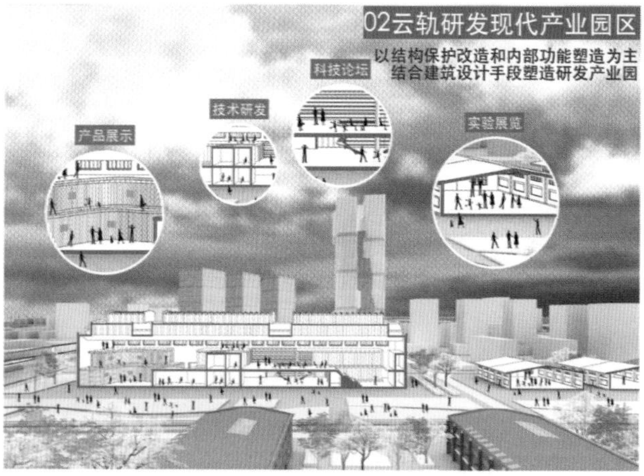
02云轨研发现代产业园区
以结构保护改造和内部功能塑造为主
结合建筑设计手段塑造研发产业园
科技论坛
技术研发
产品展示
实验展览

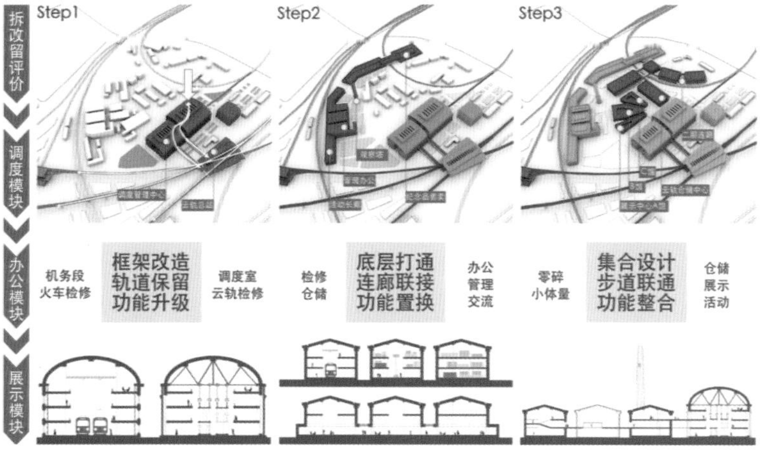
拆改留评价
调度模块
办公模块
展示模块
Step1
Step2
Step3
机务段
火车检修
框架改造
轨道保留
功能升级
调度室
云轨检修
检修
仓储
底层打通
连廊联接
功能置换
办公
管理
交流
零碎
小体量
集合设计
步道联通
功能整合
仓储
展示
活动

03云轨展示调度服务中心
以风貌建筑保护和场地设计为主
结合生态修复手段塑造遗址展示公园

系统更新导则

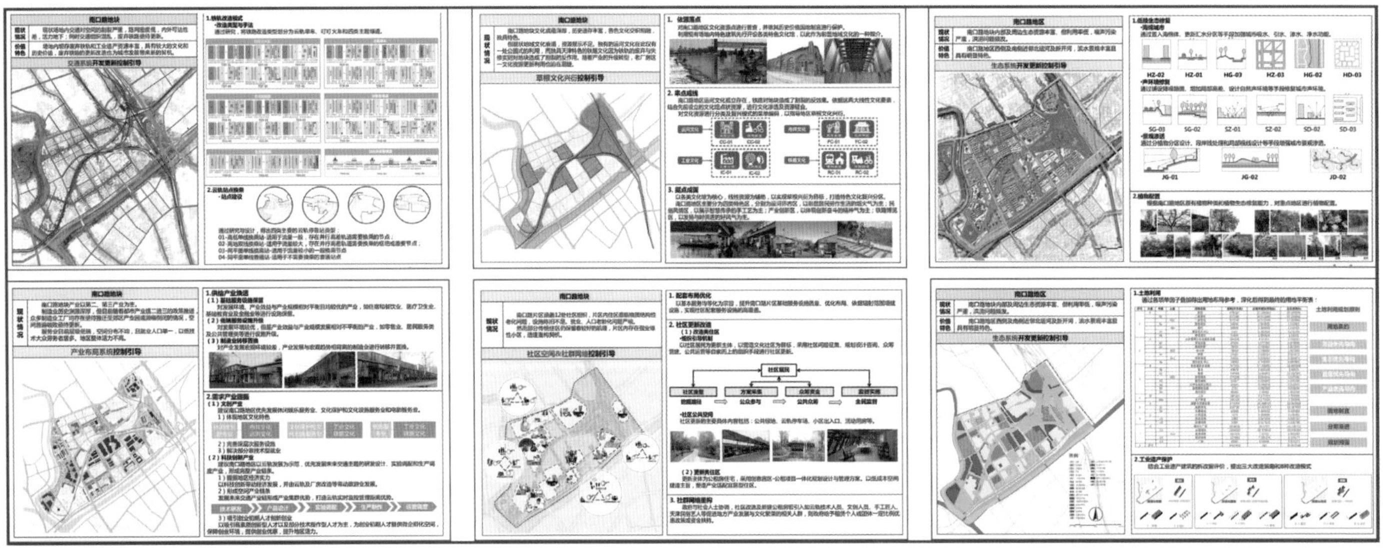
南口路地块
交通系统开发更新控制引导
草根文化内在控制引导
生态系统开发更新控制引导
产业布局系统控制引导
社区空间&社群网络控制引导
生态系统开发更新控制引导

系统更新机制

支撑系统更新机制

交通系统更新机制：公私合营、风险共享

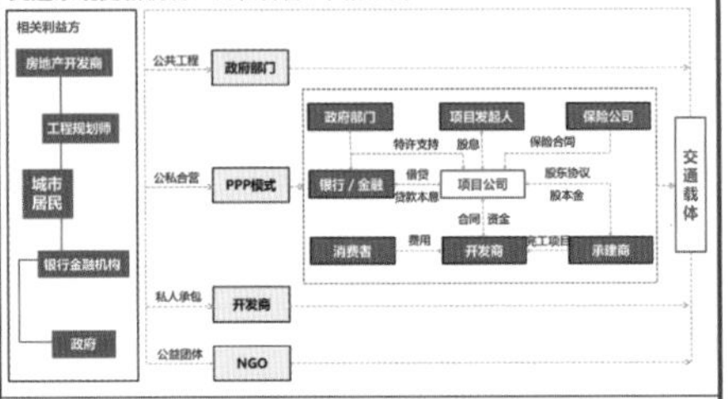
相关利益方
房地产开发商
工程规划师
城市居民
银行金融机构
政府
公共工程
政府部门
公私合营
PPP模式
项目发起人
保险公司
银行/金融
项目公司
消费者
开发商
承建商
私人承包
NGO
公益团体
交通载体

产业系统更新机制：招募吸引、组织反哺

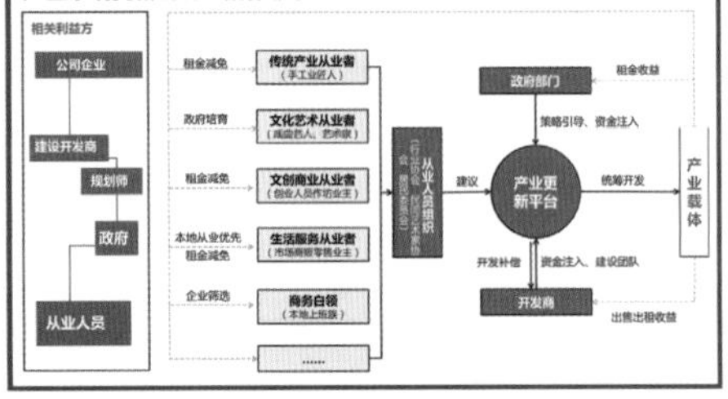
相关利益方
公司企业
建设开发商
规划师
政府
从业人员
传统产业从业者
文化艺术从业者
文创商业从业者
生活服务从业者
商务白领
政府部门
产业更新平台
开发商
产业载体

社会人文更新机制

文化系统更新机制：政府主导、内外交涉

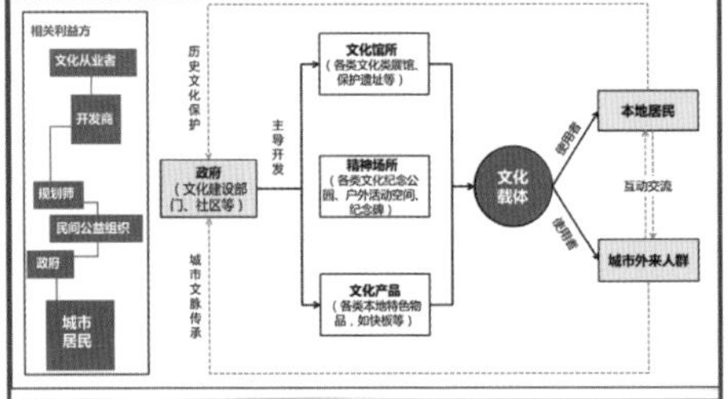
相关利益方
文化从业者
开发商
规划师
民间公益组织
政府
城市居民
历史文化保护
主导开发
政府（文化建设部门、社区等）
城市文脉传承
文化馆所
精神场所
文化产品
文化载体
本地居民
城市外来人群
互动交流

社会系统更新机制：上下共进、合力推新

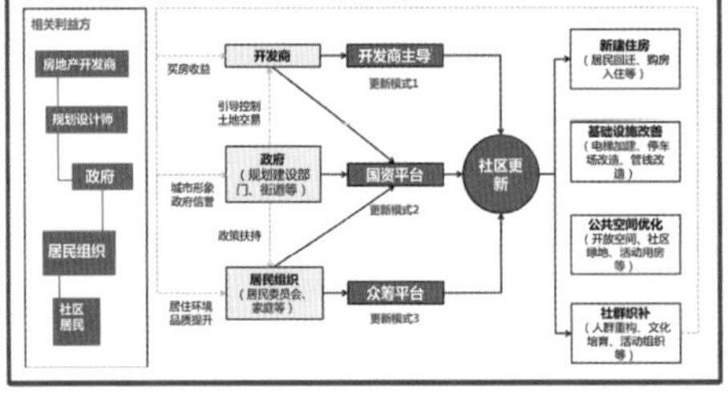
相关利益方
房地产开发商
规划设计师
政府
居民组织
社区居民
开发商
开发商主导
政府（规划建设部门、街道等）
国资平台
居民组织（居民委员会、家庭等）
众筹平台
社区更新
新建住房
基础设施改善
公共空间优化
社群织补

空间环境更新机制

生态系统更新机制：政府引领、利益共享

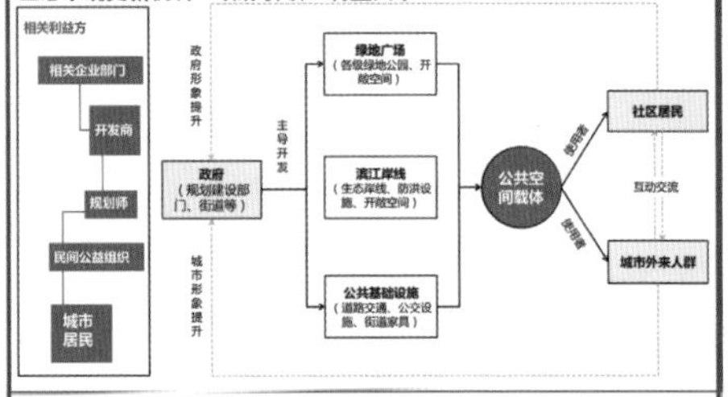
相关利益方
相关企业部门
开发商
规划师
民间公益组织
城市居民
政府形象提升
主导开发
政府（规划建设部门、街道等）
城市形象提升
绿地广场
滨江岸线
公共基础设施
公共空间载体
社区居民
城市外来人群
互动交流

资源系统更新机制：公私并持、协同利用

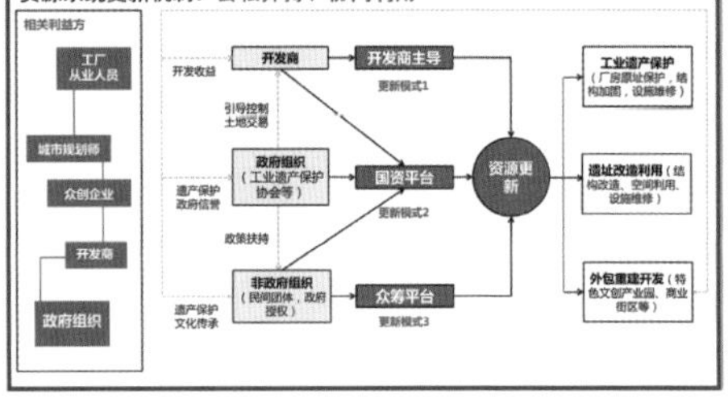
相关利益方
工厂从业人员
城市规划师
众创企业
开发商
政府组织
开发商
开发商主导
政府组织（工业遗产保护协会等）
国资平台
非政府组织
众筹平台
资源更新
工业遗产保护
遗址改造利用
外包重建开发

用地分期开发

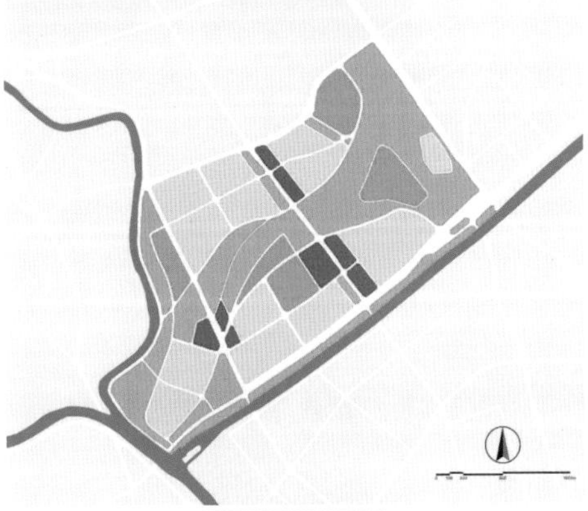

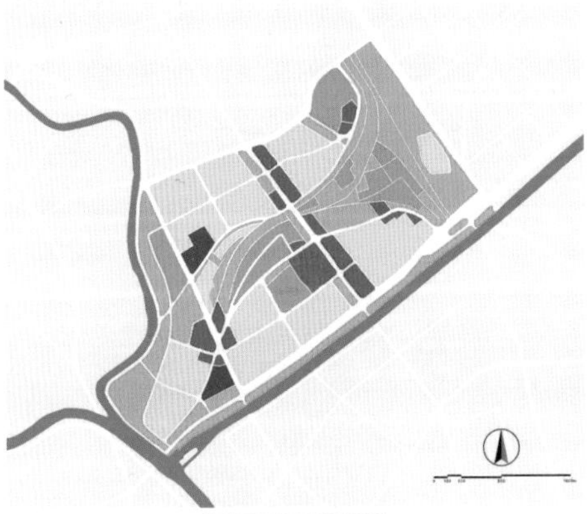

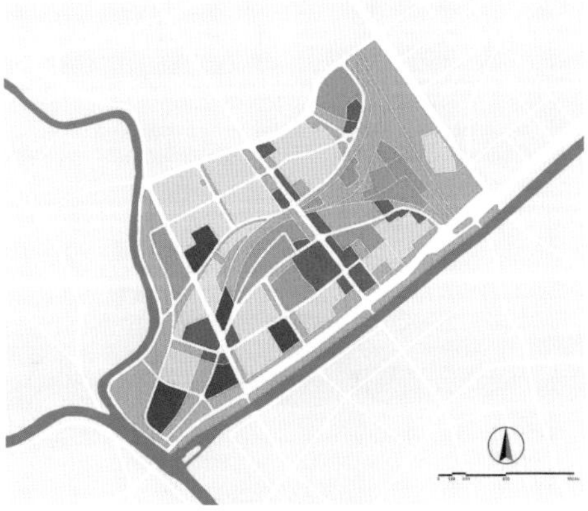

近期

特色打造 存量盘活

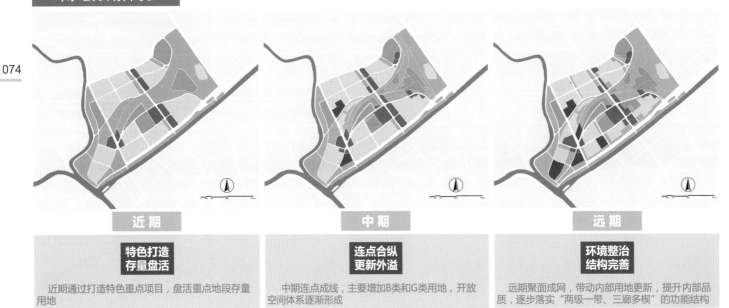

近期通过打造特色重点项目，盘活重点地段存量用地

中期

连点合纵 更新外溢

中期连点成线，主要增加B类和G类用地，开放空间体系逐渐形成

远期

环境整治 结构完善

远期聚面成网，带动内部用地更新，提升内部品质，逐步落实“两级一带、三廊多楔”的功能结构

环线回归

宜轨——不追求最高端的发展模式，只为了探索最适宜的发展方向
创城——创造的是多方复合相辅相成的多层次城市空间体系
泽人——我们不仅仅是规划师，我们与当地的居民一样，也是城市生活的主体，只有具体将空间落实，才是完整的规划设计

宜轨
创城
泽人
因地制宜的规划策略
六线渐进的建构手法
以人为本的实施措施

编号	布局引导内容
I	交通——铁轨改造、云轨再生
II	产业——供给焕活、需求提振
III	文化——草根兴衍、文化复兴
IV	社会——空间更新、社群重构
V	生态——生态修复、绿网重织
VI	资源——土地利用、遗存更新

地块名称	南运河地区
地块特点	内有一条即将停运铁路；社区异质性较高；沿陈塘庄支线铁路有大量闲置土地，产权复杂。
更新重点	I IV V

地块名称	南口路地区
地块特点	铁路面临废弃；工厂陆续搬迁；文化、遗存处于半废弃；社区异质性高；三河交汇处。
更新重点	I II III IV V VI

地块名称	小三线地区
地块特点	津塘路等商圈产业效益高；京山铁路穿越地块，支线已废弃。
更新重点	I II III

地块名称	西营门地区
地块特点	社区异质性较高；内有多条将停运铁路。
更新重点	I IV

地块名称	新仓库地区
地块特点	内有一条已废弃铁路；社区异质性颇高；西南部海河流过。
更新重点	I IV V

地块名称	凌奥地区
地块特点	文创园产业低端，服务业零散；沿陈塘庄支线两侧土地闲置；两面环河，北有南翠屏公园。
更新重点	II V VI

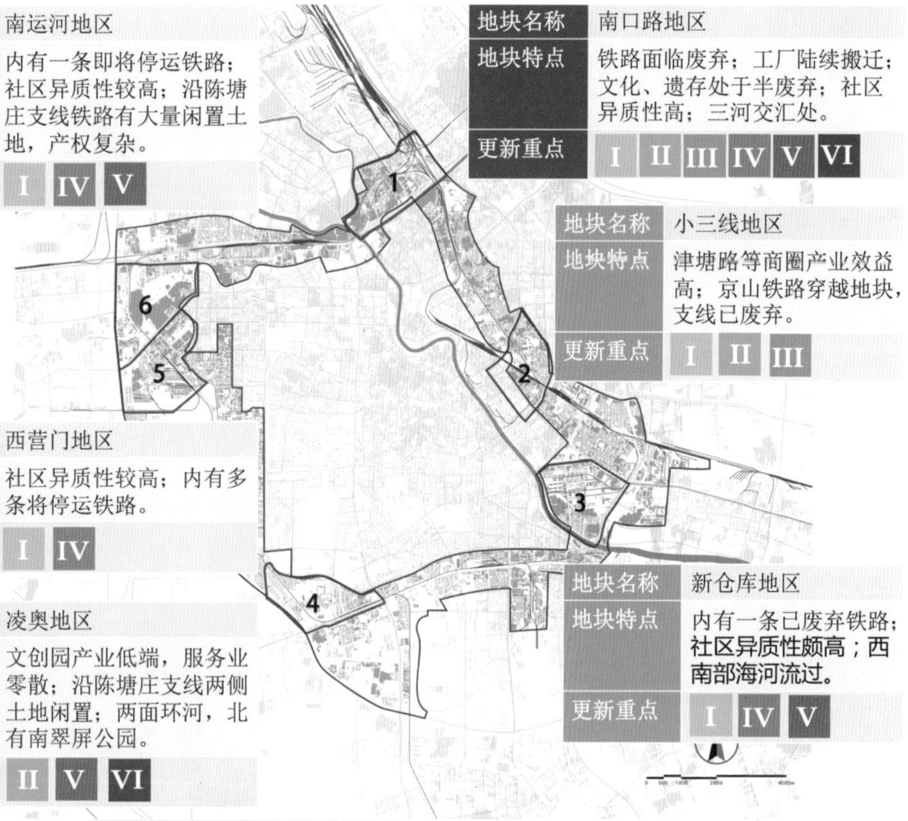
1
2
3
4
5
6

交通策略环线推广

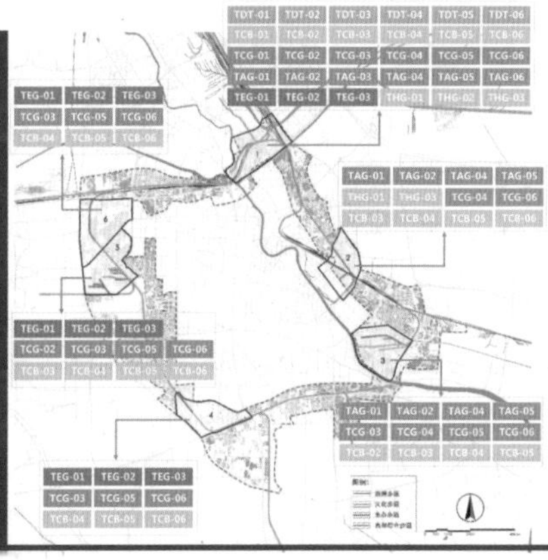

文化策略环线推广

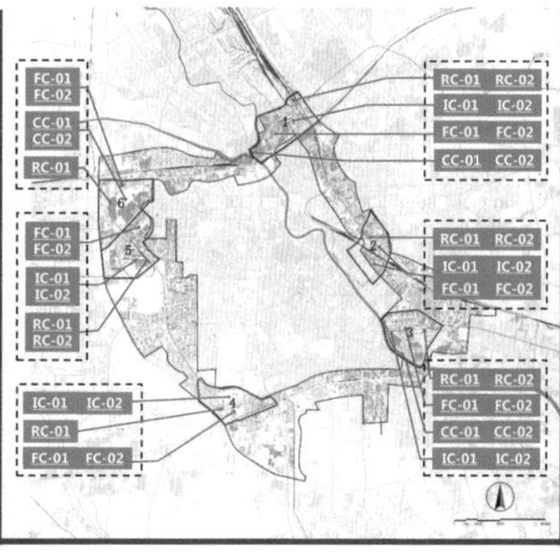

生态策略环线推广

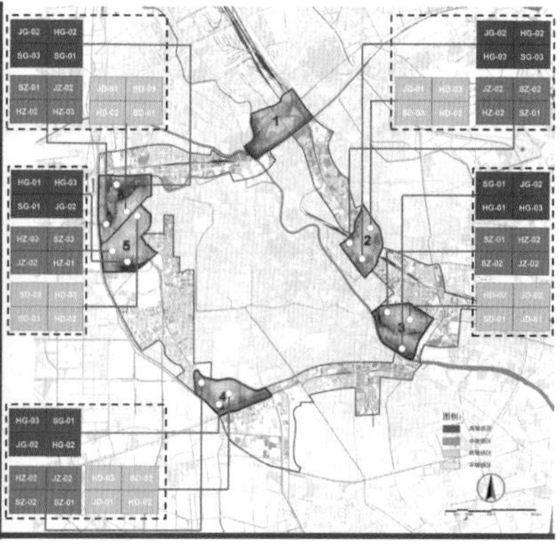

产业策略环线推广

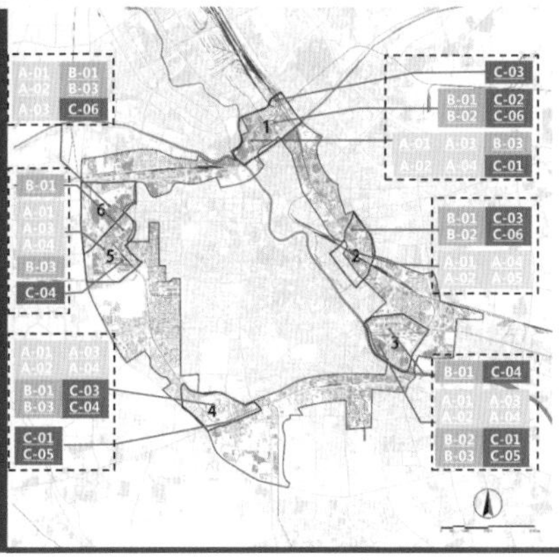

社会策略环线推广

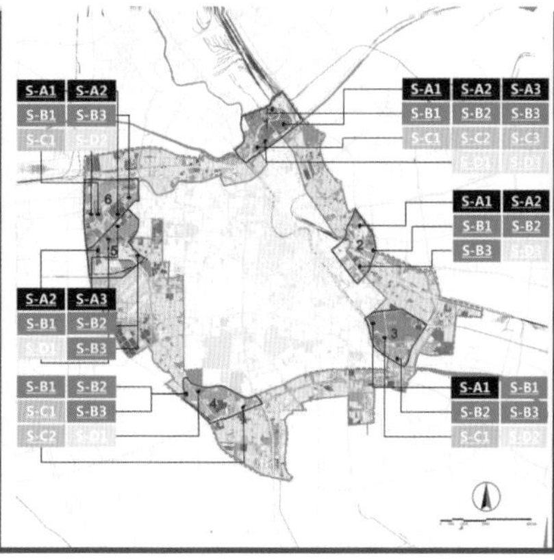

资源策略环线推广

2017
时连空合
08

时连空合

THE CONNECTION OF TIME，THE FUSION OF SPACE

西安建筑科技大学建筑学院
林　瀚　刘　梦　时　寅　宋圆圆　柳思瑶　李品良
武　凡　雷　悦　周嘉豪　侯禹璇　李佳熹　肖　雄
指导老师：任云英　李小龙　李欣鹏

针对“轨枕之间——天津中心城区铁路环线周边地区更新发展规划”这个课题，同学们以“时连空合”为主题，以“识、脉、困、机、策”为主线，围绕文脉传承、存量更新、区域协同和时代创新四个关键命题，通过对历史文脉的深入分析和解读，结合对“天环”的现实困境及发展机遇的研究与剖析，针对性地提出六大专题策略，进而完成了空间形态的设计工作。与此同时，通过“众智成城”这一平台的引入，尝试建立公众与规划师点对点的深度联系，以此建立一个具有包容性和开放性的规划设计创新平台。

在这次毕业设计中，同学们始终坚持一个态度，就是以谦卑的姿态，探索城市空间发展的多种可能性，尝试品评居住在这里的人的生活，理解他们的需求，体味他们的过去，思考他们的未来。同学们所完成的，不单单是一份毕业设计作品，更多的，是一份执著、一份情怀和一份理想。

According to the subject of “Between the Rails and Ties — the Renaissance in the Spaces of the Crrcle Railway and its Surrounding Area in the Central City of Tianjin”, the students to “even empty” as the theme, with “knowledge, pulse, trapped, machine, policy” as the main line, focus on cultural heritage, stock updates, and create a new era of regional cooperation through the key proposition. Analysis and interpretation of the historical context, combined with the research and analysis of the present difficulties of “ring” and the opportunities for development, put forward six major thematic strategies, and completed the design work space. At the same time, through the introduction of "public Zhicheng City" of this platform, try to establish a public and planners point of contact depthThe Department, in order to establish a inclusive and open nature of the planning and design innovation platform.

In the graduation design, the students always adhere to an attitude that is with a humble attitude, a variety of possibilities to explore the city space development, try to judge the life of people living here, understand their needs, understand their past, think about their future. Students have completed not only a graduate design work, more a persistent, a feeling and a dream.

识篇

基地认知

鼓楼
Drum-Tower District

五大道
Wudadao District

天津之眼
The Sky Wheel of Tian Jing

基地概况

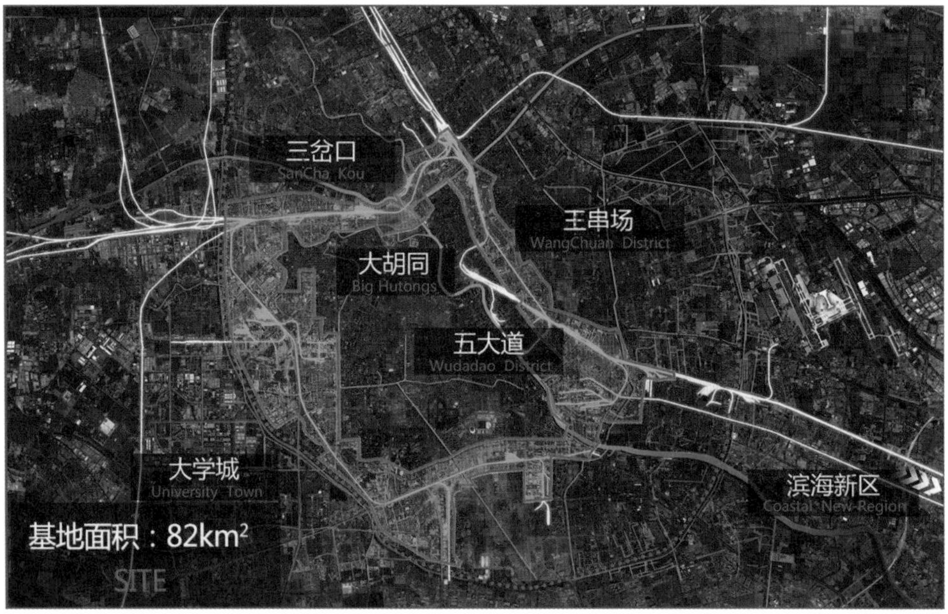
三岔口
SanCha Kou
王串场
WangChuan District
大胡同
Big Hutongs
五大道
Wudadao District
大学城
University Town
滨海新区
Coastal New Region
基地面积：$82km^2$
SITE

本次设计的基地选址是天津中心城区铁路环线周边地区，设计范围 $82km^2$，在沿线 1km 范围内，更聚集了大约 100 万规模的居住人口，基地的形态是一个环状，把天津中心城区的“城五区”基本包围在内，中心城区的铁路环线由京山线、小三线、津浦线、陈塘庄支线、李港铁路和部分企业专用线组成，总长度约 65km，铁路环线串联着天津市许多重要的功能区，其中小三线、陈塘庄支线（李港铁路以东部分）已经废弃，陈塘庄支线的其余铁路段和李港铁路计划在将来也要停止运营。

命题剖析

命题一：文脉传承 轨枕之间的未来应该何去何从？	命题二：存量更新 这里积蓄已久的社区问题能否搭上转型的顺风车？	命题三：区域协同 轨枕之间应该如何提升自己同时带动天津市中心城区的发展？	命题四：时代创新 如何为轨枕之间乃至城市规划提出新的方法和策略？
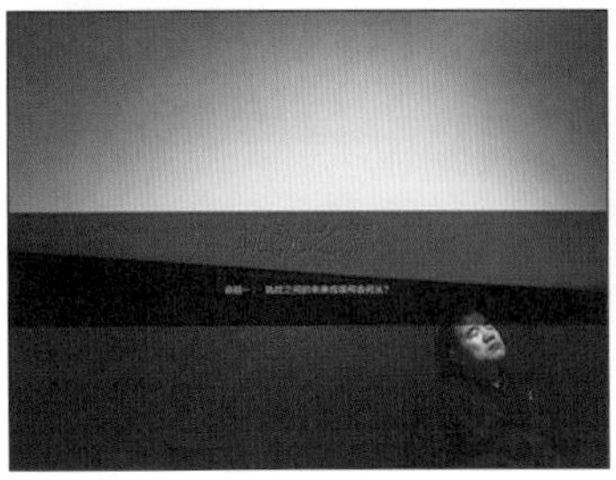		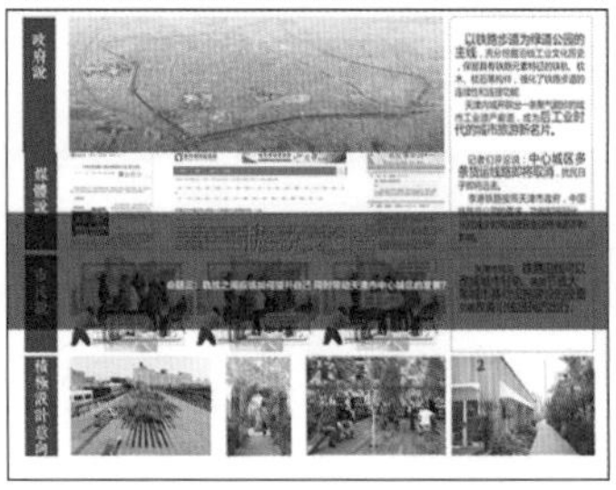	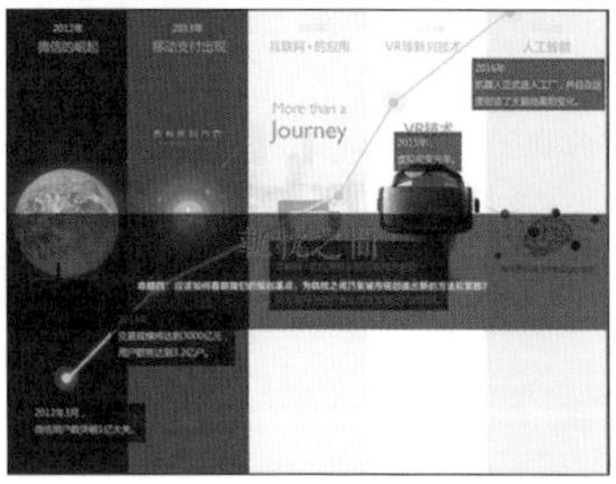
到 20 世纪 90 年代，曾经和谐存在了上百年的铁轨和依铁轨而生的辉煌工业，随着铁轨的废弃，已经进入生命周期的末端。	因工业生产配套形成的大批生活区，虽然一直处在辉煌工业的名号下，却处于很差的生活环境中，可谓金旗下的无奈。	铁路步道可以作为绿道公园的主线设计；环城步道可以形成绿色生态廊道，适宜漫步骑行；铁路沿线可以改成城市轻轨。	在这个信息爆炸和技术革命的时代，全国互联网普及率达到 53%，城市移动上网率已经超过 90%，早已出现很多新兴事务。

铁路发展历程

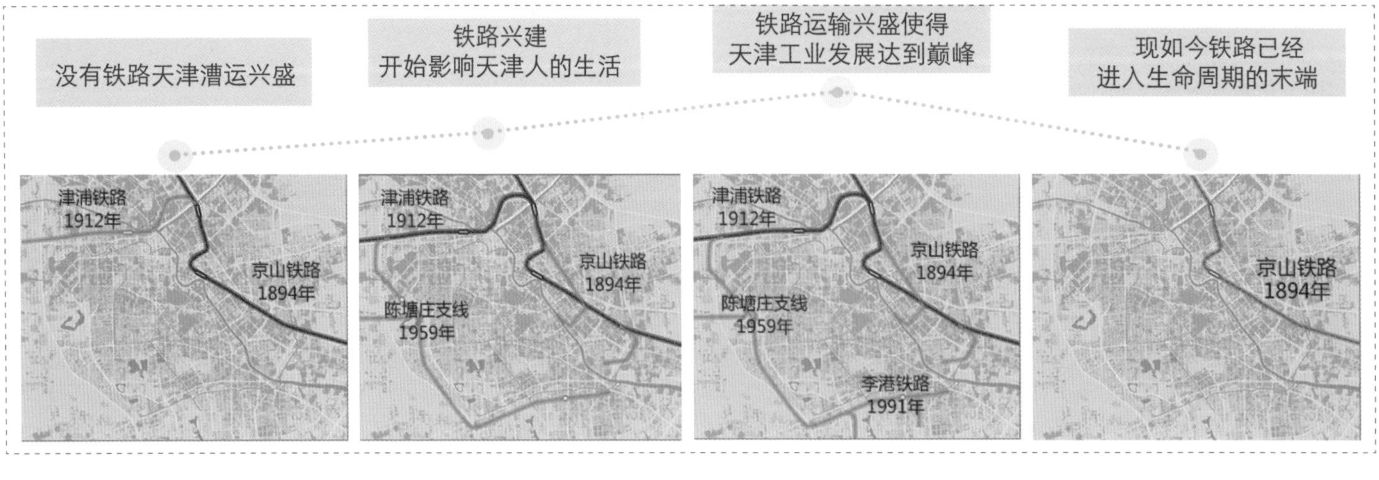
没有铁路天津漕运兴盛
铁路兴建
开始影响天津人的生活
铁路运输兴盛使得
天津工业发展达到巅峰
现如今铁路已经
进入生命周期的末端
津浦铁路
1912年
京山铁路
1894年
津浦铁路
1912年
京山铁路
1894年
陈塘庄支线
1959年
津浦铁路
1912年
京山铁路
1894年
陈塘庄支线
1959年
李港铁路
1991年
京山铁路
1894年

脉篇

研究框架

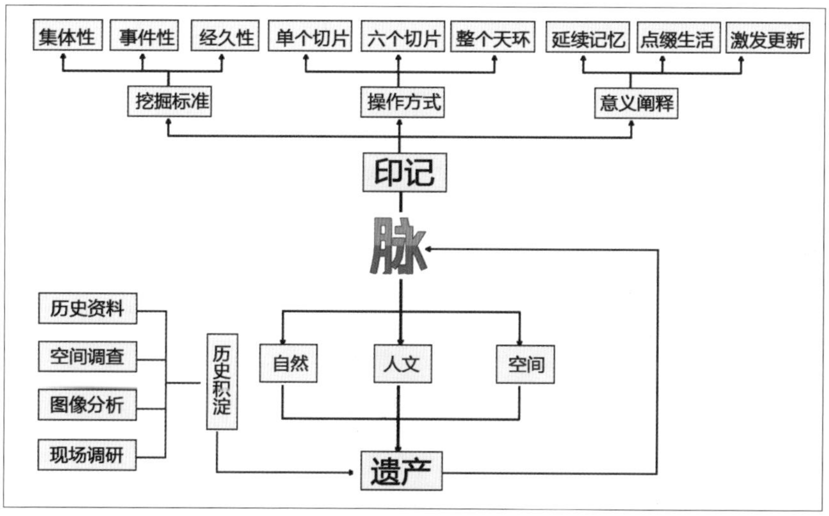
集体性
事件性
经久性
单个切片
六个切片
整个天环
延续记忆
点缀生活
激发更新
挖掘标准
操作方式
意义阐释
印记
脉
历史资料
空间调查
图像分析
现场调研
历史积淀
自然
人文
空间
遗产

天环之遗产

空间格局演变

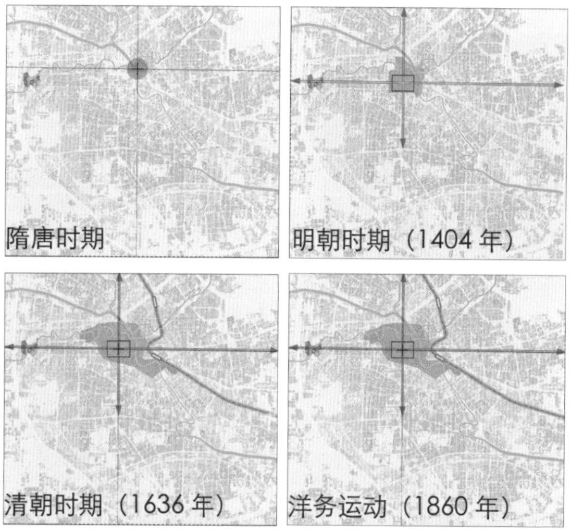
隋唐时期
明朝时期（1404 年）
清朝时期（1636 年）
洋务运动（1860 年）

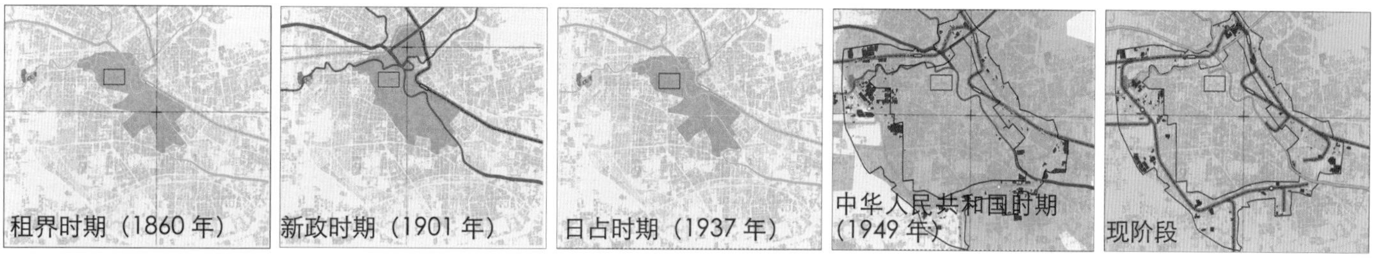
租界时期（1860 年）
新政时期（1901 年）
日占时期（1937 年）
中华人民共和国时期（1949 年）
现阶段

三阶段体系总结

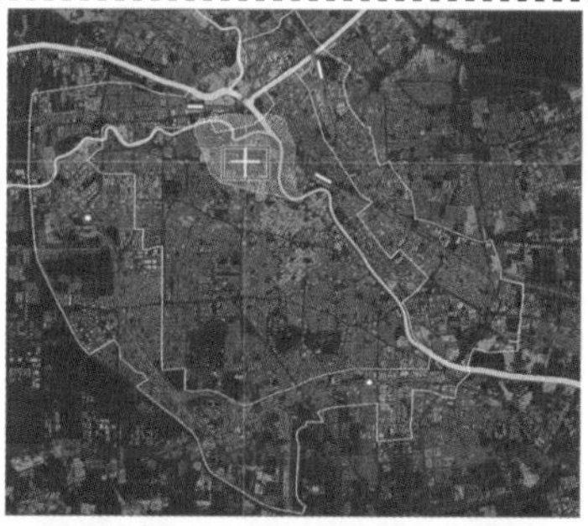

漕运时期

随着京杭大运河的开凿，漕运开始兴起，天津开始发展。清朝时期形成天津老城厢十字轴的空间格局，在这段时间演进过程中，我们的基地与老城厢形成城郊互补的空间结构，并随着漕运的发展，天津在三会海口处形成了直沽寨，于明永乐年间筑卫建城。

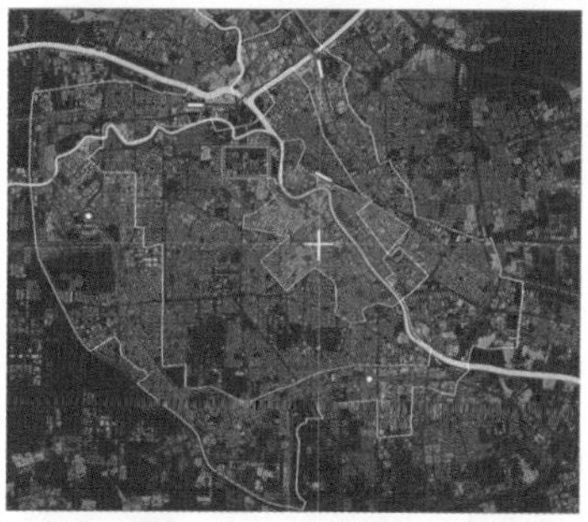

租界时期

是天津的标志性时期，随着北京条约的签订，各个国家在租界区内盖洋楼、建工厂，带来了如济安自来水公司这样的一批新型工业企业。这个时期，天津经历了快速的发展。修建了中国第一条铁路——京山铁路，基地发展起步，工业开始依托铁路进行发展。

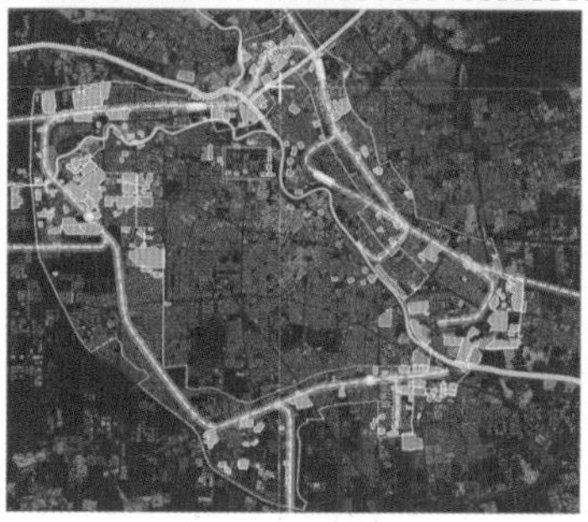

工业时期

洋务运动时期，在天津建立了一批如天津机器局等军工企业，李鸿章更是上书修建京山铁路，近代工业开始萌芽。清新政时期，袁世凯领导建立了一批官督商办的企业，依托海河和新建津浦铁路，天津这一时期的工业是全国翘楚。

历史要素积累

5 条重要的河流	4 条重要的铁路	15 处重点文化建筑
18 处工业遗存	23 位历史人物	54 件重大事件

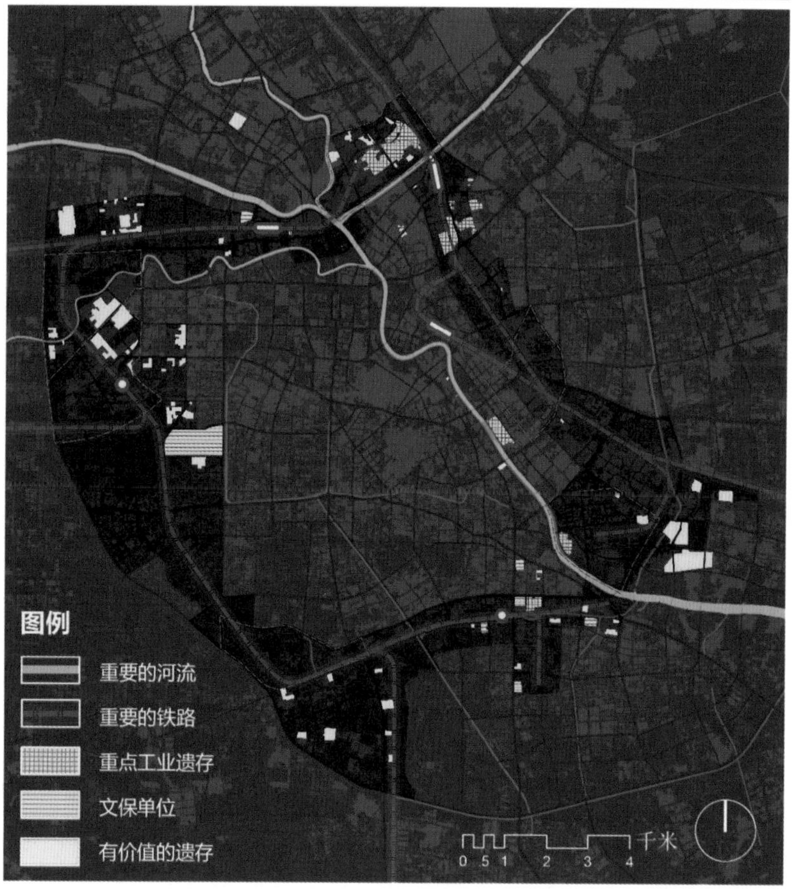
图例
重要的河流
重要的铁路
重点工业遗存
文保单位
有价值的遗存
0 0.5 1 2 3 4 千米

天环之印记

印记挖掘

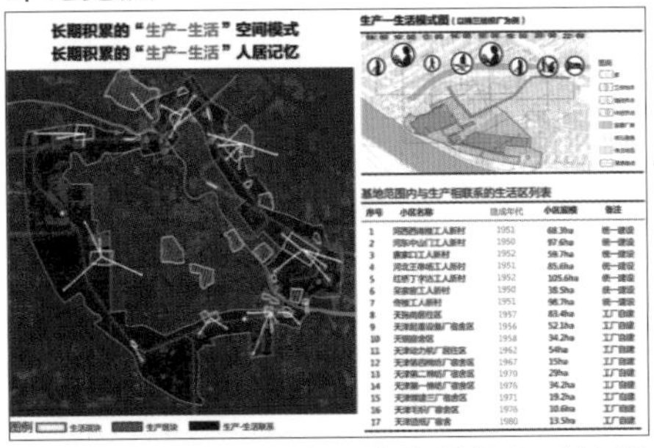
长期积累的“生产-生活”空间模式
长期积累的“生产-生活”人居记忆
生产-生活模式图
基地周围内与生产相联系的生活区列表

以工业遗产为核心成放射状牵引着 20 多个建设累积年份超过 50~60 年的传统住区

双向调研

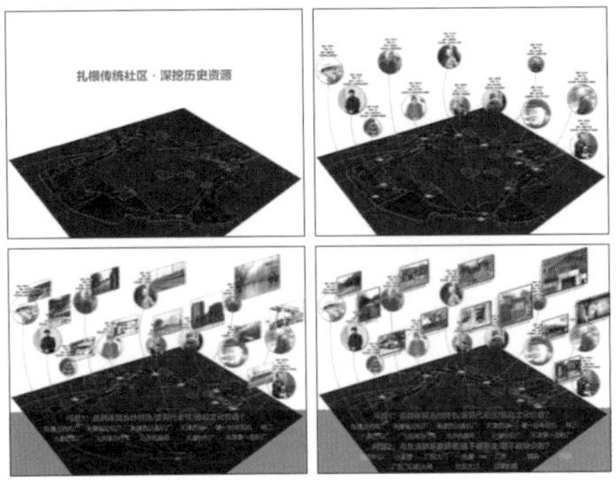
扎根传统社区 · 深挖历史资源

印记分类型示意

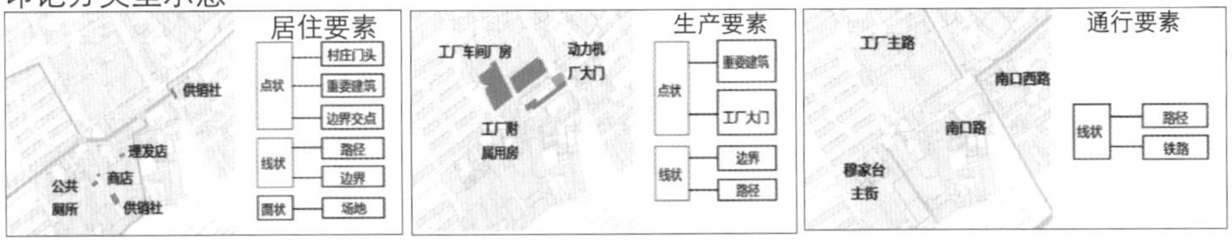
居住要素
点状
村庄门头
重要建筑
边界交点
线状
路径
边界
面状
场地
供销社
理发店
公共
厕所
商店
供销社
生产要素
工厂车间厂房
动力机
厂大门
工厂
厕用房
点状
重要建筑
工厂大门
线状
边界
路径
通行要素
工厂主路
南口西路
南口路
穆家台
主街
线状
路径
铁路

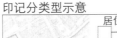

以南口路地块为例进行印记整理

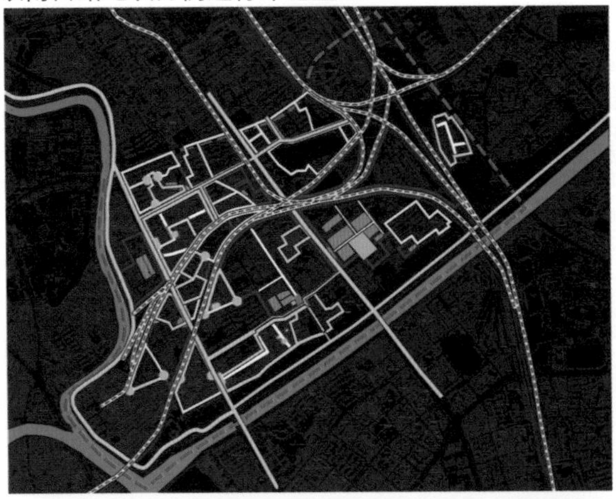

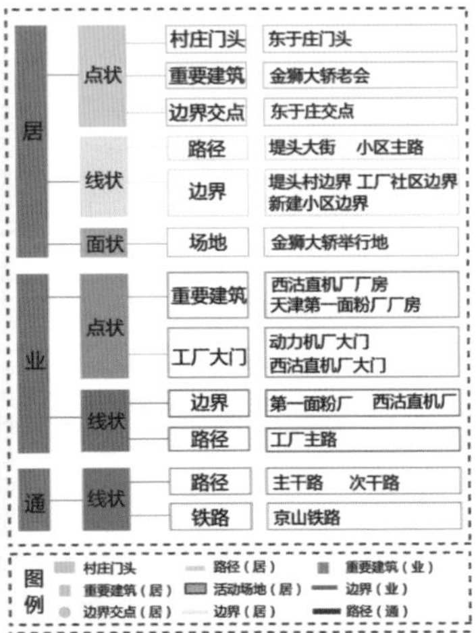
居
点状
村庄门头
东于庄门头
重要建筑
金狮大轿老会
边界交点
东于庄交点
线状
路径
堤头大街 小区主路
边界
堤头村边界 工厂社区边界
新建小区边界
面状
场地
金狮大轿举行地
业
点状
重要建筑
西沽直机厂厂房
天津第一面粉厂厂房
工厂大门
动力机厂大门
西沽直机厂大门
线状
边界
第一面粉厂 西沽直机厂
路径
工厂主路
通
线状
路径
主干路 次干路
铁路
京山铁路
图例
村庄门头
路径（居）
重要建筑（业）
重要建筑（居）
活动场地（居）
边界（业）
边界交点（居）
边界（居）
路径（通）

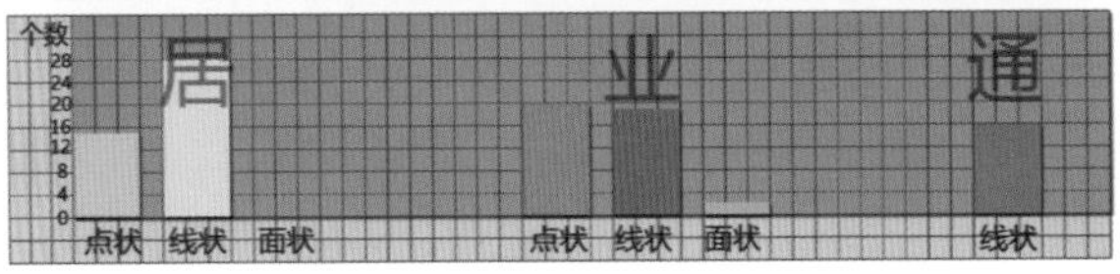
个数
28
24
20
16
12
8
4
0
居
业
通
点状
线状
面状
点状
线状
面状
线状

生活印记积累

90 处—居		88 处—业		37 处—行
18 处重要建筑	36 处边界	37 处重要建筑	27 处边界	19 处主要道路
9 处社区门头	27 处路径	6 处入口门头	18 处路径	18 处次要道路

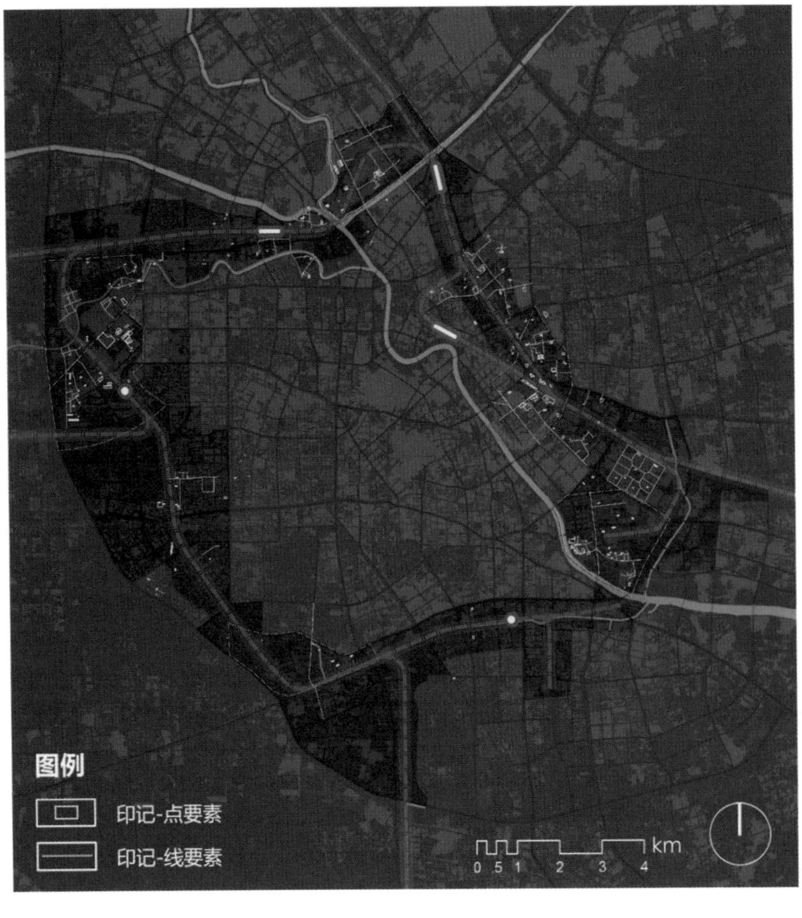
图例
印记-点要素
印记-线要素
0 0.5 1 2 3 4 km

印记的整合

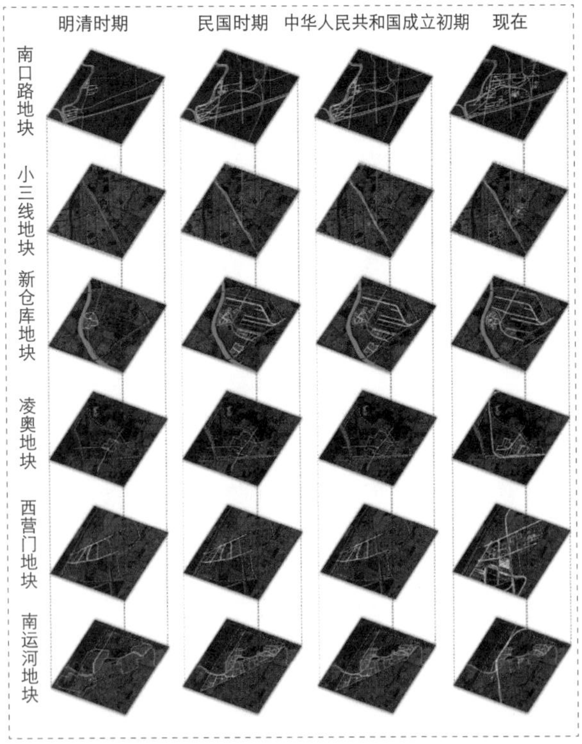
明清时期
民国时期
中华人民共和国成立初期
现在
南口路地块
小三线地块
新仓库地块
凌奥地块
西营门地块
南运河地块

印记的意义阐释

传承历史，延续记忆
凝聚社区，丰富生活
承韵续脉，激发更新

历史事件汇总图

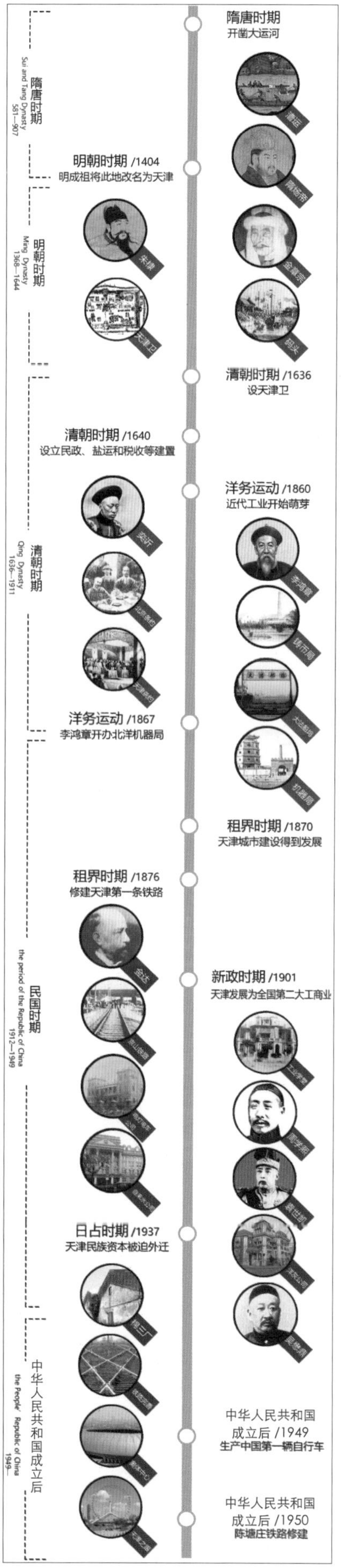
隋唐时期
Sui and Tang Dynasty
581—907
隋唐时期
开凿大运河
明朝时期 /1404
明成祖将此地改名为天津
明朝时期
Ming Dynasty
1368—1644
清朝时期 /1636
设天津卫
清朝时期 /1640
设立民政、盐运和税收等建置
洋务运动 /1860
近代工业开始萌芽
清朝时期
Qing Dynasty
1636—1911
洋务运动 /1867
李鸿章开办北洋机器局
租界时期 /1870
天津城市建设得到发展
租界时期 /1876
修建天津第一条铁路
新政时期 /1901
天津发展为全国第二大工商业
民国时期
the period of the Republic of China
1912—1949
日占时期 /1937
天津民族资本被迫外迁
中华人民共和国成立后
the People' Republic of China
1949-
中华人民共和国
成立后 /1949
生产中国第一辆自行车
中华人民共和国
成立后 /1950
陈塘庄铁路修建

文脉资源汇总图

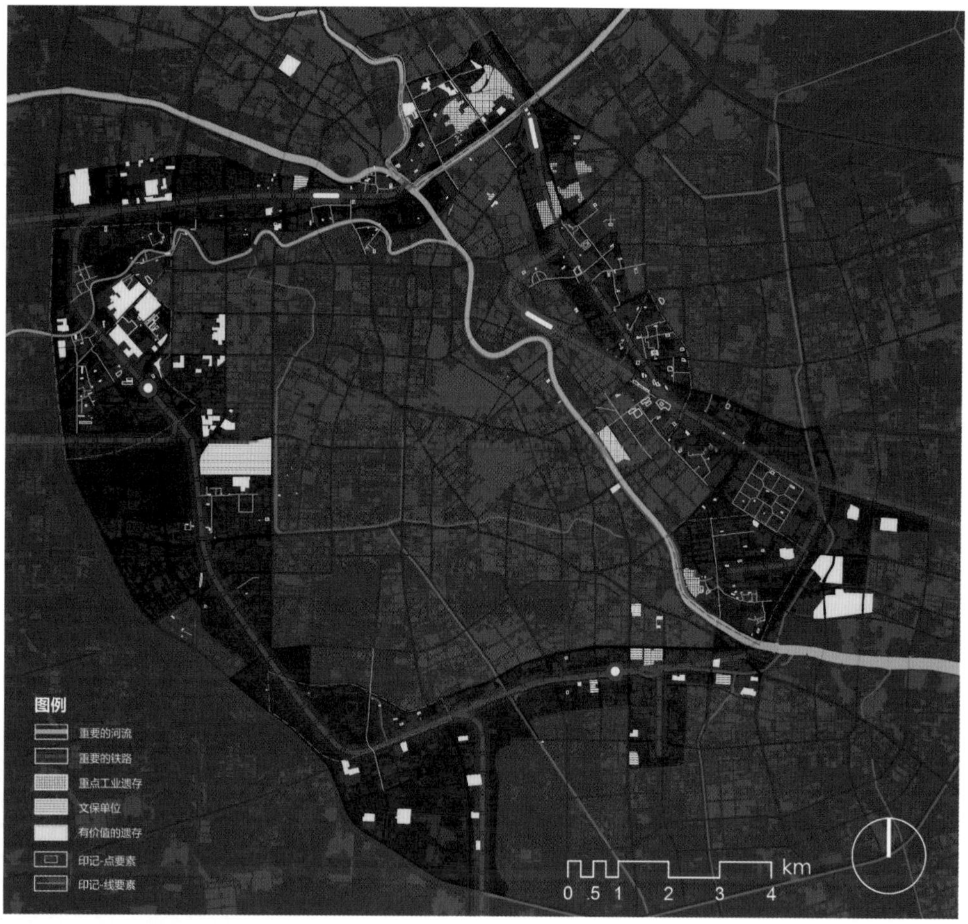
图例
重要的河流
重要的铁路
重点工业遗存
文保单位
有价值的遗存
印记-点要素
印记-线要素
km
0 .5 1 2 3 4

文脉资源汇总表

	分类	遗存名称	备注	遗存名称	备注
遗产	河流（5条）	海河		子牙河	
		南运河		新开河	
		北运河	世界文化遗产		
	铁路（4条）	京山铁路	始建于1894年	陈塘庄铁路	始建于1959年
		津浦铁路	始建于1912年	李港铁路	始建于1976年
	保护性建筑（8处）	天津西站	市文物保护单位/特殊历史风貌建筑	福聚兴机器厂旧址	区县文物保护单位/一类工厂遗存
		金代古狮	市文物保护单位	扶轮中学	区县文物保护单位/重点历史风貌建筑
		中共天津市委四分会三条石支部旧	区县文物保护单位	津浦路西沽机厂旧址	重点历史风貌建筑/一级工业遗产
		窑洼炮台遗址	区县文物保护单位	耳闸	区级文物保护单位
	《工业遗产保护规划》中基地内部的工业遗产（10处）	天津无线电厂旧址	一级工业遗产	天津第一机床厂	二级工业遗产
		华新纱厂工事房旧址	一级工业遗产	宝成裕大纱厂旧址（棉三）	二级工业遗产
		天津市外贸地毯厂旧址（天津息库）	二级工业遗产	天津市电机总厂	二级工业遗产
		三五二六厂旧址	二级工业遗产	天津钢厂	三级工业遗产
		天津纺织机械厂旧址	二级工业遗产	天津拖拉机厂	三级工业遗产
	未被列入但有价值的遗产	兴亚钢业株式会社	有价值的工业遗存	天津市消防设备总厂	有价值的工业遗存
		北宁铁路管理局旧址	有价值的工业遗存	天津市第一染整厂	有价值的工业遗存
		天津新站旧址	有价值的工业遗存	天津市第二染纱厂	有价值的工业遗存
		天津针织运动衣厂	有价值的工业遗存	天津市民族食品厂	有价值的工业遗存
		天津公交	有价值的工业遗存	天津市针织一厂	有价值的工业遗存
		天津动力机厂	有价值的工业遗存	天津市食品公司冷冻厂	有价值的工业遗存
		天津民族乐器厂	有价值的工业遗存	天工缝纫机公司	有价值的工业遗存
		天津市红星工厂	有价值的工业遗存	市汽车配件三厂	有价值的工业遗存
		天津市大明电机厂	有价值的工业遗存	天津市第二分析仪器厂	有价值的工业遗存
		天津达仁堂制药二厂	有价值的工业遗存	天津市三峰客车有限公司	有价值的工业遗存
		天津市毛巾一厂	有价值的工业遗存	天津市汽车消声器厂	有价值的工业遗存
		天津市第一棉纺织厂	有价值的工业遗存	天津市弹簧厂	有价值的工业遗存
		天津市轮胎厂	有价值的工业遗存	天津市钢丝厂	有价值的工业遗存
		天津市麻纺织厂	有价值的工业遗存	天津市自行车闸厂	有价值的工业遗存
		天津市有色金属制造厂	有价值的工业遗存	天津市第五铸造厂	有价值的工业遗存
		天津市工业缝纫机厂	有价值的工业遗存	天津市煤炭机械厂	有价值的工业遗存
	历史人物（部分）	隋炀帝	下令开凿大运河	刘伯森	创办宝成纱厂
		朱棣	天津正式建城	章瑞庭	创办北洋纱厂
		奕䜣	发展天津实业	周叔弢	创办华新纱厂
		李鸿章	在天津开办北洋机器局，天津工业雏形形	李准生	创办裕大纱厂
		金达（英国人）	主持修建天津第一条铁路	赵泽民	创办广源地毯业
		袁世凯	天津实业发展奠定基础，创办启新洋灰公	宁忠泰	创办广记地毯业
		周学熙	天津近代实业家，创办耀华玻璃公司	李成洲	创办成记地毯业
		冯家遇	天津近代实业家	赵子荣	创办华北实业地毯业
		吴调卿	创办天津自来火局，天津硝皮厂	宋则久	创办天津造胰公司
		侯德榜	永利制碱公司	李相臣	创办福利制毯业
		凌福彭	高等工业学堂	徐彩臣	创办双和盛玻璃砂工厂
		孙多森	北洋铁工厂管理	范旭东	创办久大精盐公司
		穆云湘	电灯公司管理	朱清斋	创办天津寿丰面粉公司
		王锡彤	华新纱厂	张豪臣	创办鸿兴汽水公司
		王郅隆	创办裕元纱厂	刘君道平（本市人）	创办平记油墨厂
		王敬修	创办恒源纱厂	陆鸿生	创办鸿泰袜机行
		朱继圣	创办天津仁立毛纺股份有限公司	孙恩吉	创办孙恩吉铁工厂
		宋棐卿	创办东亚毛呢纺织股份有限公司	郭玉侯	创办郭天成厂（生产织布机等）
印记（以南口路地块为例）	居	点	门头	堤头村门头，东于庄门头，席厂村门头	
			重要建筑	韩家大院，金狮大桥老会，姜家大院，妙严宫	
		线	路径	堤头大街，姜家胡同，席厂大街	
			边界	堤头村边界，东于庄边界，席厂村边界	
		面	场地	金狮大桥老会举办点	
	业	点	重要建筑	609厂房，天津第一面粉厂厂房	
			工厂大门	动力机厂大门，西沽机厂大门，	
		线	边界	609厂边界，西沽机厂边界，天津第一面粉厂边界	
			路径	工厂主路	
	行	线	路径	乡村路，沿河路	
			铁路	京山铁路	

现状文脉资源评价

1. 历史积淀丰富，现状遗存贫瘠

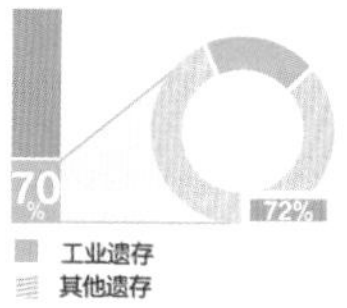
70%
72%
工业遗存
其他遗存

城市历史积淀丰厚，但现状遗存贫瘠。70% 的历史遗产都已消失。

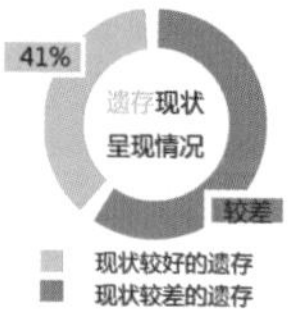
41%
遗存现状
呈现情况
较差
现状较好的遗存
现状较差的遗存

遗存现状普遍破旧，保护不力。59% 的遗存破旧。

2. 现状遗存普遍破旧，保护不力

编号	名称	认知度	契合度	编号	名称	认知度	契合度
1	外贸地毯厂	2	2	12	三五二六	0	0
2	西站主楼	2	2	13	华新纱厂	1	0
3	福聚兴机器厂旧址	0	0	14	天津纺织机械厂	0	0
4	市委四分会三条石支部	0	0	15	国营无线电	1	0
5	天津动力机厂	2	1	16	宝成裕大纱厂	2	2
6	扶轮中学	2	2	17	天津第一机床总厂	1	0
7	西沽机厂	2	1	18	天津钢厂	2	0
8	金代古狮	0	0	19	兴亚钢业株式会社	2	0
9	天津新站旧址	2	1	20	渤海无线电	2	0
10	北宁铁路管理局旧址	0	0	21	陈塘庄热电厂	2	0
11	北宁公园	2	2	22	天津拖拉机厂	2	1

老西站
老西站
中山门社区
天津东站

困篇

研究框架

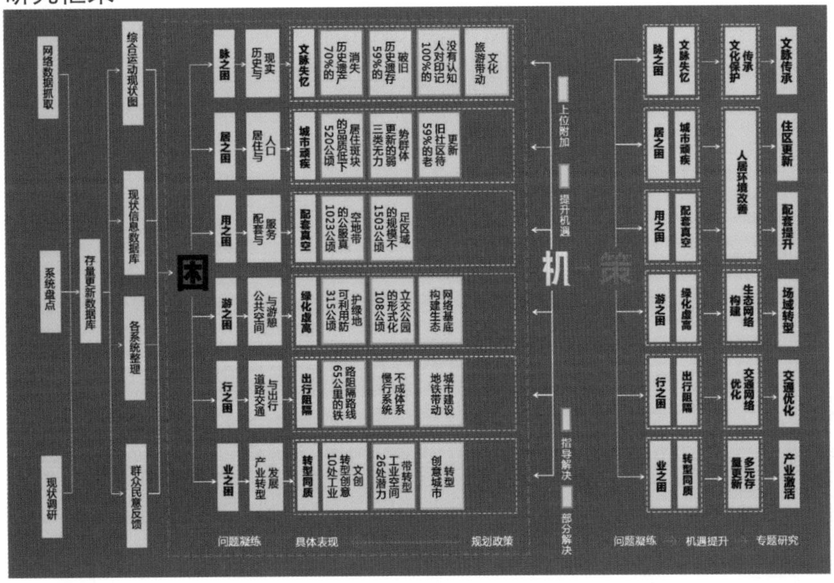
网络数据抓取
系统盘点
现状调研
存量更新数据库
综合运动现状图
现状信息数据库
各系统整理
群众民意反馈
困
脉之困
居之困
用之困
游之困
行之困
业之困
现实历史与
人口居住与
服务配套与
与游憩公共空间
与出行道路交通
发展产业转型
文脉失忆
消失历史遗产70%的
破旧历史遗存59%的
没有认知人对印记100%的
文化旅游带动
城市顽疾
居住斑块的品质低下520公顷
势群体更新的弱三类无力
更新旧社区待59%的老
配套真空
空地带的公服真1023公顷
足区域的规模不1503公顷
绿化虚高
护绿地可利用防315公顷
立交公园的形式化108公顷
网络基底构建生态
出行阻隔
路阻隔路线65公里的铁
不成体系慢行系统
城市建设地铁带动
转型同质
文创转型创意10处工业
带转型工业空间26处潜力
转型创意城市
问题凝练
具体表现
规划政策
上位附加
提升机遇
机
策
指导解决
部分解决
文脉失忆
城市顽疾
配套真空
绿化虚高
出行阻隔
转型同质
传承文化保护
人居环境改善
生态网络构建
交通网络优化
多元存量更新
文脉传承
住区更新
配套提升
场域转型
交通优化
产业激活
问题凝练
机遇提升
专题研究

土地利用现状

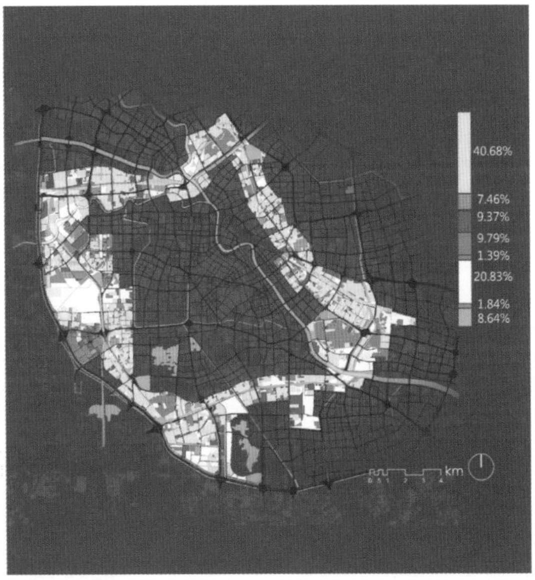
40.68%
7.46%
9.37%
9.79%
1.39%
20.83%
1.84%
8.64%
km

1 棚户区多，且存在时间长

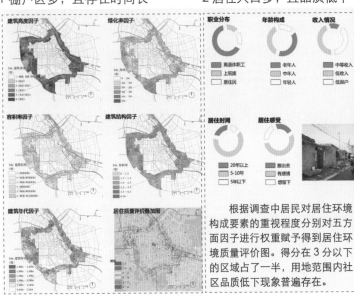

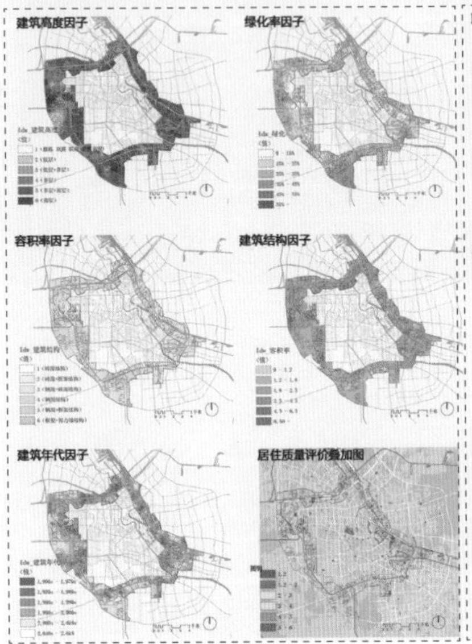
建筑高度因子
绿化率因子
容积率因子
建筑结构因子
建筑年代因子
居住质量评价叠加图

2 居住人口多，且品质低下

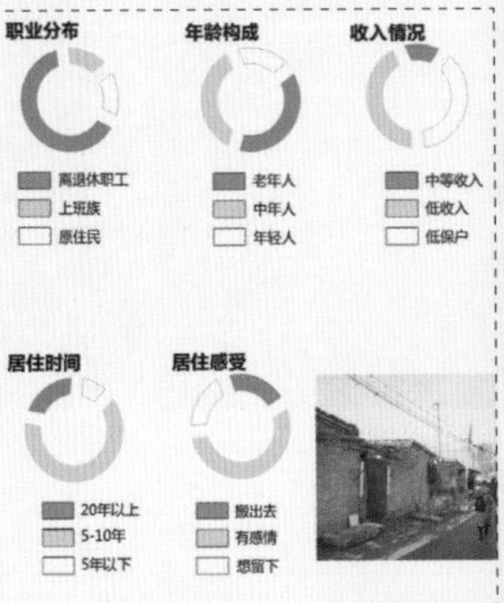
职业分布
年龄构成
收入情况
离退休职工
上班族
原住民
老年人
中年人
年轻人
中等收入
低收入
低保户
居住时间
居住感受
20年以上
5-10年
5年以下
搬出去
有感情
想留下

根据调查中居民对居住环境构成要素的重视程度分别对五方面因子进行权重赋予得到居住环境质量评价图。得分在 3 分以下的区域占了一半，用地范围内社区品质低下现象普遍存在。

居之困 - 顽疾地带

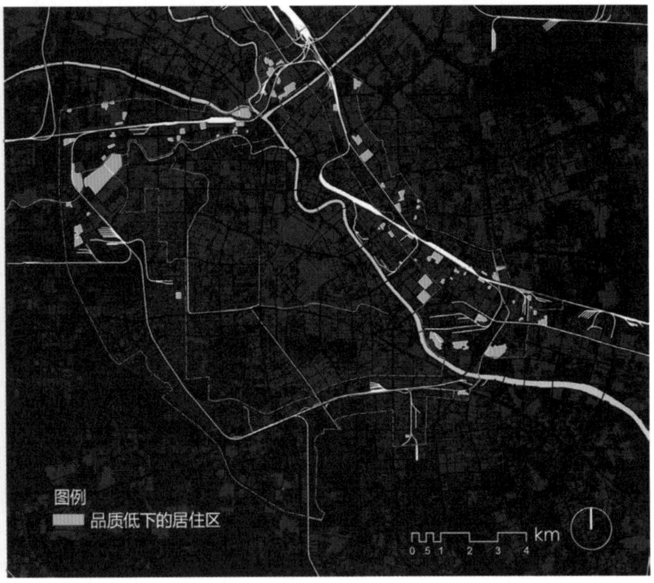
图例
品质低下的居住区
km

1 人均公共服务设施用地偏少

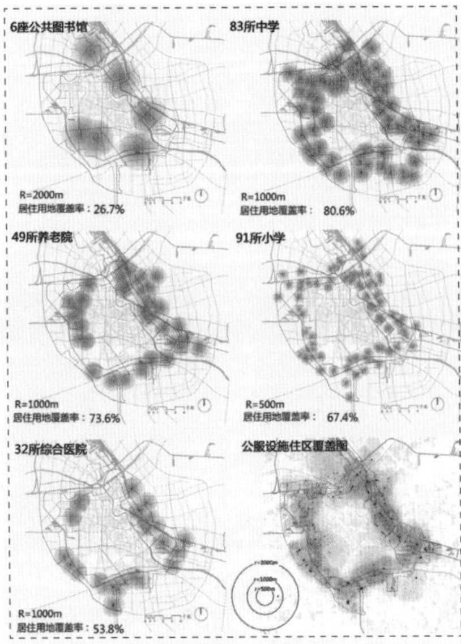
6座公共图书馆
83所中学
R=2000m
居住用地覆盖率：26.7%
R=1000m
居住用地覆盖率：80.6%
49所养老院
91所小学
R=1000m
居住用地覆盖率：73.6%
R=500m
居住用地覆盖率：67.4%
32所综合医院
公服设施住区覆盖图
R=1000m
居住用地覆盖率：53.8%

2 存在公共服务真空地带

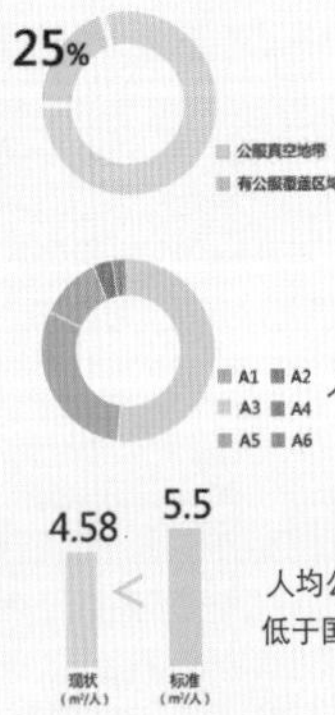
25%
公服真空地带
有公服覆盖区域
A1
A2
A3
A4
A5
A6
4.58
5.5
<
现状
（m²/人）
标准
（m²/人）

基地内有
1023.7 公顷的
公服真空地带

占总建设用地：
7.05%
人均公共服务用地：
4.58 ㎡

人均公共服务用地偏少，
低于国家标准 5.5 ㎡ / 人

■公共服务设施用地占地面积统计表

用地代号	用地性质	面积（公顷）	比例
A1	行政办公用地	13520ha	2.13%
A2	文化设施用地	16.61ha	0.26%
A3	教育科研用地	231.25ha	3.65%
A4	体育用地	2.24ha²	0.04%
A5	医疗卫生用地	52.91ha	0.83%
A6	社会福利用地	8.76ha	0.14%
总计		446.97ha	7.05%

用之困 - 灯下黑

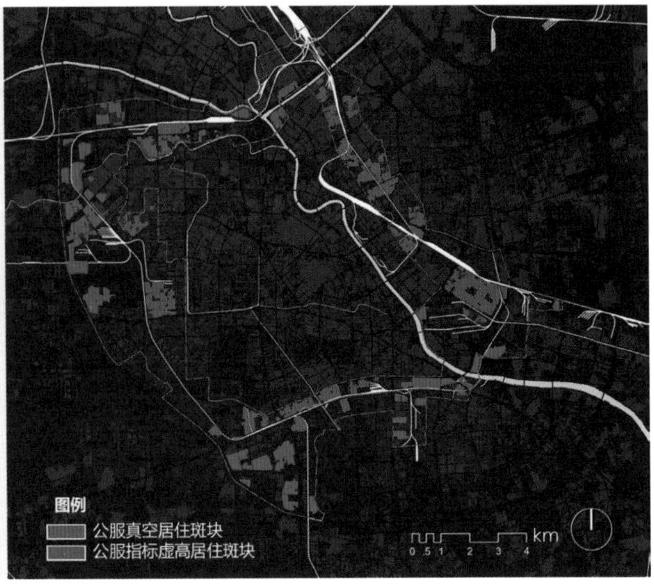
图例
公服真空居住斑块
公服指标虚高居住斑块
km

游之困 - 形式化

1 防护绿地比例偏高

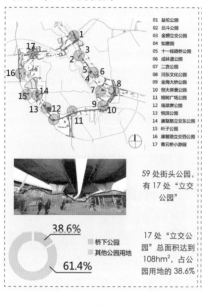

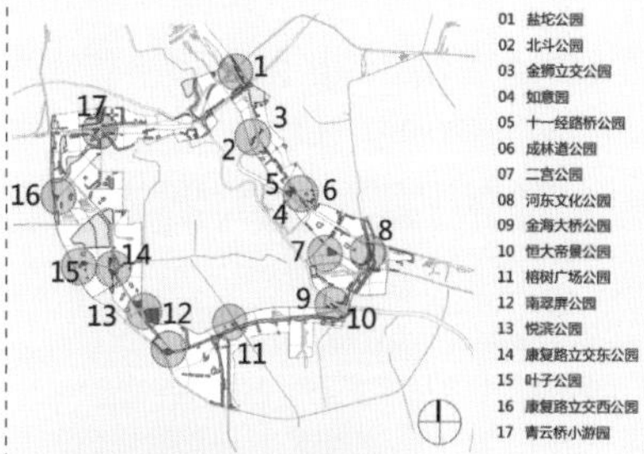
01 盐坨公园
02 北斗公园
03 金狮立交公园
04 如意园
05 十一经路桥公园
06 成林道公园
07 二宫公园
08 河东文化公园
09 金海大桥公园
10 世大帝餐公园
11 梧树广场公园
12 南翠屏公园
13 悦滨公园
14 康复路立交东公园
15 叶子公园
16 康复路立交西公园
17 青云桥小游园

59 处街头公园，有 17 处“立交公园”

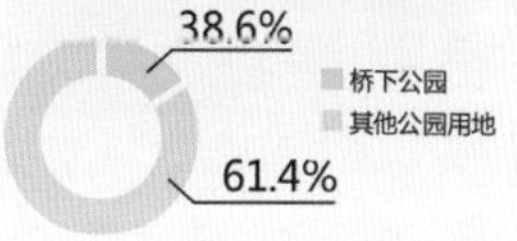
38.6%
61.4%
桥下公园
其他公园用地

17 处“立交公园”总面积达到 $108hm^2$，占公园用地的 38.6%

2 形式化“立交公园”

滨水公园分布图
滨水公园
河流水系

河流名称 柱状图（所占比例）
海河 44.6%
子牙河 24.4%
北运河 0
南运河 23.9%
新开河 54.2%
外环河 0
台子庄排水河 0
卫津河a 0
广誉渠 51.3%
丰产河 0
津港运河 29.1%
复兴河 50.2%
卫津河b 8.6%
护库河 5.2%
月牙河 21.1%
无名河a 8.1%

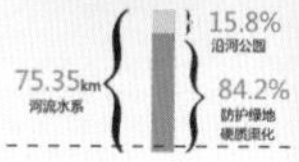
75.35km
河流水系
15.8%
沿河公园
84.2%
防护绿地
硬质岸化

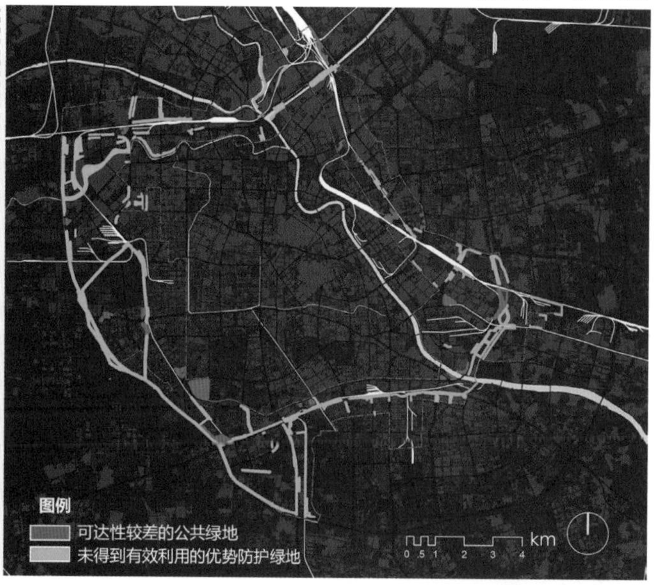
图例
可达性较差的公共绿地
未得到有效利用的优势防护绿地
km
0 0.5 1 2 3 4

行之困 - 出行阻隔

1 慢行系统不完善，出行不便

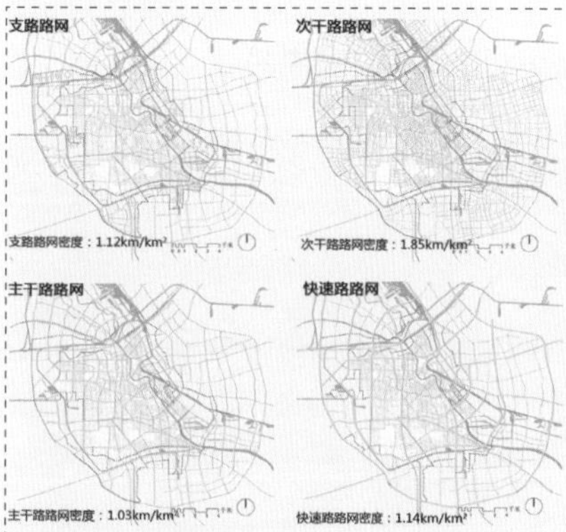
支路路网
支路路网密度：1.12km/km²
次干路路网
次干路路网密度：1.85km/km²
主干路路网
主干路路网密度：1.03km/km²
快速路路网
快速路路网密度：1.14km/km²

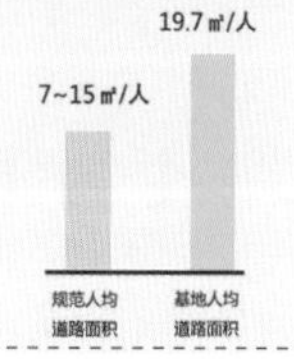
19.7㎡/人
7~15㎡/人
规范人均道路面积
基地人均道路面积

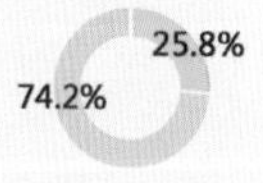
25.8%
74.2%

基地内道路用地占比偏高，人均道路面积高于指标上限

2 铁路的强行阻隔

铁路与道路交叉口及拥堵
图例
下穿
平交
立交
拥堵路段

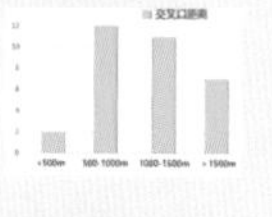
交叉口距离统计表
交叉口距离

道路与铁路交叉口形式多样，易形成交通难点。

铁路与道路交叉方式交叉口统计

高架	平交	下穿	统计
17	11	15	43

道路与铁路交叉口一共有 43 个，高架占相当比例。

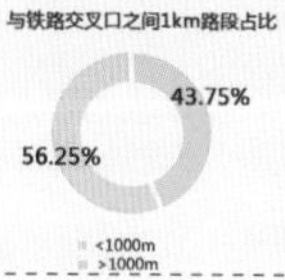
与铁路交叉口之间1km路段占比
43.75%
56.25%
<1000m
>1000m

道路与铁路交叉口之间距离在 1km 以上的路段占比 56.25%，交叉口间距过大，形成蜂腰交通。

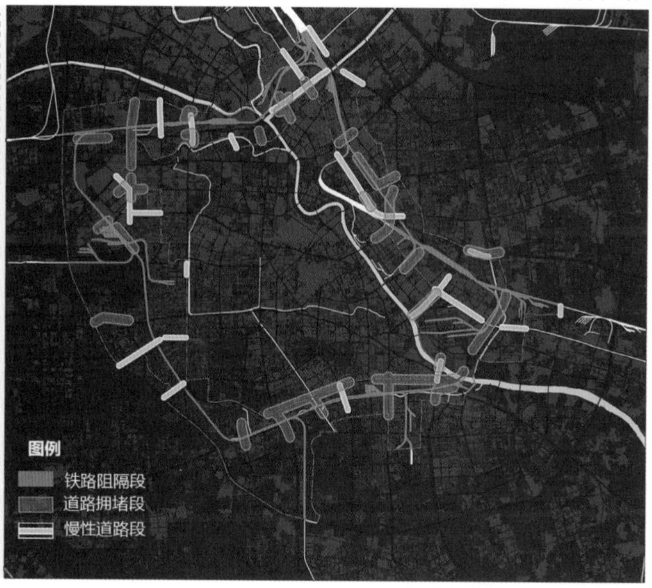
图例
铁路阻隔段
道路拥堵段
慢性道路段

业之困 - 转型同质

1 产业转型扎堆文创，但竞争力不足

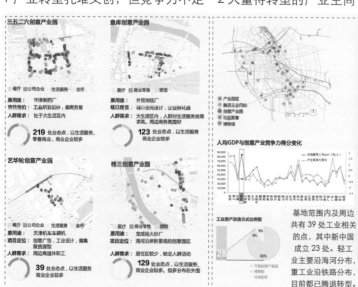

三五二六创意产业园

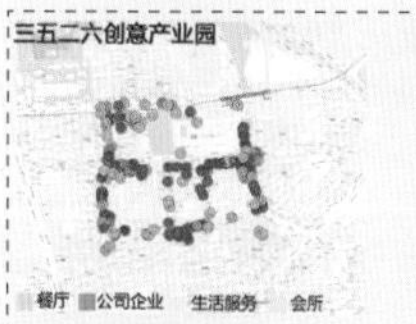
餐厅
公司企业
生活服务
会所

原用途：华津制药厂
项目定位：工业研发设计，偏商务型
人群需求：处于大生活区内

219 处业态点，以生活服务、零售商业、商业企业较多

意库创意产业园

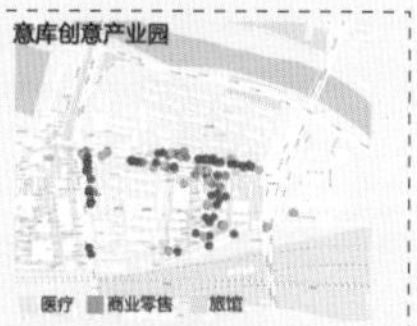
医疗
商业零售
旅馆

原用途：外贸地毯厂
项目定位：城市空间设计，企业孵化器
人群需求：大生活区内，人群对生活服务类需求高，周边商务氛围好

123 处业态点，以生活服务商业企业较多

艺华轮创意产业园

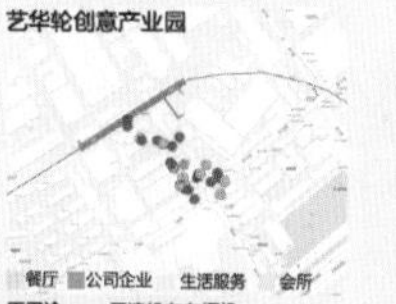
餐厅
公司企业
生活服务
会所

原用途：天津机车车辆机
项目定位：创意广告，工业设计，偏集聚资源型
人群需求：周边离退休职工

39 处业态点，以生活服务商业企业较多

棉三创意产业园

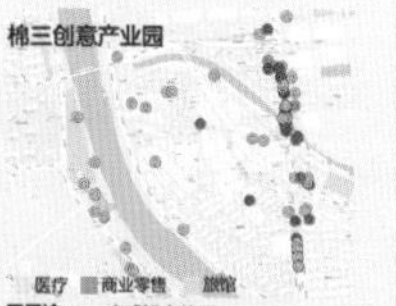
医疗
商业零售
旅馆

原用途：宝成裕大纱厂
项目定位：海河沿岸新景观的创意园区
人群需求：居住区较少，缺乏人群活动

129 处业态点，以生活服务、商业企业较多。但多分布在外围

2 大量待转型的产业空间

产业园区
腾退工业用地
创意产业园
社区配套
博物馆

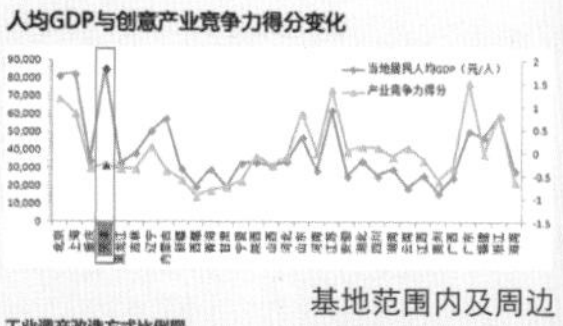
人均GDP与创意产业竞争力得分变化

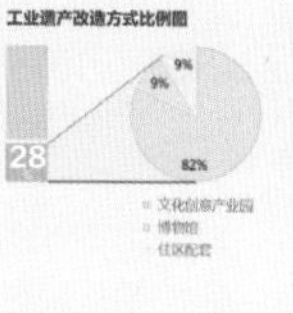
工业遗产改造方式比例图
9%
9%
82%
28
文化创意产业园
博物馆
社区配套

基地范围内及周边共有 39 处工业相关的点，其中新中国成立 23 处。轻工业主要沿海河分布，重工业沿铁路分布，目前都已腾退转型。

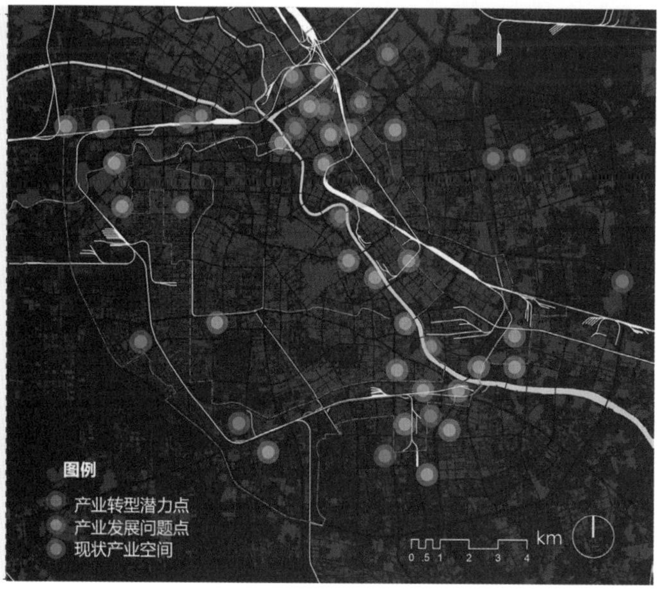
图例
产业转型潜力点
产业发展问题点
现状产业空间
km
0 0.5 1 2 3 4

机篇

1 文化遗产保护之机

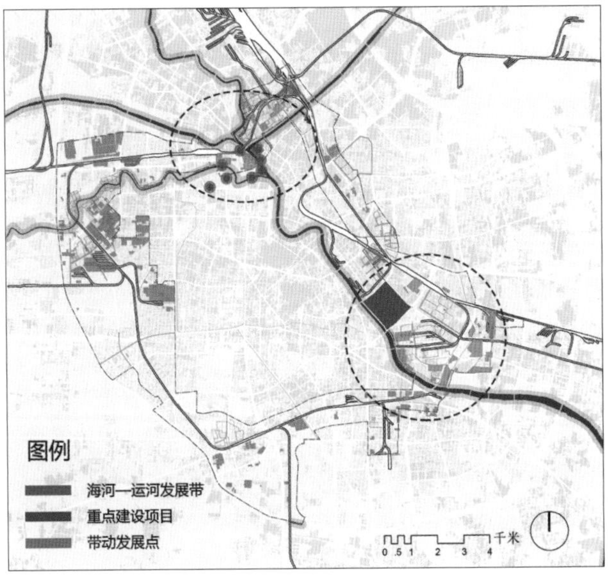
图例
海河—运河发展带
重点建设项目
带动发展点
0 .5 1 2 3 4 千米

文化传承 / Cultural Inheritance

关于实施中华优秀传统文化传承发展工程的意见

规划建设一批国家文化公园，成为中华文化重要标识。推进当地名文化遗产保护。

↓

依托基地丰富的工业遗产和废弃铁路，进行近代工业主题公园开发，打造天津近代文化展示休闲公园

遗产复兴 / Heritage Revival

天津市工业遗产保护与利用规划

展现近代工业发展成就，搭建创新创业的新型产业平台，提高城市品质；打造工业遗产集聚区，为城市新产业的集聚和新功能的提升提供空间载体，提升城市环境品质。

↓

对基地内被标识的工业遗存进行保护，对其利用提出指导意见

旅游带动 / Railway Relocation

天津市旅游十三五规划

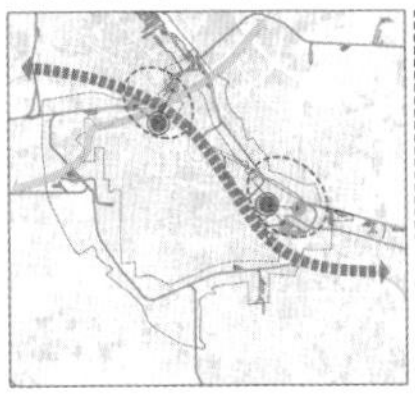

天津旅游十三五规划中打造沿海河及运河发展旅游观光带；"近代中国看天津"项目落位于基地，有"洋务朔源"和"津卫摇篮"旅游文化板块。

↓

带动基地内三叉河口片区和大直沽片区的发展

案例借鉴/ Case Reference

成都东郊记忆

空间策略
对工厂大面积进行保留，修旧如旧，对历史生活场景进行复原。

伦敦的沙德-泰晤士码头区

空间策略
对地区内的功能进行了全新的整合，使居住、工业生产及商业等功能的土地混合利用。

结合相关政策文件，总结出文化传承、遗产复兴和旅游带动三方面的文化发展机遇，并借鉴于成都东郊记忆等改造案例，以多种方式带动文化的传承与利用。

2 人居生活改善之机

《国务院关于加快棚户区改造工作的意见》
《天津市2017年20项民心工程》

基本原则
1.科学规划，分步实施。
2.政府主导，市场运作。
3.因地制宜，注重实效。

基本目标
天津市计划三年内消除掉中心城区所有棚户区。

政策支持
多渠道筹措资金。要采取增加财政补助等办法筹集资金。
确保建设用地供应。棚户区改造安置住房用地纳入当地土地供应计划优先安排。
落实税费减免政策。对棚户区改造项目，免征城市基础设施配套费等各种行政事业性收费和政府性基金。
完善安置补偿政策。棚户区改造实行实物安置和和货币补偿相结合，由棚户区居民自愿选择。

↓

1. 加快推进环线内棚户区改造

《关于进一步加强城市规划建设管理工作的若干意见》
《关于国有企业职工家属区"三供一业"分离移交工作指导意见》

社区改造基本原则
1.依法治理与文明共建相结合 2.规划先行与建管并重相结合
3.改革创新与传承保护相结合 4.统筹布局与分类指导相结合
5.完善功能与宜居宜业相结合 6.集约高效与安全便利相结合

社区改造目标
加强街区的规划和建设，分梯级明确新建街区面积，推动发展开放便捷、尺度适宜、配套完善、邻里和谐的生活街区。

保障机制
中央企业的分离移交费用由中央财政（国有资本经营预算）补助50%，中央企业集团公司及移交企业的主管企业承担不低于30%的比例，其余部分由移交企业自身承担。

↓

2. 协调社区设施配套，建立保障机制

《天津市人民政府办公厅关于进一步加强我市旧楼区提升改造后长效管理的意见》

基本目标
旧楼区长效管理工作应当坚持属地化管理原则，各区人民政府应当以建立和完善提升改造后旧楼区长效管理机制为目标，因地制宜地确定旧楼区管理服务模式。

扶持政策
(一)从事旧楼区管理服务的单位可向劳动保障部门申请认定公益性组织和岗位，并按照有关政策规定享受扶持政策。
(二)从事旧楼区管理服务的单位，可不办理物业管理资质。
(三)提升改造后旧楼区的非机动车存车棚交由管理服务单位经营和管理，所得收益全部用于管理服务费用。
(四)管理服务单位可以利用小区内共用场地和道路划定机动车辆停车位，所得收益用于管理服务费用。

↓

3. 建立改造后社区长效管理机制

社区构建 / Community Construction

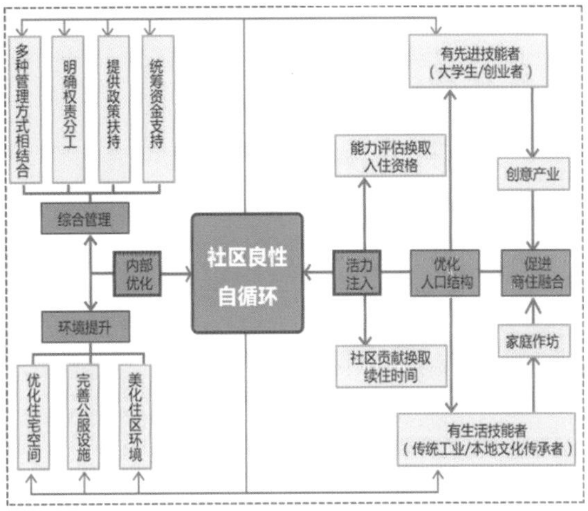
多种管理方式相结合
明确权责分工
提供政策扶持
统筹资金支持
综合管理
内部优化
环境提升
优化住宅空间
完善公服设施
美化社区环境
社区良性自循环
活力注入
优化人口结构
促进商住融合
能力评估换取入住资格
社区贡献换取续住时间
有先进技能者（大学生/创业者）
创意产业
家庭作坊
有生活技能者（传统工业/本地文化传承者）

从住区环境改善、设施配置及管理机制建立三方面寻找机遇

3 存量空间发掘之机

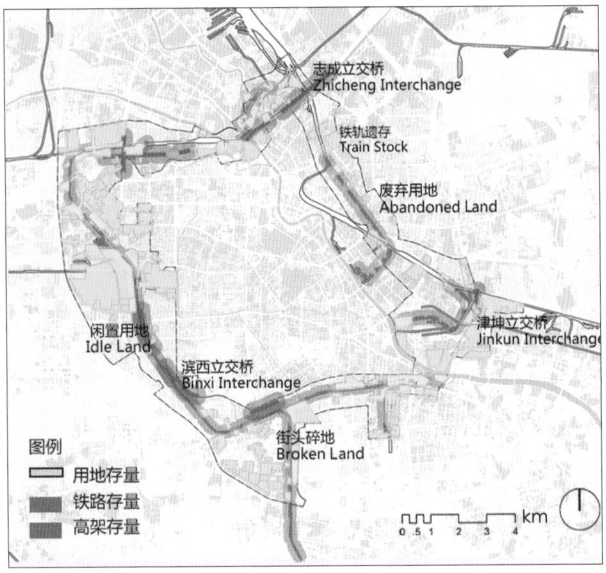
志成立交桥
Zhicheng Interchange
铁轨遗存
Train Stock
废弃用地
Abandoned Land
闲置用地
Idle Land
滨西立交桥
Binxi Interchange
津坤立交桥
Jinkun Interchange
街头碎地
Broken Land
图例
用地存量
铁路存量
高架存量
0 .5 1 2 3 4 km

土地存量 / Land Stock

天津市总体规划（2015-2030）

文本第十一条 土地利用

增效挖潜城镇存量建设用地，缩减新增城镇建设用地供应速度。现状中心城区和滨海新区核心区形成以存量挖潜为主、增量供应为辅的用地供应模式。

➡

环线上众多闲置用地、废弃用地将得到挖潜利用，弥补城市功能的缺失、带动城市新一轮的发展。

铁路存量 / Railway Stock

天津市域范围铁路线路调整图

在天津市市域范围铁路线路调整规划中，计划将中心城区范围内的货运铁路外迁到市域外围交通发达地段。

↓

外迁铁路留下了铁轨、站点等铁路遗存要素，从而进一步挖掘利用。

高架存量 / Elevated Stock

高架下立体空间再开发

案例借鉴/ Case Reference

法国绿荫步道

高架上公园
高架铁路公园，高架上铁路改造为公园，满足周边居民生活需求。

中目黑高架下

高架步行街
对高架下空间进行再利用，和周边新老店铺连成一片，成为特色商业步行街，并突出各个店铺特色。

现阶段环线作为天津市发展的最大存量，存量挖潜的大背景下将成为下一步的城市发展建设的重点。同时借鉴案例，构建铁路公园和高架商业的双重开发模式。

4 交通网络优化之机

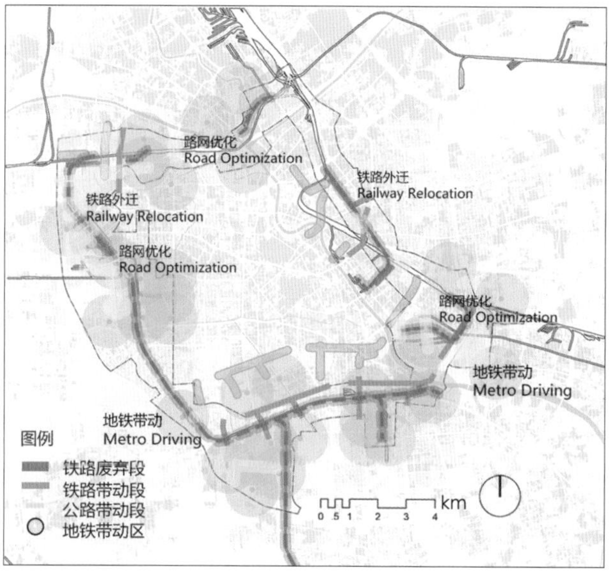

路网优化
Road Optimization
铁路外迁
Railway Relocation
铁路外迁
Railway Relocation
路网优化
Road Optimization
路网优化
Road Optimization
地铁带动
Metro Driving
地铁带动
Metro Driving
图例
铁路废弃段
铁路带动段
公路带动段
地铁带动区
0 0.5 1 2 3 4 km

铁路外迁 / Railway Relocation

天津市域范围铁路线路调整图

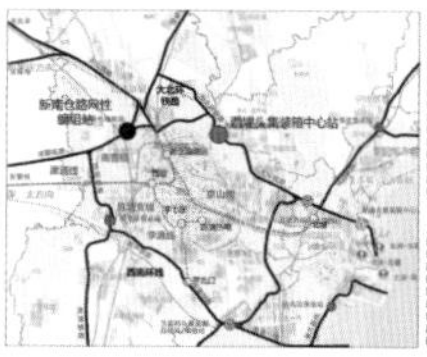

在天津市市域范围铁路路线路调整规划中，计划将中心城区范围内的货运铁路外迁到市域外围交通发达地段。

解决部分由铁路带来的铁路与公路平交地段的拥堵问题

路网优化 / Road Optimization

天津市域公路网规划

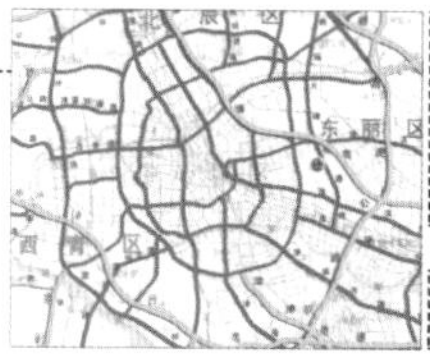

中心城区及外围地区依托"**两环十四射加联络线**"路网骨架，鼓励"**窄路密网**"布局，逐步提升支路网密度。

环线道路系统将得到优化

地铁带动 / Metro Driving

天津中心城区轨道线网规划

依据城市总体规划和综合交通规划，天津市城市轨道交通远景年线规划28条地铁线路，总线路长度1380公里。

新站点将带动周边发展

案例借鉴/ Case Reference

巴塞罗那

多元交通

共享单车系统建成，市内建设自行车道，完善自行车出行系统。

香港公共交通系统网络

便捷换乘

BRT与轨道交通共同组成城市公共交通系统的网络快速公交线路的布置以及与轨道交通的换乘紧密结合

结合货运铁路外迁、交通路网和轨道交通规划，发现铁路外迁、路网优化和地铁带动的三大机遇，综合案例，指导我们对于天津市多元交通网络的塑造和提升。

5 绿地空间提升之机

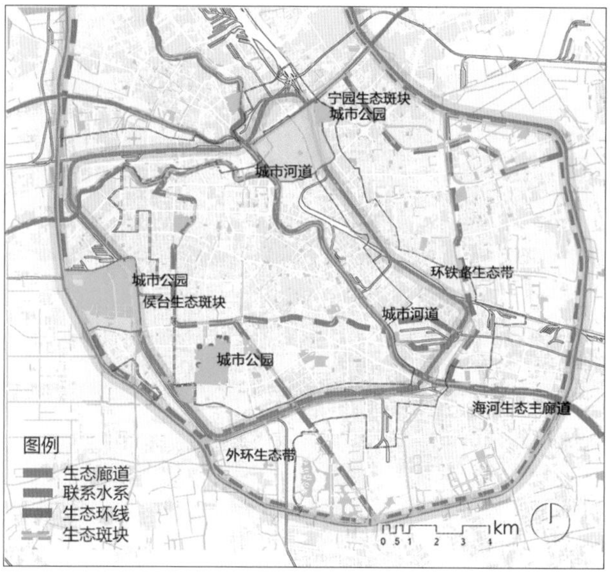

宁园生态斑块
城市公园
城市河道
城市公园
侯台生态斑块
环铁生态带
城市河道
城市公园
海河生态主廊道
外环生态带
图例
生态廊道
联系水系
生态环线
生态斑块
0 0.5 1 2 3 4 km

格局结构/ Pattern Structure

天津市总体规划

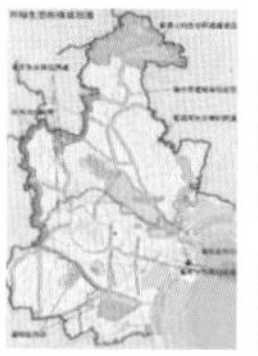

落实京津冀区域生态格局保护与生态修复要求，细化市域"南北生态"总体布局，保护山、河、田、湖、海、湿地等自然生态本底，构建"**三区、两带、八廊、三环、多斑块**"的生态安全格局。

结合总体规划的要求，**构建环线重要生态景观廊道。**

核心斑块/ Core Plaque

天津市生态用地保护红线划定方案

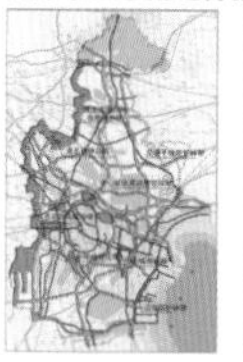

划定生态用地保护范围面积约2980平方公里，占市域国土面积的**25%**，**构建具有天津特色的生态保护体系，形成碧野环绕、绿廊相间、绿园镶嵌、生态连片的总体空间格局。**

结合红线划定的要求，**构建环线重要景观生态核心。**

生态城市/ Sponge City

海绵城市　低碳城市

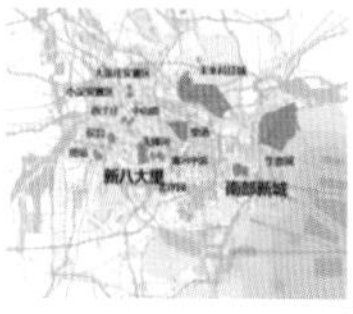

低碳城市理念纳入各级政府的决策和规划；低碳产业体系和能源体系建设取得进展；**建设一批低碳示范试点**；以低碳城市试点为契机推动城市综合竞争力提升的作用初步显现。

天津作为"海绵城市"和"低碳城市"的试点城市，**新的生态理念将指导进一步的生态城市建设。**

案例借鉴/ Case Reference

拉菲特生态绿廊

可持续原则

缓解热岛效应和提升暴雨雨水处理能力——绿色基础设施、本土植物配置、旧建筑的二次设计以及减少不渗水表面。

宁波生态走廊

重建原生生态环境

创新生物修复技术模拟本土生态过程，改善运河水质以修复生态，并吸引水生动植物，制造生态多样性。

通过天津总体规划，结合海绵城市和低碳城市的定位，从结构、斑块和方式三个方面总结了绿地空间的三大机遇。并结合案例，探索社区参与下的生态发展模式。

6 区域协同发展之机

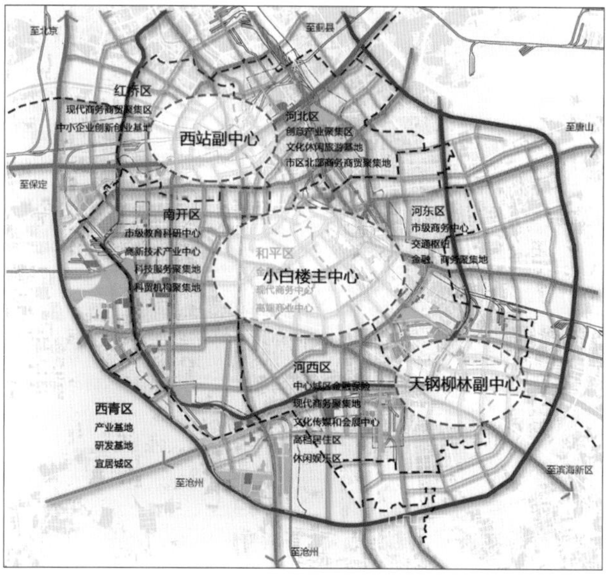

至北京
至蓟县
红桥区
现代商务商贸集聚区
中小企业创新创业基地
西站副中心
河北区
创意产业聚集区
文化休闲旅游基地
市区北部商务商贸聚集地
至唐山
至保定
南开区
市级教育科研中心
高新技术产业中心
科技服务聚集地
科贸机构聚集地
和平区
小白楼主中心
河东区
市级商务中心
交通枢纽
金融、商务聚集地
河西区
天钢柳林副中心
西青区
产业基地
研发基地
宜居城区
至沧州
至滨海新区
至沧州

历史文化协同发展 / Cultural Synergy

天津市近期建设规划

在完成14片历史文化街区的保护、修缮和再利用的基础上，持续挖掘历史文化资源，**完善历史文化名城保护体系。**

环线地区在协同天津市文化发展的目标下提出"**一环一带多节点**"的环线文化发展结构。

生态环境协同发展 / Ecological Synergy

天津市总体规划

落实京津冀区域生态格局保护与生态修复要求，细化市域"南北生态"总体布局，保护山、河、田、湖、海、湿地等自然生态本底，构建"**三区、两带、八廊、三环、多斑块**"的生态安全格局。

天津市环城绿道规划

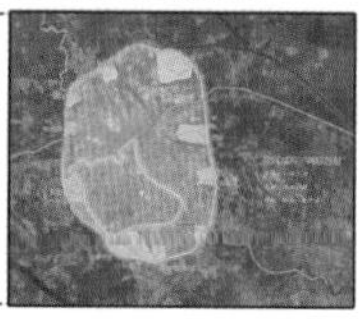

道路交通协同发展 / Structural Synergy

天津市域公路网规划

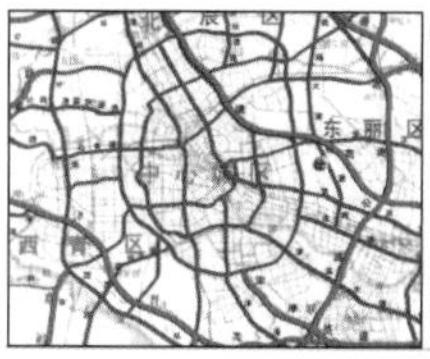

中心城区及外围地区依托"**两环十四射加联络线**"路网骨架，优化津滨快速走廊和高速公路进出城衔接通道；完善外环线东北部调整线，支撑中心城区一体化发展。

生活空间协同发展 / Living Synergy

环线地区在协同天津市生活空间发展的目标下提出"**一环一带，多点联动**"的环线生活空间发展结构。

对于区域协同发展，环线作为天津市中心城区最大的增量空间，其相互带动关系也是环线发展的重要机遇，从四个方面挖掘环线与中心城区协同发展的机遇。

文脉传承策略

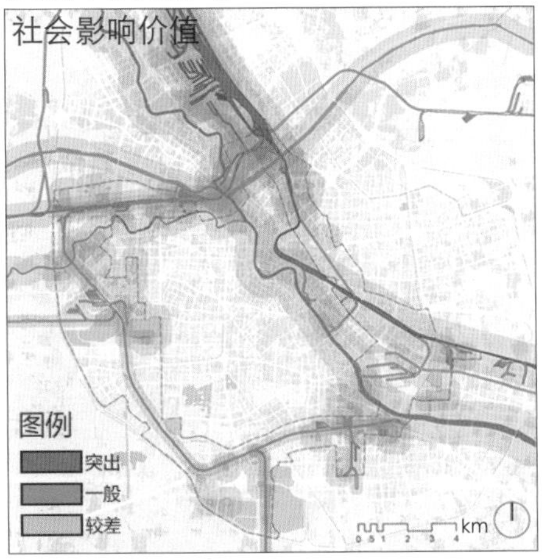
社会影响价值
图例
突出
一般
较差
km

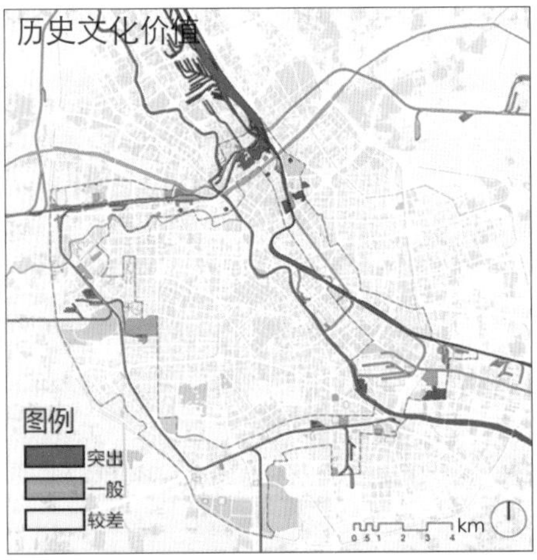
历史文化价值
图例
突出
一般
较差
km

科学技术价值
图例
突出
一般
较差
km

艺术审美价值
图例
突出
一般
较差
km

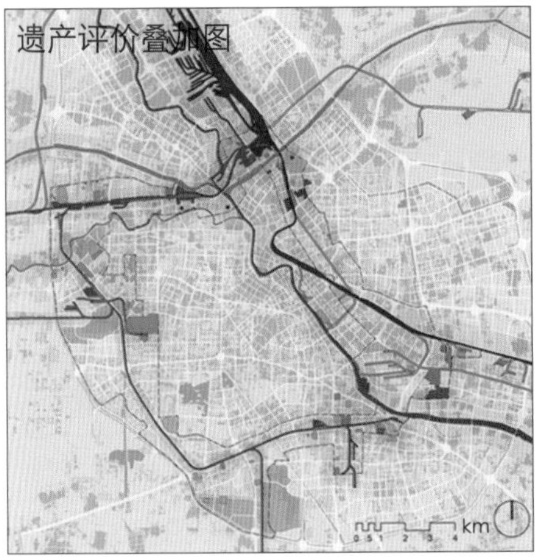
遗产评价叠加图
km

遗产评价分级图
图例
一级遗产
二级遗产
三级遗产
km

技术路线介绍

遗产级别	一级遗产	二级遗产	三级遗产
概念内涵	指具有重大的历史文化、科学技术、社会影响、艺术审美价值的文化遗址、墓葬、建筑、石窟寺和石刻等；综合评分在 **25.0 分**及以上的遗产	指具有一定的历史文化、科学技术、社会影响、艺术审美价值的文化遗址、墓葬、建筑、石窟寺和石刻等；综合评分在 **20.0 分**及以上的遗产	指具有历史文化、科学技术、社会影响、艺术审美价值的文化遗址、墓葬、建筑、石窟寺和石刻等；综合评分在 **15.0 分**及以上的遗产
内容构成	全国文物保护单位 省级文物保护单位 市级文物保护单位 县级文物保护单位 特色保护历史建筑 重点保护历史建筑 推荐文物保护单位	不可移动文物 一般保护历史建筑 推荐的历史建筑	
保护原则	“不改变文物原状的原则”	找寻适合它们的新功能，实行控制性保护	它们不具备较高的历史文化价值，可进行改造性保护。保护标志性、代表性要素
保护方法	保护全部历史信息，划定保护范围和建设控制带，提出控制要求	在不改变建筑整体结构和立面的前提下，进行必要的结构加固、破损部位维修和根据新功能的内部布局变更	在保留工业建筑基本特征的前提下，根据新功能的需要可进行空间重构和建筑形象重塑

分级保护措施

STEP1 一级遗产保护划定

依据《各级文物保护单位保护范围 建设控制地带 标准和依据》，对文保单位进行保护范围、建设控制地带的划定，以及对于有旧址范围的遗产进行范围的划定。

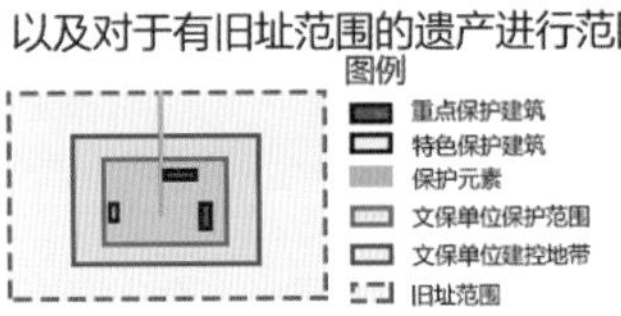
图例
重点保护建筑
特色保护建筑
保护元素
文保单位保护范围
文保单位建控地带
旧址范围

STEP2 二级遗产的转型利用

通过对二级遗产的分析可知，二级遗产大多转型成为创意产业园，扎堆文创现象明显。应利用二级遗产特色要素，实现转型再利用，塑造城市文脉特色。

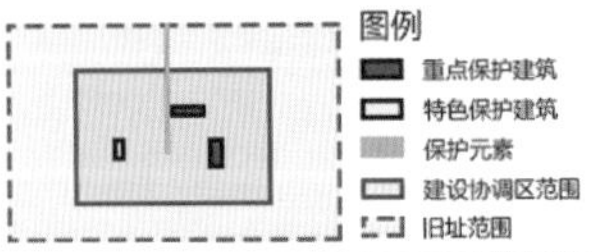
图例
重点保护建筑
特色保护建筑
保护元素
建设协调区范围
旧址范围

STEP3 三级遗产的改造利用

三级遗产并不属于任意级别的保护单位或者历史建筑，因此可以改造和利用的程度较高。对三级遗产进行评价之后，我们将三级遗产划分成了以下三种类型。

三级遗产
- 建筑质量较好 — 建筑保留，功能置换
- 建筑质量一般 — 适当保留，融入生活
- 建筑质量较差 — 全部拆除，仅做标识

住区更新策略

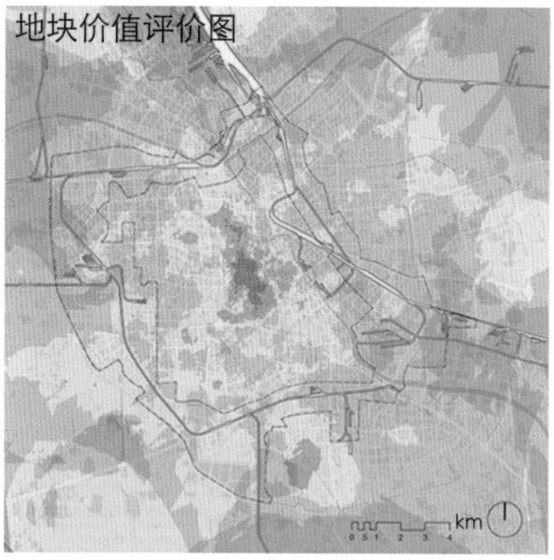
km
地块价值评价图

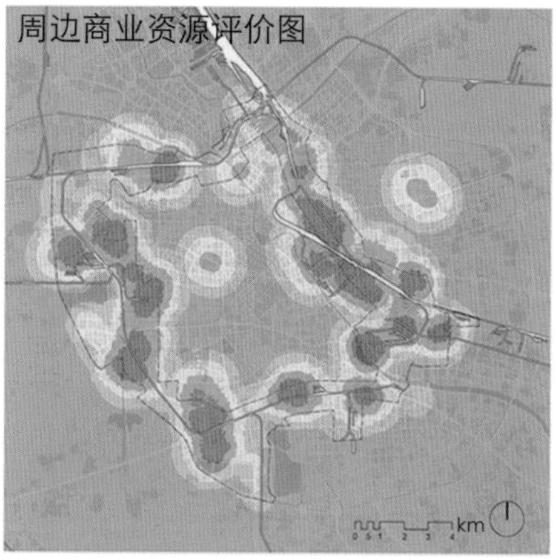
km
周边商业资源评价图

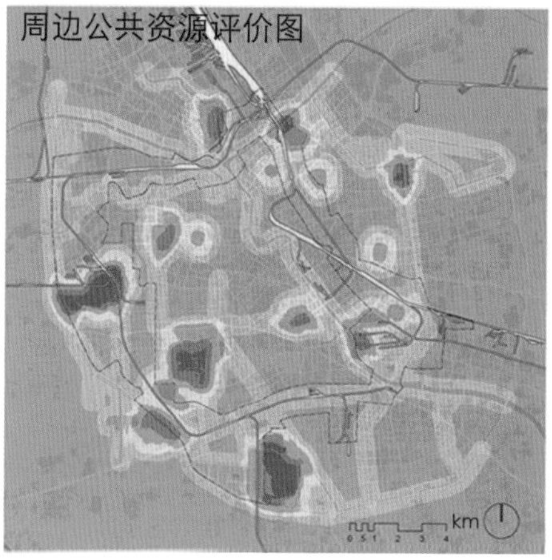
km
周边公共资源评价图

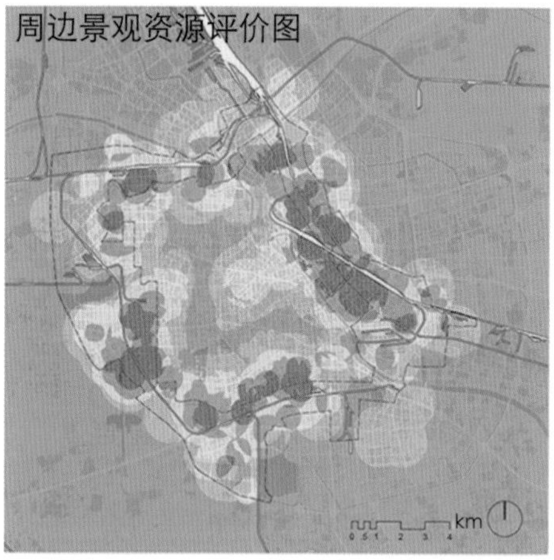
km
周边景观资源评价图

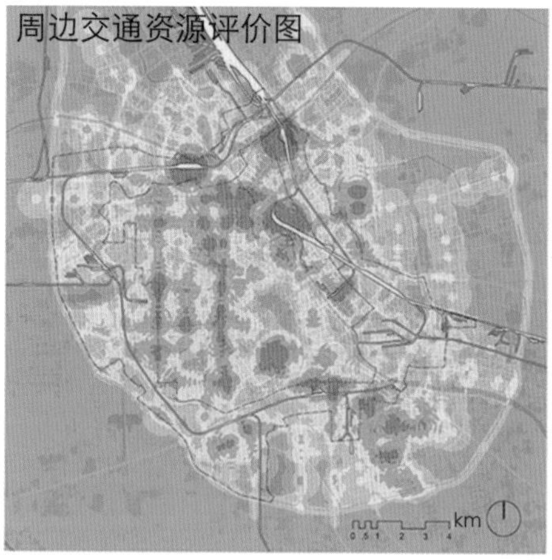
km
周边交通资源评价图

区位评价体系构建

当期房价 同比去年涨幅	地块自身价值
距离城市公园距离 距离滨水资源距离	周边景观资源
距离文化设施距离 距离教育设施距离 距离体育设施距离	周边公共资源
商业密集程度 周边路网密度	周边商业资源
距离地铁站距离	周边交通资源

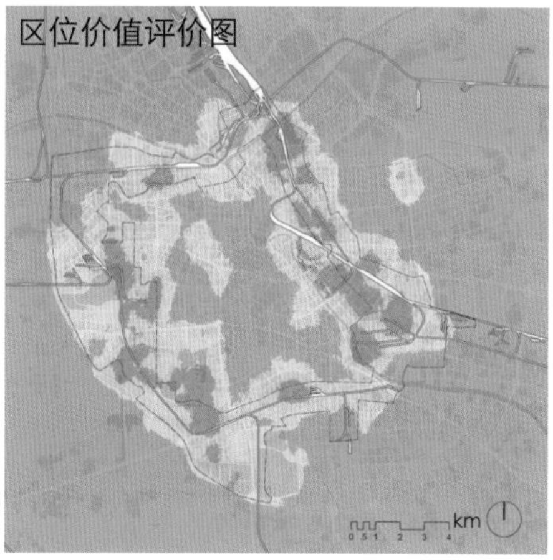
km
区位价值评价图

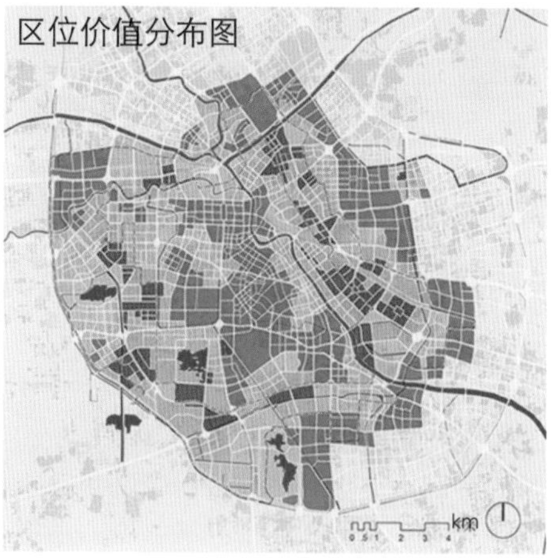
km
区位价值分布图

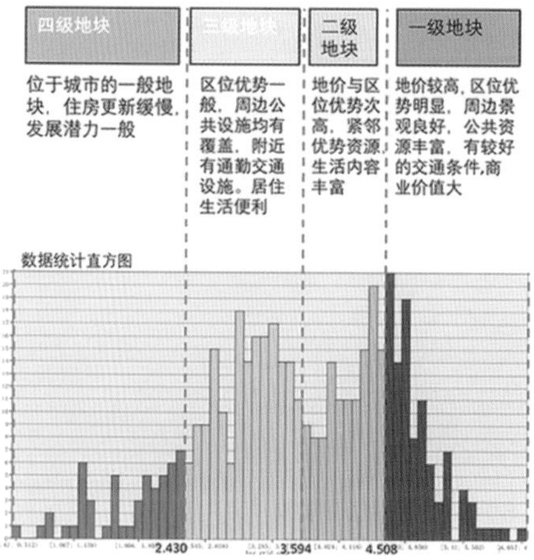
四级地块
位于城市的一般地块，住房更新缓慢，发展潜力一般
三级地块
区位优势一般，周边公共设施均有覆盖，附近有通勤交通设施。居住生活便利
二级地块
地价与区位优势次高，紧邻优势资源，生活内容丰富
一级地块
地价较高，区位优势明显，周边景观良好，公共资源丰富，有较好的交通条件，商业价值大
数据统计直方图
2.430
3.594
4.508

构建行动计划——多元综合型

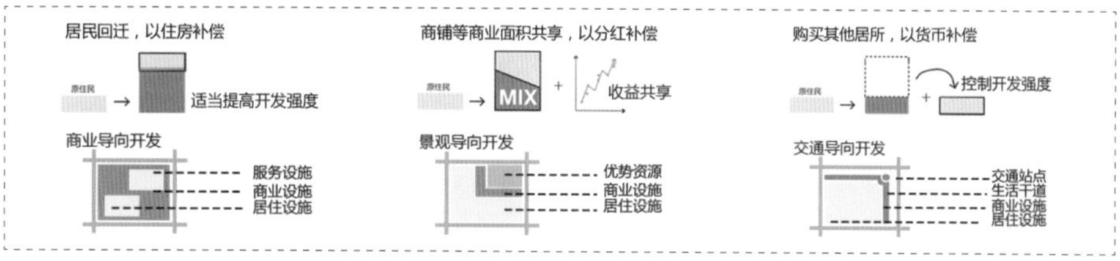
居民回迁，以住房补偿
原住民
适当提高开发强度
商铺等商业面积共享，以分红补偿
原住民
MIX
收益共享
购买其他居所，以货币补偿
原住民
控制开发强度
商业导向开发
服务设施
商业设施
居住设施
景观导向开发
优势资源
商业设施
居住设施
交通导向开发
交通站点
生活干道
商业设施
居住设施

构建行动计划——居住保障型

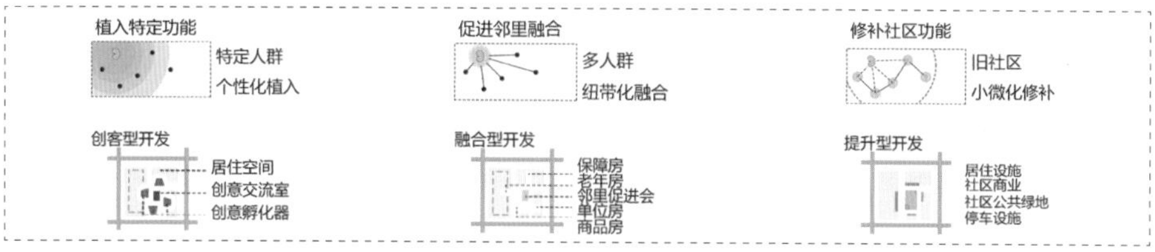
植入特定功能
特定人群
个性化植入
促进邻里融合
多人群
纽带化融合
修补社区功能
旧社区
小微化修补
创客型开发
居住空间
创意交流室
创意孵化器
融合型开发
保障房
老年房
邻里促进会
单位房
商品房
提升型开发
居住设施
社区商业
社区公共绿地
停车设施

构建行动计划——自主更新型

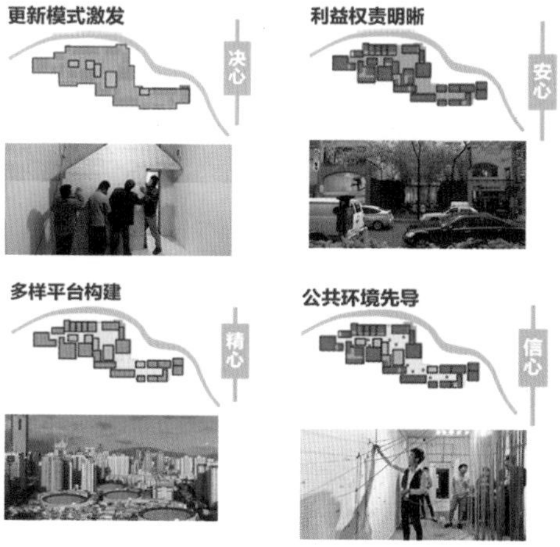
更新模式激发
决心
利益权责明晰
安心
多样平台构建
精心
公共环境先导
信心

公服提升策略

专题框架

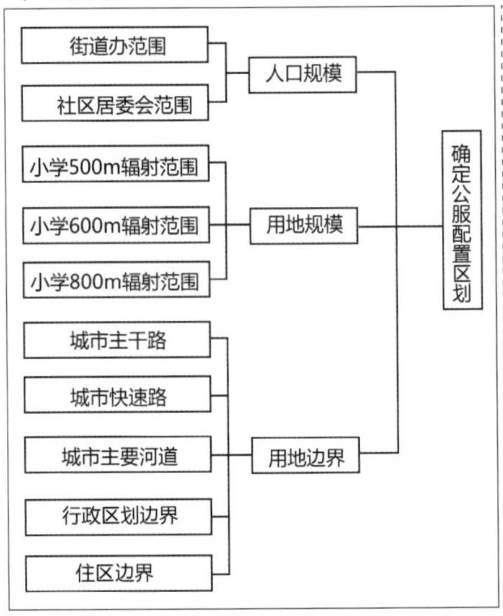
街道办范围
社区居委会范围
人口规模
小学500m辐射范围
小学600m辐射范围
小学800m辐射范围
用地规模
城市主干路
城市快速路
城市主要河道
行政区划边界
住区边界
用地边界
确定公服配置区划

基于区划的公服设施布点规划

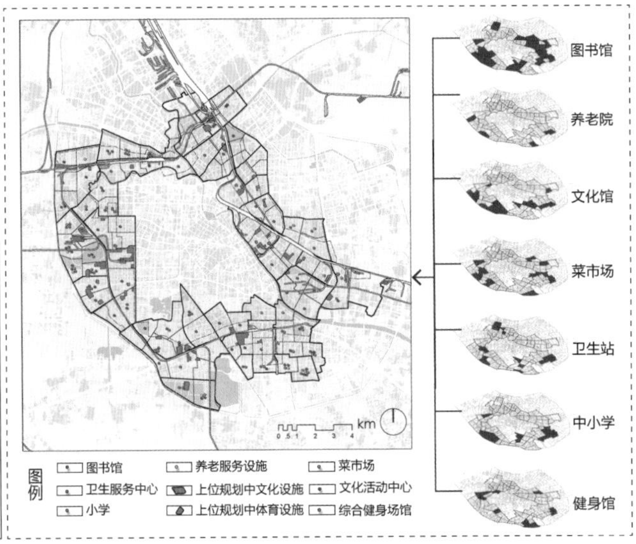
图书馆
养老院
文化馆
菜市场
卫生站
中小学
健身馆
km
0 0.5 1 2 3 4
图例
图书馆
养老服务设施
菜市场
卫生服务中心
上位规划中文化设施
文化活动中心
小学
上位规划中体育设施
综合健身场馆

策略一：构建实施性区划网络。我们通过对于现行区划、上位规划的区划和相关优秀案例的研究，结合人口规模、用地规模、用地边界三大要素，构建出合理的环线整体设施配置的区划模式。

策略二：补全真空片区。我们通过对于城市 POI 数据的抓取，从七类公服要素基于用地区划进行综合评估，结合相关的设施用地原则进行公服设施配置的细化。

策略三：植入社区“公服胶囊”。我们根据老旧社区的现实情况，提出“小体量组合化”的公服胶囊策略。

区划单元三要素确定

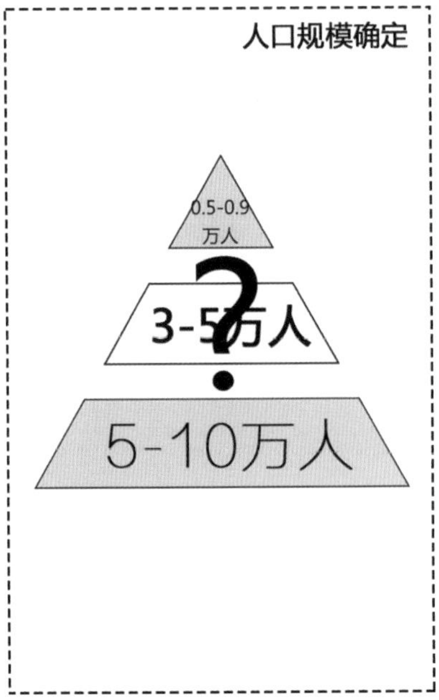
人口规模确定
0.5-0.9
万人
3-5万人
5-10万人

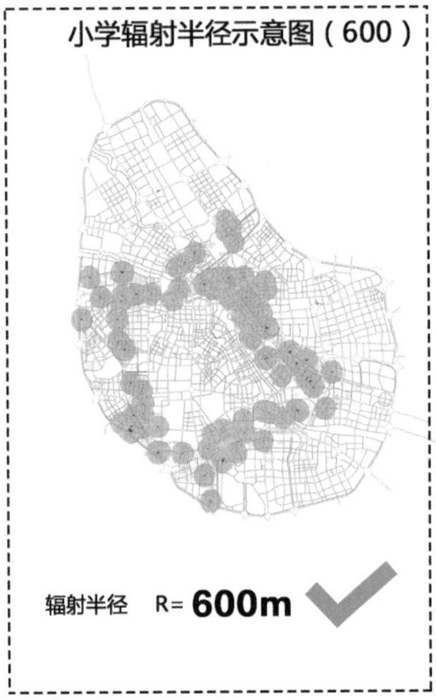
小学辐射半径示意图（600）
辐射半径 R= 600m

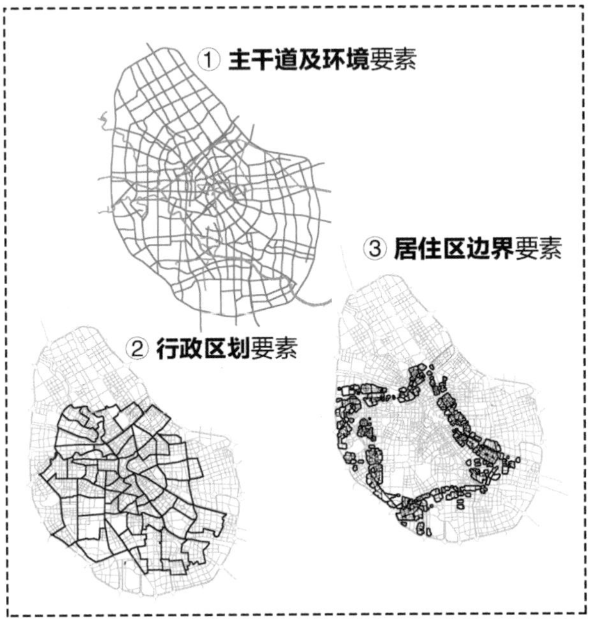
① 主干道及环境要素
② 行政区划要素
③ 居住区边界要素

“公服胶囊”建设细则

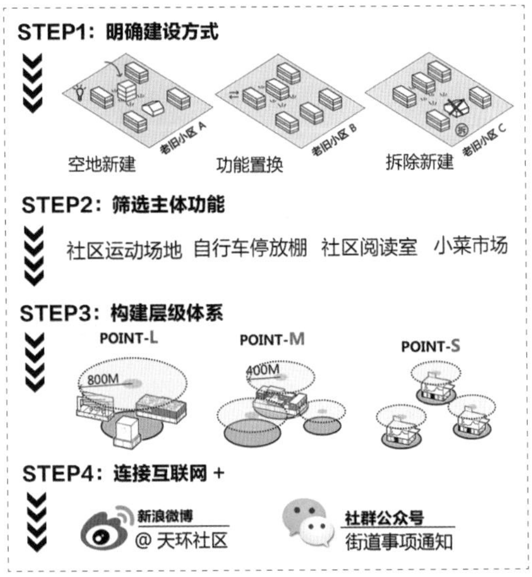
STEP1：明确建设方式
空地新建
老旧小区 A
功能置换
老旧小区 B
拆除新建
老旧小区 C
STEP2：筛选主体功能
社区运动场地 自行车停放棚 社区阅读室 小菜市场
STEP3：构建层级体系
POINT-L
800M
POINT-M
400M
POINT-S
STEP4：连接互联网 +
新浪微博
@ 天环社区
社群公众号
街道事项通知

筛选不合格单元流程

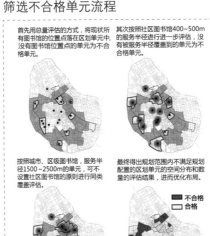

首先用总量评估的方式，将现状所有图书馆的位置点落在区划单元中，没有图书馆位置点的单元为不合格单元。

其次按照社区图书馆400~500m的服务半径进行进一步评估，没有被服务半径覆盖到的单元为不合格单元。

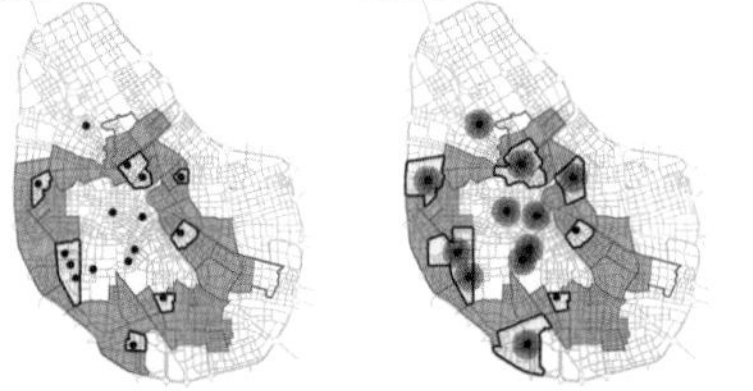

按照城市、区级图书馆，服务半径1500~2500m的单元，可不设置社区图书馆的原则进行同类覆盖评估。

最终得出规划范围内不满足规划配置的区划单元的空间分布和数量的评估结果，进而优化布局。

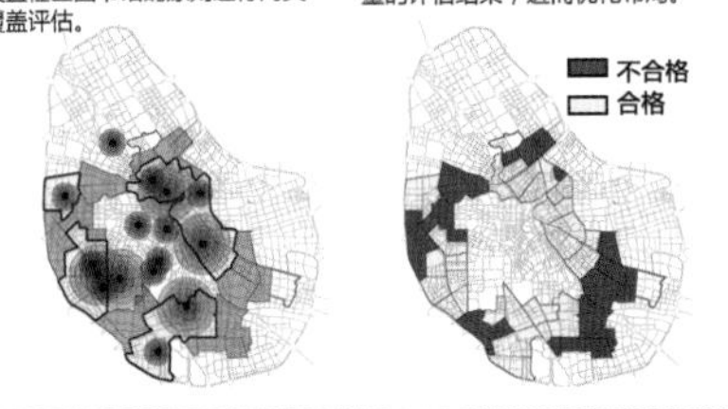
不合格
合格

区划单元配置标准

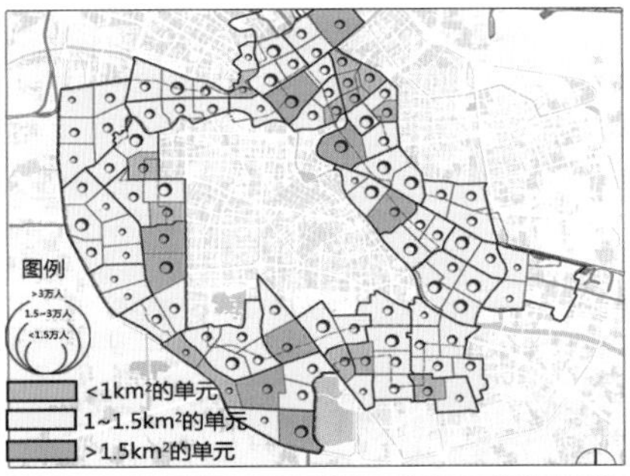
图例
>3万人
1.5~3万人
<1.5万人
<1km²的单元
1~1.5km²的单元
>1.5km²的单元

单元配置区划标准

	设置标准			建设方式	用地规模
	1-1.5	1.5-3	3.0-5		
卫生服务中心	/	两个单元设1处	1处	独立用地	>1000m²
社区服务中心	/	两个单元设1处	1处	独立用地	>1500m²
小学	450-550（m²/千人）			独立用地	>10000m²
农贸市场	1处	2处	不少于2处	可叠建	/
养老服务设施	1处	2处	不少于2处	独立用地	>800m²
社区图书馆	1处	2处	不少于2处	独立用地	>2000m²
幼儿园	196-364（m²/千人）			独立用地	>2000m²

场域转型策略

专题框架

基于生态敏感性的用地适宜性评价

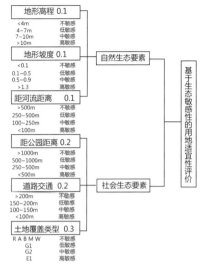

- 自然生态要素
  - 地形高程 0.1：<4m 不敏感；4~7m 低敏感；7~10m 中敏感；>10m 高敏感
  - 地形坡度 0.1：<0.1 不敏感；0.1~0.5 低敏感；0.5~0.9 中敏感；>1.3 高敏感
  - 距河流距离 0.1：>500m 不敏感；250~500m 低敏感；100~250m 中敏感；<100m 高敏感
- 社会生态要素
  - 距公园距离 0.2：>1000m 不敏感；500~1000m 低敏感；250~500m 中敏感；<500m 高敏感
  - 道路交通 0.2：>200m 不敏感；150~200m 低敏感；100~150m 中敏感；<100m 高敏感
  - 土地覆盖类型 0.3：R A B M W 不敏感；G1 低敏感；G2 中敏感；E1 高敏感

生态因子评估

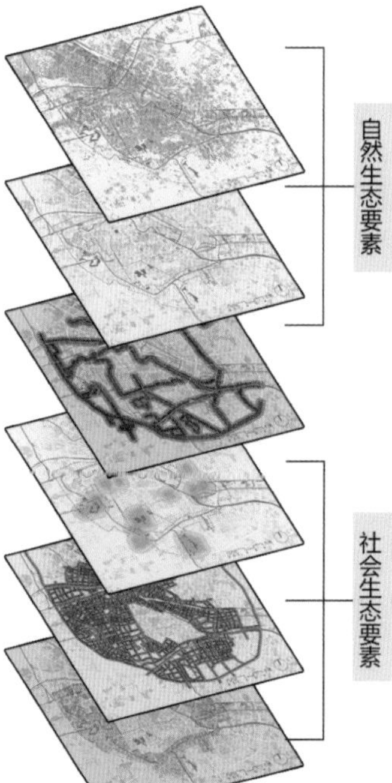

自然生态要素
社会生态要素

生态敏感性分布图

图例

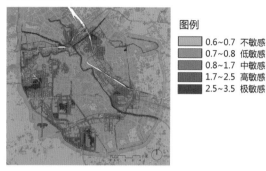

- 0.6~0.7 不敏感
- 0.7~0.8 低敏感
- 0.8~1.7 中敏感
- 1.7~2.5 高敏感
- 2.5~3.5 极敏感

用地开发适宜性分布图

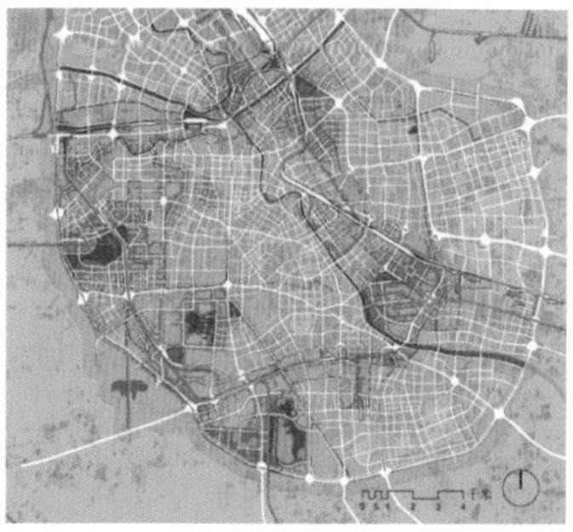

图例

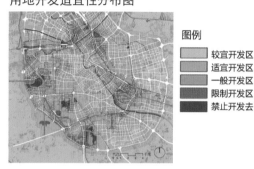

- 较宜开发区
- 适宜开发区
- 一般开发区
- 限制开发区
- 禁止开发去

立交公园代号	街坊数量	公园数量	特色属性	跨越难度
S1	2	1	√	★
S2	2	0	√	★★
S3	5	1	√	★
S4	2	1	×	★
S5	4	2	×	★★
S6	3	0	√	★★
S7	3	0	×	★
S8	2	0	×	★★★
S9	1	0	×	★★★
S10	5	1	√	★★
S11	1	0	×	★★
S12	1	0	√	★
S13	2	1	×	★★★
S14	2	1	×	★★

立交公园改造意向细分

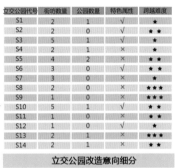

立交公园现状评估 → 街坊数量 / 公园数量 / 跨越难度 / 特色属性 → 立交公园改造意向

- A：主题公园 —— 具有特色属性 街坊数量 >2 利用特色属性打造主题公园，辐射周边社区。
- B：街头绿地 —— 没有特色属性 跨越难度 ≤2 跨越难度不大的改造成街头绿地。
- C：保持不变 —— 跨越难度 >2 跨越难度较大的则继续保持现状，不进行改动。

生态网络构建

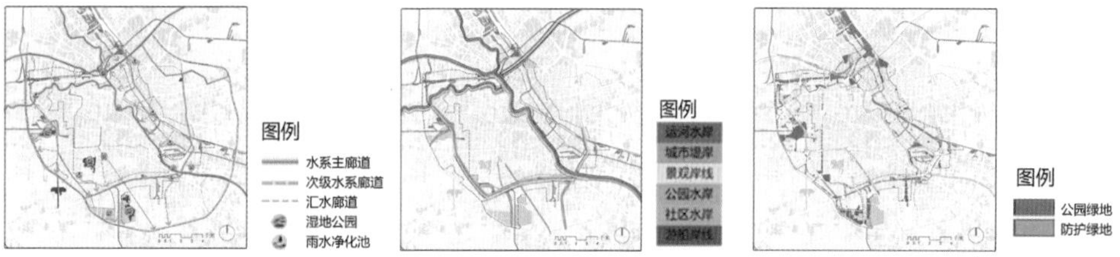

图例
水系主廊道
次级水系廊道
汇水廊道
湿地公园
雨水净化池
图例
运河水岸
城市堤岸
景观岸线
公园水岸
社区水岸
游船岸线
图例
公园绿地
防护绿地

策略一：游憩 - 生态系统构建，我们通过对于生态敏感性因子进行评价，并结合用地适宜性的开发得出我们整体城市生态发展基地。

策略二：形成绿化游憩网络结合环线现状，通过对于环线的生态水系的整治、多样化的岸线利用开发以及生态绿色游憩网络的整体构建形成我们注重生态环境的整体游憩空间体系。

策略三：立交公园转型：结合 19 处立交公园的现状，分别从提升可达性、丰富功能性和强调文化性三大原则出发构建多样化的立交公园。

生态修复具体操作手段

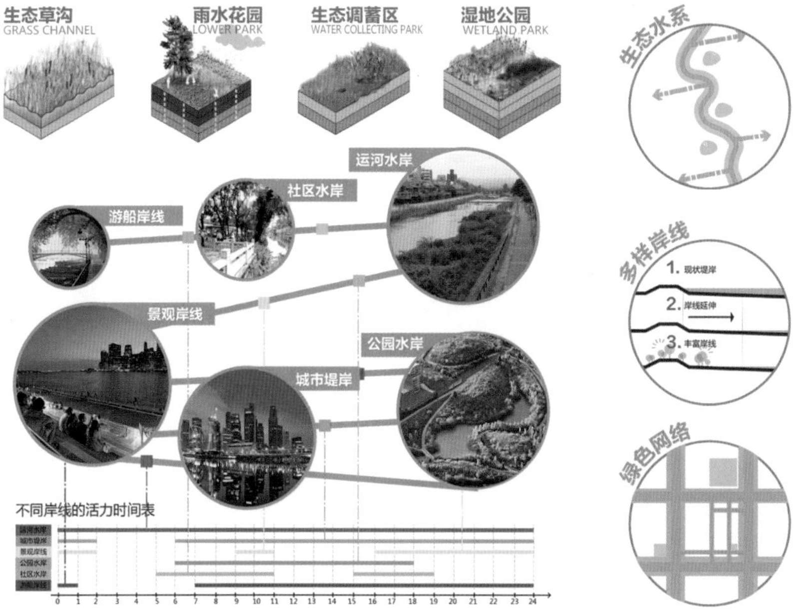

生态草沟
GRASS CHANNEL
雨水花园
LOWER PARK
生态调蓄区
WATER COLLECTING PARK
湿地公园
WETLAND PARK
游船岸线
社区水岸
运河水岸
景观岸线
公园水岸
城市堤岸
不同岸线的活力时间表
生态水系
多样岸线
1. 现状堤岸
2. 岸线延伸
3. 丰富岸线
绿色网络

转型立交公园分布图

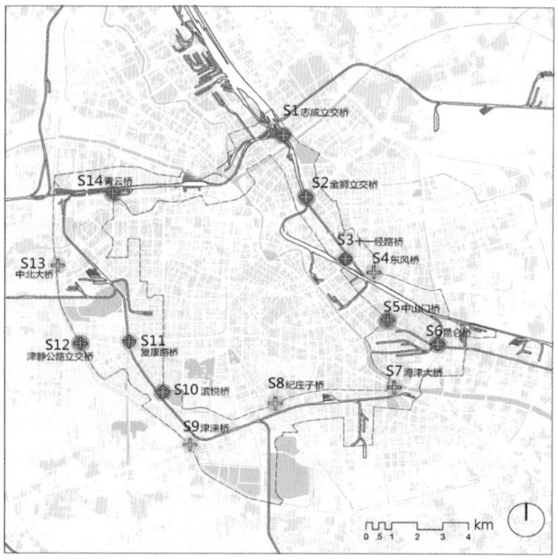

S1 志成立交桥
S2 金钟立交桥
S3 十一经路桥
S4 东风桥
S5 中山门桥
S6 昆仑桥
S7 海津大桥
S8 纪庄子桥
S9 津涞桥
S10 滨悦桥
S11 复康桥
S12 津静公路立交桥
S13 中北大桥
S14 青云桥
km

图例

- 待转型的立交公园
- 类型一的立交公园
- 类型二的立交公园
- 类型三的立交公园
- 转型成主题公园
- 转型成街头绿地
- 保持不变

交通优化策略

策略一：铁路用地转型

铁路与道路关系图

铁路与滨水资源关系图

铁路与绿地资源关系图

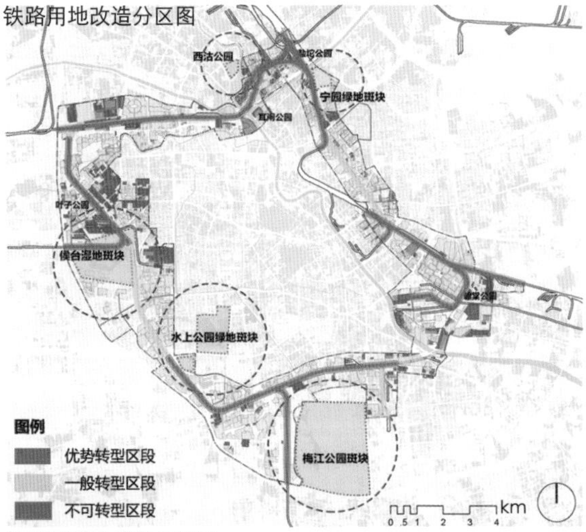
西沽公园
宁园绿地斑块
侯台湿地斑块
水上公园绿地斑块
梅江公园斑块
图例
优势转型区段
一般转型区段
不可转型区段
km
铁路用地改造分区图

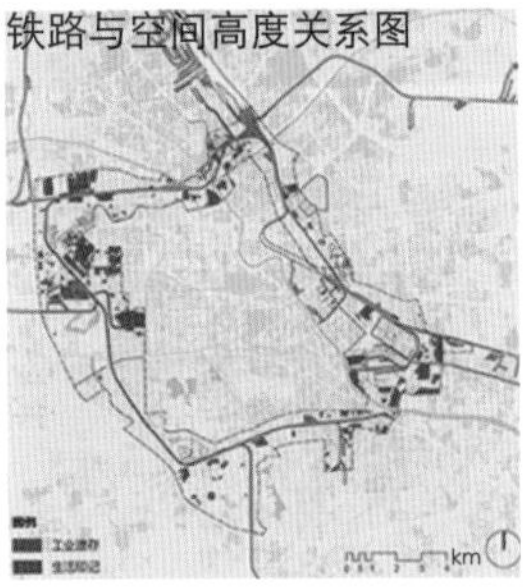
铁路与空间高度关系图

铁路与遗产印记关系图

铁路与居住功能关系图

铁路存留情况分布图

铁路现状综合评价图

通过对铁路自身的使用情况、空间层次与留存情况进行评价，确定可转型的条件区段，进而对周边滨水资源、公园绿地、遗产分布、社区单元等功能进行识别。最终将铁路确定为优势转型区、一般转型区和不可转型区三大主要区域。

铁路用地改造操作菜单

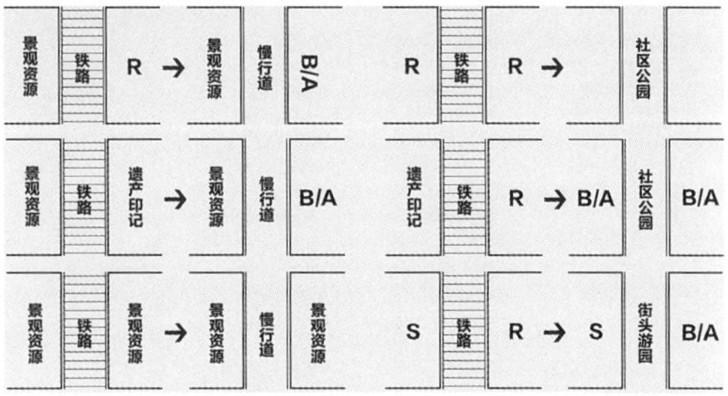
景观资源 铁路 R → 景观资源 慢行道 B/A
R 铁路 R → 社区公园
景观资源 铁路 遗产印记 → 景观资源 慢行道 B/A
遗产印记 铁路 R → B/A 社区公园 B/A
景观资源 铁路 景观资源 → 景观资源 慢行道 景观资源
S 铁路 R → S 街头游园 B/A

针对优势区段采取慢行道＋功能带的复合转型方式，而一般区段主要作为城市绿道使用。

策略二：构建慢行体系

慢行主导发展区

数量	用地	发展策略	规划指标
16	以**公共服务商业核心区、交通枢纽地区、公园绿地**为主。包括各中心、次中心及火车站交通枢纽16个片区	**慢行优先**，实施机动车与慢行交通运行空间分离。区内提供高密度慢行网及便利的慢行设施，有条件的设置专用自行车道	慢行出行比例≥70%；慢行路网密度≥12；公共自行车租赁点150m半径覆盖范围≥80%

慢行优先发展区

数量	用地	发展策略	规划指标
22	以**商住混合区、居住区**为主，包括22个生活区	区内提供较高密度慢行网及便利的慢行设施，鼓励**公交和慢行组合**方式出行，提供良好的休闲慢行网	慢行出行比例≥50%；慢行路网密度≥10；公共自行车租赁点150m半径覆盖范围≥75%

平衡发展区

数量	用地	发展策略	规划指标
4	以**工业、仓储物流**用地为主。包括4个产业片区	慢行与公交结合，**优先发展公共交通**，慢行系统作为公共交通的补充与完善	慢行出行比例≥50%；慢行路网密度≥6；公共自行车租赁点150m半径覆盖范围≥20%

在区位因素、可达性、现行区划的综合基础上将基地划分为三大发展区，并通过分区、路径与节点的系统优化设计形成多层级的慢行交通网络。

图例
慢行主导发展区
慢行优先发展区
平衡发展区
km
慢行分区规划图

图例
主要慢行道路
一般慢行道路
km
慢行道路规划图

主要慢行路断面

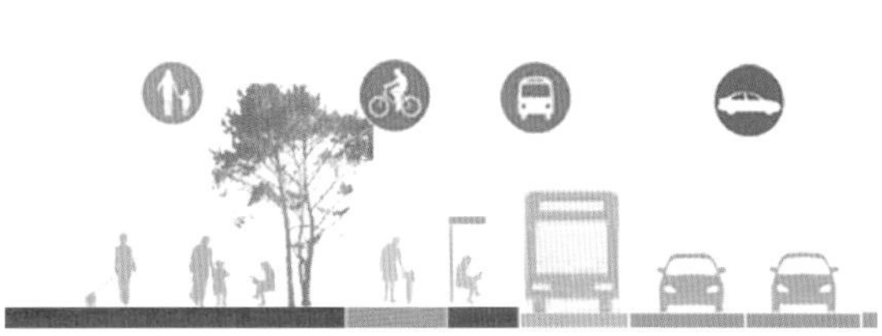

一般慢行路断面

步自共享桥

步自共享桥

产业激活策略

策略一：明确创意转型定位

产业转型再利用规划图

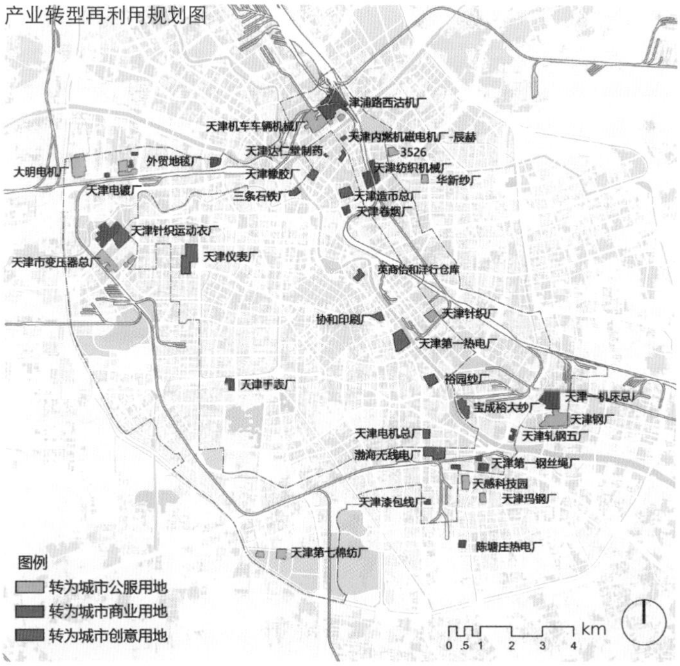

津浦路西沽机厂
天津机车车辆机械厂
天津内燃机磁电机厂-辰赫
天津达仁堂制药厂
3526
外贸地毯厂
大明电机厂
天津纺织机械厂
天津橡胶厂
华新纱厂
天津电镀厂
三条石铁厂
天津造币总厂
天津卷烟厂
天津针织运动衣厂
天津市变压器总厂
天津仪表厂
英商怡和洋行仓库
天津针织厂
协和印刷厂
天津第一热电厂
天津手表厂
裕园纱厂
天津第一机床总厂
宝成裕大纱厂
天津钢厂
天津轧钢五厂
天津电机总厂
渤海无线电厂
天津第一钢丝绳厂
天感科技园
天津漆包线厂
天津玛钢厂
天津第七棉纺厂
陈塘庄热电厂
图例
转为城市公服用地
转为城市商业用地
转为城市创意用地
0 .5 1 2 3 4 km

现存厂区综合潜力评价

厂区名称	厂区规模	破败状况	周边区位	周边住区粘合度
津浦路西沽机厂	☆☆☆	☆☆	☆☆☆	☆☆☆
天津针织厂	☆	☆☆	☆☆	☆
纺织机械厂	☆☆	☆☆☆	☆☆	☆☆☆
国营无线电厂	☆☆	☆☆	☆☆☆	☆☆
天津木雕厂	☆	☆	☆☆	☆☆
福聚兴机器厂	☆☆	☆☆	☆☆☆	☆☆☆
外贸地毯厂	☆☆☆	☆☆☆	☆☆☆	☆☆☆☆☆
天津拖拉机厂	☆☆☆	☆	☆☆	☆☆☆☆
第一机床厂	☆☆☆	☆	☆☆	☆☆
第三棉纺厂	☆☆☆	☆☆	☆☆☆	☆☆
兴亚钢业	☆☆	☆☆☆	☆	☆
渤海无线电	☆	☆☆☆	☆	☆
津浦路西沽机厂	☆	☆☆	☆☆	☆☆

确定产业转型改造意向

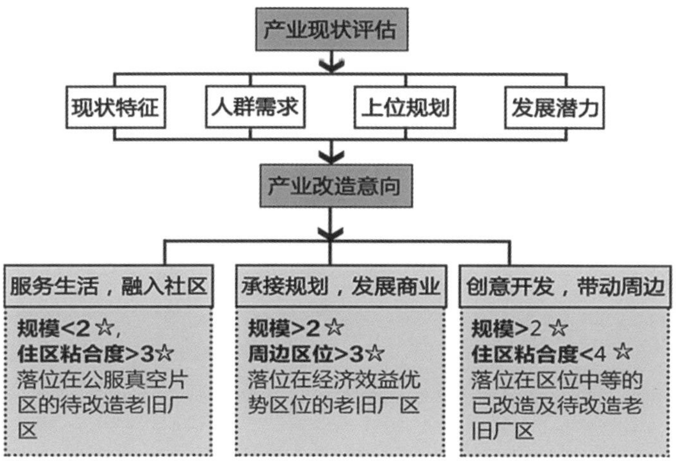

产业现状评估
现状特征
人群需求
上位规划
发展潜力
产业改造意向
服务生活，融入社区
规模<2☆，
住区粘合度>3☆
落位在公服真空片区的待改造老旧厂区
承接规划，发展商业
规模>2☆
周边区位>3☆
落位在经济效益优势区位的老旧厂区
创意开发，带动周边
规模>2☆
住区粘合度<4☆
落位在区位中等的已改造及待改造老旧厂区

策略二：转型空间创意改造

服务生活，融入社区

转型成为公服用地，服务附近社区。

BOT模式

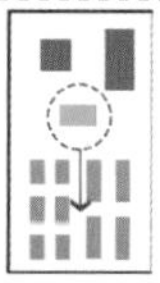

大明电机厂
天津纺织机械厂
天津拖拉机厂
天津针织运动衣厂

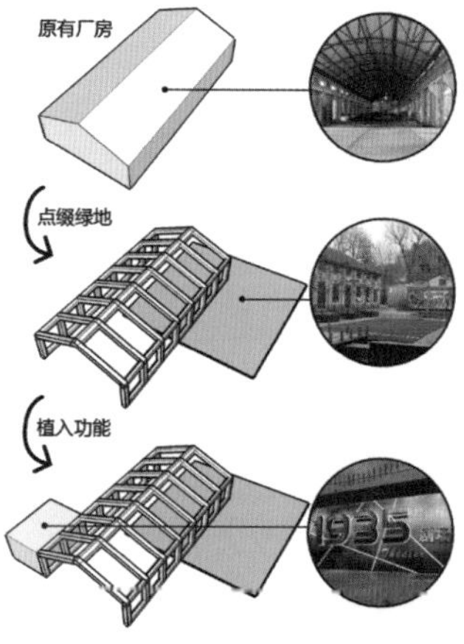

原有厂房
点缀绿地
植入功能
1935

承接规划，发展商业

转型成为商业用地，承接区位优势，发挥经济效益。

BT模式

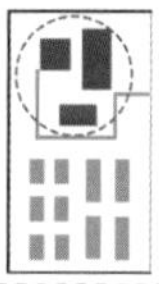

天津造币厂
宝成裕大纱厂
天津第一机床总厂
渤海无线电厂

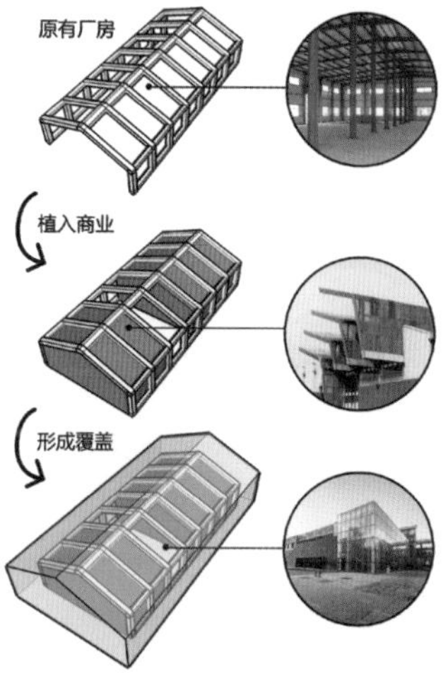

原有厂房
植入商业
形成覆盖

创意开发，带动周边

转型成为城市X用地，发挥城市创客潜力，提供创意空间。

PPP模式

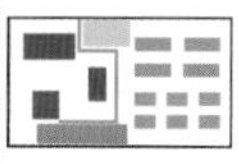

津浦路西沽机场
天津钢厂
天津电镀厂

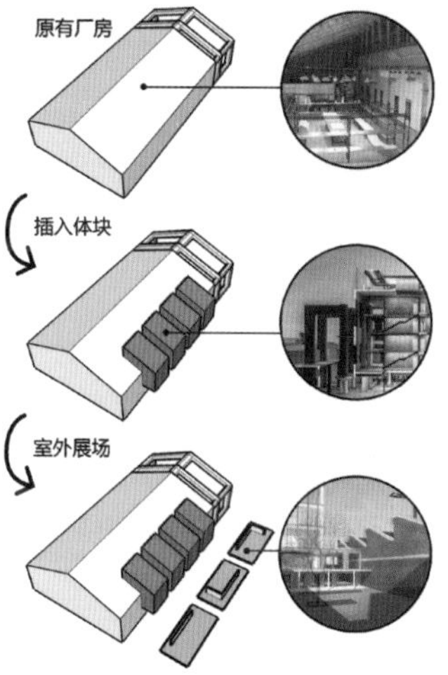

原有厂房
插入体块
室外展场

策略三：构建良性开发机制

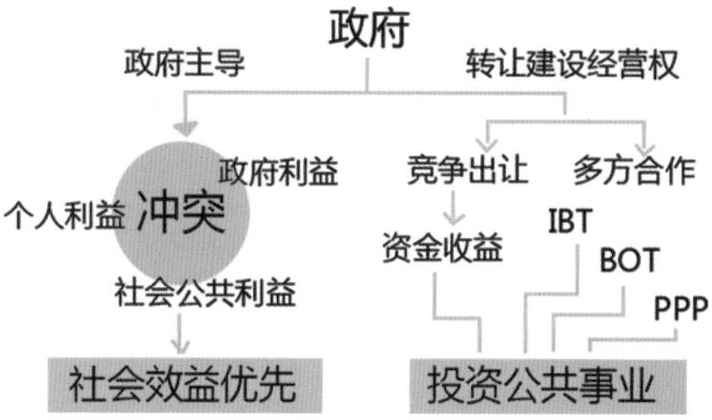

政府
政府主导
转让建设经营权
政府利益
个人利益
冲突
社会公共利益
竞争出让
多方合作
资金收益
IBT
BOT
PPP
社会效益优先
投资公共事业

综合导则 用地调整导则

文化遗产保护区划
西沽机厂
福聚兴机器厂
华新纱厂
扶轮中学
天津西站
国营无线电厂
图例
菜市场
医院
文化馆
中小学
养老院
图书馆
其他公服用地
居住——综合开发型
居住——居住保障型
居住——自我更新型
公园绿地
防护绿地
铁路转型绿地
铁路用地
其他商业用地
其他用地
河流水系
地铁线路
地铁站点
步自共享通道
步自机共享通道
一级遗产
一级遗产核心保护建筑
一级遗产核心保护范围
一级遗产建筑控住地带
一级遗产旧址范围
0 .5 1 2 3 4 km

专项策略叠加

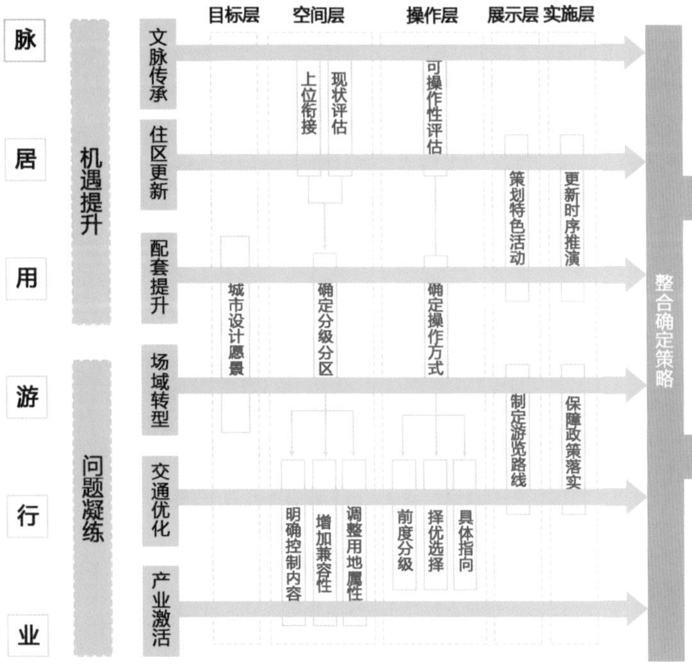
脉
居
用
游
行
业
机遇提升
问题凝练
文脉传承
住区更新
配套提升
场域转型
交通优化
产业激活
目标层
空间层
操作层
展示层
实施层
上位衔接
现状评估
可操作性评估
策划特色活动
更新时序推演
城市设计愿景
确定分级分区
确定操作方式
制定游览路线
保障政策落实
明确控制内容
增加兼容性
调整用地属性
前度分级
择优选择
具体指向
整合确定策略

策略整合方法构建

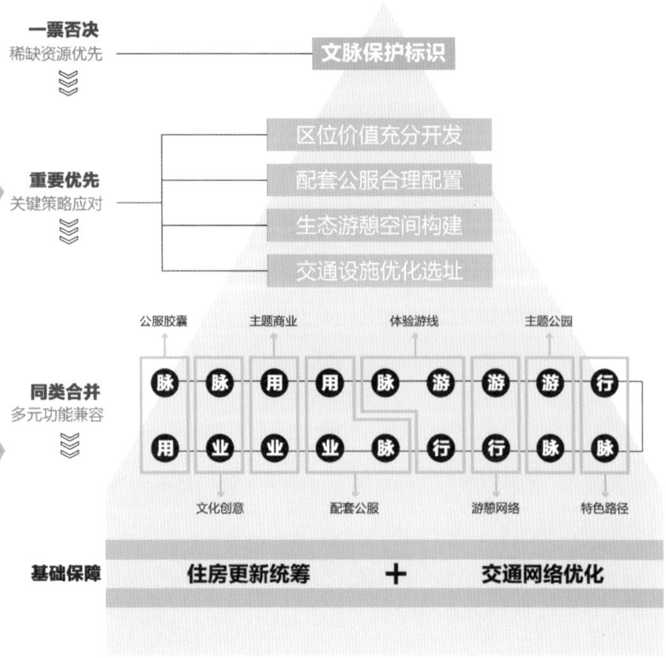
一票否决
稀缺资源优先
文脉保护标识
重要优先
关键策略应对
区位价值充分开发
配套公服合理配置
生态游憩空间构建
交通设施优化选址
同类合并
多元功能兼容
公服胶囊
主题商业
体验游线
主题公园
脉 脉 用 用 脉 游 游 游 行
用 业 业 业 脉 行 行 脉 脉
文化创意
配套公服
游憩网络
特色路径
基础保障
住房更新统筹
+
交通网络优化

城市设计导则

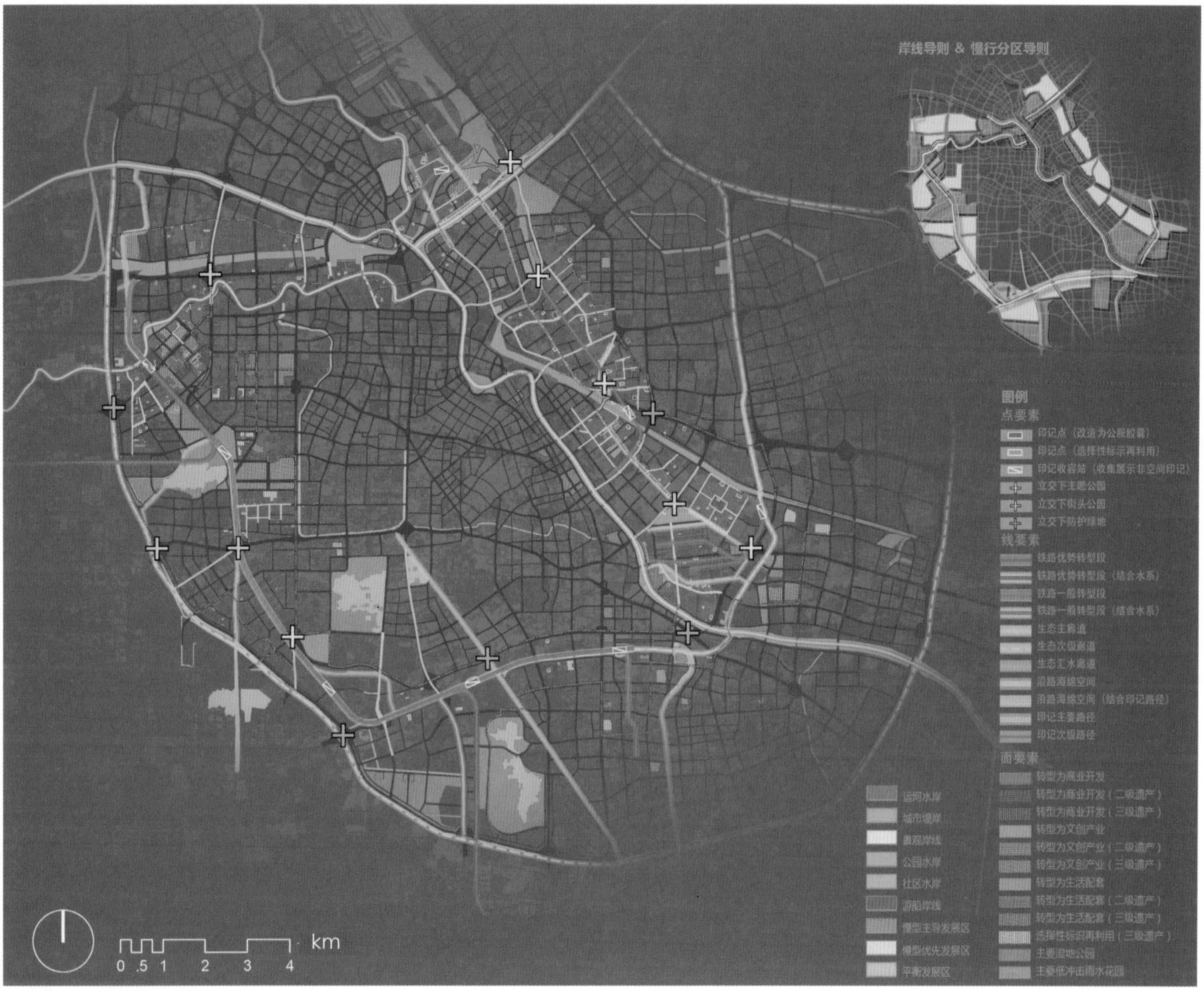
岸线导则 & 慢行分区导则
图例
点要素
印记点（改造为公服胶囊）
印记点（选择性标示再利用）
印记收容站（收集展示非空间印记）
立交下主题公园
立交下街头公园
立交下防护绿地
线要素
铁路优势转型段
铁路优势转型段（结合水系）
铁路一般转型段
铁路一般转型段（结合水系）
生态主廊道
生态次级廊道
生态汇水廊道
沿路海绵空间
沿路海绵空间（结合印记路径）
印记主要路径
印记次级路径
面要素
转型为商业开发
转型为商业开发（二级遗产）
转型为商业开发（三级遗产）
转型为文创产业
转型为文创产业（二级遗产）
转型为文创产业（三级遗产）
转型为生活配套
转型为生活配套（二级遗产）
转型为生活配套（三级遗产）
选择性标识再利用（三级遗产）
主要湿地公园
主要低冲击雨水花园
运河水岸
城市堤岸
景观岸线
公园水岸
社区水岸
游船岸线
慢型主导发展区
慢型优先发展区
平衡发展区
0 .5 1 2 3 4 km

展示策划导则

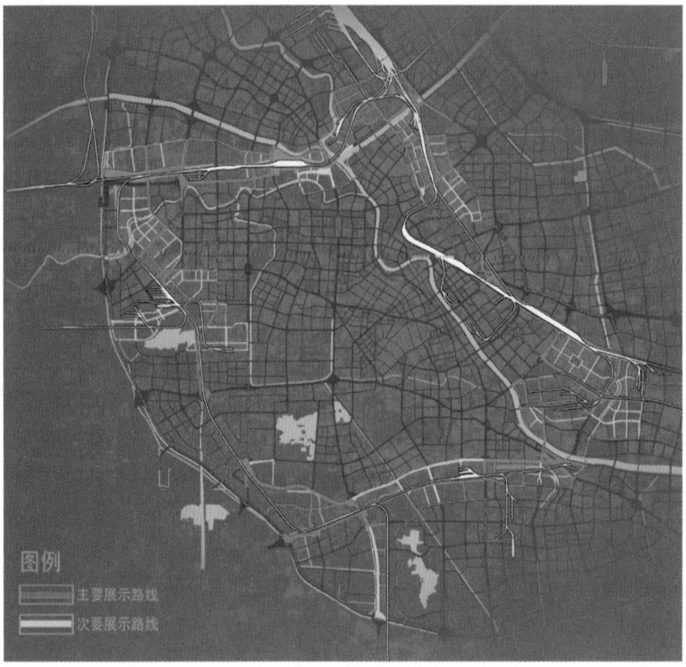
图例
主要展示路线
次要展示路线

目标体系构建

- **打造一条近现代工业遗产展示带**
  - 对遗产和印记进行全面保护
  - 构建天津广义遗产保护体系
  - 建立国家级近现代工业遗产公园
- **构建多个活力示范社区**
  - 更新520.8公顷品质低下的居住地块
  - 为弱势群体解决居住问题
- **形成15min便民生活服务圈**
  - 填补1023公顷公服设施真空地带
  - 植入社区“公服胶囊”
- **构建一套高品质生态-游憩体系**
  - 优化5.4平方公里的低品质公共空间
  - 提升14处形式化立交公园
  - 持续推进改造城市公共景观
- **形成一套天环慢行网络**
  - 改造290公顷阻隔道路的铁路用地
  - 改造93km路段为慢性路，完善道路体系
- **塑造天津城市特色产业**
  - 重新定位10处同质化严重的创意园区
  - 根据人群需求和周边定位制定策略

我们将前述六大专题的成果整合形成综合策略，以回应4大关键命题。通过对六个专题下18个策略的阐述，我们得到六个分项导则图。之后我们通过稀缺资源优先，关键策略应对，多样功能兼容，基础设施保障四大核心原则。将其综合为3张纲领性的导则成果。其中包括用地调整导则，城市设计导则，展示策划导则。

最终形成由空间、用地、人三位一体所构成的城市设计核心成果。进而以此为纲领进一步落实由总导则到具体空间设计的方案。

规划设计方案的构建

技术路线

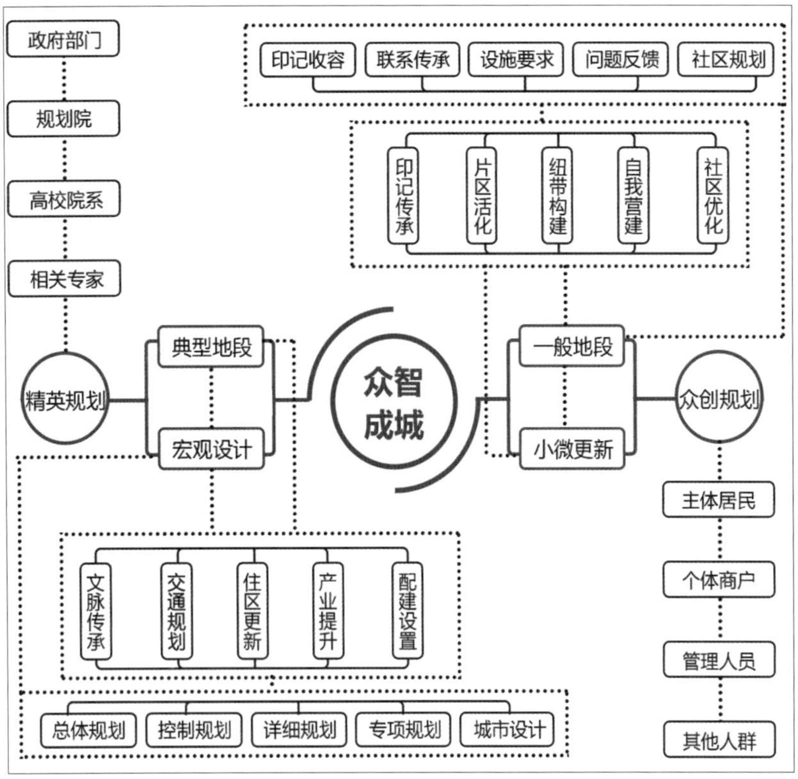
政府部门
规划院
高校院系
相关专家
印记收容
联系传承
设施要求
问题反馈
社区规划
印记传承
片区活化
纽带构建
自我营建
社区优化
典型地段
精英规划
宏观设计
众智成城
一般地段
小微更新
众创规划
主体居民
个体商户
管理人员
其他人群
文脉传承
交通规划
住区更新
产业提升
配建设置
总体规划
控制规划
详细规划
专项规划
城市设计

信息化背景下融汇众慧的城市规划编制创新

创新规划编制流程

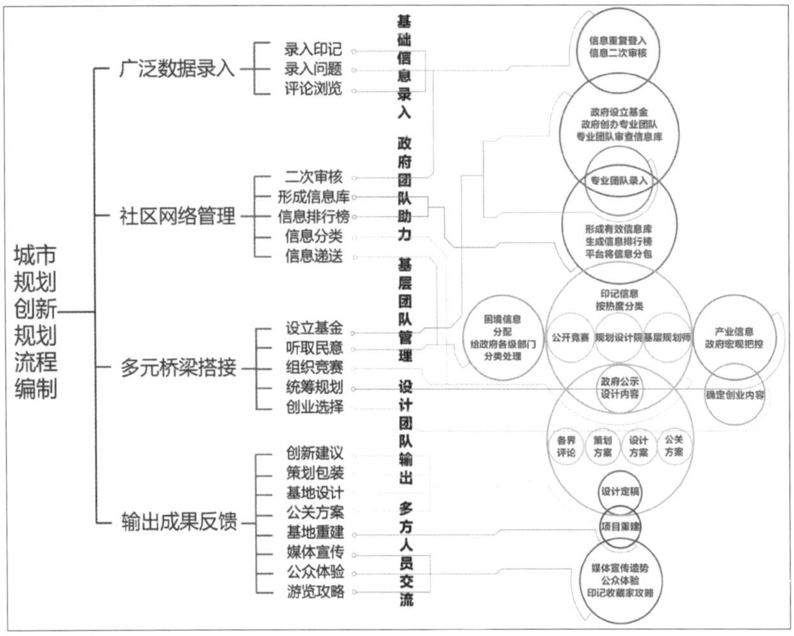
城市规划创新规划流程编制
广泛数据录入
录入印记
录入问题
评论浏览
社区网络管理
二次审核
形成信息库
信息排行榜
信息分类
信息递送
多元桥梁搭接
设立基金
听取民意
组织竞赛
统筹规划
创业选择
输出成果反馈
创新建议
策划包装
基地设计
公关方案
基地重建
媒体宣传
公众体验
游览攻略
基础信息录入
政府团队助力
基层团队管理
设计团队输出
多方人员交流
信息重复登入
信息二次审核
政府设立基金
政府创办专业团队
专业团队审查信息库
专业团队录入
形成有效信息库
生成信息排行榜
平台将信息分包
印记信息
按热度分类
困境信息
分配
给政府各级部门
分类处理
公开竞赛
规划设计院
基层规划师
产业信息
政府宏观把控
政府公示
设计内容
确定创业内容
各界评论
策划方案
设计方案
公关方案
设计定稿
项目重建
媒体宣传造势
公众体验
印记收藏家攻略

手机操作流程示意

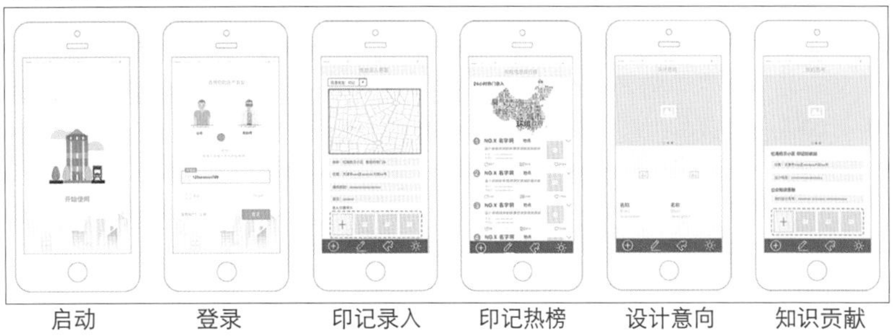
启动
登录
印记录入
印记热榜
设计意向
知识贡献

铁路沿线地区总体城市设计

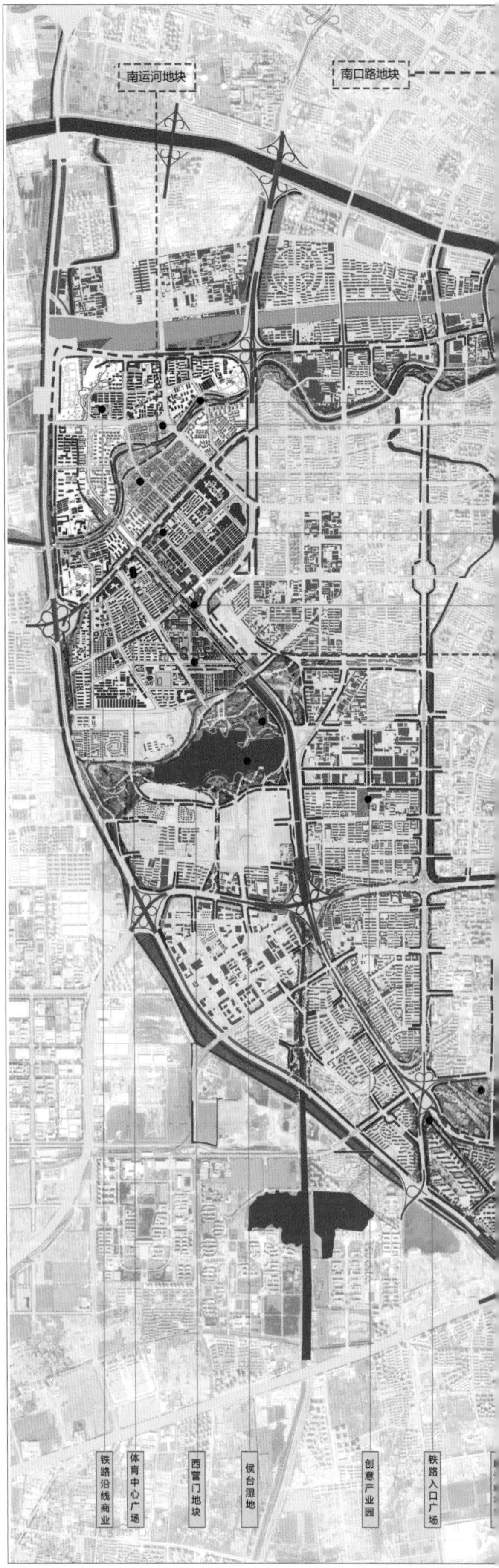
南运河地块
南口路地块
铁路沿线商业
体育中心广场
西营门地块
侯台湿地
创意产业园
铁路入口广场

西沽直机厂
铁路沿线公园
滨海景观带
新开河景观带
滨海公园
三岔河口
天津西站
滨海公园
南运河公园
滨河商业
滨河商业街
活动中心
商业综合体
铁路沿线公园
市民中心
立交下公园
侯台绿地公园
二宫公园
社区中心
市民广场
棉三创意产业园
居住社区
海河滨海带
小三线地块
新仓库地块
滨河节点
社区公共节点
社区公共绿地
公园绿地
创意产业园
铁路沿线公园
铁路公园
海河公园
海河公共绿地

计篇——南口路地块方案设计

基地概况

西沽公园
The Xigu Park
西沽直机厂
动力机厂
三岔河口
Sancha River Estuary

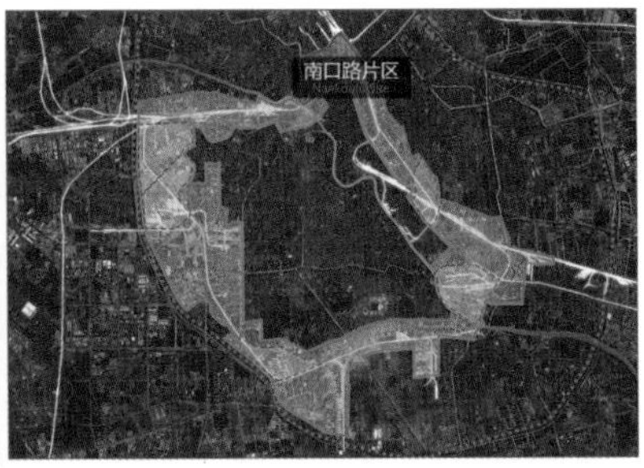
南口路片区

南口路地区是京山铁路与津浦铁路的交汇区域，是以往天津市中心城区工业发展最集中的地区之一，也是天津市城市发源地和最早的商贸文化娱乐区。该区域内，存在较多工业遗产和一部分尚未改造的废弃铁路。

核心概念

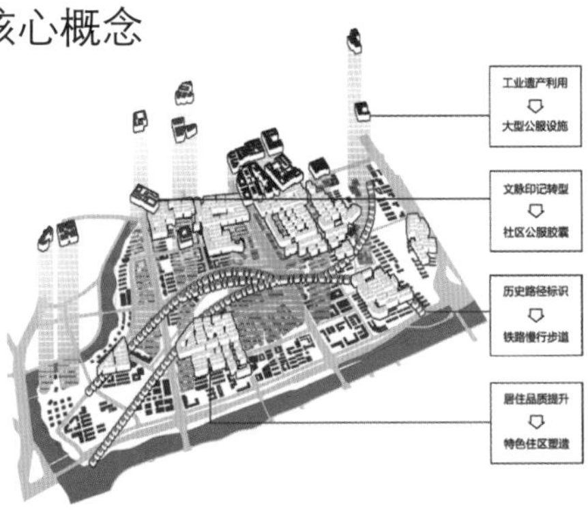
工业遗产利用
大型公服设施
文脉印记转型
社区公服胶囊
历史路径标识
铁路慢行步道
居住品质提升
特色住区营造

标识历史路径，转型为步道串联基地内工业遗产以及文脉印记转型的社区服务设施，融入社区，切实提高居住生活品质。

文脉传承导则

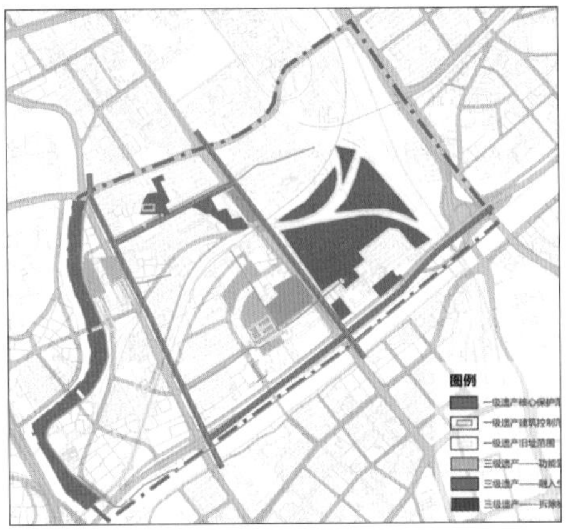

住区更新导则

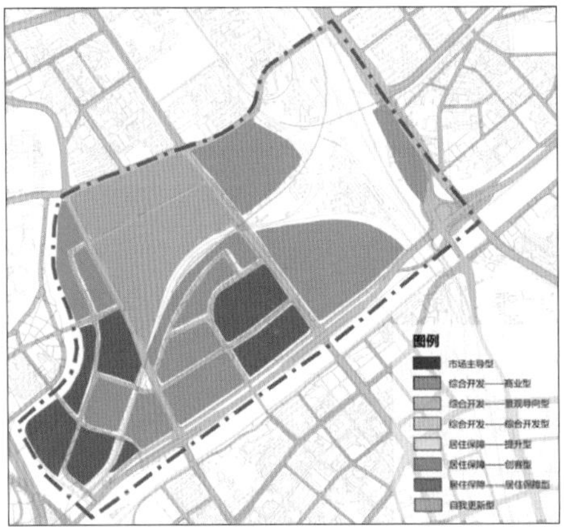

场域转型导则

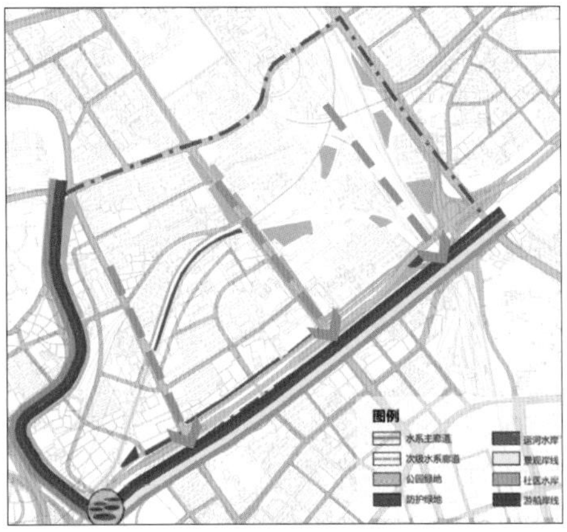

交通优化导则

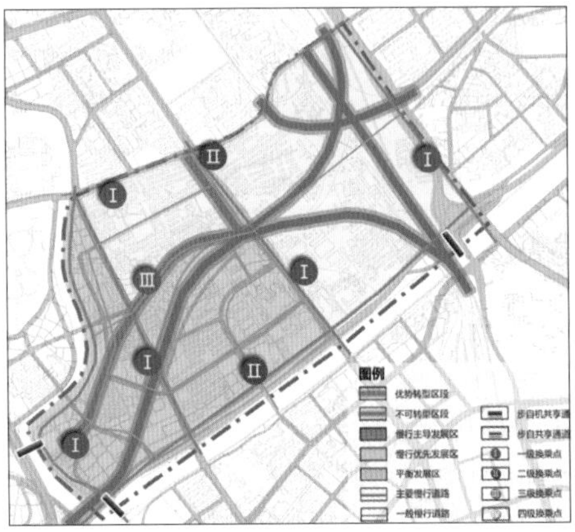

配套提升导则

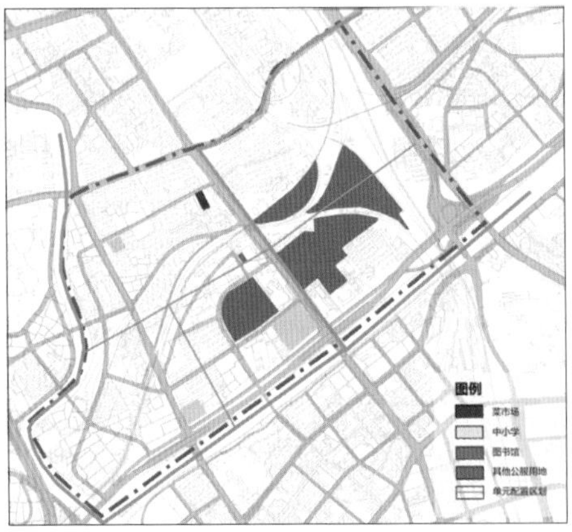

产业转型导则

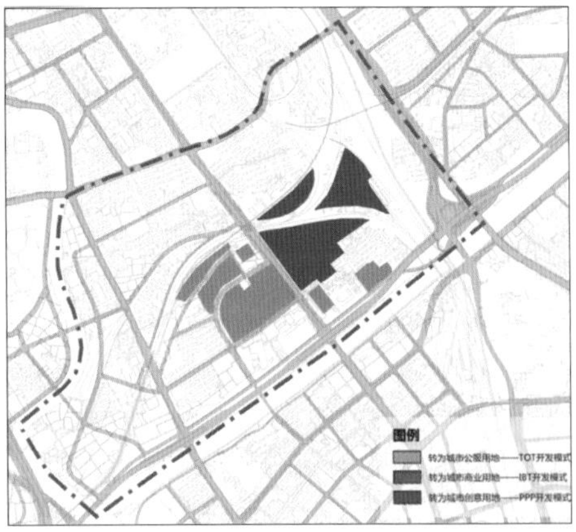

城市设计导则

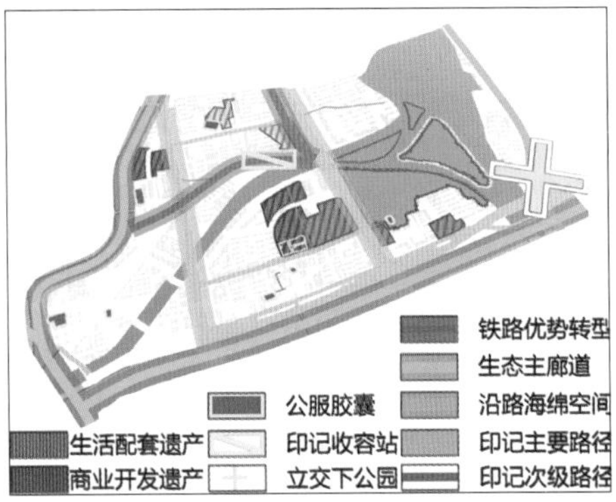
铁路优势转型
生态主廊道
沿路海绵空间
印记主要路径
印记次级路径
公服胶囊
印记收容站
立交下公园
生活配套遗产
商业开发遗产

空间结构图

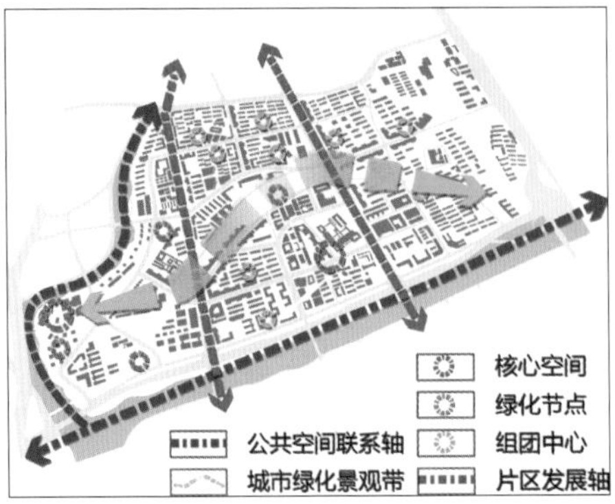
核心空间
绿化节点
组团中心
片区发展轴
公共空间联系轴
城市绿化景观带

慢行分区导则

主要慢行路
次要慢行路
换乘点

南口路地块片区平面图

老年活动俱乐部
动力机文化服务区
市民图书馆
榆关道市民中心
100 200 400
市民运动馆
新开桥全龄社区
民族乐器博物馆
津浦北路公园
南口路铁路公园
滨河铁路小镇

详细节点总平面图

技术经济指标：
总用地面积：75.63hm²
建筑密度：34.2%
容积率：1.32
绿地率：42.5%

核心空间效果图

计篇——凌奥地块方案设计

基地概况

南翠屏公园
奥体中心
凌奥产业园
李七庄站

凌奥片区

凌奥地区是陈塘铁路与居住社区联系最紧密的地区，也是铁路形式、宽度、与水系的关系等方面最丰富的地区。

技术路线

图例
印记收容站
印记点
立交下防护绿地
铁路一般转型段
沿路海绵空间
印记主要路径
生态汇水廊道

图例
文化馆
中小学
其他公服用地
居住综合开发型
居住居住保障型
居住自我更新型
公园绿地
防护绿地
铁路转型绿地
铁路用地
其他商业用地
其他用地

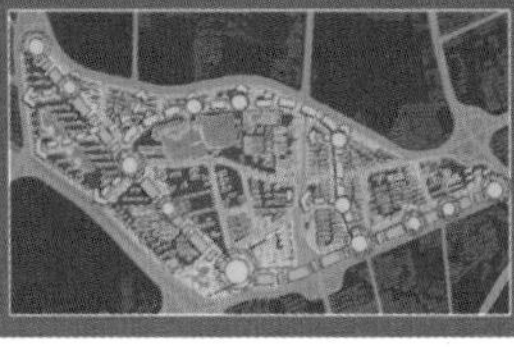
图例
小区慢行节点
社区慢行节点
次级核心节点
主要核心节点
主要慢行路线
次要慢行路线
小区慢行路线

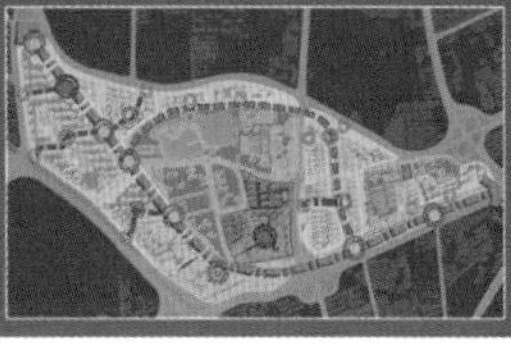
图例
小区出入口
小区公共绿地
社区公共绿地
片区公共绿地
社区商业中心
片区商业中心
主要轴线
次要轴线
渗透轴线
商业片区
居住片区
绿地片区
公共服务片区

总平面图

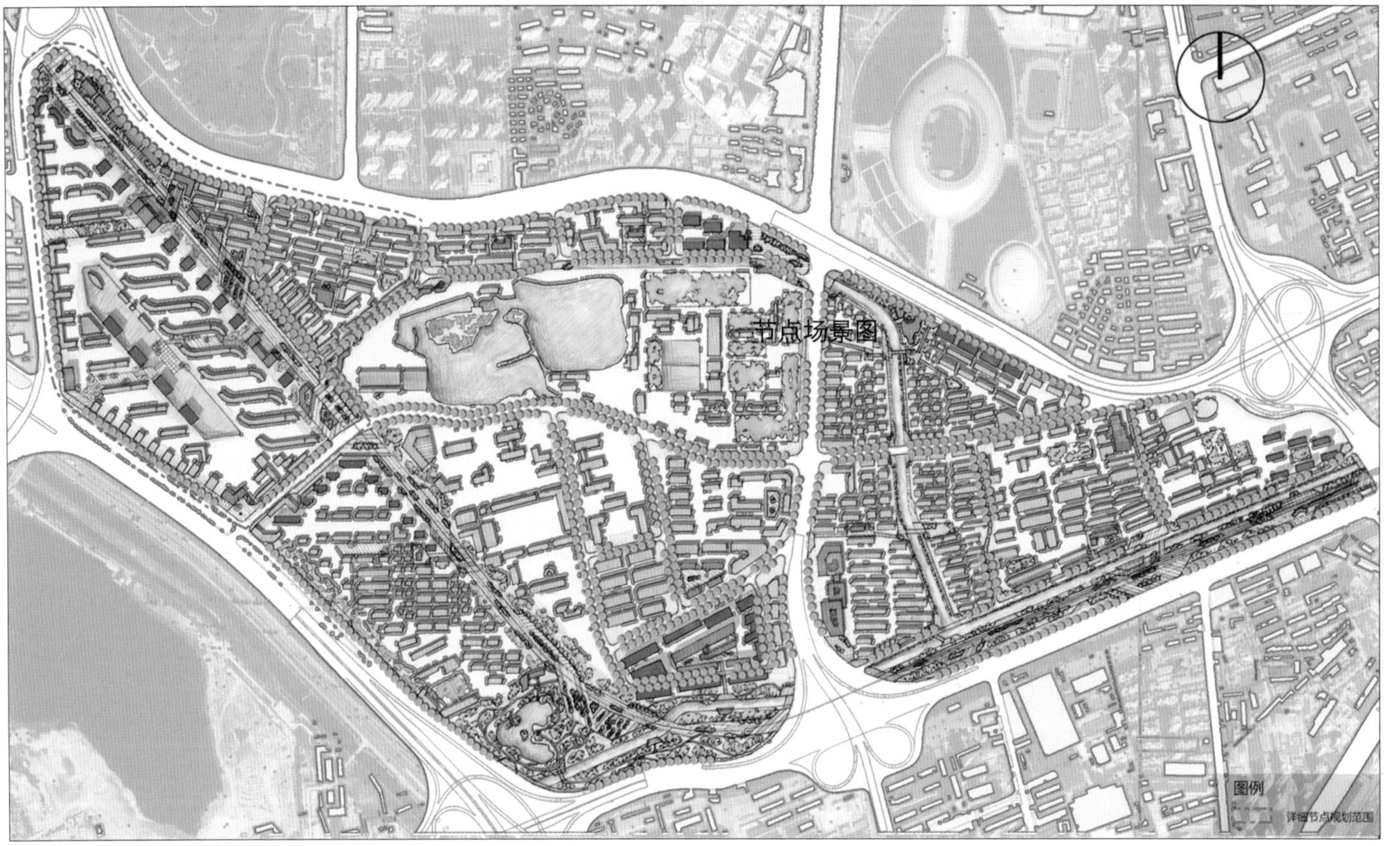
节点场景图
图例
详细节点规划范围

效果图

印记收容站策略回应

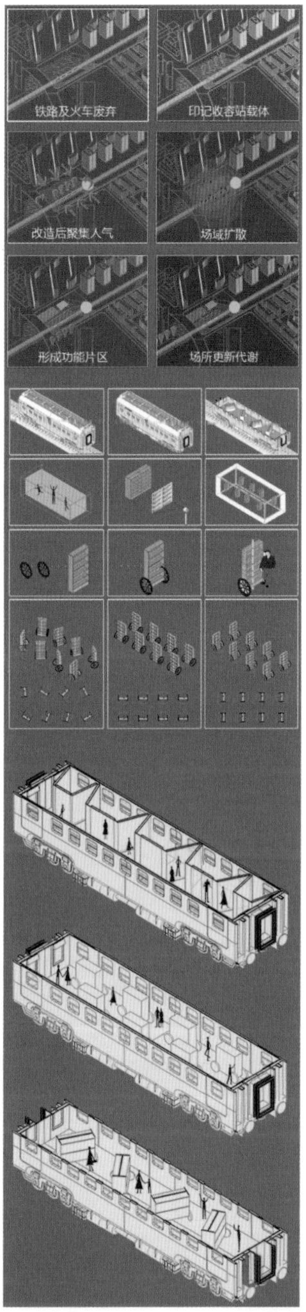
铁路及火车废弃
印记收容站载体
改造后聚集人气
场域扩散
形成功能片区
场所更新代谢

详细节点总平面图

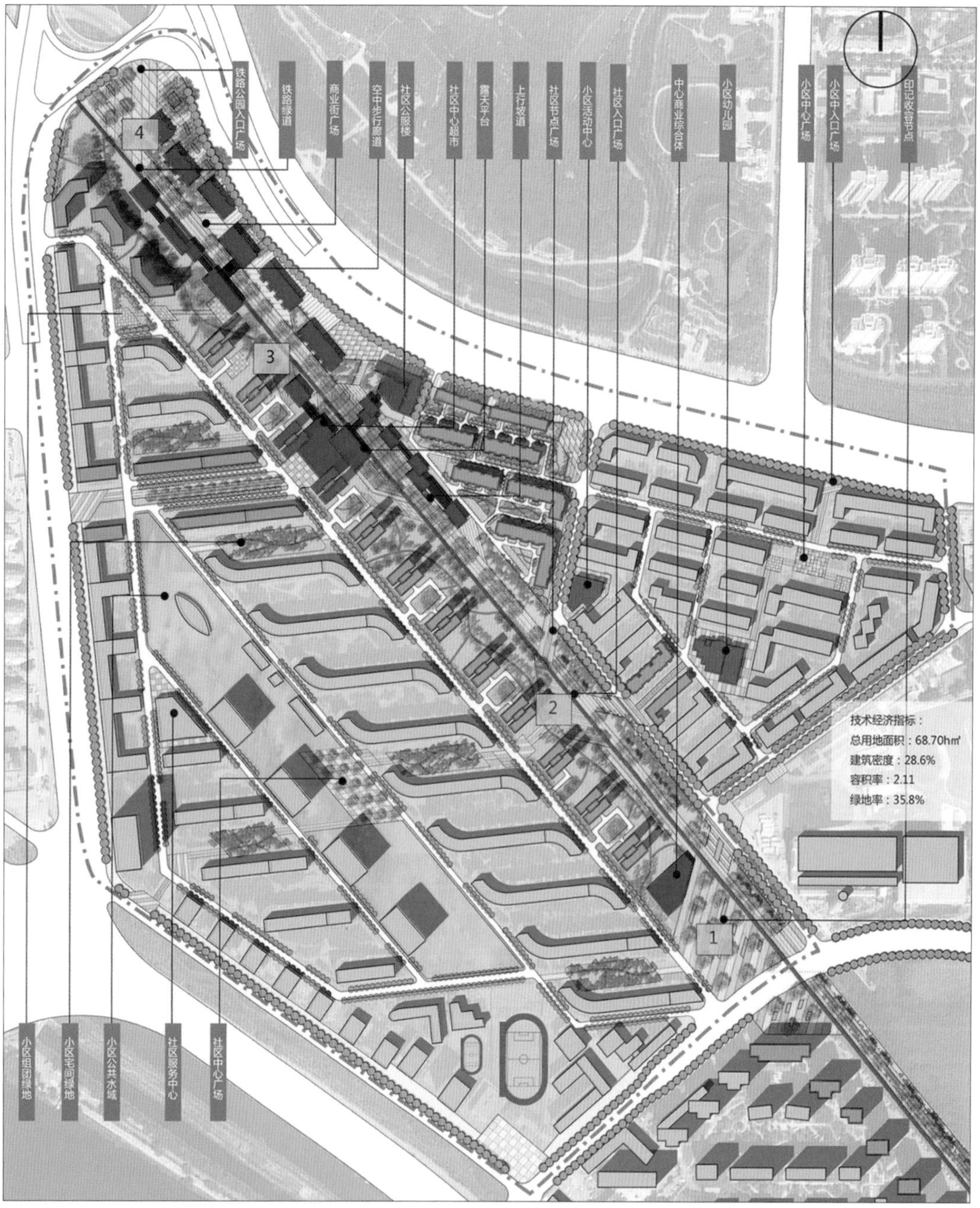
铁路公园入口广场
铁路绿道
商业街广场
空中步行廊道
社区公服楼
社区中心超市
露天平台
上行坡道
社区节点广场
小区活动中心
社区入口广场
中心商业综合体
小区幼儿园
小区中心广场
小区中入口广场
印记收容节点
4
3
2
1
技术经济指标：
总用地面积：68.70hm²
建筑密度：28.6%
容积率：2.11
绿地率：35.8%
小区组团绿地
小区宅间绿地
小区公共水域
社区服务中心
社区中心广场

计篇——新仓库地块方案设计

基地概况

二宫公园
新仓库
棉三产业园
海河

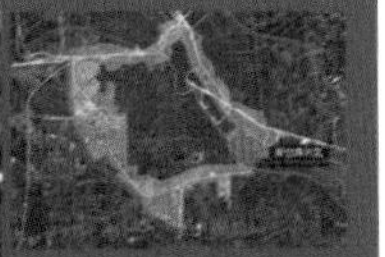

【现状概况】

新仓库是1937年天津被日军占领后，日军在天津河东区南部修建的军用物资仓库，呈六角形，西边为海河。基地内有多条生态水系等线性自然资源要素，有多条废弃铁路遗存及厂房等文化遗产；在海河岸边有天津第三棉纺厂，是天津市重点工业遗之一，现已改造为棉三创意产业园。

分项导则

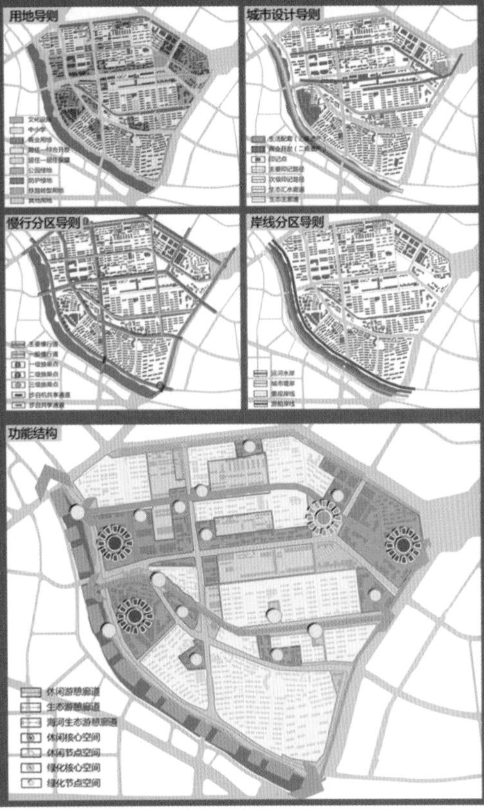
用地导则
城市设计导则
慢行分区导则
岸线分区导则
功能结构
休闲游憩廊道
生态游憩廊道
海河生态游憩廊道
休闲核心空间
休闲节点空间
绿化核心空间
绿化节点空间

节点效果图

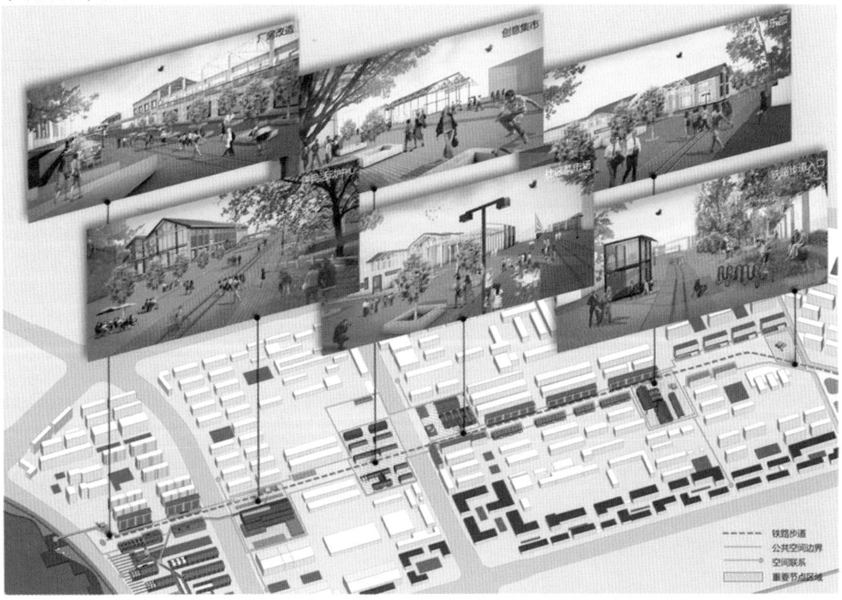
厂房改造
创意集市
铁路步道
公共空间边界
空间联系
重要节点区域

片区总平面图

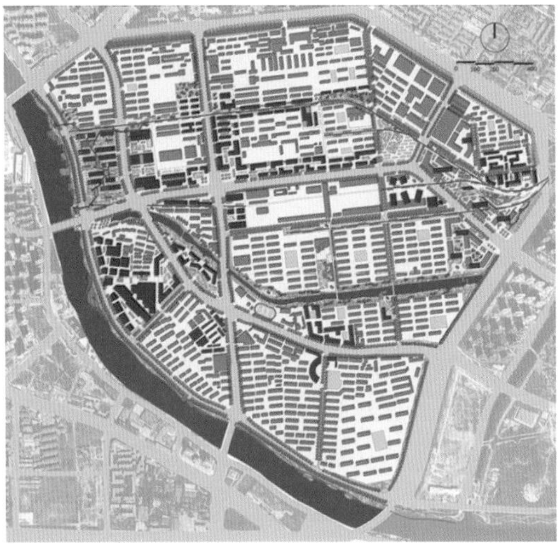

铁路休闲廊道展示

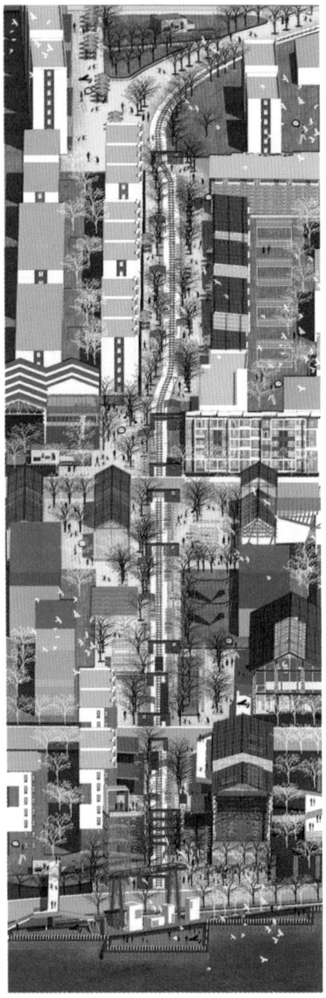

详细节点总平面图

游憩策略回应

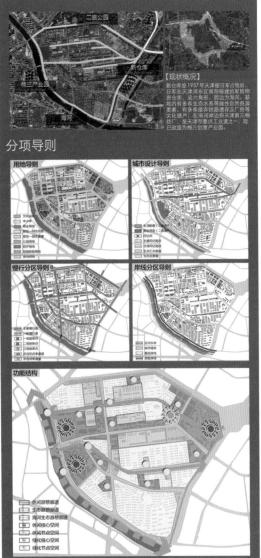

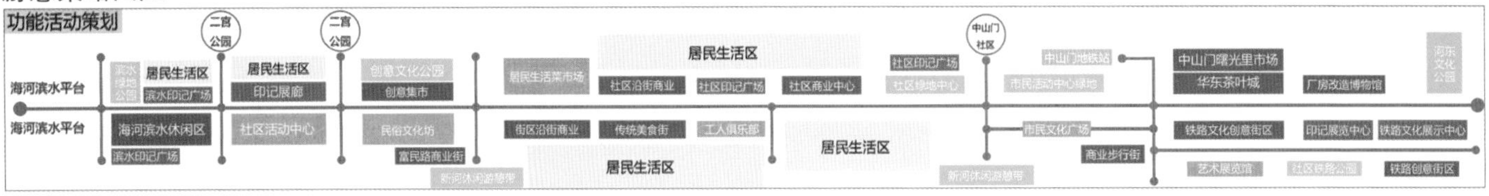
功能活动策划
二宫公园
二宫公园
中山门社区
海河滨水平台
海河滨水平台
滨水绿地公园
居民生活区
滨水印记广场
居民生活区
印记展廊
创意文化公园
创意集市
居民生活菜市场
居民生活区
社区沿街商业
社区印记广场
社区商业中心
社区印记广场
社区绿地中心
中山门地铁站
市民活动中心绿地
中山门曙光里市场
华东茶叶城
厂房改造博物馆
河东文化公园
海河滨水休闲区
滨水印记广场
社区活动中心
民俗文化坊
富民路商业街
新河休闲游憩带
街区沿街商业
传统美食街
工人俱乐部
居民生活区
居民生活区
市民文化广场
商业步行街
新河休闲游憩带
铁路文化创意街区
印记展览中心
铁路文化展示中心
艺术展览馆
社区铁路公园
铁路创意街区

计篇——西营门地块方案设计

基地概况

南运河
西营门货场
国家粮仓
侯台公园

西营门地块

【现状概况】
西营门地区以密云路（快速路）为界，东侧为南开区，西侧为西青区。现状有陈塘铁路和西营门货场，并有8条铁路专用线，包括天津蛋品厂、西营门国家糖储备库等主要民需用品专用线和煤炭、煤化、粮食等大宗货物运输的专用线。未来将拥有较多腾退空间成为城市存量资源。

西营门地块现状拥有陈塘庄铁路与西营门货场等大量腾退空间，是典型的产业待转型地块，同时铁路串联南运河与侯台湿地公园。

分项导则

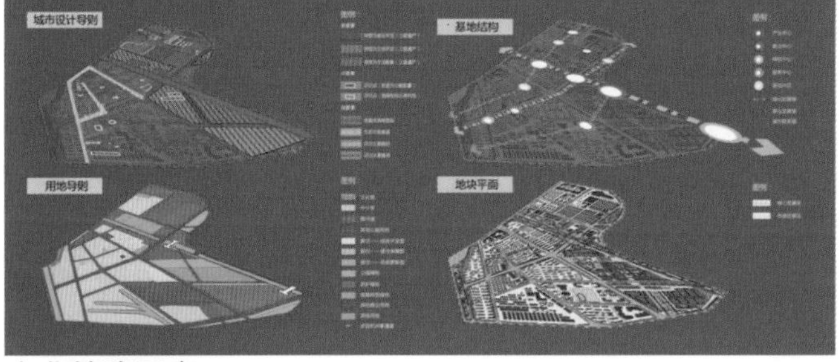
城市设计导则
基地结构
用地导则
地块平面

详细节点总平面图

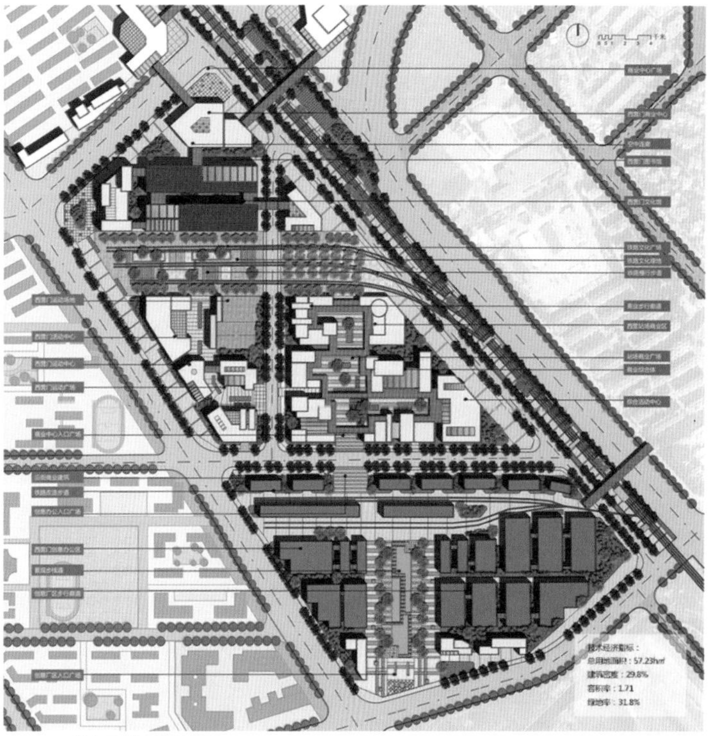

产业策略回应

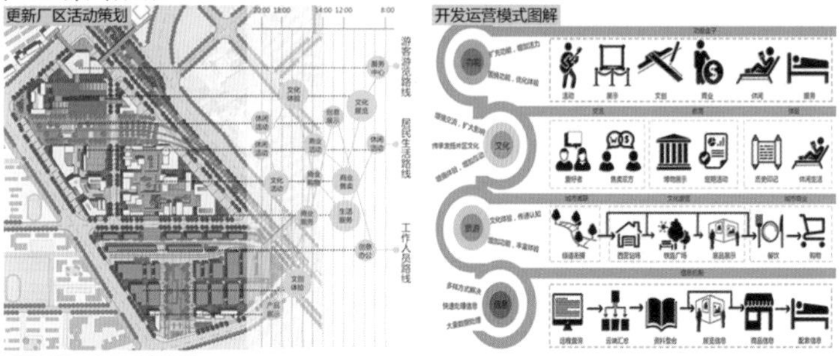
更新厂区活动策划
游客游览路线
居民生活路线
工作人员路线
开发运营模式图解

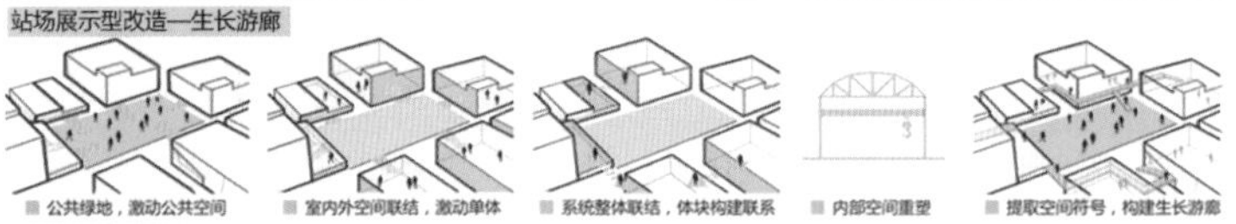
站场展示型改造—生长游廊
公共绿地，激动公共空间
室内外空间联结，激动单体
系统整体联结，体块构建联系
内部空间重塑
提取空间符号，构建生长游廊

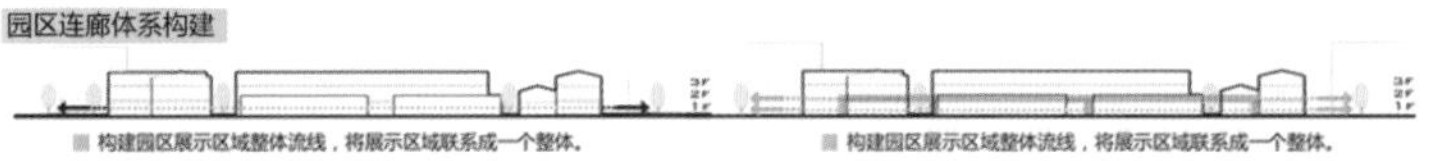
园区连廊体系构建
构建园区展示区域整体流线，将展示区域联系成一个整体。
构建园区展示区域整体流线，将展示区域联系成一个整体。

片区总平面图

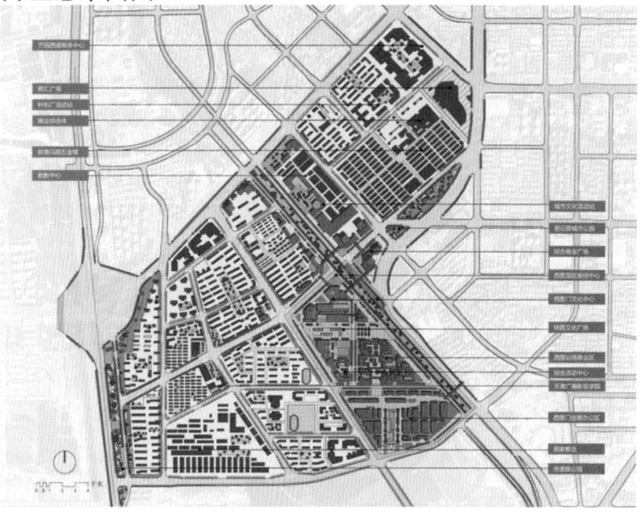

核心空间效果图

计篇——小三线地块方案设计

基地概况

天津站
Tianjin Railway Station
海河
The Haihe River

【现状概况】
小三线是京山铁路的货运复线，目前铁路功能废止。现状在两条快速之间的绿化隔离带内，进出不便；周边散落着若干工厂、学校。小三线如同一根梭线，牵拉着河东区高端金融商务商贸聚集的核心区域和城市主中心的一部分，紧密地衔接海河对岸小白楼地区的商务商贸功能。

技术路线

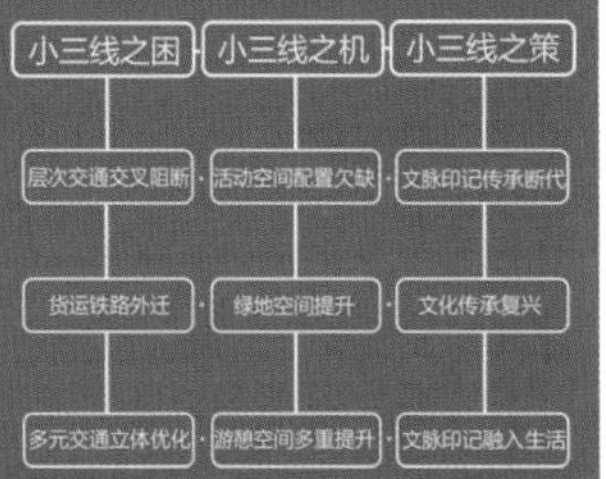
小三线之困
小三线之机
小三线之策
层次交通交叉阻断
活动空间配置欠缺
文脉印记传承断代
货运铁路外迁
绿地空间提升
文化传承复兴
多元交通立体优化
游憩空间多重提升
文脉印记融入生活

小三线是京山铁路的货运复线，目前铁路功能废止。铁路与快速路将地块切割得十分破碎，阻隔人们的出行。

分项导则

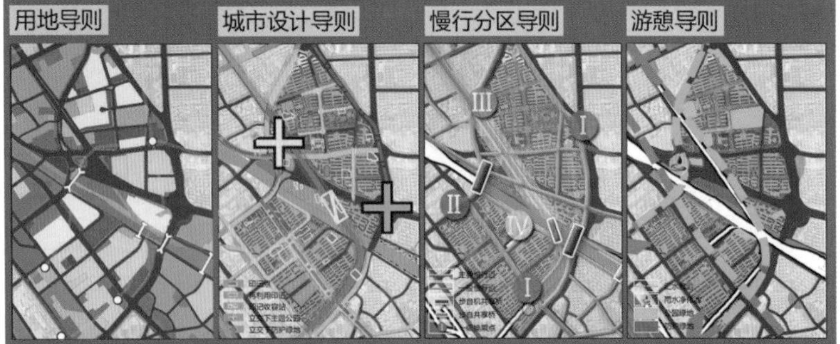
用地导则
城市设计导则
慢行分区导则
游憩导则

交通策略回应

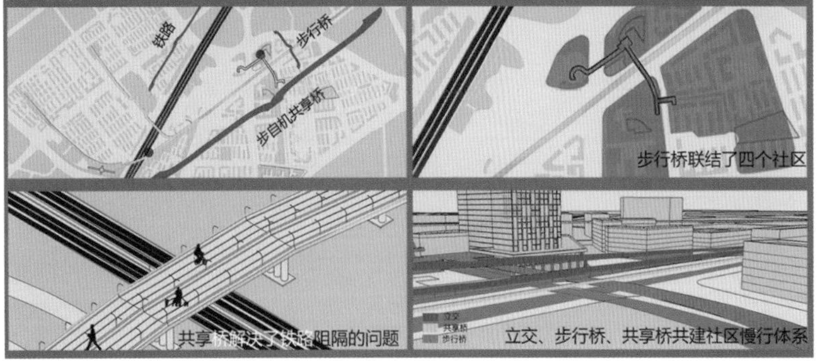
铁路
步行桥
步自机共享桥
步行桥联结了四个社区
共享桥解决了铁路阻隔的问题
立交、步行桥、共享桥共建社区慢行体系

平面图

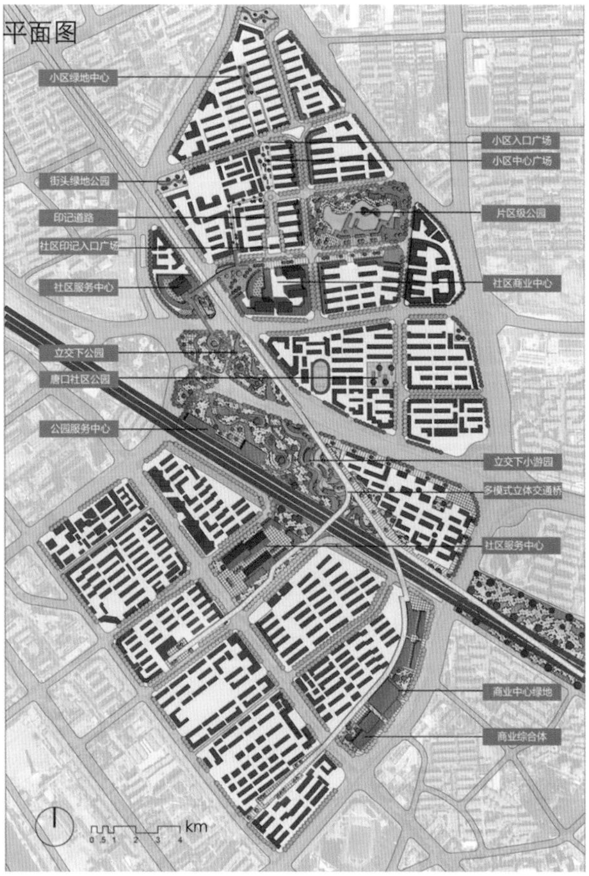
小区绿地中心
小区入口广场
小区中心广场
街头绿地公园
片区级公园
印记道路
社区印记入口广场
社区服务中心
社区商业中心
立交下公园
唐口社区公园
公园服务中心
立交下小游园
多模式立体交通桥
社区服务中心
商业中心绿地
商业综合体
km

节点效果图

鸟瞰图

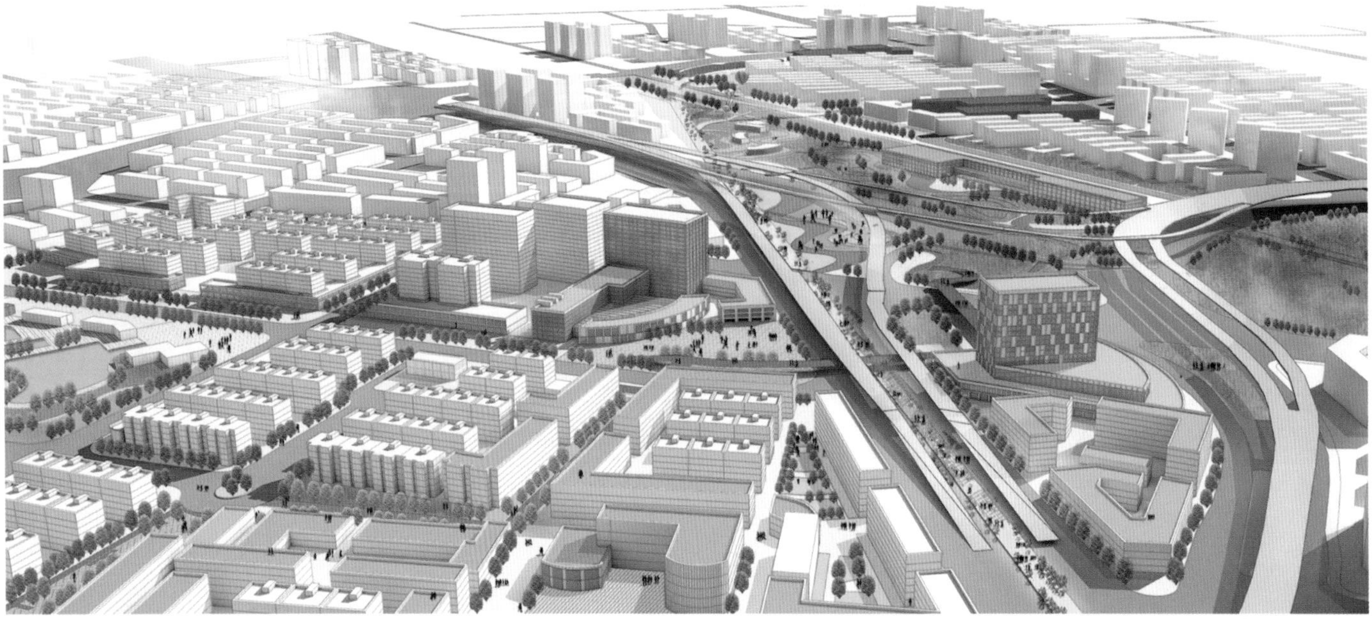

计篇——南运河地块方案设计

基地概况

西营门货场

【现状概况】

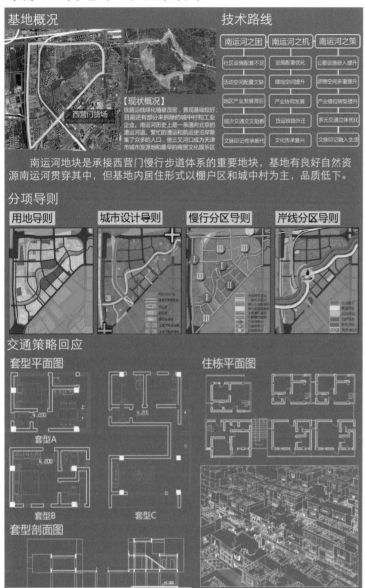

铁路沿线绿化植被茂密，景观基础较好；目前还有部分未拆除的城中村和工业企业。南运河历史上是一条通向北京的漕运河道。繁忙的漕运和航运使沿岸聚集了众多的人口，使三叉河口成为天津市城市发源地和最早的商贸文化娱乐区

技术路线

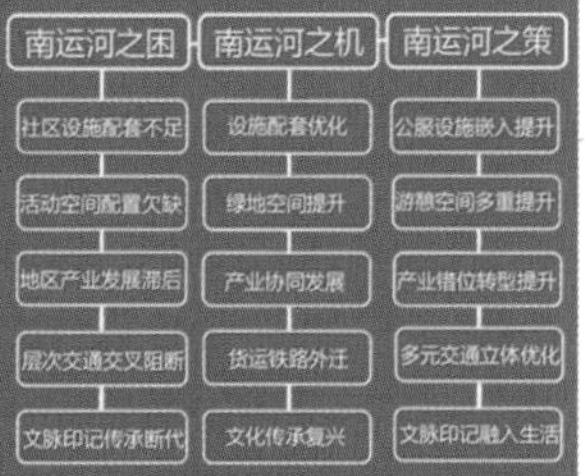
南运河之困
南运河之机
南运河之策
社区设施配套不足
设施配套优化
公服设施嵌入提升
活动空间配置欠缺
绿地空间提升
游憩空间多重提升
地区产业发展滞后
产业协同发展
产业错位转型提升
层次交通交叉阻断
货运铁路外迁
多元交通立体优化
文脉印记传承断代
文化传承复兴
文脉印记融入生活

南运河地块是承接西营门慢行步道体系的重要地块，基地有良好自然资源南运河贯穿其中，但基地内居住形式以棚户区和城中村为主，品质低下。

分项导则

用地导则　城市设计导则　慢行分区导则　岸线分区导则

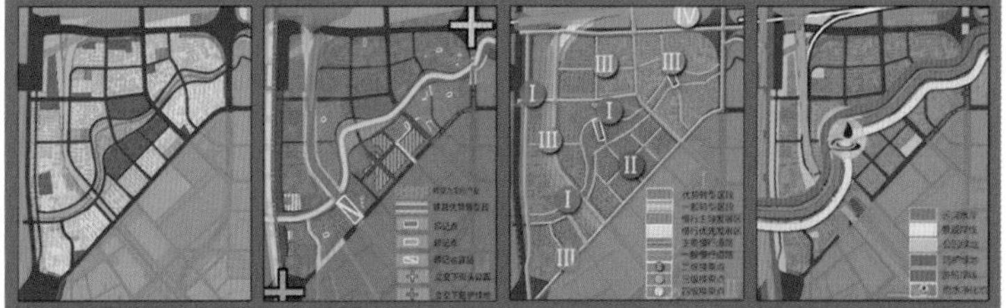

交通策略回应

套型平面图

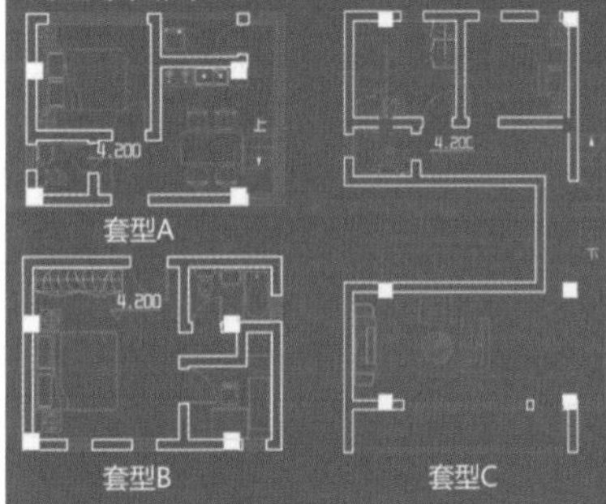
4,200
套型A
4,200
套型B
4,200
套型C

套型剖面图

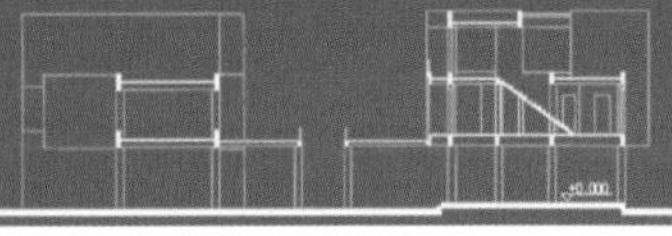

住栋平面图

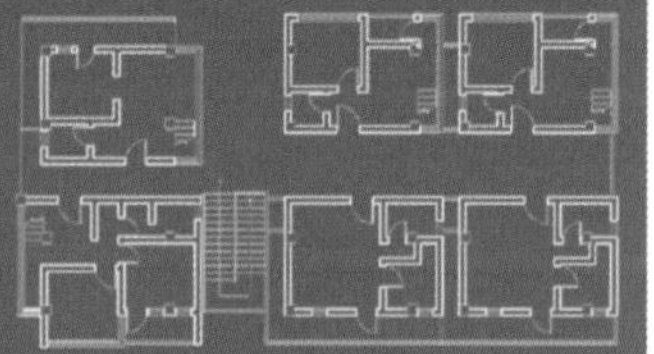

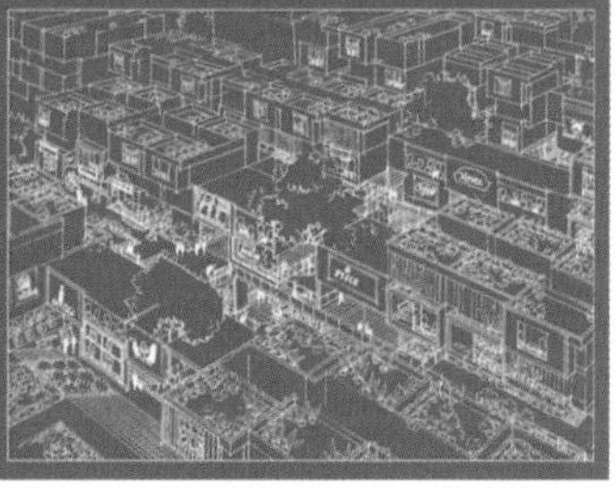

总平面图

住区入口广场
南运河景观带
商业入口广场
滨水景观步道
地下入口广场
商业街
景观公园
滨水广场
千米

节点透视

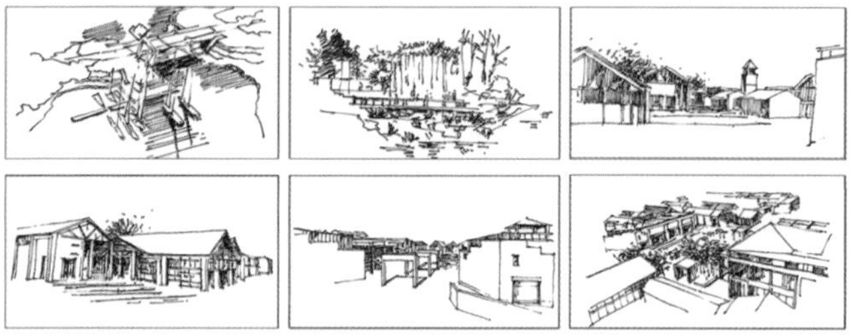

效果图

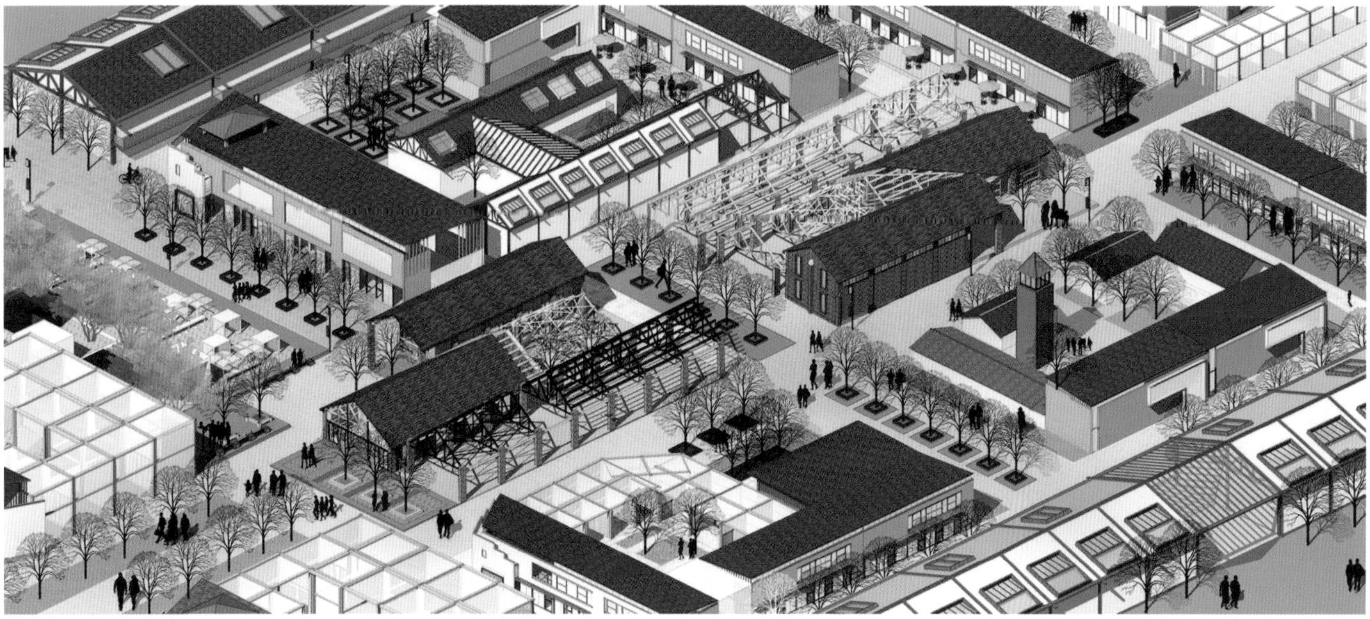

轨隐荒烟落照间
器枕苍苔似等闲
沽小识遍春芳落
秋客残脉对愁眠
百里寒居困归雁
四业沟堑锁机缘
天环垂暮谁鞭策
吾土吾心共流年

jīn jīn
今津
lè dào
乐道

重庆大学本科2012级
建筑城规学院毕业联合设计终期答辩
天津中心城区铁路环线周边地区更新发展规划

LOHAS
西沽记忆
小三线
LALALAND
御河24/7

叶林老师
赵益麟
付鹏
代光鑫
李孟可
罗圣钊
李和平老师
刘晓冬
赵偲圻
钱天健
张然
白雪燕
颜思敏
李醒（不是P上去的）

今津乐道

LOHAS CITY

重庆大学建筑城规学院
钱天健　颜思敏　白雪燕　罗圣钊　刘晓冬　代光鑫
李　醒　赵益麟　李孟可　付　鹏　张　然　赵偲圻
指导老师：李和平　叶　林

天津是中国近代轻工业发源地之一，也是中国铁路文化的发祥地，在铁路环线周边，先后建设了大量的工厂、仓库、货站和工人新村，其中包括很多在我国工业发展史上创造过辉煌历史和业绩的工业企业，如天津钢厂、天津第一机床厂、天津拖拉机厂、津浦路西沽机厂等。仅陈塘庄支线铁路，鼎盛时期就有10万产业工人，铁路成为周边工厂运送物资和通勤的“黄金线”。铁路环线与周边的工业，实际上构成了天津中心城区工业发展的空间格局，见证了天津近代工业时代的发展历程和兴衰历史，也承载了几代人的工作和生活记忆。随着天津产业“退二进三”进程的加速，工业企业已经或即将关闭、外迁，货运铁路线也即将退出历史舞台。

中心城区的铁路环线由京山线、小三线、津浦线、陈塘庄支线、李港铁路和部分企业专用线组成，总长度约65公里，铁路环线串联着天津市许多重要的功能区，在沿线1公里范围内，更聚集了大约100万规模的居住人口。其中小三线、陈塘庄支线（李港铁路以东部分）已经废弃，陈塘庄支线的其余铁路段和李港铁路计划在将来也要停止运营。在铁路环线周边，目前保留着18处工业遗产。这些铁路沿线地区具有复合功能特点，本身依托工业铁路遗址，沿线周边杂糅了工业遗存、居住、城市基础设施、城市公园、快速交通、商业商务等多种用地功能，整体环境却由于铁路线被切割得碎片化，成为城市的消极空间，活力逐步丧失。

在过去的一个多世纪，天津建成面积随时间不断扩张，1986年后，主要建设向滨海新区转移，因此，近现代工业曾经密集而繁盛的中心城区铁路环线周边地区逐渐衰落。

京津提出2050年建成“世界城市”的宏伟发展目标，天津的经济实力、区域影响力等实力不俗，具有跻身世界城市行列的重要优势和资本。然而，天津在《机遇之城2016》的文化与居民生活这一维度的评价中，低于大部分参评城市，成为构建城市乐活线的重要突破口。随着城市扩张，我们认为，这条承载着重要历史意义的记忆线及周边地区，不仅会成为未来城市的生态修复机遇线和产业升级的潜力线，更重要的是可以成为城市乐活的机会线。因此，我们以乐活目标为导向，以铁路周边地区的更新课题为契机，以乐为初衷，着眼“乐忆轨枕”、“乐游绿景”、“乐兴产业”、“乐享生活”四大主题，变过去单一的铁路生产线为缤纷多彩的城市乐活线，为城市注入新的乐活原动力。

设计围绕主题，从环线总体设计把控到重点地块的城市设计，逐步分空间层次深入。重点以承接总体城市设计要求的“遗产加生活”主题的南口路记忆生活展示区、“产业加生活”主题小三线文化创意街区和“生态加生活”主题的陈塘庄支线生态观光区的地块的设计成果实现将“乐”砸透的设计目标。最终，设计以全线乐活地图（LOHAS MAP）的形式呈现“今津乐道”的天津中心城区铁路环线周边地区的更新发展图景市注入新的乐活原动力。

Over the past century, Tianjin has expanded its construction area.After 1986, the main construction of Tianjin was transferred to Binhai New Area, and the surrounding area of the circle railway of the central city, which had been densely and flourishing in modern times, gradually declined. Beijing and Tianjin proposed the grand goal of building a “world city” by 2050, but there was a shortage in the dimension of culture and residents' life. Therefore, the design to “LOHAS” for the purpose, the updated development plan project as an opportunity to put forward the core theme of “Jin Jin Le Dao”, focusing on “The joy of historical heritage” and “The joy of ecological landscape”, “The joy of urban industry”, “The joy of city life” four sub themes.

Design around the theme, from the overall design to the key plots of urban design, and to the detail design step by step.The design focus on the theme of “heritage plus life”, “industry plus life” and “ecology plus life” to undertake the overall urban design requirements.The achievement of design results in the design goal of “happiness”.The designer tries to change the past single rail production line into a colorful city LOHAS line, and inject new LOHAS into the city.

研究框架

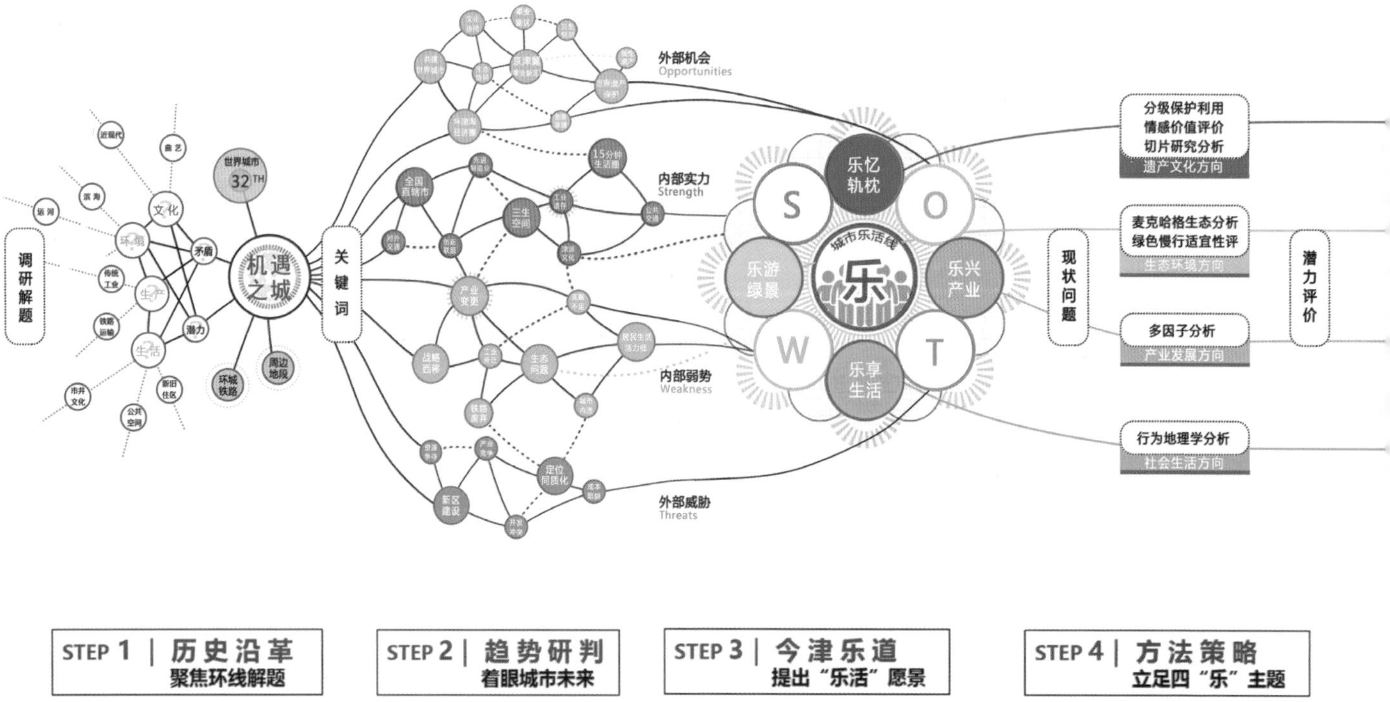
调研解题
机遇之城
世界城市 32TH
文化
生产
生活
矛盾
潜力
环城铁路
周边地段
关键词
外部机会 Opportunities
内部实力 Strength
内部弱势 Weakness
外部威胁 Threats
S
O
W
T
乐忆轨枕
乐游绿景
乐兴产业
乐享生活
城市乐活园
乐
现状问题
潜力评价
分级保护利用
情感价值评价
切片研究分析
遗产文化方向
麦克哈格生态分析
绿色慢行适宜性评
生态环境方向
多因子分析
产业发展方向
行为地理学分析
社会生活方向
STEP 1 | 历史沿革
聚焦环线解题
STEP 2 | 趋势研判
着眼城市未来
STEP 3 | 今津乐道
提出“乐活”愿景
STEP 4 | 方法策略
立足四“乐”主题

STEP0 | 初期调研

调研面积涉及全长 65km 的天津环城铁路的周边超过 8500hm² 用地，其中，重点调研地段为 6 处，分别是：

地块一：南口路片区 | 地块二：小三线片区 | 地块三：新仓库片区

地块四：凌奥创意产业片区 | 地块五：西营门片区 | 地块六：陈塘庄支线片区

A 态势沿革

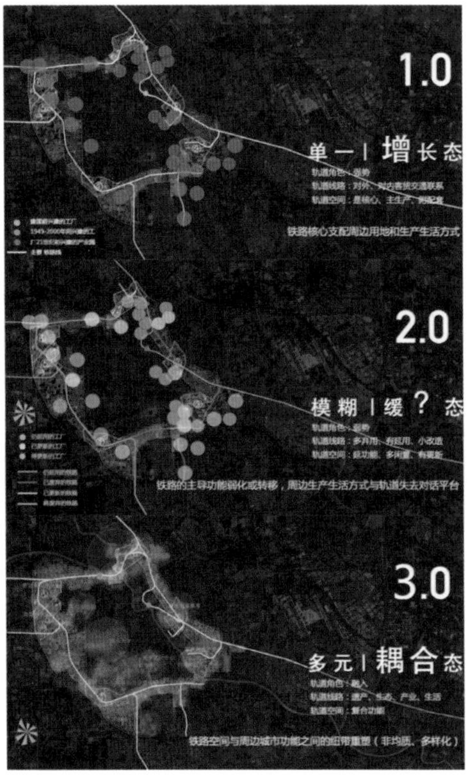
1.0
单一 | 增长态
铁路核心支配周边用地和生产生活方式
2.0
模糊 | 缓？态
铁路的主导功能弱化或转移，周边生产生活方式与轨道失去对话平台
3.0
多元 | 耦合态
铁路空间与周边城市功能之间的阻带重塑（非均质、多样化）

B 现状资源

现状资源调研及潜力评判
（1）环线区域资源评价
现状资源调研及潜力评判
（2）环线区域资源评价
现状资源调研及潜力评判
（3）环线区域资源评价

C 调研发现

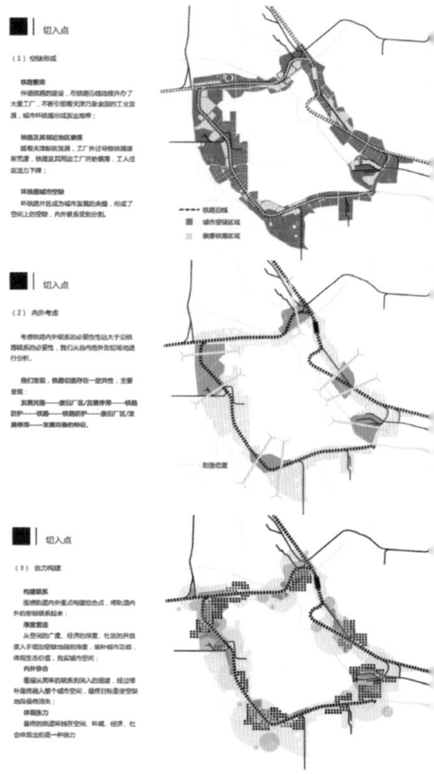
切入点
切入点
切入点

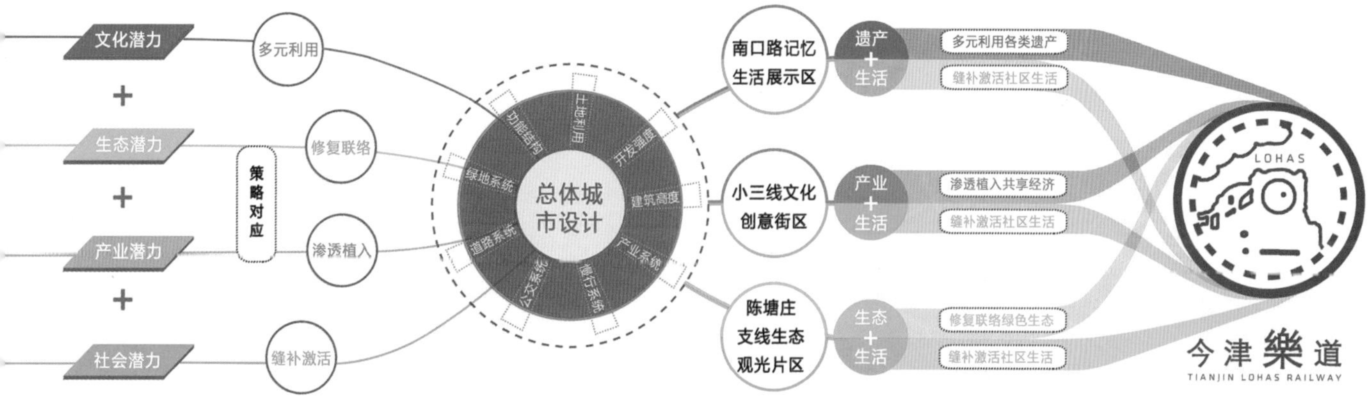

文化潜力
+
生态潜力
+
产业潜力
+
社会潜力
多元利用
修复联络
渗透植入
缝补激活
策略对应
总体城市设计
土地利用
开发强度
建筑高度
产业系统
慢行系统
公交系统
道路系统
绿地系统
功能结构
南口路记忆生活展示区
小三线文化创意街区
陈塘庄支线生态观光片区
遗产+生活
产业+生活
生态+生活
多元利用各类遗产
缝补激活社区生活
渗透植入共享经济
缝补激活社区生活
修复联络绿色生态
缝补激活社区生活
LOHAS
今津樂道
TIANJIN LOHAS RAILWAY

STEP 4 | 方法策略 立足四“乐”主题

STEP 5 | 环线层面 总体城市设计

STEP 6 | 地块层面 重点地段城市设计

STEP 7 | LOHAS MAP 全线乐活地图

STEP1 | 历史沿革——聚焦环线解题

天津的历史发展可以汇总为几个重要的阶段，分别是：

第一个时段：14 世纪至 18 世纪中期，天津依靠大运河货运兴起，成为商贸城市。

第二个时段：1888 年至 1935 年，天津依靠海港与铁路成为华北最大对外通商口岸，这一时期城市文化活力得到极大丰富。

第三个时段：1935 年至 1986 年，天津在日占时期工业得到进一步发展，并依靠工业基础成为北方重要工业城市。

第四个时段：1986 年后天津工业向滨海新区转移，铁路逐渐衰弱。

1860
1912
1930
1984
1999
2014

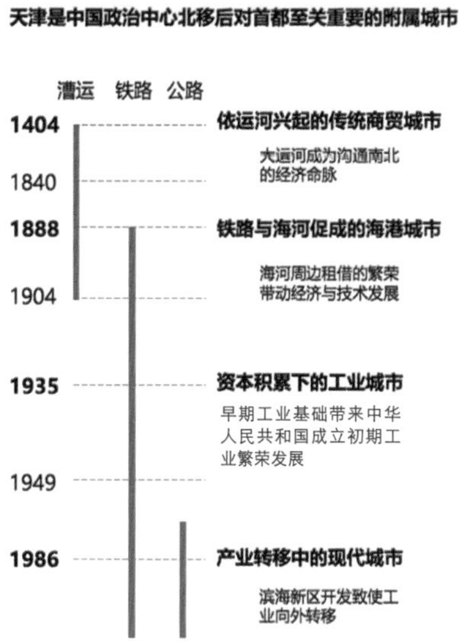

天津是中国政治中心北移后对首都至关重要的附属城市
漕运 铁路 公路
1404
依运河兴起的传统商贸城市
大运河成为沟通南北的经济命脉
1840
1888
铁路与海河促成的海港城市
海河周边租借的繁荣带动经济与技术发展
1904
1935
资本积累下的工业城市
早期工业基础带来中华人民共和国成立初期工业繁荣发展
1949
1986
产业转移中的现代城市
滨海新区开发致使工业向外转移

1984
2014

STEP2 趋势研判 | 着眼城市未来

根据截至 2017 年 2 月由世界仲裁银行（JLL）发布的全球城市最新数据显示，天津经济规模排名全球 32 位，由此看出天津具有很强的经济实力。

而在全球视角下，京津提出 2050 年建成世界城市的发展目标。

众所周知，天津是四大直辖市之一，同时也在环渤海经济区中占有重要席位，协同北京，位列京津冀“首都圈”的重要节点，是中国北方最大的沿海开放城市。因此，天津在区域影响力上不容小觑。

02 趋势研判 | 着眼城市未来
全球城市经济规模排名：
天津 32 位
Tianjin
城市概况
Commercial Attraction Index
Economic Size
Real Estate Investment
Cross-Border Real Estate Investment
Transparency Level
SUPER CITIES
TOP 30 CITIES
DATA FROM:JLL Cities Research Center/Explore and compare 660 cities

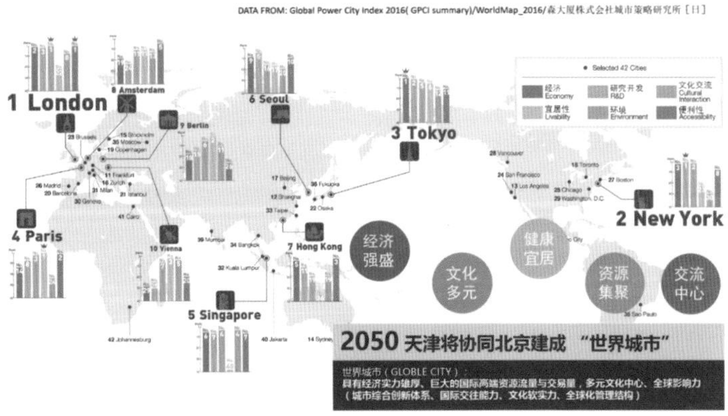
DATA FROM: Global Power City Index 2016(GPCI summary)/WorldMap_2016/森大厦株式会社城市策略研究所 [11]
1 London
2 New York
3 Tokyo
4 Paris
5 Singapore
6 Seoul
7 Hong Kong
8 Amsterdam
9 Berlin
经济强盛
文化多元
健康宜居
资源集聚
交流中心
2050 天津将协同北京建成 “世界城市”

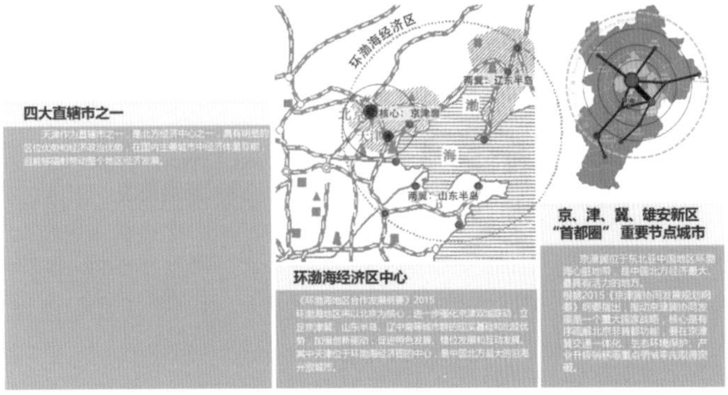
四大直辖市之一
环渤海经济区
环渤海经济区中心
京、津、冀、雄安新区
“首都圈”重要节点城市

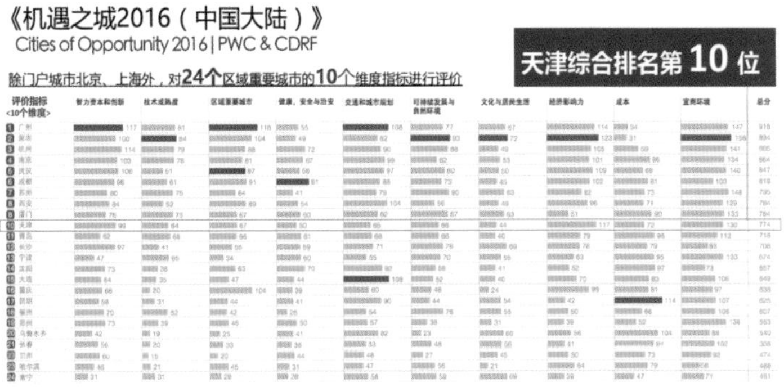
《机遇之城2016（中国大陆）》
Cities of Opportunity 2016 | PWC & CDRF
除门户城市北京、上海外，对24个区域重要城市的10个维度指标进行评价
天津综合排名第 10 位

在由普华永道联合中国发展研究基金会颁布的《机遇之城 2016》（大陆版）中，天津在除门户城市北京、上海之外的 24 个区域重要城市综合排名中位列第十。其中：

天津经济影响力排名第二，智力资本和创新、区域重要城市指标排名靠前，是天津跻身世界城市行列的重要优势和资本。

然而，值得注意的是，天津在可持续、健康及交通等方面的排位相对靠后，尤其是在文化与居民生活这一项囊括文化活力、拥堵情况、空气、生活质量等自评价标准的维度中，天津排名 18，低于大部分参评城市。

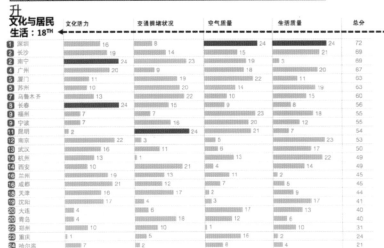

《机遇之城2016（中国大陆）》

Cities of Opportunity 2016 | PWC & CDRF

天津总体排名第**10位**，10个维度中**5项**存在不足，亟待提升

文化与居民生活：18TH

	文化活力	交通拥堵状况	空气质量	生活质量	总分
1 深圳	16	8	24	24	72
2 长沙	19	14	15	21	69
2 南宁	24	23	19	3	69
4 广州	20	9	18	20	67
5 厦门	11	19	22	11	63
5 苏州	10	20	14	19	63
7 乌鲁木齐	13	22	10	15	60
8 长春	24	15	9	8	56
9 福州	7	7	23	18	55
9 宁波	7	16	20	12	55
11 昆明	2	24	21	7	54
12 南京	22	3	5	23	53
13 武汉	16	11	6	17	50
14 杭州	13	1	13	22	49
14 西安	10	21	4	14	49
16 兰州	19	13	11	2	45
16 成都	21	12	7	5	45
18 天津	16	17	2	9	44
19 沈阳	17	4	3	17	41
20 大连	4	6	17	13	40
20 青岛	4	18	12	6	40
22 郑州	10	10	1	10	31
23 重庆	1	5	16	2	24
24 哈尔滨	7	2	8	4	21

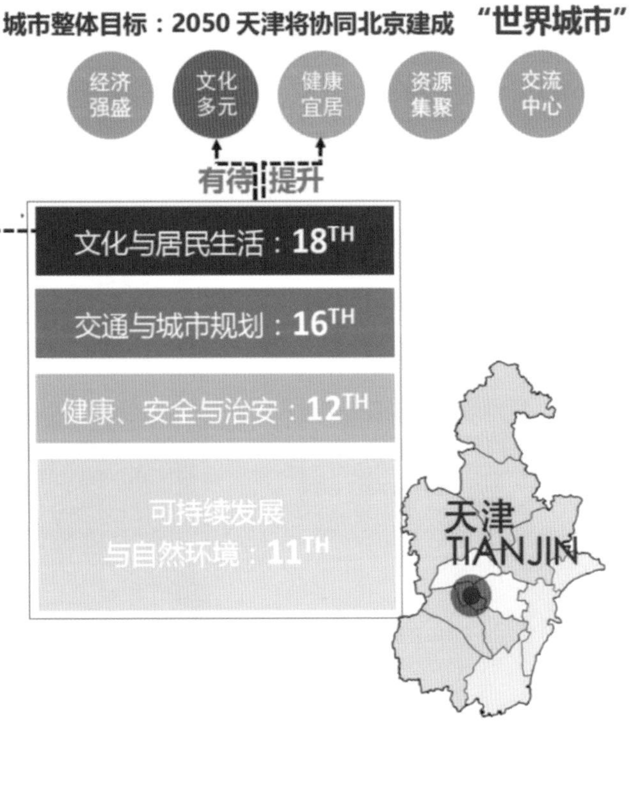
城市整体目标：2050 天津将协同北京建成 “世界城市”
经济强盛
文化多元
健康宜居
资源集聚
交流中心
有待提升
文化与居民生活：18TH
交通与城市规划：16TH
健康、安全与治安：12TH
可持续发展与自然环境：11TH
天津
TIANJIN

STEP3 主题确定 | 今津乐道

回看设计，这条全长 65 公里、牵动天津中心城区超过 100 万人口的环城铁道以及 7000 公顷周边地区的更新规划，无疑可以成为未来焕发城市活力的重要契机。因此，设计以乐为初衷，提出“今津乐道”的核心设计主题，在“当今”的时空观下，着眼“天津”的地域观，确立“乐活”的城市发展规划价值观，围绕铁道这一核心设计要素来全面深入设计。

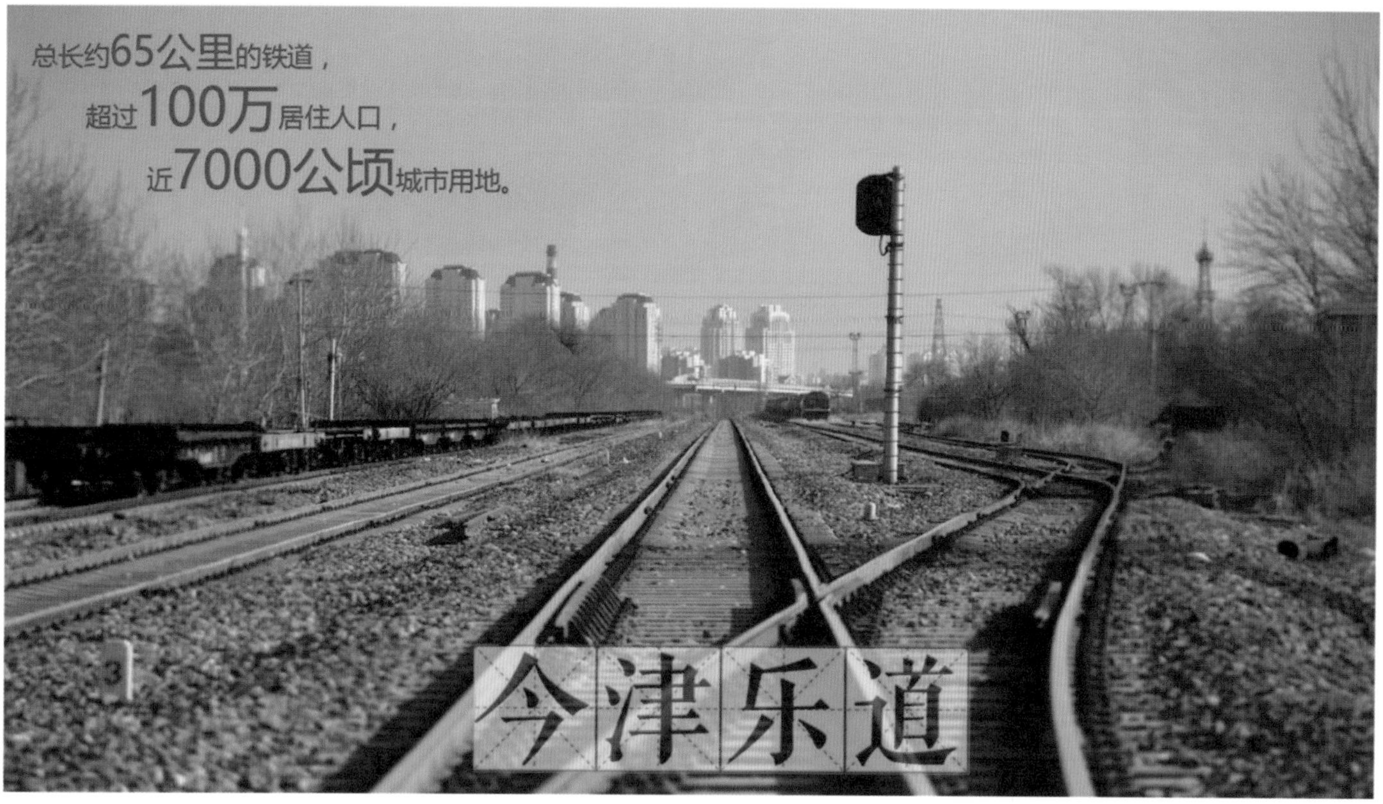
总长约65公里的铁道，
超过100万居住人口，
近7000公顷城市用地。
今津乐道

STEP4 策略提出

围绕着“今津乐道”，又拆分为乐忆轨枕、乐游绿景、乐兴产业、乐享生活四大分主题来实现“全线乐活”。

以轨道为中心，带动两侧地区的遗产保护、生态修复、产业复兴和社会活力。通过多元利用文化遗产、修复联络生态景观、渗透植入都市产业、缝补激活社区网络四大策略，实现今津乐道，变单一的铁路线为缤纷多彩的城市线的设计目标。

今津乐道

乐 忆枕轨
多元利用

乐 游绿景
修复联络

乐 兴产业
渗透植入

乐 享生活
缝补激活

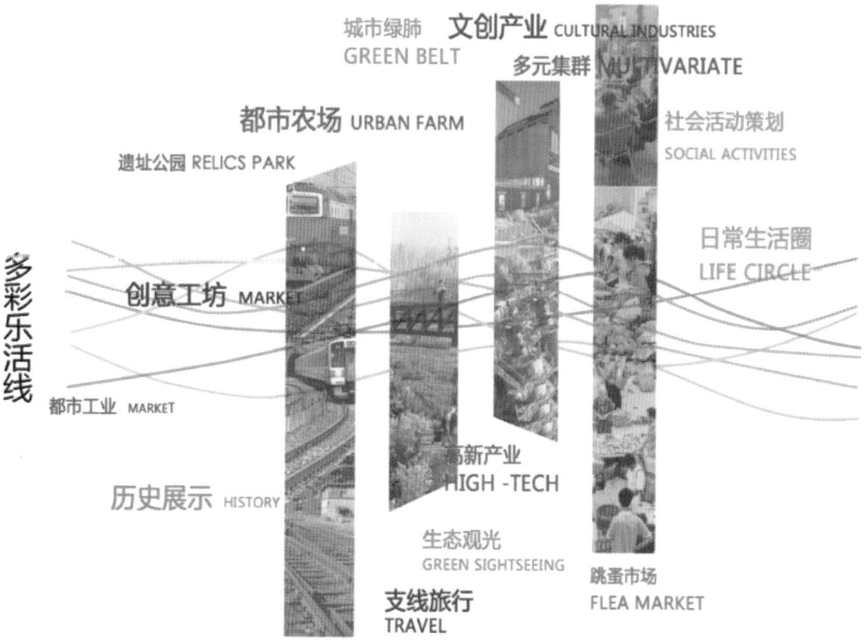
城市绿肺 GREEN BELT
文创产业 CULTURAL INDUSTRIES
多元集群 MULTIVARIATE
都市农场 URBAN FARM
社会活动策划 SOCIAL ACTIVITIES
遗址公园 RELICS PARK
日常生活圈 LIFE CIRCLE
多彩乐活线
创意工坊 MARKET
都市工业 MARKET
高新产业 HIGH -TECH
历史展示 HISTORY
生态观光 GREEN SIGHTSEEING
跳蚤市场 FLEA MARKET
支线旅行 TRAVEL

STEP4 方法策略——乐忆轨枕

策略提出丨乐忆轨枕

“我们的记忆是什么？”
WO MEN DE JI YI SHI SHEN ME ? WHAT IS OUR MEMORY?
“怎么留下我们的记忆？”
ZEN ME LIU XIA WO MEN DE JI YI ? HOW TO SAVE OUR MEMORY ?
LÈ YÌ
乐忆
GUǏ ZHĚN
轨枕。

策略图解丨多元利用

遗产资源，分类整理 STEP 1

功能植入，多元复合 STEP 2

整合成片，多样发展 STEP 3

针对乐忆轨枕主题，通过历史资源现状分布、分类分析，引入工业遗存分类评分法、情感价值评分法，并进行综合叠加分析，发现环线周边区域大量的近代工业遗存并没有被重视和保存，其中三岔河的南口路片区及海河南部为工业遗存发展潜力较高片区，从而提出多元利用遗存的策略，分步对遗产资源进行分类整理，多元复合利用寻求整合成品，多样发展。

历史资源现状

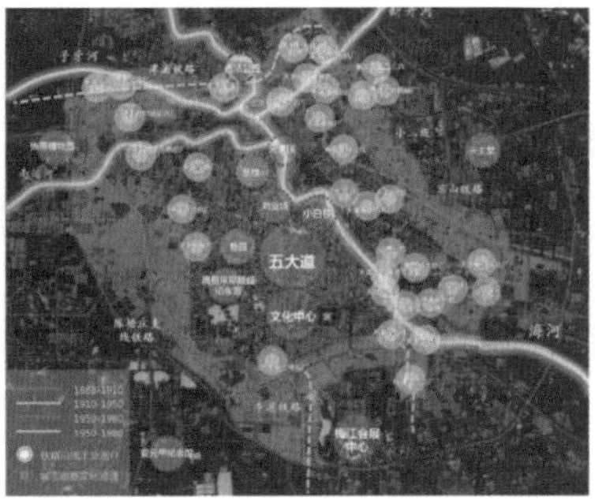
五大道
文化中心
海河

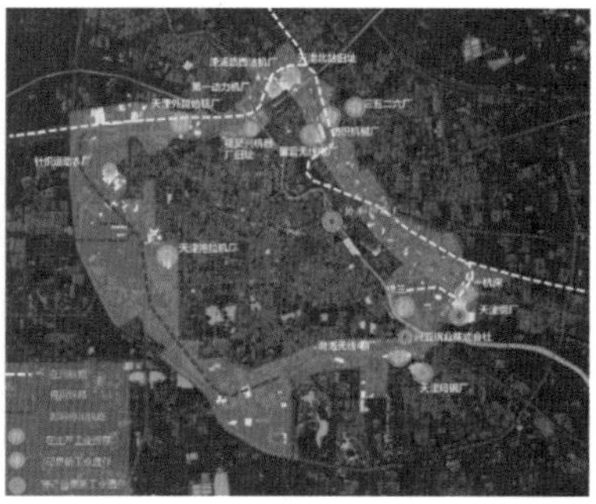

遗存价值评估

（1）工业遗存分类评分法

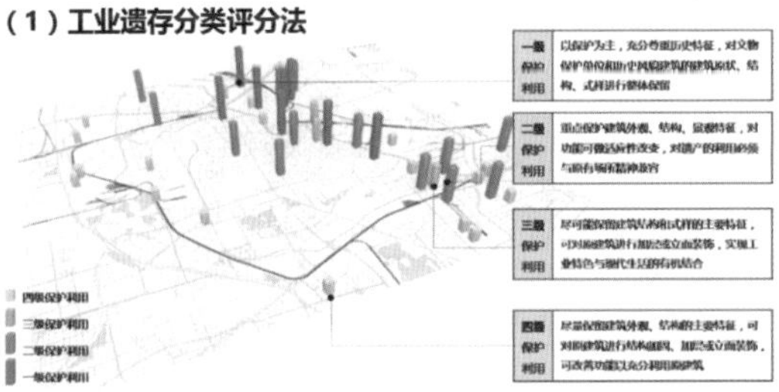
一级保护利用
二级保护利用
三级保护利用
四级保护利用

（2）情感价值评分法

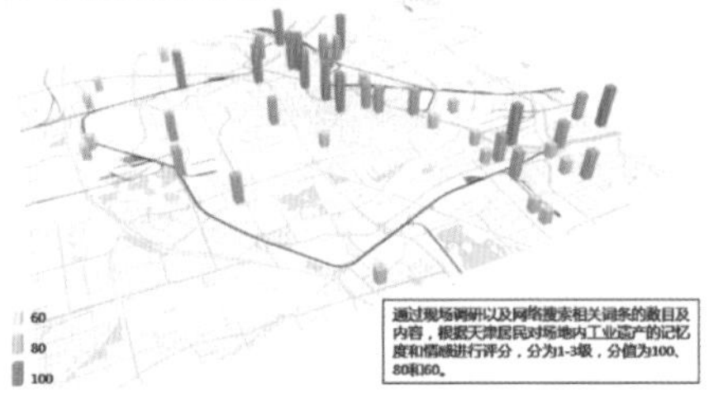
60
80
100
通过现场调研以及网络搜索相关词条的数目及内容，根据天津居民对场地内工业遗产的记忆度和情感进行评分，分为1-3级，分值为100、80和60。

（3）评分叠加分析

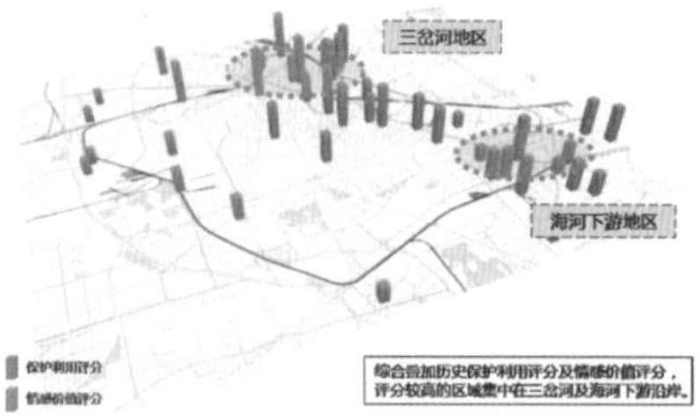
三岔河地区
海河下游地区
保护利用评分
情感价值评分
综合叠加历史保护利用评分及情感价值评分，评分较高的区域集中在三岔河及海河下游沿岸。

遗存保护策略

保护利用策略 & 手段

融合城市发展的保护策略

- 功能弥补：用地布局、产业调整、公共设施建设
- 空间重构：整体空间结构、公共空间系统、特色空间展示
- 文化发展：文化设施建设、文化事业传播、文化产业发展
- 环境改善：生态建设、景观再造
- 旅游带动：区域一体化、旅游产品组合

保护利用发展结构

多元利用方式

- 景观公园型：将工业废弃地改造成包含工业景观元素的城市公园绿地
- 创意产业型：将厂房改造成为艺术家、设计师们工作、生活、创作以及展示的空间
- 综合再利用型：根据天津铁路沿线的工业遗产及废弃铁路资源，提出融合城市发展的工业遗产保护利用策略
- 历史展示型：将工业建筑改造成为工业历史博物馆（陈列馆）
- 都市工业型：利用原有工业建筑，直接从传统工业转化为现代工业

两轴

- 海河工业记忆轴：海河沿岸工业遗存密集，根据建筑特色，沿海河打造海河工业记忆轴
- 南运河工业生态涵养带：将依托南运河的生态基础，利用沿岸的工业遗存建筑改造为工业景观公园，打造为南运河工业生态涵养带

五区

- 工业历史展示区：以津浦路西沽机厂、天津北站为核心，形成工业历史展示区
- 工业景观公园展示区：结合南运河公园，将针织衣运动厂为主的工业遗存建筑改造成为工业景观展示区
- 商业综合利用区：结合小白楼城市中心，改造工业遗存建筑为商业综合利用区
- 创意产业区：依托天钢柳林城市副中心的开发，将工业遗存建筑改造成为创意产业园
- 都市工业园区：结合天津市城市中心区工业转型，打造都市型工业园区

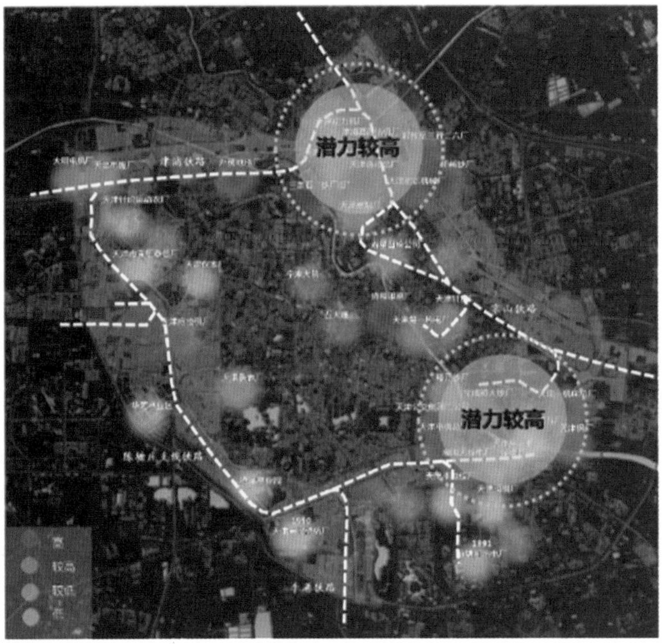
潜力较高
潜力较高

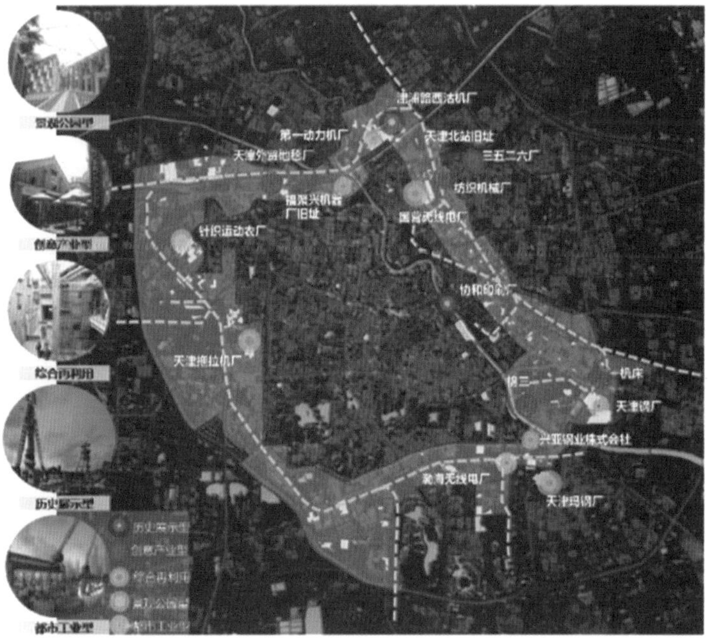
景观公园型
创意产业型
综合再利用
历史展示型
都市工业型
津浦路西沽机厂
第一动力机厂
天津北站旧址
三五二六厂
纺织机械厂
针织运动衣厂
天津拖拉机厂
机床
天津钢厂
天津钢铁厂

STEP4 | 方法策略——乐游绿景

“我们的绿色在哪里？”
“怎么建设绿色生态环境？”
“我们向往什么样的环境？”
LÈ YÓU
乐游
LǙ JǏNG
绿景。

策略图解 | 修复联络

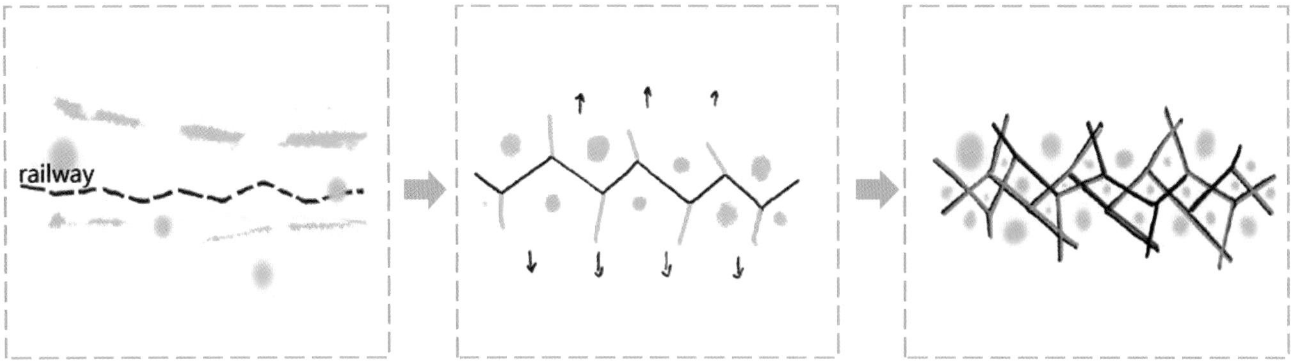
railway

STEP1 绿色资源，保护修复　　STEP2 整合串联，多维联络　　STEP3 织绿联络，完善网络

首先我们对现状的气候、水网、土地三个部分的总共十个生态影响因子进行分析，得出现状生态问题的空间分布。又通过多因子叠加，生成生态敏感性评价，发现铁路环线西北部生态控制要求高。以生态敏感性评价作为基底与土地利用现状进行二次叠加以及引入 POI 数据对生态服务系进行评价。

结论：铁路环线生态问题和发展潜力同时存在，铁路环线西北部生态环境问题最为突出，潜力最大，尤其是陈塘庄支线地段。因此，我们在乐游绿景愿景下提出制定修复联络的基本策略。

生态现状分析

现状气候

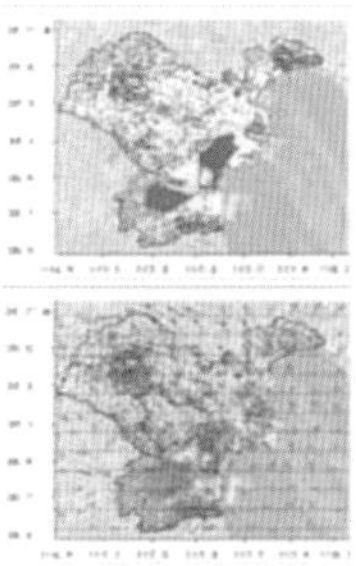

现状水网

现状土地

对比全国绿地总人均量
天津人均公园绿地面积只有 10.3 平方米，低于其他四大城市，也低于全国城市人均公园绿地面积 11.8 平方米的平均水平。

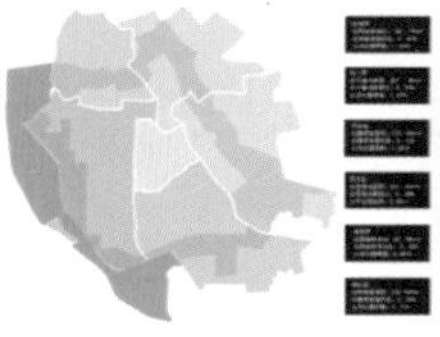

生态现状评价

生态敏感性分析

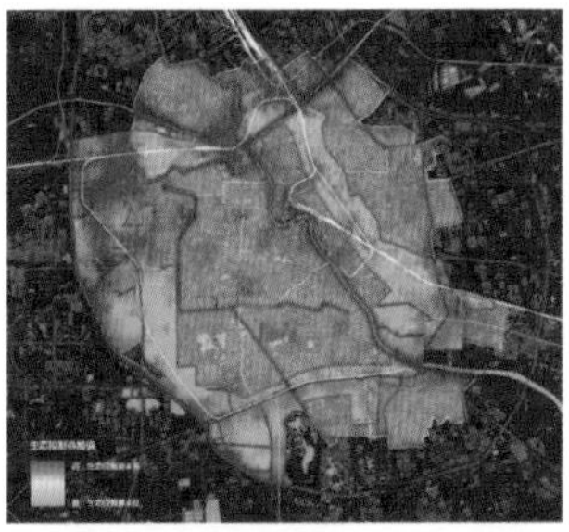

生态支撑系统分析

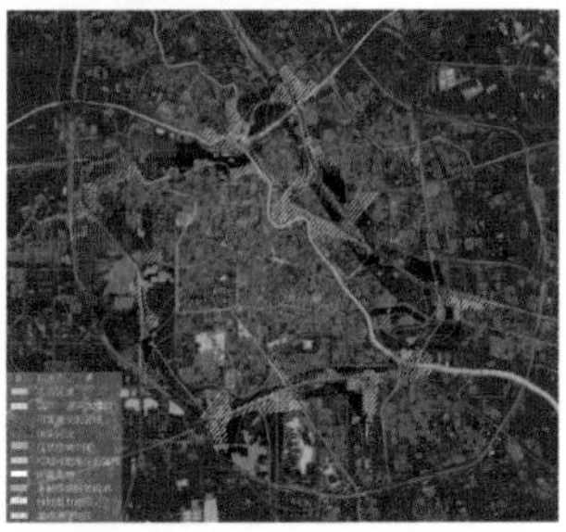

生态服务系统分析

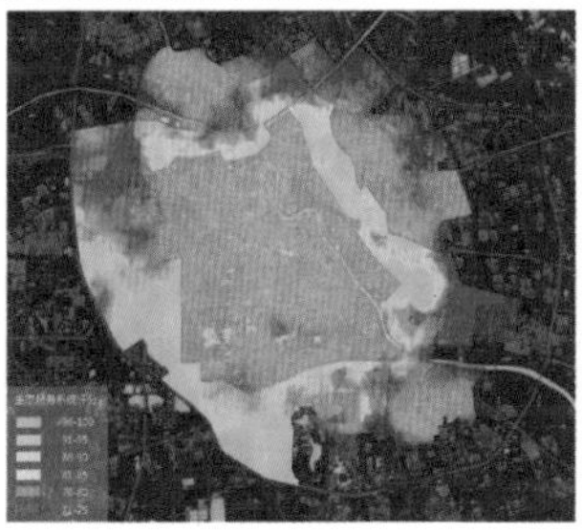

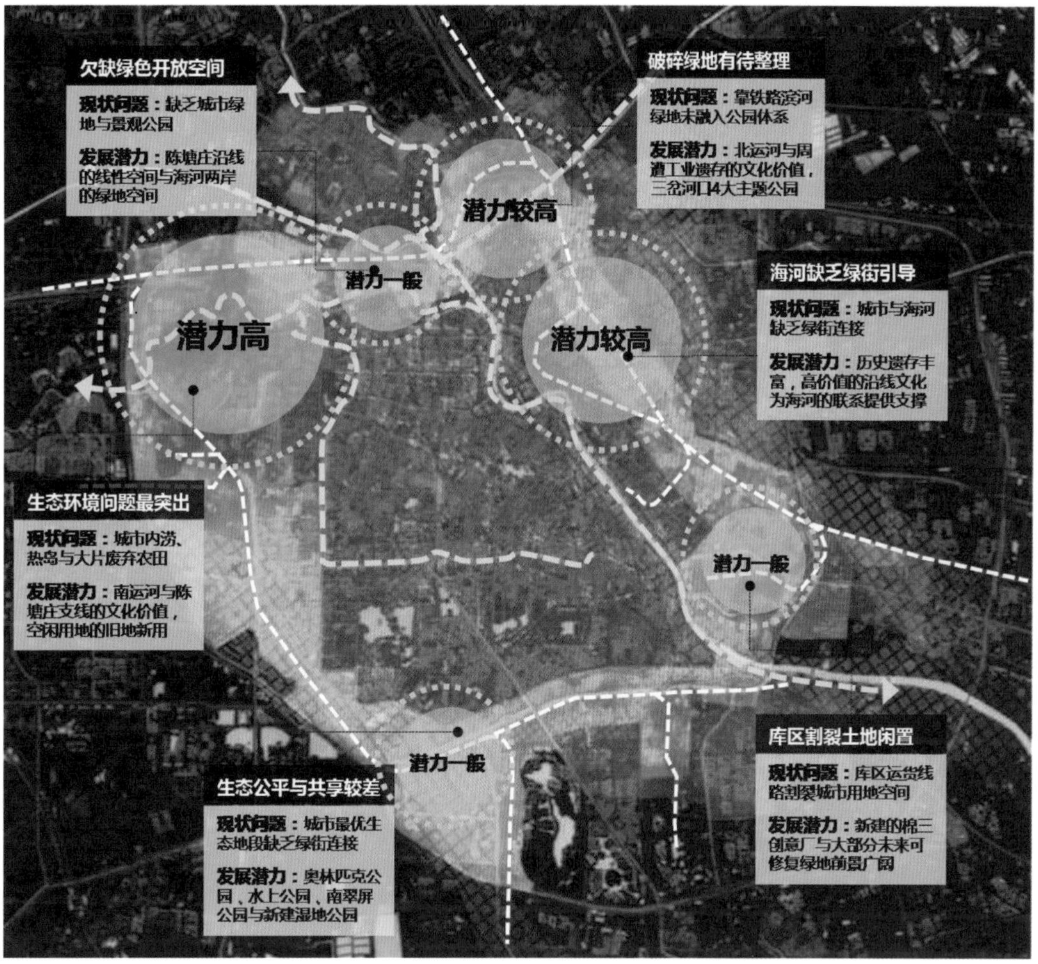
欠缺绿色开放空间
现状问题：缺乏城市绿地与景观公园
发展潜力：陈塘庄沿线的线性空间与海河两岸的绿地空间
破碎绿地有待整理
现状问题：京铁路滨河绿地未融入公园体系
发展潜力：北运河与周遭工业遗存的文化价值，三岔河口4大主题公园
潜力较高
潜力一般
潜力高
潜力较高
海河缺乏绿街引导
现状问题：城市与海河缺乏绿街连接
发展潜力：历史遗存丰富，高价值的沿线文化为海河的联系提供支撑
生态环境问题最突出
现状问题：城市内涝、热岛与大片废弃农田
发展潜力：南运河与陈塘庄支线的文化价值，空闲用地的旧地新用
潜力一般
潜力一般
库区割裂土地闲置
现状问题：库区运货线路割裂城市用地空间
发展潜力：新建的棉三创意厂与大部分未来可修复绿地前景广阔
生态公平与共享较差
现状问题：城市最优生态地段缺乏绿街连接
发展潜力：奥林匹克公园、水上公园、南翠屏公园与新建湿地公园

生态修复策略

绿——绿色基础设施

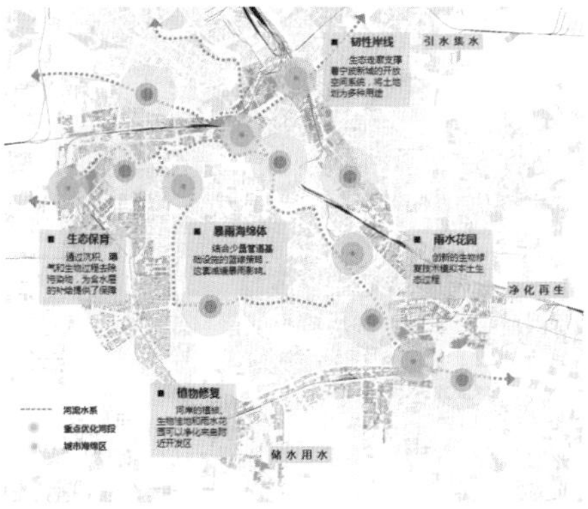
引水集水
韧性岸线
生态保育
景观海绵体
雨水花园
净化再生
植物修复
储水用水

城——生态产业与服务

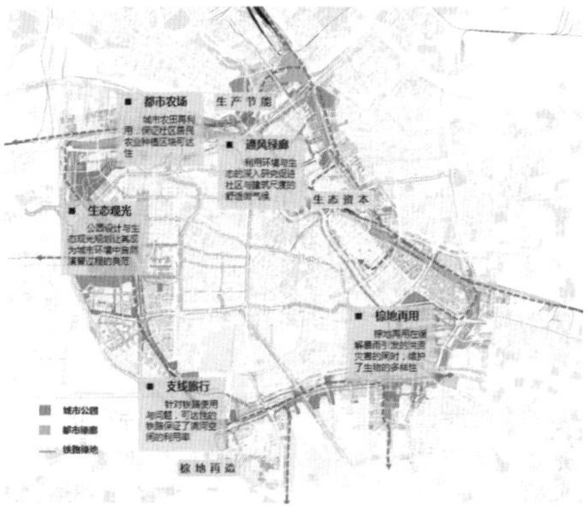
都市农场
生产节能
通风绿廊
生态景观
生态资本
棕地再用
支线旅行

人 绿色社区培育

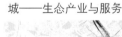

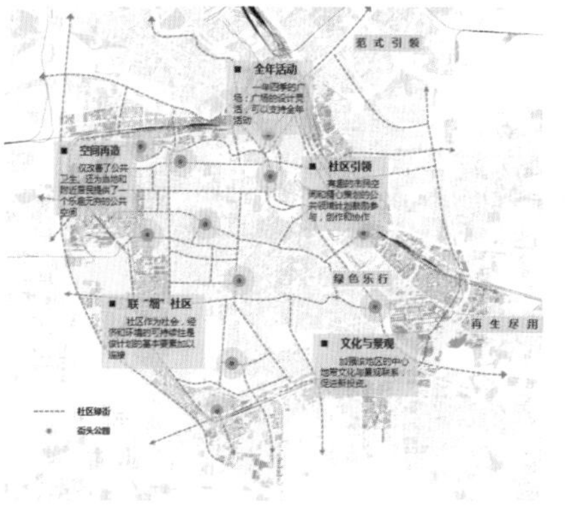
全年活动
范式引领
空间再造
社区引领
绿色乐行
文化与景观

STEP4 | 方法策略——乐兴产业

“我们的产业是什么？”

“什么孕育了我们的产业？”

“我们未来的产业是什么？”

LÈ XĪNG CHǍN YÈ

乐兴产业。

策略图解 | 渗透植入

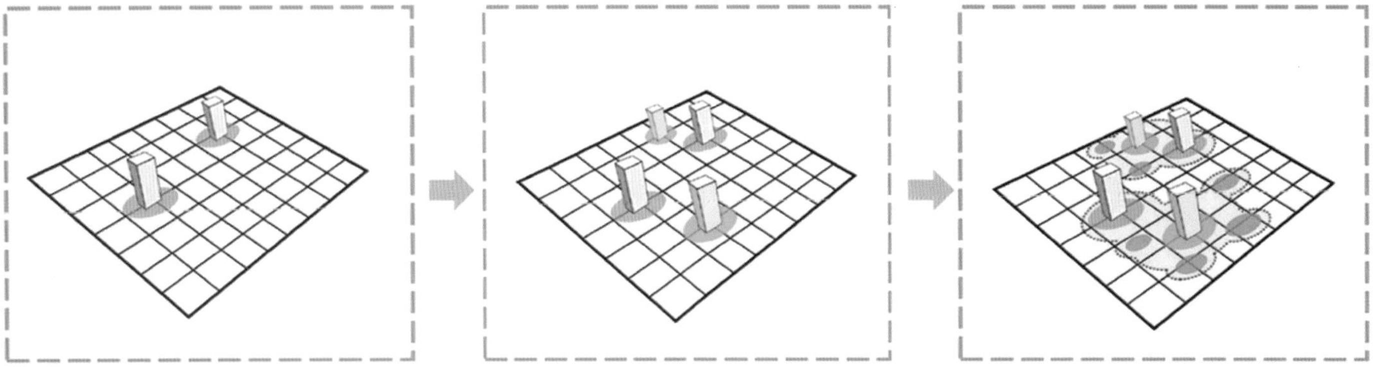

评价筛选，优势保留 STEP 1

活力注入，创新驱动 STEP 2

片区协同，集群优化 STEP 3

首先，在上位规划中天津产业发展明显呈现大型高端制造业东移至滨海新区，中心城区都市服务功能凸显的态势，其中环线地区所在 7 个城区的差异性发展定位是针对铁路环线地区产业规划的重要参考因素。

对产业分布的分析中发现，以和平区为中心，产业形成圈层式发展模式。环线地区大部分处于都市工业圈，高科产业和文创产业发展势头强劲。

通过绿色性和辐射度双因子对现有企业进行评价，得出企业发展态势评价，将环线地区企业分为保留、升级、转移替换三类，形成四个产业转移集中区和五个产业集群发展潜力区，以此指导选择乐兴产业的重点发展地区。

当然，乐兴产业不仅仅是现状产业的衰退更替和扩张，还需要发现什么能孕育产业，为新产业落地提供土壤。因此选取人力资本和土地资本作为参考因素。由高等教育的空间分布可以看出，西南部集聚的高素质人才和海河北部的艺术人才是未来该地区差异性产业发展的基础。而针对土地资本的评价是基于空间可达性和地产数据的分析，预测地价趋势。环线地区主要处于三级到五级地价区域。地价较高区域适于发展楼宇经济，地价较低的区域则为双创、研发类产业园区提供生长的土壤。

最终得出环线地区产业发展导向。为实现都市经济全面转型，通过渗透植入的策略，形成产业集群化、多元化发展。其中，海河沿线发展服务经济，南北运河沿线发展休闲经济，西南部地区发展知识经济。

针对产业转移集中区和产业集群发展潜力区共七个重要片区提出具体的产业定位，通过创新驱动、重点扶植、跟踪对接、多层次孵化对产业进行培养，全面提升铁路环线产业活力。

产业现状分析

产业定位

《京津冀协同发展规划纲要》《中国制造2050》
《天津十三五产业发展规划》：

↓

高端制造业东移
中心城区都市服务功能凸显

- **金融和平** → 金融中心、现代商务中心和高端商业中心核心区
- **创意河北** → 市创意产业聚集区、文化休闲旅游基地、市区北部商务商贸聚集地
- **金贸河东** → 市级商务中心的重要组成部分和交通枢纽，面向北京和滨海新区的金融、商务聚集地
- **商务河西** → 中心城区金融保险、信息中介的现代商务聚集地，文化传媒和会展中心，高档居住区和休闲娱乐区
- **商贸红桥** → 连通沿海地区、面向西部腹地的现代商务商贸集聚区，中心城区促进中小企业创新创业的基地
- **科技南开** → 市级教育科研和高新技术产业中心，科技服务及科贸机构的聚集地
- **制造西青** → 国家电子信息、汽车产业基地、科教商务中心

北辰区
东丽区
红桥区
河北区
南开区
和平区
河东区
河西区
西青区
津南区

产业分布

- **一产**：农业
- **二产**：高新技术产业（电子信息、生物医药、新能源，等）、传统制造业（汽车装备制造、零部件制造、食品加工，等）
- **三产**：金融中心、商务中心、商业中心、文化产业园（文化创意产业园、文化商务，等）

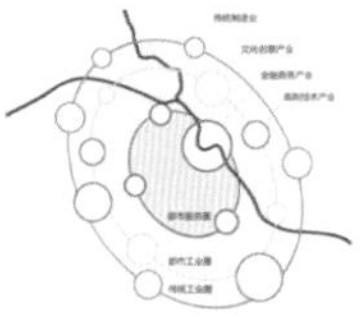

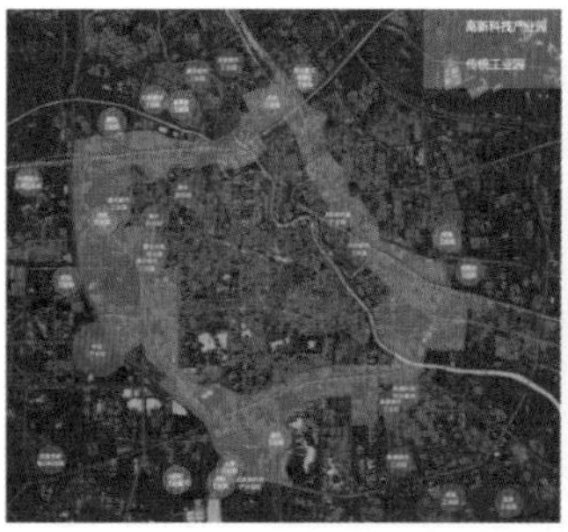
高新科技产业园
传统工业园

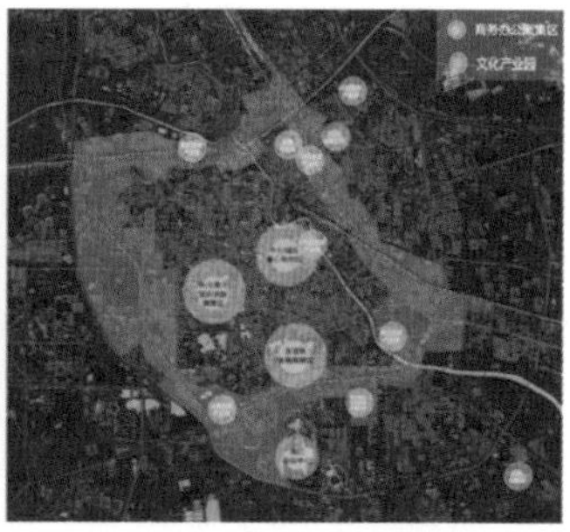
商务办公集聚区
文化产业园

产业现状资本评价

产业现状评价

- **保留** → 绿色性高、发展较好企业；非中心城区的传统工业
- **升级** → 发展较好，但属于低端产业或处于产业下游的企业
- **转移替换** → 中心城区的传统工业

产业资本评价

■人力资本评价

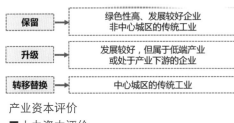

- 高校聚集区 → 西南部：南开区、河西区、西青区 → 高科技产业、双创产业
- 艺术院校 → 海河以北：河北区、河东区 → 文创产业

■土地资本评价

➢ 地价趋势预测：研究范围主要处于三级到五级地价区域

- 二到三级地价区域 → 单位面积效益较高的产业 → 金融商务小型产业园
- 四到五级地价区域 → 单位面积效益较低的产业 → 双创产业中大型产业园

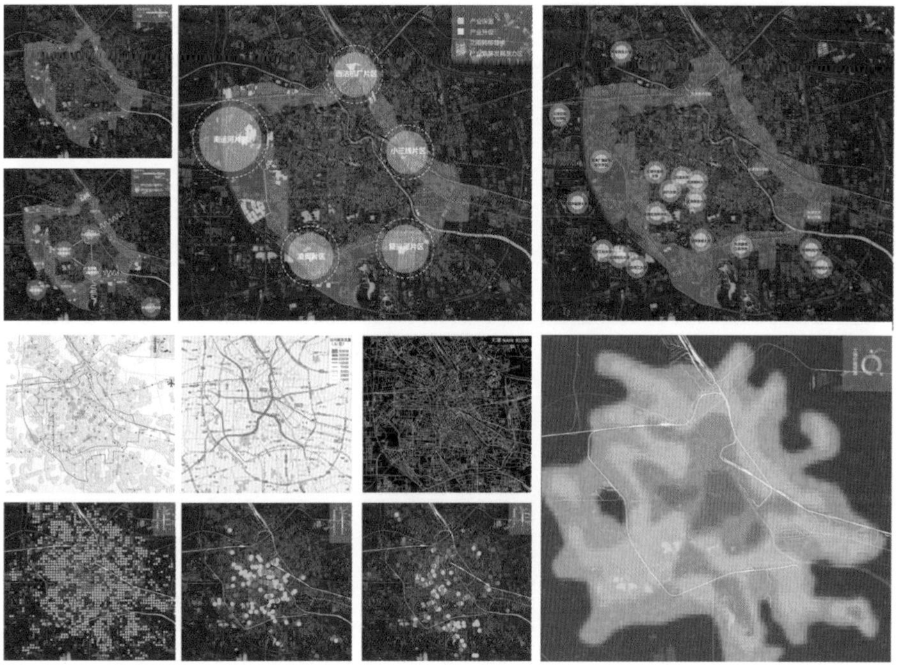

产业目标策略

渗透植入：集群化、多元化发展
全面提升铁路环线产业活力

- **创新驱动** → 以科技创新带动全面创新，以产业创新推进优化升级
- **重点扶植** → 主导产业和重点行业
- **跟踪对接** → 总部型、"互联网+"型、创新创业平台类企业
- **多层次孵化** → 以自创区、双创空间等为载体，引进一批创业投资机构，孵化中小型科技服务企业，培育壮大科技服务市场主体，促进科技服务业规模化发展

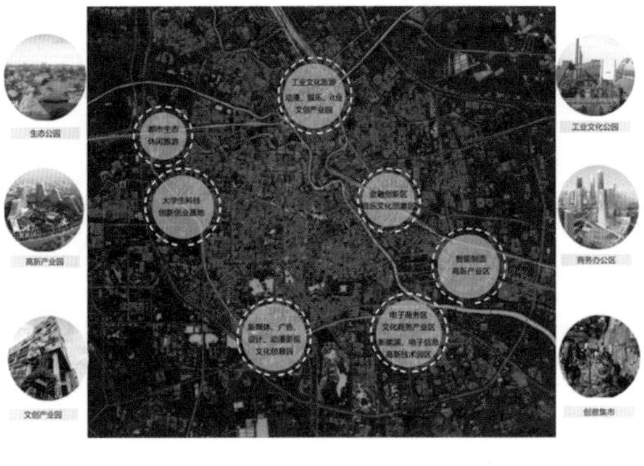
生态公园
高新产业园
文创产业园
工业文化公园
商务办公区
创意集市

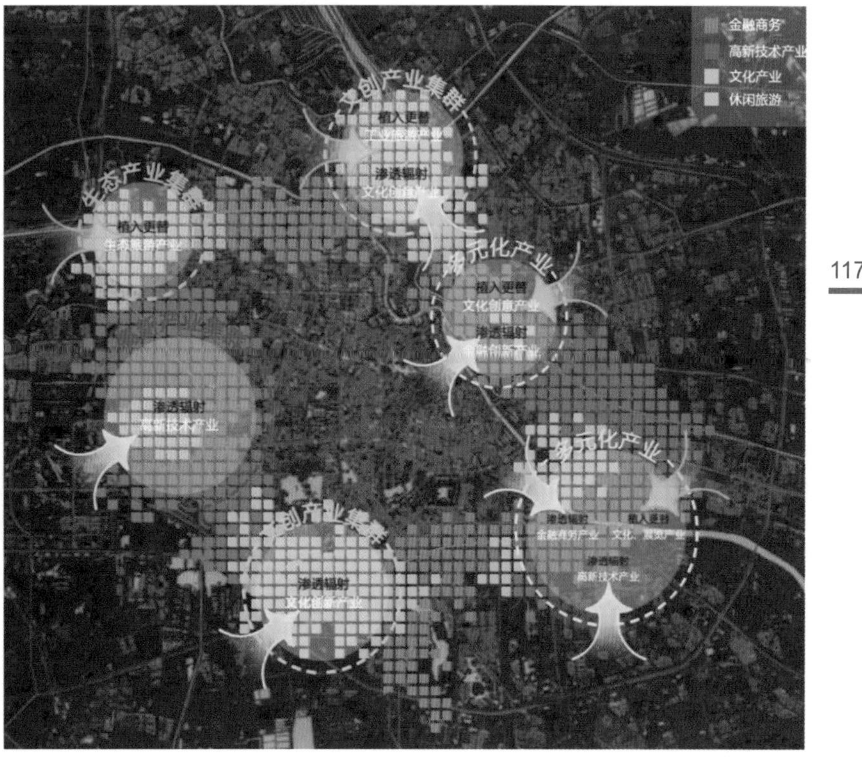
金融商务
高新技术产业
文化产业
休闲旅游
文创产业集群
生态产业集群
植入更替
生态旅游产业
多元化产业
文化创意产业
渗透辐射
高新技术产业
双创产业集群
金融商务产业

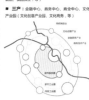

STEP4 | 方法策略——乐享生活

“我们过得怎么样？”
WO MEN GUO DE ZEN ME YANG ? HOW IS OUR LIFE ?
“如何焕发城市活力？”
RU HE HUAN FA CHENG SHI HUO LI ? HOW TO ALIVE OUR CITY ?
“我们想要什么样的生活？”
WO MEN XIANG YAO SHEN ME YANG DE SHENG HUO? WHAT IS OUR DESIRE ?
LÈ XIǍNG
乐享
SHĒNG HUÓ
生活。

策略图解 | 缝补激活

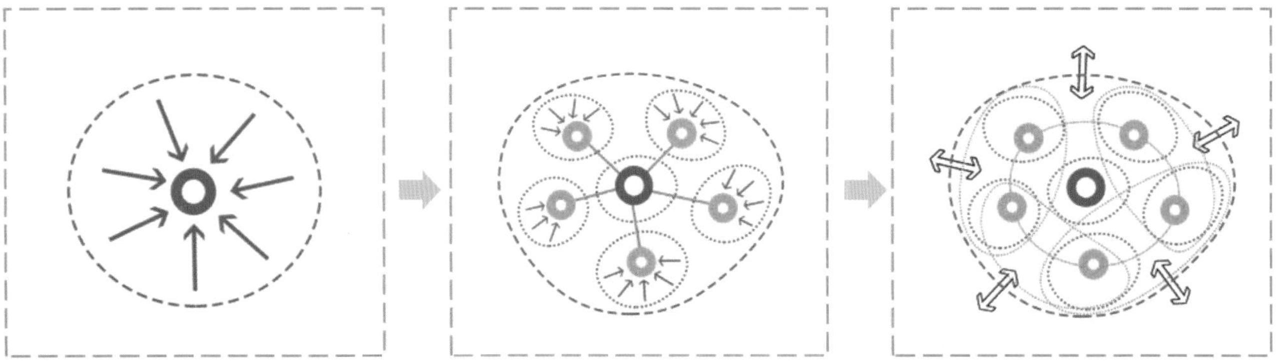

STEP1 基础完善，激发活力　　STEP2 圈层构建，均衡覆盖　　STEP3 圈层优化，共建共享

首先，通过对上位趋势的研判与规划指引的解读，发现天津城市发展中，城市文化与活力是急需提高的关键部分，在新一轮“十三五”战略规划中，各部门针对如何让居民乐享生活提出了很多指导巨见，如何切实落实这些乐活目标，将成为本次设计的关键点。常规的公服布置往往从空间正义的角度出发，但这会带来很多设施浪费及社会公正的问题，因此本次设计尝试从社会正义的角度出发，基于人对空间的认知规律，构建设施合理、通行便捷、充满活力的城市乐活圈。

在社区生活圈层面，我们对铁路环线居住斑块的尺度、人口密度进行了叠加分析。

从总体结构上来说，用地单元呈现中心小而密，外环大而疏的特征。在铁路环线片区，红色东面分为人口主要集中带，但铁路对用地多处进行了非结构性穿插，对城市生活干扰较大；绿色西部片区，人口相对稀少，同时铁路与居住单元穿插少，呈结构性分割。在通勤生活圈层面，通过对在 1000m、3000m 出行半径下，天津道路整合度前 10% 的路径进行提取，叠加地铁站点及公交站点热力图分析，可以看出中心城区步行空间可达性呈现“一主两副，沿河拓展，多轴延伸”的结构特征。而对于铁路环线片区，慢行系统与中心城区已初现强联系带，但环线内联系度不足，并存在通行断裂区。

在机会生活圈层面，分析引用城市 POI 数据对城市社会性公服设施及基础性公服设施分布热力图进行叠加分析，可以看出，总体结构上，城市基础性公服布置基本完善，但社会性公服过于集中于中心区。铁路环线片区，两种公服设施布局密度与现有居住密度不符，需要整体性的提升。

最后叠加以上分析成果，从节点、路径、网络三个层级构建出现状基础生活圈与机会生活圈结构网络，可以看出，东北段初有网络形成，但在西南片区，整个生活网络服务状况较弱。

基于以上现状分析，我们提出我们的目标与策略，即通过 15min 基础生活圈的构建，结合 30min 拓展乐活圈的打造，缝补激活城市社会活力。在此基础下，我们从不同人群的使用需求与行为特征出发，对铁路环线现状公服设施的布局与规模进行优化与提升。

生活圈概念引入

生活圈出发点

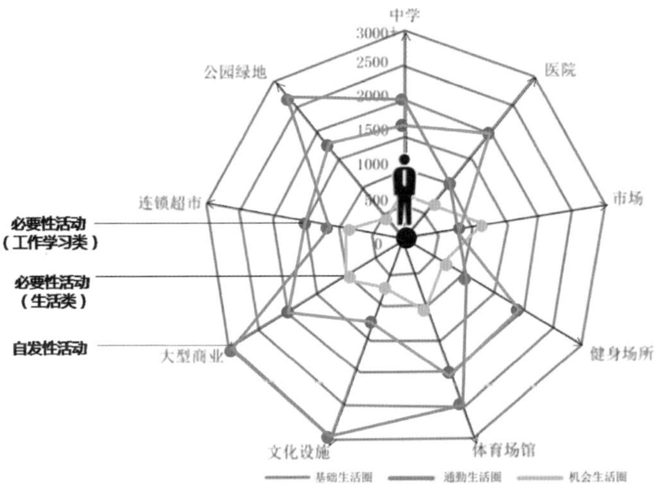
中学
3000
2500
2000
1500
1000
500
0
医院
市场
健身场所
体育场馆
文化设施
大型商业
连锁超市
公园绿地
必要性活动（工作学习类）
必要性活动（生活类）
自发性活动
基础生活圈
通勤生活圈
机会生活圈

生活圈理想结构

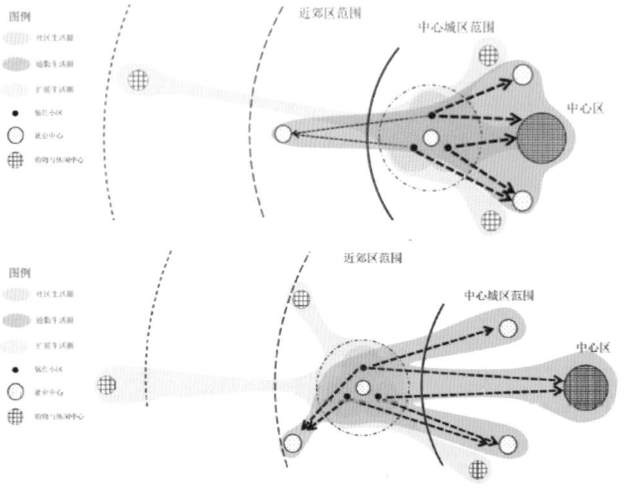
图例
近郊区范围
中心城区范围
中心区

现状生活圈评价

用地单元结构

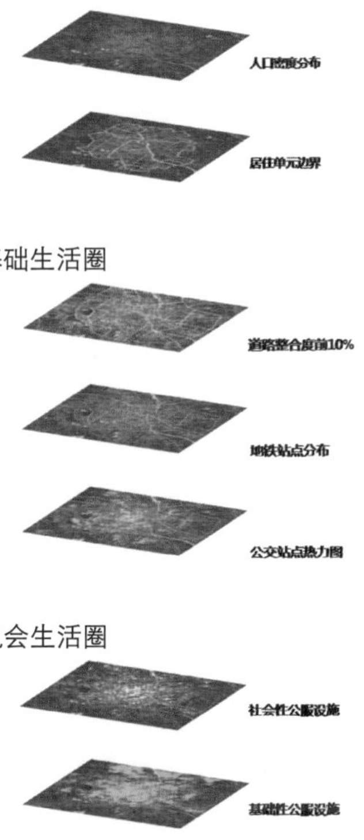
人口密度分布
居住单元边界

基础生活圈

道路整合度前10%
地铁站点分布
公交站点热力图

机会生活圈

社会性公服设施
基础性公服设施

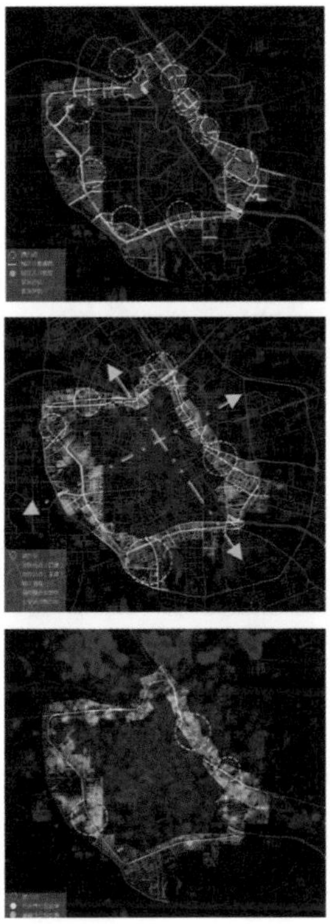

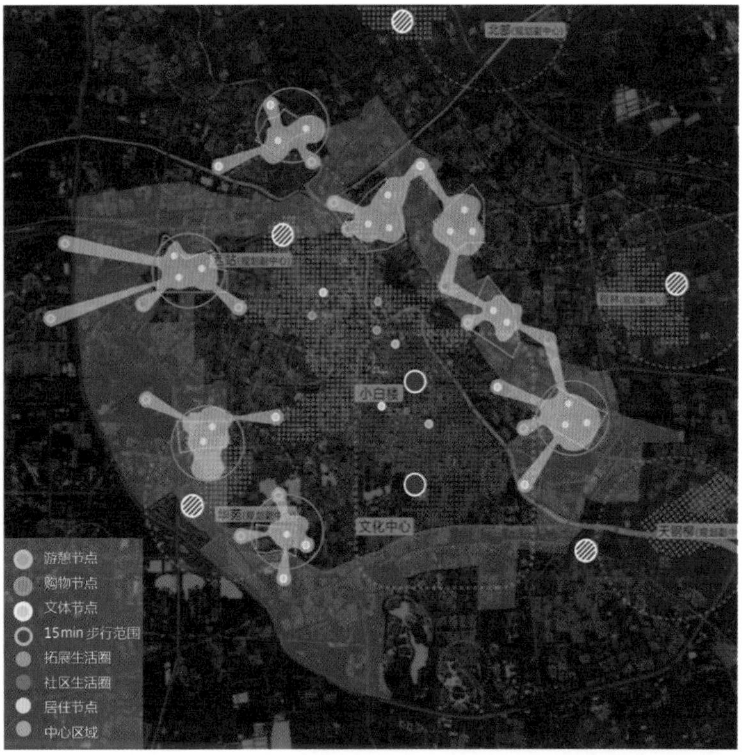
北部
小白楼
文化中心
天钢柳
游憩节点
购物节点
文体节点
15min 步行范围
拓展生活圈
社区生活圈
居住节点
中心区域

生活目标策略

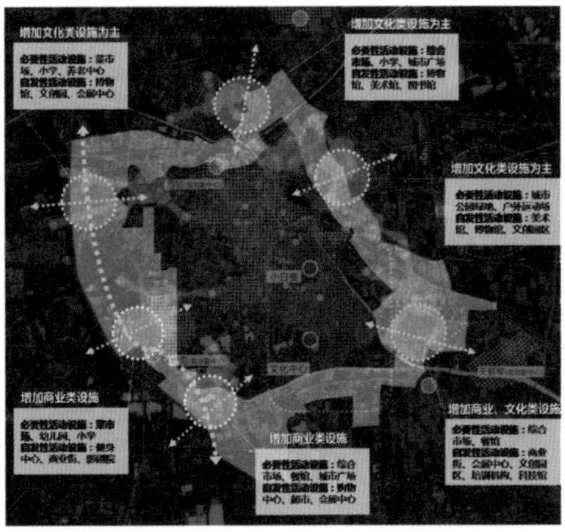
增加文化类设施为主
增加文化类设施为主
增加文化类设施为主
增加商业类设施
增加商业类设施
增加商业、文化类设施

缝补：15min基础生活圈
规划公服结构、规划设施配置

激活：30min拓展生活圈
社会活动策划：依托现有社区文化资源，强调公平性、互动性，激发城市社区活力，培育市民文化

城市文化事件策划：强调休闲性、体验化、参与性

生活圈范围	主要使用人群	行为特征	必要性活动设施	自发性活动设施
15分钟生活圈 1000—1200米	[illegible] [illegible]	• 以步行、公交出行方式为主 • 对就近的就服设施依赖度较高 • 对设施安全性诉求高 • 高频使用设施串联性诉求高	文教：幼儿园、小学、中学 商业：便利店、菜市场、餐馆、自动提款机 医疗福利：卫生室、社区养老中心 体育：户外运动场地（社区级） 休闲：社区绿地	文教：文化宫、培训机构、影剧院、图书馆、文化活动站、阅览室 商业：超市、 体育：健身中心、各类运动场馆 休闲：社区休憩点
30分钟生活圈 1200—2400米	[illegible] [illegible]	• 以公交出行方式为主 • 以户外娱乐、社会型活动为主 • 通过提供便捷路径和有效引导可刺激自发性活动的产生	教育：高等院校、职业技术院校、成人教育 商业：综合市场、酒店、银行 医疗：综合医院、敬老院 体育：户外运动场地（结合城市广场、绿地） 休闲：城市公园、广场	文教：科研、培训、博物馆、美术馆、科技馆、文创园、会展 商业：购物中心、商业街 体育：综合体育馆、主题乐园、大型活动中心 休闲：风景名胜、休闲度假村

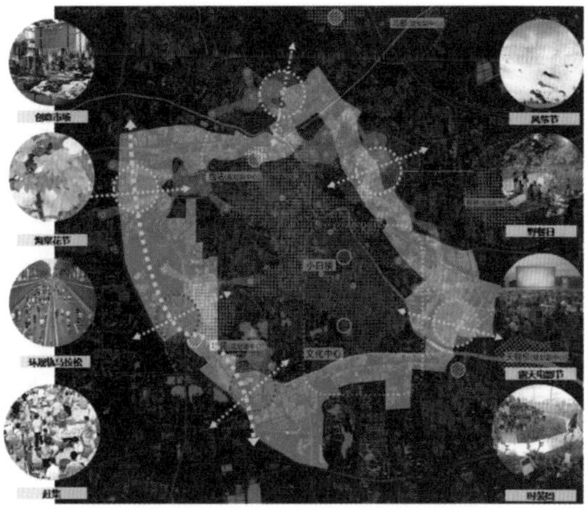
创意市场
风筝节
陶瓷花节
节假日
环城骑行比赛
庙会
时装日

STEP5 | 环线层面——总体城市设计

功能结构规划图

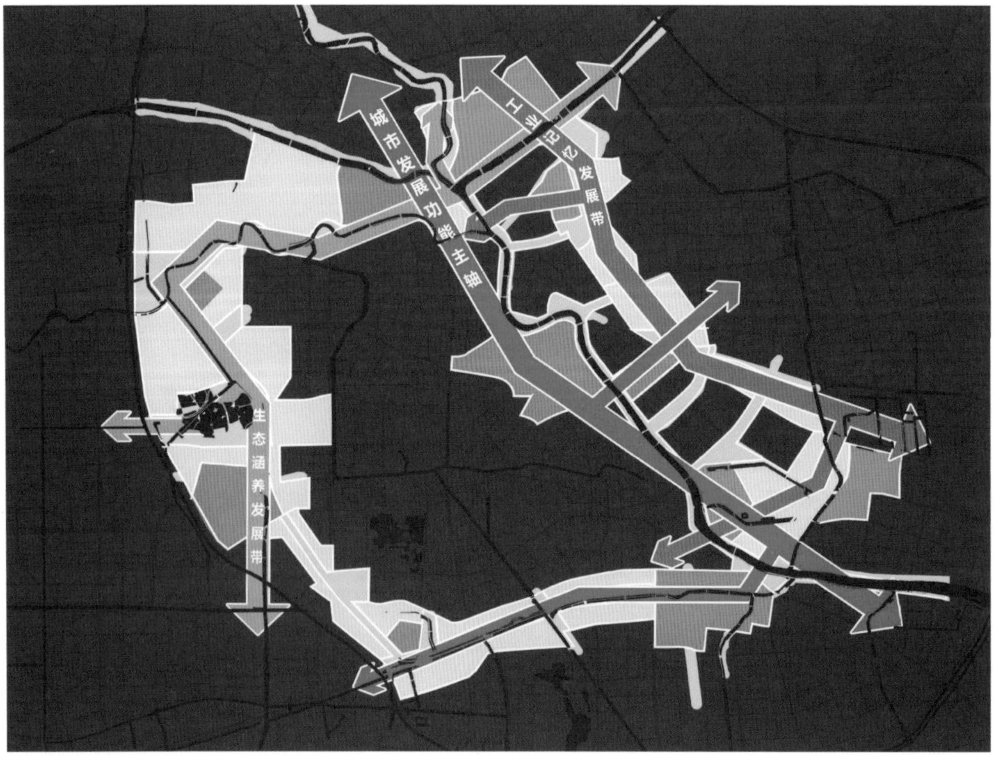
城市发展功能主轴
工业记忆发展带
生态涵养发展带

“一轴两带”

根据上位规划结构，确定商业发展功能主轴：西站副中心—小白楼中心—天钢柳林副中心；

沿新开河和南运河、侯台湿地公园的生态涵养发展带；

依托海河沿岸和京山线周边的工业遗存打造的工业记忆发展带。

上位规划结构

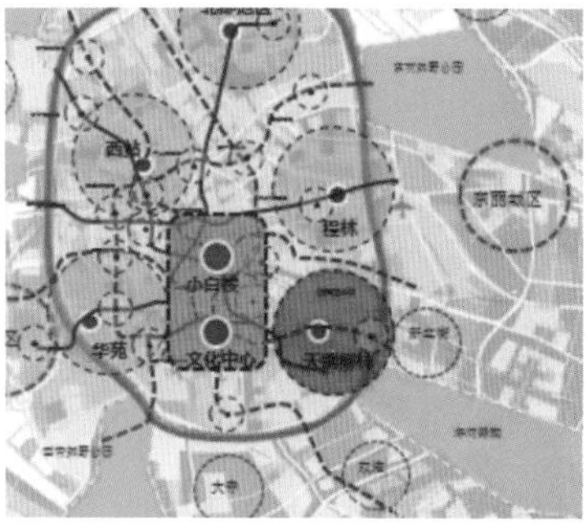

规划系统图纸

产业布局规划图

基于现状产业分析，优化产业结构，确定两轴两带十区的产业布局结构。

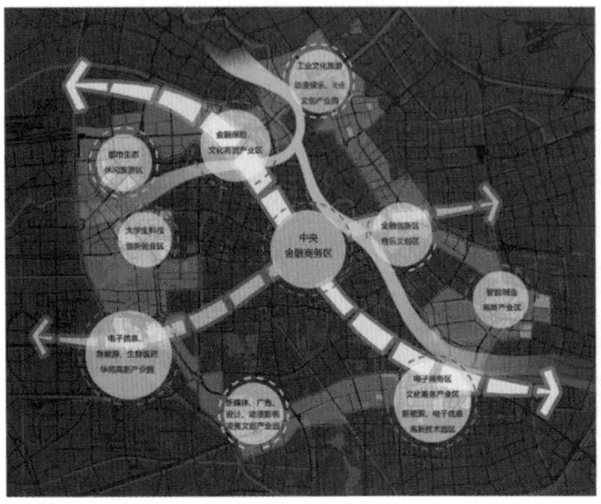

道路系统规划图

参照已编制控规，完善路网结构，增强场地内外的交通可达性。

绿色基础设施规划图

分析绿地、水系、慢行网络，形成城市公园、社区公园、都市绿街等多层级绿色网络。

慢行系统规划图

结合绿色基础设施规划，打通铁轨及河沟等步行障碍，打造尺度适宜的步行网络。

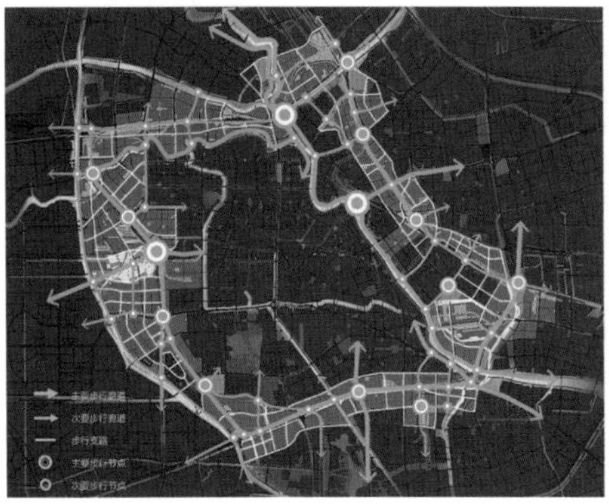

公交系统规划图

以轨道交通为骨架，通过常规公交与轨道交通的互补衔接，形成多层级公交网络。

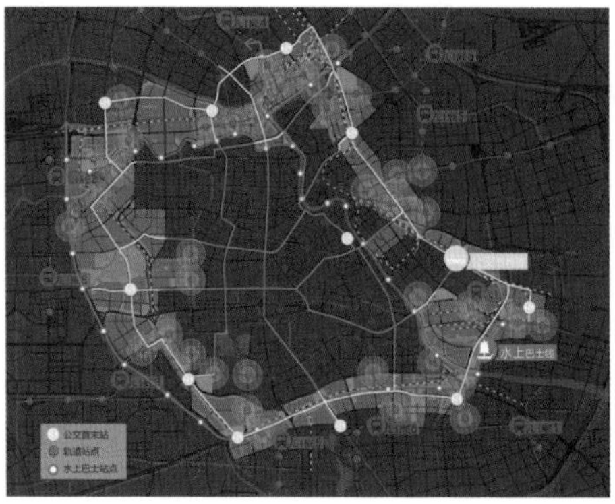

公服设施系统规划图

完善基础公服设施，补充机会生活设施，打造方便快捷十五分钟和三十分钟生活圈。

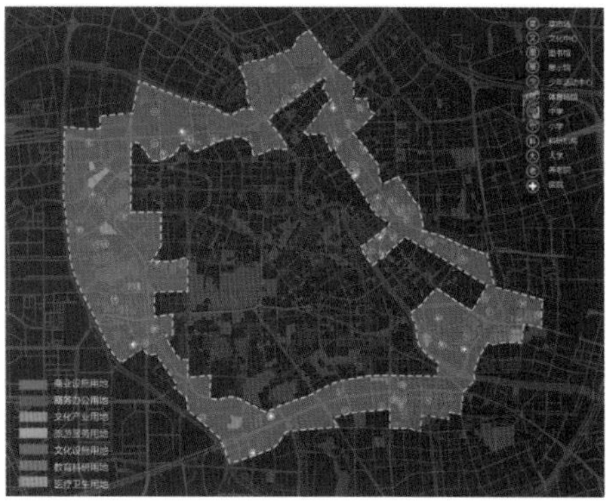

STEP5 | 环线层面——总体城市设计

土地利用规划图

土地利用汇总表

用地代码 大类	中类	用地名称	用地面积（hm）	占城市建设用地面积(%)
R		居住用地	2151.88	31.96%
A		公共管理与公共服务设施用地	344.39	5.12%
	A2	文化设施用地	198.27	2.95%
	A3	教育科研用地	107.68	1.60%
	A5	医疗卫生用地	38.44	0.57%
B		商业服务设施用地	809.76	12.03%
	B1	商业用地	512.71	7.62%
	B2	商务用地	188.22	2.80%
	B3	娱乐康体用地	108.83	1.62%
S		道路与交通设施用地	1633.69	24.27%
	S1	城市道路用地	1324.46	18.61%
	S3	交通枢纽用地	278.79	4.14%
	S4	交通场站用地	100.44	1.51%
U		公用设施用地	247.71	3.68%
M		工业用地	228.08	3.39%
G		绿地与广场用地	1316.71	19.56%
	G1	公园绿地	707.17	10.50%
	G2	防护绿地	596.34	8.86%
	G3	广场用地	13.20	0.20%
H11		城市建设用地	6732.22	100
E		非建设用地	0	0
	E1	水域	373.22	5.25%
		城乡用地	7105.44	100

商业设施用地　　工业用地
商务办公用地　　交通设施用地
文化产业用地　　公用设施用地
旅游服务设施用地　　公园绿地
居住用地　　防护绿地
文化设施用地　　广场用地
教育科研用地　　水域
医疗卫生用地

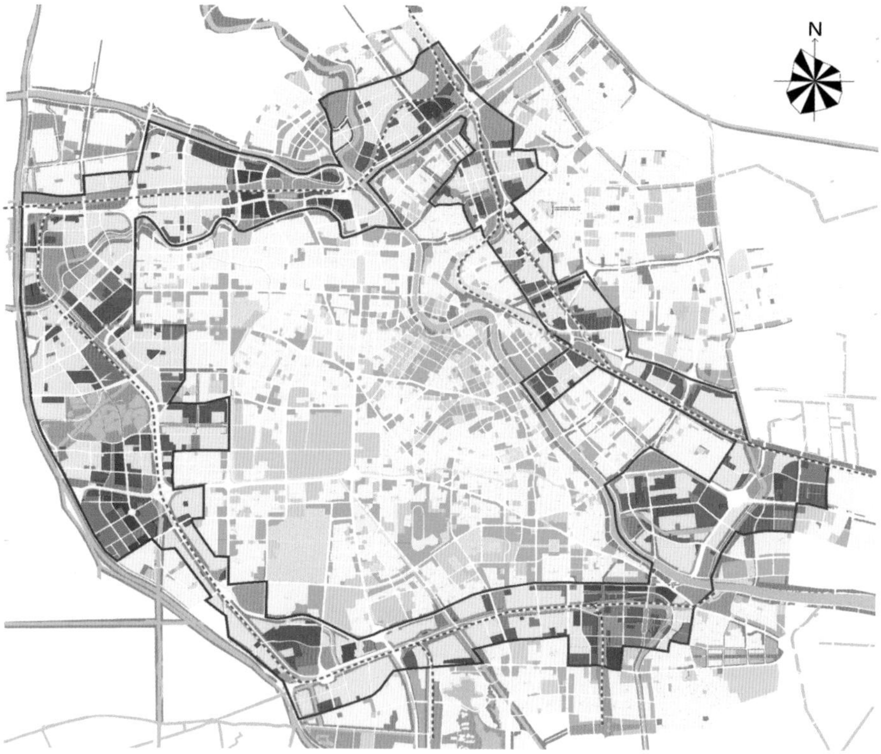
N

重点地段更新导向

生态+生活导向 1.45km²

依托南运河及低洼地形，打造生态涵养区，治理内涝，提升周边社区环境质量。

产业+遗产导向 0.9km²

依托大学校园资源以及科技南开的上位规划，打造双创基地。

生活+产业导向 0.3km²

补充社区基础设施，改造基地集装箱市集，提升社区活力。

西沽机厂工业遗址公园
南运河生态涵养区
西营门双创基地
小三线文化创意片区
复兴河高科产业园
凌奥铁路创意集市

遗产+生活导向 2.4km²

依托北运河及西沽机厂，城市、国家级工业遗址公园，打造"天津名片"。

产业+生活导向 1.9km²

打造音乐铁道主题，完善桥下社区公园，控制城市风廊。

遗产+产业导向 1.1km²

区别棉三创意街区，精准定位，注重高科产业，达到工业遗存再利用。

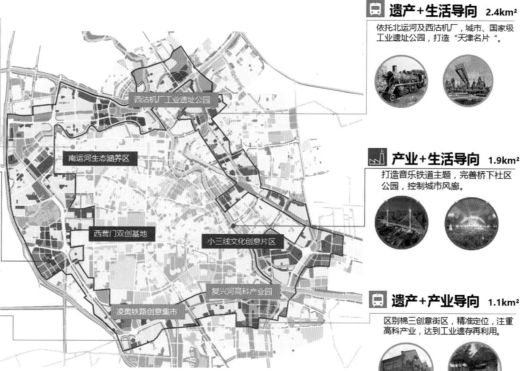

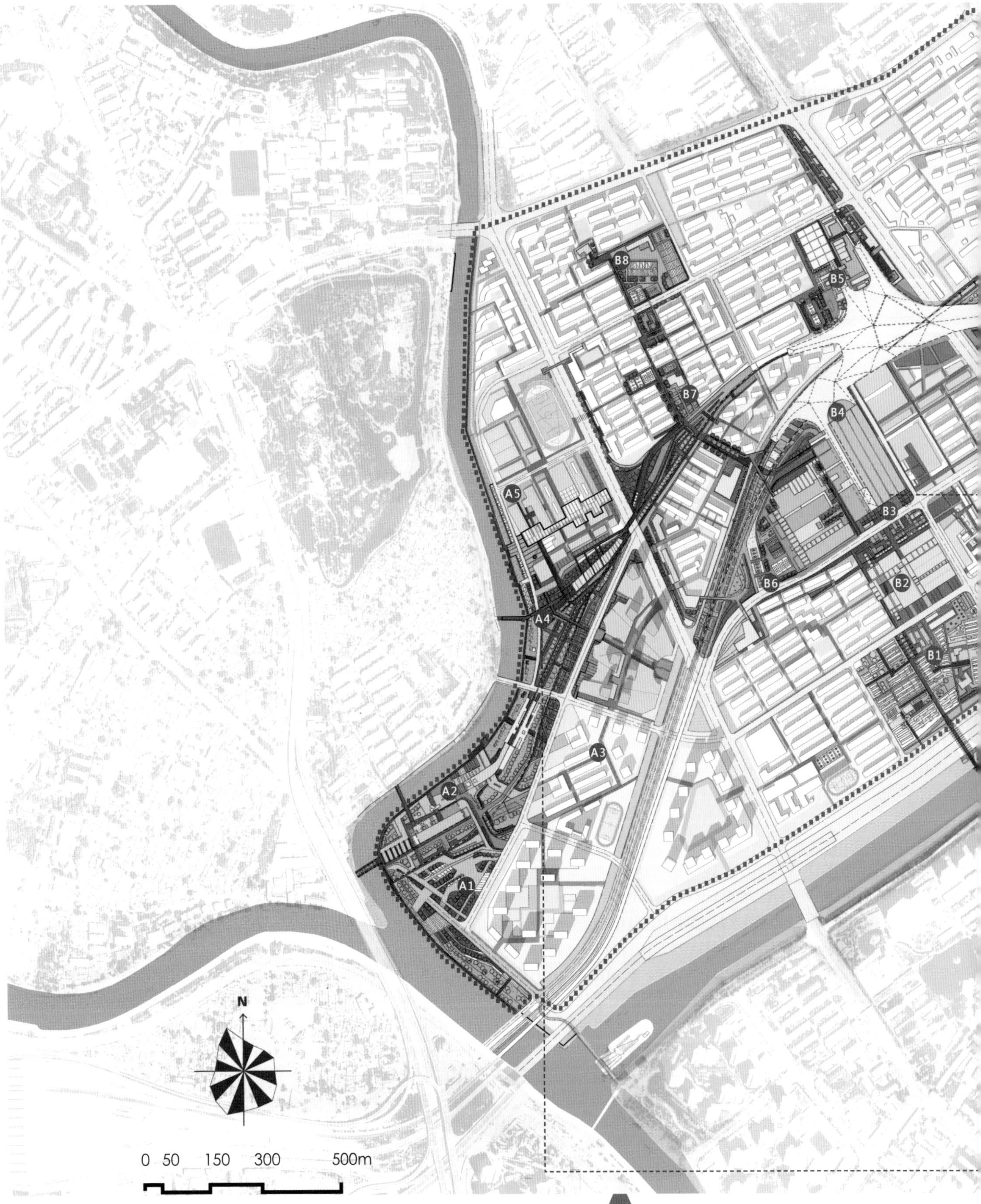
B8
B5
B7
B4
A5
B3
B6
B2
A4
B1
A3
A2
A1
N
0 50 150 300 500m

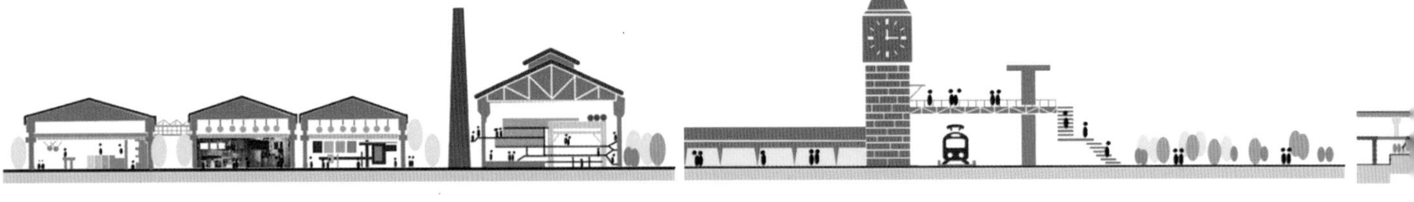

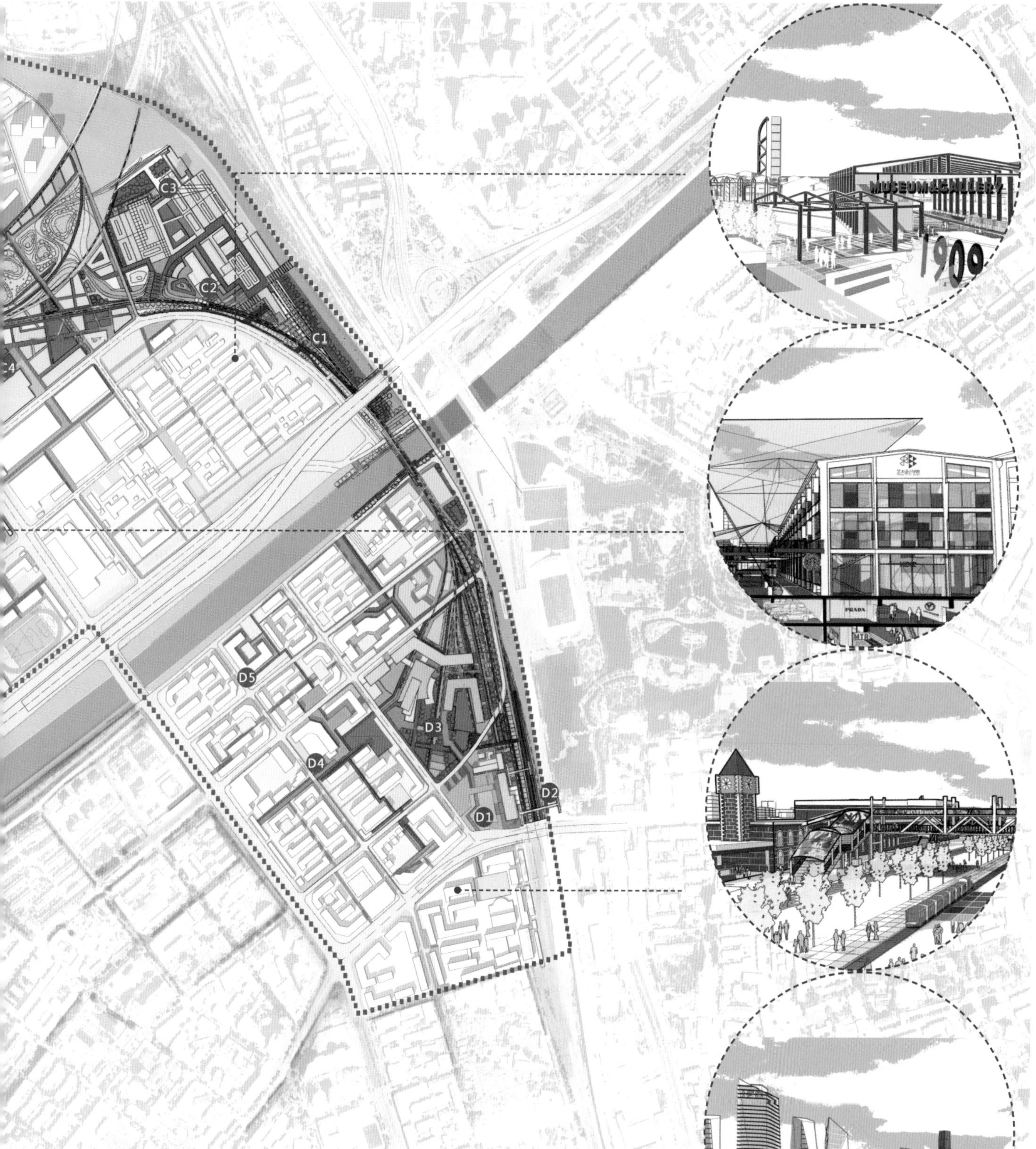
C3
C2
C1
D5
D3
D4
D2
D1
MUSEUM&GALLERY
1909
PRADA
MTR
KFC

LOHAS

STEP6 地块一——南口路记忆生活展示区城市设计

逻辑梳理 & 思维导图

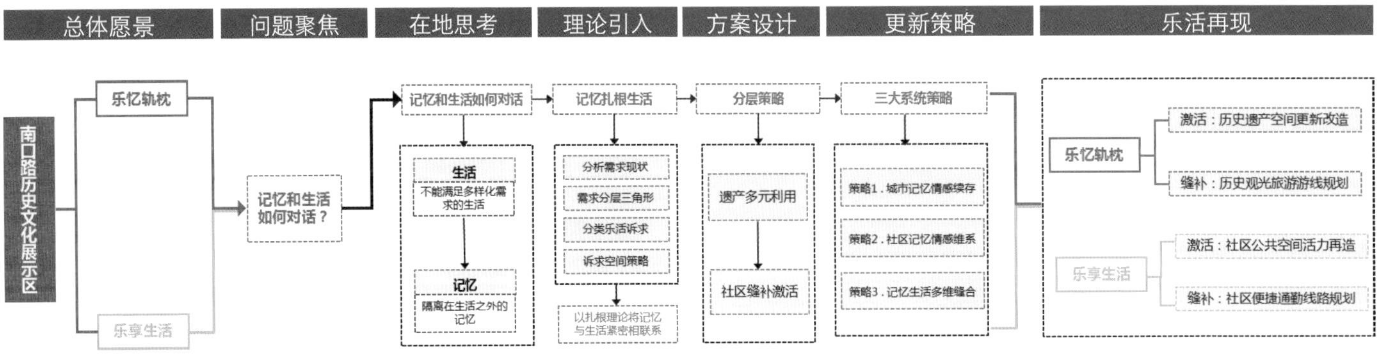
总体愿景
问题聚焦
在地思考
理论引入
方案设计
更新策略
乐活再现
南口路历史文化展示区
乐忆轨枕
乐享生活
记忆和生活如何对话？
记忆和生活如何对话
生活
不能满足多样化需求的生活
记忆
隔离在生活之外的记忆
记忆扎根生活
分析需求现状
需求分层三角形
分类乐活诉求
诉求空间策略
以扎根理论将记忆与生活紧密相联系
分层策略
遗产多元利用
社区缝补激活
三大系统策略
策略1．城市记忆情感续存
策略2．社区记忆情感维系
策略3．记忆生活多维缝合
乐忆轨枕
激活：历史遗产空间更新改造
缝补：历史观光旅游游线规划
乐享生活
激活：社区公共空间活力再造
缝补：社区便捷通勤线路规划

问题聚焦 & 在地思考

北运河
西沽机厂
天津北站
铁轨

现状记忆资源汇总

名称	特点
北运河	世界文化遗产
天津北站	百年记忆
津浦路西沽机厂	一级保护工业遗产
民族乐器厂	音乐工艺资源
609电缆厂	滨河大空间
天津动力机厂	高质量厂房建筑

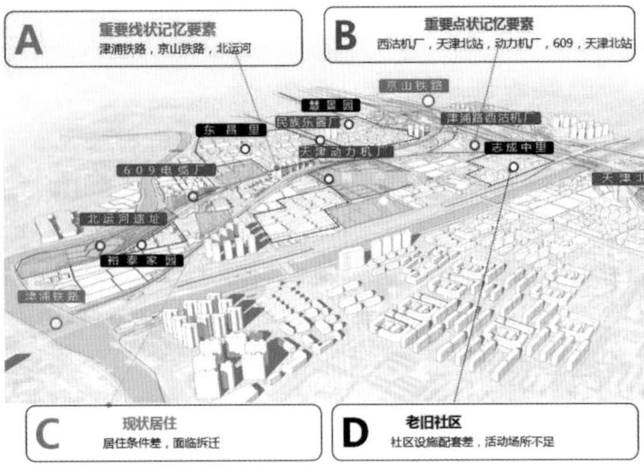
A 重要线状记忆要素
津浦铁路，京山铁路，北运河
B 重要点状记忆要素
西沽机厂，天津北站，动力机厂，609，天津北站
京山铁路
慧果园
民族乐器厂
东昌里
津浦路西沽机厂
天津动力机厂
古成中里
609电缆厂
天津北站
北运河遗址
津浦铁路
C 现状居住
居住条件差，面临拆迁
D 老旧社区
社区设施配套差，活动场所不足

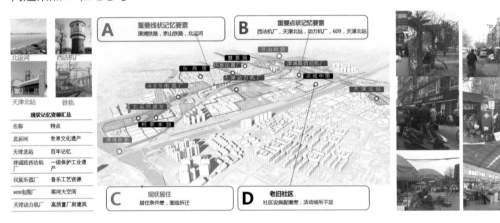

在南口路片区内，曾经重要的烟囱、火车、桥下、铁路渐渐失去了他们强势的功能，只能静静地在它们原有的位置上诉说着记忆 。我们调研中发现，这些记忆要素不只在被时间抹平，也被一堵堵的墙阻挡在生活之外。部分社区生活虽然热闹，但生活品质却不如从前。在我们的场地中，有很多这样的生活场景以及许多这样的记忆要素，随着这些要素逐渐失去原有的功能，生活与记忆之间的联系越来越少。

理论引入：扎根理论

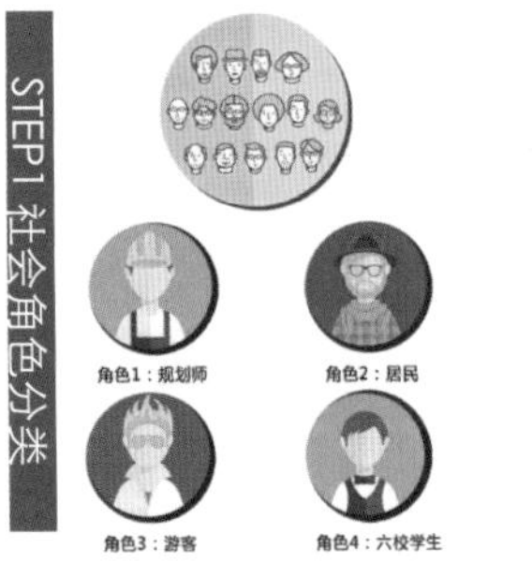
STEP1 社会角色分类
角色1：规划师
角色2：居民
角色3：游客
角色4：六校学生

STEP2 调研样本筛选
地方领导留言板
天津市
每天早晨都有许多不法摊贩

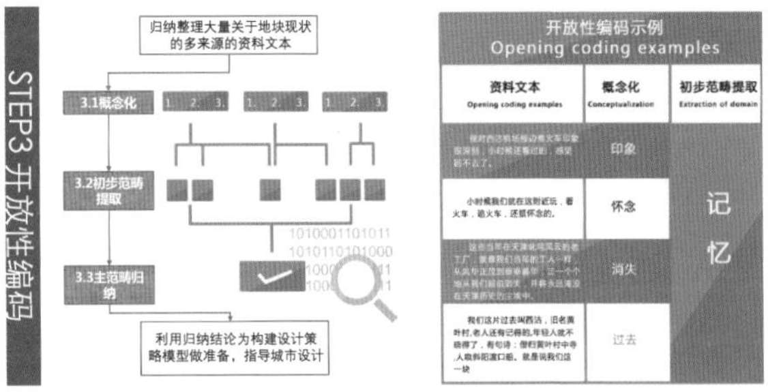
STEP3 开放性编码
归纳整理大量关于地块现状的多来源的资料文本
3.1概念化
3.2初步范畴提取
3.3主范畴归纳
利用归纳结论为构建设计策略模型做准备，指导城市设计
开放性编码示例
Opening coding examples
资料文本
概念化
初步范畴提取
印象
怀念
消失
过去
记忆

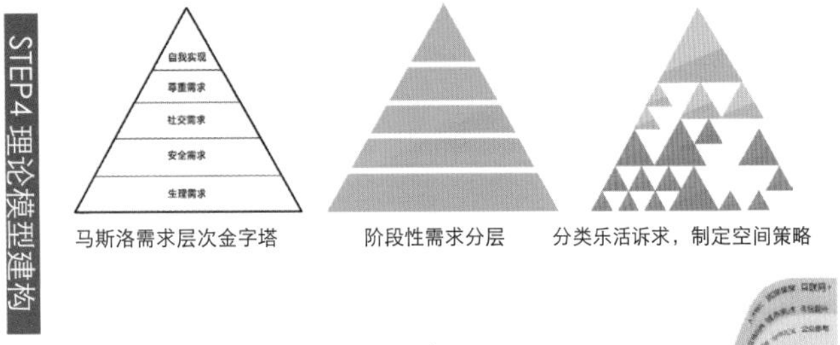
STEP4 理论模型建构
自我实现
尊重需求
社交需求
安全需求
生理需求

马斯洛需求层次金字塔　　阶段性需求分层　　分类乐活诉求，制定空间策略

基于扎根理论的记忆与生活的：需求——空间设计模型建构
引入一种质性研究方法——扎根理论来进行分析
我们的最终目的是通过分析找寻那些乐享生活的真实诉求，将记忆与生活相联系。这些分层生活需求对应到具体的空间需求，我们据此提出相应的空间策略，依据需求金字塔，构建出空间策略金字塔

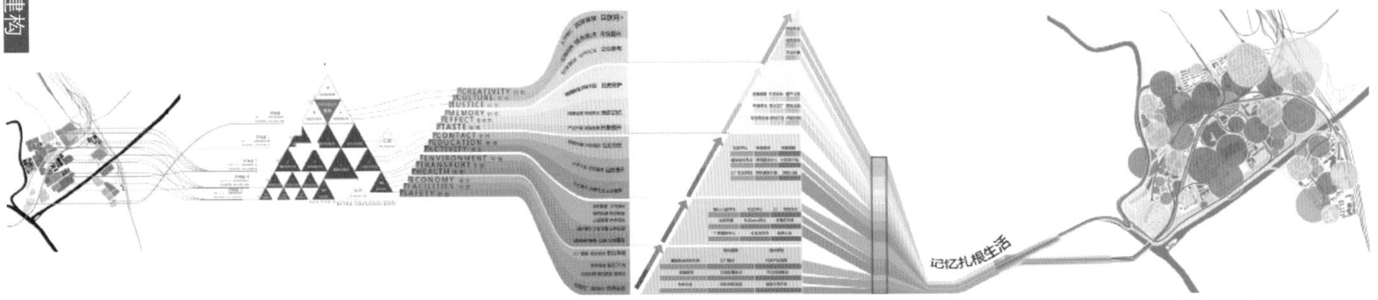
记忆扎根生活

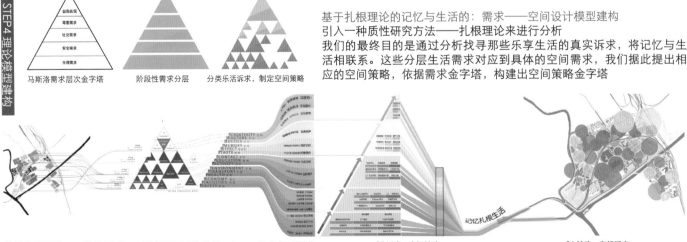

01 需求现状汇总 Demand Status　02 需求分层 Pyramid of Needs　03 多层需求分类 Multilevel Demand Classification　04 分类乐活诉求 Classification Appeal　05 诉求—空间策略 Demand -Space Strategy　06 策略—空间呼应 Strategy -Space Echoing

更新目标 & 更新策略

将隔离在生活之外的**记忆**，与不同层级的**生活**需求紧密结合，深化记忆认同，以丰富社区生活为主要目标。

达到**乐忆轨枕、乐享生活**的发展愿景。

乐忆轨枕·多元利用

COMPOUND USING

多维视角全面挖掘城市遗产与文化资源。

乐享生活·缝补激活

ACTIVATE & SHARE

建立价值共享机制，调和多元价值观，促进社会弥合。

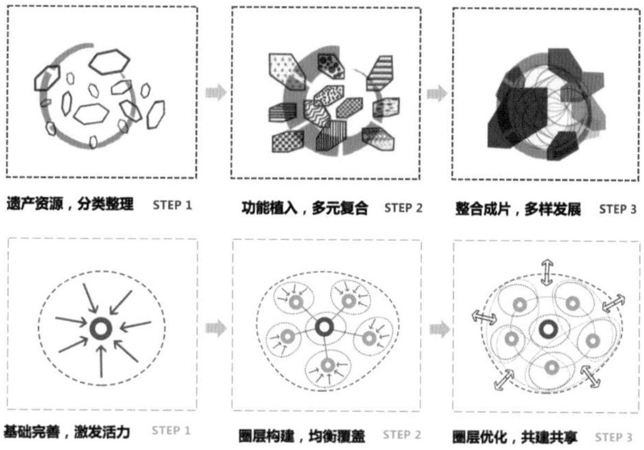

遗产资源，分类整理 STEP 1
功能植入，多元复合 STEP 2
整合成片，多样发展 STEP 3
基础完善，激发活力 STEP 1
圈层构建，均衡覆盖 STEP 2
圈层优化，共建共享 STEP 3

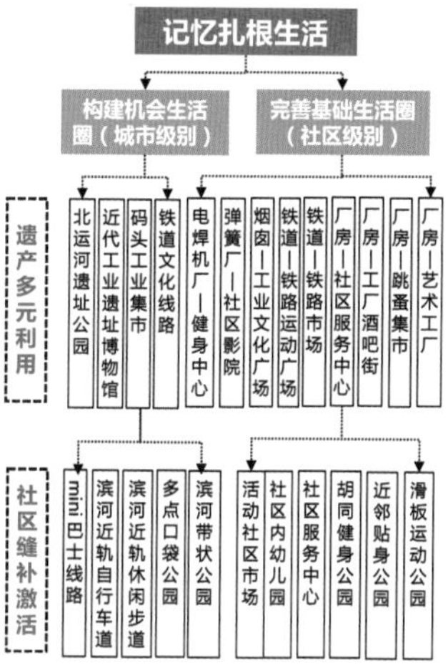

记忆扎根生活
构建机会生活圈（城市级别）
完善基础生活圈（社区级别）
遗产多元利用
北运河遗址公园
近代工业遗址博物馆
码头工业集市
铁道文化线路
电焊机厂—健身中心
弹簧厂—社区影院
烟囱—工业文化广场
铁道—铁路运动广场
铁道—铁路市场
厂房—社区服务中心
厂房—工厂酒吧街
厂房—跳蚤集市
厂房—艺术工厂
社区缝补激活
mini巴士线路
滨河近轨自行车道
滨河近轨休闲步道
多点口袋公园
滨河带状公园
活动社区市场
社区内幼儿园
社区服务中心
胡同健身公园
近邻贴身公园
滑板运动公园

策略1：城市记忆情感续存

措施1. 点状·工业资源多元利用

通过遗产多元利用以达到乐忆轨枕，对现状闲置点状工业资源多元利用，重塑城市级别历史记忆；使得多元文化耦合、多维交通连接、多位景观再造以及多种活动交织。

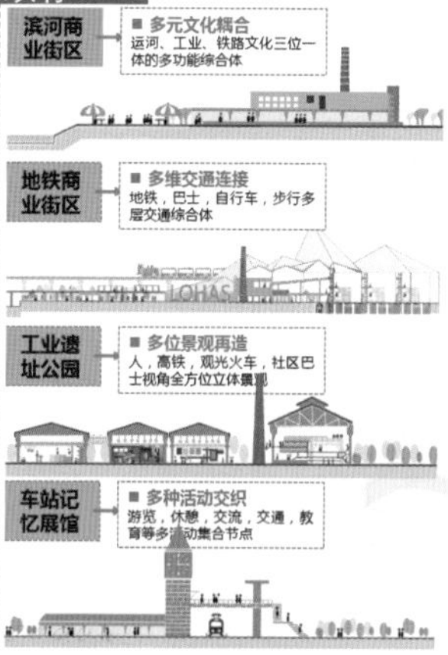

滨河商业街区
多元文化耦合
运河、工业、铁路文化三位一体的多功能综合体
地铁商业街区
多维交通连接
地铁，巴士，自行车，步行多层交通综合体
工业遗址公园
多位景观再造
人、高铁、观光火车，社区巴士视角全方位立体景观
车站记忆展馆
多种活动交织
游览，休憩，交流，交通，教育等多种活动集合节点

措施2. 线状·铁路资源多样改造

针对线性铁路资源则采用多样改造，通过增添铁路市场、打造公园绿地、附建城市慢行步道等方法解决铁道功能荒废、桥下空间浪费等问题。

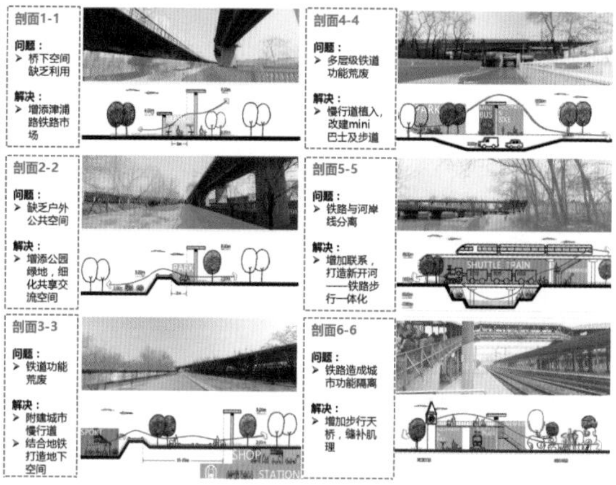

剖面1-1
问题：
桥下空间缺乏利用
解决：
增添市民铁路市场
剖面2-2
问题：
缺乏户外公共空间
解决：
增添公园绿地，细化共享交流空间
剖面3-3
问题：
铁道功能荒废
解决：
附建城市慢行道
结合地铁打造地下空间
剖面4-4
问题：
多层级铁道功能荒废
解决：
慢行道植入，改建mini巴士及步道
剖面5-5
问题：
铁路与河岸线分离
解决：
增加联系，打造新开河——铁路步行一体化
剖面6-6
问题：
铁路造成城市功能隔离
解决：
增加步行天桥，缝补肌理
SHUTTLE TRAIN

策略2：社区记忆情感维系

措施1. 缝补·基础生活圈

通过社区缝补激活来实现乐享生活，根据扎根理论，将现有居住区分为5个层次类型，并进行分层需求措施应对。

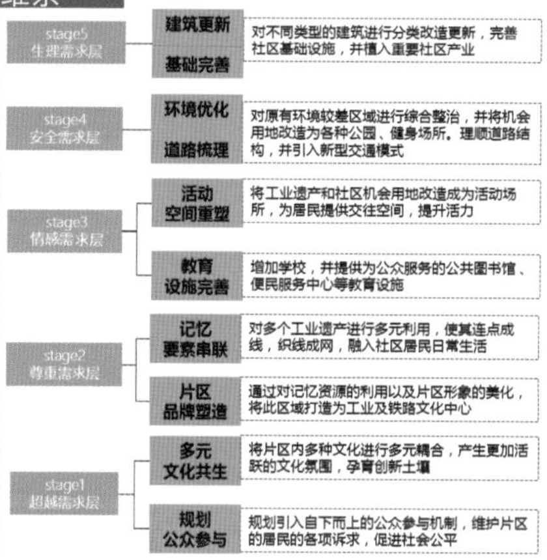

stage5 生理需求层
stage4 安全需求层
stage3 情感需求层
stage2 尊重需求层
stage1 超越需求层
建筑更新 基础完善
对不同类型的建筑进行分类改造更新，完善社区基础设施，并植入重要社区产业
环境优化 道路梳理
对原有环境较差区域进行综合整治，并将机会用地改造为各种公园、健身场所。理顺道路结构，并引入新型交通模式
活动空间重塑
将工业遗产和社区机会用地改造成为活动场所，为居民提供交往空间，提升活力
教育设施完善
增加学校，并提供为公众服务的公共图书馆、便民服务中心等教育设施
记忆要素串联
对多个工业遗产进行多元利用，使其连点成线，织线成网，融入社区居民日常生活
片区品牌塑造
通过对记忆资源的利用以及片区形象的美化，将此区域打造为工业及铁路文化中心
多元文化共生
将片区内多种文化进行多元耦合，产生更加活跃的文化氛围，孕育创新土壤
规划公众参与
规划引入自下而上的公众参与机制，维护片区的居民的各项诉求，促进社会公平

措施2. 激活·机会生活圈

打造社区活力线，植入各类型公园、博物馆、集市、社区中心等零碎空间，补充城市级别和社区级别的活动，激活机会生活圈。

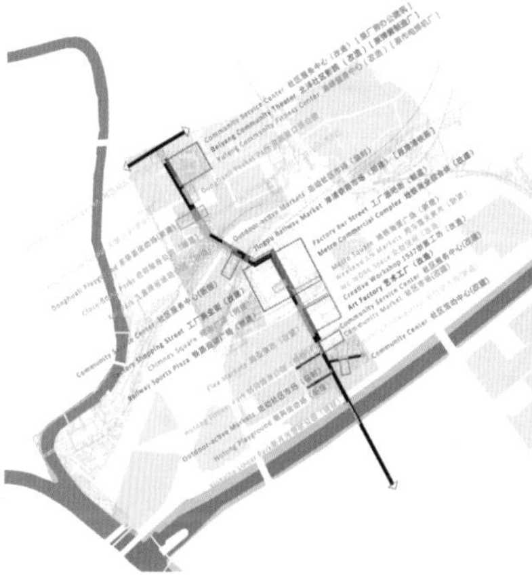

策略3：记忆生活多维缝合

措施1. 联络·交通系统优化

首先进行交通系统优化。联通道路、分级主次以完善网络；提出共享车道，优化断面。

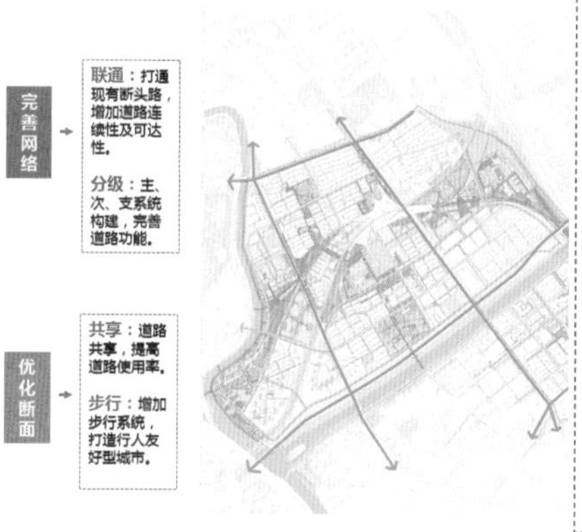

完善网络
联通：打通现有断头路，增加道路连续性及可达性。
分级：主、次、支系统构建，完善道路功能。
优化断面
共享：道路共享，提高道路使用率。
步行：增加步行系统，打造行人友好型城市。

措施2. 交织·乐活游线规划

设计5条东西向线路和6条南北向线路来为市民提供丰富多彩的活力体验，使得记忆和生活产生对话。这11条线路汇集而成的疯狂交叉口，创造空间体验的高潮点，并重新建立起被割裂的南北向联系。

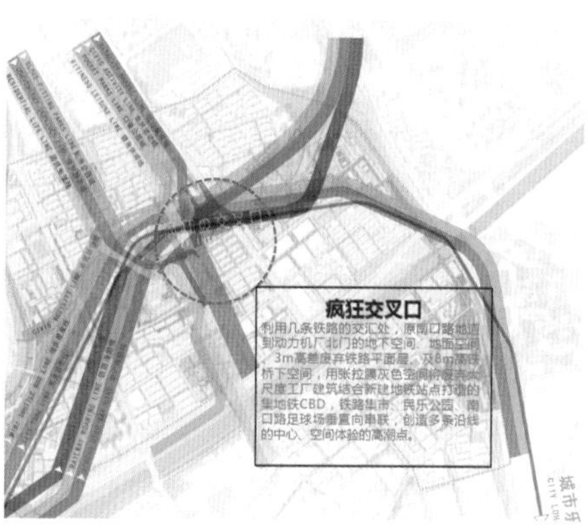

疯狂交叉口

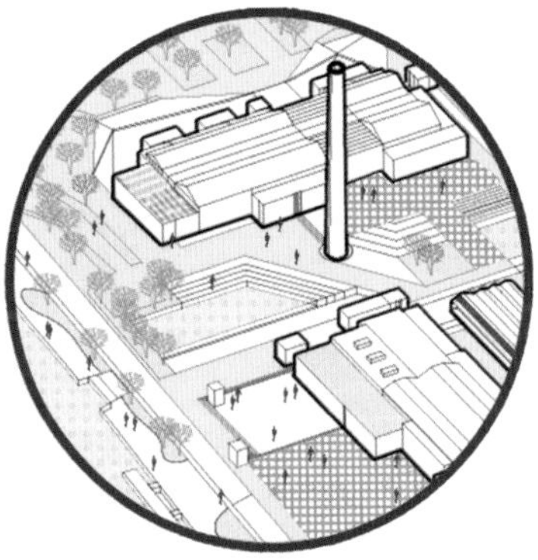

A 旧厂房更新

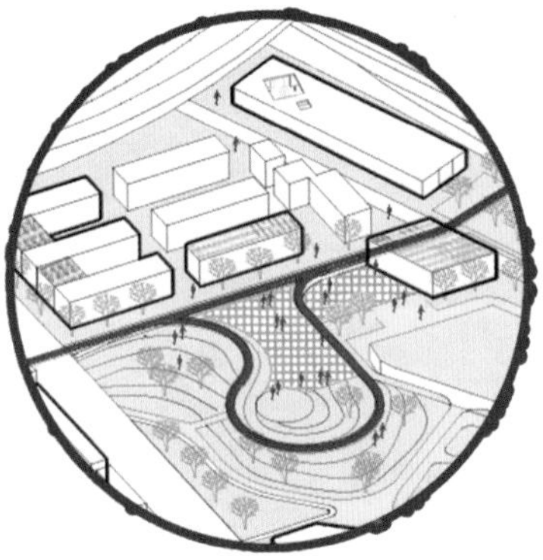

B 旧社区改造

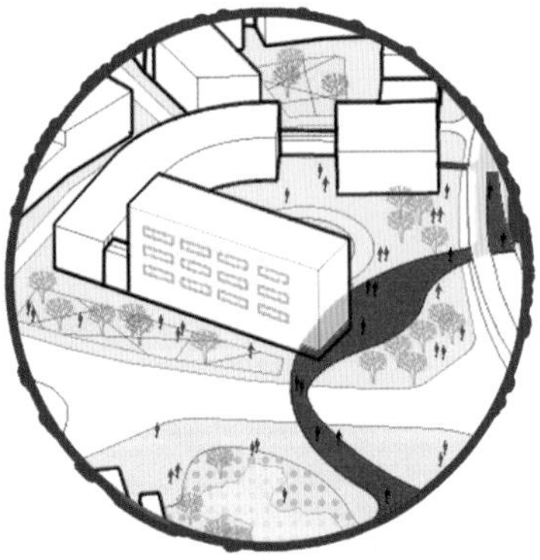

C 城市缝补核

D 棚户区更新

B1
A3
A1
A2

D3
D2
D1
D6
C5
D4
C3
C1
C4
D5
C2
B6
B3
B4
B7
B8
B9
B2
A6
A7

经济技术指标	
总用地面积	3.99km²
总建筑面积	4468800m²
毛容积率	1.12
建筑毛密度	19.0%
绿地率	29.0%
保留建筑面积	3351600m²
拆除建筑面积	372400m²
新建建筑面积	1117200m²
总人口数量	42320 人

A 海河文化休闲街区 1.14km²

A1 小白楼商业中心 A5 美食广场
A2 海河文化公园 A6 音乐文创区
A3 俄风貌办公区 A7 河边商住区
A4 音乐厅

B 海棠音乐生活街区 1.25km²

B1 俄式风貌音乐厅 B5 天音（老校区）
B2 天音（新校区） B6 自行车活动公园
B3 音乐文化街 B7 城市有机农场
B4 天针美食街 B8 铁路周末集市
B9 市民菜场

C 小三线文化公园 0.84km²

C1 如意园老年公园 C4 城市舞台
C2 工业遗址博物馆 C5 站点广场
C3 小三线商业中心

D 天工大创智文化街区 0.76km²

D1 创智金融街区 D4 青年共享社区
D2 大王庄社区大学 D5 唐口生活集市
D3 社区体育文化中心 D6 社区幼儿园

总平面图
SITE PLAN

0 50 150 300 500m

逻辑梳理，思维导图

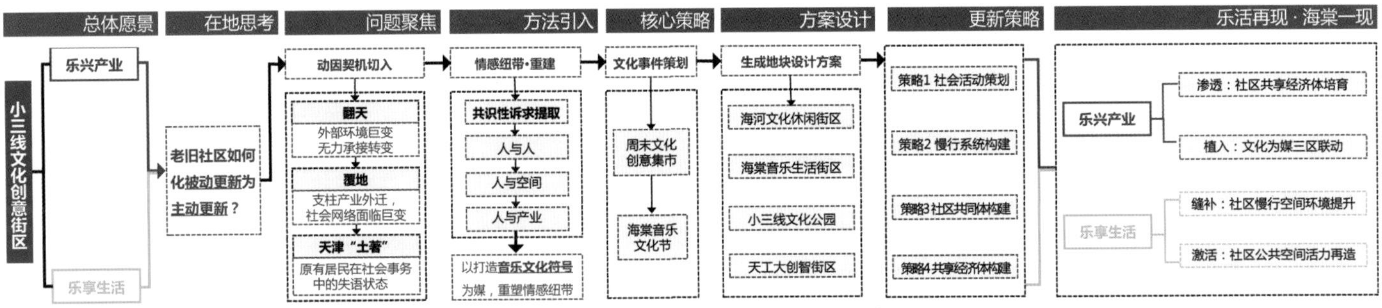
总体愿景
在地思考
问题聚焦
方法引入
核心策略
方案设计
更新策略
乐活再现 · 海棠一现
小三线文化创意街区
乐兴产业
乐享生活
老旧社区如何化被动更新为主动更新？
动因契机切入
翻天
外部环境巨变 无力承接转变
覆地
支柱产业外迁，社会网络面临巨变
天津“土著”
原有居民在社会事务中的失语状态
情感纽带 · 重建
共识性诉求提取
人与人
人与空间
人与产业
以打造音乐文化符号为媒，重塑情感纽带
文化事件策划
周末文化创意集市
海棠音乐文化节
生成地块设计方案
海河文化休闲街区
海棠音乐生活街区
小三线文化公园
天工大创智街区
策略1 社会活动策划
策略2 慢行系统构建
策略3 社区共同体构建
策略4 共享经济体构建
乐兴产业
渗透：社区共享经济体培育
植入：文化为媒三区联动
乐享生活
缝补：社区慢行空间环境提升
激活：社区公共空间活力再造

契机引领，更新策略

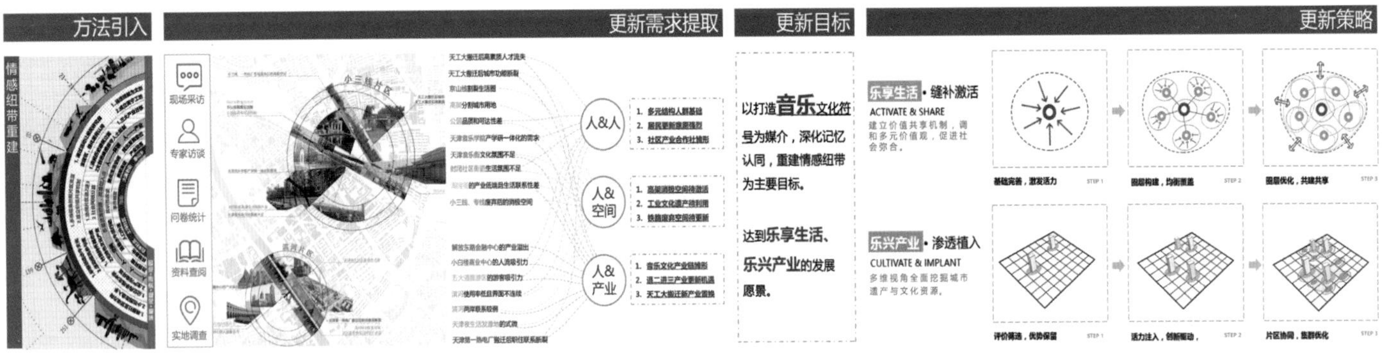
方法引入
情感纽带重建
更新需求提取
现场采访
专家访谈
问卷统计
资料查阅
实地调查
人&人
人&空间
人&产业
更新目标
以打造音乐文化符号为媒介，深化记忆认同，重建情感纽带为主要目标。
达到乐享生活、乐兴产业的发展愿景。
更新策略
乐享生活 · 缝补激活
ACTIVATE & SHARE
建立价值共享机制，调和多元价值观，促进社会融合。
基础完善，激发活力
圈层构建，均衡覆盖
圈层优化，共建共享
乐兴产业 · 渗透植入
CULTIVATE & IMPLANT
多维视角全面挖掘城市遗产与文化资源。
评价筛选，优势保留
活力注入，创新驱动
片区协同，集群优化

结构生成

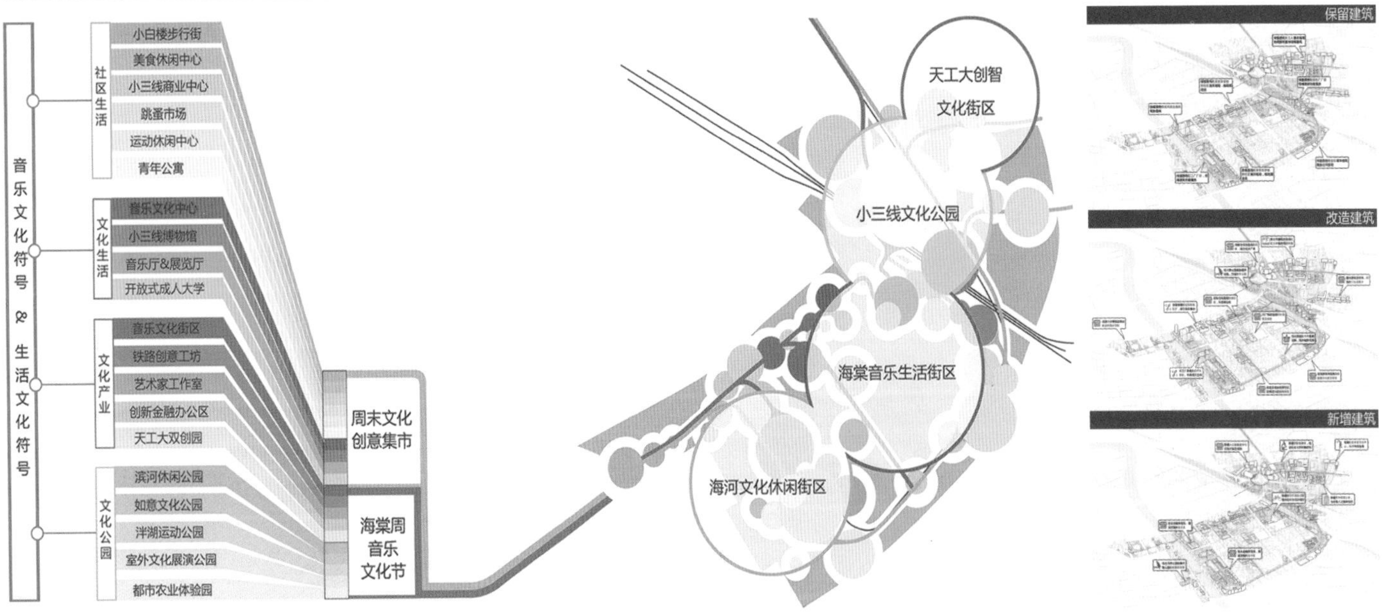
音乐文化符号 & 生活文化符号
社区生活
小白楼步行街
美食休闲中心
小三线商业中心
跳蚤市场
运动休闲中心
青年公寓
文化生活
音乐文化中心
小三线博物馆
音乐厅&展览厅
开放式成人大学
文化产业
音乐文化街区
铁路创意工坊
艺术家工作室
创新金融办公区
天工大双创园
文化公园
滨河休闲公园
如意文化公园
泮湖运动公园
室外文化展演公园
都市农业体验园
周末文化创意集市
海棠周音乐文化节
天工大创智文化街区
小三线文化公园
海棠音乐生活街区
海河文化休闲街区
保留建筑
改造建筑
新增建筑

文化植入，乐活系统

周末文化创意集市
海棠音乐文化节
小三线音乐文化体验线
商圈&铁路即时休闲线
市民文化生活乐享线
创智文化产业商务线
小三线绿色慢行动步线
自行车·步行慢行线
城市铁路观光游览线

街道活力重塑意向

■ 小白楼路段

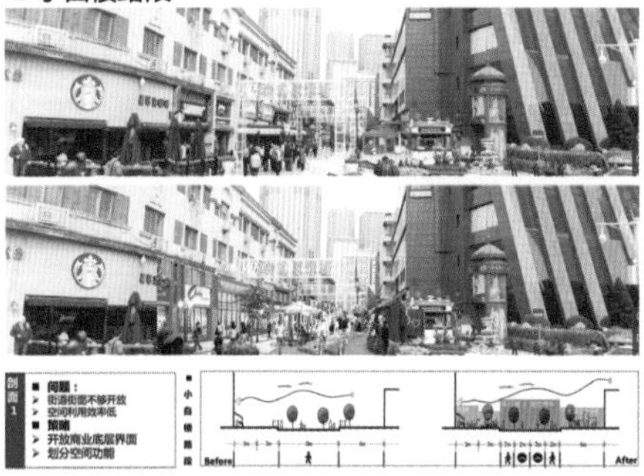
问题：
沿道街面不够开放
空间利用效率低
策略
开放商业底层界面
划分空间功能
Before
After

■ 热电厂滨江路段

问题：
滨江道车行过宽，不宜人行
滨水空间不连续
策略
增加慢行空间
增加滨水空间功能
Before
After

■ 天音大后街路段

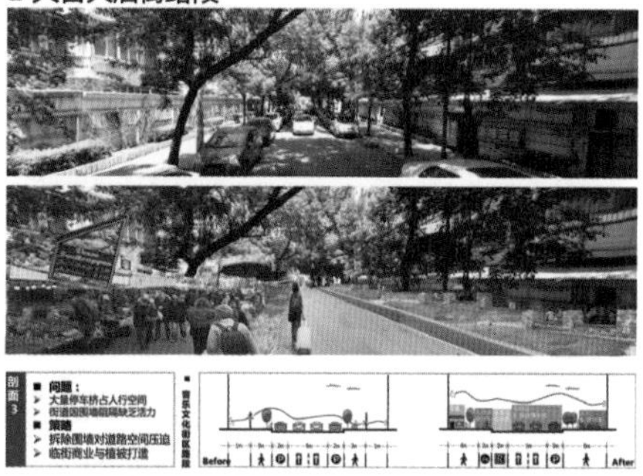
问题：
大量停车挤占人行空间
策略
Before
After

■ 淘宝街路段

问题：
缺乏非机动车道
铁道空间荒废
策略
附接城市慢行道
铁路集市空间改造
Before
After

■ 天工大路段

问题：
校区交通不开放
缺乏户外公共空间
策略
增加立体慢行系统
细化共享交流空间
Before
After

■ 十一经路路段

问题：
高架分割城市空间
桥下空间缺乏利用
策略
加入自行车道、空中商业
丰富桥下空间
Before
After

乐活再现，海棠一日

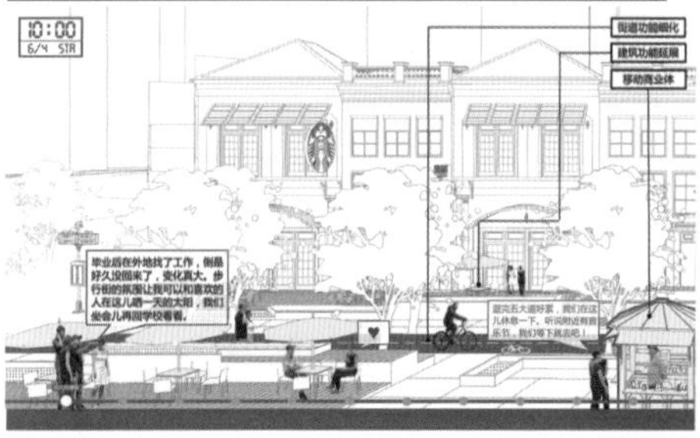
10:00
6/4 STR
街道功能强化
建筑功能延展
移动商业体

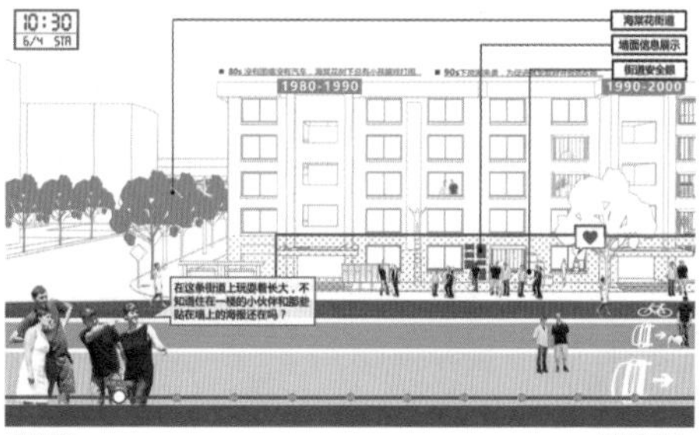
10:30
6/4 STR
海报街道
墙面信息展示
街道安全感
1980-1990
1990-2000

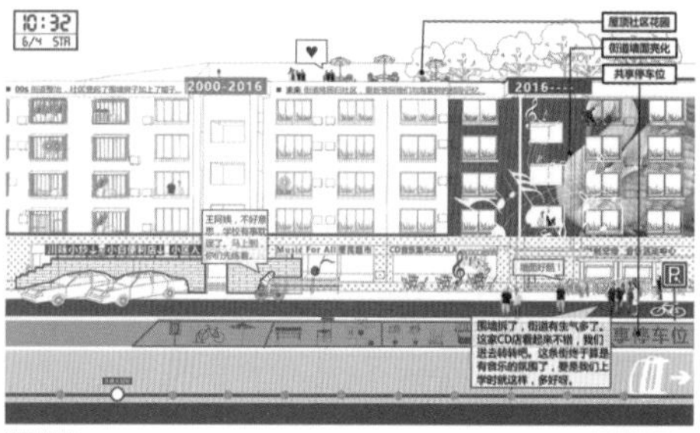
10:32
6/4 STR
屋顶社区花园
街道墙面美化
共享停车位
2000-2016
2016-

11:50
6/4 STR
铁道风貌观景台
铁道创意工坊
立体慢行系统

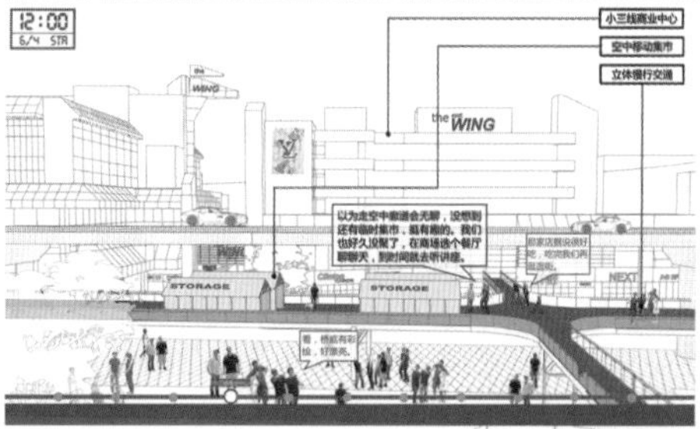
12:00
6/4 STR
小三线商业中心
空中移动集市
立体慢行交通
WING
STORAGE

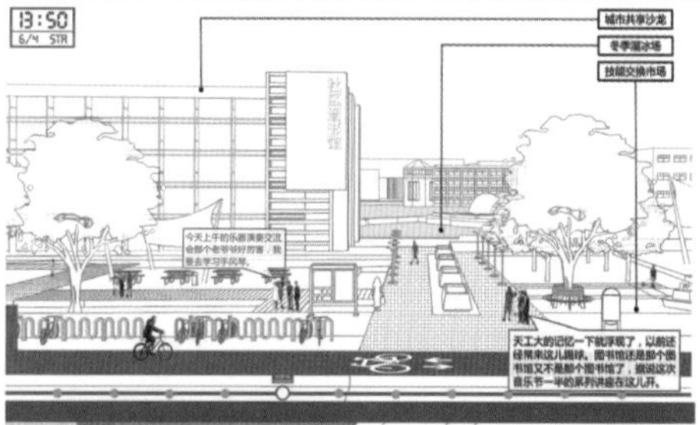
13:50
6/4 STR
城市共享沙龙
冬季溜冰场
技能交换市场

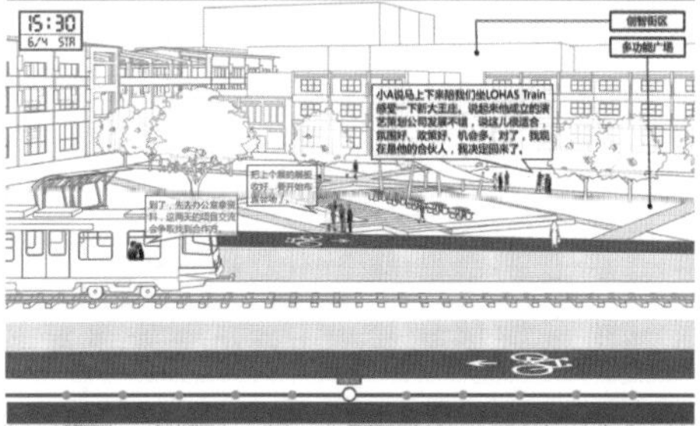
15:30
6/4 STR
创智街区
多功能广场

16:00
6/4 STR
旧工厂改造：博物馆
口袋公园
立体慢行交通

17:00
6/4 STR
桥面艺术涂鸦
立体慢行系统
线性音乐公园
LA LA LAND
KEEP CALM AND LISTEN MOZART

17:30
6/4 STR
社区共享花园
铁轨氛围市场
立体慢行交通

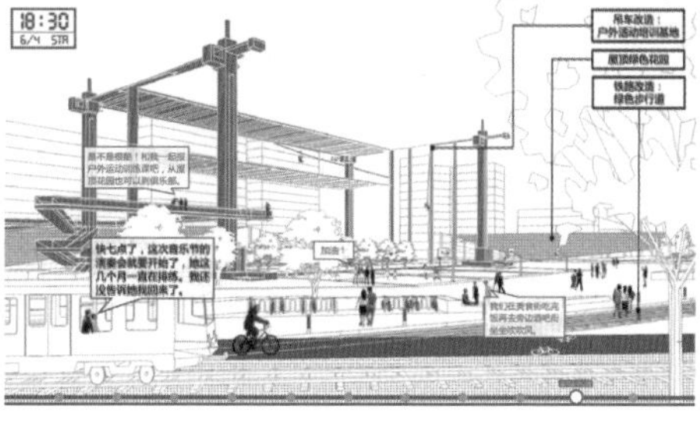
18:30
6/4 STR
吊车改造：户外活动项目基地
屋顶绿色花园
铁路改造：绿色步行道

00:00
6/4 SUN
广房改造：24h美食街
管道改造：桥
铁路高价：Lohas Station
仓库改造：多功能广场
塔吊改造：观光塔

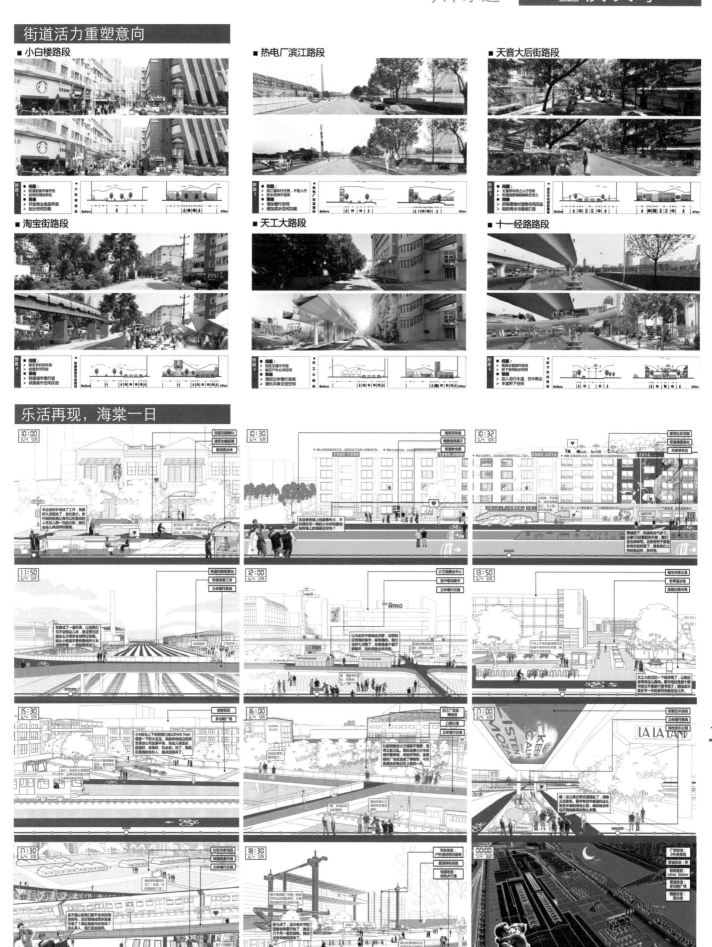

STEP6 陈塘庄支线生态观光片区

陈塘庄支线片区位于环线东北侧陈塘庄支线与南运河交汇处，在本次规划中对该地的构想是“乐游绿景”结合“乐享生活”。
根据环线总策略结合地方特性精准策略，以生态为基底串联生活，最后通过三大步骤将策略落位，实现乐游绿景和乐享生活。

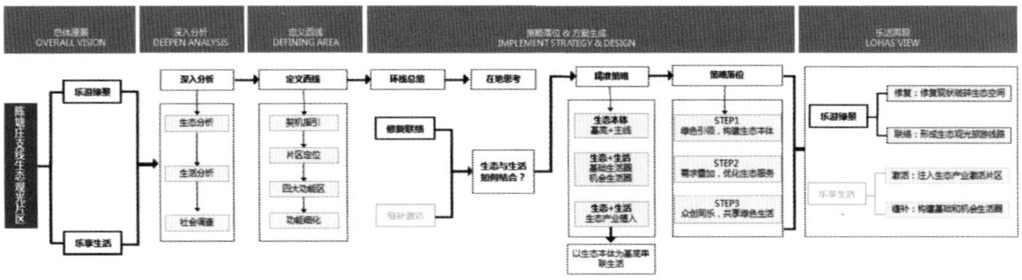
总体愿景 OVERALL VISION
深入分析 DEEPEN ANALYSIS
定义西线 DEFINING AREA
策略落位 & 方案生成 IMPLEMENT STRATEGY & DESIGN
乐活周报 LOHAS VIEW
陈塘庄支线生态观光片区
乐游绿景
乐享生活
深入分析
生态分析
生活分析
社会调查
定义西线
契机指引
片区定位
四大功能区
功能细化
环线总策
修复联络
在地思考
生态与生活如何结合？
精准策略
策略落位
STEP1
STEP2
STEP3
以生态本体为基底串联生活

问题聚焦 | 生态分析

深入片区针对气候、土壤以及水网问题进行进一步聚焦。通过对该片区生态的进一步分析，发现未有效利用风廊散热，排水、排污困难，水网残缺、用地效益低，大量用地废弃等问题；

结论：环境问题突出，建成环境生态适应性缺乏。如绿地系统未有效对环境问题进行应对。

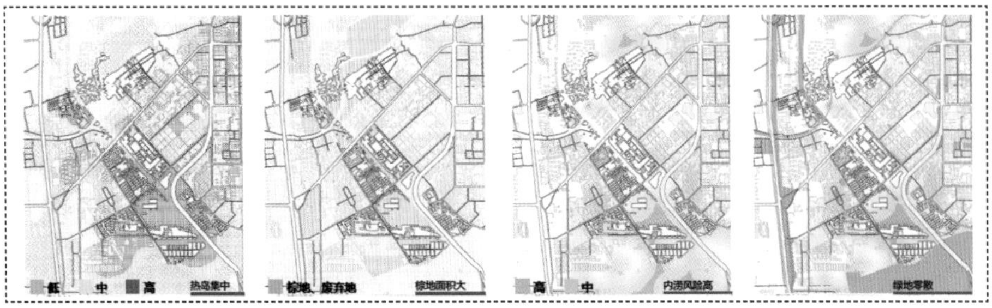
低
中
高
热岛集中
棕地、废弃地
棕地面积大
高
中
内涝风险高
绿地零散

问题聚焦 | 生活分析

同时通过进一步分析片区生活圈，从社区构建方式、公共服务支撑、基础设施支撑、产业现状四方面入手，围绕基础和机会生活圈进行分析，发现社区分割、公服缺失、可达性差、业态低端。

结论：现状生活圈构建不力，社区、公服、基础设施及产业本身构建不力，且相互之间缺乏整合。

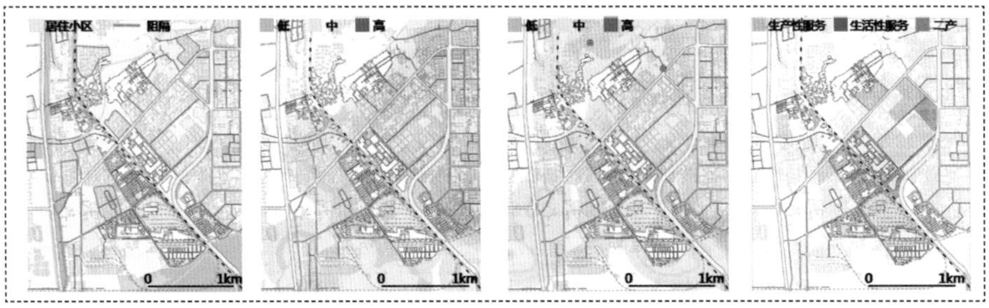
居住小区
阻隔
低
中
高
低
中
高
生产性服务
生活性服务
二产
0
1km

问题聚焦 | 社会调查

针对上述问题，我们就片区拟定“城市服务水平”和“城市服务需求”调查问卷，并根据人口密度、职业构成、居住时长、教育程度、年龄构成和职业构成选择社会样本发放问卷，并选择对象中新老居民的四类代表人物进行访谈，发现城市服务水平较低，基础设施不完善，与前文分析匹配；而需求调研得出的结论则初步奠定了地块基调并将进一步指导细化设计。

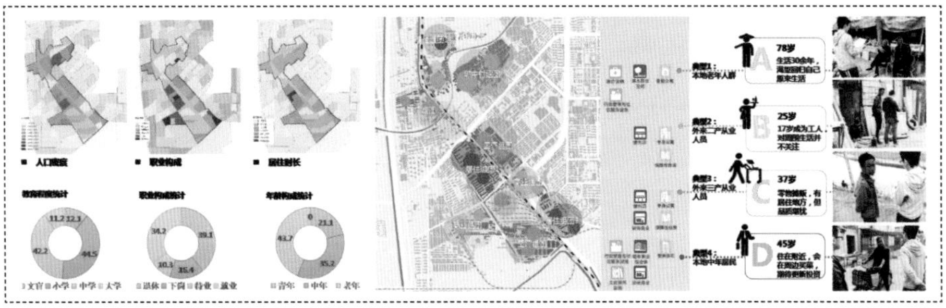
人口密度
职业构成
居住时长
A
B
C
D
78岁
25岁
37岁
45岁

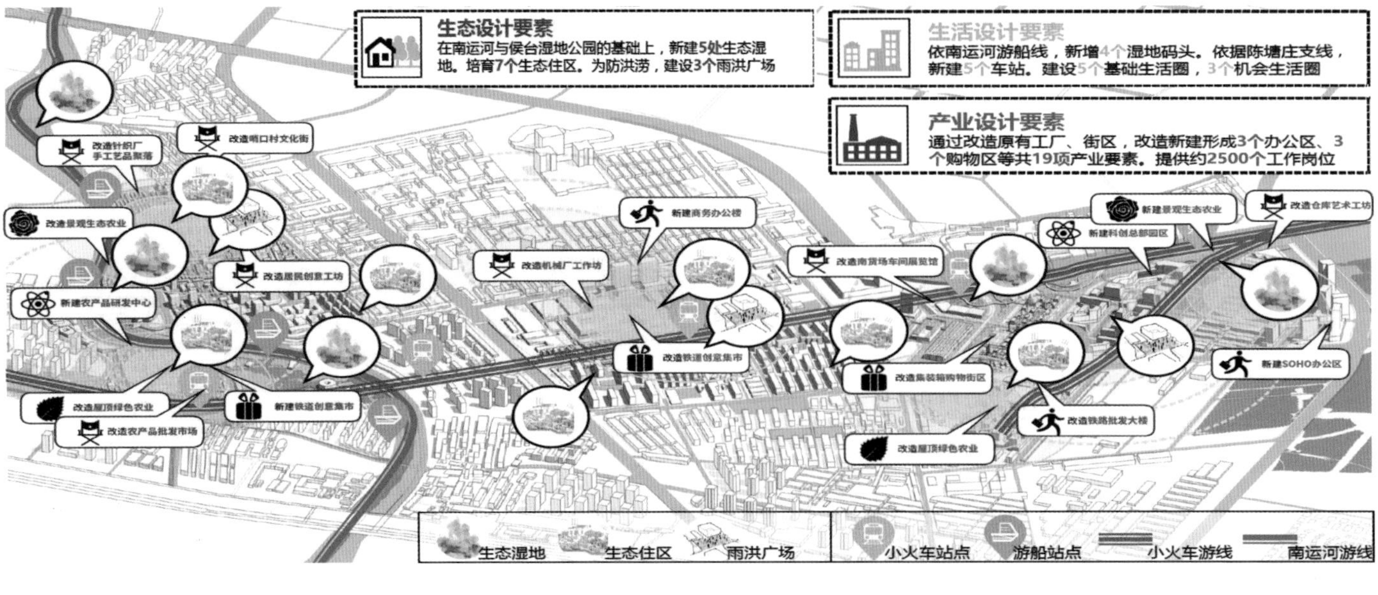
生态设计要素
在南运河与侯台湿地公园的基础上，新建5处生态湿地。培育7个生态住区。为防洪涝，建设3个雨洪广场
生活设计要素
依南运河游船线，新增4个湿地码头。依据陈塘庄支线，新建5个车站。建设5个基础生活圈，3个机会生活圈
产业设计要素
通过改造原有工厂、街区，改造新建形成3个办公区、3个购物区等共19项产业要素。提供约2500个工作岗位
改造针织厂手工艺品聚落
改造明口村文化街
改造景观生态农业
改造居民创意工坊
新建农产品研发中心
改造机械厂工作坊
新建商务办公楼
改造南货场车间展览馆
新建景观生态农业
新建科创总部园区
改造仓库艺术工坊
改造铁道创意集市
改造屋顶绿色农业
新建铁道创意集市
改造农产品批发市场
改造集装箱购物街区
改造铁路批发大楼
改造屋顶绿色农业
新建SOHO办公区
生态湿地
生态住区
雨洪广场
小火车站点
游船站点
小火车游线
南运河游线

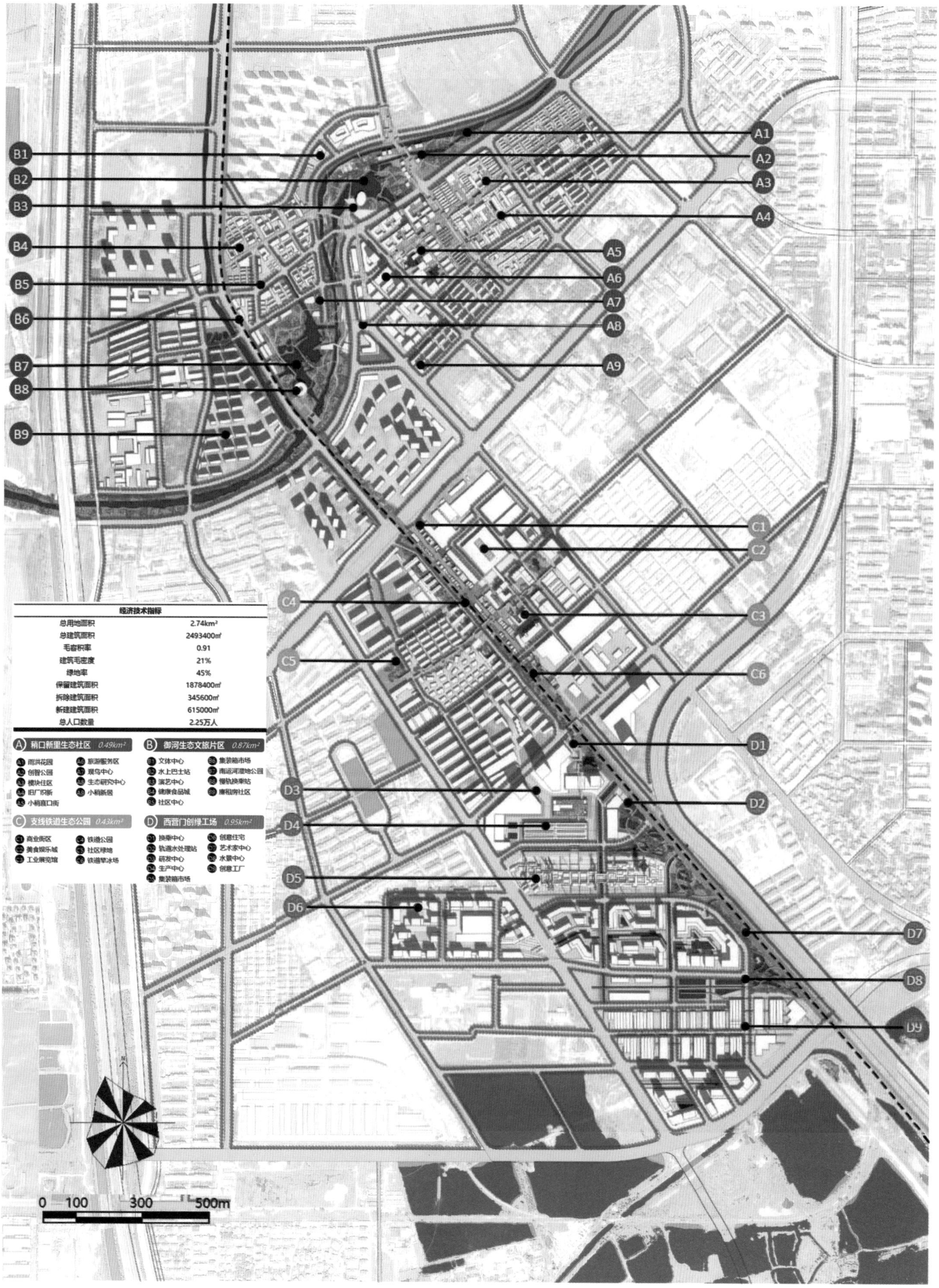
A1
A2
A3
A4
A5
A6
A7
A8
A9
B1
B2
B3
B4
B5
B6
B7
B8
B9
C1
C2
C3
C4
C5
C6
D1
D2
D3
D4
D5
D6
D7
D8
D9
A 稍口新里生态社区 0.49km²
A1 雨洪花园
A2 创智公园
A3 模块住区
A4 旧厂织新
A5 小稍直口街
A6 旅游服务区
A7 观鸟中心
A8 生态研究中心
A9 小稍新居
B 御河生态文旅片区 0.87km²
B1 文体中心
B2 水上巴士站
B3 演艺中心
B4 健康食品城
B5 社区中心
B6 集装箱市场
B7 南运河湿地公园
B8 慢轨换乘站
B9 廉租房社区
C 支线铁道生态公园 0.43km²
C1 商业街区
C2 美食娱乐城
C3 工业展览馆
C4 铁道公园
C5 社区绿地
C6 铁道旱冰场
D 西营门创绿工场 0.95km²
D1 换乘中心
D2 轨道水处理站
D3 研发中心
D4 生产中心
D5 集装箱市场
D6 创意住宅
D7 艺术家中心
D8 水景中心
D9 创意工厂
0 100 300 500m
N

经济技术指标	
总用地面积	2.74km²
总建筑面积	2493400㎡
毛容积率	0.91
建筑毛密度	21%
绿地率	45%
保留建筑面积	1878400㎡
拆除建筑面积	345600㎡
新建建筑面积	615000㎡
总人口数量	2.25万人

策略提出丨绿色引领

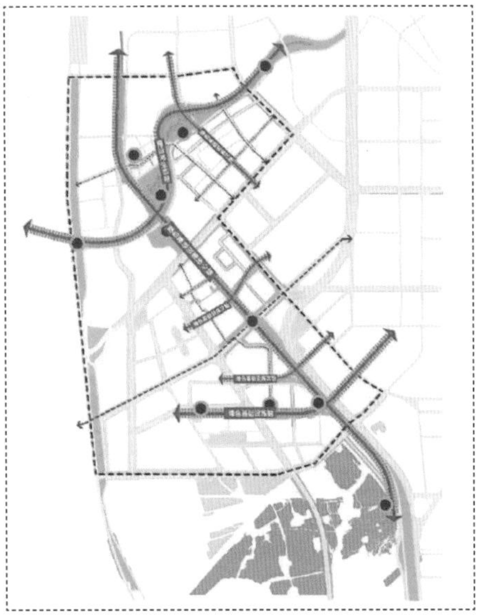

策略 1 丨绿色先行，优化生态本体

生态本体构建——针对主要生态问题构建生态网络系统，巩固生态支撑功能，构建具有韧性的生态网络，增强抵御灾害能力

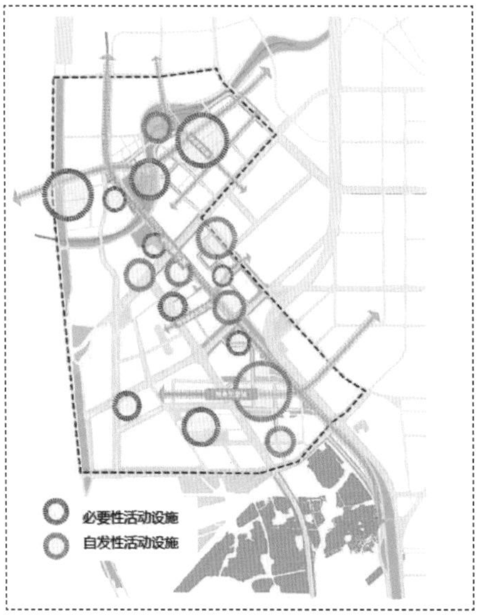
必要性活动设施
自发性活动设施

策略 2 丨需求叠加，优化生态服务

生态服务提升——通过城市服务需求问卷得出在地居民和外来者的切实需要，依据生态本体轮廓布局生活圈

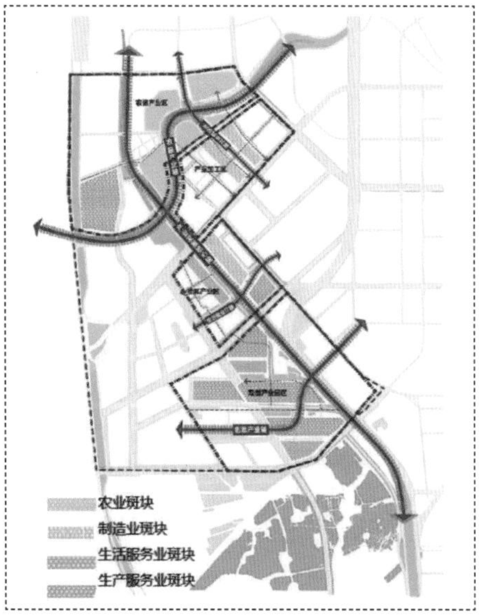
农业斑块
制造业斑块
生活服务业斑块
生产服务业斑块

策略 3 丨众创同乐，共享绿色生活

生态产业注入——通过发展生态相关、旅游相关、低碳生产等特色产业提供工作机会，实现四大片区创享生活

策略提出丨精准策略

策略 1：绿色先行，优化生态本体

措施 1. 修复水网系统，联络景观网络

针对绿地系统破碎、效率较低的问题，疏浚现状水网和绿地系统，组织完整的绿色网络。

最终形成 1 个区域级城市公园、3 个城市级公园、5 个组团级城市公园、多个社区和小区级公园的景观体系。

XL 区域级城市公园	L 城市级城市公园	M 组团级城市公园
侯台湿地公园	南运河湿地公园 陈塘庄支线铁路公园 西营门货场创客公园	小稍口组团公园 大卞庄组团公园 铁道公园 东姜井组团公园 延长里组团公园

S 小区级城市公园		XS 小区级城市公园
雷东小区公园	顺通小区公园	恒升小区公园
兴江里小区公园	宜君西里小区公园	顺通小区公园
福悦里小区公园	津美小区公园	昱园小区公园
燕宇小区公园	新马路小区公园	雷东别墅小区公园
佳慧园小区公园	天宝楼小区公园	熙汇来小区公园
稍口旧里小区公园	西姜井小区公园	姜东花园小区公园
稍口新里小区公园		凯信小区公园
卞兴小区公园		宜君西里小区公园

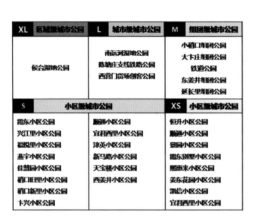

城市水岸
Waterfront shoreline
南运河
South Grand Canal
湿地公园
Wetland Park
绿色网络
Green context
城市公园
City Park
生态廊道
Ecological Corridor
城市廊道
Urban Corridor
侯台湿地公园
Wetland Park

措施 2. 修复生态功能，联络 GI 系统

在景观系统基础上，利用绿色基础设施，修复用地生态功能，联络绿色基础设施系统。

引水 - 集水：主水道的岸边建造了生态湿地，控制洪水、治理径流，起到了“绿色海绵”的作用。
净化 - 再生：应对城市淡水资源短缺，大都市区域的地下水位下降的严重问题。
储水 - 用水：生物储水技术存储径流水资源，处理后供给城市使用。

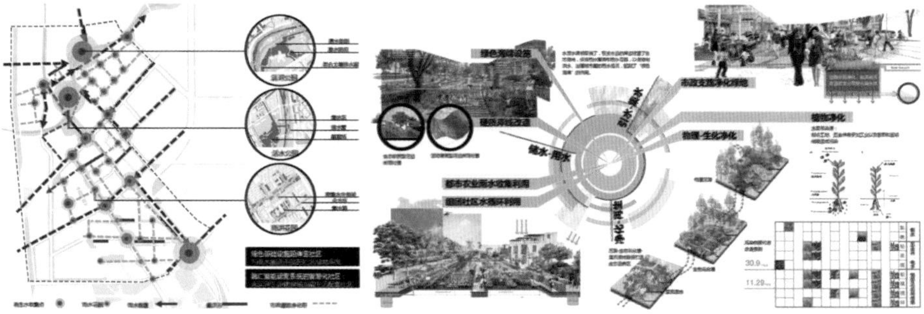

措施 3. 修复记忆景观，联络居民意向

依据社会调查结果，修复居民的景观记忆，联络景观点与在地居民，提取出“田、塘、坡、轨、林、径”六大景观情景。

“修复水网系统，联络景观网络”、“修复生态功能，联络 GI 系统”、“修复记忆景观，联络居民意向”三大措施综合修复生态本体，达成愿景乐游绿景，提出社区小组微生、生态涵养培育、铁道棕地修复、雨洪智慧调控四大景观形象。

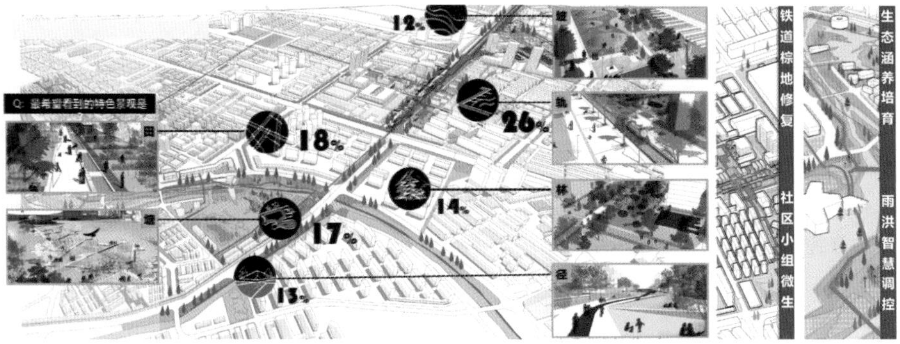
Q：最希望看到的特色景观是
12%
26%
18%
14%
17%
13%
铁道棕地修复
社区小组微生
生态涵养培育
雨洪智慧调控

小稍直口片区：社区小组微生

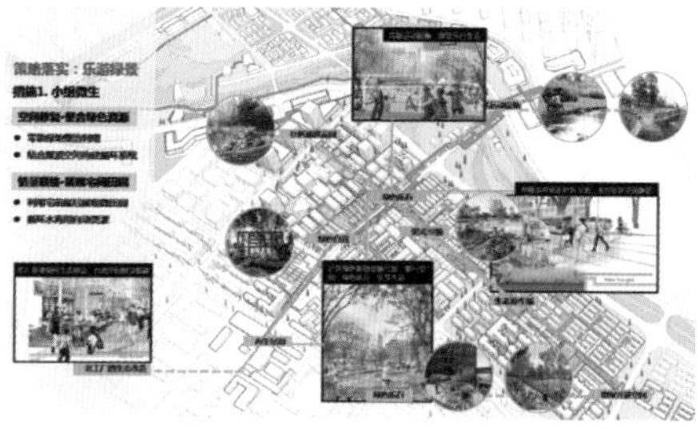

南运河片区：生态涵养培育

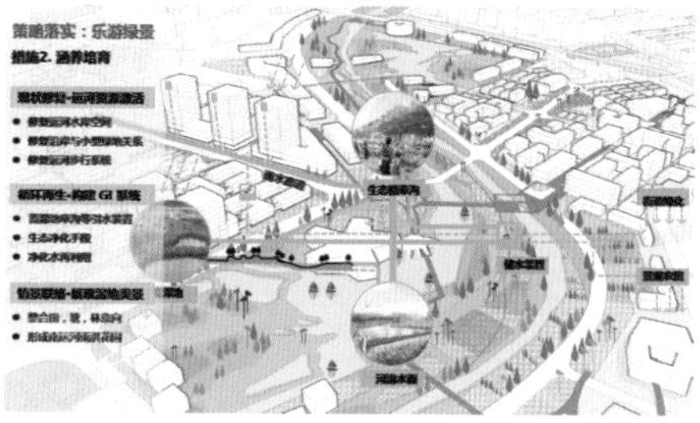

西营门片区：雨洪智慧调控

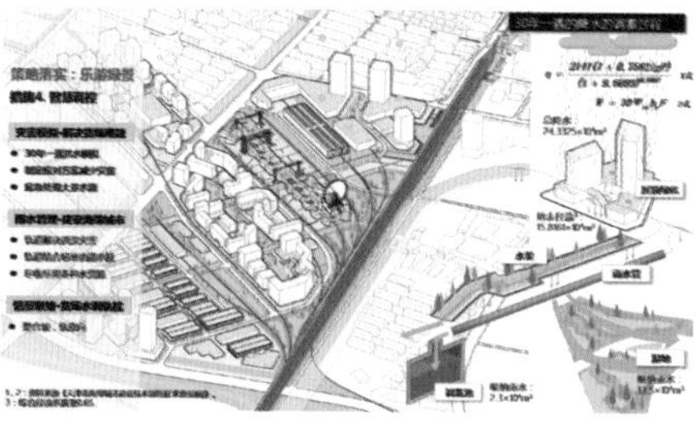

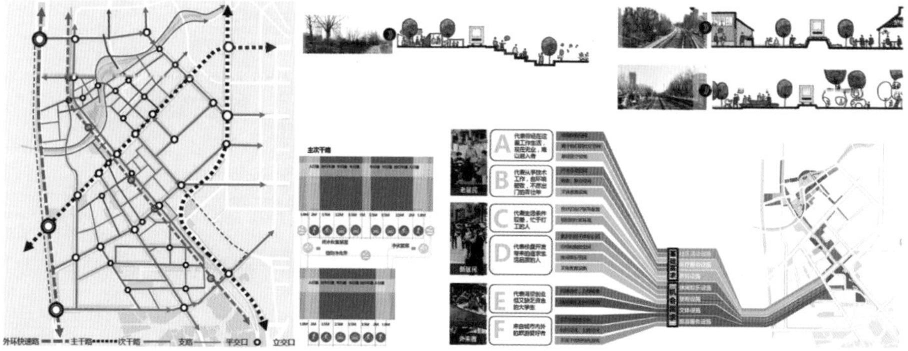

策略 2 丨需求叠加，优化生态服务

措施 1. 缝补设施网络，打造乐游线路

步行网络渗透生态本体，激活绿色空间；主次干路建立雨水净化管廊，减少市政设施压力；废弃支线化作慢轨观光车，与水上巴士结合。

措施 2. 激活绿色边际，布置生活圈层

在分析四类在地居民基础上添加外来者来调查对城市公共服务的需求。分成基础需求和机会需求，明确增加社区活动设施等七类社会服务设施。

小稍直口片区：缝补基础生活圈

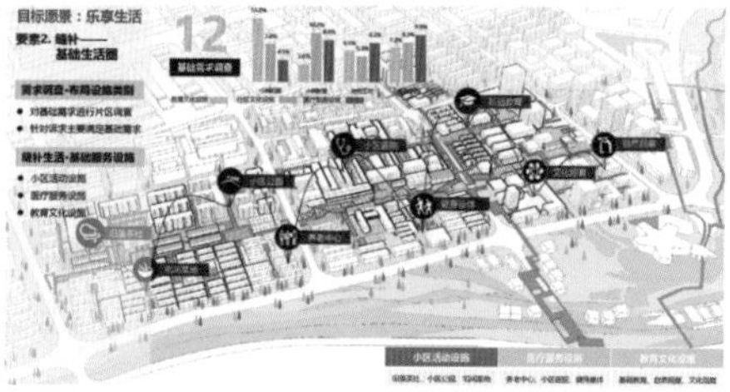

铁道公园片区：激活片区级机会生活圈

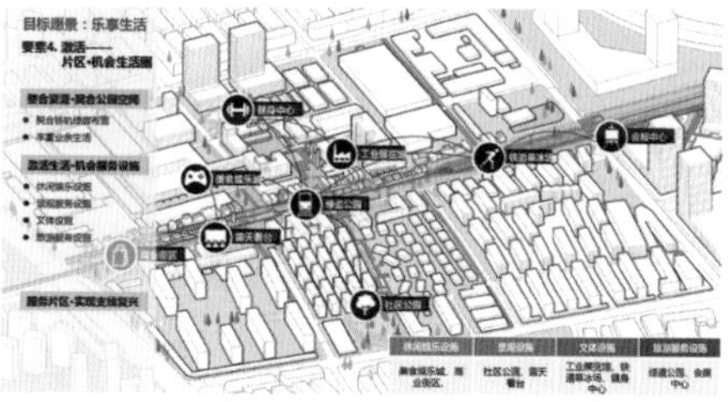

南运河片区：激活城市级机会生活圈

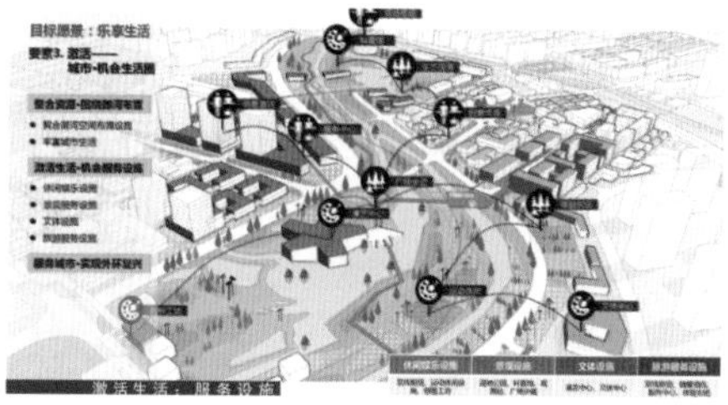

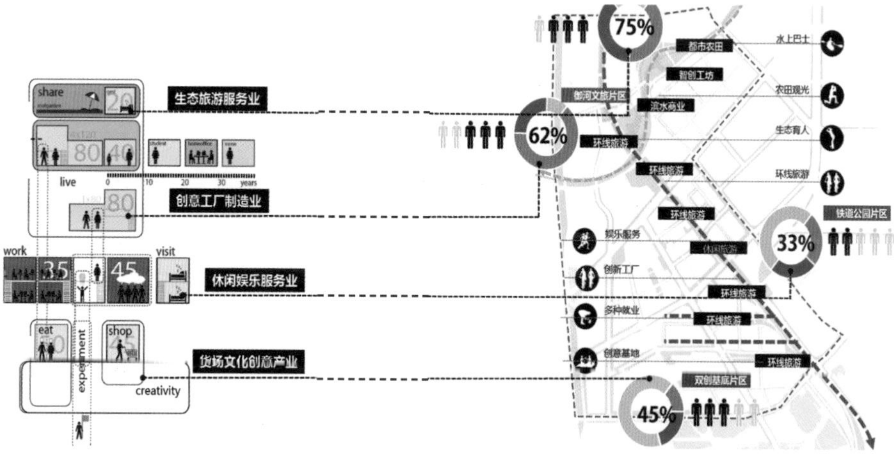

生态旅游服务业
创意工厂制造业
休闲娱乐服务业
货场文化创意产业
75%
62%
33%
45%

策略 3 丨众创同乐，共享绿色生活

措施　植入生态产业，提供就业机会

通过植入生态文旅、生态制造、生态休闲产业，提供约 2500 个工作岗位以期实现乐享生活。

其中南运河片区主打生态旅游服务业，小稍直口村片区主打创意工厂制造业，铁路生态公园片区主打休闲娱乐服务业，西营门片区主打货场文化创意产业。

南运河片区：都市农业

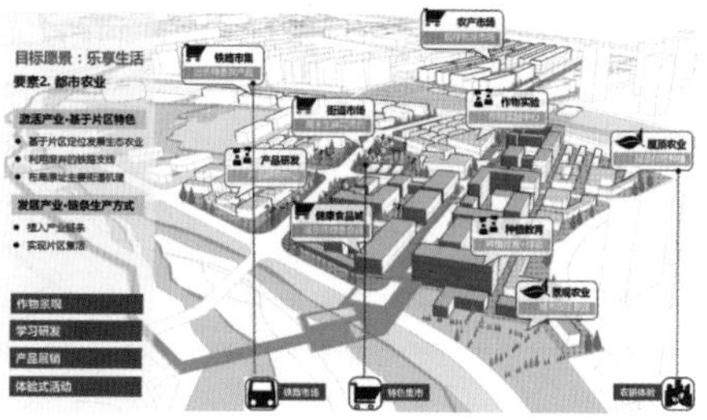

小稍直口片区：旧厂织新

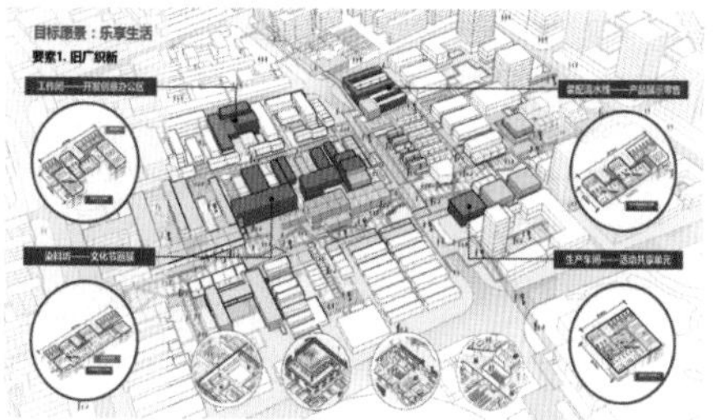

西营门片区：众创园地

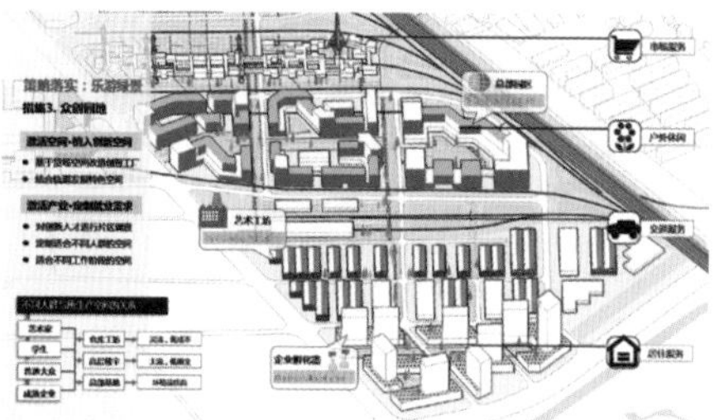

STEP7 | LOHAS MAP——环线乐活地图

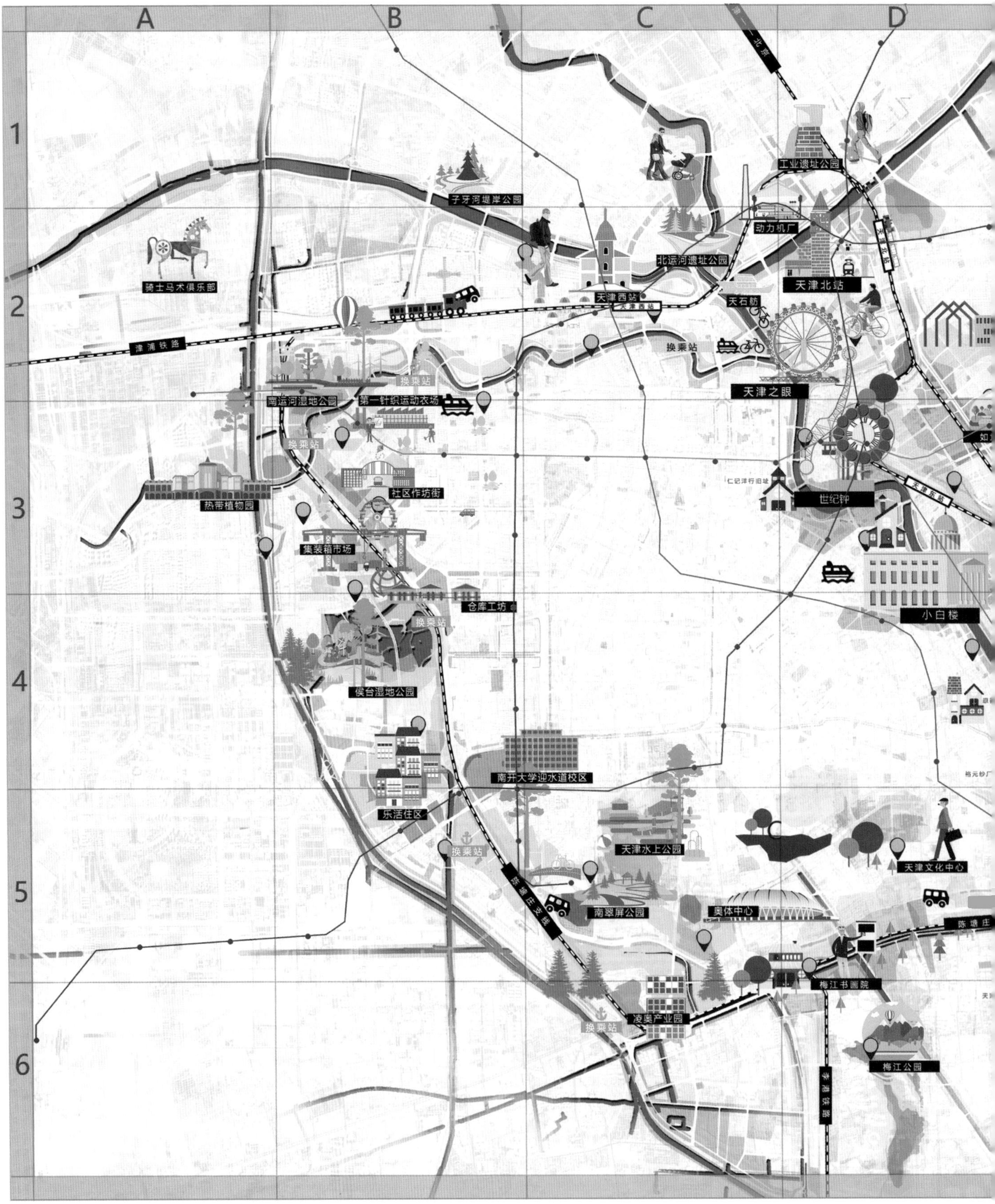
A
B
C
D
1
2
3
4
5
6
子牙河堤岸公园
工业遗址公园
动力机厂
北运河遗址公园
骑士马术俱乐部
天津北站
天津西站
天石舫
津浦铁路
换乘站
天津之眼
南运河湿地公园
第一针织运动衣场
换乘站
社区作坊街
热带植物园
世纪钟
天津东站
集装箱市场
小白楼
仓库工坊
换乘站
侯台湿地公园
南开大学迎水道校区
乐活住区
换乘站
天津水上公园
天津文化中心
陈塘庄支线
南翠屏公园
奥体中心
陈塘庄
梅江书画院
凌奥产业园
换乘站
梅江公园
李港铁路

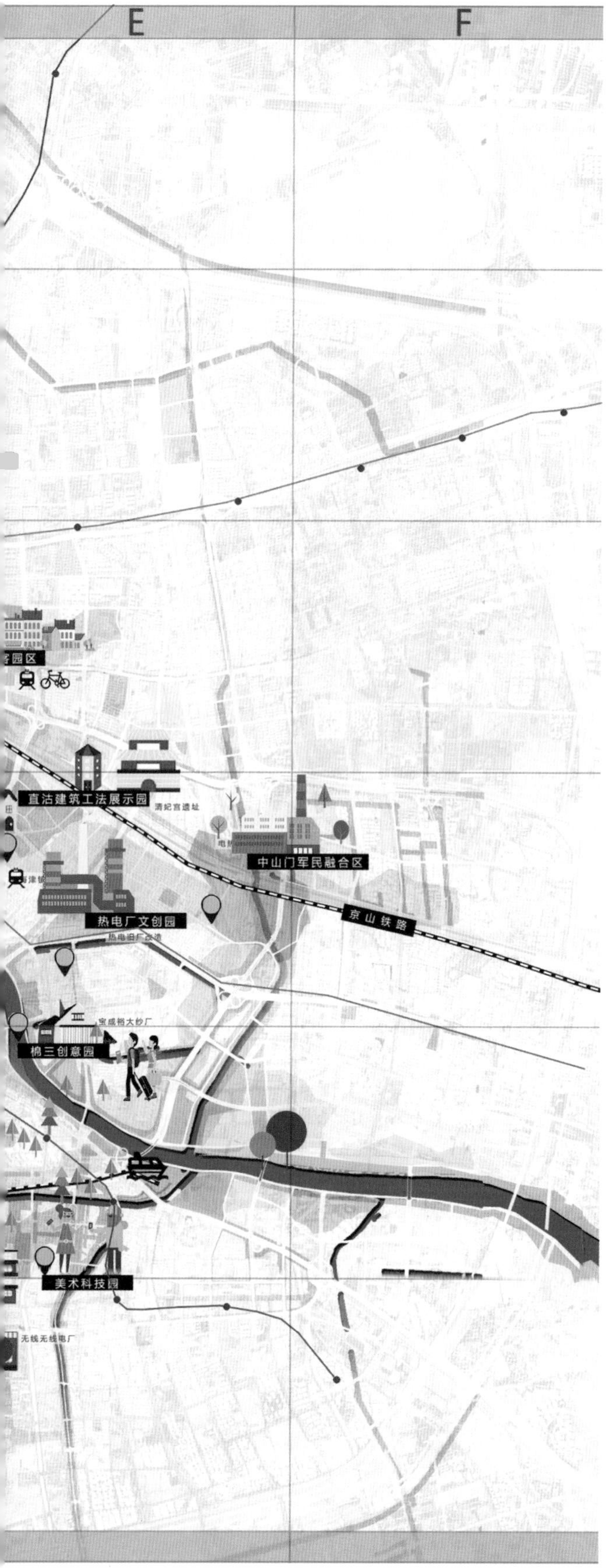
E
F
直沽建筑工法展示园
中山门军民融合区
京山铁路
热电厂文创园
棉三创意园
美术科技园

1 铁路自行车
C-2 立体城市交通

2 社区大学
D-2 社区创意大学

3 音乐街
I FEEL YOU
C-2 音乐文化创意街区

4 热电厂酒吧街
D-2 第一热电厂旧址更新文创街区

1 棉三创意园
C-6 棉三创意产业园

2 铁轨公园
C-2 铁轨文化公园

3 凌奥创意园
C-2 凌奥创意园

D-5 耳闸公园

1 乐活社区
B-2 城市乐活社区

2 侯台湿地公园
B-4 侯台湿地公园

3 铁道公园
C-2 铁道文化公园

4 南运河港湾
D-2 南运河港湾

C-2 创意文化集市

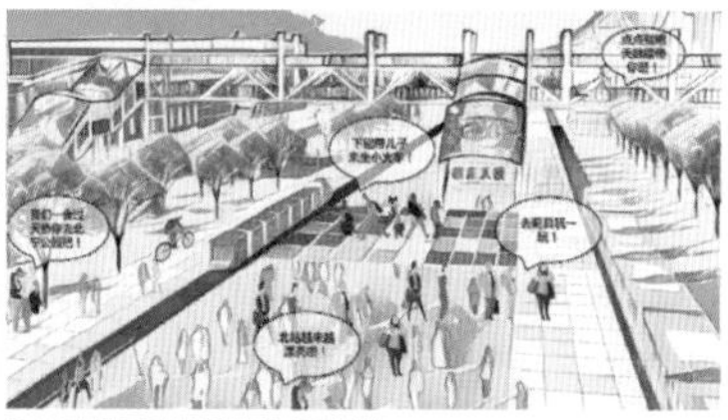
C-2 天津北站街道空间改造

承轨之机

枕河共荣

依河之兴

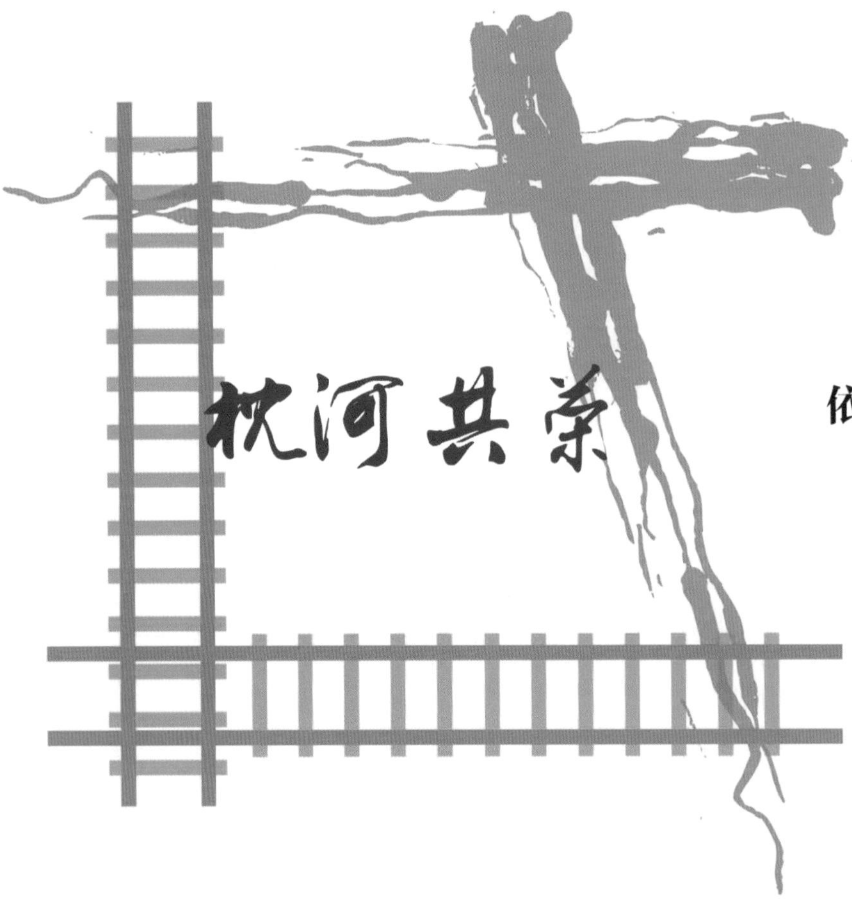

枕河共荣：建构轨上生活共同体

COMMON PROSPERITY OF RAIL AND RIVER: COMMUNITY ON THE RAIL

清华大学建筑学院

井　琳　李诗卉　梁　潇　刘恒宇　严文欣　张　阳

指导老师：吴唯佳　唐　燕　袁　琳

清华大学团队以“枕河共荣——建构轨上生活共同体”为题，在规划研究与设计构思过程中始终强调对两个方面的关注：一方面是天津环城铁路及其沿线地区的更新能为新形势下天津城市整体发展提供何种契机，另一方面是规划设计如何服务铁路沿线居民并为其生活带来期待中的改变。

方案从人口社群、居民生活、产业就业和工业遗存等方面对天津环城铁路沿线地带开展了深入分析研究，结合大数据等新技术深入刻画了沿线居民的生活环境，并针对环城铁路存、废两个半环的生活环境差异进行了分析。进而从天津整体城市意象与城市发展战略的层面化“枕轨之间”的命题为“枕河之间”的新命题，解构天津环城铁路，将即将废除的、潜力大、契机多的陈塘庄铁路段与发展较为成熟、已成为天津名片的海河沿线整合为新环，探索新的“枕河之间”城市发展可能。

枕河联动的发展与塑造，关键问题在于陈塘庄铁路沿线地带的复兴。方案提出“轨上生活共同体”的理念，突出人文关怀，统筹考虑铁路沿线各类居民，从共享交通、共营文化、共创产业与共建生态四个层面，提出具体可行的规划策略，调整沿线周边用地与功能结构，整体塑造陈塘庄铁路沿线轨上新生活。方案选择铁路沿线具有代表性的地块——南运河、凌奥和八大里，分别以“枕河融城”、“新轨融居”、“营建融景”为主题进行具体城市设计。南运河片区依托丰富的产业与历史遗存要素，采用产业提振与遗存复兴策略，塑造河轨交融下的都市文创产业新城；凌奥片区依托丰富的生活要素与多元人群，采用共享生活与便民交通策略，打造旧轨新用下的宜居乐活共享社区；八大里片区依托丰富的生态景观资源与潜在用地，采用景观营建策略，打造枕河交织中的副中心旁绿色家园。方案将重点片区发展与废弃铁路综合再利用相结合，促成陈塘庄铁路沿线地带的整体复兴。

方案从城市整体战略入手，明晰了陈塘庄铁路在天津城市发展与意象重塑中的重大价值，又通过系统的铁路再利用策略与细致的沿线空间设计安排复兴沿线居民生活场所，最终联动海河精华地区，探索“枕河共荣”，描绘出天津城市发展的新梦想。

The theme of this joint design is the renaissance of the Circle Railway and its surrounding areas in the central city of Tianjin. During the planning and research process two aspects of concern are stressed: one is what new opportunities the overall development of Chentangzhuang railway and its surrounding area can provide to the city, another is how the planning and the design of the railway alongside area can bring changes to its local residents.

The program has carried out in-depth analysis and research on the railway along the Tianjin Railway from the aspects of the population community, the residents' life, the industry employment and the industrial relics, and deeply portrays the living environment of the residents along with the new technologies such as large data. The waste of the two halves of the living environment were analyzed. And then from the overall image of Tianjin and urban development strategy level "pillow track" between the proposition for the "pillow river" between the new proposition, deconstruction of Tianjin Railway City, will soon be abolished, the potential, Chen tangzhuang railway section and the development of more mature, has become the Tianjin business card along the Haihe River integration for the new ring, explore the new "pillow river" between urban development possible. Under the guidance of strategies mentioned above, we then select three representative areas between the rail and river—the South Canal area, Ling' ao area and the Badali area—to apply our urban designs which are fusions of city, life and landscape. Depending on its abundant element of industry and its remnants, the South Canal area will become a “new town” of creative industries in the context of mingling rail and river. Depending on its abundant element of life and diverse people, the Ling' ao area will become a livable and sharing community on the rail. Depending on its abundant element of landscape and potential land, the Badali area will become the green homeland proximate to the sub-center of Tianjin.

In conclusion, depending on the preponderant resources along the Hai River and the South Canal, we put forward the strategies of community, culture, transportation, public utilities, industry and ecological landscape to take the opportunities brought by the renewal of Circle Railway, and ultimately implement the vision of common prosperity of the rail and the river.

放眼京津冀 · 规划背景研究

从全球范围来看，即将由高效便捷的高速铁路网络联系起来的京津冀地区无疑是当今最为人瞩目的世界级城市群。京津冀区位关键，资源禀赋优越，聚集 1.1 亿人口，发展潜力巨大。

在“京津冀协同发展”的思想指导下，本地区的发展方式正经历着“区域协同”的深刻变革，天津中心城区环城铁路沿线地带也将乘此机遇，立足天津中心城区，承启“一轴双城”的城市总体结构，放眼京津冀区域大格局，寻求地区发展的战略定位和方向。

城市类型
世界城市
增长中的城市
收缩城市
其他城市
人口规模（百万）
1-5
5-10
10-20
20
天津所在的京津冀地区有望成为
以首都为核心的世界级城市群
形成首屈一指的全球辐射力、带动力与影响力

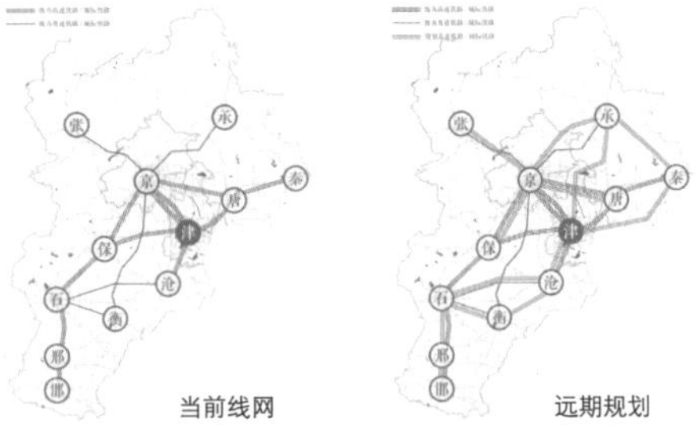
当前线网
远期规划

京津冀地区铁路网示意图

京津冀协同发展背景下
天津的城市功能定位

全国先进制造研发基地	金融创新运用示范区
北方国际航运核心区	改革开放先行区

背景一

首都非核心功能疏解

现代服务业	科研机构	总部机构
先进制造业	医疗机构	教育机构
行政事业机构	金融机构	

天津环城铁路沿线机遇地带

背景二

天津中心城区环城铁路地区更新发展背景

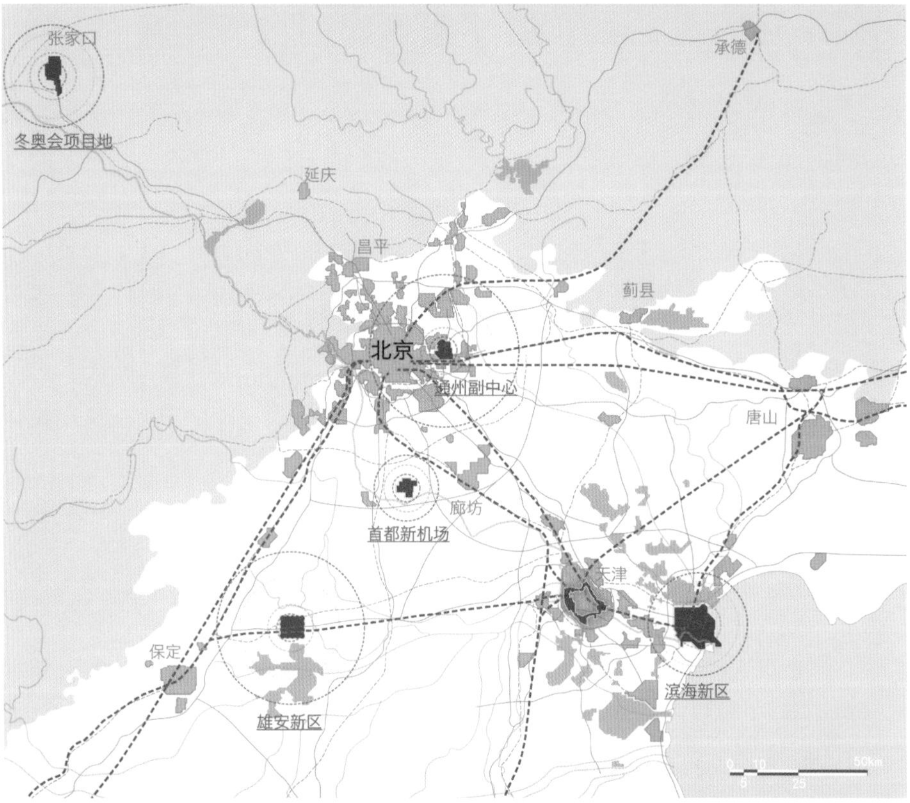
张家口
冬奥会项目地
承德
延庆
昌平
蓟县
北京
通州副中心
唐山
首都新机场
廊坊
天津
保定
滨海新区
雄安新区
50km

相比于北京通州副中心、天津滨海新区、河北雄安新区等区域热点地带，天津中心城区在如今“处处热点”的京津冀陷入迷失；环城铁路沿线地区有望成为中心城区独具特色的城市发展机遇地带。

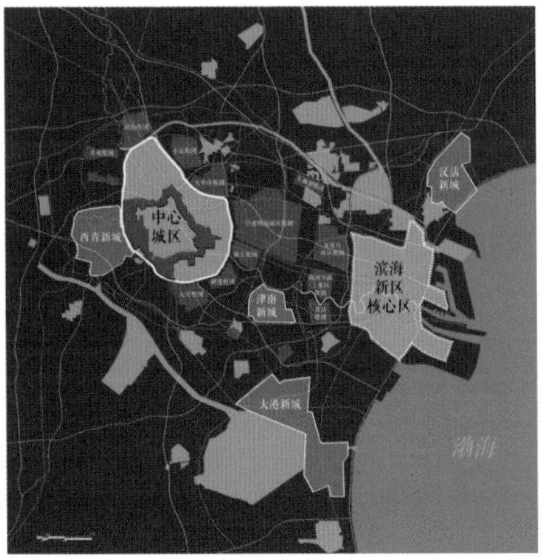
中心城区
西青新城
汉沽新城
滨海新区核心区
津南新城
大港新城
渤海

天津城市组团关系示意图

渤海

天津工业仓储功能分布示意图

商业与运河文化中心
中心商业与商务区
商务、会展预留中心
体育、商务、文化中心
西青大学城
远景城市公共中心
金融、港口物流中心
津南大学城
渤海

天津城市公共中心与文教功能分布示意图

关注枕轨 · 铁路研究

近代天津也堪称是“火车拉来的城市”。自洋务运动以来，伴随着工业在津的蓬勃发展，铁路作为近代最具代表性的运输工具开始发挥越发重要的作用。

研究枕轨之间的城市问题，我们先梳理轨枕的发展脉络与人文历史，体会铁路之于天津的历史与现实意义；再关注轨枕的形态、功能与影响，为今日枕轨之弊把脉，最终化整环为“存”、“废”两环，找到环线地区城市更新规划工作的突破口。

唐胥铁路通车
1881 年 中国首条自建铁路

繁忙的李港铁路货运
1976 年 李港货运铁路建成

京津城际运营
2008 年 大陆首条城际高速京津城际

铁路与近代天津历史结缘

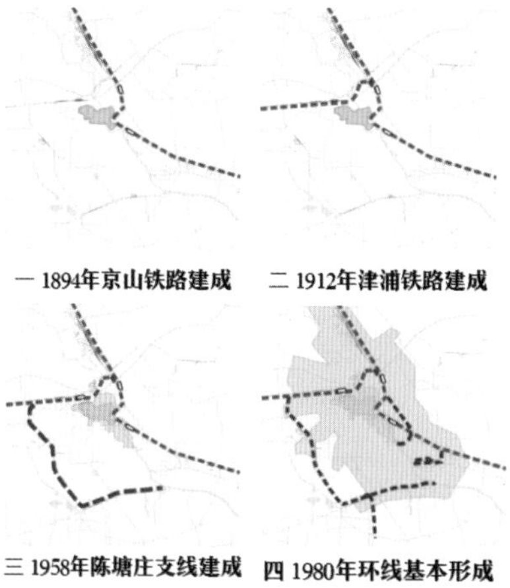
一 1894年京山铁路建成
二 1912年津浦铁路建成
三 1958年陈塘庄支线建成
四 1980年环线基本形成

铁路嵌入天津的城市发展进程中

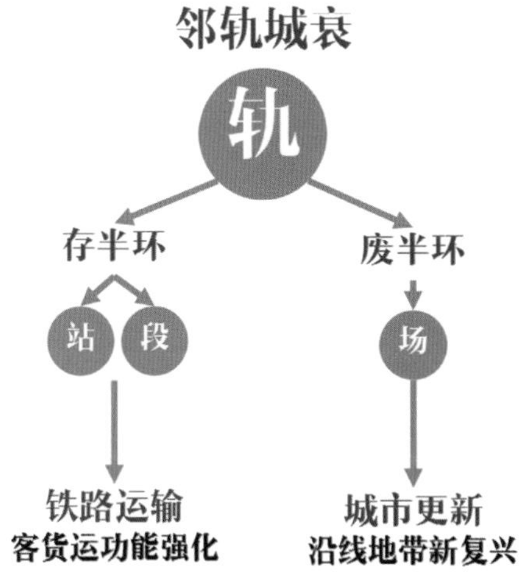
邻轨城衰
轨
存半环
废半环
站
段
场
铁路运输
客货运功能强化
城市更新
沿线地带新复兴

天津铁路环线共由骨干线、短支线与机务段线等 15 条各类铁路线路组成。目前东段津山铁路、北段津浦铁路仍保有客货运功能；西段陈塘庄支线仍部分保有货运功能，但即将迎来全线停运。在未来，天津中心城区铁路环线的主体部分从运营状态上将被实际分为“存轨”与“废轨”两个半环。这将成为环线地区城市更新研究的关键前提。

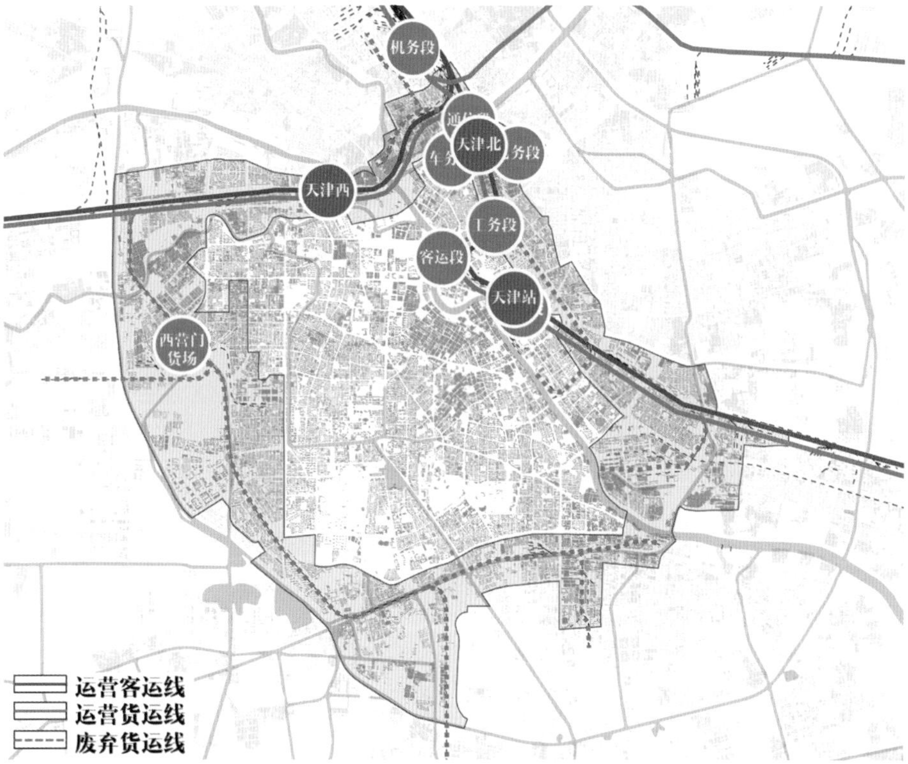
机务段
天津北
务段
天津西
工务段
客运段
天津站
西营门货场
运营客运线
运营货运线
废弃货运线

天津中心城区环城铁路“存废之别”示意图

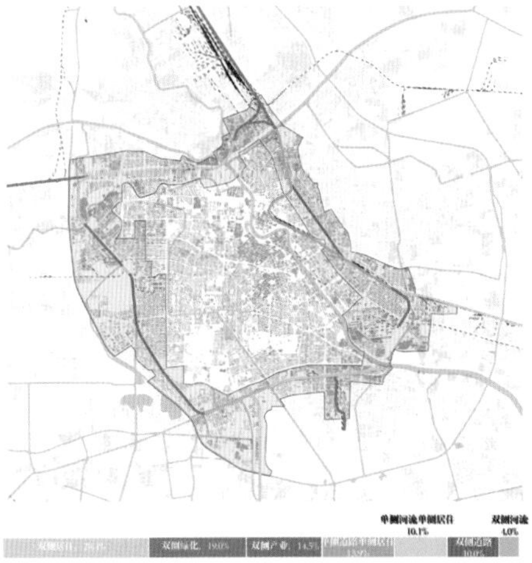
单侧河流单侧居住 10.1%
双侧河流 4.0%

城市中的铁路与城市功能交错，相关城市功能的布置和空间安排也都一定程度上受到了轨道的负面影响。

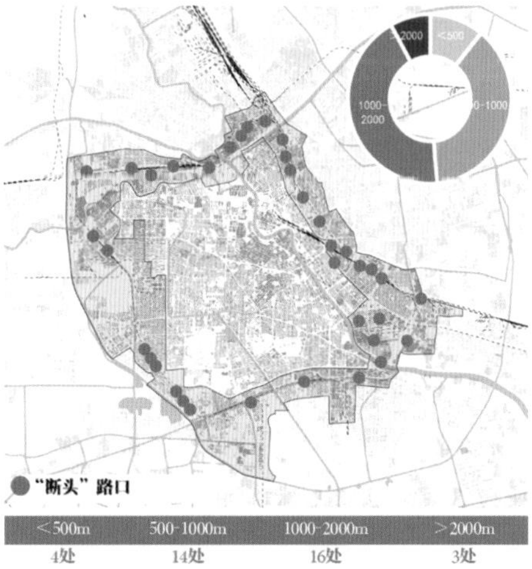
>2000
<500
1000-2000
“断头”路口
<500m
500-1000m
1000-2000m
>2000m
4处
14处
16处
3处

作为城市常见割裂性要素的轨道常常阻断交通，导致出现“断头路”，道路连通性大大降低，穿越轨道的交通多有不便。

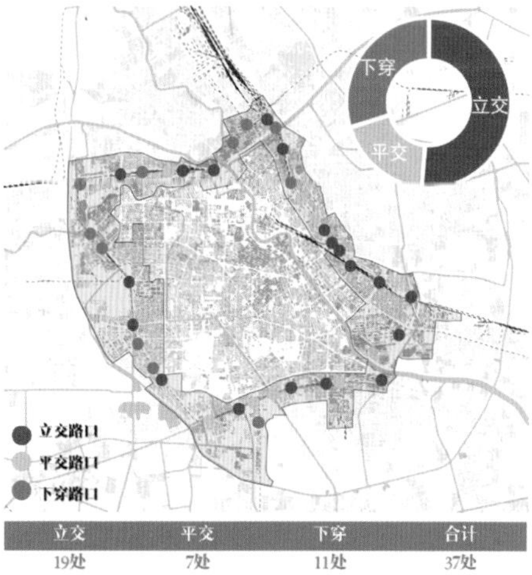
下穿
立交
平交
立交路口
平交路口
下穿路口
立交
平交
下穿
合计
19处
7处
11处
37处

城市道路不得不采用立交、下穿或是人工值守平交路口等方式跨越铁路。这些路口往往成为城市堵点、涝点、事故多发地点等。

整环分析 · 人口社群

近年来天津经济快速发展，人口增长迅速，从天津市全域发展态势来看，现在主要形成中心主城区和滨海新区两个核心。多个新城组团也正在发展，带动了制造业、教育等功能的外迁。

当前，有超过 1500 万居民生活在天津这片土地上。根据第六次人口普查结果，天津是全国常住人口增长最快的城市之一，在大中华区城市中增幅排名第五。而在铁路环线地区则有大约 100 万人口生活在此。

人口数量激增意味着劳动力队伍更加庞大，至 2011 年天津市就业人口已超过 700 万，其中第三产业吸纳的就业人口增速最快，自 2005 年以来涨幅逾 60%。

方案对多种人口资料进行研究，希望描述环线地区人群的统计特征。

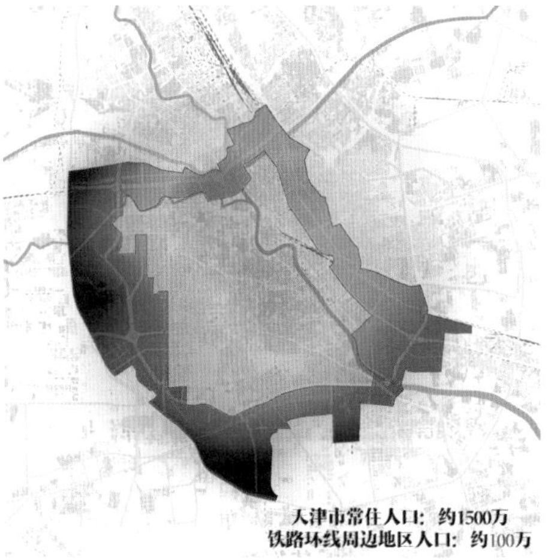
天津市常住人口：约1500万
铁路环线周边地区人口：约100万

行政区	环线范围内街道
河东区	富民路街道、大直沽街道、中山门街道、二号桥街道、上杭路街道、大王庄街道、唐家口街道、春华街道
河西区	友谊路街道、梅江街道、尖山街道、陈塘庄街道、大营街道
南开区	向阳路街道、嘉陵道街道、王顶堤街道、体育中心街道、华苑街道
河北区	光复道街道、望海楼街道、鸿顺里街道、新开河街道、铁东路街道、宁园街道、王串街道
红桥区	三条石街道、邵公庄街道、西沽街道
西青区	西营门街道、李七庄街道、中北镇

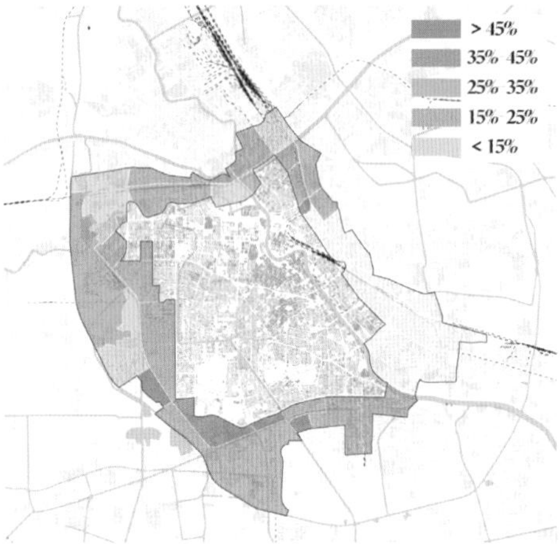
> 45%
35% 45%
25% 35%
15% 25%
< 15%

专业技术人员占常住人口比例

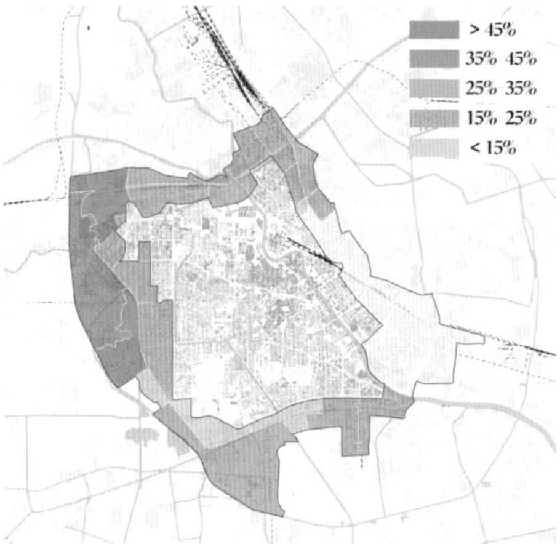
> 45%
35% 45%
25% 35%
15% 25%
< 15%

生产运输设备操作人员占常住人口比例

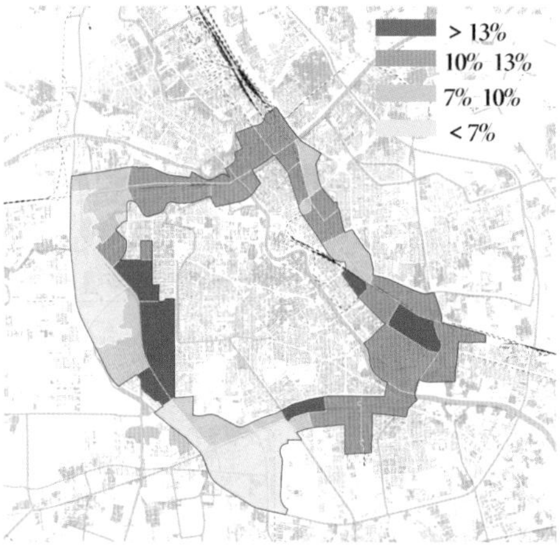
> 13%
10% 13%
7% 10%
< 7%

老年人口（65 岁以上）占常住人口比例

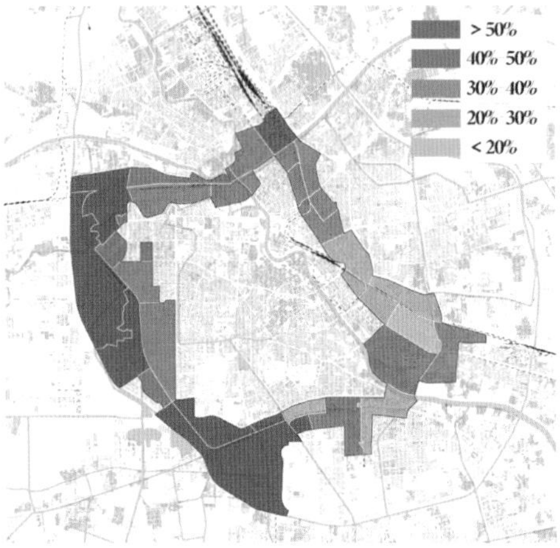
> 50%
40% 50%
30% 40%
20% 30%
< 20%

外来人口占常住人口比例

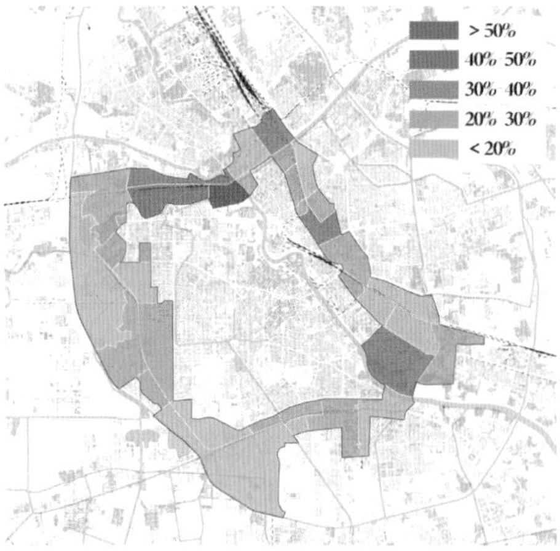
> 50%
40% 50%
30% 40%
20% 30%
< 20%

外出半年以上户籍人口占户籍人口比例

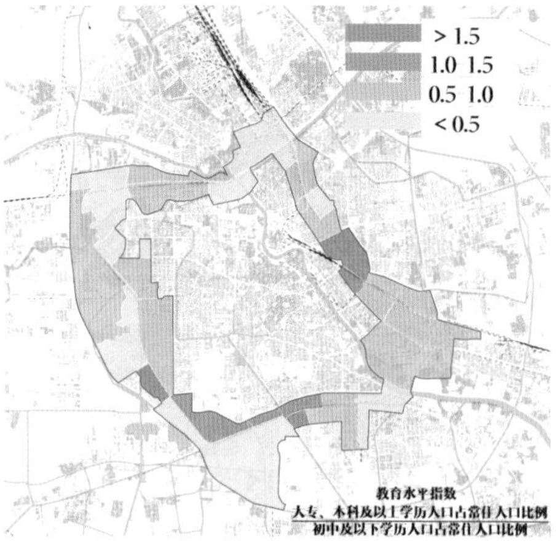
> 1.5
1.0 1.5
0.5 1.0
< 0.5
教育水平指数
大专、本科及以上学历人口占常住人口比例
初中及以下学历人口占常住人口比例

常住人口教育水平指数分布

人口社群：多样而融合不足

1. 制造业从业人口状况

环线地区曾是制造业发达的地带，特别是仍旧以第二产业为发展重点的废轨半环，今天仍有一定数量的制造业人口活跃在此。

转型条件较好的存轨半环制造业从业人口比重有所下降；仍以制造业为发展重点的废轨半环升级发展，对技术人员需求上升。

2. 人口流动情况

位处中心城区边缘地带的废轨半环外来人口比重高，是外来务工者的聚居地；位处中村城区近核心地带的存轨半环以本地居民为主，是成熟典型的城市传统居住片区。

3. 人口老龄化情况

和诸多衰退中的制造业地带类似，本地区面临着人口老龄化的态势；其中以城市传统片区和老工业地带为主的存轨半环老龄化现象整体较为显著。

4. 人口受教育情况

受天南大、大学城辐射，人口年龄较轻的废轨半环涌现华苑、凌奥等教育水平较高的街道片区。

整环分析 · 环线生活

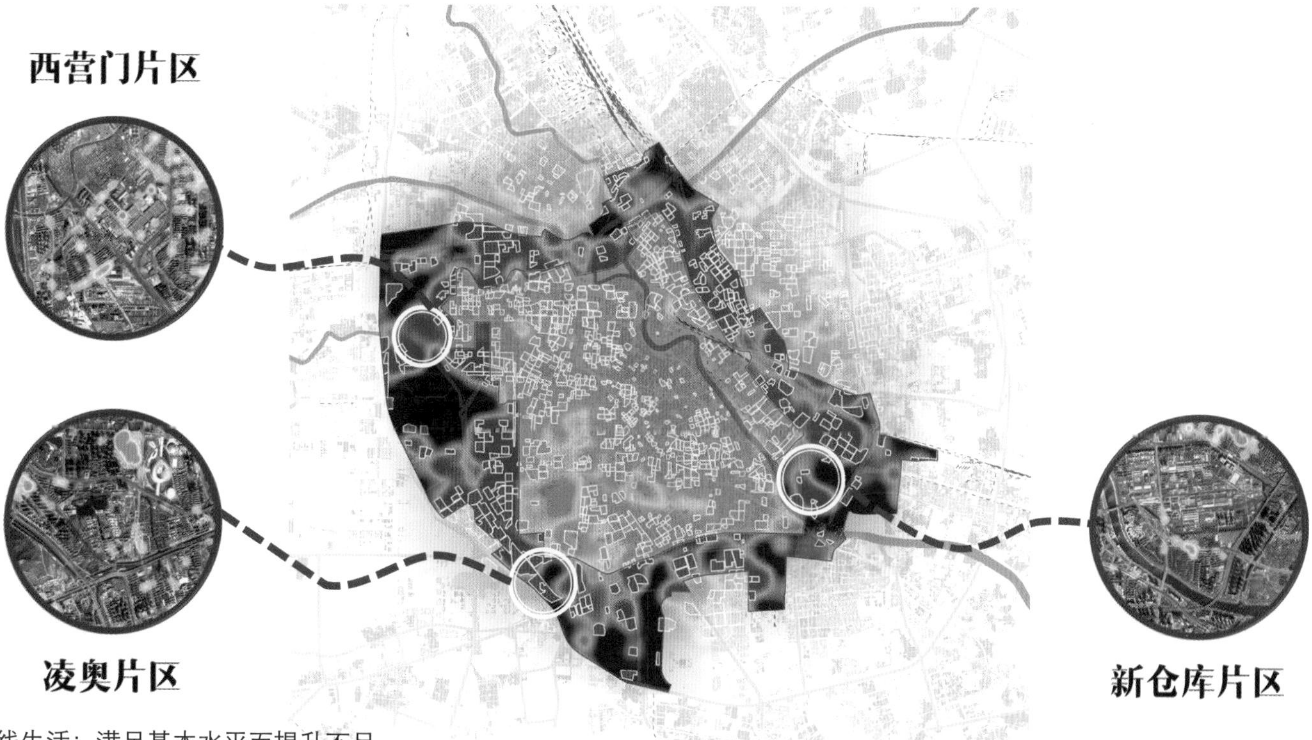
西营门片区
凌奥片区
新仓库片区

公共服务设施分布热力图

环线生活：满足基本水平而提升不足

1. 公共服务设施分布状况

搜集数据并绘制城市服务设施热力图，发现城市各类服务设施呈现出向海河沿线的城市核心地区集聚的趋势。

铁路环线周边地区大部分居住组团得到基本的设施覆盖：环线存轨半环城市发展起步早，社区发育成熟，生活服务设施密度更高；环线废轨半环城市发展起步较晚，设施多有不足，容纳大量外来人口后公共服务配置更显局促。

其中，个别组团生活服务设施较为匮乏，如西营门片区、凌奥片区与新仓库片区。

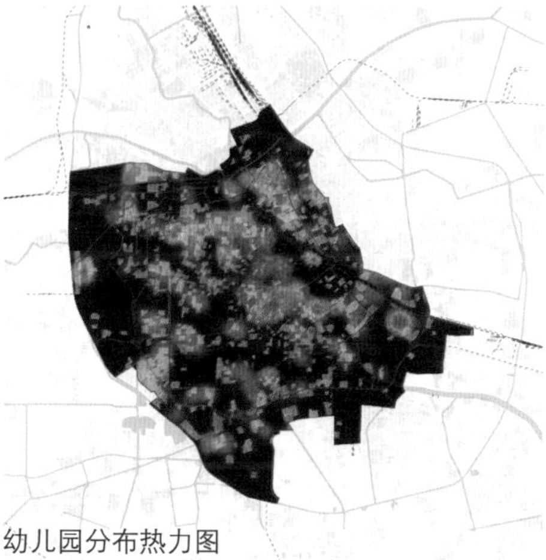

幼儿园分布热力图

小学分布热力图

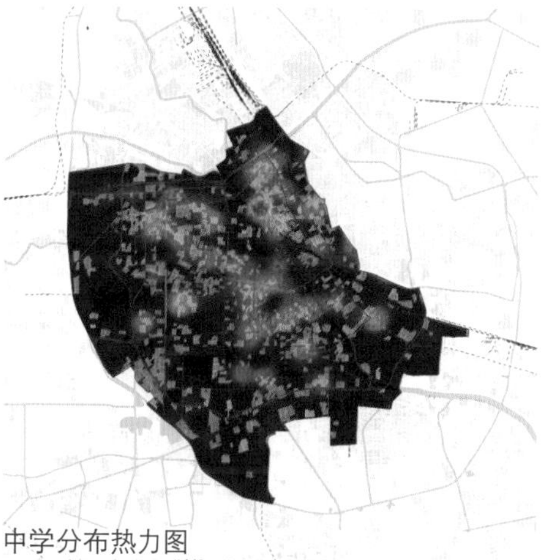

中学分布热力图

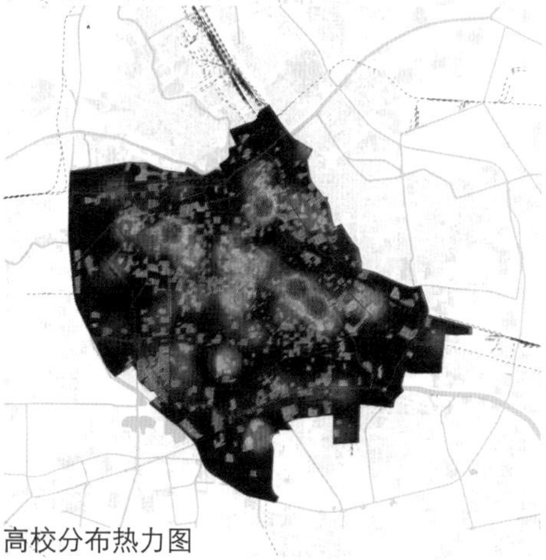

高校分布热力图

医院分布热力图

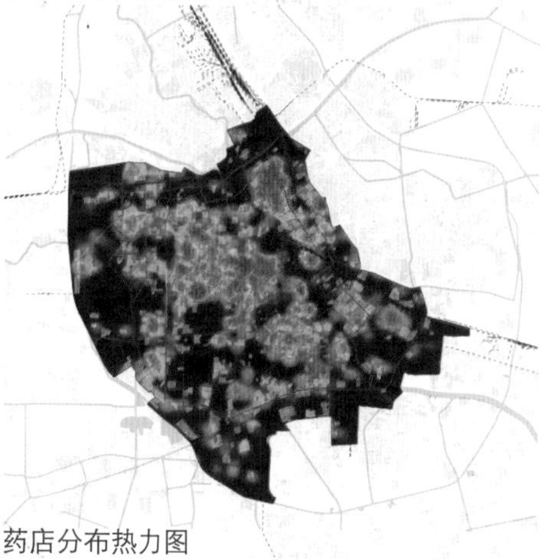

药店分布热力图

整环分析 · 环线生活

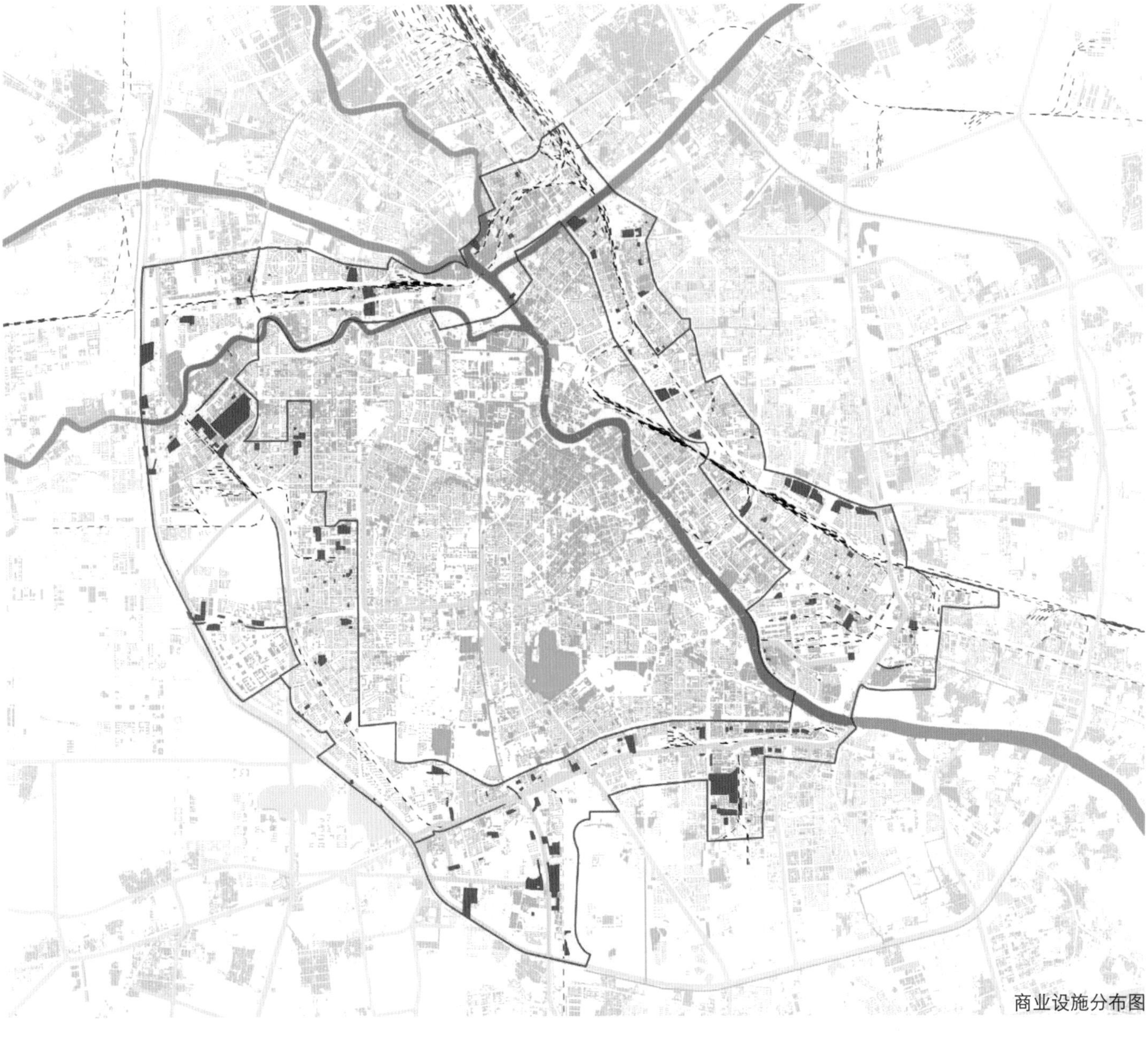
商业设施分布图

2. 商业设施分布状况

整体上看，环线地区商业设施分布基本均匀，但质量与类型分布不均，与以和平区为代表的城市核心地带有较大差距。存轨半环零售和批发类商业兼而有之，生活性消费场所较多；废轨半环面向生产活动的批发类商业更多。

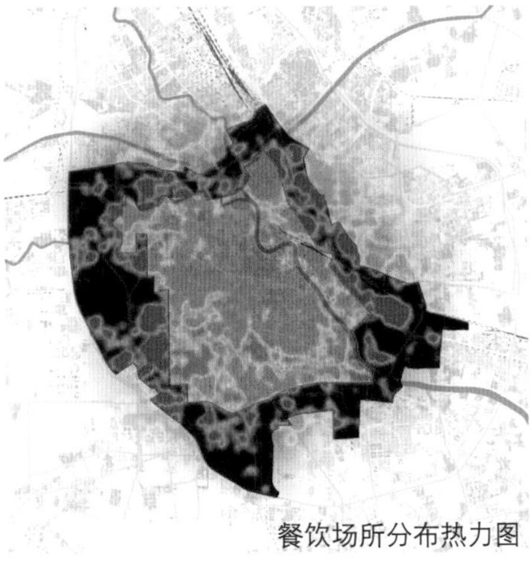
餐饮场所分布热力图

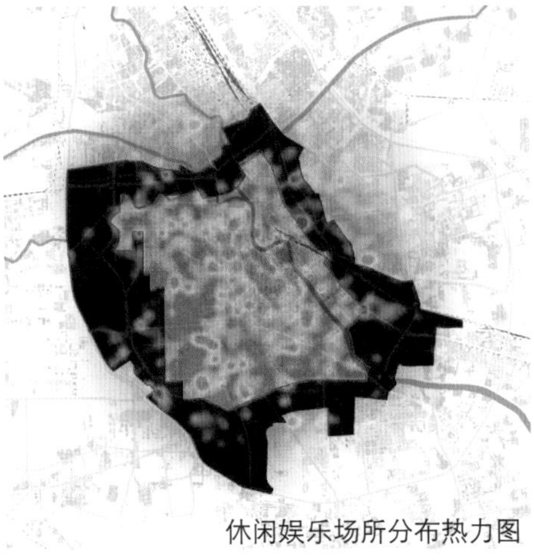
休闲娱乐场所分布热力图

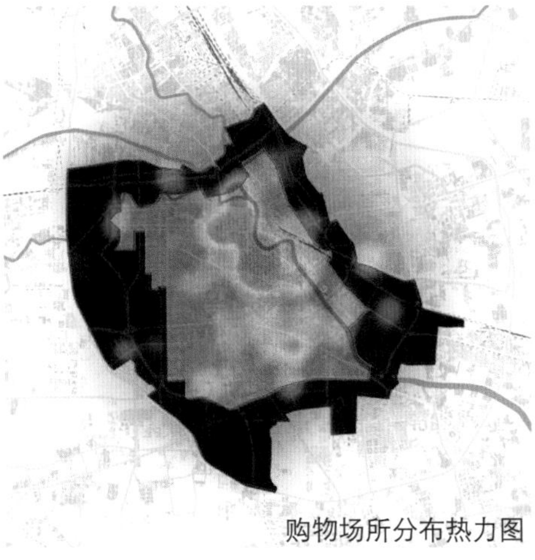
购物场所分布热力图

整环分析·环线生活

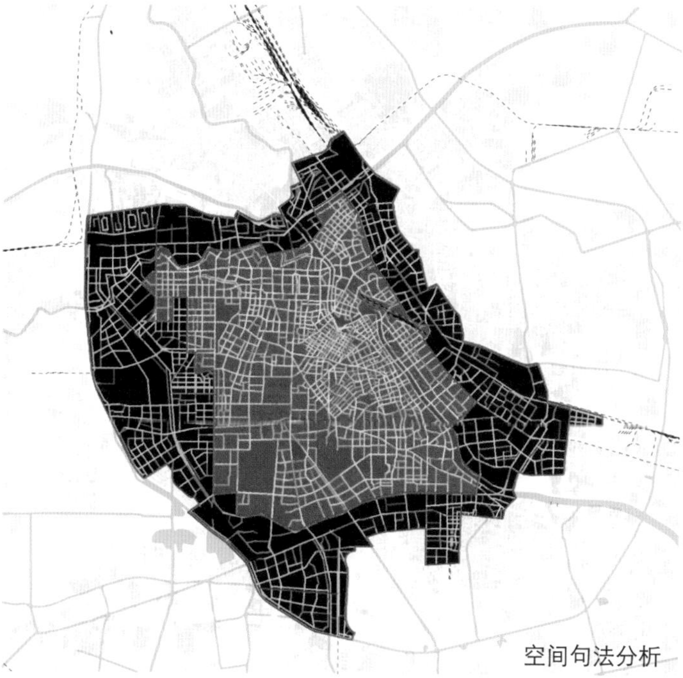
空间句法分析

道路系统

3. 交通出行状况

交通出行便利性数据显示，环线地区的交通出行情况不乐观：存轨半环路网更密集，但交通压力较大；废轨半环对外交通方便而内部道路不畅。这其中有铁路阻隔的原因，有路网密度不足的原因，也有轨道交通没能实现覆盖的原因。

快速路
1.14km/km²
主干路
1.03km/km²
次干路
1.85km/km²
支路
1.12km/km²

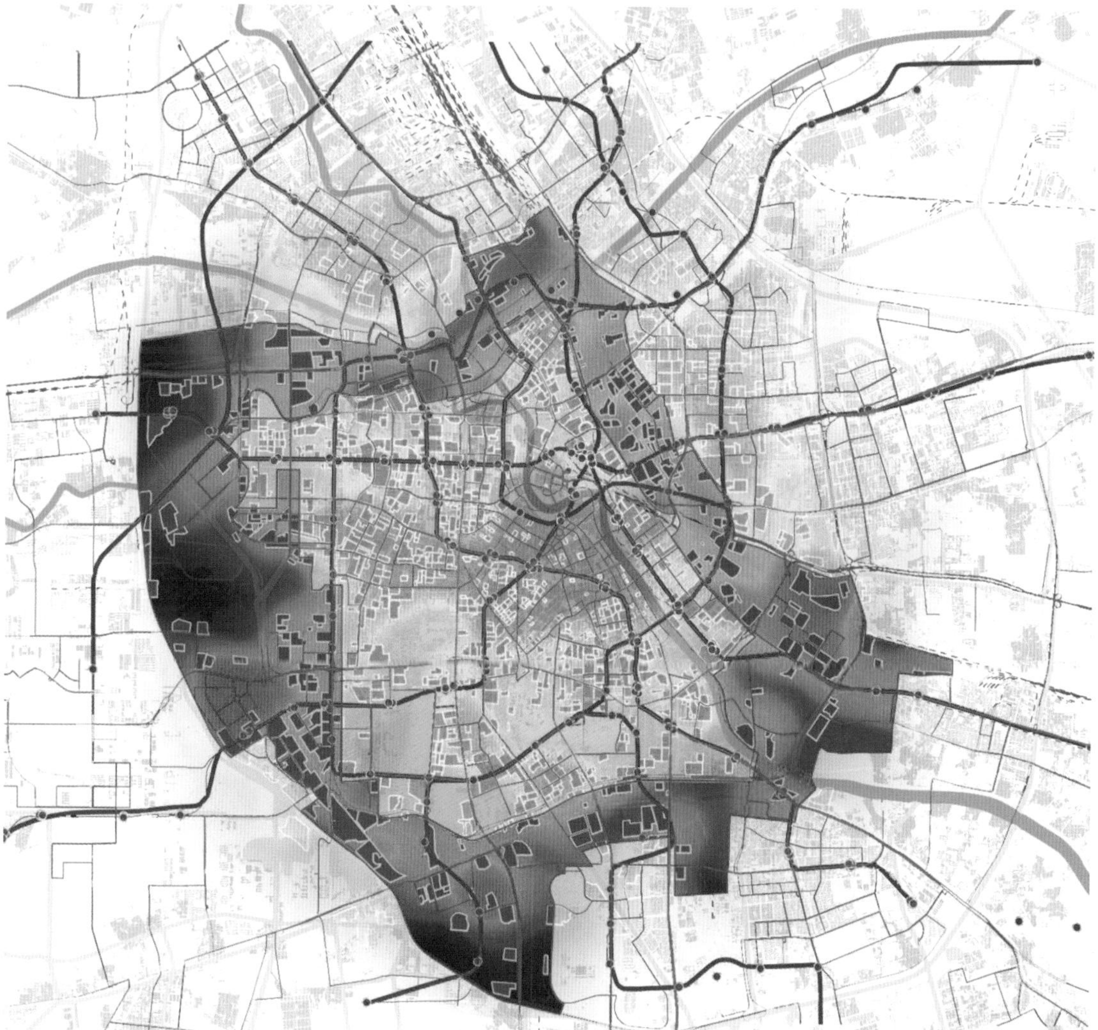
交通可达性分析图

整环分析 · 环线生活

基础生活圈分析

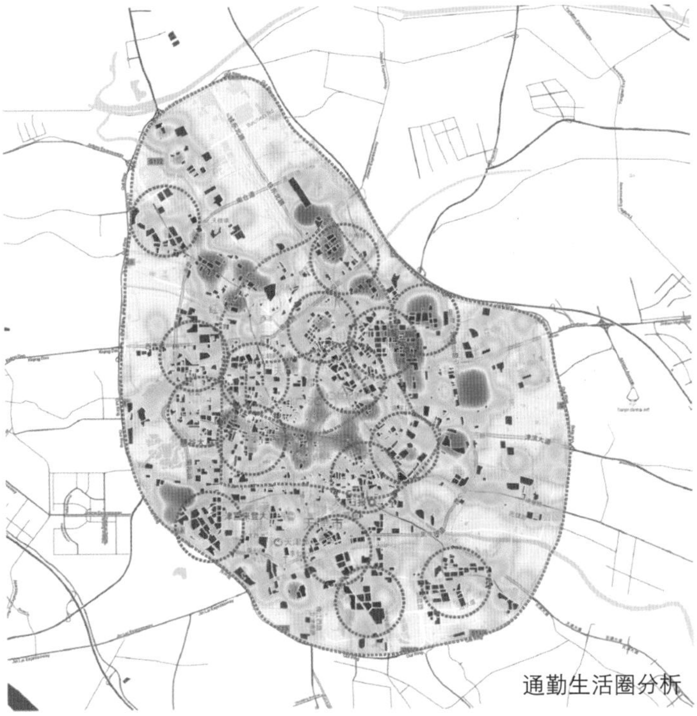
通勤生活圈分析

4. 生活圈分析

绘制 15min 非机动出行生活圈，对环线地区生活状况加以分析：

环线地区的生活条件虽然逊于中心城区，但仍满足人们在此生活的基本需求。职住平衡较差的城市结构加剧交通拥堵，降低了市民生活品质。

存轨半环职住较为平衡，且距离就业中心更近；废轨半环城市职住不平衡明显，通勤过程引发潮汐现象。

5. 生态环境分析

总体看来，环线地区景观品质差强人意，指标总量不足且类型比例不佳。

本地区大量存在的滨水地带、高架桥下地带等景观潜力地带有待激活，面临“见绿不得绿，临水不亲水”的尴尬局面。

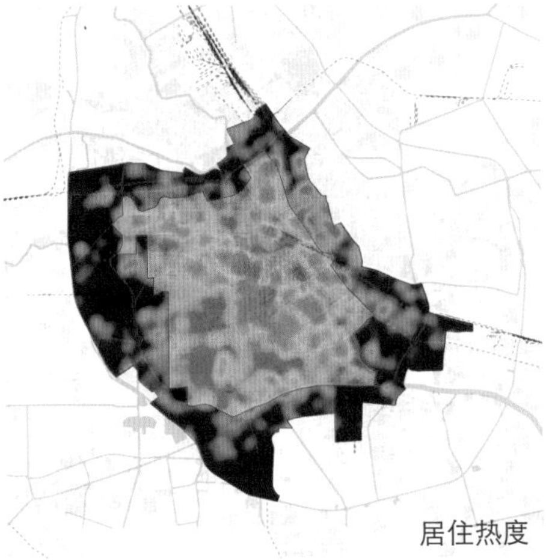
居住热度

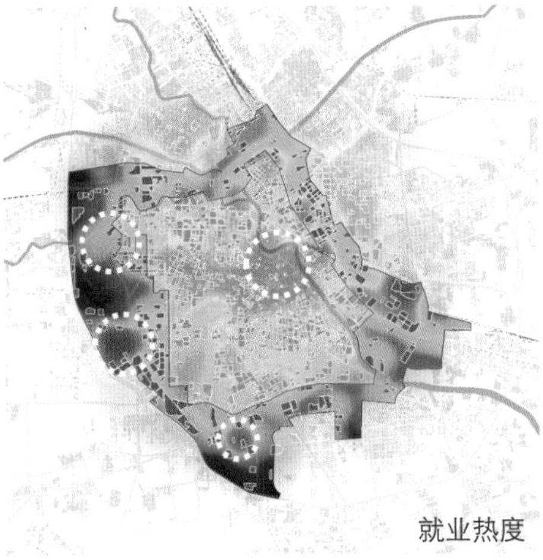
就业热度

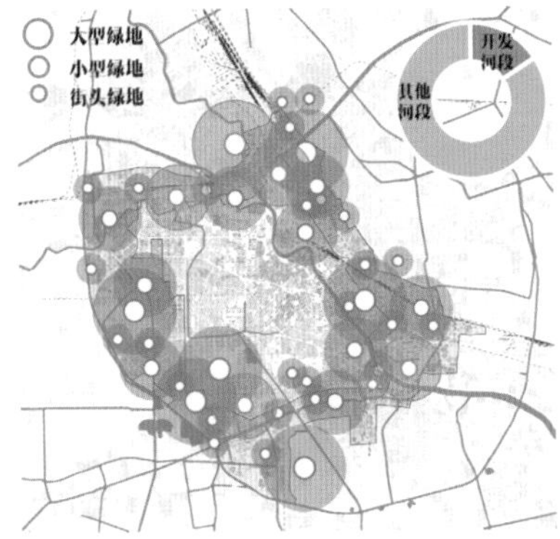
大型绿地
小型绿地
街头绿地
开发河段
其他河段

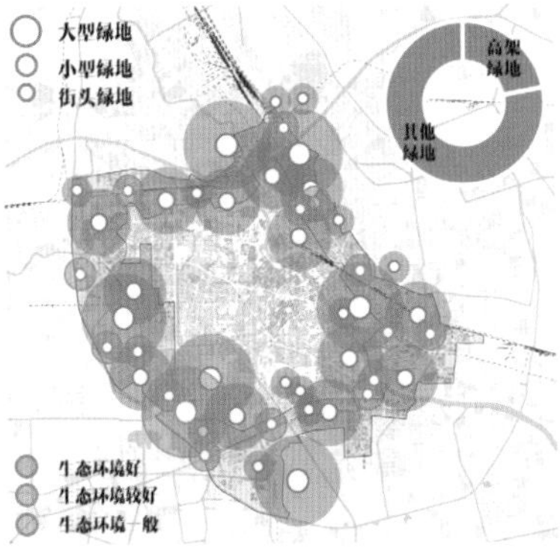
大型绿地
小型绿地
街头绿地
高架绿地
其他绿地
生态环境好
生态环境较好
生态环境一般

大型绿地
小型绿地
街头绿地
生态环境好
生态环境较好
生态环境一般
公园绿地分布

潜力景观资源——滨水地带

潜力景观资源——桥下地带

整环分析 · 产业就业

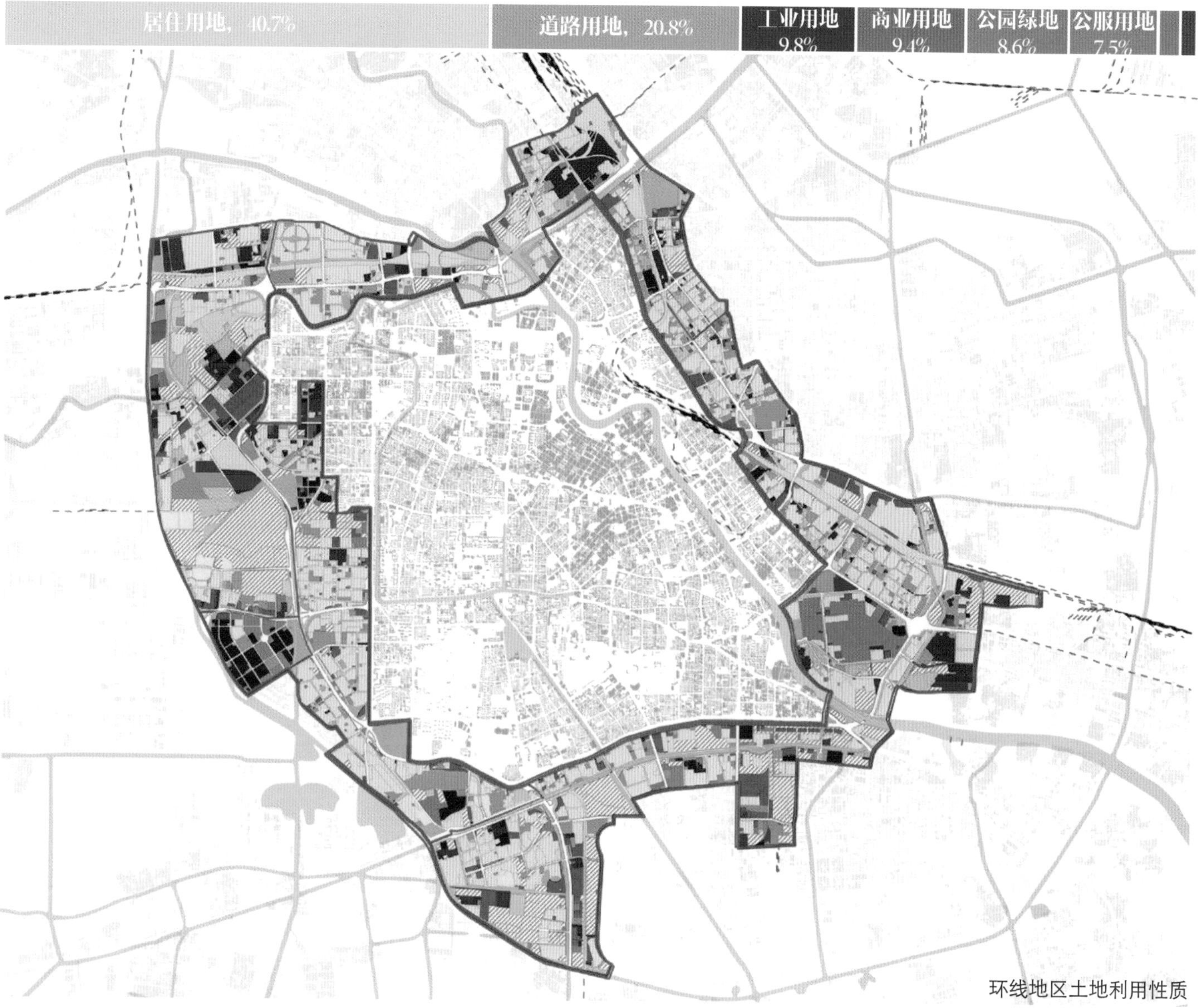

居住用地，40.7%
道路用地，20.8%
工业用地 9.8%
商业用地 9.4%
公园绿地 8.6%
公服用地 7.5%

环线地区土地利用性质

产业就业：发生演进而引导不足

从环线地区的用地情况来看，工业用地比重高、闲置用地比重高是土地利用的明显特征。

废轨半环分布着城市边缘地区常见的大型商贸批发业，给地区带来了难得的人气和活力。

发展都市型工业是天津中心城区制造业转型的重要策略。但环线地带的都市工业园区生产水平良莠不齐，部分地段产业园与天津市发展先进制造业的期待相差甚远。

如今规模尚小但发展前景看涨的科技文创企业为本地区带来了新期待。

大型商贸批发市场分布图

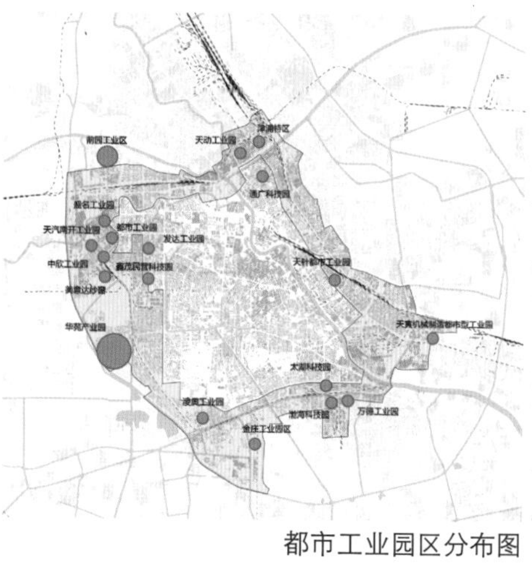
都市工业园区分布图

科技文创产业分布图

整环分析 · 工业遗存

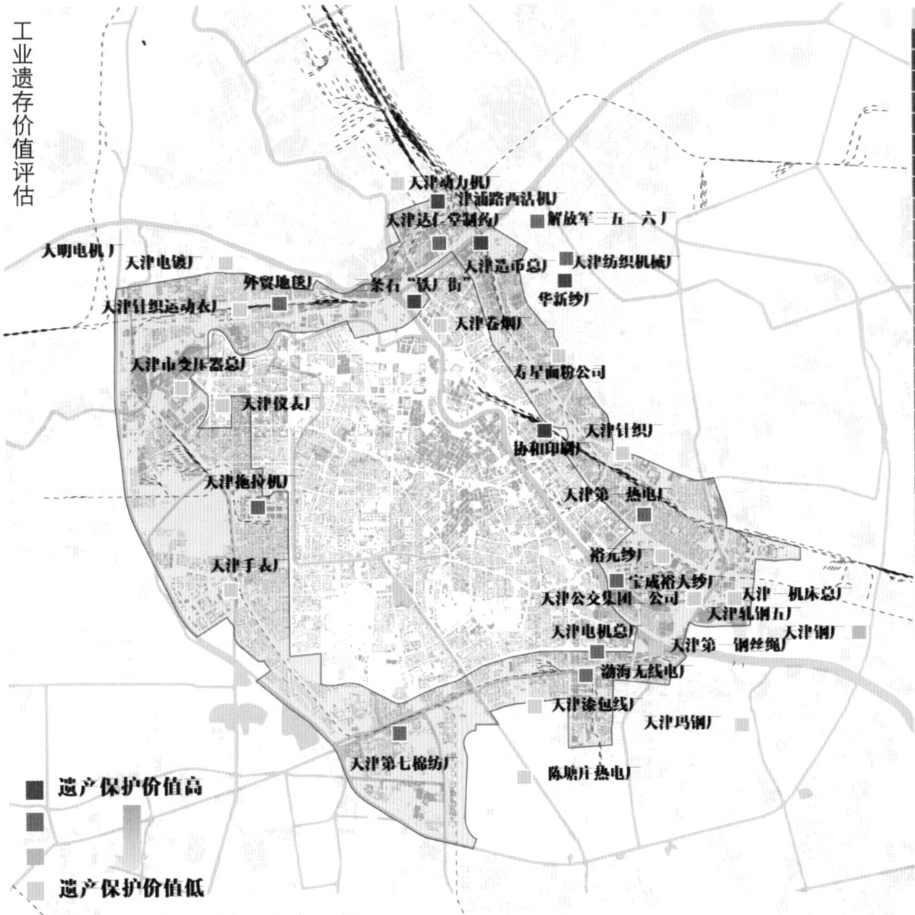
工业遗存价值评估
天津动力机厂
津浦路西沽机厂
天津达仁堂制药厂
解放军三五二六厂
大明电机厂
天津电镀厂
天津造币总厂
天津纺织机械厂
外贸地毯厂
三条石"铁厂街"
华新纱厂
天津针织运动衣厂
天津卷烟厂
天津市变压器总厂
寿星面粉公司
天津仪表厂
天津针织厂
协和印刷厂
天津拖拉机厂
天津第一热电厂
天津手表厂
裕元纱厂
宝成裕大纱厂
天津一机床总厂
天津公交集团二公司
天津轧钢五厂
天津电机总厂
天津第一钢丝绳厂
天津钢厂
渤海无线电厂
天津漆包线厂
天津玛钢厂
天津第七棉纺厂
陈塘庄热电厂
遗产保护价值高
遗产保护价值低

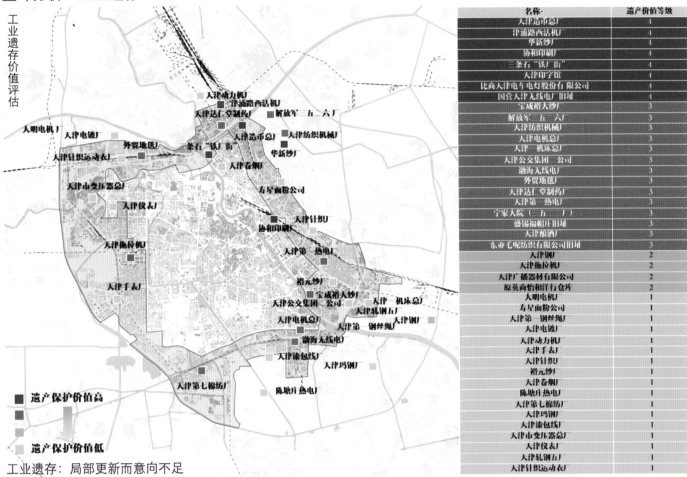

名称	遗产价值等级
天津造币总厂	4
津浦路西沽机厂	4
华新纱厂	4
协和印刷厂	4
三条石"铁厂街"	4
天津印字馆	4
比商天津电车电灯股份有限公司	4
国营天津无线电厂旧址	4
宝成裕大纱厂	3
解放军三五二六厂	3
天津纺织机械厂	3
天津电机总厂	3
天津一机床总厂	3
天津公交集团二公司	3
渤海无线电厂	3
外贸地毯厂	3
天津达仁堂制药厂	3
天津第一热电厂	3
宁家大院（三五二二厂）	3
盛锡福帽庄旧址	3
天津酿酒厂	3
东亚毛呢纺织有限公司旧址	3
天津钢厂	2
天津拖拉机厂	2
天津广播器材有限公司	2
原英商怡和洋行仓库	2
大明电机厂	1
寿星面粉公司	1
天津第一钢丝绳厂	1
天津电镀厂	1
天津动力机厂	1
天津手表厂	1
天津针织厂	1
裕元纱厂	1
天津卷烟厂	1
陈塘庄热电厂	1
天津第七棉纺厂	1
天津玛钢厂	1
天津漆包线厂	1
天津市变压器总厂	1
天津仪表厂	1
天津轧钢五厂	1
天津针织运动衣厂	1

工业遗存：局部更新而意向不足

建立遗存评价指标体系，对环线地带的数十处遗存进行价值评估，发现其中不乏遗存精品。但就工业遗存的保护使用现状而言，工业遗存处于闲置或低效使用状态，令人惋惜。

如何识别工业遗存对今天城市发展和市民生活的真实价值，成为明确环线地区发展方向的前提。地段中工业遗存的土地价值、品牌价值、文化价值多重交融，却没能在城市中发挥应有的作用。

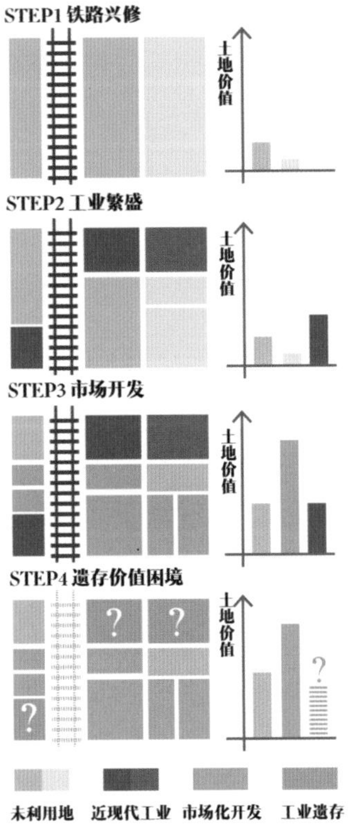
STEP1 铁路兴修
土地价值
STEP2 工业繁盛
土地价值
STEP3 市场开发
土地价值
STEP4 遗存价值困境
土地价值
未利用地
近现代工业
市场化开发
工业遗存

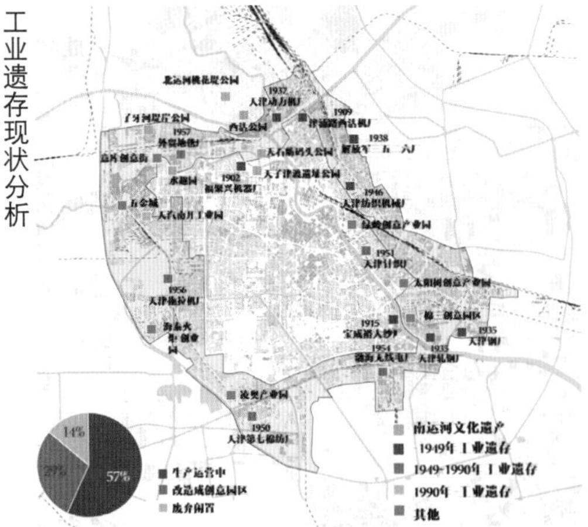
工业遗存现状分析
57%
29%
14%
生产运营中
改造成创意园区
废弃闲置
南运河文化遗产
1949年工业遗存
1949-1990年工业遗存
1990年工业遗存
其他

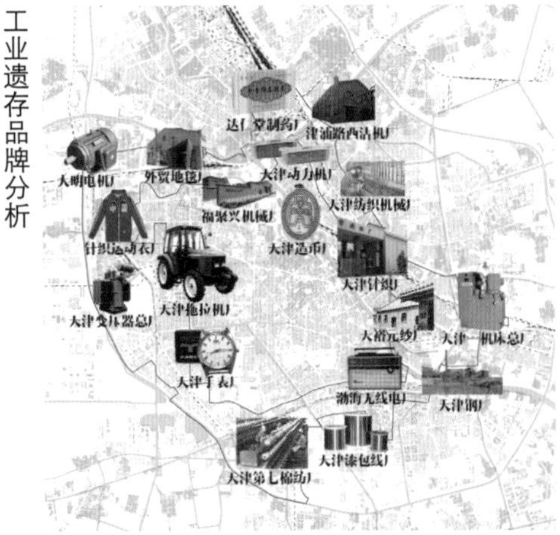
工业遗存品牌分析
达仁堂制药
津浦路西沽机厂
大明电机厂
外贸地毯厂
天津动力机厂
福聚兴机械厂
天津纺织机械厂
针织运动衣厂
天津造币厂
天津针织厂
天津拖拉机厂
天津变压器总厂
天津手表厂
裕元纱厂
天津一机床总厂
渤海无线电厂
天津钢厂
天津第七棉纺厂
天津漆包线厂

天津动力机厂
1937—2014年
天津手表厂
1955—2010年
第一钢丝绳厂
1939—2015年
寿星面粉厂
1915—1952年
天津针织厂
1951—2016年
天津机器局
1866年

从枕轨之间到枕河之间

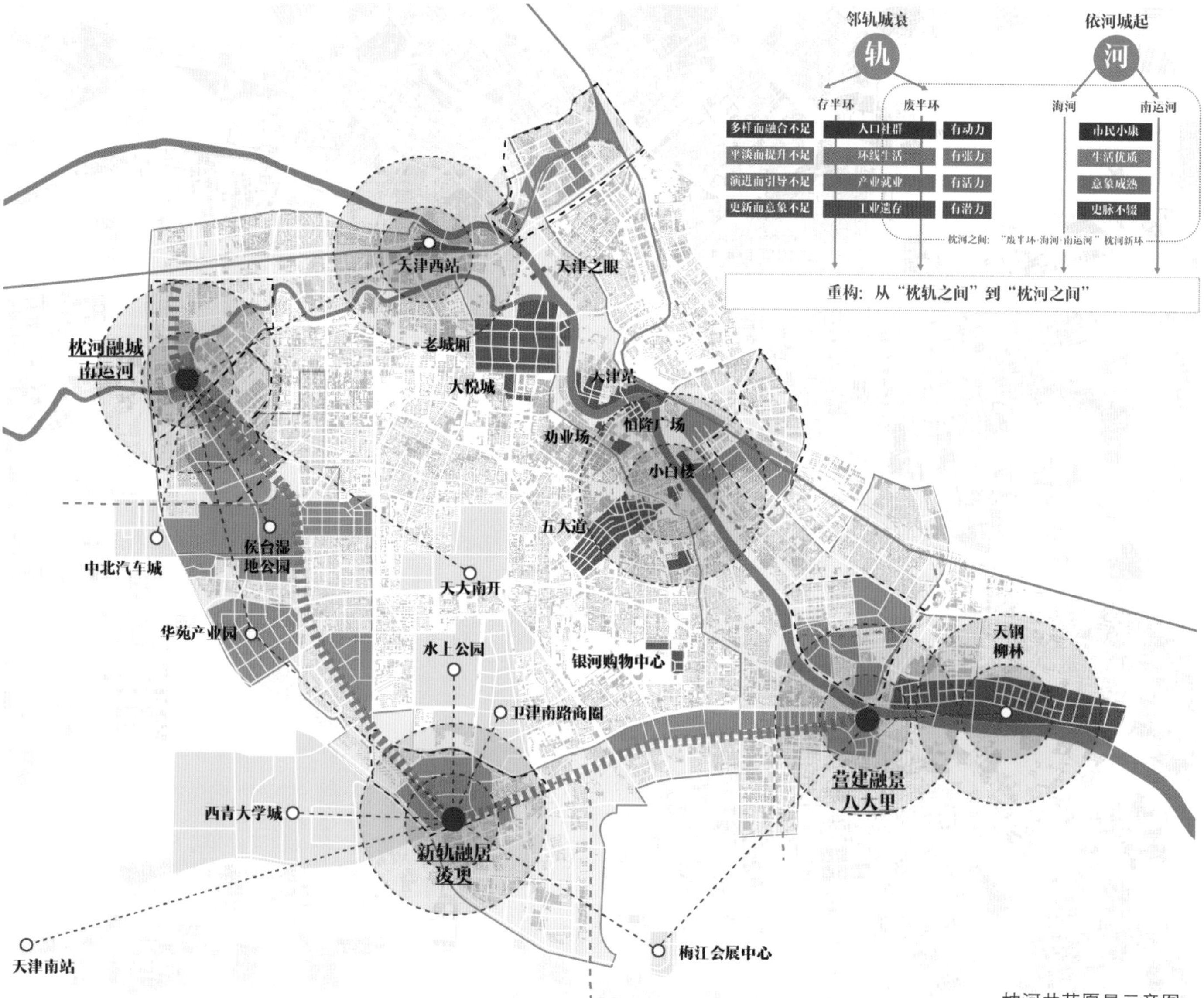
邻轨城衰
轨
存半环
废半环
多样而融合不足
平淡而提升不足
演进而引导不足
更新而意象不足
人口社群
环线生活
产业就业
工业遗存
有动力
有张力
有活力
有潜力
依河城起
河
海河
南运河
市民小康
生活优质
意象成熟
史脉不辍
枕河之间：“废半环·海河·南运河”枕河新环
重构：从“枕轨之间”到“枕河之间”
天津西站
天津之眼
枕河融城
南运河
老城厢
大悦城
天津站
恒隆广场
劝业场
小白楼
五大道
中北汽车城
侯台湿
地公园
天大南开
华苑产业园
水上公园
银河购物中心
天钢
柳林
卫津南路商圈
营建融景
八大里
西青大学城
新轨融居
凌更
天津南站
梅江会展中心

枕河共荣愿景示意图

可以预见，全环轨道更新的梦想当前只在西南半环和东北半环零星的少部分轨道具备实现的可能。方案通过引入一个能够补位半环、形成新满环的要素，即天津市最重要的城市意象要素海河，完成空间重构。

海河是天津的经济轴带，也是文化轴带、景观轴带，串联城市精华。方案借力发展成熟的海河，并将接下来的规划设计工作聚焦在西南半环一线。

方案所设想的枕河意象，是河与轨两条发展脉络的交汇，商与工两处城市印记的辉映，更是城市景观中蓝与绿的交织。

因此设计提出枕河之间的新命题，借河兴轨；在形成枕河新环的基础上，与存轨半环上的重点地区形成联动，迈向“枕河共荣”期待。

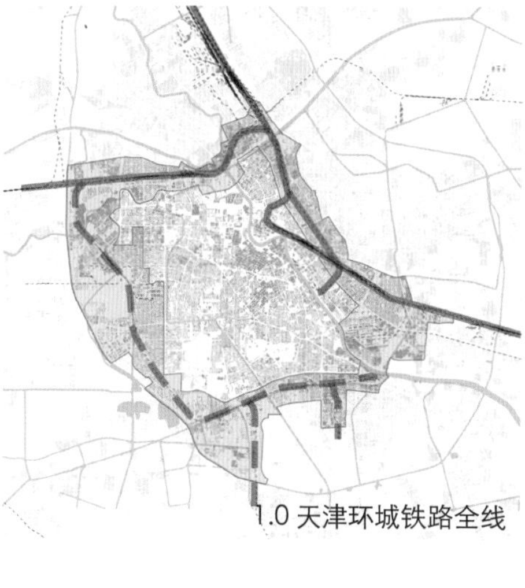

1.0 天津环城铁路全线

2.0 废轨半环 + 两河

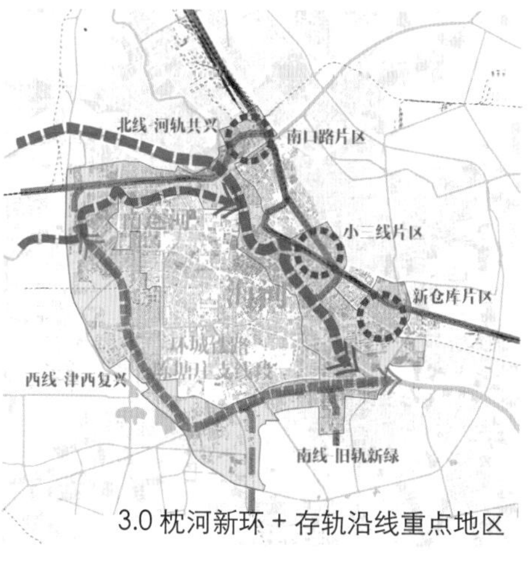
北线 河轨共兴
南口路片区
小三线片区
新仓库片区
西线 津西复兴
南线 旧轨新绿

3.0 枕河新环 + 存轨沿线重点地区

建构轨上生活共同体

老街坊
新住户
青年创客
外来务工者

一座城市，半环铁轨，四重生活

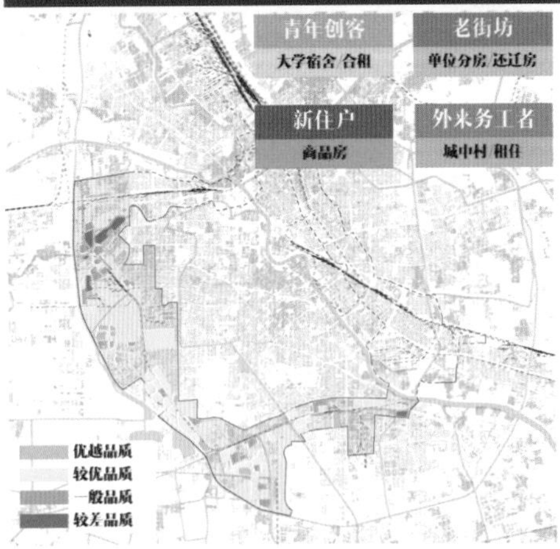
青年创客
大学宿舍 合租
老街坊
单位分房 还迁房
新住户
商品房
外来务工者
城中村 租住
优越品质
较优品质
一般品质
较差品质

居住分化

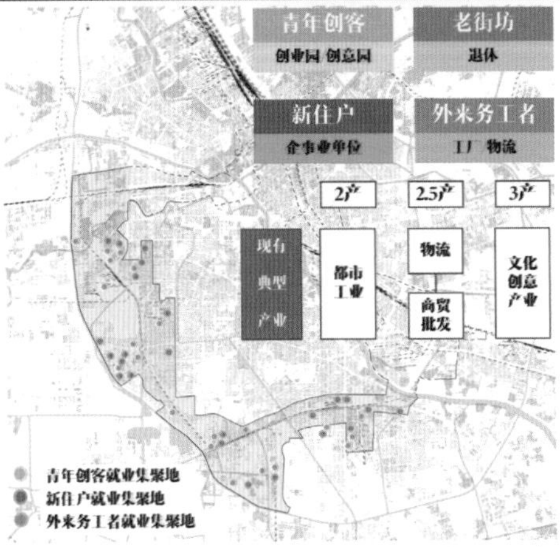
青年创客
创业园 创意园
老街坊
退休
新住户
企事业单位
外来务工者
工厂 物流
2产
2.5产
3产
现有典型产业
都市工业
物流
商贸批发
文化创意产业
青年创客就业集聚地
新住户就业集聚地
外来务工者就业集聚地

就业分离

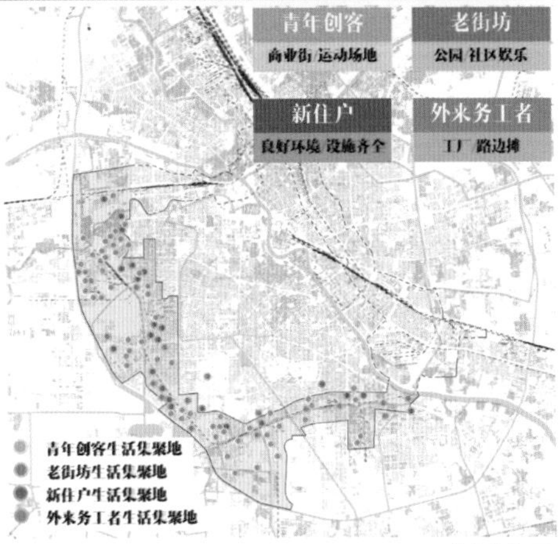
青年创客
商业街 运动场地
老街坊
公园 社区娱乐
新住户
良好环境 设施齐全
外来务工者
工厂 路边摊
青年创客生活集聚地
老街坊生活集聚地
新住户生活集聚地
外来务工者生活集聚地

生活分异

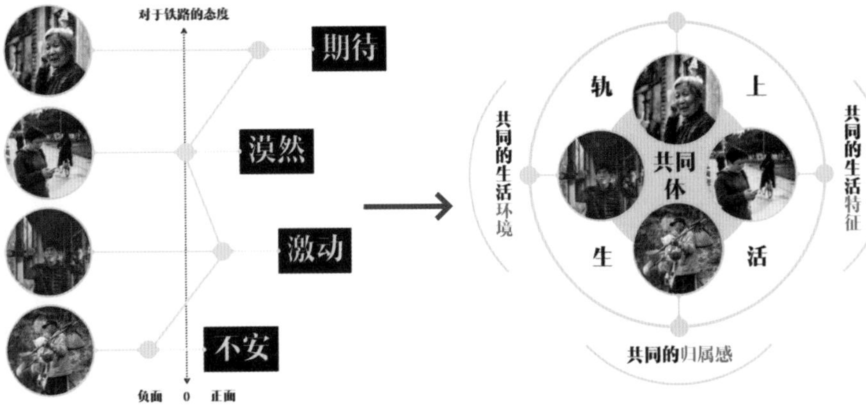
对于铁路的态度
期待
漠然
激动
不安
负面
0
正面
轨
上
生
活
共同体
共同的生活环境
共同的生活特征
共同的归属感

应对：从天津折叠到轨上生活共同体

在同一座城市中，这半环铁轨上，人们却过着截然不同的四重生活，这一现象即是天津折叠，而居住分化、就业分离与生活分异正是天津折叠在空间上的体现。

随着陈塘庄铁路货运功能的消失，生活在轨道边的这一群人又将何去何从？

方案给出的回答是：构建基于轨上生活的共同体。在这一共同体中，人们将享有共同的生活环境、生活特征及共同的基于铁路改造的归属感，不同阶层、不同年龄、不同身份角色的市民群体都能共享城市发展成果和优质社会资源。

共营文化

在对工业遗产遗存予以原址留存的同时，对其进行五种方式的多元利用，开展多元文化活动，形成全工业文明展示带。

共创产业

优化各产业比例及结构，保留提升小型制造业，大力培育生产性服务业，积极发展文化创意产业，联动周边多个城市发展极。

共建生态

将南运河、侯台、凌奥、八大里等连接成绿化网络，通过绿色电车线、街道和社区公园向周边渗透，构建人人可享的绿色网络。

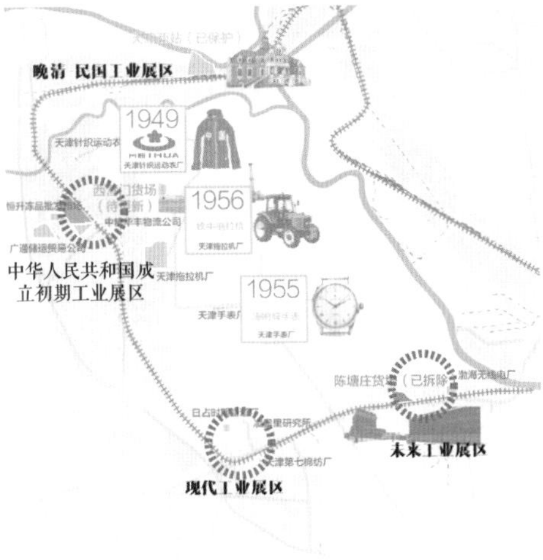
晚清 民国工业展区
1949
1956
1955
中华人民共和国成立初期工业展区
陈塘庄货运
现代工业展区
未来工业展区

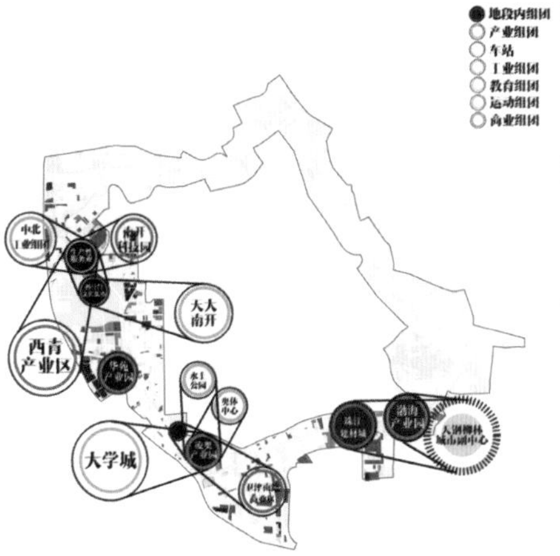
地段内组团
产业组团
车站
工业组团
教育组团
运动组团
商业组团
西青产业区
大人南开
大学城

南运河地区
西营门地区
侯台湿地公园
外环绿化带
天津水上公园
南翠屏公园
八大里地区
西南大学城地区
凌奥地区

共享交通

规划将陈塘庄铁路西段改造为有轨电车线，连接天津西站、西青新城、天津南站、凌奥生活城方向，接入城市现有的轨道交通网络。将陈塘庄铁路南线改造为绿轨步道，与滨河步道、海河邮轮共同构筑城市慢行系统。

最终在陈塘庄铁路沿线形成有轨电车常速段、有轨电车速行段、轨上集市段、绿轨步道段等多元铁路利用方式，在天津铁路环线周边形成电车、绿道、游轮、地铁四位一体的复合特色交通网络。

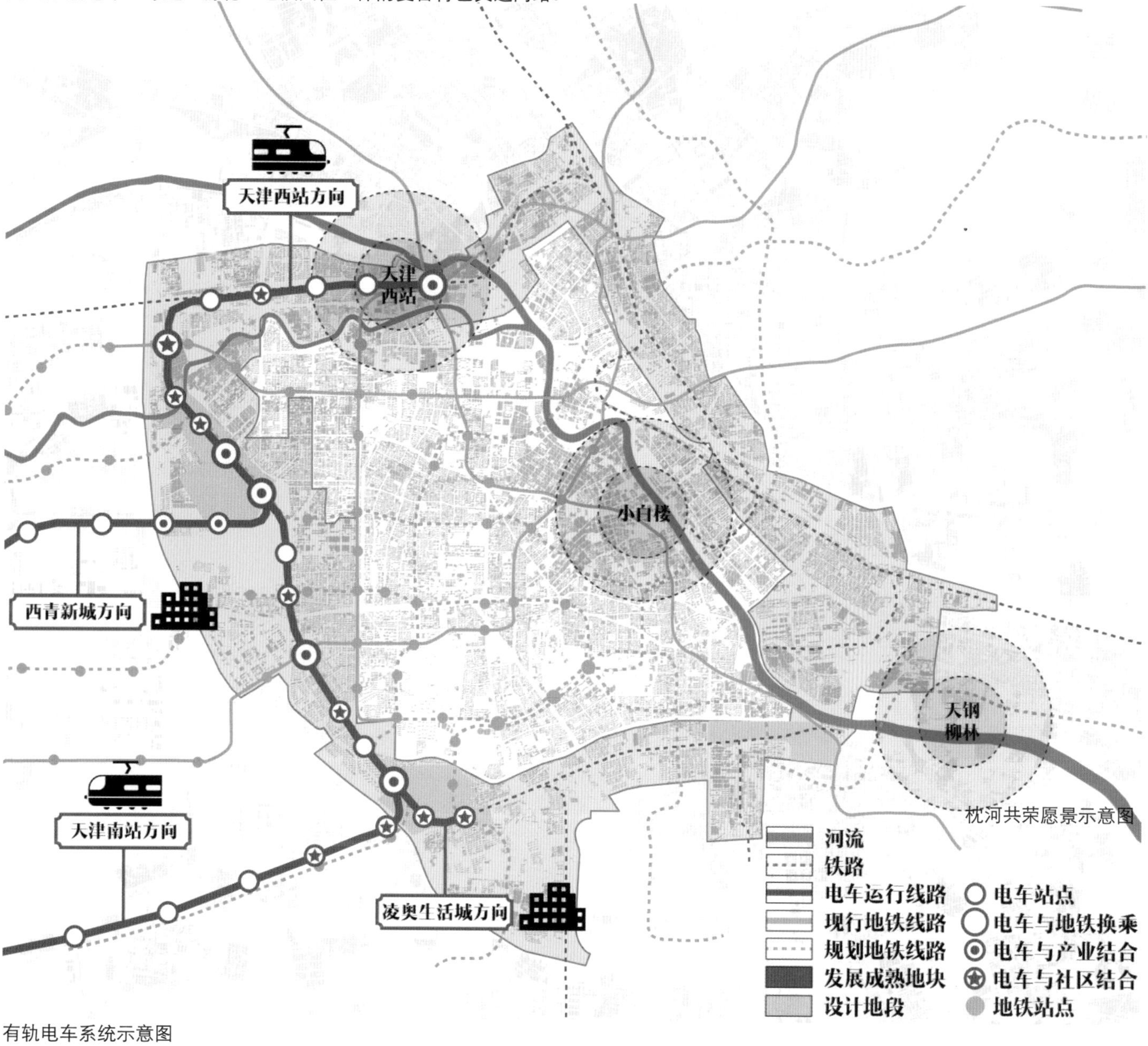
天津西站方向
天津西站
小白楼
西青新城方向
天钢柳林
天津南站方向
凌奥生活城方向
河流
铁路
电车运行线路
现行地铁线路
规划地铁线路
发展成熟地块
设计地段
电车站点
电车与地铁换乘
电车与产业结合
电车与社区结合
地铁站点

枕河共荣愿景示意图

有轨电车系统示意图

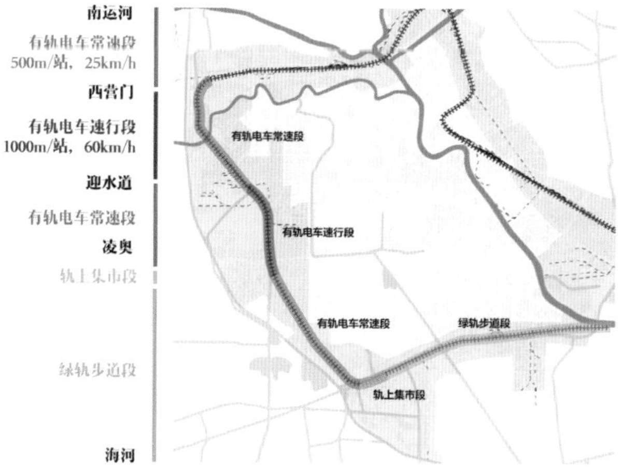
南运河
有轨电车常速段
500m/站，25km/h
西营门
有轨电车速行段
1000m/站，60km/h
迎水道
有轨电车常速段
凌奥
轨上集市段
绿轨步道段
海河
有轨电车常速段
有轨电车速行段
有轨电车常速段
绿轨步道段
轨上集市段

电车
绿道
邮轮
地铁

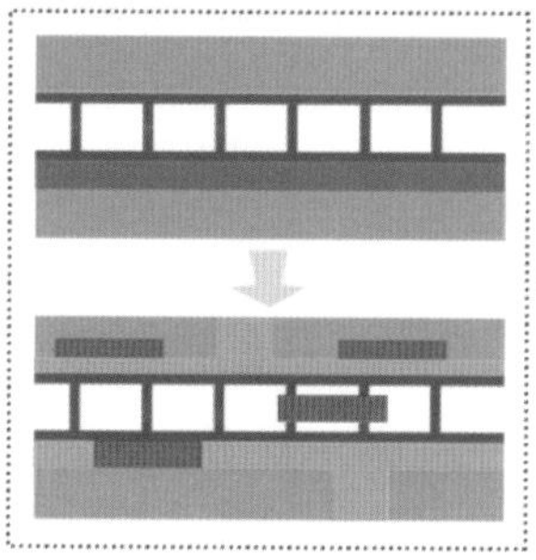

旧轨新用，电车串连，公交完善，带动开发。

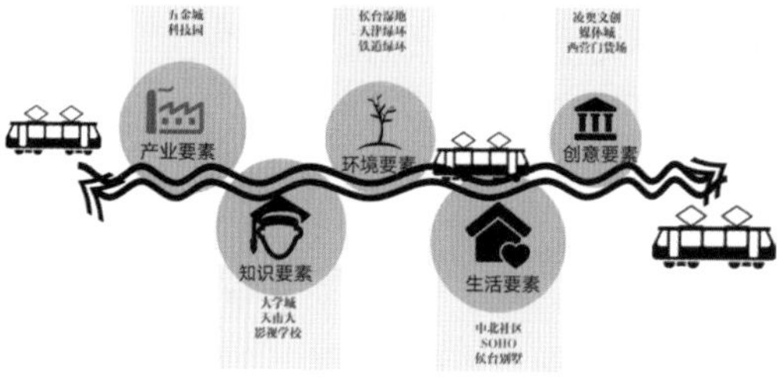
产业要素
环境要素
创意要素
知识要素
生活要素

废轨半环沿线地区
城市更新模式研究

在对地区现状进行充分调研的基础上，结合建构“轨上生活共同体”的规划愿景，总结提出以下四种适用于本地区的四种更新模式。

模式一：低端业态功能置换

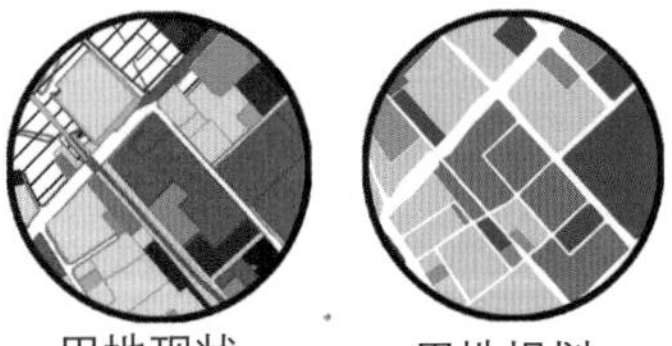

用地现状　用地规划

以“南开 - 中欣工业园”地段为例，当前该地区集聚低端产业，现有土地利用方式与地区发展诉求不匹配。通过调整用地类型，迁出低端产业，植入活力产业，带动地区产业升级。

模式二：闲置地集中开发

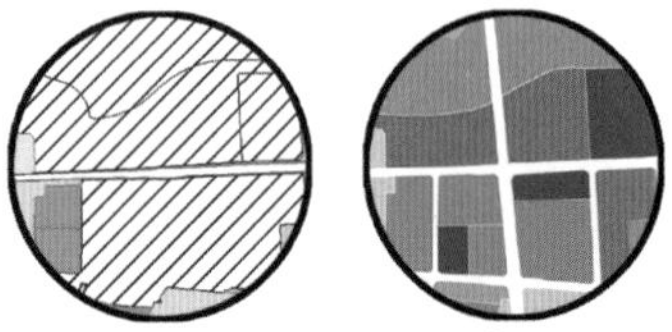

用地现状　用地规划

以侯台南地段为例，当前该地区未得到妥善开发，景观资源闲置，文化资源利用率低。通过明确土地利用类型，带动以生态游憩和公共教育为主题的片区集中开发建设。

模式三：邻轨、邻河用地整治

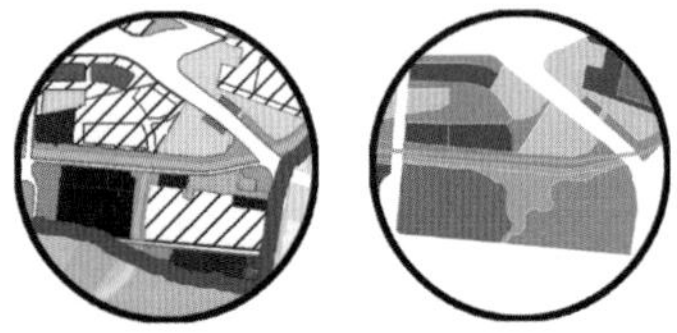

用地现状　用地规划

以八大里地段为例，当前该地区景观资源品质低、可达性差，邻轨、邻河的景观优势没有得到体现。通过变更绿地性质，将防护绿地调整为公园绿地，释放景观价值，服务周边社区和市民。

模式四：城市成熟片区微更新

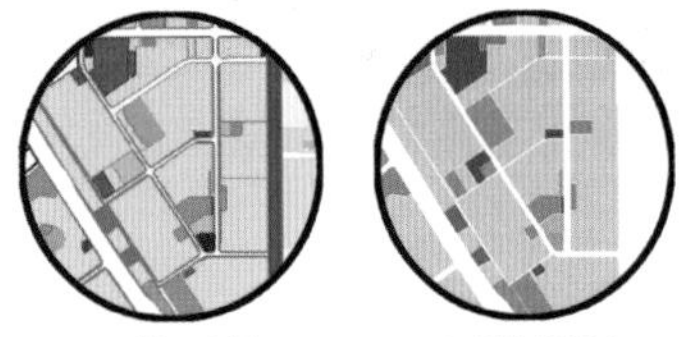

用地现状　用地规划

以王顶堤地段为例，当前该地区已发展为较成熟的城市居住功能片区，但仍存在公共设施配置不足、缺少公园绿地等问题。通过城市微更新手段，对有潜质地块进行功能调整和空间优化。

供应设施用地1.84%
类居住用地3.53%
水域
3.24%
工业用地4.13%
二类居住用地
30.86%
公共服务设施用地5.01%
防护绿地
2.45%
道路用地
17.86%
公园绿地
15.05%

“废轨”半环沿线地区规划用地图

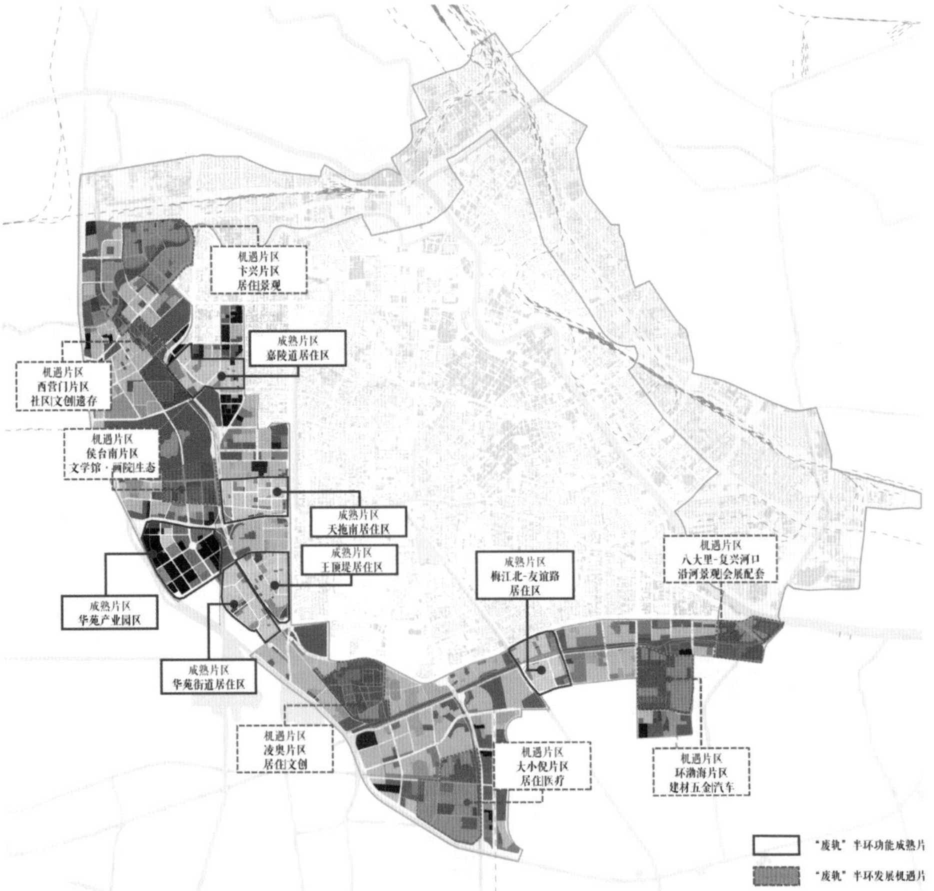
机遇片区
卞兴片区
居住|景观
成熟片区
嘉陵道居住区
机遇片区
西营门片区
社区|文创遗存
机遇片区
侯台南片区
文学馆 · 画院|生态
成熟片区
天拖南居住区
成熟片区
王顶堤居住区
成熟片区
华苑产业园区
成熟片区
华苑街道居住区
成熟片区
梅江北-友谊路
居住区
机遇片区
八大里-复兴河口
沿河景观|会展配套
机遇片区
凌奥片区
居住|文创
机遇片区
大小倪片区
居住|医疗
机遇片区
环渤海片区
建材五金|汽车
“废轨”半环功能成熟片
“废轨”半环发展机遇片

“废轨”半环沿线“机遇”/“成熟”片区示意图

详细城市设计地段概况

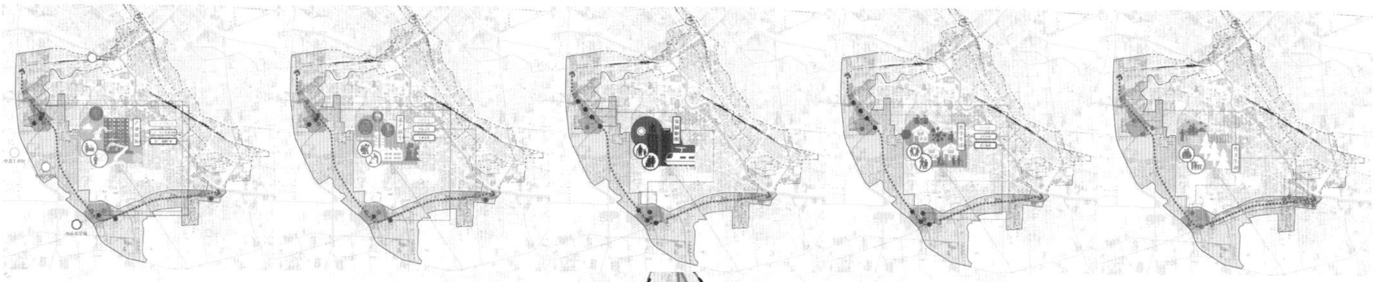

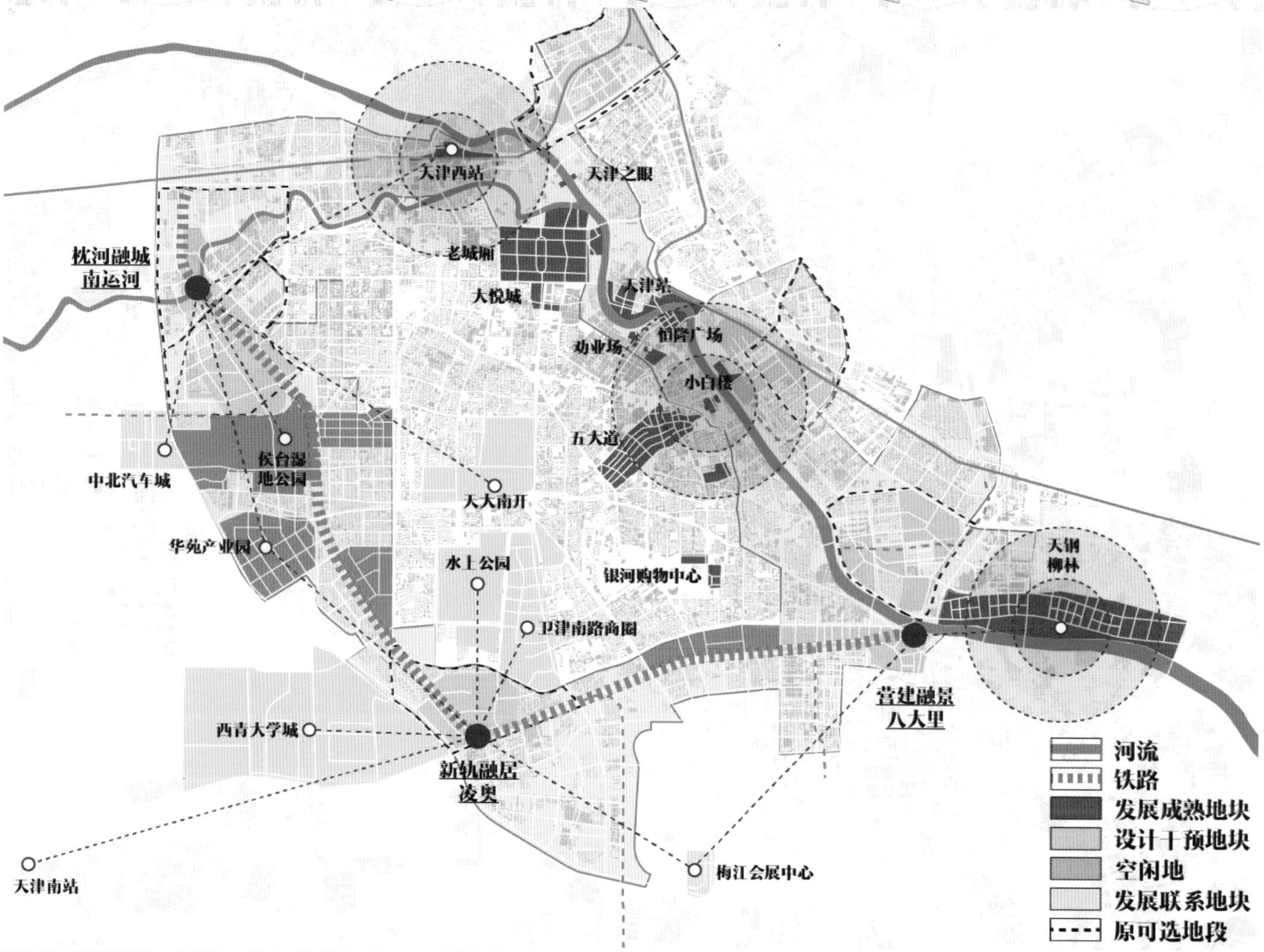
天津西站
天津之眼
枕河融城
南运河
老城厢
大悦城
天津站
恒隆广场
劝业场
小白楼
五大道
中北汽车城
侯台湿地公园
天大南开
华苑产业园
水上公园
银河购物中心
天钢柳林
卫津南路商圈
营建融景
八大里
西青大学城
新轨融居
凌奥
天津南站
梅江会展中心
河流
铁路
发展成熟地块
设计干预地块
空闲地
发展联系地块
原可选地段

枕河融城·南运河

地理区位

天津中心城区西北部

南开区与西青区交界

地段面积

2.92km²

优势资源

集中了大量产业与历史遗产要素

陈塘庄支线铁路与南运河相交、碰撞

枕河关系

枕河意象的集中体现

规划定位

河轨交融下的都市文创产业新城

新轨融居·凌奥

地理区位

天津中心城区西南部

南开区与西青区交界

地段面积

2.00km²

优势资源

集中了丰富生活要素与多元人群

枕河关系

电车线终点与景观线起点

展示轨道的不同改造方式

规划定位

旧轨新用下的宜居乐活共享社区

营建融景·八大里

地理区位

天津中心城区东南部

海河以西，河西区边缘

地段面积

1.41km²

优势资源

集中了丰富生态景观资源与潜在用地

枕河关系

枕河再次相会

半环圆满

规划定位

枕河交织中的副中心旁绿色家园

南运河片区整体城市设计轴测图

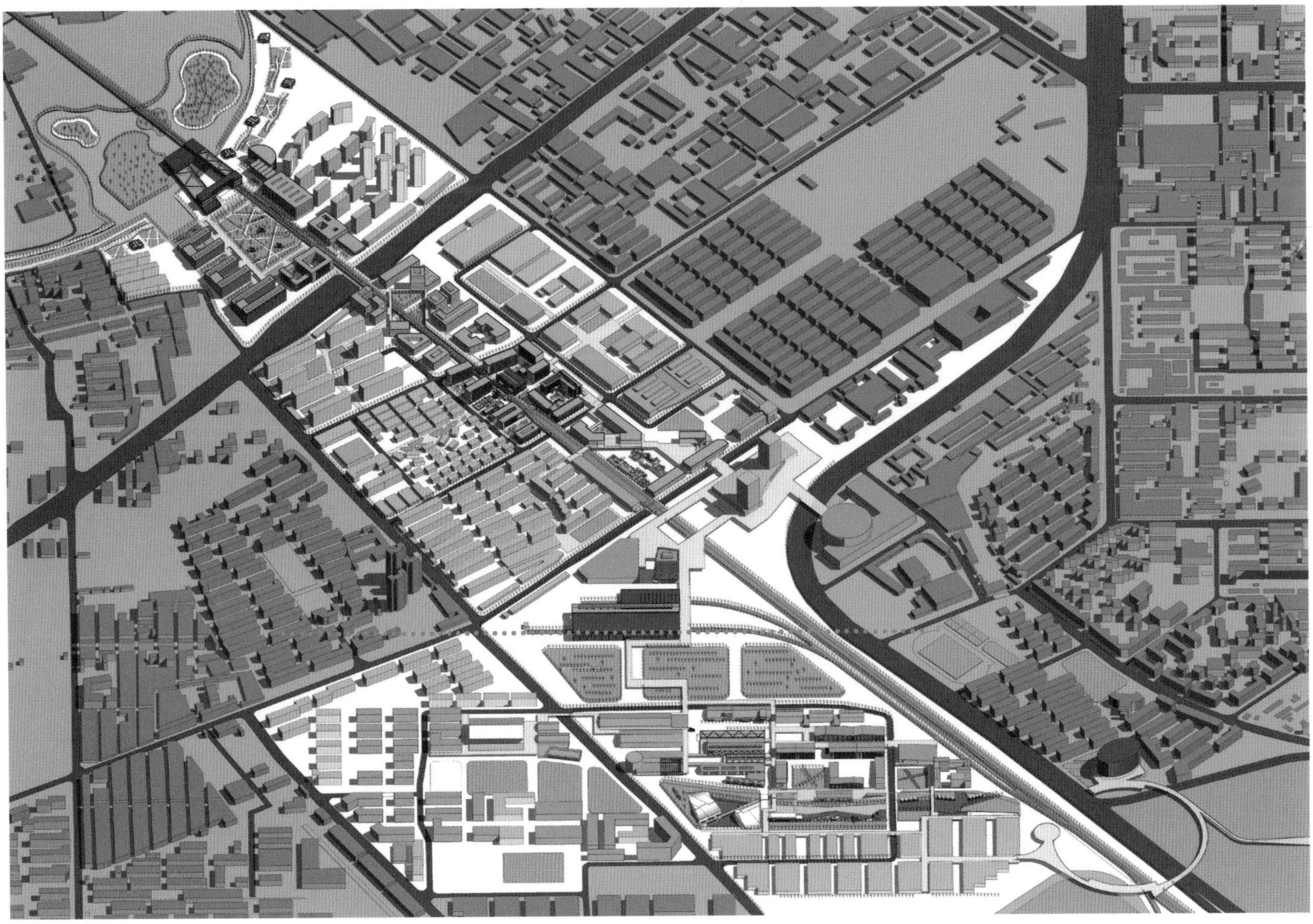

南运河片区整体城市设计建筑类型

文化建筑, 10%
办公建筑, 25%
居住建筑, 50%
教育建筑, 10%
商业建筑, 5%
居住建筑
商业建筑
教育建筑
办公建筑
文化建筑

南运河片区建筑类型规划图

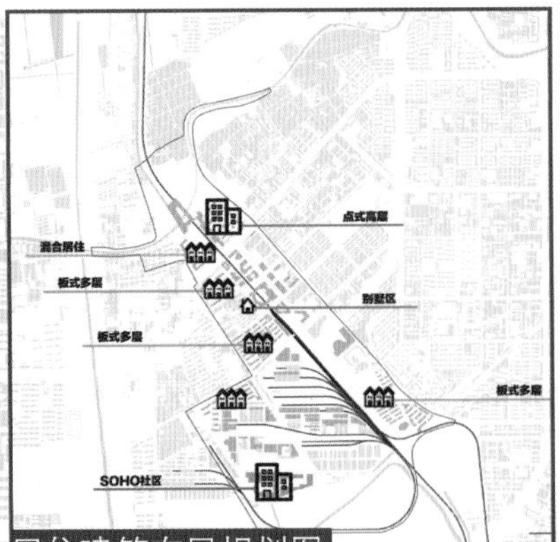
点式高层
混合居住
板式多层
别墅区
板式多层
板式多层
SOHO社区

居住建筑布局规划图

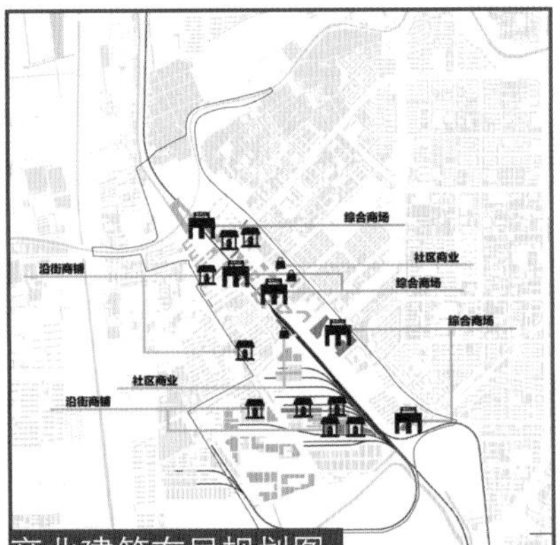
综合商场
社区商业
沿街商铺
综合商场
综合商场
社区商业
沿街商铺

商业建筑布局规划图

幼儿园
中学
高等职业学校

教育建筑布局规划图

综合写字楼
传媒产业园
文化创意产业园

办公建筑布局规划图

南运河片区详细节点放大

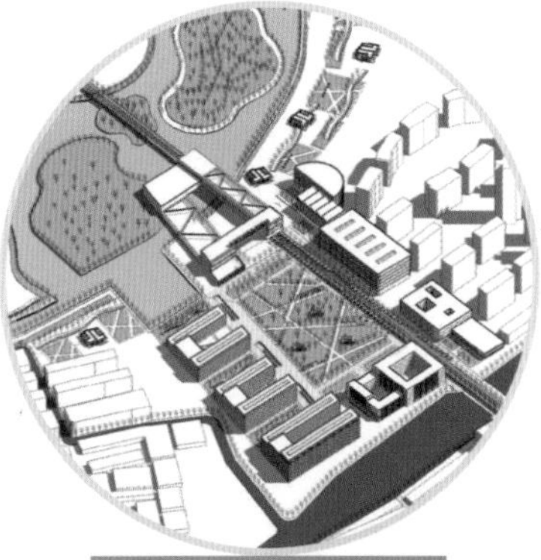

新建的南运河湿地公园、运河文化博物馆围绕着运河文化广场而设，广场周边布置社区文化、活动中心，广场中可开展多样的文化活动，丰富社区生活。

运河文化广场

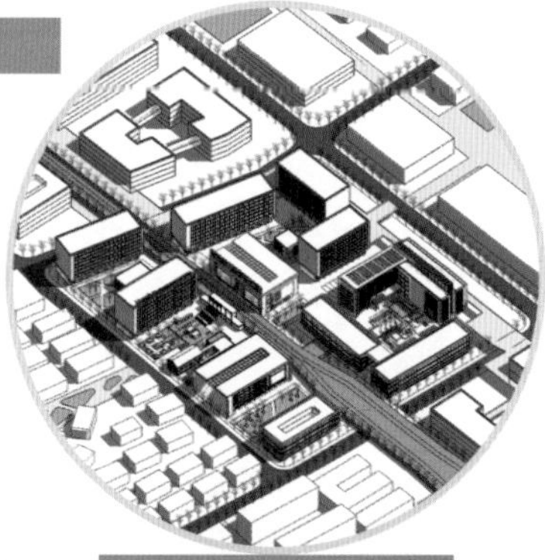

南运河文创社区集合了适宜青年创客居住的创客社区、联合办公的创客SOHO空间和其他一些社区购物、商业文化中心的功能，是青年上班族津城生活的乐园。

南运河文创社区

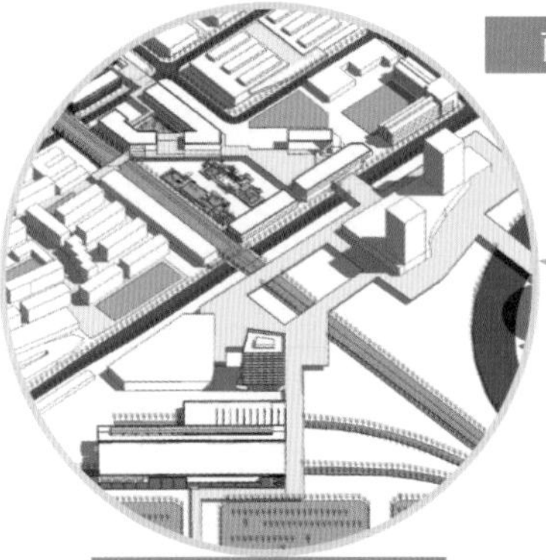

天津工业文明展览馆依托原天津西营门货场历史遗存建筑而建，周围建有大型商务商业综合体，景观绿地等，具有工业文明展示和文化保护的积极意义。

天津工业文明展览馆

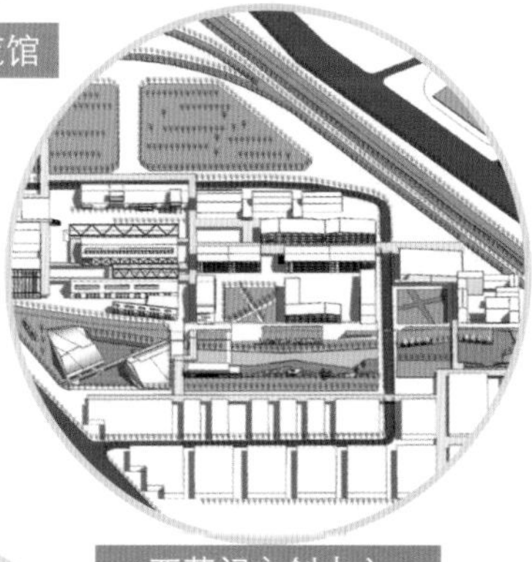

西营门文创中心由西营门货场历史遗存建筑改建而来，具有深厚的历史文化底蕴，将依托邻近的天津广播影视职业学院，打造传媒文创产业园区，鼓励文化事业蓬勃发展。

西营门文创中心

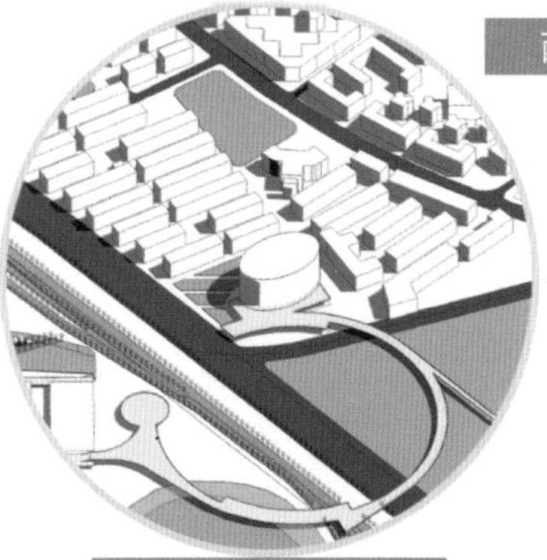

侯台观鸟廊道位于南运河片区最南端，串联起周边侯台湿地公园、绿水园等一系列景观绿化资源，在这里可以亲近自然动植物，营造人与自然和谐共处的世外桃源。

侯台湿地观鸟廊道

南运河片区整体城市设计解读

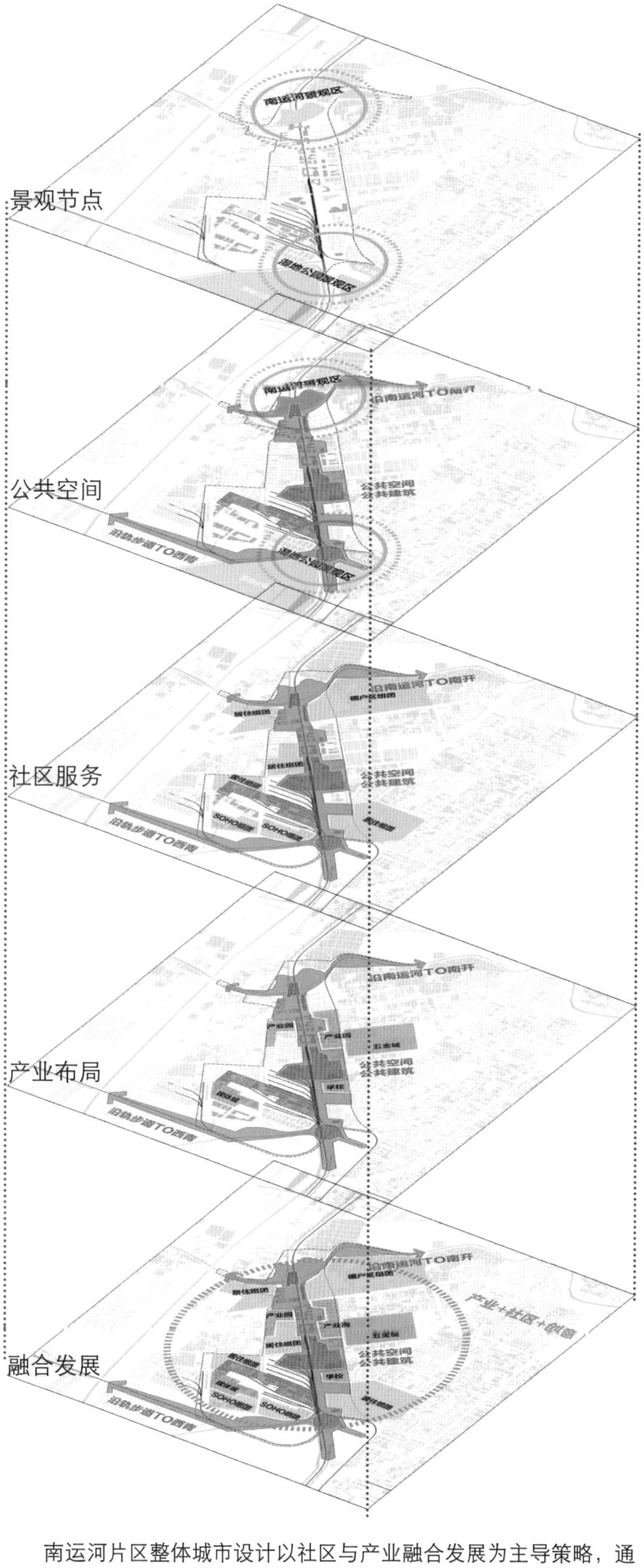
景观节点
公共空间
社区服务
产业布局
融合发展
沿南运河TO南开
沿轨步道TO西青
公共空间
公共建筑

南运河片区整体城市设计以社区与产业融合发展为主导策略，通过现有二产为主的产业格局向第三产业升级转型，带动地区文化、创意、传媒产业发展。在此基础之上，利用地区原有的南运河、陈塘庄铁路沿线、侯台湿地等一系列景观资源，新建多个社区活动中心，用一条串联各个高度的步行廊道连接，共创绿色、友好、活力的社区生活环境。

南运河片区整体城市设计鸟瞰图

公共空间系统规划

在南运河片区整体城市设计中，公共空间的重塑是方案的主要设计任务之一。通过两大现有景观节点（侯台湿地、绿水园）、三大新建建筑节点（运河文化博物馆、工业文明展览馆、侯台观鸟廊道），联动一条新植入的步行廊道，打造社区＋运河、社区＋文创、社区＋生态三大主要片区，实现点、线、面多个层次的融合发展。

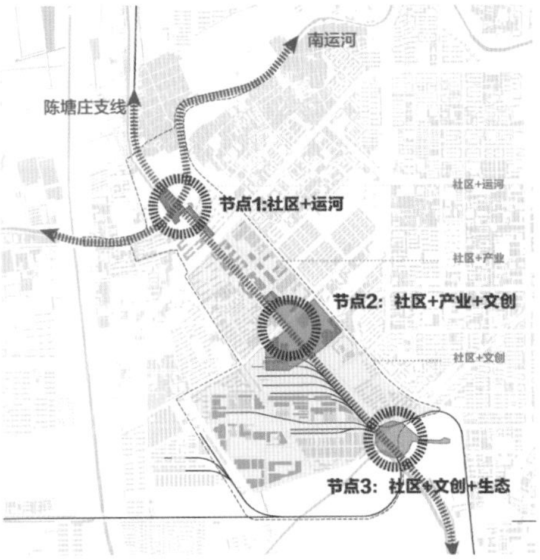
南运河
陈塘庄支线
节点1:社区+运河
社区+运河
社区+产业
节点2: 社区+产业+文创
社区+文创
节点3: 社区+文创+生态

建筑节点布局规划图

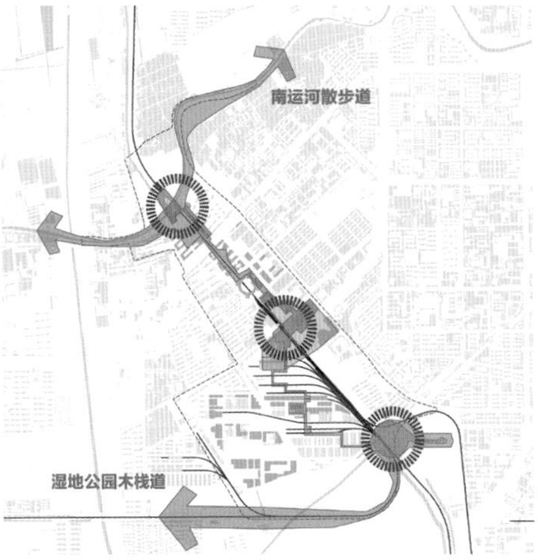
南运河散步道
湿地公园木栈道

步行廊道布局规划图

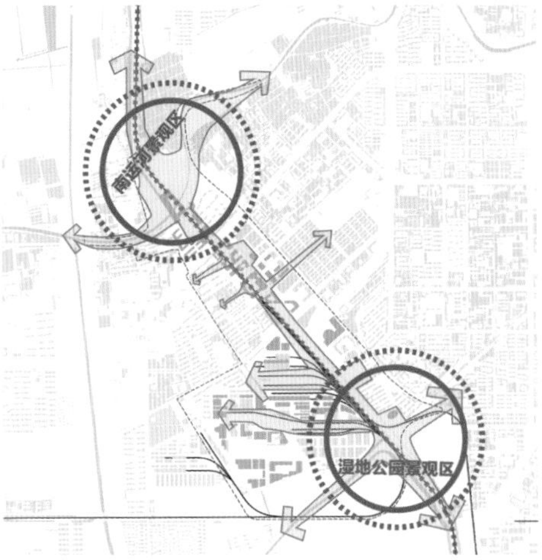
南运河景观区
湿地公园景观区

景观节点布局规划图

南运河片区整体城市设计节点解读

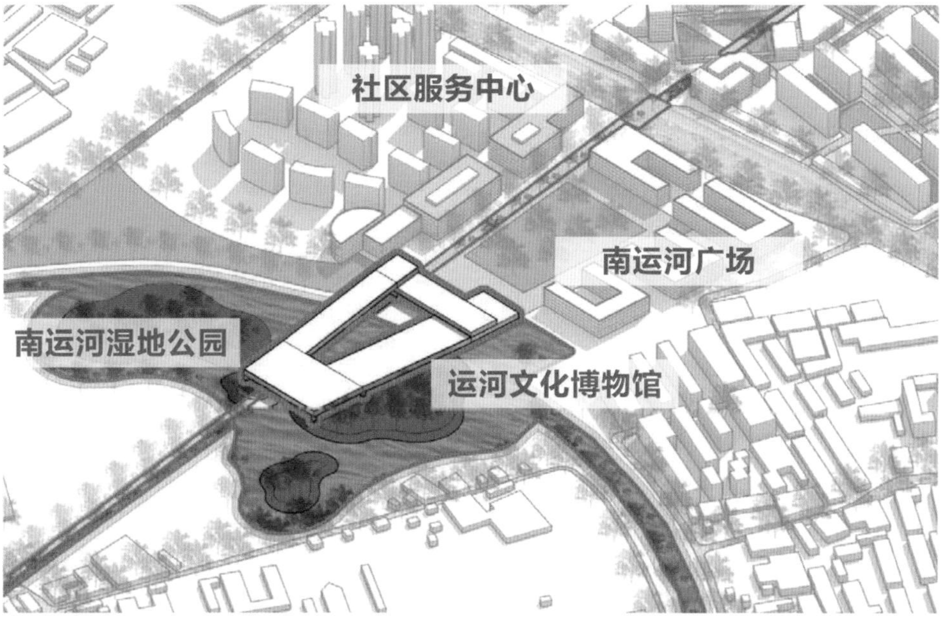
社区服务中心
南运河广场
南运河湿地公园
运河文化博物馆

运河文化博物馆坐落于新建的南运河湿地公园之上，设计以一条连续的廊道为主要概念，围合成一个结，串联起周边运河文化广场、社区活动中心、湿地公园、滨河步道等多个功能，也同时裨益紧邻的棚户区居民，让他们也能享受优质的景观文化资源。湿地公园运用海绵城市的生态理念，为地区河流治理发挥重要功能。

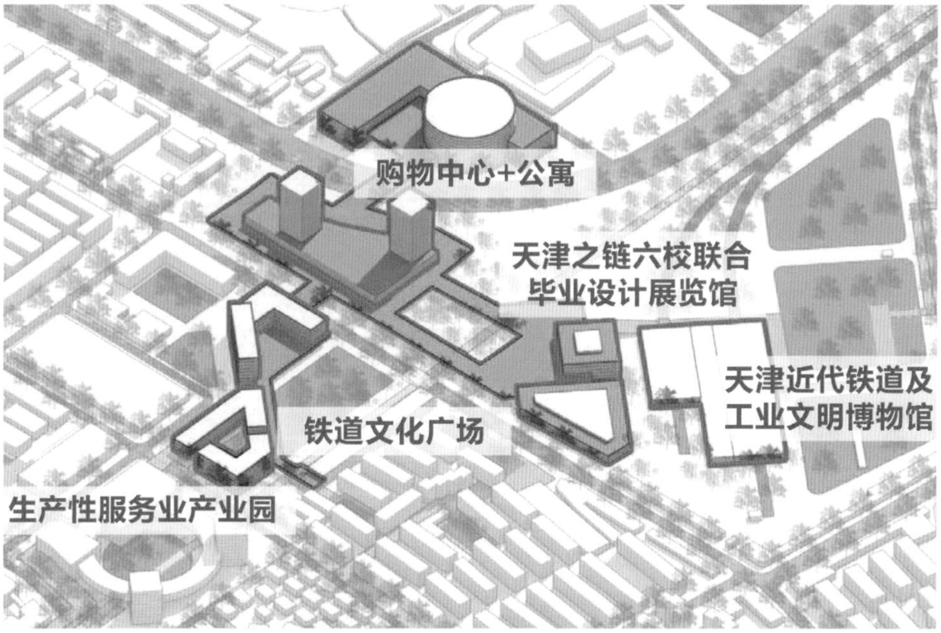
购物中心+公寓
天津之链六校联合
毕业设计展览馆
天津近代铁道及
工业文明博物馆
铁道文化广场
生产性服务业产业园

西营门文创中心主要依托地段现有历史建筑，发挥工业建筑遗存的巨大改造潜力，利用原有的大空间、高层高结构，改造为适宜多个小微企业联合办公的、青年传媒创客聚集的SOHO空间。在景观设计方面，利用大片闲置空地，引入景观河流喷泉、设计了地景建筑等，景观层次丰富。同时采用开放街区的设计，将内部景观、绿化资源等也开放给周边居民共同享用。

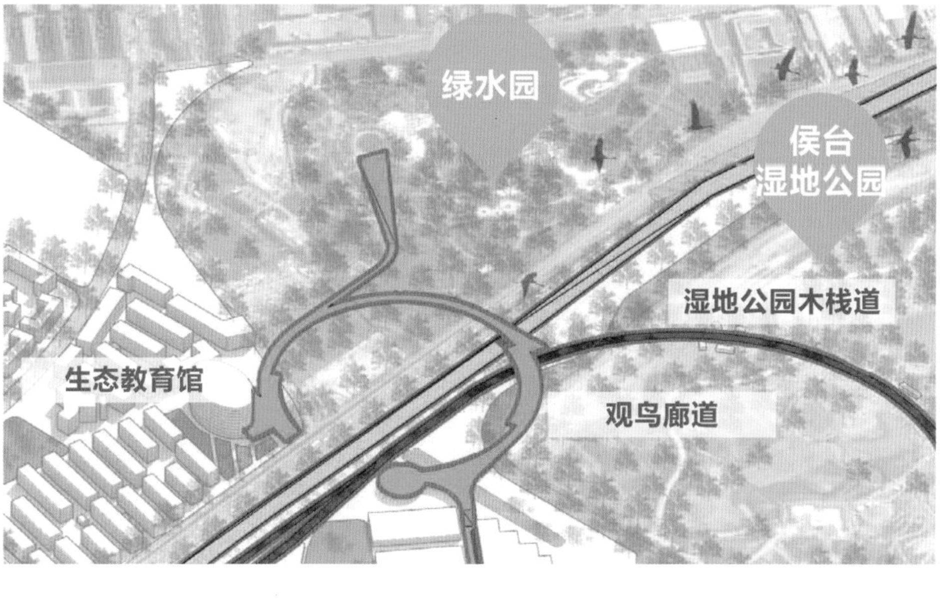
绿水园
侯台
湿地公园
湿地公园木栈道
生态教育馆
观鸟廊道

侯台观鸟廊道紧邻西营门文创产业园南端，通过一条环形大圈廊，将整合周边侯台湿地公园、绿水园等景观资源，西营门文创园区等文化资源，打造连续的铁轨文化景观步道、绿色生态景观步道等，在这里感受历史、亲近自然，成为市民游憩生活的好去处。

道路网现状分析

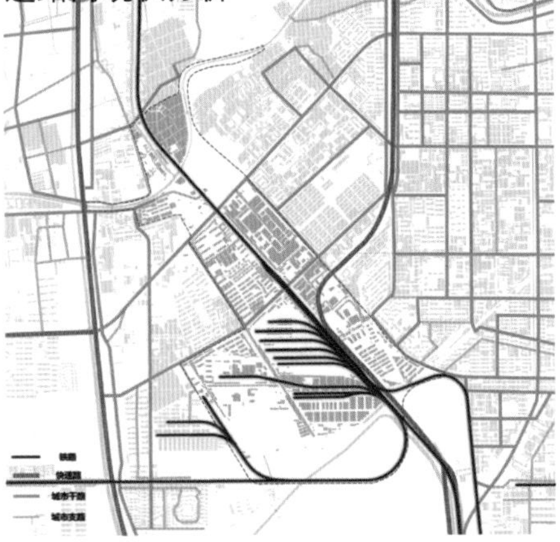

步行街区设计

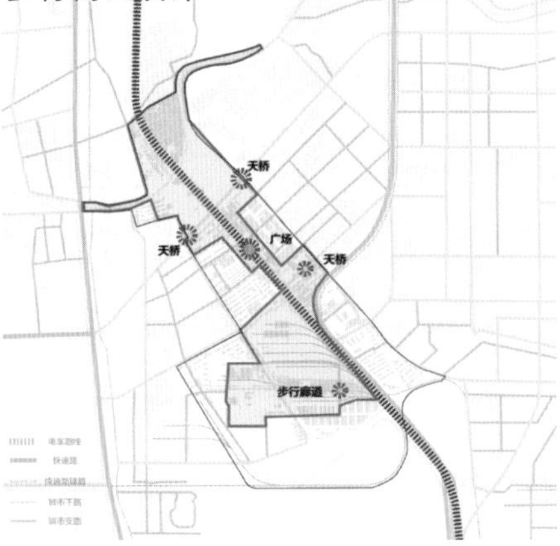
天桥
天桥
广场
天桥
步行廊道

公交线路设计

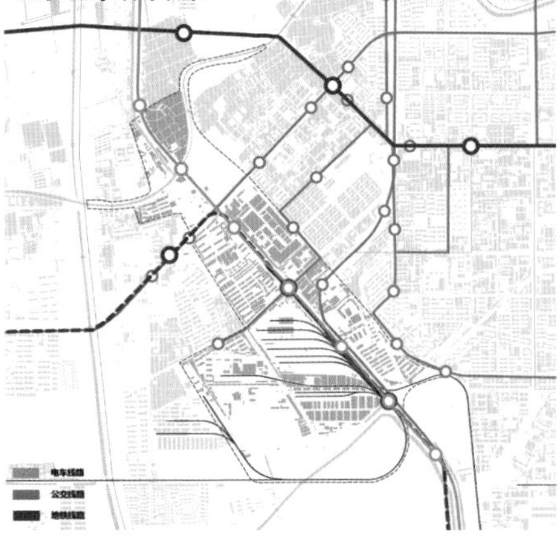

公交覆盖半径规划方案

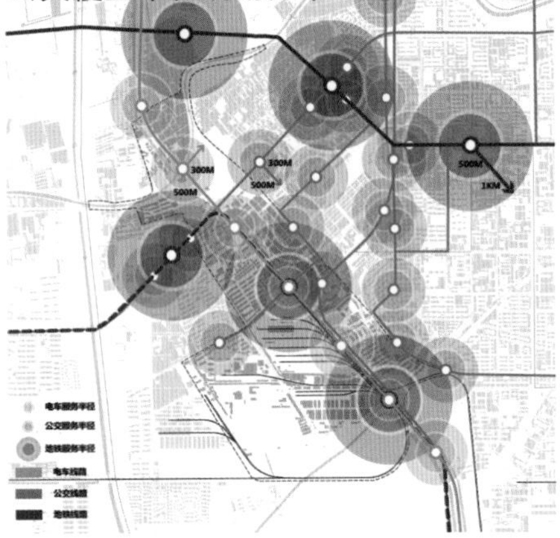
300M
500M
300M
500M
500M
1KM

道路网规划方案

交通
融城

背向电车线路，向东西两侧接入城市路网，减少道路对电车线路的穿行。

结合有轨电车线路，适当调整现有公交线路，重点提升轨道沿线可达性，周边站点尽量分布均匀。

社区与产业发展融合策略

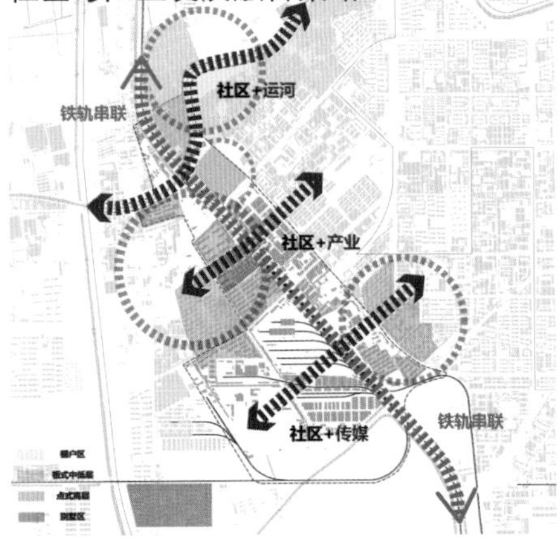
社区+运河
铁轨串联
社区+产业
社区+传媒
铁轨串联

产业转型升级策略

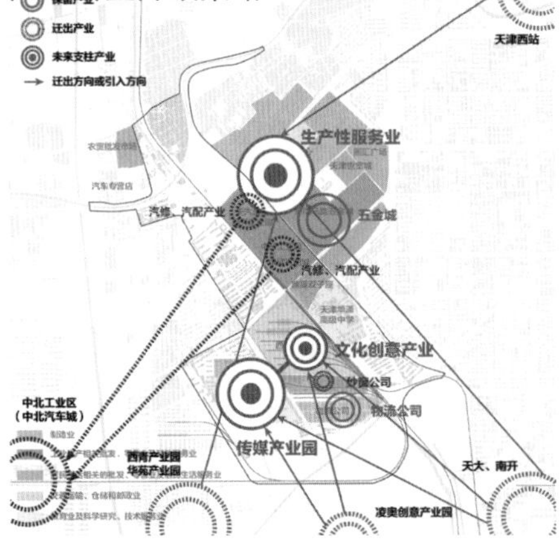
迁出产业
未来支柱产业
迁出方向或引入方向
天津西站
生产性服务业
五金城
汽修、汽配产业
汽修、汽配产业
文化创意产业
传媒产业园
中北工业区
（中北汽车城）
天大、南开
凌奥创意产业园

产业
融城

五金城和物流公司两个现状基础较好的产业将得到保留和完善，与汽修、汽配相关的低端服务业将迁往中北汽车城，能够联动天津西站、天大南开、凌奥、西青、华苑产业园等周边资源的高端生产性服务业、传媒产业园和文化创意产业将成为这一地区未来的支柱产业。

北部地段现状：居住分异

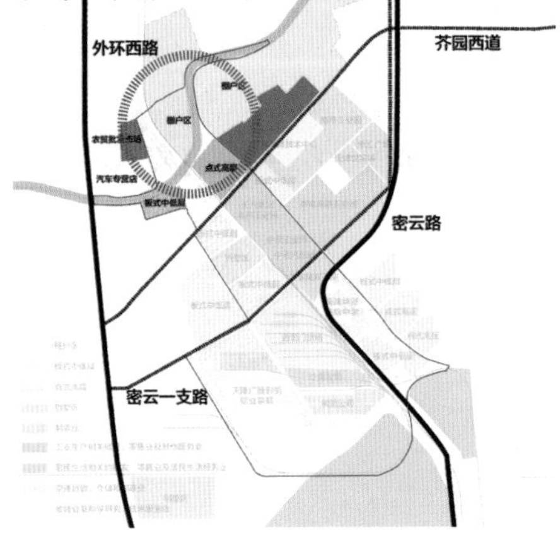
外环西路
芥园西道
密云路
密云一支路

中部地段现状：低端服务业聚集

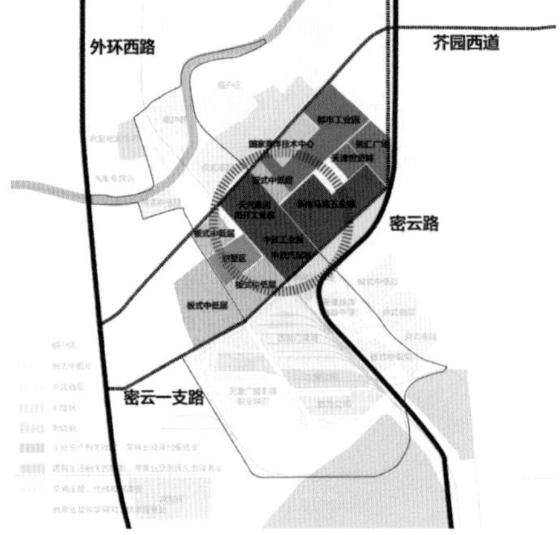
外环西路
芥园西道
密云路
密云一支路

南部地段现状：具有传媒发展契机

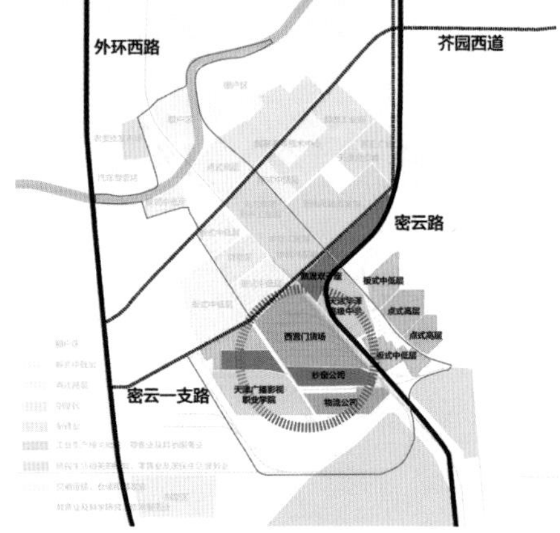
外环西路
芥园西道
密云路
密云一支路

现状建筑高度评价

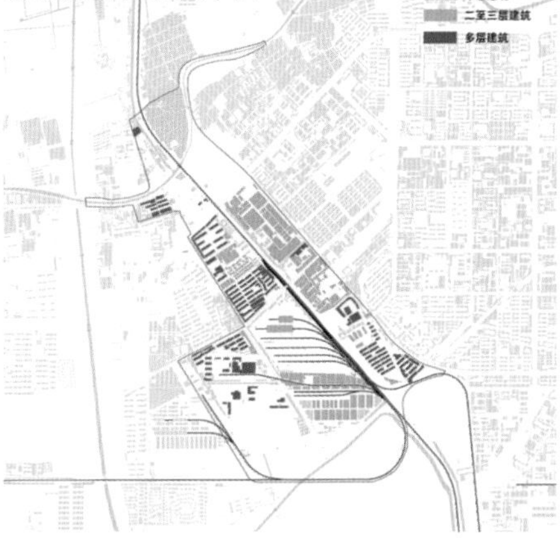
单层建筑
二至三层建筑
多层建筑

现状建筑风貌评价

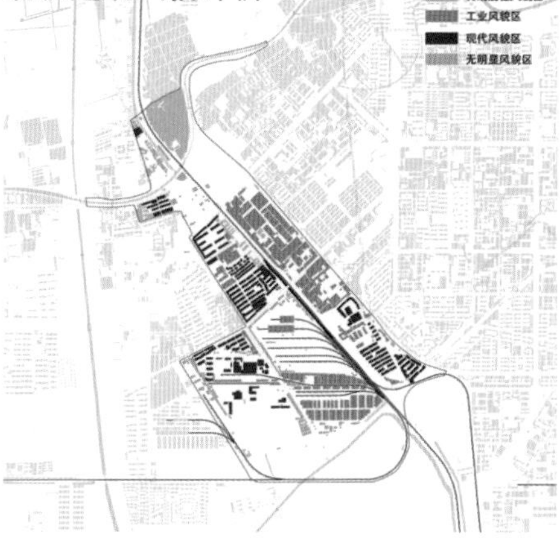
传统居住风貌区
工业风貌区
现代风貌区
无明显风貌区

现状建筑质量评价

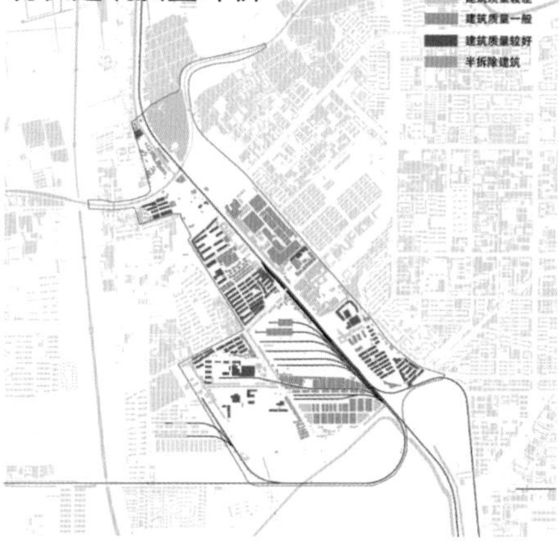
建筑质量较差
建筑质量一般
建筑质量较好
半拆除建筑

文化融城

在西营门货场地区设置轨运、工业、品牌文化的综合集中展览文创区，在南运河地区设置运河文化综合文化展览服务区。包括作为工业遗产而将被重点保护的建筑在内，地段内共计55%的建筑会得到保留，20%的建筑将根据功能和空间需要给予整改，25%的较破败及较破坏整体空间风貌的建筑会被拆除重建。

文化展览节点规划方案

天子津渡遗址公园
运河文化展览
西沽渡口
轨运文化集中展览+
工业文化、品牌文化集中展览
陈塘庄货场（已拆除）

建筑拆除整治方案

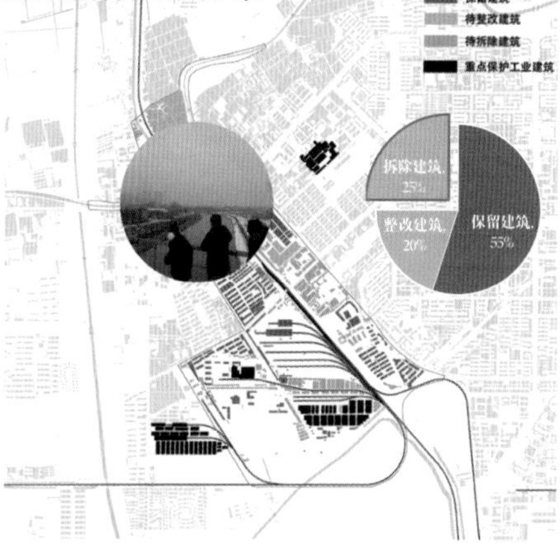
保留建筑
待整改建筑
待拆除建筑
重点保护工业建筑
拆除建筑，25%
整改建筑，20%
保留建筑，55%

生态融城

识别出地段内两大景观节点，将南运河景观节点与其历史、文化资源相结合，而侯台节点则应与海绵城市、生态湿地等设计理念结合。结合电车战略，沿着铁轨能够将现有的景观资源有效地相互串联、织补，并向两侧社区景观延伸渗透。

沿轨景观规划策略

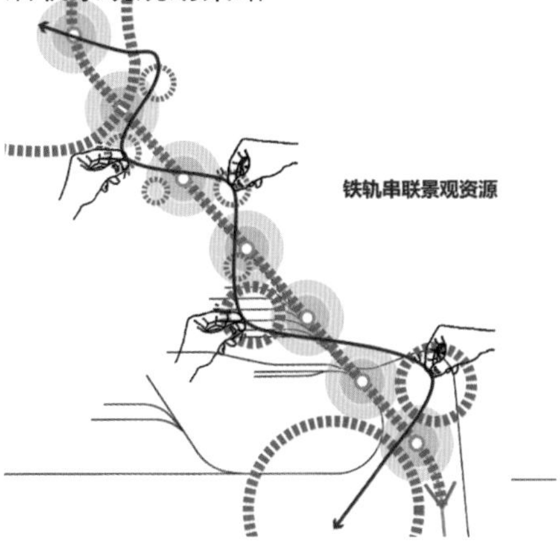
铁轨串联景观资源

绿地系统规划策略

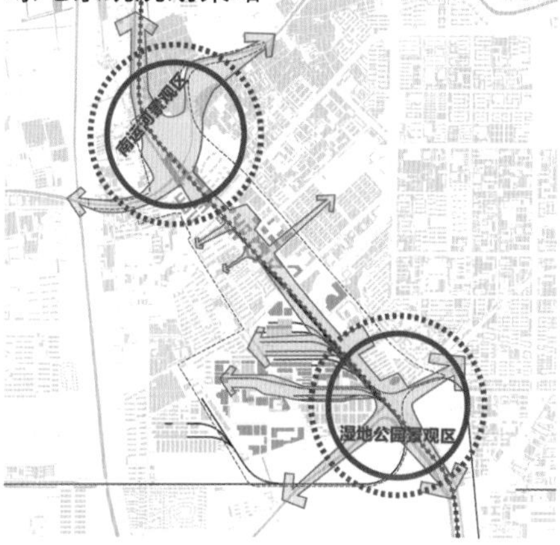
南运河景观区
湿地公园景观区

地段现状：景观资源破碎

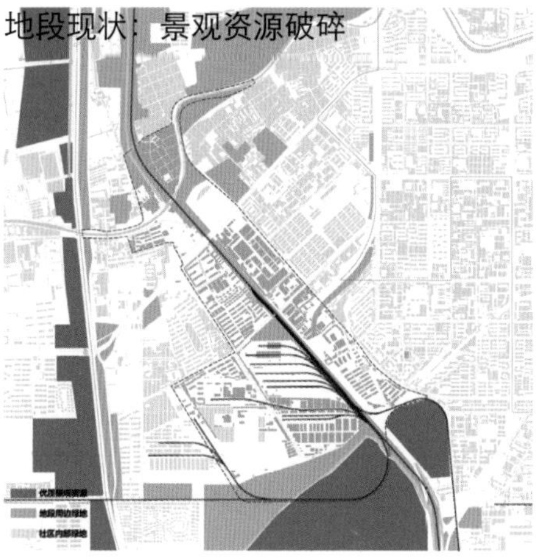

主要景观节点设计

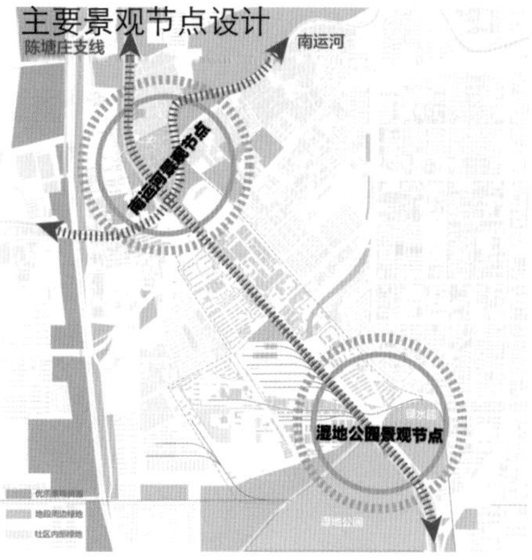
陈塘庄支线
南运河
湿地公园景观节点
湿地公园

次要景观节点设计

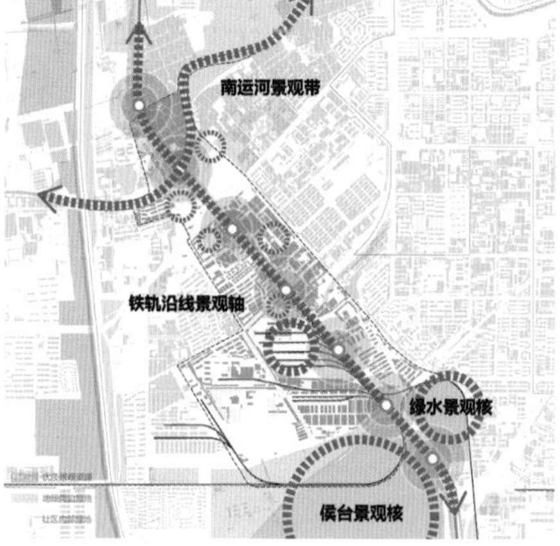
南运河景观带
铁轨沿线景观轴
绿水景观核
侯台景观核

南运河地区整体城市设计总平面图 1:10000

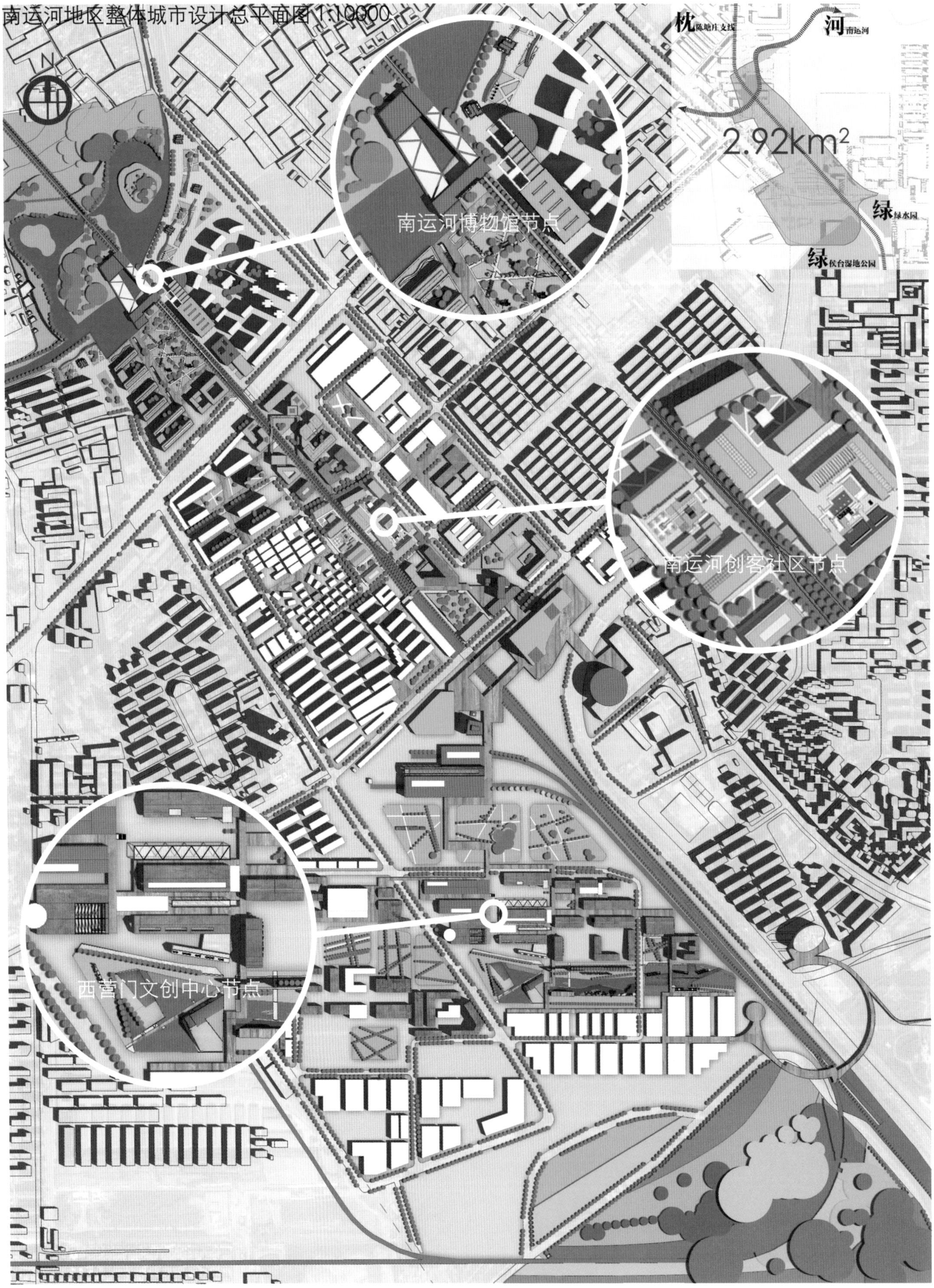
N
枕 陈塘庄支线
河 南运河
2.92km²
绿 绿水园
绿 侯台湿地公园
南运河博物馆节点
南运河创客社区节点
西营门文创中心节点

南运河博物馆节点详细设计

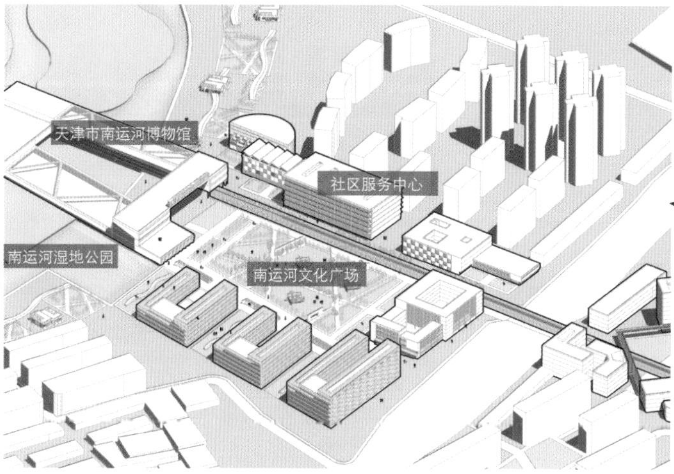
天津市南运河博物馆
社区服务中心
南运河湿地公园
南运河文化广场

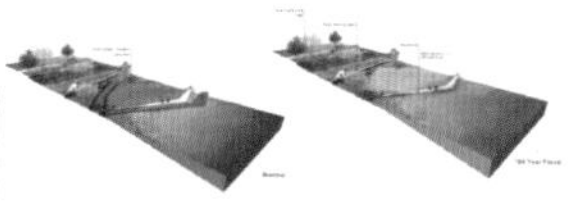

湿地公园日常状态　湿地公园洪水时状态

社区+运河节点：南运河博物馆及文化广场

遵循整体留存、集中展示的历史文化资源保护再利用原则，在南运河设置运河文化集中展示区，建立南运河博物馆及文化广场。

通过漂浮于湿地之上的博物馆建筑，展现南运河生态之美和文化之美。

南运河博物馆（湿地公园）站
运河文化广场站
社区服务中心站
南运河创客社区站
轨畔公园站
铁道历史博物馆站
西营门文创中心站
开往凌奥
创意展廊站

南运河创客社区节点详细设计

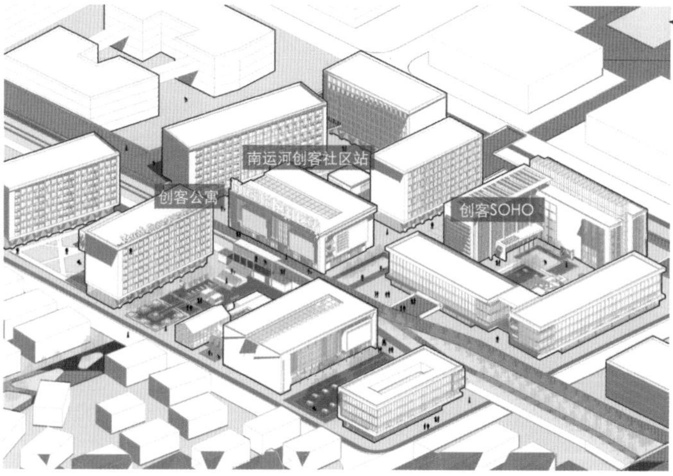
南运河创客社区站
创客公寓
创客SOHO

社区+产业节点：南运河创客社区

南运河不只是老住户们的温馨家园，更是新住户们的活力场。

在电车轨道两侧设立建立在共享经济模式上的青年创客社区，提供共享的交通、居住、景观、知识、购物、办公服务，并通过电车线输送、联动周边的发展机遇和资源。

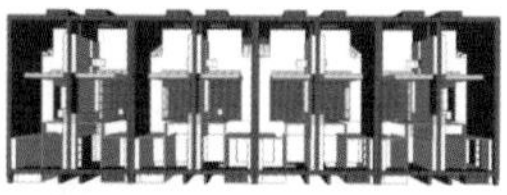

创客社区平面设计

创客社区剖面设计

西营门文创中心节点详细设计

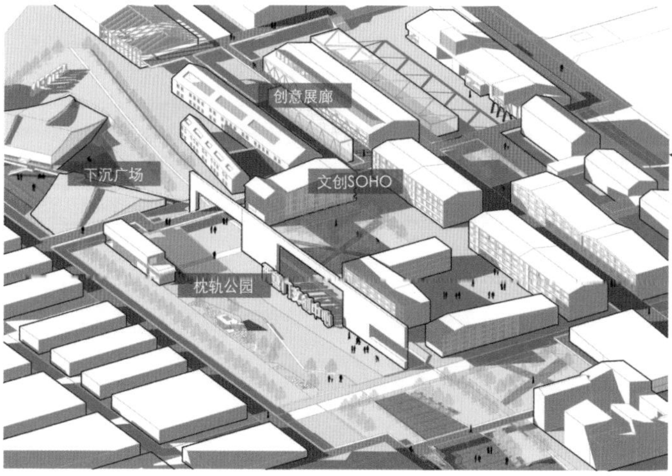
创意展廊
下沉广场
文创SOHO
枕轨公园

社区+传媒节点：西营门文创中心

西营门地区拥有天津市唯一一家广播影视职业学院和西营门货场这一集中代表了陈塘庄铁路沿线轨运文化的文化场所，在未来将发展成为陈塘庄铁路改造计划中重要的文创中心，集中展示轨运文化、民族品牌文化，并为新兴的创意文化力量提供孵化器和展示平台。

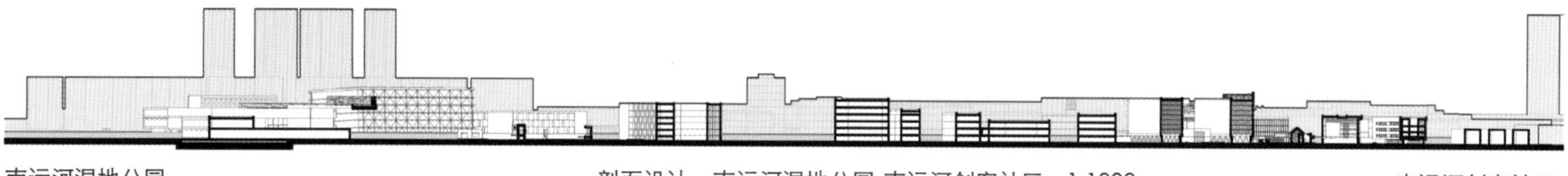
南运河湿地公园
南运河创客社区

剖面设计，南运河湿地公园-南运河创客社区，1:1000

凌奥地区现状分析

集中大量成熟住区，居民数量庞大

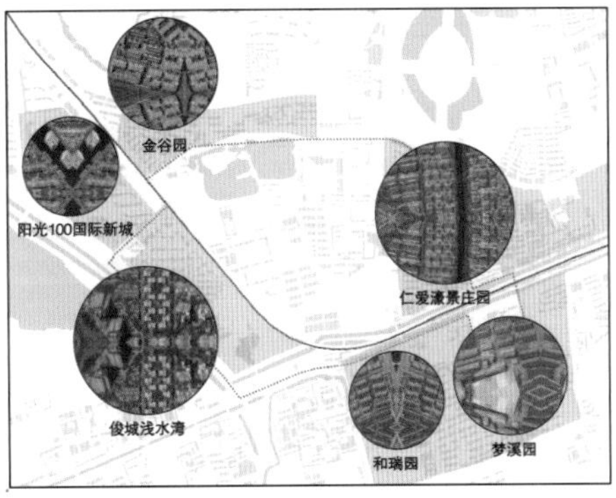
金谷园
阳光100国际新城
仁爱濠景庄园
俊城浅水湾
和瑞园
梦溪园

分布大量市政安保用地，空间消极

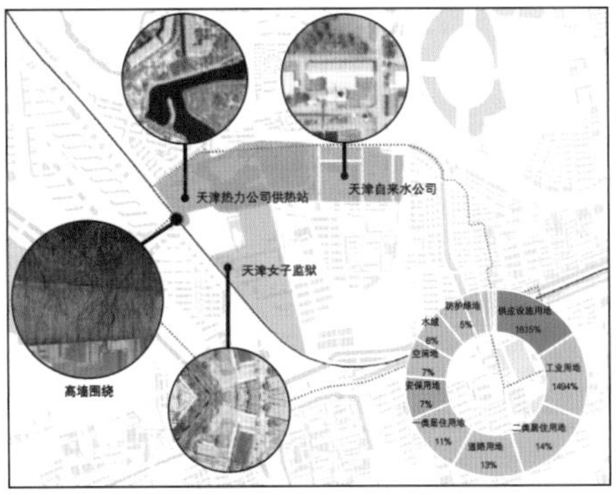
天津热力公司供热站
天津自来水公司
天津女子监狱

住区密布
空间消极
服务缺失
交通割裂

上位策略

地段处于有轨电车段和绿轨步道段之间

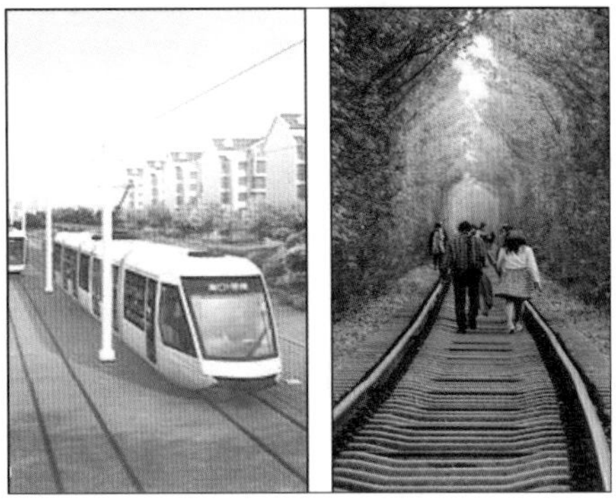

现状铁轨严重割裂交通，出行隐患

现存铁轨
现存铁轨

民众反映公共空间缺失

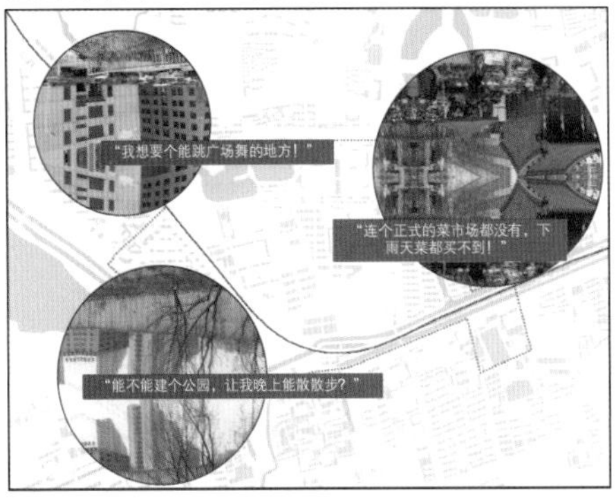
“我想要个能跳广场舞的地方！”
“连个正式的菜市场都没有，下雨天菜都买不到！”
“能不能建个公园，让我晚上能散散步？”

凌奥地区设计总平面图

凌奥地区设计策略

策略 1：补充社区功能，设计广场、公园、集市等社区公共空间。

策略 2：完善交通体系，设置 3 处电车站，2 处地铁站，打通多种交通方式。

策略 3：活化铁轨周边，结合铁轨，布置办公、居住、商业、景观、文化等功能。

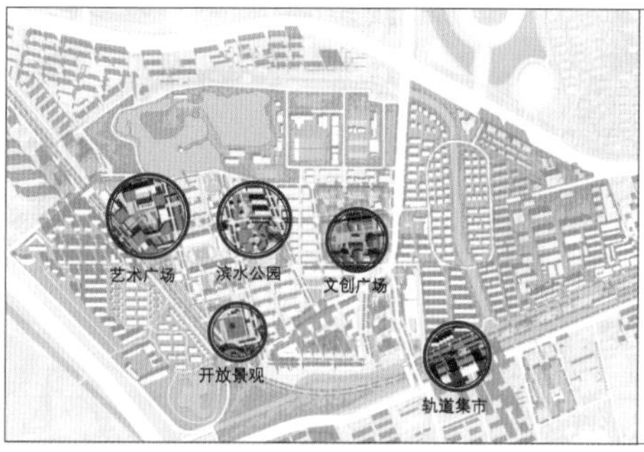
艺术广场
滨水公园
文创广场
开放景观
轨道集市

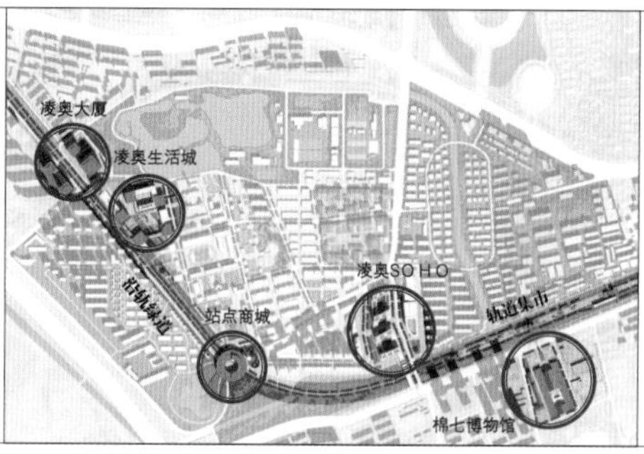
凌奥大厦
凌奥生活城
站点商城
凌奥SOHO
轨道集市
棉七博物馆

电车-地铁
地铁
电车
电车
凌奥电车1号站
凌奥地铁创意广场站
凌奥电车2号站
凌奥电车终点站

凌奥地区节点效果图

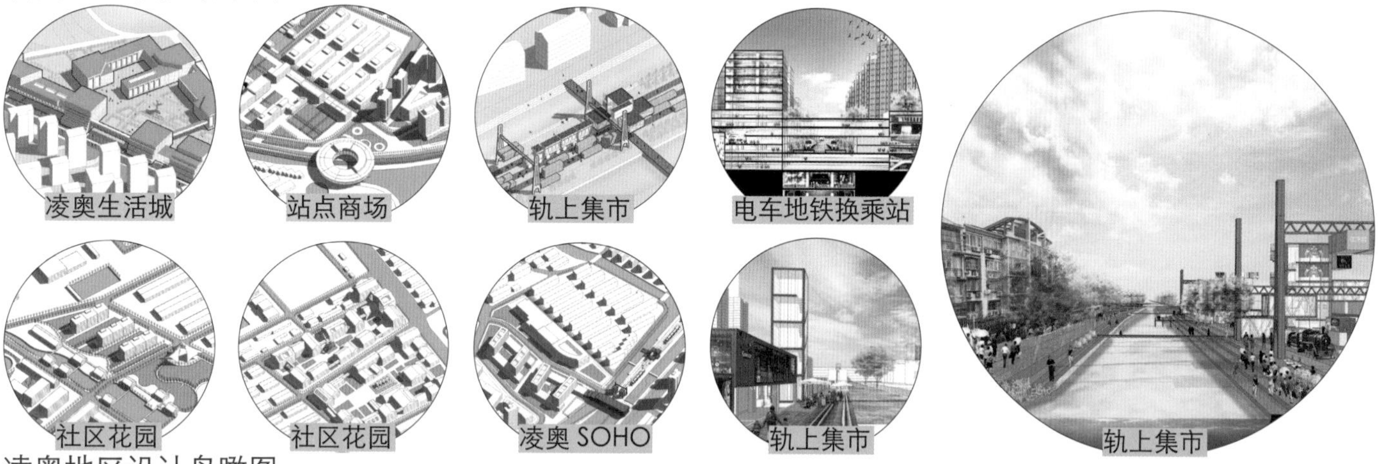
凌奥生活城
站点商场
轨上集市
电车地铁换乘站
轨上集市
社区花园
社区花园
凌奥 SOHO
轨上集市

凌奥地区设计鸟瞰图

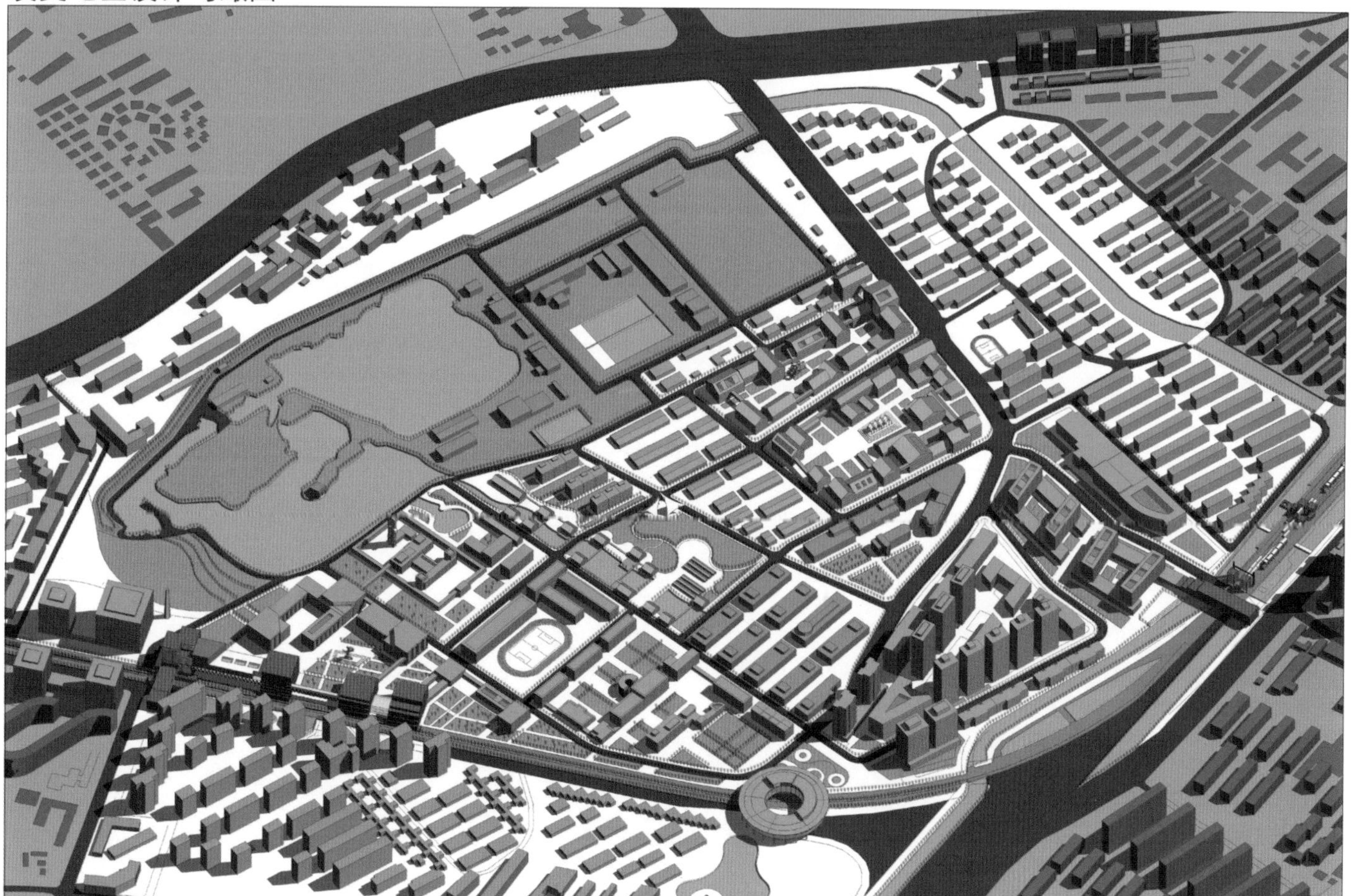

八大里地区城市设计

八大里地区位于陈塘庄支线和海河的交汇处，同时也是复兴河和海河的交汇点，八大里片区有着良好的景观资源，地处天津市规划的副中心天钢柳林旁。

这一地区公共空间严重缺乏，地区的铁路处于完全荒置的状况当中，而这一段的铁路是陈塘庄支线和海河的交汇处，具有重要的景观意义。另一方面，地段内的复兴河沿岸有比较好的自然景观资源，然而缺少合理的景观规划，滨河绿道缺乏可达性。

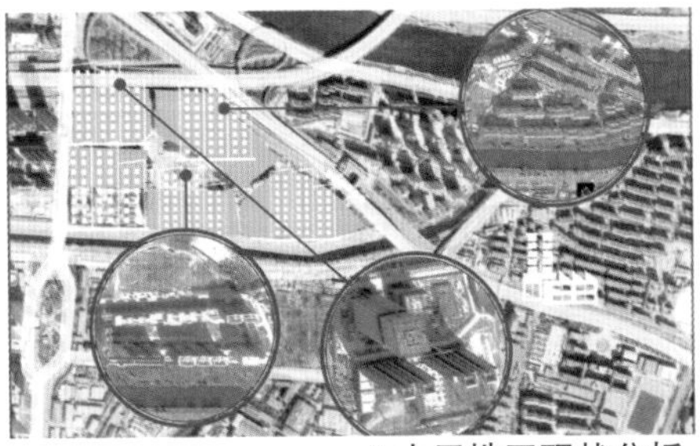

八大里地区现状分析

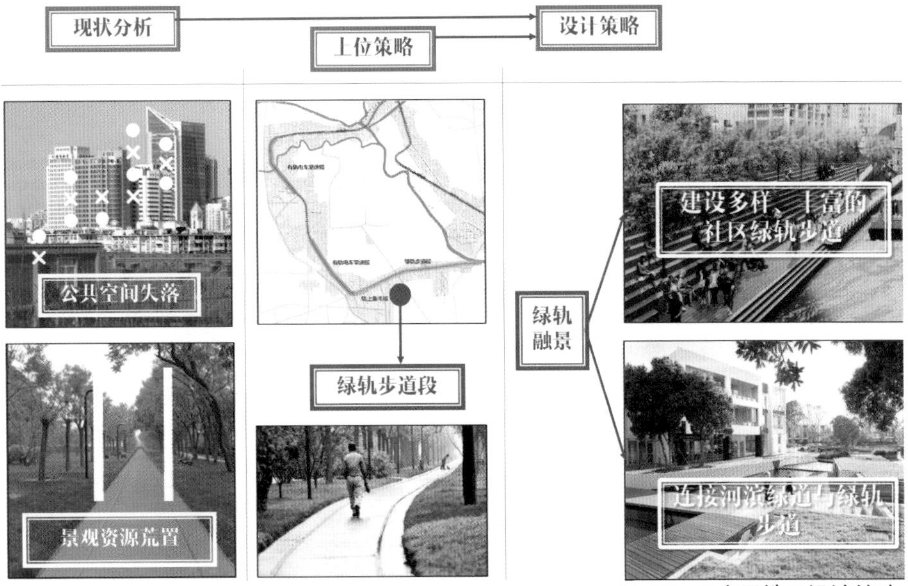
现状分析
上位策略
设计策略
公共空间失落
景观资源荒置
绿轨步道段
绿轨融景
建设多样、丰富的社区绿轨步道
连接河滨绿道与绿轨步道

八大里地区设计策略

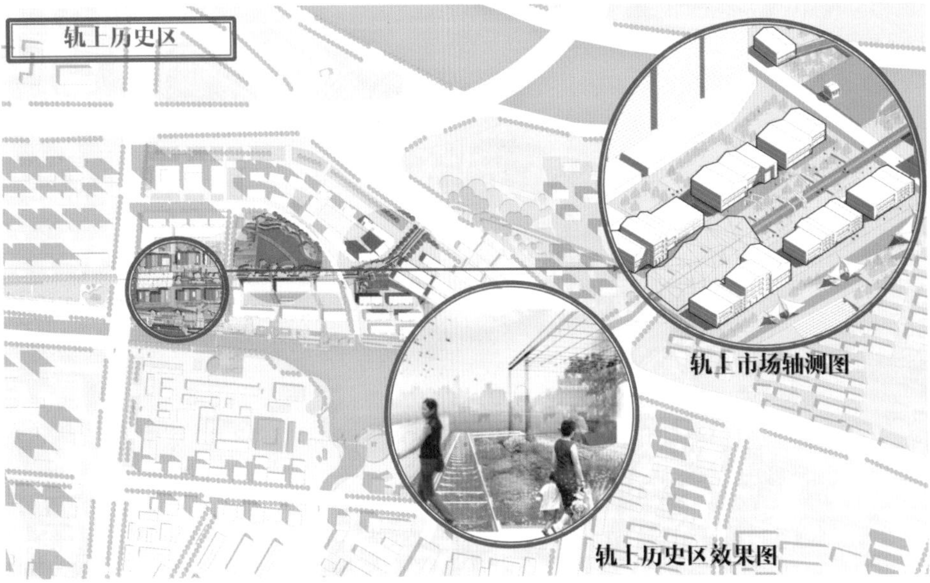
轨上历史区
轨上市场轴测图
轨上历史区效果图

针对八大里地区的现状情况，方案打造铁路景观步道和滨河绿道两条景观轴线，连接步道与绿道，打开社区，并在社区内部和景观系统布置节点，形成枕河交融的空间格局。

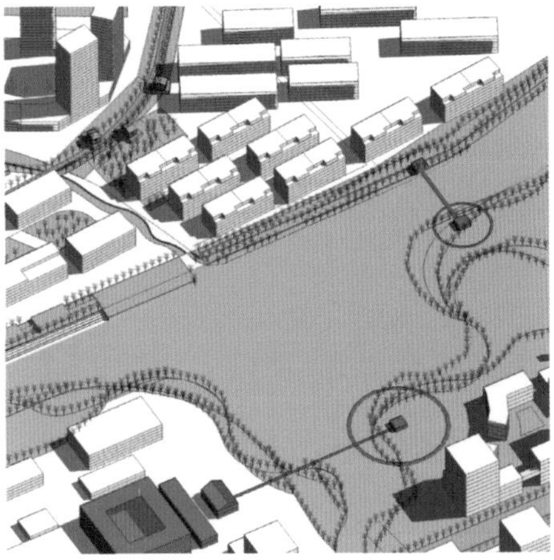

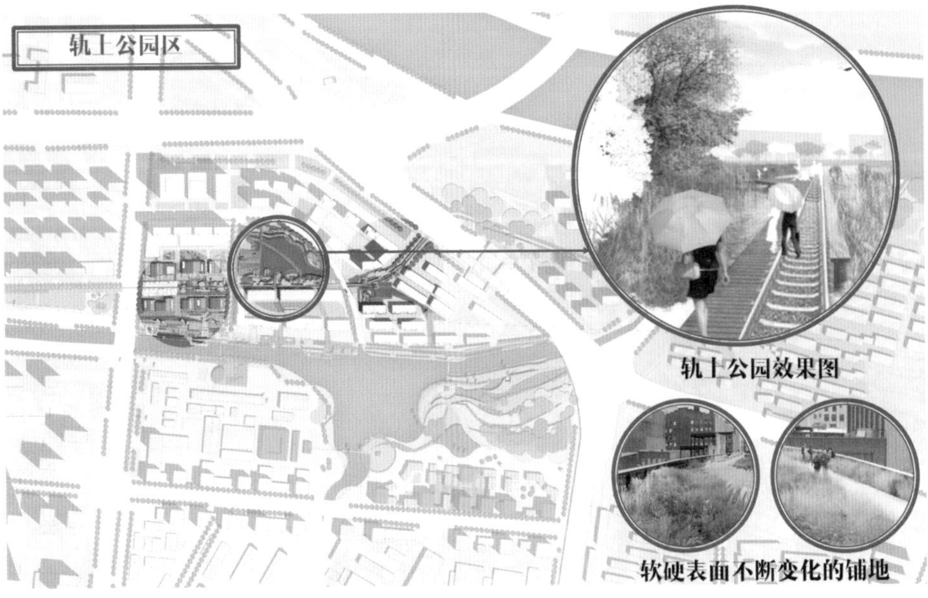
轨上公园区
轨上公园效果图
软硬表面不断变化的铺地

在上层设计指引下，依次设计轨上历史区、轨上公园、轨上互动区。在轨上历史区，保留原有轨道，用旧枕木布置轨上集市；在轨上公园，打开复兴河水，引入社区，形成蓝绿交织的轨上景色；对深入社区内部的铁轨，号召人们认领一段铁路的景观塑造，共同参与到铁路的改造中。

在轨上历史区，保留部分原有铁路，保留铁路原生环境，用枕木搭建轨上市场，让人们在此休闲娱乐的同时，不忘铁路作为历史上天津重要生命线的存在。

八大里地区城市设计

八大里总平面图

在空间策略上，打开封闭社区，营建社区景观节点，连接绿轨与河滨。共同组成的慢行系统，实现绿轨融景、枕河共荣的目标。

共享景观包括向社会招募社区规划志愿者，专业的规划师深入到社区内部，引导社区居民一起进行铁轨改造。举办讲座、实地工作坊等深入社区的活动，鼓励规划师在这一过程中承担起自己的社会责任。

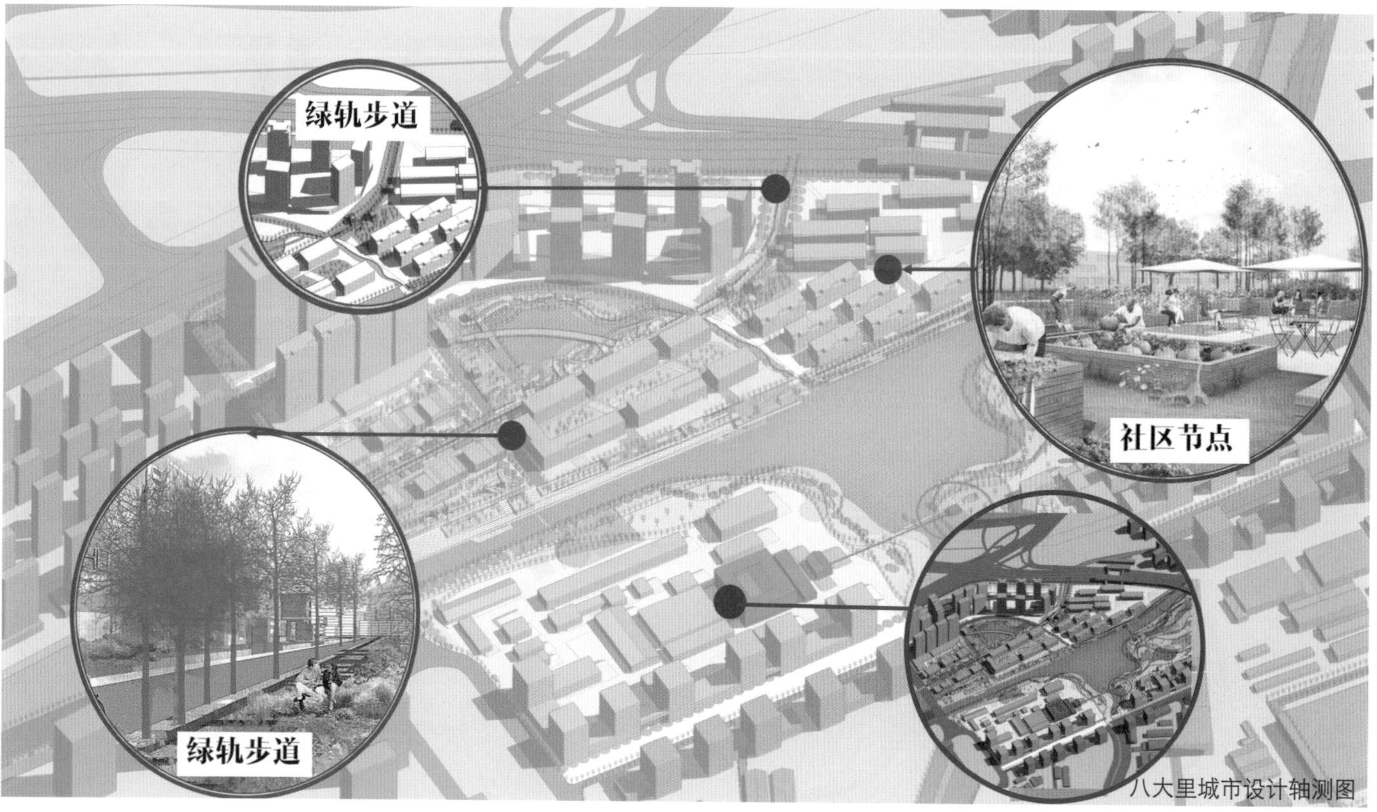
绿轨步道
社区节点
绿轨步道

八大里城市设计轴测图

天津环城铁路改造总体规划意向鸟瞰图

“枕河之间”试图用一个新的视角来观察、解读环城铁路沿线规划，着力提升发展潜力大、契机多的西南半环，通过对陈塘庄铁路沿线地区的升级改造，联动海河、南运河沿线现有的优势资源，带动、反哺于全环的发展，形成枕河共荣的新格局，打造天津城市意象的新名片。在具体操作手段上，在全环层面通过社群融合、遗产开发、交通串联、设施均好、产业升级、生态修复六大导则，并综合公众参与提出的意见，共创枕河新气象、谱写枕河新故事。

环城铁路总体规划导则

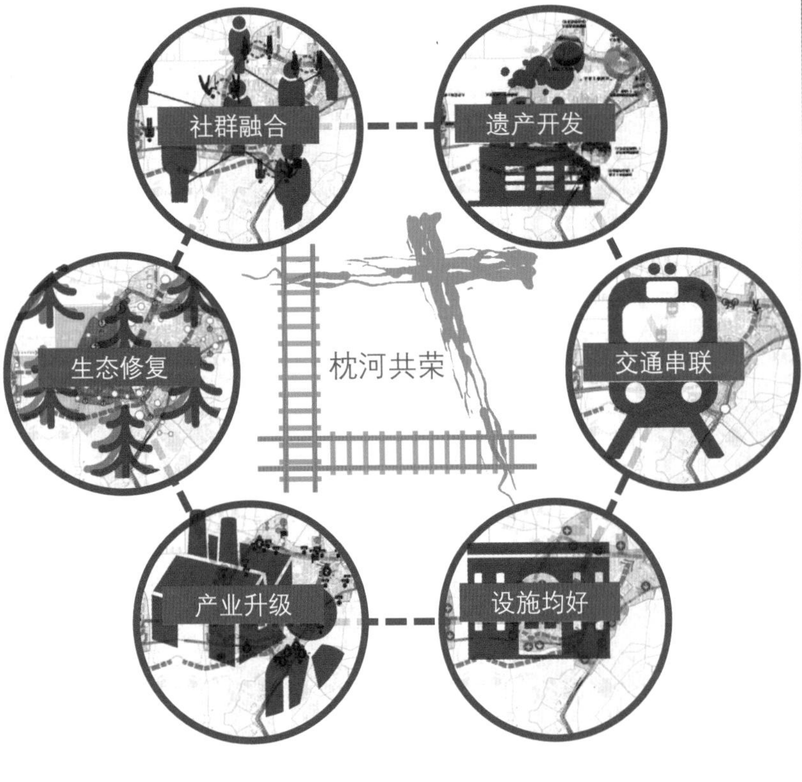
社群融合
遗产开发
交通串联
设施均好
产业升级
生态修复
枕河共荣

公众参与规划设计过程

枕河共荣新故事：愿景表达

天津海河沿线已有发展优势解析

人口社群

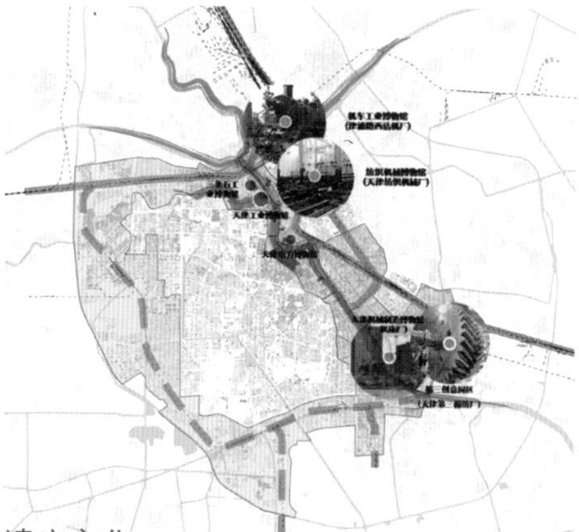

遗产文化

交通路网

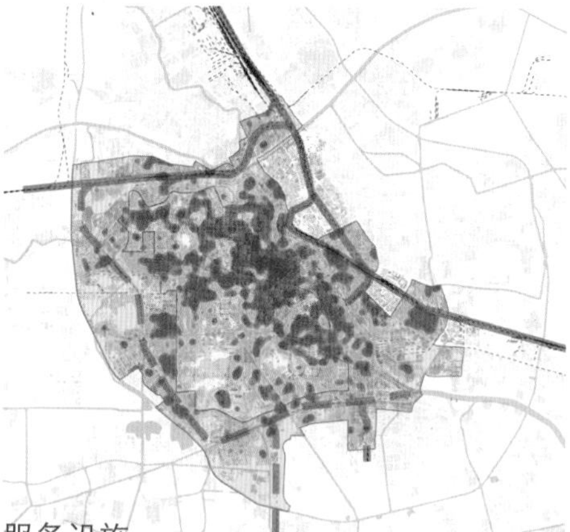

服务设施

产业发展

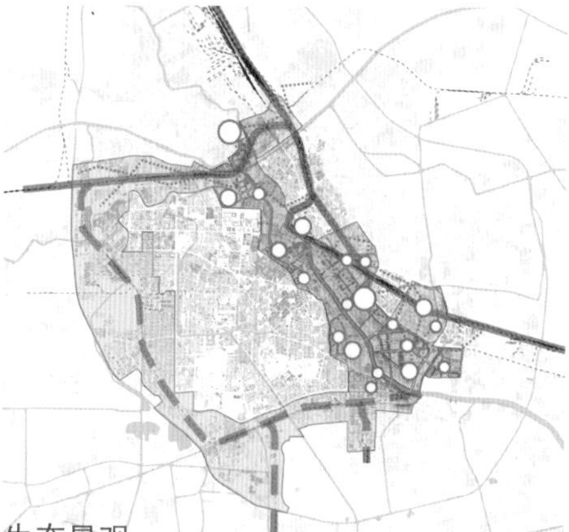

生态景观

天津环城铁路沿线发展规划策略

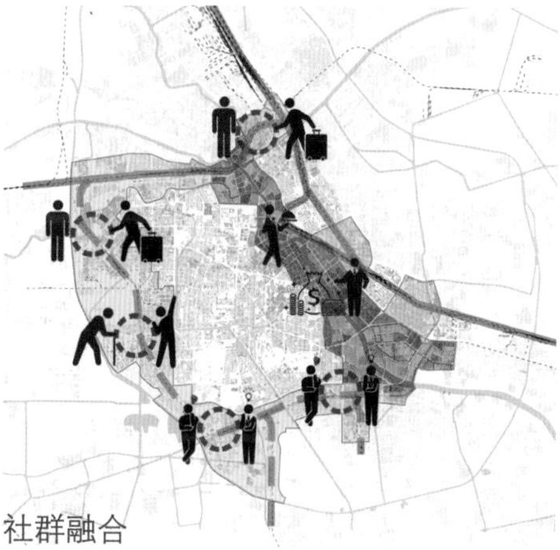

社群融合

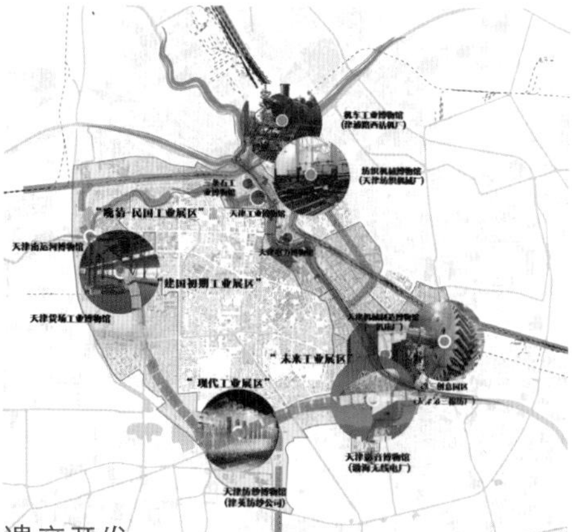

遗产开发

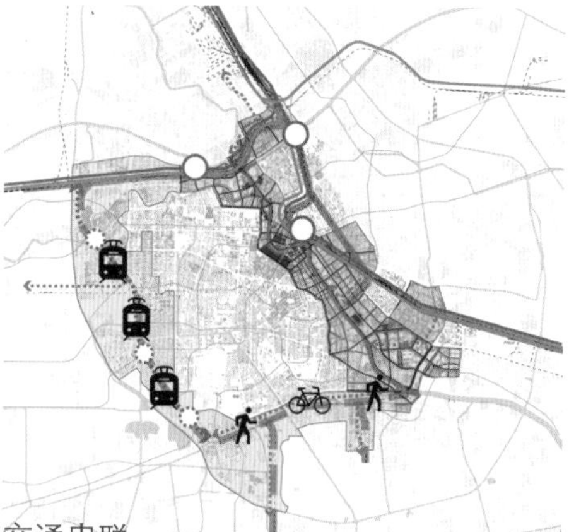

交通串联

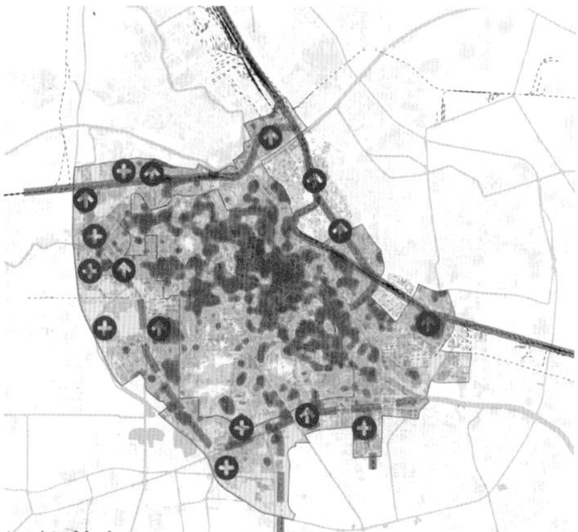

设施均好

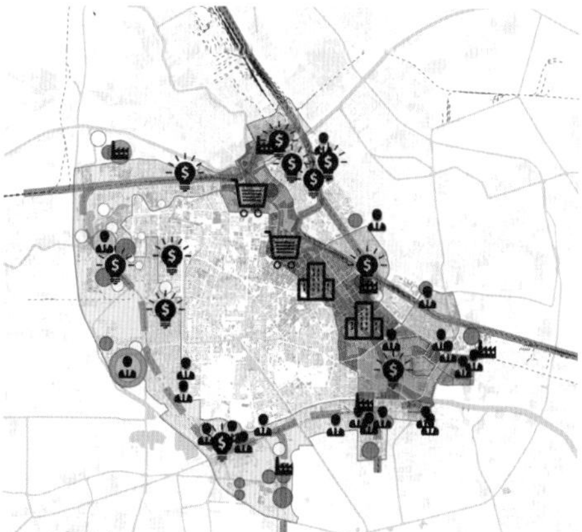

产业升级

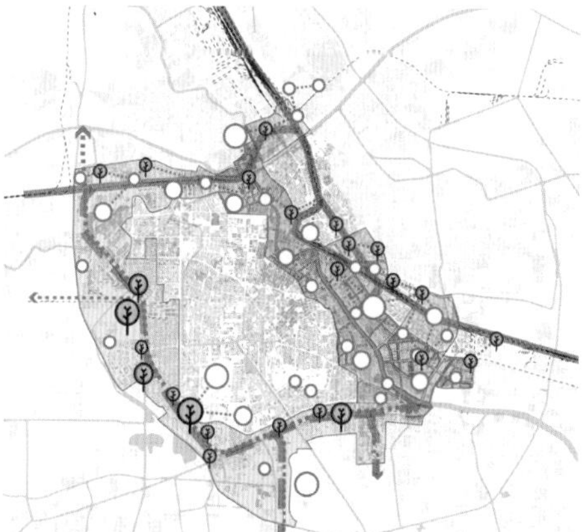

生态修复

2017/02/22 天津大学建筑学院 · 天津

- 现场踏勘
- 教学准备会

刘燕辉

2017/02/23-26 天津大学建筑学院 · 天津

- 规划地段现场集体调研
- 课程讲授
- 规划地段六校自主调研
- 调研成果交流

马向明

2017/04/06 天津大学建筑学院 · 天津

- 中期成果交流
  点评专家：
  石　楠　马向明　王　引　刘燕辉　黄晶涛
- 补充现场调研

2017/06/06 同济大学建筑与城市规划学院 · 上海

- 最终成果交流
  点评专家：
  石　楠　王　引　刘燕辉　赵　民　黄卫东　黄晶涛
- 设计成果展览

天津大学建筑学院
SCHOOL OF ARCHITECTURE TIANJIN UNIVERSITY
2017年城乡规划专业本科六校联合毕业设计

王 引

中国城市规划学会常务理事

北京市城市规划设计研究院总规划师

1. 选题好

“轨枕之间”的选题结合当前我国城市规划与建设的主体内容，体现出“观大局，察微观之策；图双修，谋更新之法”的特点，对学生而言是固基础，对老师而言是拓领域。

2. 汇报好

“所有的汇报都逻辑清晰、体系完整、分析深刻、特点突出、结论务实——活脱脱的规划院的实施性规划汇报”，不知是哪位评委的评价，再评述已然多余。

3. 融合好

学生的主业是学，老师的主业是教，在学生的作业中常常能感知到学与教的板块。中期作业中能够明显感受到学生在努力地接受老师的思想，但终期作业则已完全融为一体，说明老师所教内容已全然被学生领会与接受，教学的目标已经实现。

精彩的终期汇报只适用于“精彩”一词。

马向明

广东省城乡规划设计研究院总规划师

海棠花开在天大

很高兴有机会参加了 2017 年度高校城乡规划专业六校联合毕业设计的答辩活动。虽然由于工作安排的原因只参与了中期的答辩，但印象依然是深刻的。因为，中期的答辩恰好是于海棠花开的时节在天大。

怒开的海棠花宛如天大的盛装，不但给中期答辩装点出了仪式感，更让我领略到了联合毕设组织工作的精细和卓有成效。今年毕设以天津老铁路环线的更新为题，各校同学对城市整体发展的理解及格局把握上所展现出的能力和素质，让我惊讶这是仅仅完成了本科教育的同学。祝同学们在新的征途取得更大的成就。

刘燕辉

中国建筑设计研究院顾问总建筑师

“轨枕之间”留给我最深的印象是各校同学们充满自信和逻辑缜密的演讲。“台上一分钟，台下五年功”，每个团队都能以青春的视角描绘出轨枕的“今昔”，体现了师生的智慧和心血，彰显出“后生可畏”的现实。也正是由于中国城市规划学会的创新思维，把优势学校和优势学科进行集中练兵和检阅，使教学走出了课堂，让学生进入了社会，升华了教育的内涵，沿着这条轨迹前行、提速。

这次“六校联合设业设计”以“轨枕之间”为题，探讨天津中心城区铁路环线周边地区的城市更新与发展问题，是一个集经济社会、历史文化等复杂城市要素于一体的极具挑战性的规划研究课题。六校的同学们以坚实的理论素养、创新的实践技能和宽广的社会视野，提交了出色的专业成果，充分展示了我国城乡规划学科的顶尖高校在规划基础教学、研究领域各自的鲜明特色。

当代中国已迈入城市时代，城市规划行业具有广阔的发展空间。同时，我们也将面对更为复杂多元的城市问题，城市规划必须从内容、方法以及规划师角色转变等方面做出积极回应，我们的行业任重道远。希望同学们更加关注人的问题，更加关注城市乃至社会治理问题，为探索生态文明时代的中国城市解决方案而努力精进。

黄卫东

深圳市城市规划设计研究院常务副院长

2016年夏天开始，在多个以天津城市为背景的选题中，与天津大学规划教师团队反复商讨斟酌，最终选择了“轨枕之间——天津中心城区铁路环线周边地区更新发展规划”这样一个颇具难度、颇具探索意义而又充满现实性的课题。半年来，经过三个阶段的交流比拼，在相互激发、相互学习的过程中，和各校师生一起紧张、一起思考、一起分享，欣喜地看到每一次的努力都充分展现出即将走出校门的青年规划师们的力量，感受到规划业界的情怀和抱负，更觉城乡规划学科所肩负职责的任重而道远。

感谢你们，更期盼我们共同的未来！

黄晶涛

中国城市规划学会理事

天津市城市规划设计研究院院长

2017年城乡规划专业本科“六校联合毕业设计”终期答辩在同济大学建筑与城市规划学院钟庭报告厅落下了绚烂的帷幕。学生们在老师辛勤指导下汇报了精彩纷呈的设计成果，展示了他们勤奋踏实、严谨推理同时又富有对远景美妙畅想的专业素质，可喜可贺！

同时应当看到，美好城乡的理想彼岸仍需莘莘学子加紧划桨。我国许多城市正在经历或将要经历如本次选题天津铁轨区域类似的城市更新过程。如何把现实和理想、保护和再生、技术和民生等多种矛盾和诉求进行整体思维，找到恰当的空间创造机会，从而实现城市的可持续发展，仍需要大家做出不懈的努力！

杨贵庆

同济大学建筑与城市规划学院

城市规划系系主任

许熙巍
天津大学建筑学院

不觉中六校联合毕设已经第五年了。今年选题为天津中心城区环城铁路周边地段城市更新。这是一个承载着约 1/6 天津市区面积和人口的区域，它的难度不仅是面积大人口多、不仅在于有铁路及众多工业遗存要保护，还在于近百年中这里见证了城市的荣辱兴衰；如何通过城市复兴吹散记忆的蒙尘，唤醒哏儿都人民引以为傲的天津情怀，为 2.0 天津时代带来新契机，是真正的难题。终期呈现出来的作品令人难忘。西建大众志成城、重大今津乐道、东南大学以宜轨来创城泽人、天大解城心活边缘、清华枕河共荣……同学们酣畅淋漓地挥洒五年所学，有 APP 和二次元的大彩蛋，还有最可贵的队友们的精诚团结。感谢众位为“天环”描绘的美好愿景！感谢专家！感谢学会！也感谢兄弟学校老师和同学们！最后感谢天大团队的每一员，为你们点赞！

李津莉
天津大学建筑学院

五座城市，五块基地，五个鲜活真实的城市问题，自 2013 年始从北京宋庄小堡村，南京老城南，西安城墙内外，重庆渝中下半城，到今年天津环城铁路，连续五届作为指导教师，有幸经历并见证着各方的支持与帮助，师生们的坚持与努力。更开心地看到学生们的脑洞大开，教师们的激情洋溢，专家们的犀利睿智。六校联合毕业设计作为本科教育的终结点，作为未来是否满足规划职业需求的连接点，通过成果的全面展示与检验，作为各色规划人，让我们必须从更多角度去思考和探索：作为关于规划教育，关于规划职业，关于城乡规划学科的未来，关于城市，关于人……

米晓燕
天津大学建筑学院

设计是一件有趣的事情，青春是一程美好的岁月。能够参与 2017 年六校联合毕业设计，感受美好岁月中迸发的激情与活力，我很荣幸。

环城铁路在天津的历史上是人民生计，如今是城市遗产，那么未来呢？如何保护与利用铁路遗产，如何给城市双修创造机遇，如何为社会生活带来发展……年轻的规划学子在老师们的带领下在雪花纷飞的 2 月来到津城，调查、走访环城铁路沿线的每一个角落；在海棠花期的 4 月迸发激情，挖掘、探讨社会经济发展和城市空间更新的核心问题；在夏日蝉声的 6 月汇聚上海，构建、展示各具特色的设计理念和解决方案。4 个月的时间，眨眼已成美好回忆，期间同学们的激情与活力，作为未来规划人的价值观和情怀，专家老师们深入浅出指引后的领悟与成长，六校师生间的友谊……都深深感动着我，获益良多。感谢所有参加六校联合毕设的专家师生们！

吴晓
东南大学建筑学院

本次六校联合毕业设计以“枕轨之间”为主题，以总长 65 公里的中心城区铁路环线地区为基地，算是在量上有了几何级别的突破。现在回顾看来，也许正是由于“量”的突破和难度的升级，才带来了最终成果“质”的翻新——远超以往的基地规模，在客观上逼迫着六校在兼顾“整体和局部、系统与片段”的命题下，量体裁衣、各显神通，从而带来了更为庞大出新的探勘诊疗技术、更为差异化的成果呈现梯次、更为适宜各校团队运作因而也决定了各校特色走势的开放式操作路径。

具体就东南大学团队而言，当你面对的是“迷你型团队 - 大规模用地”的现实矛盾时，“探勘全线 - 找寻锁眼 - 深度解锁 - 复归全线”便成为了一种看似精巧、实则无奈的选择；有了这一总体操作思路，接下来顺理成章的就是架构“起 · 承 · 转 · 合”的叙事逻辑——确立“宜轨 · 创城 · 泽人”的大概念（起轨），通过交通先导的六大专题聚焦南口路地块（承轨），再通过六大系统重构南口路地块（转轨），而后是通过菜单和图则回归全线地区（合轨），希望能借此探索一种操作路径，以达到以点带面、兼顾广深的“四两拨千斤”式效果。

难度和挑战带来的是压力，而非压制，整个过程也充满了纠结、意外和创新的惊喜，可谓是“在迷惘中前行、在痛苦中快乐着”。虽然最终提交的成果仍有不少可提升之处，但让我们欣慰的是，学生在应对复杂环境条件的规划教学中，知识结构、专业素质和综合能力都有了一个明显的提升和优化。

从这层意义上看，当然要感谢六校联合毕设的高端平台和城市规划学会的鼎力扶持，使师生们都看到了不同以往的自己，也正如本人在微博中所说：“如果说，要了解你和你的生活伴侣有多大的匹配度，需要来一场婚前旅行的话；那么要了解你和你的学生是多大的潜力股，就来拼一场六校毕设吧……”虽戏谑却真实，聊以代感。

2017年六校联合毕设的选题是“轨枕之间——天津中心城区铁路环线周边地区更新发展规划”。天津中心城区的铁路环线串联着天津市许多重要的功能区，但整体环境被铁路线碎片化切割，成为城市的消极空间，活力逐步丧失。面对这样一个现状复杂而又带有典型性的城市更新地段，如何指导已经过近五年城市规划本科专业训练的毕业班学生，在原有侧重于城市物质空间形态学习与训练的基础上，进一步提升学生对隐藏在复杂的城市现象背后的社会人群、经济产业等关系的理解，从而对本次毕设选题作出更为全面深入的规划求解，是指导教师需要解决的重要问题。

在三个月的毕业设计过程中，指导教师循序渐进地进行引导，毕设小组以“宜轨·创城·泽人”为规划求解的突破点，社会性、经济性、空间性三个层面并重，分别从交通系统、产业系统、文化系统、社会系统、生态系统、资源系统这六条主线着手，对环线周边地区进行专题研究，剥丝抽茧，层层深入，以环线地区南口路地段为重点研究对象，对应六条主线，因地制宜地提出智联云轨、众创适配、草根兴衍、业缘重构、低技复育、集约再生的六线渐进的规划策略，从而形成多情境、多时阶的规划设计方案。

通过毕业设计的教学，我们努力让学生树立正确的城市规划价值取向，关注弱势群体，维护文化多元性，保持社会与文化的可持续发展，在更高标准上培养学生解决复杂城市问题、社会问题及经济问题的规划思维能力。

巢耀明

东南大学建筑学院

从2013年的北京宋庄到去年的重庆渝中下半城，选题都集中在城市老旧城区。今年选题（天津中心城区铁路环线）更是关注了城市核心区内社会经济矛盾最尖锐、建成环境最复杂、生态生活压力巨大的区域：铁路环线65公里长、串联40余处工业遗存、沿线1公里范围内聚集了大约100万规模的居住人口。这次选题是历次中最具有综合性和挑战性的，也契合了当前“城市双修”的议题，为启发学生的思维、发挥学生的才智预留了广阔空间，也为学生们运用所学专业知识解决当前城市规划建设中的问题提供了一次宝贵的实践机会。

本次联合毕业设计，五个学校的学生分别从不同的视角观察和透析城市老城的问题与矛盾，综合运用所学习的专业知识进行富有创意的规划设计，提出充满想象力的城市更新发展路径。从同学们的毕业设计成果可以看到他们关注历史、关注文化、关注生态、关注社会、关注弱势群体的规划价值观，为“人”而设计城市，为公众利益和长远利益而设计城市，这正是我们规划教育的根本，也实现了联合毕业设计的目的。

李和平

重庆大学建筑学院

天津大学诸位老师精心设计的选题，选取见证了天津近代工业时代发展历程和兴衰历史的内城铁路环线地区作为研究对象，展现了天津独特的城建文化、工业文化和市民文化，集中展示了当前特大城市普遍存在的内城更新诉求，是一个集矛盾、冲突、机遇、希望于一体的宝贵教学实验基地。此次选题和任务设置十分精妙，具有很强的弹性，可以从规划范围、用地规模、功能配置，甚至设计深度出发，得到不同的解答途径。事实上，各个学校同学们的作品也印证了这一点。

五校同学们的最终成果和精彩汇报，充分显示了各校的风采，如清华的高度和敏锐度，天大的广度和厚度，东南的严谨性和技术流，西建大的系统性和实操性，重大的发散性和人文情怀，这些都是师生们可以相互学习的。在讨论功能植入、产业复兴、社区营造、绿色通行、景观塑造等传统议题的同时，当下的“海绵家园”、“城市双修”等理念、大数据等新技术也被同学们驾轻就熟地运用。因此，六校联合毕业设计在本科教学中的前瞻性引领作用不可或缺。

叶林

重庆大学建筑学院

六校联合毕设，既是一般意义的毕业设计，更是创新的研究型设计。面对的是全新的问题，钻研的是难解的知识，探索的是未知的领域。六校联合毕设是学习，更是挑战，挑战谁能更好地认识今天的社会，挑战谁能更深地把握城市的脉动，挑战谁能更美地谋划城市的未来，挑战谁能更快地找到通向城市希望的芝麻之门。六校联合毕设不只是设计，更是交流，交流学到的知识，交流研究的心得，交流思想的感悟，交流学术的甘苦，交流创新的希望。

吴唯佳

清华大学建筑学院

唐燕
清华大学建筑学院

天津陈塘庄，这条即将废弃的铁路，好似一条有生命力的串绳，串起的是六所院校师生之间的亲密友情，是从春到夏整学期的团队奋进，是知识与系统的编织与重整，更是同学们告别本科踏上人生新旅程的驿站。或许，这不仅仅是一次火花碰撞的毕业设计，同学们的工作或能助推改变这条铁路的命运和未来，让这条特殊的城市线形机遇空间及其附带着的工业遗产、产业潜力、多元社群与社区文化等，成为复兴天津中心城区边缘活力的新财富。未来，可能无限。

任云英
西安建筑科技大学
建筑学院

轨枕之间，汇集了历史与现实、保护与发展、传承与更新等多元因素和时代性主题：天津铁路环线是中国近代工业和铁路发展的重要见证，凝聚着中华民族自强不息的求变精神，承载了历史时期的发展轨迹，在中国工业发展史上留下了不可磨灭的印记。轨枕之间已经形成包含了这个特定工业遗产地区的生态、社会、经济、文化等多元因素作用下的时空场域，并成为城市空间的历史性形态要素，其周边的建设现状和发展诉求，包含了历史文脉的保护和传承、居住社会的回归和修复、产业空间的再生性利用、公共空间活力再生等发展课题。而这些对于城乡规划专业本科毕业生来说，其典型性、复合性、多元性、多维性等特征同时并存，既要引导学生能够融贯自己五年的积累和所学，更要求学生有创新的勇气和精神，同时还要面对城乡规划的时代性课题。无疑，这一选题是成功而又具有挑战性的，尤其是在引导学生在城乡规划中整体意识、系统思维、技术逻辑乃至公平正义等价值观、方法论的思考和建构方面，对中国规划教育提出了新的范式和要求。因此，回归本源，从认知对象、发现问题入手，引导学生对城乡规划的技术方法和途径进行系统全面的分析梳理与规划探索，无疑有益于整合其五年所学，并激发学生的创新意识和勇于探索的品质，对于探索培养优秀的城乡规划人才的模式也是非常有意义的。作为任课老师，与同学们一道经历了一场身心到灵魂的洗礼，也让我们更多地反思中国城乡规划教育的人才培养所面对的困境、机遇与挑战，确切地说，这，仅仅只是一个新的开始……

李小龙
西安建筑科技大学
建筑学院

二零一七，阳春三月到五黄六月，从天津到上海，六校毕设的第五个年头圆满告终了。回望这百余天来的学与教，又一次深感收获良多，感谢满满！感谢学会及专家又一轮的深刻指导，尤其是对青年教师的特别关怀；感谢天津大学及天津市规划院带给我们的“轨枕之间”这一在当下极具启思性的课题;感谢天津大学、同济大学的精心组织;感谢各校师生共同呈现的三波精彩而多元的成果;感谢又一年的毕设平台使更多的有识之士相逢、相知……一轨接幽燕，百厂渺云烟，共数天环当年事，汪洋无限帆。故地盼归雁，老枕祈福签，互观图景沧桑变，人间六月天！

李欣鹏
西安建筑科技大学
建筑学院

参加六校联合毕业设计课程的教学工作，已经三年了。这三年来，学到了很多，收获了很多，也思考了很多，在这里，与各校师生既交流了心得，更建立了情感。将研究性思维带入到课程教学中，一直以来是我们所秉持的信念，借六校联合毕业设计这个平台，我们很好地将这一思路予以了贯彻。虽然每年的题目，从课程教学角度来讲，都有着一定的难度，但学生们却能够很好地对相应的问题展开系统性的分析，并提出了与之衔接紧密的设计方案，这让我们非常欣慰，也证实在城乡规划教学中，强调研究性思维的培养是可行且有效的，希望六校联合毕业设计能够一直办下去，也希望更多的老师和学生能够参与到这场盛宴中来。

天津大学建筑学院

钟　升

我有个没参加六校联合毕设的舍友，有天他喝多了，说六校联合毕设，你们忙得要死。想来确实，我们的六校毕设如此艰难，前期中期，几个人坐在那里争论着设计主题等，不可开交，还有点生气，有的时候还有暴走。不过我们还是走过来了。这个六校联合毕设就我个人而言，是我大学学设计的总结提升，大概有六校这次设计，本科学习才感觉功德圆满。最后做得很开心。同时也认识了很多新兄弟姐妹，大家的成果都好厉害！佩服！

李渊文

三个月的毕业设计带领我再一次认真地审视了天津这座城市，虽然在这里学习生活了五年，但是这一次，我才真正地作为一个城市规划的学生去深入了解了她。

我看见了她的美丽，也同时发现了她需要改变和进步的地方。我感受到了这座城市中生活的市民的热情和快乐，也尝试去理解和解决快乐背后鲜为人知的挣扎和不安——这是一座有生命的城市，海河是她流淌的血液，城市中每一个行走的人都是不可缺少的细胞，每一条道路都是脉络，每一声呼喊，都是强烈的呼吸。

我喜欢这座城市，现在，我对她有了更多的理解，更多的责任。

张书涵

此次六校联合毕设让我有机会对天津这个城市有更多了解，通过实地调研，深入到社区内部，了解到了天津市区人们的真实想法，也让我对天津曾经辉煌的铁路历史和工业历史印象深刻。六校联合毕设很辛苦，不断地修改方案，不断地改进框架，好在有同学的陪伴，我才能够坚持下来。这次能有机会见识到其他院校的老师和同学，让我收获颇丰。感谢各位老师的悉心教诲，感谢天津大学建筑学院提供良好的学习平台，也感谢学院每一位给予我指导的各位老师，他们给予我的宝贵知识我将牢记在心。

王思琦

六校联合毕业设计之后感慨良多，这大概是一次将前四年的知识融会贯通的机会。通过这次三个月的毕业设计，我们在提升设计能力之外，更提升了独立思考、发现、解决城市问题的能力，这是最为难能可贵的。同时，我对生活了五年的天津有了更为深刻的认识，让我在毕业临行之际更生出许多的不舍。回想三个月的时光，有过挫折、争执、无力，但是我们十个人通过相互的包容理解都走了过来，并且最终完成了不错的成果。感谢我的队友们，你们让我为自己的毕业交上了一份满意的答卷，感谢我的老师们，他们的指导让我少走了许多的弯路。他们给予我的知识与建议，我将受益一生。

董韵笛

毕业设计能在六校联合毕设这样一个优秀而团结的团队中完成，我感到非常荣幸。在整个毕设过程中，指导老师和同学们的帮助使我收获了许多宝贵的理论知识和实践经验。

在此，我首先感谢本次设计的四位指导老师——李津莉老师、许熙巍老师、张赫老师和米晓燕老师的悉心指导。另外还有提供场外帮助指导的一些老师，陈天老师、曾鹏老师、侯鑫老师等，您们的答疑解惑使我获得了更全面的视野，对此次设计也有了更深的理解。

其次，感谢毕设团队的每一个同学们对我的帮助，正是因为我们互相支持和信任，才能共同协作完成这次出色的设计。借由这个机会与其他五个学校的同学交流思想，互相学习，受益良多。最后，感谢天津大学建筑学院的老师同学们，五年的本科学习中我们共同成长，明确了今后努力的方向，谢谢！

张艺萌

这次毕业设计让我感受良多，指导老师们认真严谨的治学态度和耐心细致的指导方法给我的毕设带来极大的帮助，帮助我纠正方案上的不足，并督促我及时改正，让我的毕设得以顺利而充实地完成。

此外，还要感谢王茜、张书涵、李渊文、董韵笛等九位组内队友的协助合作，这次联合毕业设计让我在与人沟通的过程中学习到大家的优点，并感受到了思想碰撞的神奇力量。

最后，要感谢天津大学建筑学院五年来对我的培养，让我从城市规划的旁观者，渐渐成长为入门者，再到如今成为坚定不移的实践者，我对规划学科也慢慢地有了自己的认知和理解。

王　茜

六校联合毕设是对本科阶段学习内容的总结和应用，使我们从思维逻辑、策略思考、方案设计等各个方面得到了一次综合的训练。在不断修改和完善的过程中，我们逐渐学会如何围绕核心问题给出解决策略，并围绕设计主题进行方案展示。同时，它使我对天津发展历史、环城铁路和风土人情有了更加深入的了解，对天津这座生活了五年的城市加深了认识。另外，六校联合毕设还是一个交流和分享的平台。在此过程中，我们结识了各所学校的同学，感受到了每个学校鲜明的特色，看到了很多与天大不一样的思考和设计方式，为自己之后的学习提供了更多思路。总之，六校联合毕设会是我们本科阶段一段珍贵的经历。

曾　韵

本科岁月里的最后一堂规划设计课，名为响当当的六校联合毕设。回想最初对这次毕设的抗拒和畏惧，转身化成这三个半月的努力和汗水，最珍惜的大概是能和身边的战友们走过这样一段不寻常的岁月，大部分还是即将远去的朋友。十个人，有过争吵，有过埋怨，有过怨怼，有过失望，庆幸的是十个人还是磕磕绊绊地走到了今天，能相互称赞，相互拥抱，为这段岁月有彼此而开心。感谢老师们一路以来的支持和激励，没有挥鞭驱赶的人，就没有车辙深刻的痕迹。

六校联合毕设是充满矛盾的，是艰难拥挤的，我们在这里争执、战斗、冷静、和解、商讨、尊重、团结、坚持、努力，最后忠于我心，愈发坚定。大学本科，六校毕设，此刻宛若结束一般静静的，静静的，与岁月流淌。

代　月

六校联合毕业设计是一次对规划行业入职后梳理框架与系统的重要性的提前认知，也是一次对十个人一齐分工合作的能力的艰巨考验，更是一次与六所学校的老师同学共同交流学习的难得机会。我很幸运能够在毕设中得到这样一次锻炼，最后的手绘水彩长卷更是对我基本功的一次强化。非常感谢老师们的倾力相助，也感谢小伙伴们的一学期陪伴。毕设圆满，一切都太值得。

梁　妍

六次联合毕业设计于我而言是一场苦乐参半的修行，一次全情投入的游戏。从开题准备会开始，大家做成一个圈无所顾忌地交流碰撞，虽然也有为了主题绞尽脑汁、抓耳挠腮、构思拆字的时候，有各执一词难以达成一致的时候，但更多的是各尽其职，全情投入，为了一张可能只会在汇报屏幕上停留一秒的图拼尽全力的场景。这是一个团队，所以大家取长补短、不计得失地付出着，努力着，最终形成了一起哭一起笑一起吃火锅一起咬牙拼汇报的一个小家庭。我们可能不是最好的，但我们要的永远不是最好，而是在过程中学习和成长。这大概就是大家做毕设交流的初衷。如今帷幕已落，好戏也将要散场，一别天涯，各自珍重。愿我们各自出走半生，归来仍是此间少年。

东南大学建筑学院

花薛芃

从决定参加六校联合毕业设计的一开始，就知道这不是一次简单的设计作业。我们可能已经习惯了各自学校的教学模式和设计格调，也或多或少接触过一些实际项目的现实约束，但多数情况下，我们面对的更多的是熟悉的环境和人事，我们的交往圈还不够广阔，接触的设计风格和思路洗礼也非常有限。而此次的六校联合毕设给我们这样一群渴望汲取知识的学生群体提供了一个非常多元包容的交流平台，让我们接触了更多优秀的同辈、老师和专家，了解对于同一设计场所的不同出发思路，得到了很大的成长。

如果说学生作业过于异想天开，实际项目又过于现实骨感，那么这样一种半真半假的设计课题既促使我们切实地考虑实际问题和实施可能，又能够不失一个设计师最珍贵的情怀，应该是一种最好的状态。我们站在前人的肩膀上，尽可能考虑现实需求和未来发展可能，为天津铁路环线的改造再生提出自己理性的见解，同时又打开脑洞，提出未来可能的别样思路，让人精神振奋。

很感谢天大小伙伴的热情招待，希望此次六校毕设只是我们年轻之辈相知相交的开端，有机会还是要多交流，多沟通，彼此携手，才会文思集聚，做出更好的方案！

丁金铭

回顾六校毕设，是一场艰苦卓绝的旅行。整个铁路环线的大场地对于初出茅庐的我们来说，的确是个不小的挑战。从前期在天津的疯狂奔跑，到后面一个又一个画图讨论的夜晚，大家的目标统一，齐头并进，最后也收获良多。

专业技能的提升不用多说，我想于我们而言，更重要的是这样一个与大家共同参与、讨论、分享、交流学习的过程。很多次我们都不由地感叹，每个学校的特色风格其实都非常明显，东大的沉稳扎实，重大和西建的细致丰富，天大的细腻明晰以及清华对于宏观的解读和独特的解题视角，都带给我们不一样的学习体验。虽然免不了有摩擦和竞争的火药味，但我想大家更多的是抱着彼此学习进步的心态，取长补短，且行且思。

设计从来不存在对错，只有适合与更适合。我们非常荣幸在毕业之际可以拥有这样一个多元丰富的平台，和其他同学一起交流设计想法，也接受来自老师和专家领导的指导。设计从来不是一个人的事，他需要我们与各个利益方沟通权衡，也需要我们设计者之间不断磨合，求同存异，寻求最优解。这两者都在六校的经历中让我们有很好的体验，让我们知道设计不易，做好设计更是需要全心全意。

最后希望以后的六校毕设可以让大家有更多沟通互动的机会。此次天津之行，虽然大受启发，但各校同学间的往来还是过于腼腆。希望有机会大家都可以成为侃侃而谈的设计之友，在今后的发展道路上可以一起前行，共同成长。

王 伟

感谢这样一个平台让我充实地度过了本科生涯的最后阶段。“六校毕设”——一开始令人望而生畏却又跃跃欲试的课题，其背后蕴含的更多的是惊喜与挑战。在几个月的设计过程中，有过争执有过疲惫，但大家都心揣着自己的理想之城而坚持着。对于学校，这是教学成果的一次风采展示；对于学生，是将五年所学的集中梳理与发挥。要感谢吴老师、巢老师、史老师对我们尽心尽力的指导，为我们答疑解惑。感谢好队友、好朋友不论在生活还是学术研究上的支持！未来，不论走向何处，踏上什么岗位，都要将这执著拼搏的“六校”精神延续！

刘羽瑄

四个月的时间，六位同学，三位老师，是一段星空闪耀下痛苦崎岖的旅程。我们既踏过初雪，赏过海棠，也在北国寒风中发过问卷，行遍铁轨。一路上争执吵闹却也放肆大笑，难能可贵的是一直坚持着最初的一点赤诚，渴求的那一份改变。所以感谢，感谢主办方天津大学给出这样一个题目，有挑战，有情怀；感谢三位指导老师传道授业解惑，孜孜不倦，谆谆教诲；感谢两位助教学姐的细致入微的关怀与陪伴；更要感谢五位同学，一路同行，荣辱与共。

姜梦姣

2017 年 2 月 17 日 ~2017 年 6 月 8 日，6 个学生，3 位老师，65 公里的铁路环线，4.28 平方公里的设计地块，从大雪纷飞走到海棠花开，再走到骄阳似火，从天津大学走到了上海同济，这一次的六校联合毕设，让我获益匪浅。在团队协作方面，我们有过一团乱麻，有过争执不下，也有过不谋而合，有过通宵达旦，最后仍然是通过不断的交流与磨合，竭诚合作，交上满意的答卷。在技能提升方面，同学之间的相互交流，老师的不倦教诲，各校之间的竞争切磋，都让我认识到了自己的不足并改正进步。在素养提升方面，兄弟院校之间的交流，阵容强大的评审专家与老师，六校这个更为宽广的平台开阔了我的眼界，同时也提升了我对规划这一学科以及自己身为规划人的责任感。最后，感谢一起奋斗的每一位同学与老师，为我的大学生涯画上一个完美的句号。

王 慧

偶然的机会让我在大学的最后半年时光里参加了六校联合毕业设计课题。整个毕设过程既有欢乐喜悦，当然也有痛苦与疲累。有时我们会因为终于解决了一个难题、终于做出了让老师和自己满意的成果而激动满足，有时也会因为一个问题思索良久无果而伤心着急。不管怎样，这些复杂而多样的情绪一直都贯穿了我的毕设过程，充实了我的毕设。六校联合带给我们的是一个很大的竞争交流平台，在这次的毕设中我们也从三次的六校交流汇报中增长了见识，也意识到自己的不足与进步。感谢六校联合毕设的平台让我们进步成长。

西安建筑科技大学建筑学院

林 瀚

感谢 2017 年的学会六校联合毕设。这不仅是一次高水平的毕业设计，同样也是一个绝佳的交流平台，在这里结识了可爱的队友，认真负责的指导老师，各个学校优秀的同学，还有特别专业的专家老师们。作为组长，在面对轨枕之间这个复杂命题的时候确实是有相当大的压力和挑战，但在和老师、队友们一次次的讨论与配合中逐步确定了“时连空合”的主题，着重对文化印记进行发掘传承，并以导则作为引导设计多样性、公众化的基本准则。感谢大家在思维上的碰撞、在设计上的执着和在合作中的默契，才有了我们相对完善的成果。最后感谢天大给予这样一个极具挑战性的课题，感谢过程中给予帮助、指导、建议的同学、老师和专家评委们。即将毕业之际，十分珍惜与大家的每一分每一秒，希望大家前程似锦，期待 2018 年的六校毕设能有更好的成果。

刘 梦

很庆幸能够在五年大学生活的最后一学期参加了六校联合毕业设计，能够与其他五个学校一起完成我们的毕业设计，在这期间，能够相互学习、相互提升。通过六校联合毕业设计的平台，通过中期、终期两次答辩，听取各位规划界前辈的意见和建议，获益匪浅，自己的努力能够得到肯定，自己的不足也能够获得中肯的建议，使自己认识到，规划学习的道路还很长远。

在毕设期间，非常感谢任云英、李小龙、李欣鹏三位指导老师的教导，他们不仅在专业上为我们解惑，并且在平常的团队合作遇到问题时，也能为我们指出关键问题所在，使团队更加融洽、团结。同时，也非常感谢 11 位小伙伴的团结协作，才能使我们的毕业设计如此完满。

时 寅

作为大学的最后一个作业，毕业设计对我们而言有着非常重大的意义，五年学习中所积累的知识、获得的技能、形成的观点，都需要在这个作业中浓缩展现，我们无法说做到最好，但一直在尽力追求更好。我很庆幸选择了六校联合毕业设计，同时也很荣幸可以成为六校的一员。在这里，我和 11 位小伙伴在三位优秀的老师的带领下，用了三个多月的时间，为自己最后的本科学习生涯画上了完美的句点，感谢老师的谆谆教导，感谢小伙伴的不离不弃和坚持到底。我始终觉得，无论日后经历了什么，我仍旧会怀念这段奋斗的日子，还有一起奋斗的你们。六校毕设最棒的一点，就是学校之间的交流，无论是对于这次天津大学给出的“轨枕之间”这个题目的解读上，还是在后期的研究框架和方案策略以及方案的表达和汇报上，每个学校都非常棒，让我受益匪浅，明白要在未来的学习生涯中做出更多的努力。如今毕设已经结束了，但是它将会成为我一辈子的印记，在我的生命中烙下浓重的一笔。

宋圆圆

特别幸运能参与 2017 年的六校毕设，见识到了来自不同学校但相同专业的同学们的风采，也很感谢报毕设时狠心的自己，熬过的夜再漫长，也值得用以纪念本科的最后一次学习。这次学习真的成就了我太多的第一次，第一次高强度团队协作，第一次精心策划汇报，第一次面对高规格的评委配置，第一次尝试研究专题……对我来说，这是一次学习，也是一种交流，更是一场挑战，压力和动力始终并存，我们也收获了很多。如果说有遗憾，假如重来一次，我会拼了命的珍惜和大家相处的每一分钟！

武 凡

六校毕设已经结束了，整个过程给我的感觉是充满艰辛但机遇与挑战并存的。首先很感谢天津大学今年给我们的这个题目，基地面积之大给了我们很大的挑战，让我们这个毕业设计期间又一次实现了自我突破；其次，很感谢初期、中期、终期的各位业内专家对我们的指导，在本科结束阶段就可以得到业内专家的指导着实是我的荣幸；此外，我还要感谢四个月来三位老师对我的悉心指导，在我们不知所措的时候给我们指引前进的方向；最后，我最需要感谢我的队友们，规划项目是需要团队配合的，感谢我的队友们整个学期的默契配合，最终才能有我们这样一个相对完善的成果。2017 年六校毕设已经结束了，希望大家都有一个好的前程，我也很期待 2018 年的学弟学妹们能给我们更大的惊喜！

周嘉豪

六校毕设，一路走来踏实务实，也感慨万千。

这次的题目与以往的城市设计尤为不同的是，其覆盖了天津中心城区及其边缘地带近 82 平方公里的土地，矛盾之多，复杂程度之高也让我们开始陷入苦思。那么，天环之发展线索便成为了我们亟待寻找的。

基于前期的调研分析，我们以工业遗产定格其发展的大方向，以生活印记填充织补城市发展的丰富度。分为识、脉、困、机、策、计六大篇章，用最贴近生活，最“便宜”可行的方式阐述我们对于这一片工业文化生活沃土的理解与憧憬。

在完成此次毕设的同时，我们也了解到了其他兄弟院校的优势，我们当然会借鉴学习。至此，感谢三位指导老师的悉心指导，也要谢谢 11 位同伴的努力与扶持，最后还要明确自己在城乡规划学科的不足，借此总结，以此鼓励自己在研究生的深造过程中明确方向。

柳思瑶

很庆幸自己在大学的最后一次设计中选择了六校毕设，成为建大团队的一员，有机会和其他院校进行交流和学习，拓宽自己的视野。三次汇报的交流碰撞，让我学习到兄弟院校的闪光点。感谢业内各位专家的指导，为我们解惑点播，感谢我们的指导老师，感谢一路相伴的小伙伴。我们是一个 12 个人的团队，欢笑与争论相互交织，从我的小伙伴身上看到每个人都有可贵的品质和才华，我也从中学到了很多。最后还是要感谢带队的 3 位老师的辛勤指导和同学们的辛苦努力，六校联合毕业设计为我的大学生涯画上一个完美的句号。

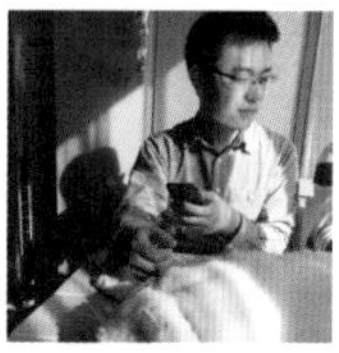

雷 悦

六校联合毕设是城市规划专业顶尖高校联合的毕业设计，也是本科阶段最后一个设计，很荣幸能够加入到这个团队中，所尽之力绵薄，遇到了优秀的老师与同学，学习到了很多。毕设时间跨度四个月分为初期、中期、终期三个阶段，大家过得很充实也很艰难，一起熬夜画图是常事，不过最终还是完成了本次毕设。12 个人的团队真的很难协调，大家都是个性鲜明的个体，要凝成一股劲成为一个有凝聚力的优秀的团队不仅得有老师的引导，还得靠大家经常的敞开心扉去交流，去承担，去努力，去进步，互相学习不逃避。感谢联合毕设为我们搭建了一个很高的平台，在这个学习过程中我们认识到了自己的不足，见识了其他五个学校的优秀，清楚了什么叫团队协作，更值得的是收获的与大家的友谊。更感谢一路一起辛苦过来的老师与小伙伴们，很幸运能和优秀的你们一起为大学本科画上一个完美的句号。

李品良

此命题其实是两个构型的解析，一是轨枕，二是天环。而这个毕设本身汲取百家之长，至少要有五个层次。第一，是不管有什么手法和专法，是天津是否需要这个轨道，肯定是需要。第二，最后成为一个什么环，是半环和水系，还是一个什么空间构型！第三，具体的评价体系和框架是什么，怎么自上而下落下去的；第四，具体地块方案；第五，我们的推广形式，或者全是一种营销策略，可能是一种活动策划，而利用视频的策划展现内容直插人心，所以上升到营销层面，能让人感受到他们能直接在现实落地可用。

李佳熹

这次我以建筑学学生的身份参加此次六校联合毕业设计，收获颇丰，感激之情溢于言表。

在此前四年的学习中，我习惯于从建筑尺度出发去发现问题、分析问题和解决问题，较少考虑场地要素及使用人群的感受，而从城市发展脉络的大尺度上去考虑问题更是少之又少。此次“天环”的更新与改造给了我一个完整、有层级、有深度的教学，让我重新思考建筑对于人的意义以及建筑在城市中扮演的角色。

旧城的改造与更新是一个长久的命题，普遍存在于每个时代的每个城市中。如何继承与发扬旧城的印记与遗存使之为新城所用是一个值得深刻学习与探索的问题。我想，在城市的更新改造过程中，也许“旧瓶装新酒”是最好的选择。

再次感谢毕设团队的三位老师和 11 位同学，也感谢天津大学为我们提供的这么具有教学意义的课题。

肖 雄

大学以来的最后一次课程设计，成为我最难忘的回忆。作为一名建筑学专业的学生，我十分珍惜这个机会去和其他专业进行交流与合作，了解和学习站在城市规划角度的设计者如何去看待城市问题。很多时候我们思考问题的角度不同，得到的处理方式也不同，思想上的碰撞与融合让我认知到了一个更广阔的领域。12 个人的合作更是一门需要学习的艺术，我很庆幸认识了大家，并且最终圆满完成了我们的成果。联合毕设更是一个巨大的平台，与其他高校的交流也让我看到了自身的不足和优势，与五湖四海的朋友分享思考与灵感，实属一大快乐。最后，谢谢老师的教导，也谢谢同学们日夜的合作与付出，谢谢六校联合毕设送我一份美丽的毕业回忆。

侯禹璇

很幸运能够成为六校联合毕设的一员。从加入六校联合毕设的那一刻开始，我就明白了六校毕设的难度之大；同时它作为我们本科学习的结点，值得我们每个人付出所有的精力来严肃对待。

在毕设结束近一个月的时间里，我回顾了这一整个学期的点点滴滴。我很感激在这段时间里，每位老师无私地为我们讲解指导，每位同学倾其所有的合作探讨；我很感谢学会和主办方天津大学为我们本次六校联合毕设提供的高水准平台；我很开心在这段时间里，我在自己感兴趣的研究方向里又往前走了一大步。

在五年本科学习的最终阶段，我们用自己的努力为这些年的学习生活留下了最鲜活的印记成果。青春易逝，可是这些努力奋斗过的日子永远不会被忘记。谢谢在此过程中一直付出的专家、老师和同学们！

重庆大学建筑城规学院

颜思敏

感谢这一次六校毕设提供的平台，让我们 12 个人有机会在团队合作的同时，还能接受到来自石楠老师和各位规划院的老师们的意见指导。在与六校的同学们的相互切磋学习中，我们看见差异与价值，认识不足与优势，发掘在合作与竞争中的良性成长，是这样一个平台让我们的大学五年规划学习生涯画上了完美的句号。感谢六校毕设，也感谢在其中参与无私奉献的老师们，期待在未来的相遇。

付 鹏

五年的本科学习，用六校联合毕业设计来作为收尾，无疑是幸运的，在充实与快乐的设计过程中，不断地思考关于城市更新发展的方方面面，探索城市问题的解决方案。将五年的收获集聚起来，充分运用到此次规划设计中，学习到了很多：要科学严谨地规划，以人为本，忠于理想，面对现实。同时也在毕设过程中了解到了自身的不足：理论思想体系不够全面，设计方法认识与实践的结合不足等。感谢两位指导老师的悉心教导，让我在这一学期成长这么多。也要感谢全组同学的“乐”于毕设，让大学的最后三个月充满快乐，留下了一生难以磨灭的记忆！

赵益麟

“今津乐道”是我们团队本次毕业设计的主题，我相信无论过多久，这都是我津津乐道的一次设计经历，整整半年，12 个人真的像一个大家庭一样，一起工作，一起学习，一起旅行，无论做什么，大家在一起确实充满了快乐。愿这段美好的记忆一直伴我们左右，也祝我们所有人将来能为城乡规划注入新的活力。

李 醒

现在回想起这四个多月，一路走来，感受颇多。不断地穿梭于大师们的思想缝隙以及同学们的思维碰撞之间，寻求灵感的火花。从三月漫天飞雪的天津旧轨调研，到四月海棠盛开的中期答辩，到最后阴雨绸缪的上海终期汇报，在不断的反复中走过来，有过失落，有过成功，有过沮丧，有过喜悦，这已不重要了，重要的是一路走来，历练了我的心志，考验了我的能力，证明了自己，也发现了自己的不足。最后，感谢大家这几个月的相识、相知和陪伴，五年很短，思念很长，天各一方的我们，终会再见。

钱天健

这大概是大学以来最轻松最活泼的一次设计！ 12 个人齐心协力花最少的时间做最有用的事情！那剩下的时间怎么办？当然是度过快乐的毕业时光！很高兴认识了喜欢自拍的朋友们，调研在一直拍！去蓟县一直拍！去泰国一直拍！最后一起去迪士尼也在一直拍。还有喜欢追剧的朋友，外卖时光几乎追完了所有值得追的剧和综艺！以至于毕设结束以后还改不了在教室看电视的“坏习惯”。最后当然少不了喜欢桌游和手游的朋友，喜欢日常狼人搅局以及我们的今津乐道战队。最后严肃谈谈这次设计。队友们玩归玩，但认真的时候确实让我也学到了很多，可以说这次设计既是对大学生涯的交代，对五年所学的检验，也是知识储备的升华。最后一句：希望六校联合毕设能永远办下去！

赵偲圻

一场大雪，一片海棠，一次狂风暴雨后的航班延误，四个月的毕设时光为五年的大学生涯打上了注脚，关于学业，关于生活。“天津之链”不仅仅串起了那逐渐被遗忘的记忆和被漠视的角落，也同样串起了五年来的所学所思。我们 12 个人，12 种色彩，各司其职，偶尔的争论将绚丽的色彩调和为不失和谐的画卷。而毕设真题一般的实感、老师高屋建瓴的指导、评委直切要害的亲切点评，这难能可贵的一切让我如饮醍醐，能有机会从新的高度和新的角度对待规划。而毕设仅仅是毕业前最后一个设计吗？我们将它过成了一种生活。12 人的足迹一同留在一个教室、三座城市、两个国家，或朝夕相对地工作，不忘中午的欢乐时光；或全组出游，举着调研学习的旗帜。埋头苦干、插科打诨，我们嘻嘻哈哈地过完了四个月，收获了满满的友谊。最后，致五年来最欢乐的设计，感谢所有与之相关的人与事，明天会更好。

刘晓冬

一直心存庆幸也心怀感激，在毕业设计选组时我选择了做六校联合毕设。在这一段短暂的学习旅程中，我有幸与学识渊博的老师深入探讨，与优秀又有趣的 11 个队友齐心合作，完成了起初我们认为无从下手的设计，也为大学五年的时光交上了一份满意的答卷。回顾匆匆而过的四个月时间，我们辗转在天津、重庆和上海三座城市间，感受到了不同地域、不同时节的城市万象，又在这些感受之中捕捉到了我们对于设计的许多灵感——“今津乐道”的主题就是我们初次调研后的灵光一现。在而后的四个月反复打磨之下，这一主题从一个口号、一个愿景，成为了一个方案、几张图纸、许许多多的措施和策略，成为了构筑城市美好蓝图的其中一种可能。我们在生活之中汲取灵感，并用以创作更好的生活画卷，这是坚持设计的乐趣所在，相信也会是一名规划师的乐趣所在。愿我们不忘毕设时的这份初心，怀有满腔热情，在下一阶段的学习或工作中有所收获、有所成长！

白雪燕

六校毕设结束了，很多感慨无法用几个字说清，永没有完美的设计，但各校的同学们都朝同一个方向努力的感觉真的很棒，衷心希望天津环城铁路片区能如大家所愿，同记忆一起再生，成为若干年后人们认知天津这个美好城市的特色名片。最后致我有爱的规划同行们，我们一起努力，不忘初心。

代光鑫

故事从重庆飞向天津开始，从上海飞回重庆结束，来回总计 10000 余公里的奔波里，写下 12 个人 110 天的日子，也写着即将毕业的我们关于大学最后的热血。2 月 21 日海河上的第一场雪，4 月 7 号天大盛开的海棠花，到 6 月 6 号上海下不完的雨，间断的日子像是汇报的 PPT，终于到了谢幕的尾页。才思敏捷的队长，字正腔圆的麟儿，深藏不露的小可，认真做事的晓冬，积极主动的小罗，管吃管住的老板，绝不恋爱的偲圻，没事开车的然哥，骑着火车的小白，还有小头。还有呢！肤白貌美，集思广益，才高八斗的健健！往后的三年里，每次路过 2 楼半圆毕设教室，可能都会笑出声吧，这些教室的毕设时光，自拍里的珍贵回忆，像是放在未来路上的钥匙，不常打开，却在想起的那一刻，温暖如初，津津乐道。谢谢毕设的大家，也谢谢有大家都在的毕设。

罗圣钊

六校联合毕业设计这个平台对我的启发有两点。第一是从组内合作得到的：12 个人的合作事实上是一个快速结构化的过程，不同同学分饰不同角色，共同完成一个主题；虽然个人能力可能没有完全发挥，但是这样最有效率。第二是校际交流中得到的：在方案展示过程中，视觉表现与逻辑分析是一对相辅相成的力量——顺着坚实的理性逻辑形成的体系框架，视觉表现成为运行中的一个爆点，沿着它周边的理性逻辑磁场，涌现出或实或虚，或建立、或破坏的现象。感谢这个平台让我们 12 个人有如此合作的机会与动力；感谢这个平台让我们看到了学校之间的特点，从而更加理解自己。

李孟可

你跟我说六校联合毕设，最开始我是拒绝的。传说里，它是个从假期开始就榨取掉你所有空闲时间的机器；它是个动不动组内分裂，最后每个人通宵熬夜双倍工作量的不欢而散；它是个成果要求高，能代表一个学校的毕业设计。毕设咋能选这么个要人命的课题！

但是这次机缘巧合下，我就混到了这 12 个人的大家庭里。和传说中不一样的是，这次大部分时间每天能午休加看剧，中间还每人来个 8 天小长假！每个人分配到不算多的工作量，各取所长共同汇聚在最后的成果里。课题很大，反倒有机会让你深入了解城市里一个你感兴趣的专题。

如果再让我选一次是否参加六校联合毕设，我可能还是不会选，因为可能遇不到这么一帮优秀又可爱的同伴。不过你要问我是否后悔参加这次六校联合毕设，我肯定是不后悔的，因为有这么一群独特而又团结的朋友。

张 然

初雪迎来了我们第一次天津之旅，对于没有见过雪的南方人，感觉这是最大的欢迎。伴随着在雪中走过的铁轨，吃过的铜锅，我们开始了 12 人合作的毕业设计——轨枕之间。拿到这么大个地块感到手足无措，经过几番调研，大家头脑风暴，共定主题：今津乐道。第二次的海棠花开，我们继续相约天津，期间一起坐着绿皮火车去蓟州，一起在天大讲述属于天津人自己的乐文化。

第三次是拥有暴风雨的上海，虽然时间紧凑但是从没有熬夜通宵的大家却意外因为大雨在机场通宵，好歹有大家苦中作乐。差点以为会赶不上终期答辩的我们，最终也顺利地将我们的方案，天津人的故事在大家面前娓娓道来。很庆幸能够参加这次六校毕业设计，不仅仅是在五所学校的交流学习中收获颇丰，更重要的是 12 个人的团队所培养的感情，大家一起在教室学习、做方案，一起去远游旅行，连方案设计也变得轻松有趣。感谢能在最后一学期遇见大家，也感谢能在大学的最后画上一个完美的句号。来拍最后一张自拍，送给我从未见过的这么爱自拍的一群人。

清华大学建筑学院

严文欣

天津环城铁路毕设是一次很特别的经历，从最初面对复杂问题的困惑迷茫，到逐渐有了解题思路，到慢慢梳理出汇报框架，一遍遍排练，一遍遍修改。16 周的付出不容易，但是也在其中收获了特别的团队友谊和学术成长。感谢六校联合毕设的平台，给我们提供一个锻炼自己的机会。规划之路任重道远，未来成为规划师的道路还很长，还有很多不确定，但是毕设的经历给予我们更多勇气，面对未来的一切挑战。

井 琳

从 2 月到 6 月，六校联合毕设成了我大四下学期最重要的关键词。两次天津，一次上海，无数个专教的夜晚，从调研时的兴奋，到中期汇报遭遇否定，再到用一个月的时间反复讨论梳理思路以及最后的冲刺， 经历了无数次打鸡血与自我否定之后，我和小伙伴们终于找到了自己讲述故事的方式，也在和其他院系小伙伴的交流中认识到了自身的特长和不足所在。感谢这四个月的时光和六校的老师同学，这段经历对我认识自我和明确未来的努力方向都起到了很大的帮助，相信未来我们都能在不同的方向上实现自我的价值。

张 阳

四个多月的毕设时光转瞬即逝，四年的本科时代也马上就要画上了句号。回首毕设的四个月，我们六个人的团队有过争执也有过后悔，但更多的是相互学习和对内心更深入的思考，而天津这座城市也在不知不觉中走入了自己的内心深处。又回首本科的四年，与规划专业的相识、相知到相爱是一个美丽的巧合，过程中有熬夜的疲惫也有交图的喜悦，好在自己一直脚踏实地，爱着自己所做的事情，并坚持到了最后。六校毕设是生命中不可多得的锻炼，自己不只在专业上得到了飞跃，更是在为人处事上学到了很多。我会永远记得指导老师无微不至的关心、队友温暖贴心的陪伴，我会永远记得天津的铁路与海河，记得这座“哏都”所蕴含的文化与这片土地上生活着的各异的人们。感谢六校毕设的平台，感谢规划专业的磨砺！

李诗卉

天津中心城区铁路环线沿线地区更新发展规划这个联合毕设的题目，是我得以了解天津的起点。《畿辅通志》有言：“（天津）地当九河要津，路通七省舟车……俨然一大都会也”，“河海相依”一直是天津的城市特色所在，而希望如今环城铁路的更新，能让这条承载昔日工业辉煌的铁路成为人们提起天津时的又一种可能性。

都说团队设计最能磨炼人，但我却特别庆幸能和可爱的五位队友亲密无间地合作一场。同时我也要感谢所有参加这次毕设的老师同学们，你们在汇报中的精彩表现令人印象深刻。相信这一定会是我们共同的美好回忆吧。

梁 潇

感谢天津，悠闲的生活，乐呵的人群，好吃的食物，这一学期往返于京津两地，感受两个地方不同的氛围，给紧张的毕设生活添加了不同的色彩。

感谢天大，出了一道难题，在规划本科学习的最后一年给了我们一个挑战自己的机会，也特别感谢你们提供的美味盒饭！

感谢其他三校，谢谢你们投入的设计，高超的技艺是我学习的榜样。不过有点遗憾于因为时间匆忙，没有与你们进行更深入的交谈，希望以后有机会。

感谢吴唯佳老师、唐燕老师、袁琳老师和 307 小组，因为你们，我度过了愉快又充实的 16 周。因为毕设，也使得我更加喜欢这个专业。

刘恒宇

天津是一座可爱的城市，他乐观又深沉，精致又平实。一环铁路串联起天津城市发展的记忆，也串联起自己规划专业四年学习之所得，作为一个有意义的结尾。设计越是深入，我对这片土地就越有感情，也就甘愿舍弃毕业年级的清闲和娱乐，尽自己的绵薄之力为环城铁路和沿线生活着的人们做些什么；哪怕只是些不成熟的规划设想或设计创意，也已是我们最大的诚意。参加六校联合毕业设计将是我四年本科学习最难忘的回忆，在未来继续深造的修行中，我将时常回看这段经历，不忘那些本初的梦想和挥洒汗水的时光。

结 语

春去秋来，第五个年头的城乡规划专业本科六校联合毕业设计进入了尾声。

在本书即将付梓之际，作为今年的东道主，心怀感恩，思绪万千。忘不了一月隆冬寒梅时，选址选题的热烈讨论……忘不了二月雪花纷飞时，六校师生齐聚津城，穿梭于天津城市的历史与现在，勘察地形、感受生活、问询古今；同学们挑灯夜战，努力求解……忘不了四月海棠花开时，再聚津城，同学们所展现的独特视角、严肃思考和大胆尝试；专家老师们的一语中的与殷切期盼……忘不了六月夏日蝉鸣时，移师上海，共聚同济；汗水结成硕果，辛苦换来欢乐，交流培育友谊……感谢所有的师生和专家。

依托中国城市规划学会的学术支持，天津大学、东南大学、西安建筑科技大学、同济大学、重庆大学和清华大学六所高校城乡规划专业的师生相聚天津，共同探索天津中心城区铁路环线周边地区更新发展规划。面对城市沿革演变与转型升级下环城铁路沿线的空间重塑，提出了铁路遗产保护与利用的构想；面对工业外迁与城市空白，给出了铁路生态化改造与城市功能升级的策略；面对沿线居民利益诉求与城市更新发展，显示出了年轻规划人的责任与情怀。今年的选题现状矛盾构成复杂，无论是调研分析、策略制定，还是方案推敲都充满挑战性。但是六校学生展现出了对城市问题的敏锐捕捉，对规划方案的创造力和想象力，对价值观的阐释和追求。经过一个学期辛苦的思考创作，圆满地完成了课程任务，收获良多。

六校联合毕业设计，为各个高校教学探索与交流搭建平台，意义深远。在此，特别感谢中国城市规划学会！感谢亲临指导的各位专家！感谢参与联合毕业设计的六校师生！感谢中国建筑工业出版社！感谢幕后辛苦付出的天津大学建筑学院和同济大学建筑与规划学院的所有师生！衷心祝愿城乡规划专业六校联合毕业设计越办越好！

天津大学建筑学院城乡规划专业 2017 六校联合毕业设计指导教师组
运迎霞 陈 天 李津莉 许熙巍 张 赫 米晓燕
2017 年 8 月